New Harmony

和 谐 社 区

天津滨海新区新型社区规划设计研究

The Research for New Prototype of Public Housing Estate in Tianjin Binhai New Area

《天津滨海新区规划设计丛书》编委会　编

霍　兵　主编

 江苏凤凰科学技术出版社

《天津滨海新区规划设计丛书》编委会

主　任

霍　兵

副主任

黄品涛、马胜利、肖连望、郭富良、马静波、韩向阳、张洪伟

编委会委员

郭志刚、孔继伟、张连荣、翟国强、陈永生、白艳霞、陈进红、戴　雷、张立国、李　彤、赵春水、叶　炜、张　垚、卢　嘉、邵　勇、王　滨、高　蕊、马　强、刘鹏飞

成员单位

天津市滨海新区规划和国土资源管理局

天津经济技术开发区建设和交通局

天津港保税区（空港经济区）规划和国土资源管理局

天津滨海高新技术产业开发区规划处

天津东疆保税港区建设交通和环境市容局

中新天津生态城建设局

天津滨海新区中心商务区建设交通局

天津滨海新区临港经济区建设交通和环境市容局

天津市城市规划设计研究院

天津市渤海城市规划设计研究院

天津市迪赛建设工程设计服务有限公司

本书主编

霍　兵

本书副主编

黄品涛、肖连望、郭志刚、陈雄涛

本书编辑组

马　强、高　蕊、张　晶、毕　昱、沈　斯、祝新伟、耿嘉泽、王　静、李秋成、王大娜

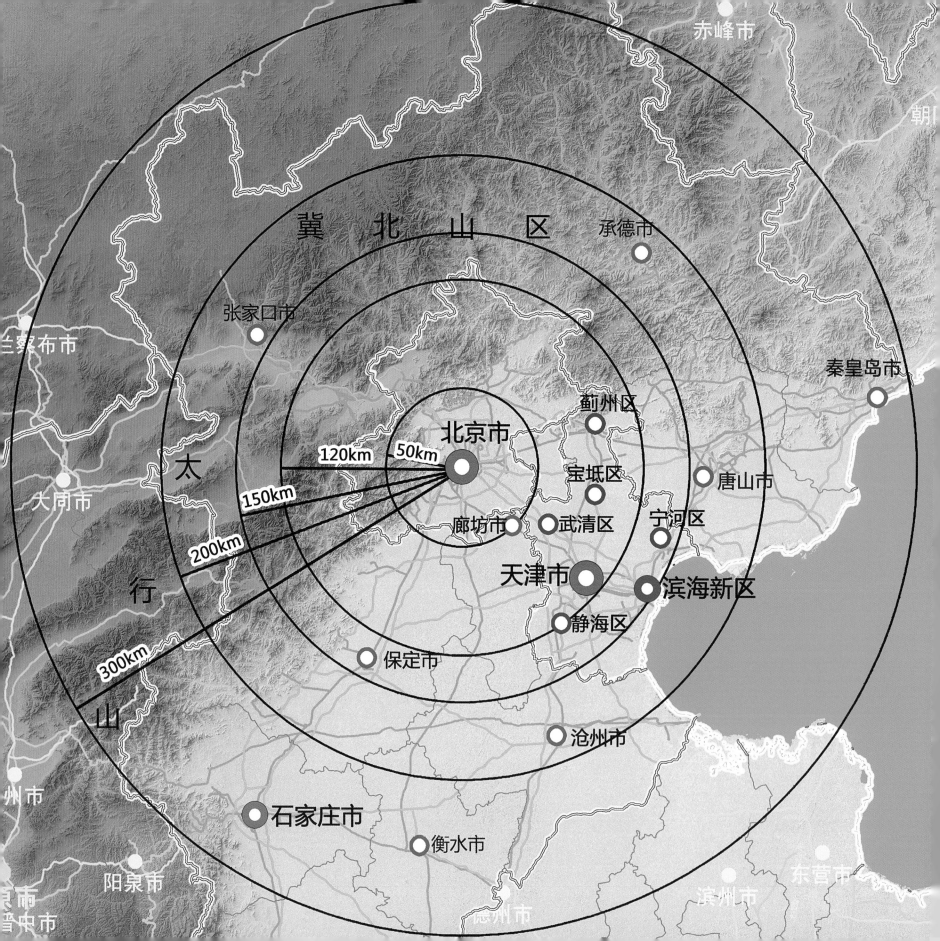

序
Preface

2006年5月，国务院下发《关于推进天津滨海新区开发开放有关问题的意见》（国发〔2006〕20号），滨海新区正式被纳入国家发展战略，成为综合配套改革试验区。按照党中央、国务院的部署，在国家各部委的大力支持下，天津市委市政府举全市之力建设滨海新区。经过艰苦的奋斗和不懈的努力，滨海新区的开发开放取得了令人瞩目的成绩。今天的滨海新区与十年前相比有了天翻地覆的变化，经济总量和八大支柱产业规模不断壮大，改革创新不断取得新进展，城市功能和生态环境质量不断改善，社会事业不断进步，居民生活水平不断提高，科学发展的滨海新区正在形成。

回顾和总结十年来的成功经验，其中最重要的就是坚持高水平规划引领。我们深刻地体会到，规划是指南针，是城市发展建设的龙头。要高度重视规划工作，树立国际一流的标准，运用先进的规划理念和方法，与实际情况相结合，探索具有中国特色的城镇化道路，使滨海新区社会经济发展和城乡规划建设达到高水平。为了纪念滨海新区被纳入国家发展战略十周年，滨海新区规划和国土资源管理局组织编写了这套《天津滨海新区规划设计丛书》，内容包括滨海新区总体规划、规划设计国际征集、城市设计探索、控制性详细规划全覆盖、于家堡金融区规划设计、滨海新区文化中心规划设计、城市社区规划设计、保障房规划设计、城市道路交通基础设施和建设成就等，共十册。这是一种非常有意义的纪念方式，目的是总结新区十年来在城市规划设计方面的成功经验，寻找差距和不足，树立新的目标，实现更好的发展。

未来五到十年，是滨海新区实现国家定位的关键时期。在新的历史时期，在"一带一路"、京津冀协同发展国家战略及自贸区的背景下，在我国经济发展进入新常态的情形下，滨海新区作为国家级新区和综合配套改革试验区，要在深化改革开放方面进行先行先试探索，期待用高水平的规划引导经济社会发展和城市规划建设，实现转型升级，为其他国家级新区和我国新型城镇化提供可推广、可复制的经验，为全面建成小康社会、实现中华民族的伟大复兴做出应有的贡献。

天津市委常委
滨海新区区委书记

2016年2月

滨海新区用地规划图
资料来源：天津市城市规划设计研究院

前　言
Foreword

天津市委市政府历来高度重视滨海新区城市规划工作。2007年，天津市第九次党代会提出：全面提升城市规划水平，使新区的规划设计达到国际一流水平。2008年，天津市政府设立重点规划指挥部，开展119项规划编制工作，其中新区38项，内容包括滨海新区空间发展战略和城市总体规划、中新天津生态城等功能区规划、于家堡金融区等重点地区规划，占全市任务的三分之一。在天津市空间发展战略的指导下，滨海新区空间发展战略规划和城市总体规划明确了新区发展的空间格局，满足了新区快速建设的迫切需求，为建立完善的新区规划体系奠定了基础。

天津市规划局多年来一直将滨海新区规划工作作为重点。1986年，天津城市总体规划提出"工业东移"的发展战略，大力发展滨海地区。1994年，开始组织编制滨海新区总体规划。1996年，成立滨海新区规划分局，配合滨海新区领导小组办公室和管委会做好新区规划工作，为新区的规划打下良好的基础，并培养锻炼一支务实的规划管理人员队伍。2009年滨海新区政府成立后，按照市委市政府的要求，天津市规划局率先将除城市总体规划和分区规划之外的规划审批权和行政许可权依法下放给滨海新区政府；同时，与滨海新区政府共同组织新区各委局、各功能区管委会，再次设立新区规划提升指挥部，统筹编制50余项规划，进一步完善规划体系，提高规划设计水平。市委市政府和新区区委区政府主要领导对新区规划工作不断提出要求，通过设立规划指挥部和开展专题会等方式对新区重大规划给予审查。市规划局各位局领导和各部门积极支持新区工作，市有关部门也对新区规划工作给予指导支持，以保证新区各项规划建设的高水平。

滨海新区区委区政府十分重视规划工作。滨海新区行政体制改革后，以原市规划局滨海分局和市国土房屋管理局滨海分局为班底组建了新区规划和国土资源管理局。五年来，在新区区委区政府的正确领导下，新区规划和国土资源管理局认真贯彻落实中央和市委市政府、区委区政府的工作部署，以规划为龙头，不断提高规划设计和管理水平；通过实施全区控规全覆盖，实现新区各功能区统一的规划管理；通过推广城市设计和城市设计规范化法定化改革，不断提高规划管理水平，较好地完成本职工作。在滨海新区被纳入国家发展战略十周年之际，新区规划和国土资源管理局组织编写这套《天津滨海新区规划设计丛书》，对过去的工作进行总结，非常有意义；希望以此为契机，再接再厉，进一步提高规划设计和管理水平，为新区在新的历史时期再次腾飞做出更大的贡献。

天津市规划局局长　　　　天津市滨海新区区长

2016年3月

滨海新区城市规划的十年历程
Ten Years Development Course of Binhai Urban Planning

　　白驹过隙，在持续的艰苦奋斗和改革创新中，滨海新区迎来了被纳入国家发展战略后的第一个十年。作为中国经济增长的第三极，在快速城市化的进程中，滨海新区的城市规划建设以改革创新为引领，尝试在一些关键环节先行先试，成绩斐然。组织编写这套《天津滨海新区规划设计丛书》，对过去十年的工作进行回顾总结，是纪念新区十周年一种很有意义的方式，希望为国内外城市提供经验借鉴，也为新区未来发展和规划的进一步提升夯实基础。这里，我们把滨海新区的历史沿革、开发开放的基本情况以及在城市规划编制、管理方面的主要思路和做法介绍给大家，作为丛书的背景资料，方便读者更好地阅读。

一、滨海新区十年来的发展变化

1.滨海新区重要的战略地位

　　滨海新区位于天津东部、渤海之滨，是北京的出海口，战略位置十分重要。历史上，在明万历年间，塘沽已成为沿海军事重镇。到清末，随着京杭大运河淤积，南北漕运改为海运，塘沽逐步成为河、海联运的中转站和货物集散地。大沽炮台是我国近代史上重要的海防屏障。

　　1860年第二次鸦片战争，八国联军从北塘登陆，中国的大门向西方打开。天津被迫开埠，海河两岸修建起八国租界。塘沽成为当时军工和民族工业发展的一个重要基地。光绪十一年（1885年），清政府在大沽创建"北洋水师大沽船坞"。光绪十四年（1888年），开滦矿务局唐（山）胥（各

庄）铁路延长至塘沽。1914年，实业家范旭东在塘沽创办久大精盐厂和中国第一个纯碱厂——永利碱厂，使这里成为中国民族化工业的发源地。抗战爆发后，日本侵略者出于掠夺的目的于1939年在海河口开建人工海港。

　　中华人民共和国成立后，天津市获得新生。1951年，天津港正式开港。凭借良好的工业传统，在第一个"五年计划"期间，我国许多自主生产的工业产品，如第一台电视机、第一辆自行车、第一辆汽车等，都在天津诞生，天津逐步从商贸城市转型为生产型城市。1978年改革开放，天津迎来了新的机遇。1986年城市总体规划确定了"一条扁担挑两头"的城市布局，在塘沽城区东北部盐场选址规划建设天津经济技术开发区（Tianjin Economic-Technological Development Area—TEDA）——泰达，一批外向型工业兴起，开发区成为天津走向世界的一个窗口。1986年，被称为"中国改革开放总设计师"的邓小平高瞻远瞩地指出："你们在港口和市区之间有这么多荒地，这是个很大的优势，我看你们潜力很大"，并欣然题词："开发区大有希望"。

　　1992年小平同志南行后，中国的改革开放进入新的历史时期。1994年，天津市委市政府加大实施"工业东移"战略，提出：用十年的时间基本建成滨海新区，把饱受发展限制的天津老城区的工业转移至地域广阔的滨海新区，转型升级。1999年，时任中央总书记的江泽民充分肯定了滨海新区的发展："滨海新区的战略布局思路正确，肯定大有希望。"经过十多年的努力奋斗，进入21世纪以来，天津滨海新区已经具备了一定的发展基础，取得了一定的成绩，为被纳入

国家发展战略奠定了坚实的基础。

2. 中国经济增长的第三极

2005 年 10 月，党的十六届五中全会在《中共中央关于制定国民经济和社会发展第十一个五年规划的建议》中提出：继续发挥经济特区、上海浦东新区的作用，推进天津滨海新区等条件较好地区的开发开放，带动区域经济发展。2006 年，滨海新区被纳入国家"十一五"规划。2006 年 6 月，国务院下发《关于推进天津滨海新区开发开放有关问题的意见》（国发〔2006〕20 号），滨海新区被正式纳入国家发展战略，成为综合配套改革试验区。

20 世纪 80 年代深圳经济特区设立的目的是在改革开放的初期，打开一扇看世界的窗。20 世纪 90 年代上海浦东新区的设立正处于我国改革开放取得重大成绩的历史时期，其目的是扩大开放、深化改革。21 世纪天津滨海新区设立的目的是在我国初步建成小康社会的条件下，按照科学发展观的要求，做进一步深化改革的试验区、先行区。国务院对滨海新区的定位是：依托京津冀、服务环渤海、辐射"三北"、面向东北亚，努力建设成为我国北方对外开放的门户、高水平的现代制造业和研发转化基地、北方国际航运中心和国际物流中心，逐步成为经济繁荣、社会和谐、环境优美的宜居生态型新城区。

滨海新区距北京只有 1 小时车程，有北方最大的港口天津港。有国外记者预测，"未来 20 年，滨海新区将成为中国经济增长的第三极——中国经济增长的新引擎"。这片有

着深厚历史积淀和基础、充满活力和激情的盐田滩涂将成为新一代领导人政治理论和政策举措的示范窗口和试验田，要通过"科学发展"建设一个"和谐社会"，以带动北方经济的振兴。与此同时，滨海新区也处于金融改革、技术创新、环境保护和城市规划建设等政策试验的最前沿。

3. 滨海新区十年来取得的成绩

按照党中央、国务院的部署，天津市委市政府举全市之力建设滨海新区。经过不懈的努力，滨海新区开发开放取得了令人瞩目的成绩，以行政体制改革引领的综合配套改革不断推进，经济高速增长，产业转型升级，今天的滨海新区与十年前相比有了沧海桑田般的变化。

2015 年，滨海新区国内生产总值达到 9300 万亿左右，是 2006 年的 5 倍，占天津全市比重 56%。航空航天等八大支柱产业初步形成，空中客车 A-320 客机组装厂、新一代运载火箭、天河一号超级计算机等国际一流的产业生产研发基地建成运营。1000 万吨炼油和 120 万吨乙烯厂建成投产。丰田、长城汽车年产量提高至 100 万辆，三星等手机生产商生产手机 1 亿部。天津港吞吐量达到 5.4 亿吨，集装箱 1400 万标箱，邮轮母港的客流量超过 40 万人次，天津滨海国际机场年吞吐量突破 1400 万人次。京津塘城际高速铁路延伸线、津秦客运专线投入运营。滨海新区作为高水平的现代制造业和研发转化基地、北方国际航运中心和国际物流中心的功能正在逐步形成。

十年来，滨海新区的城市规划建设也取得了令人瞩目

的成绩，城市建成区面积扩大了130平方千米，人口增加了130万。完善的城市道路交通、市政基础设施骨架和生态廊道初步建立，产业布局得以优化，特别是各具特色的功能区竞相发展，一个既符合新区地域特点又适应国际城市发展趋势、富有竞争优势、多组团网络化的城市区域格局正在形成。中心商务区于家堡金融区海河两岸、开发区现代产业服务区（MSD）、中新天津生态城以及空港商务区、高新区渤龙湖地区、东疆港、北塘等区域的规划建设都体现了国际水准，滨海新区现代化港口城市的轮廓和面貌初露端倪。

二、滨海新区十年城市规划编制的经验总结

回顾十年来滨海新区取得的成绩，城市规划发挥了重要的引领作用，许多领导、国内外专家学者和外省市的同行到新区考察时都对新区的城市规划予以肯定。作为中国经济增长的第三极，新区以深圳特区和浦东新区为榜样，力争城市规划建设达到更高水平。要实现这一目标，规划设计必须具有超前性，且树立国际一流的标准。在快速发展的情形下，做到规划先行，切实提高规划设计水平，不是一件容易的事情。归纳起来，我们主要有以下几方面的做法。

1.高度重视城市规划工作，花大力气开展规划编制，持之以恒，建立完善的规划体系

城市规划要发挥引导作用，首先必须有完整的规划体系。天津市委市政府历来高度重视城市规划工作。2006年，滨海新区被纳入国家发展战略，市政府立即组织开展了城市总体规划、功能区分区规划、重点地区城市设计等规划编制工作。但是，要在短时间内建立完善的规划体系，提高规划设计水平，特别是像滨海新区这样的新区，在"等规划如等米下锅"的情形下，必须采取非常规的措施。

2007年，天津市第九次党代会提出了全面提升规划水平的要求。2008年，天津全市成立了重点规划指挥部，开展了119项规划编制工作，其中新区38项，占全市任务的1/3。重点规划指挥部采用市主要领导亲自抓、规划局和政府相关部门集中办公的形式，新区和各区县成立重点规划编制分指挥部。为解决当地规划设计力量不足的问题，我们进一步开放规划设计市场，吸引国内外高水平的规划设计单位参与天津的规划编制。规划编制内容充分考虑城市长远发展，完善规划体系，同时以近五年建设项目策划为重点。新区38项规划内容包括滨海新区空间发展战略规划和城市总体规划、中新天津生态城、南港工业区等分区规划，于家堡金融区、响螺湾商务区和开发区现代产业服务区（MSD）等重点地区，涵盖总体规划、分区规划、城市设计、控制性详细规划等层面。改变过去习惯的先编制上位规划、再顺次编制下位规划的做法，改串联为并联，压缩规划编制审批的时间，促进上下层规划的互动。起初，大家对重点规划指挥部这种形式有怀疑和议论。实际上，规划编制有时需要特殊的组织形式，如编制城市总体规划一般的做法都需要采取成立领导小组、集中规划编制组等形式。重点规划指挥部这种集中突击式的规划编制是规划编制各种组织形式中的一种。实践证明，它对于一个城市在短时期内规划体系完善和水平的提高十分有效。

经过大干150天的努力和"五加二、白加黑"的奋战，38项规划成果编制完成。在天津市空间发展战略的指导下，滨海新区空间发展战略规划和城市总体规划明确了新区发展大的空间格局。在总体规划、分区规划和城市设计指导下，近期重点建设区的控制性详细规划先行批复，满足了新区实施国家战略伊始加速建设的迫切要求。可以说，重点规划指挥部38项规划的编制完成保证了当前的建设，更重要的是夯实了新区城市规划体系的根基。

除城市总体规划外，控制性详细规划不可或缺。控制性详细规划作为对城市总体规划、分区规划和专项规划的深化和落实，是规划管理的法规性文件和土地出让的依据，在规划体系中起着承上启下的关键作用。2007年以前，滨海新区控制性详细规划仅完成了建成区的30%。控规覆盖率低

必然造成规划的被动。因此，我们将新区控规全覆盖作为一项重点工作。经过近一年的扎实准备，2008年初，滨海新区和市规划局统一组织开展了滨海新区控规全覆盖工作，规划依照统一的技术标准、统一的成果形式和统一的审查程序进行。按照全覆盖和无缝拼接的原则，将滨海新区2270平方千米的土地划分为38个分区250个规划单元，同时编制。要实现控规全覆盖，工作量巨大，按照国家指导标准，仅规划编制经费就需巨额投入，因此有人对这项工作持怀疑态度。新区管委会高度重视，利用国家开发银行的技术援助贷款，解决了规划编制经费问题。新区规划分局统筹全区控规编制，各功能区管委会和塘沽、汉沽、大港政府认真组织实施。除天津规划院、渤海规划院之外，国内十多家规划设计单位也参与了控规编制。这项工作也被列入2008年重点规划指挥部的任务并延续下来。到2009年底，历时两年多的奋斗，新区控规全覆盖基本编制完成，经过专家审议、征求部门意见以及向社会公示等程序后，2010年3月，新区政府第七次常务会审议通过并下发执行。滨海新区历史上第一次实现了控规全覆盖，实现了每一寸土地上都有规划，使规划成为经济发展和城市建设的先行官，从此再没有出现招商和项目建设等无规划的情况。控规全覆盖奠定了滨海新区完整规划体系的牢固底盘。

当然，完善的城市规划体系不是一次设立重点规划指挥部、一次控规全覆盖就可以全方位建立的。所以，2010年4月，在滨海新区政府成立后，按照市委市政府要求，滨海新区人民政府和市规划局组织新区规划和国土资源管理局与新区各委局、各功能区管委会，再次设立新区规划提升指挥部，统筹编制新区总体规划提升在内的50余项各层次规划，进一步完善规划体系，提高规划设计水平。另外，除了设立重点规划指挥部和控规全覆盖这种特殊的组织形式外，新区政府在每年年度预算中都设立了规划业务经费，确定一定数量的指令性任务，有计划地长期开展规划编制和研究工作，持之以恒，这一点也很重要。

十年后的今天，经过两次设立重点规划指挥部、控规全覆盖和多年持续的努力，滨海新区建立了包括总体规划和详细规划两大阶段，涉及空间发展战略、总体规划、分区规划、专项规划、控制性详细规划、城市设计和城市设计导则等七个层面的完善的规划体系。这个规划体系是一个庞大的体系，由数百项规划组成，各层次、各片区规划具有各自的作用，不可或缺。空间发展战略和总体规划明确了新区的空间布局和总体发展方向；分区规划明确了各功能区主导产业和空间布局特色；专项规划明确了各项道路交通、市政和社会事业发展布局。控制性详细规划做到全覆盖，确保每一寸土地都有规划，实现全区一张图管理。城市设计细化了城市功能和空间形象特色，重点地区城市设计及导则保证了城市环境品质的提升。我们深刻地体会到，一个完善的规划体系，不仅是资金投入的累积，更是各级领导干部、专家学者、技术人员和广大群众的时间、精力、心血和智慧的结晶。建立一套完善的规划体系不容易，保证规划体系的高品质更加重要，要在维护规划稳定和延续的基础上，紧跟时代的步伐，使规划具有先进性，这是城市规划的历史使命。

2. 坚持继承发展和改革创新，保证规划的延续性和时代感

城市空间战略和总体规划是对未来发展的预测和布局，关系城市未来几十年、上百年发展的方向和品质，必须符合城市发展的客观规律，具有科学性和稳定性。同时，21世纪科学技术日新月异，不断进步，所以，城市规划也要有一定弹性，以适应发展的变化，并正确认识城市规划不变与变的辩证关系。多年来，继承发展和改革创新并重是天津及滨海新区城市规划的主要特征和成功经验。

早在1986年经国务院批准的第一个天津市城市总体规划中，天津市提出了"工业战略东移"的总体思路，确定了"一条扁担挑两头"的城市总体格局。这个规划符合港口城

市由内河港向海口港转移和大工业沿海布置发展的客观规律和天津城市的实际情况。30年来，天津几版城市总体规划修编一直坚持城市大的格局不变，城市总体规划一直突出天津港口和滨海新区的重要性，保持规划的延续性，这是天津城市规划非常重要的传统。正是因为多年来坚持了这样一个符合城市发展规律和城市实际情况的总体规划，没有"翻烧饼"，才为多年后天津的再次腾飞和滨海新区的开发开放奠定了坚实的基础。

当今世界日新月异，在保持规划传统和延续性的同时，我们也更加注重城市规划的改革创新和时代性。2008年，考虑到滨海新区开发开放和落实国家对天津城市定位等实际情况，市委市政府组织编制天津市空间发展战略，在2006年国务院批准的新一版城市总体规划布局的基础上，以问题为导向，确定了"双城双港、相向拓展、一轴两带、南北生态"的格局，突出了滨海新区和港口的重要作用，同时着力解决港城矛盾，这是对天津历版城市总体规划布局的继承和发展。在天津市空间发展战略的指导下，结合新区的实际情况和历史沿革，在上版新区总体规划以塘沽、汉沽、大港老城区为主的"一轴一带三区"布局结构的基础上，考虑众多新兴产业功能区作为新区发展主体的实际，滨海新区确定了"一城双港、九区支撑、龙头带动"的空间发展战略。在空间战略的指导下，新区的城市总体规划充分考虑历史演变和生态本底，依托天津港和天津国际机场核心资源，强调功能区与城区协调发展和生态环境保护，规划形成"一城双港三片区"的空间格局，确定了"东港口、西高新、南重化、北旅游、中服务"的产业发展布局，改变了过去开发区、保税区、塘沽区、汉沽区、大港区各自为政、小而全的做法，强调统筹协调和相互配合。规划明确了各功能区的功能和产业特色，以产业族群和产业链延伸发展，避免重复建设和恶性竞争。规划明确提出：原塘沽区、汉沽区、大港区与城区临近的石化产业，包括新上石化项目，统一向南港工业区集中，

真正改变了多少年来财政分灶吃饭体制所造成的一直难以克服的城市环境保护和城市安全的难题，使滨海新区走上健康发展的轨道。

改革开放30年来，城市规划改革创新的重点仍然是转换传统计划经济的思维，真正适应社会主义市场经济和政府职能转变要求，改变规划计划式的编制方式和内容。目前城市空间发展战略虽然还不是法定规划，但与城市总体规划相比，更加注重以问题为导向，明确城市总体长远发展的结构和布局，统筹功能更强。天津市人大在国内率先将天津空间发展战略升级为地方性法规，具有重要的示范作用。在空间发展战略的指导下，城市总体规划的编制也要改变传统上以10～20年规划期经济规模、人口规模和人均建设用地指标为终点式的规划和每5～10年修编一次的做法，避免"规划修编一次、城市摊大一次"，造成"城市摊大饼发展"的局面。滨海新区空间发展战略重点研究区域统筹发展、港城协调发展、海空两港及重大交通体系、产业布局、生态保护、海岸线使用、填海造陆和盐田资源利用等重大问题，统一思想认识，提出发展策略。新区城市总体规划按照城市空间发展战略，以50年远景规划为出发点，确定整体空间骨架，预测不同阶段的城市规模和形态，通过滚动编制近期建设规划，引导和控制近期发展，适应发展的不确定性，真正做到"一张蓝图干到底"。

改革开放30年以来，我国的城市建设取得了巨大的成绩，但如何克服"城市千城一面"的问题，避免城市病，提高规划设计和管理水平一直是一个重要课题。我们把城市设计作为提升规划设计水平和管理水平的主要抓手。在城市总体规划编制过程中，邀请清华大学开展了新区总体城市设计研究，探讨新区的总体空间形态和城市特色。在功能区规划中，首先通过城市设计方案确定功能区的总体布局和形态，然后再编制分区规划和控制性详细规划。自2006年以来，我们共开展了100余项城市设计。其中，新

区核心区实现了城市设计全覆盖，于家堡金融区、响螺湾商务区、开发区现代产业服务区（MSD）、空港经济区核心区、滨海高新区渤龙湖总部区、北塘特色旅游区、东疆港配套服务区等20余个城市重点地区，以及海河两岸和历史街区都编制了高水平的城市设计，各具特色。鉴于目前城市设计在我国还不是法定规划，作为国家综合配套改革试验区，我们开展了城市设计规范化和法定化专题研究和改革试点，在城市设计的基础上，编制城市设计导则，作为区域规划管理和建筑设计审批的依据。城市设计导则不仅规定开发地块的开发强度、建筑高度和密度等，而且确定建筑的体量位置、贴线率、建筑风格、色彩等要求，包括地下空间设计的指引，直至街道景观家具的设置等内容。于家堡金融区、北塘、渤龙湖、空港核心区等新区重点区域均完成了城市设计导则的编制，并已付诸实施，效果明显。实践证明，与控制性详细规划相比，城市设计导则在规划管理上可更准确地指导建筑设计，保证规划、建筑设计和景观设计的统一，塑造高水准的城市形象和建成环境。

规划的改革创新是个持续的过程。控规最早是借鉴美国区划和中国香港法定图则，结合我国实际情况在深圳、上海等地先行先试的。我们在实践中一直在对控规进行完善。针对大城市地区城乡统筹发展的趋势，滨海新区控规从传统的城市规划范围拓展到整个新区2270平方千米的范围，实现了控制性详细规划城乡全覆盖。250个规划单元分为城区和生态区两类，按照不同的标准分别编制。生态区以农村地区的生产和生态环境保护为主，同时认真规划和严格控制"六线"，包括道路红线、轨道黑线、绿化绿线、市政黄线、河流蓝线以及文物保护紫线，一方面保证城市交通基础设施建设的控制预留，另一方面避免对土地不合理地随意切割，达到合理利用土地和保护生态资源的目的。同时，可以避免深圳由于当年只对围网内特区城市规划区进行控制，造成外围村庄无序发展，形成今天难以解决的城中村问题。另外，规划近、远期结合，考虑到新区处于快速发展期，有一定的不确定性，因此，将控规成果按照编制深度分成两个层面，即控制性详细规划和土地细分导则，重点地区还将同步编制城市设计导则，按照"一控规、两导则"来实施规划管理，规划具有一定弹性，重点对保障城市公共利益、涉及国计民生的公共设施进行预留控制，包括教育、文化、体育、医疗卫生、社会福利、社区服务、菜市场等，保证规划布局均衡便捷、建设标准与配套水平适度超前。

3. 树立正确的指导思想，采纳先进的理念，开放规划设计市场，加强自身队伍建设，确保规划编制的高起点、高水平

如果建筑设计的最高境界是技术与艺术的完美结合，那么城市规划则被赋予更多的责任和期许。城市规划不仅仅是制度体系，其本身的内容和水平更加重要。规划不仅仅要指引城市发展建设，营造优美的人居环境，还试图要解决城市许多的经济、社会和环境问题，避免交通拥堵、环境污染、住房短缺等城市病。现代城市规划100多年的发展历程，涵盖了世界各国、众多城市为理想愿景奋斗的历史、成功的经验、失败的教训，为我们提供了丰富的案例。经过100多年从理论到实践的循环往复和螺旋上升，城市规划发展成为经济、社会、环境多学科融合的学科，涌现出多种多样的理论和方法。但是，面对中国改革开放和快速城市化，目前仍然没有成熟的理论方法和模式可以套用。因此，要使规划编制达到高水平，必须加强理论研究和理论的指引，树立正确的指导思想，总结国内外案例的经验教训，应用先进的规划理念和方法，探索适合自身特点的城市发展道路，避免规划灾难。在新区的规划编制过程中，我们始终努力开拓国际视野，加强理论研究，坚持高起步、高标准，以滨海新区的规划设计达到国际一流水平为努力的方向和目标。

新区总体规划编制伊始，我们邀请中国城市规划设计研究院、清华大学开展了深圳特区和浦东新区规划借鉴、京津冀产业协同和新区总体城市设计等专题研究，向周干峙院士、建设部唐凯总规划师等知名专家咨询，以期站在巨人的肩膀上，登高望远，看清自身发展的道路和方向，少走弯路。21世纪，在经济全球化和信息化高度发达的情形下，当代世界城市发展已经呈现出多中心网络化的趋势。滨海新区城市总体规划，借鉴荷兰兰斯塔特（Randstad）、美国旧金山硅谷湾区（Bay Area）、深圳市域等国内外同类城市区域的成功经验，在继承城市历史沿革的同时，结合新区多个特色功能区快速发展的实际情况，应用国际上城市区域（City Region）等最新理论，形成滨海新区多中心组团式的城市区域总体规划结构，改变了传统的城镇体系规划和以中心城市为主的等级结构，适应了产业创新发展的要求，呼应了城市生态保护的形势，顺应了未来城市发展的方向，符合滨海新区的实际。规划产业、功能和空间各具特色的功能区作为城市组团，由生态廊道分隔，以快速轨道交通串联，形成城市网络，实现区域功能共享，避免各自独立发展所带来的重复建设问题。多组团城市区域布局改变了单中心聚集、"摊大饼"式蔓延发展模式，也可避免出现深圳当年对全区域缺失规划控制的问题。深圳最初的规划以关内300平方千米为主，"带状组团式布局"的城市总体规划是一个高水平的规划，但由于忽略了关外1600平方千米的土地，造成了外围"城中村"蔓延发展，后期改造难度很大。

生态城市和绿色发展理念是新区城市总体规划的一个突出特征。通过对城市未来50年甚至更长远发展的考虑，确定了城市增长边界，与此同时，划定了城市永久的生态保护控制范围，新区的生态用地规模确保在总用地的50%以上。根据新区河湖水系丰富和土地盐碱的特征，规划开挖部分河道水面、连通水系，存蓄雨洪水，实现湿地恢复，并通过水流起到排碱和改良土壤、改善植被的作用。在绿色交通方面，除以大运量快速轨道交通串联各功能区组团外，各组团内规划电车与快速轨道交通换乘，如开发区和中新天津生态城，提高公交覆盖率，增加绿色出行比重，形成公交都市。同时，组团内产业和生活均衡布局，减少不必要的出行。在资源利用方面，开发再生水和海水利用，实现非常规水源约占比50%以上。结合海水淡化，大力发展热电联产，实现淡水、盐、热、电的综合产出。鼓励开发利用地热、风能及太阳能等清洁能源。自2008年以来，中新天津生态城的规划建设已经提供了在盐碱地上建设生态城市可推广、可复制的成功经验。

有历史学家说，城市是人类历史上最伟大的发明，是人类文明集中的诞生地。在21世纪信息化高度发达的今天，城市的聚集功能依然非常重要，特别是高度密集的城市中心。陆家嘴金融区、罗湖和福田中心区，对上海浦东新区和深圳特区的快速发展起到了至关重要的作用。被纳入国家发展战略伊始，滨海新区就开始研究如何选址和规划建设新区的核心——中心商务区。这是一个急迫需要确定的课题，而困难在于滨海新区并不是一张白纸，实际上是一个经过100多年发展的老区。经过深入的前期研究和多方案比选，最终确定在海河下游沿岸规划建设新区的中心。这片区域由码头、仓库、油库、工厂、村庄、荒地和一部分质量不高的多层住宅组成，包括于家堡、响螺湾、天津碱厂等区域，毗邻开发区现代产业服务区（MSD）。在如此衰败的区域中规划高水平的中心商务区，在真正建成前会一直有怀疑和议论，就像十多年前我们规划把海河建设成为世界名河所受到的非议一样，是很正常的事情。规划需要远见卓识，更需要深入的工作。滨海新区中心商务区规划明确了在区域中的功能定位，明确了与天津老城区城市中心的关系。通过对国内外有关城市中心商务区的经验比较，确定了新区中心商务区的规划范围和建设规模。大家发现，于家堡金融区半岛与伦敦泰晤士河畔的道克兰金融区形态上很相似，这冥冥之中揭示了滨河城市发展的共同规律。为提升新区中心商务区海河两岸和于家堡金融区规划设计水平，我们邀请国内顶级专家吴良镛、齐康、彭一刚、邹德慈四位院士以及国际城市设计名家、美国宾夕法尼亚大学乔纳森·巴奈特（Jonathan Barnett）教授等专家作为顾问，为规划出谋划策。邀请美国 SOM 设计公司、易道公司（EDAW Inc.）、清华大学和英国沃特曼国际工程公司（Waterman Inc.）开展了两次工作营，召开了四次重大课题的咨询论证会，确定了高铁车站位置、海河防洪和基地高度、起步区选址等重大问题，并会同国际建协进行了于家堡城市设计方案国际竞赛。于家堡地区的规划设计，汲取纽约曼哈顿、芝加哥一英里、上海浦东陆家嘴等的成功经验，通过众多规划设计单位的共同参与和群策群力，多方案比选，最终采用了窄街廓、密路网和立体化的规划布局，将京津城际铁路车站延伸到金融区地下，与地铁共同构成了交通枢纽。规划以人为主，形成了完善的地下和地面人行步道系统。规划建设了中央大道隧道和地下车行路，以及市政共同沟。规划沿海河布置绿带，形成了美丽的滨河景观和城市天际线。于家堡的规划设计充分体现了功能、人文、生态和技术相结合，达到了较高水平，具有时代性，为充满活力的金融创新中心的发展打下了坚实的空间基础，营造了美好的场所，成为带动新区发展的"滨海芯"。

人类经济社会发展的最终目的是为了人，为人提供良好的生活、工作、游憩环境，提高生活质量。住房和城市社区是构成城市最基本的细胞，是城市的本底。城市规划突出和谐社会构建、强调以人为本就是要更加注重住房和社区规划设计。目前，虽然我国住房制度改革取得一定成绩，房地产市场规模巨大，但我国在保障性住房政策、居住区规划设计和住宅建筑设计和规划管理上一直存在比较多的问题，大众对居住质量和环境并不十分满意。居住区规划设计存在的问题也是造成城市病的主要根源之一。近几年来，结合滨海新区十大改革之一的保障房制度改革，我们在进行新型住房制度探索的同时，一直在进行住房和社区规划设计体系的创新研究，委托美国著名的公共住房专家丹尼尔·所罗门（Daniel Solomon），并与华汇公司和天津规划院合作，进行新区和谐新城社区的规划设计。邀请国内著名的住宅专家，举办研讨会，在保障房政策、社区规划、住宅单体设计到停车、物业管理、社区邻里中心设计、网络时代社区商业运营和生态社区建设等方面不断深化研究。规划尝试建立均衡普惠的社区、邻里、街坊三级公益性公共设施网络与和谐、宜人、高品质、多样化的住宅，满足人们不断提高的对生活质量的追求，从根本上提高我国城市的品质，解决城市病。

要编制高水平的规划，最重要的还是要邀请国内外高水平、具有国际视野和成功经验的专家和规划设计公司。在新区规划编制过程中，我们一直邀请国内外知名专家给予指导，坚持重大项目采用规划设计方案咨询和国际征集等形式，全方位开放规划设计市场，邀请国内外一流规划设计单位参与规划编制。自 2006 年以来，新区共组织了 10 余次、20 余项城市设计、建筑设计和景观设计方案国际征集活动，几十家来自美国、英国、德国、新加坡、澳大利亚、法国、荷兰、加拿大等国家和中国香港地区的国际知名规划设计单位报名参与，将国际先进的规划设计理念和技术与滨海新区具体情况相结合，努力打造最好的规划设计作品。总体来看，新区各项重要规划均由著名的规划设计公司完成，如于家堡金融区城市设计为国际著名的美国 SOM 设计公司领衔，海河两岸景观概念规划是著名景观设计公司易道公司完成的，彩带岛景观设计由设计伦敦奥运会景观的美国哈格里夫斯事务所（Hargreaves Associates.）主笔，文化中心由世界著名建筑师伯纳德·屈米（Bernard Tschumi）等国际设计大师领衔。针对规划设计项目任务不同的特点，在规划编制组织形式上灵活地采用不同的方式。在国际合作上，既采用以征集规划思路和方案为目的的方案征集方式，也采用旨在研究并解决重大问题的工作营和咨询方式。

城市规划是一项长期持续和不断积累的工作，包括使国际视野转化为地方行动，需要本地规划设计队伍的支撑和保证。滨海新区有两支甲级规划队伍长期在新区工作，包括2005年天津市城市规划设计研究院成立的滨海分院以及渤海城市规划设计研究院。2008年，渤海城市规划设计研究院升格为甲级。这两个甲级规划设计院，100多名规划师，不间断地在新区从事规划编制和研究工作。另外，还有滨海新区规划国土局所属的信息中心、城建档案馆等单位，伴随新区成长，为新区规划达到高水平奠定了坚实的基础。我们组织的重点规划设计，如滨海新区中心商务区海河两岸、于家堡金融区规划设计方案国际征集等，事先都由天津市城市规划设计研究院和渤海城市规划设计研究院进行前期研究和试做，发挥他们对现实情况、存在问题和国内技术规范比较清楚的优势，对诸如海河防洪、通航、道路交通等方面存在的关键问题进行深入研究，提出不同的解决方案。通过试做可以保证规划设计征集出对题目，有的放矢，保证国际设计大师集中精力于规划设计的创作和主要问题的解决，这样既可提高效率和资金使用的效益，又可保证后期规划设计顺利落地，且可操作性强，避免"方案国际征集经常落得花了很多钱但最后仅仅是得到一张画得十分绚丽的效果图"的结局。同时，利用这些机会，天津市城市规划设计研究院和渤海城市规划设计研究院经常与国外的规划设计公司合作，在此过程中学习，进而提升自己。在规划实施过程中，在可能的情况下，也尽力为国内优秀建筑师提供舞台。于家堡金融区起步区"9+3"地块建筑设计，邀请了崔愷院士、周恺设计大师等九名国内著名青年建筑师操刀，与城市设计导则编制负责人、美国SOM设计公司合伙人菲尔·恩奎斯特（Philip Enquist）联手，组成联合规划和建筑设计团队共同工作，既保证了建筑单体方案建筑设计的高水平，又保证了城市街道、广场的整体形象和绿地、公园等公共空间的品质。

4. 加强公众参与，实现规划科学民主管理

城市规划要体现全体居民的共同意志和愿景。我们在整个规划编制和管理过程中，一贯坚持以"政府组织、专家领衔、

部门合作、公众参与、科学决策"的原则指导具体规划工作，将达成"学术共识、社会共识、领导共识"三个共识作为工作的基本要求，保证规划科学和民主真正得到落实。将公众参与作为法定程序，按照"审批前公示、审批后公告"的原则，新区各项规划在编制过程均利用报刊、网站、规划展览馆等方式，对公众进行公示，听取公众意见。2009年，在天津市空间发展战略向市民征求意见中，我们将滨海新区空间发展战略、城市总体规划以及于家堡金融区、响螺湾商务区和中新天津生态城规划在《天津日报》上进行了公示。2010年，在控规全覆盖编制中，每个控规单元的规划都严格按照审查程序经控规技术组审核、部门审核、专家审议等程序，以报纸、网络、公示牌等形式，向社会公示，公开征询市民意见，由设计单位对市民意见进行整理，并反馈采纳情况。一些重要的道路交通市政基础设施规划和实施方案按有关要求同样进行公示。2011年我们在《滨海时报》及相关网站上，就新区轨道网规划进行公开征求意见，针对收到的200余条意见，进行认真整理，根据意见对规划方案进行深化完善，并再次公告。2015年，在国家批准新区地铁近期建设规划后，我们将近期实施地铁线的更准确的定线规划再次在政务网公示，广泛征求市民的意见，让大家了解和参与到城市规划和建设中，传承"人民城市人民建"的优良传统。

三、滨海新区十年城市规划管理体制改革的经验总结

城市规划不仅是一套规范的技术体系，也是一套严密的管理体系。城市规划建设要达到高水平，规划管理体制上也必须相适应。与国内许多新区一样，滨海新区设立之初不是完整的行政区，是由塘沽、汉沽、大港三个行政区和东丽、津南部分区域构成，面积达2270平方千米，在这个范围内，还有由天津港务局演变来的天津港集团公司、大港油田管理局演变而来的中国石油大港油田公司、中海油渤海公司等正

局级大型国有企业，以及新设立的天津经济技术开发区、天津港保税区等。国务院《关于推进天津滨海新区开发开放有关问题的意见》提出：滨海新区要进行行政体制改革，建立"统一、协调、精简、高效、廉洁"的管理体制，这是非常重要的改革内容，对国内众多新区具有示范意义。十年来，结合行政管理体制的改革，新区的规划管理体制也一直在调整优化中。

1. 结合新区不断进行的行政管理体制改革，完善新区的规划管理体制

1994 年，天津市委市政府提出"用十年时间基本建成滨海新区"的战略，成立了滨海新区领导小组。1995 年设立领导小组专职办公室，协调新区的规划和基础设施建设。2000 年，在领导小组办公室的基础上成立了滨海新区工委和管委会，作为市委市政府的派出机构，主要职能是加强领导、统筹规划、组织推动、综合协调、增强合力、加快发展。2006 年滨海新区被纳入国家发展战略后，一直在探讨行政管理体制的改革。十年来，滨海新区的行政管理体制经历了 2009 年和 2013 年两次大的改革，从新区工委管委会加 3 个行政区政府和 3 大功能区管委会，到滨海新区政府加 3 个城区管委会和 9 大功能区管委会，再到完整的滨海新区政府加 7 大功能区管委 19 街镇政府。在这一演变过程中，规划管理体制经历 2009 年的改革整合，目前相对比较稳定，但面临的改革任务仍然很艰巨。

天津市规划局（天津市土地局）早在 1996 年即成立滨海新区分局，长期从事新区的规划工作，为新区统一规划打下了良好的基础，也培养锻炼了一支务实的规划管理队伍，成为新区规划管理力量的班底。在新区领导小组办公室和管委会期间，规划分局与管委会下设的 3 局 2 室配合密切。随着天津市机构改革，2007 年，市编办下达市规划局滨海新区规划分局三定方案，为滨海新区管委会和市规划局双重领导，以市局为主。2009 年底滨海新区行政体制改革后，以

原市规划局滨海分局和市国土房屋管理局滨海分局为班底组建了新区规划国土资源局。按照市委批准的三定方案，新区规划国土资源局受新区政府和市局双重领导，以新区为主，市规划局领导兼任新区规划国土局局长。这次改革，撤销了原塘沽、汉沽、大港三个行政区的规划局和市国土房管局直属的塘沽、汉沽、大港土地分局，整合为新区规划国土资源局三个直属分局。同时，考虑到功能区在新区加快发展中的重要作用和天津市人大颁布的《开发区条例》等法规，新区各功能区的规划仍然由功能区管理。

滨海新区政府成立后，天津市规划局率先将除城市总体规划和分区规划之外的规划审批权和行政许可权下放给滨海新区政府。市委市政府主要领导不断对新区规划工作提出要求，分管副市长通过规划指挥部和专题会等形式对新区重大规划给予审查指导。市规划局各部门和各位局领导积极支持新区工作，市有关部门也都对新区规划工作给予指导和支持。按照新区政府的统一部署，新区规划国土局向功能区放权，具体项目审批都由各功能区办理。当然，放权不等于放任不管。除业务上积极给予指导外，新区规划国土局对功能区招商引资中遇到的规划问题给予尽可能的支持。同时，对功能区进行监管，包括控制性详细规划实施、建筑设计项目的审批等，如果存在问题，则严格要求予以纠正。

目前，现行的规划管理体制适应了新区当前行政管理的特点，但与国家提出的规划应向开发区放权的要求还存在着差距，而有些功能区扩展比较快，还存在规划管理人员不足、管理区域分散的问题。随着新区社会经济的发展和行政管理体制的进一步改革，最终还是应该建立新区规划国土房管局、功能区规划国土房管局和街镇规划国土房管所三级全覆盖、衔接完整的规划行政管理体制。

2. 以规划编制和审批为抓手，实现全区统一规划管理

滨海新区作为一个面积达 2270 平方千米的新区，市委市

政府要求新区做到规划、土地、财政、人事、产业、社会管理等方面的"六统一"，统一的规划是非常重要的环节。如何对功能区简政放权、扁平化管理的同时实现全区的统一和统筹管理，一直是新区政府面对的一个主要课题。我们通过实施全区统一的规划编制和审批，实现了新区统一规划管理的目标。同时，保留功能区对具体项目的规划审批和行政许可，提高行政效率。

滨海新区被纳入国家发展战略后，市委市政府组织新区管委会、各功能区管委会共同统一编制新区空间发展战略和城市总体规划是第一要务，起到了统一思想、统一重大项目和产业布局、统一重大交通和基础设施布局以及统一保护生态格局的重要作用。作为国家级新区，各个产业功能区是新区发展的主力军，经济总量大，水平高，规划的引导作用更重要。因此，市政府要求，在新区总体规划指导下，各功能区都要编制分区规划。分区规划经新区政府同意后，报市政府常务会议批准。目前，新区的每个功能区都有经过市政府批准的分区规划，而且各具产业特色和空间特色，如中心商务区以商务和金融创新功能为主，中新天津生态城以生态、创意和旅游产业为主，东疆保税港区以融资租赁等涉外开放创新为主，开发区以电子信息和汽车产业为主，保税区以航空航天产业为主，高新区以新技术产业为主，临港工业区以重型装备制造为主，南港工业区以石化产业为主。分区规划的编制一方面使总体规划提出的功能定位、产业布局得到落实，另一方面切实指导各功能区开发建设，避免招商引资过程中的恶性竞争和产业雷同等问题，推动了功能区的快速发展，为滨海新区实现功能定位和经济快速发展奠定了坚实的基础。

虽然有了城市总体规划和功能区分区规划，但规划实施管理的具体依据是控制性详细规划。在2007年以前，滨海新区的塘沽、汉沽、大港3个行政区和开发、保税、高新3大功能区各自组织编制自身区域的控制性详细规划，各自审批，缺乏协调和衔接，经常造成矛盾，突出表现在规划布局

和道路交通、市政设施等方面。2008年，我们组织开展了新区控规全覆盖工作，目的是解决控规覆盖率低的问题，适应发展的要求，更重要的是解决各功能区及原塘沽、汉沽、大港3个行政区规划各自为政这一关键问题。通过控规全覆盖的统一编制和审批，实现新区统一的规划管理。虽然控规全覆盖任务浩大，但经过3年的艰苦奋斗，2010年初滨海新区政府成立后，编制完成并按程序批复，恰如其时，实现了新区控规的统一管理。事实证明，在控规统一编制、审批及日后管理的前提下，可以把具体项目的规划审批权放给各个功能区，既提高了行政许可效率，也保证了全区规划的完整统一。

3. 深化改革，强化服务，提高规划管理的效率

在实现规划统一管理、提高城市规划管理水平的同时，不断提高工作效率和行政许可审批效率一直是我国城市规划管理普遍面临的突出问题，也是一个长期的课题。这不仅涉及政府各个部门，还涵盖整个社会服务能力和水平的提高。作为政府机关，城市规划管理部门要强化服务意识和宗旨，简化程序，提高效率。同样，深化改革是有效的措施。

2010年，随着控规下发执行，新区政府同时下发了《滨海新区控制性规划调整管理暂行办法》，明确规定控规调整的主体、调整程序和审批程序，保证规划的严肃性和权威性。在管理办法实施过程中发现，由于新区范围大，发展速度快，在招商引资过程中会出现许多新情况。如果所有控规调整不论大小都报原审批单位、新区政府审批，那么会产生大量的程序问题，效率比较低。因此，根据各功能区的意见，2011年11月新区政府转发了新区规国局拟定的《滨海新区控制性详细规划调整管理办法》，将控规调整细分为局部调整、一般调整和重大调整3类。局部调整主要包括工业用地、仓储用地、公益性用地规划指标微调等，由各功能区管委会审批，报新区规国局备案。一般调整主要指在控规单元内不改变主导属性、开发总量、绿地总量

等情况下的调整，由新区规国局审批。重大调整是指改变控规主导属性、开发总量、重大基础设施调整以及居住用地容积率提高等，报区政府审批。事实证明，新的做法是比较成功的，既保证了控规的严肃性和统一性，也提高了规划调整审批的效率。

2014年5月，新区深化行政审批制度改革，成立审批局，政府18个审批部门的审批职能集合成一个局，"一颗印章管审批"，降低门槛，提高效率，方便企业，激发了社会活力。新区规国局组成50余人的审批处入驻审批局，改变过去多年来"前店后厂"式的审批方式，真正做到现场审批。一年多来的实践证明，集中审批确实大大提高了审批效率，审批处的干部和办公人员付出了辛勤的劳动，规划工作的长期积累为其提供了保障。运行中虽然还存在一定的问题和困难，这恰恰说明行政审批制度改革对规划工作提出了更高的要求，并指明了下一步规划编制、管理和许可改革的方向。

四、滨海新区城市规划的未来展望

回顾过去十年滨海新区城市规划的历程，一幕幕难忘的经历浮现脑海，"五加二、白加黑"的热情和挑灯夜战的场景历历在目。这套城市规划丛书，由滨海新区城市规划亲历者们组织编写，真实地记载了滨海新区十年来城市规划故事的全貌。丛书内容包括滨海新区城市总体规划、规划设计国际征集、城市设计探索、控制性详细规划全覆盖、于家堡金融区规划设计、滨海新区文化中心规划设计、城市社区规划设计、保障房规划设计、城市道路交通基础设施和建设成就等，共十册，比较全面地涵盖了滨海新区规划的主要方面和改革创新的重点内容，希望为全国其他新区提供借鉴，也欢迎大家批评指正。

总体来看，经过十年的努力奋斗，滨海新区城市规划建设取得了显著的成绩。但是，与国内外先进城市相比，滨海新区目前仍然处在发展的初期，未来的任务还很艰巨，还有许多课题需要解决，如人口增长相比经济增速缓慢，城市功能还不够完善，港城矛盾问题依然十分突出，化工产业布局调整还没有到位，轨道交通建设刚刚起步，绿化和生态环境建设任务依然艰巨，城乡规划管理水平亟待提高。"十三五"期间，在我国经济新常态情形下，要实现由速度向质量的转变，滨海新区正处在关键时期。未来5年，新区核心区、海河两岸环境景观要得到根本转变，城市功能进一步提升，公共交通体系初步建成，居住和建筑质量不断提高，环境质量和水平显著改善，新区实现从工地向宜居城区的转变。要达成这样的目标，任务艰巨，唯有改革创新。滨海新区的最大优势就是改革创新，作为国家综合配套改革试验区，城市规划改革创新的使命要时刻牢记，城市规划设计师和管理者必须有这样的胸襟、情怀和理想，要不断深化改革，不停探索，勇于先行先试，积累成功经验，为全面建成小康社会、实现中华民族的伟大复兴做出贡献。

自2014年底，在京津冀协同发展和"一带一路"国家战略及自贸区的背景下，天津市委市政府进一步强化规划编制工作，突出规划的引领作用，再次成立重点规划指挥部。这是在新的历史时期，我国经济发展进入新常态的情形下的一次重点规划编制，期待用高水平的规划引导经济社会转型升级，包括城市规划建设。我们将继续发挥规划引领、改革创新的优良传统，立足当前、着眼长远，全面提升规划设计水平，使滨海新区整体规划设计真正达到国内领先和国际一流水平，为促进滨海新区产业发展、提升载体功能、建设宜居生态城区、实现国家定位提供坚实的规划保障。

天津市规划局副局长、滨海新区规划和国土资源管理局局长

2016年2月

目 录

和谐社区——滨海新区新型社区规划设计研究探索

New Harmony:
The Research for New Prototype of Public Housing Estate in Tianjin Binhai New Area

居住是城市的主要功能，住宅是城市中基本的建筑类型，居住社区在城市用地中占据最大的比例。除去各级综合性城市中心（如中心商务区、中心商业区）、各类特色功能中心（如文化中心、体育中心、大学区、医院区等），以及历史街区外，住宅和居住社区在很大程度上决定着城市基本的肌理、空间形态的品质和风貌特色。住宅组成了社区，居住社区构成了城市。在欧洲古代城市中，住宅建筑围合成完整的街道和广场，居住建筑统一而富于变化的肌理不仅形成连续丰富的城市空间，而且烘托出广场中的教堂等公共建筑的辉煌。我国古代城市如唐代长安城，其完善的里坊制度和整齐的居住建筑是城市重要的组成部分。在明清代北京城的规划中，四合院是基本的居住建筑类型，绿树掩映中的四合院与紫禁城中轴线交相辉映，完美地构成了人类城市历史上"无与伦比的杰作"。

现代城市规划产生的主要原因正是住宅和居住社区的问题。欧洲工业革命后，人口快速地向城市聚集，导致住房短缺。阴暗狭小的住宅人满为患，缺乏基本的采光、通风，缺乏干净的供水和污水排放等设施，垃圾遍地、污水横流，居住区恶劣的卫生条件所造成的城市问题引发了现代城市规划的产生。霍华德的花园城市理论，作为现代城市规划的奠基石，即是从研究城乡一体的花园住宅开始的。现代建筑运动的发展，其中很重要的内容也是要采用大工业化的手段解决城市住房短缺问题，

改善居住环境。勒·柯布西耶的光明城市的设想和"住宅是居住的机器"的理念是代表理论。现代建筑在技术上的发展进步，极大地提升了居住建筑的采光、通风等功能。同时，以功能分区、人车分流等为特征的居住邻里等规划方法，改变了自古以来居住社区的规划设计传统。

虽然现代主义建筑和邻里规划在提高住宅建筑质量和居住水平方面有巨大的进步，但也引发了新的严重的城市问题。在美国，大规模的城市更新运动和保障性住房建设遭遇严重挫折。著名的案例是由建筑师雅马萨奇（Yamasaki）设计的普罗蒂-艾戈低收入者公寓居住区（Pruitt Igoe Housing Project）。这是一个贫民窟改造项目，规划有11层高的30多栋高层建筑，作为提供给低收入家庭的可负担（affordable）住宅。由于出租率低、缺乏维护、社会治安问题严重，这片住宅区在1972年3月16日下午3点被爆炸拆除。建筑历史学家查尔斯·詹克斯（Charles Jencks）将这一时刻描述为"现代建筑死亡（modern architecture died）"。在炸毁的那一刻，人们对现代主义建筑的信念也就烟消云散了。在欧洲，二战后进行的城市更新和新城、新的居住区建设也普遍采取了高层居住建筑和大规模建设的规划手法，导致城市空间的丢失以及社会问题的产生。20世纪90年代末巴黎发生的城市暴乱与这种居住模式不无关系。

改革开放30多年来，通过住房和土地制度改革、发展房

地产市场，我国基本解决了城镇人口的住房短缺问题，成绩巨大。在这一过程中，住宅建筑规划设计一直延续了功能主义和苏联居住区规划的理论方法，没有能够取得突破。我国近现代住宅和居住社区规划设计的发展，从 20 世纪初开始，受到霍华德花园城市和现代主义规划理论的影响，花园城市、居住邻里等规划方法是我国近现代规划师、建筑师所推崇的模式。中华人民共和国成立后，我国实行社会主义公有制和福利住房制度，照抄苏联计划经济时代的住房建设、居住区规划理论体系和方法。改革开放后，虽然西方的各种当代规划理论流派，包括批判现代主义的观点涌入，但我们还是倾向于柯布西耶的"集合住宅""阳光城市"等功能主义的现代城市规划理论和设计方法。伴随着改革的深入，我国社会主义市场经济体制初步建立，房地产业蓬勃发展，但我们依旧一直使用计划经济特色鲜明的居住区规划理论。虽然局部内容有所改进，但核心理念没有改变。在过去的 20 年间，中国的住房建设以惊人的速度成长，尤其是近十年来每年开工建设数十亿平方米的商品住宅。在市场的推动以及现行居住区规划、控制性详细规划和城市规划技术标准的要求下，住宅建筑普遍采用了简单划一、可以快速复制的建筑类型，多为 30 层、100 米高的塔式或板式高层，不断重复的数栋甚至几十栋高层住宅堆积在一起，形成了目前典型的大型封闭居住区。重复单调的住宅建筑、漠视行人与自行车交通的超大封闭小区、极宽的缺少活力的大马路，成为中国住区建设甚至城市建设的主流都市形态，是交通拥挤、环境污染、物业和社会管理等城市问题形成的根源之一，造成全国城市的千篇一律、特色缺失以及整体城市环境品质的下降。

国内外的实践说明，住宅不仅仅是居住的机器，居住社区不是孤立的居住区。除去体现城市形态和特色外，城市住宅和居住社区还有更深层次的城市社会、文化和精神意义。阿尔

多·罗西 1966 年的《城市建筑学》一书是有关建筑类型学最重要的著作。罗西的类型学，将城市及建筑分成实体和意象两个层面。实体的城市与建筑在时空中真实存在，因此是历史性的，它由具体的房屋、事件构成，所以又是功能性的。罗西认为实体的城市是短暂的、变化的、偶然的。它依赖于意象城市，即"类似性城市"（analogical city）。意象城市由场所感、街区、类型构成，是一种心理存在和"集体记忆"的所在地，因而是形式的，它超越时间，具有普遍性和持久性。罗西将这种意象城市描述为一个活体，能生长、有记忆，甚至会出现"病理症候"。

为维持一座城市的形态，在城市更新和构造时，对新建筑类型的引进和选择，尤其是对大量住宅类型的选择要格外慎重。因为引进一种完全异化和异域的住宅类型会导致整体城市形态、面貌的巨大改变。历史上，巴黎改造时豪斯曼选择了新古典主义的三段式住宅原型，使得巴黎城市的街道、广场建筑整齐划一，形成了完美的城市空间环境和形象。在西班牙巴塞罗那新区的规划中勒德丰索·塞尔达（Ildefonso Cerda）规定了八角形围合住宅的形式，使巴塞罗那新区特色鲜明。这些成功案例都说明，住宅对一个城市的功能、品质和特色起着非常重要的决定性作用。我们假设，如果巴黎真的按照柯布西耶的光明城市设想在市中心建设了大量现代风格的高层住宅，那么对巴黎城市风貌和历史文化的破坏一定会是致命的。所以，一个城市要特别慎重选择一种新的居住建筑类型。吴良镛先生对北京菊儿胡同探索的主要目的就是试图寻找既具有现代居住建筑功能，又延续中国传统的居住建筑类型，可以与北京城市整体格局相协调，保护古都风貌，这也正是其能够获得联合国人居奖的原因所在。美国著名建筑师丹·索罗门（Dan Solomon）在《全球化城市的忧虑》（Global City Blues）一书的开篇，对吴良镛先生坚持对地域建筑的探索给予了充分的赞赏，对建筑潮流大师库哈斯进

行了批评。他认为建筑要具有地域性，要保持城市的历史文脉和特色，建筑设计必须具有地方特点。历史的经验和现代主义的教训再次证明，住宅建筑及社区规划对规划建设一个好的城市的重要性。因此，近半个世纪以来，西方发达国家开启了新型居住社区规划。在老城中，更加注重与周围环境的融合，采用镶嵌式的填充规划设计方法；在新城规划中，强调城市空间的塑造和文脉的延续。在美国，20 世纪 90 年代新都市主义运动兴起并蓬勃发展。丹·索罗门先生近几年数次到中国，他问我们为什么菊儿胡同模式没有在北京实现，而是建设了大量毫无特点的高层住宅，我们一时语塞。

滨海新区作为国家级新区和国家综合配套改革试验区，在城市规划领域不断改革创新。我们较早地认识到住宅建筑和社区规划设计对城市的重要性，一直努力尝试住宅和居住社区规划设计的改革创新。从 2006 年被纳入国家发展战略伊始，我们在开发区生活区和滨海新城提出的"窄马路、密路网、小街廓"布局的基础上，在几个功能区的生活区以及中心商务区、北塘等地区推广窄路密网布局。2007 年，中国和新加坡两国政府合作建设中新天津生态城，在生态城的规划中考虑了生态城市指标体系、生态细胞规划模式和社区社会管理改革等创新内容，但还是采用了传统的居住区规划方法，以高层住宅为主。2009年，我们编制滨海新区核心区的南部新城规划，采用新都市主义理论和方法，营造以公交为导向的、以窄路密网为主要特色的布局形式，塑造城市生活空间。我们认识到，要提升滨海新区城市的品质，突出城市空间特色，就必须充分考虑住宅建筑与城市的关系，探索一种适宜的住宅类型和新型居住社区规划设计模式。

从 2011 年开始，在天津市滨海新区规划和国土资源管理局（房屋管理局）的组织下，在天津滨海新区迅速发展和南部新城规划的背景下，天津市规划院滨海分院与美国旧金山住宅设计专家丹·索罗门先生及天津华汇环境规划设计顾问有限公司一起合作开展了位于南部新城北起步区的 1 平方千米和谐社区的规划研究。目标非常明确，就是要改变传统的居住区规划设计方法，对"约定俗成"的内容和规范进行深入讨论与反思，尝试构建一种新型居住社区规划原型，为滨海新区推广窄路密网提供一种切实可行的模式。随着工作的深入，2012 到 2013 年，又由这片土地的业主天津港散货物流中心委托丹·索罗门建筑设计事务所和天津华汇环境规划设计顾问有限公司就和谐社区内的一个居委会规模的邻里进行了深化规划和住宅建筑概念设计，形成了比较详细的规划设计成果和模型。在工作过程中，进行了广泛的调研，对国内外案例进行分析，召开了两次专家研讨会。我国住宅设计和居住区规划方面的专家赵冠谦、开彦、张菲菲、周燕珉等对丹·索罗门主笔的和谐社区规划设计方案给予了充分肯定和高度评价。通过前期工作，我们越来越清楚地认识到，新型社区规划模式与现行的居住区规划设计规范以及相关的技术标准和城市规划管理技术规定存在冲突，要使新的社区规划模式具有可行性，必须进行相应的全面改革。为了明确改革的具体内容，2015 年，和谐社区作为滨海新区新型社区规划设计试点项目，由天津市滨海新区规划和国土资源管理局（房屋管理局）住房保障中心下属的住房投资公司出资，委托天津市城市规划设计研究院和天津市渤海城市规划设计研究院，进行控制性详细规划、修建性详细规划和建筑设计工作，目的是通过实际规划工作来检验与现行相关政策、标准存在的冲突点，明确居住区规划设计规范、相关技术标准和规定需要改革创新的具体内容。

2015 年底，中央城市工作会议时隔 37 年再次举行。2016 年初，中共中央、国务院印发了《关于进一步加强城市规划建设管理工作的若干意见》，勾画了"十三五"乃至更长时间中国城市发展的蓝图，点明了目前我国居住区规划设计建设中存在问题的严重性和原因所在，指明了未来发展的方向，特别提出开放社区对我国城市发展和解决城市问题的重要性。文件的第十六条指出，要优化街区路网结构，加强街区的规划和建设，分梯级明确新建街区面积，推动发展开放便捷、尺度适宜、配套完善、邻里和谐的生活街区。新建住宅要推广街区制，原则上不再建设封闭住宅小区。树立"窄马路、密路网"的城市道路布局理念。至此，关于新型社区规划设计模式的问题获得了最高层面的重视，说明其重要性。事实上，通过合理的制度设计，通过改革传统的居住区规划设计方法，在一定的密度条件下，我们可以创造出广大中等收入群体能够负担的小康居住建筑类型、更高品质的城市和更好的人居环境。滨海新区和谐社区的规划研究也在一定程度上证明了这一点。我们要走上一条正确的城市住宅规划设计和开发建设运营管理维护的道路。

我们相信，健康的住宅是健康城市的基础，日常生活中每天感受到的点滴幸福就是城市整体幸福感的源泉。当现今中国的大量现代居住小区满足了人们日照通风等基本生理需要的时候，人们却开始缅怀看似拥挤嘈杂却又热闹亲切的传统生活，无论是北方的四合院、胡同还是南方的三间两廊与小巷，都曾给居住者带来愉悦的社区生活体验。我们相信在一个理想的社区中，物质空间基本功能的满足只是第一步，情感品质的需求更需要设计者的精心考量，通过减小街廓尺度、建立精明交通、住宅围合布局、户型精心设计、改革和创新社会管理等，营造富有魅力的庭院生活、街道生活、城市生活，让居民在此真正享受到生活的安心与快乐。当然，由于我国居住区规划设计研究成型后又延续了30多年，形成一个涉及方方面面的庞大体系，要进行改革创新难度很大。但是，如果要落实中央城市工作会

议的要求，改善我们的居住建筑和社区规划，就必须进行系统性的改革。

空想社会主义创始人之一罗伯特·欧文（Robert Owen），在200年前，在苏格兰新拉纳克（The Town of New Lanark）自己的工厂里尝试模范社区和现代人事管理改革，取得成功。他相信环境改变人。1824年，他在美国印第安纳州购买了约12 140公顷的土地，建设了"新和谐村"（New Harmony），实行人人劳动、按需分配的制度。为了形成良好的居住环境，罗伯特·欧文专门设计了社区的原型"方形院落"（Parallelogram）。虽然几年之后这些"公社"都瓦解了，但罗伯特·欧文对人人平等和理想集体居住模式探索的贡献在人类历史上是开创性的，具有划时代的意义。因为比埃比尼兹·霍华德提出的花园城市理论早几十年，有城市规划历史学家称罗伯特·欧文为现代城市规划之父。可以说，苏联具有社会主义理想的居住区规划与欧文的思想一脉相承。虽然欧文自身的实验没有成功，但他追求人类理想居住工作环境的精神指引激励着我们。当前，我国的城市再次面临大的变革时代，中央明确提出改变传统规划方法，推广街区制，这需要对我国现行居住区规划设计理论体系和技术规范体系进行彻底变革。我们需要以罗伯特·欧文的精神为指引，进行一场对和谐社区的新探索。我们把滨海新区新型社区研究的街坊命名为和谐社区，就是想表明向罗伯特·欧文学习的态度和决心。

组织编写《和谐社区——天津滨海新区新型社区规划设计研究》一书最初的目的是对和谐社区规划设计试点项目进行总结分析和呈现。这里，我们把项目的背景情况、试点项目的目的和意义、项目规划设计的演进过程进行系统的回顾，将规划设计成果全面展示，对试点项目在规划设计方面的主要思路和创新点进行总结，并且通过近期和谐社区规划设计假题真做的

研究，通过解剖麻雀的方式，明确我国和天津市针对居住社区规划设计国家和地方标准，以及规划管理上存在的问题进行分析，寻找解决的方法，提出切实可行的修改建议。本书的编写也促使我们开始深入系统的学习研究，一是对居住社区规划设计发展演变的系统回顾，从我国古代居住建筑发展演变的研究，到西方近现代住区规划设计的发展演变、我国近代居住建筑和社区规划设计的演进，直到我国当代居住区规划设计的演进，来分析和梳理社区规划设计历史和各种理论方法的演变，探寻我国目前在居住区规划设计上存在的问题。二是就新型社区规划设计模式的进一步探索涉及的相关领域的改革进行初步思考，就房地产转型升级、住房制度深化改革、城市土地财政和房地产税的实施、社会管理体制改革、住宅产业体系现代化提出方向和思路。三是对我国住宅和居住社区的理论探讨，希望厘清我们对住宅的认识和观念，包括住宅类型的多样性、居住理想和价值观、住房社会问题、社区与城市文化等。由于研究的内容非常广泛，本书用很多的篇幅论述理论研究成果。可以说，本书既是一本实践的书，也是一本理论探讨的书，本书的编写过程也是一项系统的研究工作。我们希望通过此项工作、通过本书，推介和谐社区规划设计的成果，落实中央城市工作会议上提出的推广"窄路密网"和街区制规划的要求，进一步推动滨海新区新型社区规划改革实践探索，为天津乃至全国的新型住区规划设计的深化改革提供参考借鉴。

一、对居住社区规划设计发展演变的研究和再认识

住宅建筑是最基本的建筑类型，是最简单的建筑类型，但也是最复杂的建筑类型。无论是古代还是近现代建筑历史上的建筑大师都做过经典的住宅设计。但是在有限的面积、造价等约束条件下做出面向大众的好的住宅建筑不是一件容易的事情。

当前，我国正处在新型城镇化转型发展的关键阶段，住宅和居住社区的规划设计的转型升级对提高我国城镇现代化的质量和水平、对中国梦的实现有重要意义。历史是一面镜子，借古喻今，我们要提高居住社区的规划设计水平，包括滨海新区新型居住社区规划设计的改革创新，要从世界各国及我国居住社区规划设计发展演变和经济社会环境变化的大背景下来思考。

（一）对我国古代居住建筑发展演变的研究

"不问鬼神，问苍生"。衣、食、住、行中的住，是人生四大要素之一。在我国古代城市比较平缓的形态构成中，住宅建筑具有更重要的作用。经过数千年漫长的演进，我国的居住建筑从具有不怕风、雪、雨、火和防止野兽、毒虫等危害侵扰的简单功能，发展到完善的居住功能，而且包含丰富的文化内涵。全国各地形成了各具特色的民居建筑，争奇斗艳，丰富多彩，是各地城市特色和城乡文化的重要组成部分，也是中华文明的重要内容。我们研究当代新型居住社区，必须要深入认识和理解我国的居住传统。目前，我国从事住宅和居住社区规划设计的人员与从事民居研究的专家学者缺少交流，虽然几十年来民居研究形成了完善的理论体系和研究成果，但与当前的住宅设计和社区规划基本脱离，没有形成合力。现代住宅建筑和社区规划延续历史文化有少量成功的案例，如吴良镛先生规划设计的菊儿胡同项目等，但凤毛麟角。

实际上，对我国古代住宅建筑开始开展研究的是中国营造学社的同仁们，包括林徽因、刘敦桢、刘致平、傅熹年等。林徽因早在美国宾夕法尼亚大学求学时就表达过对中国住宅建筑的关注。在梁思成于1930年加入中国营造学社后，林徽因随梁思成和营造学社同仁刘敦桢、刘致平等一道开展中国古建筑调查。在6年的野外调查中，林徽因更多地关注民居。抗战胜利时，林徽因躺在病床上写完《现代住宅设计的参考》，文章介

绍了欧美国家的经验，呼吁为低收入者设计住房。文章指出，随着时代的发展，以往建筑学不重视住宅问题的情况必将改变。中华人民共和国成立后，林徽因受聘为清华大学建筑系教授，担任《中国建筑史》课程，并首次开设了《住宅概论》专题课，系统地教授现代的住宅建筑设计理论，包括住宅设计、装饰等，针对"邻里单位"和社区等新概念从中国传统的聚落规划中做出对应的研究。

中华人民共和国成立后，营造学社的同仁将多年来的民居建筑调查情况进行总结和系统的研究。1957 年，建筑学家刘敦桢用多年研究的成果编辑出版《中国住宅概说》一书。该书简要而系统地叙述了我国古代住宅建筑的发展演进和明清时期汉族住宅建筑的主要类型，引证了大量的古代文献、既有考古资料和建筑实物实地考察记录。全书分为三个部分。第一部分从纵的方向上讲述中国民居建筑的发展概况。第二部分从建筑布局类型上，将明清民居建筑大致划分为 9 种，包括圆形住宅、纵长方形住宅、横长方形住宅、曲尺形住宅、三合院住宅、四合院住宅、三合院与四合院的混合体住宅、环形住宅以及窑洞式穴居，并通过典型住宅案例加以分析说明。第三部分作者对全书做了简要的总结。最后，刘敦桢先生呼吁开展全国性的民居普查工作。20 世纪 50 年代，中国传统民居研究尚处于开荒时期，各地民居建筑的实地勘测考察正在陆续展开。《中国住宅概说》是第一部对中国民间住宅建筑进行系统梳理的著作，被认为是中国民居研究的滥觞，影响颇大。该书提高了民居建筑的地位，引起了建筑界的重视。20 世纪 60 年代对民居的调查研究形成了一个高潮，全国大部分省市和少数民族地区都广泛开展测绘调查研究。虽然历时较短，但成果丰富多彩，有北京的四合院、黄土高原的窑洞、江浙的水乡民居、客家的围楼、南方的沿海民居、四川的山地民居等，还有少数民族地区的云贵山区民居、青藏高原民居、新疆旱热地带民居和内蒙古草原民居等。

由于历史原因，传统居住建筑的调查研究受到阻碍。直到改革开放后，对传统居住建筑的研究再次复苏。1984 年，原营造学社骨干、著名建筑历史学家刘致平、傅熹年发表文章《中国古代住宅建筑发展概论》，对中国各个朝代、各民族的居住建筑进行了更为系统的研究。按照不同地区特征和建筑构造，结合民族等因素，将我国古代住宅划分为七类，即北方黄土高原的穴居、南方炎热润湿地带的干栏式民居、西南及藏族高原的碉房、庭院式第宅、新疆维吾尔族的"阿依旺"住宅、北方草原的毡房和舟居以及其他，并分类进行了详细的论述。20 世纪 80 年代以来，随着文化的日益多样性，对于传统民居的研究再次在国内各研究机构、各高校建筑系普遍开展，而且形成了有组织的研究，真正迎来高潮。学术交流增多，研究队伍不断扩大，研究观念和方法得到扩展。中国古代民居研究的学术团体主要有中国建筑学会建筑史学分会民居建筑学术委员会、中国文物学会传统建筑园林委员会下属的传统民居学术委员会、中国民族建筑研究会民居建筑专业委员会和中国建筑学会生土建筑分会。20 年来组织的民居研究学术活动众多，研究成果丰硕，包括按照省份的研究，如浙江、吉林、湖南、云南、福建、广东、广西、山西、四川、陕西、贵州、新疆维吾尔自治区、西藏自治区等。随着工作面的推开，有针对一个地区或一种类型更深入细致的研究，如北京四合院、苏州民居、皖南徽派民居、湘西民居、桂北民间建筑、云南大理白族民居、丽江纳西族民居、四川藏族住宅，以及窑洞民居、永定土楼、侗族木楼、土家族吊脚楼、开平碉楼与民居、穆斯林民居等。还包括对某一地方民居相关技术的深入研究，如徽州砖雕艺术、徽州石雕艺术、徽州木雕艺术、徽州牌坊艺术、徽州竹雕艺术。这些研究形成了许多专著。

与 20 世纪 50 年代的研究相比，现在中国民居的研究不论是研究的对象范围还是分类都有了很大的进展。住宅研究的对象突破了住宅本身，扩展到园林和城市里坊。对民居的分类也发展到五种，从传统的平面分类到外形分类、结构分类、气候地理分类和民系分类法，各有特点。实际上，对民居的研究离不开城市，而对我国古代城市规划的研究也离不开民居。我国古代城市有规划和自然生长两种主要类型。在宋代之前，在人工规划的城市中，里坊制度普遍存在。所谓里坊，即以单位和围墙控制的封闭居住区，里坊制承传于西周时期的闾里制度。封闭的里坊制度不仅是营建制度，更是管理制度。里坊制的极盛时期，为三国至唐代。此后，里坊制度日益完备，至隋唐长安城达到鼎盛。随着城市商品经济的发展，唐中期以后，长安城内侵街建房、坊内开店、开设夜市等行为不断出现。到唐代后期和北宋初期，里坊制由封闭式向开放式演变，瓦市、夜市也逐渐兴盛。到了商业发达的宋代，开放街区和街巷非常发达。开封、扬州、杭州、苏州等人工规划的城市，如自然生长的城市一般，住宅相对开放，城市更人性化、更丰富、更宜居，在张择端的《清明上河图》中有形象的描绘。在历史的演进过程中，各地区都形成了与各具特色的民居和城市规划相对应的社区规划设计模式。例如，合院住宅是一种较为普遍的形式，虽然北方和南方的合院有许多不同，但是可以说合院是我国传统城市基本的城市住宅模式。合院住宅及其城市规划模式具有安全、安静、家庭式、文化性等特征，人居环境良好，如北京四合院和胡同体系、苏州合院住宅、私家园林建筑和河网、道路双网系统等。

研究中国民居的意义有很多，但主要的还是古为今用。刘敦桢、刘致平、傅熹年在他们的论述中都提出了同样的观点。

早在抗战时期的昆明，林徽因为当时的云南大学女生宿舍映秋院所做的设计中创造性地运用了一些民居的手法和风格。中华人民共和国成立后大屋顶等民族形式也用在了一些居住建筑上。随着历史名城保护的兴起，对老城内传统民居建筑的保护及更新改造成为一个非常重要和有意义的课题，清华大学吴良镛教授组织对北京四合院的研究、朱自煊教授开展的以保护胡同和四合院肌理为主的北京后海地区城市设计研究、安徽屯溪老街保护研究、单德启教授对徽州民居的研究、同济大学关于苏州老城内民居的更新改造等都是非常有益的尝试，取得了很好的效果。

20 世纪 80 年代吴良镛先生提出 "有机更新" 理论，主张 "按照城市内在的发展规律，顺应城市之肌理，通过建立 '新四合院' 体系，在可持续发展的基础上，探求北京古城的城市更新和发展"。这一理论在 1988 年启动的菊儿胡同改造试点项目上得到成功实践。重新修建的菊儿胡同新四合院住宅按照 "类四合院" 模式进行设计，即由功能完善设施齐备的多层单元式住宅围合成尺度适宜的 "基本院落"，建筑高度四层以下，基本上维持了原有的胡同—院落体系，同时兼收了单元楼和四合院的优点，既合理安排了每一户的室内空间，保障居民对现代生活的需要，又通过院落形成相对独立的邻里结构，提供居民交往的公共空间。建筑外观具有传统的符号和色彩。菊儿胡同新四合院与传统四合院形成协调的群体，保留了中国传统住宅重视邻里情谊的精神内核，保留了中国传统住宅所包含的邻里之情。北京的菊儿胡同改造项目于 1992 年获 "世界人居奖"。

虽然有北京菊儿胡同改造、苏州平江古城桐芳巷改造的成功范例，但遗憾的是，伴随着住宅制度改革和房地产开发的兴起，在 20 世纪 90 年代开始的大规模住房建设却再没有更多地考虑各地民居优良传统的保留和发扬的课题，而是完全按照西方现代主义的思想方法实施了人类历史上最大规模的住宅和城市建设。

（二）西方近现代住区规划设计发展演变的再认识

我们对西方现代城市规划、现代建筑的发展演变，包括居住建筑、邻里规划理论方法耳熟能详。但实际上，我们没有真正理解西方社会 20 世纪 50 年代对现代主义运动的批判，没有真正认识到现代主义建筑运动和城市规划的危害。在编辑本书的过程中，重读经典著作，对现代城市规划百年的历史有了更清晰的认知。如霍华德《明日的田园城市》，柯布西耶《走向新建筑》《明日之城市》《光辉城市》，芒福德《城市发展史》《城市文化》《技术与文明》，简·雅各布斯《美国大城市的死与生》，彼得·霍尔《明日之城》等。实际上这些著作许多篇幅和内容是在讲述西方城市住宅和居住社区发展的演变，许多结论也惊人地一致。

1. 欧洲的住宅和居住社区规划设计

埃比尼泽·霍华德于 1898 年出版《明日：一条通往真正改革的和平道路》一书，提出建设新型城市的方案。1902 年修订再版更名为《明日的田园城市》。霍华德认为应该建设一种兼有城市和乡村优点的理想城市，他称之为"田园城市"。他认为此举是一把万能钥匙，可以解决城市的各种社会问题。田园城市实质上是城和乡的结合体，疏散过分拥挤的城市人口，使居民返回乡村，把城市生活的优点同乡村的美好环境和谐地结合起来。霍华德对他的理想城市做了具体的规划，并绘成简图。霍华德还设想若干个田园城市围绕中心城市，构成城市组群，他称之为"无贫民窟、无烟尘的城市群"。霍华德提出田园城市的设想后，又为实现他的设想做了细致的考虑。对资金来源、土地规划、城市收支、经营管理等问题都提出具体的建议。他提出改革土地制度，使地价的增值归开发者集体所有。1899 年

霍华德组建田园城市协会，宣传他的主张。1903 年建立了第一座田园城市——莱奇沃思（Letchworth）。1920 年开始建设第二座田园城市韦林（Welwyn）。田园城市的建立引起广泛的重视，欧洲各地纷纷效法。

1927 年，德意志制造联盟（Deutscher Werkbund）在德国南部城市斯图加特举办住宅/居住建筑展（Die Wohnung），首创现代住宅展览会，是运用现代主义理念解决住宅问题的第一次尝试。展览的一个重要组成部分是建于凯勒斯贝格山（Killesberg）上的魏森霍夫住宅区（Weissenhofsiedlung），住宅区由 21 栋建筑组成，由密斯·凡·德·罗邀请汉斯·夏隆、奥德、格罗皮乌斯、柯布西耶等 17 位著名建筑师分别进行创作设计，用以宣扬国际式建筑，带动现代居住建筑的发展。在当时，它向世人展示了一种新的住宅形式，以及 20 世纪 20 年代的新的生活方式。目前，魏森霍夫住宅区仍然保留并使用，成为现代主义建筑的历史遗产。

1928 年，来自 12 个国家的 42 名现代派建筑师代表在瑞士集会，成立国际现代建筑协会（CIAM）。二战以前，CIAM 共开过五次会议，研究建筑工业化、最低限度的生活空间、高层和多层居住建筑、生活区的规划和城市建设等问题。在 1933 年 CIAM 的雅典会议上，与会者专门研究现代城市建设问题，分析了 33 个城市的调查研究报告，指出现代城市应解决好居住、工作、游息、交通四大功能，应该科学地制定城市总体规划，会议提出了一个著名的城市规划大纲——《雅典宪章》。柯布西耶主导了 CIAM 运动，《雅典宪章》也是由他起草的。不管是 CIAM 的活动还是《雅典宪章》，我们都可以看到其对住宅的重视程度。

柯布西耶在城市规划方面最著名的是"光明城市"理论。作为一个现代主义建筑大师，他将工业化思想大胆地带入城市

规划，主张用全新的规划思想改造城市，设想在城市里建高层建筑、现代交通网和大片绿地，为人类创造充满阳光的现代化生活环境。今天世界上许多大城市的城市规划都受到柯式理论的影响。1946 至 1957 年，柯布西耶设计并建成的马赛公寓大楼（L'unite d'Habitation，Marseille），是现代居住建筑的典范，该设计体现了"居住单元"的设计方法，具有开创性。柯布西耶认为一栋建筑就是一个居住单元，是城市构成的基本单位。在一个居住单元内，居民可以解决所有的生活问题。马赛公寓大楼还体现了预制装配混凝土和人体模数、人体工学的工业化设计思想。20 世纪 50 年代初，柯布西耶为印度昌迪加尔做了全新的体现现代主义思想的城市规划，并得以实施。

二战结束后，欧洲各国进入战后重建阶段，需要建设大量的住宅，以解决住宅短缺问题。大伦敦规划应用田园城市理论，以绿带控制城市规模，在外围规划建设卫星城以适应城市发展需求。英国大规模的卫星城建设，虽然采用的是霍华德的田园城市理论，但具体采用的建筑形式并不是花园洋房。第一代到第三代卫星城主要是采用多层和高层单元住宅，到第四代的米尔顿·凯恩斯，开始在城市外围规划独立住宅。在城市更新改造和重建中，欧洲城市主要推行的是柯布西耶的现代城市规划理论。在城市中心实施大规模改造，建设适应机动车发展的现代道路交通系统。排状建筑，每个单元皆可享受平等阳光的理念成为欧洲大部分地区居住建筑规划设计的主流思想。伦敦巴比坎改造，是大型居住综合体的典型代表。法国在 20 世纪 50 年代至 70 年代修建的大型居民区（le Grand Ensemble）项目成为巴黎郊区社会住房的模板。相对于巴黎的传统肌理，这种大型居民区是一种全新的模式。数以万计的工薪家庭搬入这种大型居民区，但如同他们搬入的速度一样，他们很快逃离了这些住宅。他们恨透了政府为他们提供的这些住宅。废弃的大型居民区成为移民与少数民族居民的聚集地，是歧视与排斥的代名词。2005 年，暴动在位于巴黎郊区的该类项目中快速蔓延。建筑已然推动法国社会的分隔。

2. 美国的社区规划和设计

美国对现代居住社区规划的贡献是比较大的，其中城市规划理论家路易斯·芒福德和美国区域规划协会（The Regional Planning Association of America，简称 RPAA）发挥了重要作用。美国区域规划协会由克拉伦斯·斯坦因、亨利·莱特、本顿·麦克凯耶、路易斯·芒福德等人组成。他们十分重视住宅建设，十分赞赏霍华德的田园城市理论和盖迪斯的生态区域规划理论，努力在美国推广和实践。他们认为随着技术进步和生产力发展，以及汽车、电话、无线电、电力的出现，可以疏解城市过度集中的布局。通过在郊区建造新城，把人口和产业从大都市吸引出来。芒福德用"区域城市"（regional city）取代了霍华德的"田园城市"。

美国区域规划协会一方面与纽约州政府合作推进住宅改革计划，另一方面，效仿霍华德，游说具有公益心的投资商支持住宅建设项目，以检验区域城市能否有效实施，而且通过这一项目向政府展示成效，说服政府部门扩大投资，形成星星之火燎原之势。1923 年，斯坦因从英国考察归来，说服好友房地产大亨亚历山大·宾（Alexander Bing），资助美国的第一个田园城市项目。第二年美国区域规划协会成立城市住宅开发集团（City Housing Development Corporation），这是一个利润封顶的股份公司。公司 1924 年开工建设位于纽约皇后区的阳光花园项目（Sunnyside Gardens），是美国区域规划协会的第一个实验作品，住户目标是工人和低收入家庭。当时正是美国城乡经济好转时期，开发项目获得成功，1928 年全部完工。从 1925 年开始，芒福德在这里居住了 11 年，亨利·莱特等美国区域规划协会的朋友也搬来这里居住，这里成为当时知识分子和艺术家的聚居地。

1928 年城市住宅开发集团转入新项目新城雷德朋（Radburn）。雷德朋虽然未能全部完成，但建成的部分仍然成为邻里单元规划的样板。雷德朋的规划设计打破了棋盘式布局，采用了大街廓模式，既满足田园城市的理念，也是专门为小汽车时代的需要而设计的。针对 20 世纪 20 年代不断上升的汽车拥有量和行人、汽车交通事故数量的不断增加，雷德朋的规划设计了两处类似大学校园的大型社区，提出了"大街坊"的概念。就是以城市中的主要交通干道为边界来划定生活居住区的范围，形成一个安全的、有序的、宽敞的和拥有较多花园用地的居住环境。由若干栋住宅围成一个花园，住宅面对着这个花园和步行道，背对着尽端式的汽车道，这些汽车道连接着居住区外的交通性干道。在每一个大街坊中都有一个小学和游戏场地。每个大街坊中有完整的步行系统，与汽车交通完全分离。

科拉伦斯·佩里（Clarence Perry）总结雷德朋新城的规划经验，提出了"邻里单元"（Neighborhood Unit）规划理论，并由建筑师出身的斯坦因确定了邻里单位的示意图式，开创了现代居住社区规划的一个新时代。邻里单元规划理论针对当时城市道路上机动交通日益增长、车祸经常发生、严重威胁老弱及儿童穿越街道，以及交叉口过多和住宅朝向不好等问题，要求在较大范围内统一规划，使每一个"邻里单位"成为组成城市的"细胞"，并把居住社区的安静、朝向、卫生和安全置于重要位置。邻里单元理论包括 6 个要点：根据学校确定邻里的规模；过境交通大道布置在四周形成边界；布置邻里公共空间；邻里中央位置布置公共设施；交通枢纽地带集中布置邻里商业服务；设置不与外部衔接的内部道路系统。邻里单位就是"一个组织家庭生活的社区的计划"，因此这个计划不仅要包括住房、包括它们的环境，而且还要有相应的公共设施，这些设施

至少要包括一所小学、零售商店和娱乐设施等。邻里单位的规模约为 800 米 ×800 米。邻里首先考虑小学生上学不穿越马路，以此控制和推算邻里单位的人口及用地规模。为防止外部交通穿越，对内部及外部道路有一定分工。邻里单位内部为居民创造一个安全、静谧、优美的步行环境，把机动交通给人造成的危害减少到最低限度。邻里单元规划理论自提出后即流行于欧美各国，对 20 世纪 30 年代以来欧美的居住社区规划影响颇大，在当前国内外城市规划中仍被广泛应用，在实践中发挥了重要作用，并且得到进一步的深化和发展。

另一个对全美国有重要影响的居住社区规划设计理论是当代建筑大师弗兰克·劳埃德·赖特（Frank Lloyd Wright）在 20 世纪 30 年代提出的"广亩城"规划思想。他认为，随着汽车和电力工业的发展，已经没有把一切活动集中于城市的必要，住所和就业岗位的分散将成为未来城市规划的原则。他的城市规划的思想基础是：希望保持他自己所熟悉的、19 世纪 90 年代左右在威斯康星州那种拥有自己宅地的移民们的庄园生活。在他所描述的"广亩城市"里，每个独户家庭的四周有 1 英亩（1 英亩约等于 4047 平方米）土地，生产供自己消费的食物；用汽车作为交通工具，居住区之间有超级公路连接，公共设施沿着公路布置，加油站设在为整个地区服务的商业中心内。应该看到，美国城市在 20 世纪 60 年代以后普遍的郊区化相当程度上是赖特"广亩城"思想的体现。赖特的"广亩城"理论，为小汽车时代美国的郊区化发展指明了方向。

我们看到，赖特主张分散布局的规划思想同柯布西耶主张集中布局的"现代城市"设想是对立的。二战后，美国各城市遇到住房严重短缺问题，开展了以住房建设和改善为主的城市更新运动。城市更新运动主要采取了柯布西耶主张的现代城市规划设计方法，多为集中的多层和高层住宅区，对传统城市街

区造成严重破坏。1961 年，简·雅各布斯出版了《美国大城市的死与生》一书，在美国社会引起巨大轰动。这本书在二战后的美国城市规划实践乃至社会发展中扮演了一个非常重要的角色，可以说宣判了大规模工业化住宅和现代主义居住区建设方式的死刑。

城市是人类聚居的产物，成千上万的人聚集在城市里，而这些人的兴趣、能力、需求、财富甚至喜好又千差万别。因此，无论从经济角度还是社会角度来看，城市都需要尽可能错综复杂并且相互支持功用的多样性，来满足人们的生活需求，因此，"多样性是大城市的天性"（Diversity is nature to big cities）。简·雅各布斯犀利地指出，现代城市规划理论将田园城市运动与柯布西耶倡导的国际主义学说杂糅在一起，在推崇区划（Zoning）的同时，贬低了高密度、小尺度街坊和开放空间的混合使用，从而破坏了城市的多样性。而所谓功能纯化的地区如中心商业区、市郊住宅区和文化密集区，实际都是机能不良的地区。简·雅各布斯对 20 世纪 50 年代至 60 年代美国城市中的大规模计划（主要指公共住房建设、城市更新、高速路计划等）深恶痛绝。简·雅各布斯指出，大规模改造计划缺少弹性和选择性，排斥中小商业，必然会对城市的多样性产生破坏，是一种"天生浪费的方式"，其耗费巨资却贡献不大，并未真正减少贫民窟，而仅仅是将贫民窟移到别处，在更大的范围里造就新的贫民窟，使资金更多、更容易地流到投机市场中，给城市经济带来不良影响。因此，"大规模计划只能使建筑师们血液澎湃，使政客、地产商们血液澎湃，而广大普通居民则总是成为牺牲品"。她主张"必须改变城市建设中资金的使用方式""从追求洪水般的剧烈变化到追求连续的、逐渐的、复杂的和精致的变化"。20 世纪 60 年代初正是美国大规模旧城更新计划甚嚣尘上的时期，简·雅各布斯的论点是对当时规划界主流理论思想的强有力的批驳。此后，对自上而下的大规模旧城更新的反抗与批评声逐渐增多。1972 年 3 月 16 日下午 3 点，由著名建筑师雅马萨奇设计的密苏里州圣路易市普罗蒂 - 艾戈低收入者公寓正式被炸毁拆除。被著名的建筑历史学家查尔斯·詹克斯描述为"现代建筑死亡"（modern architecture died），在炸毁的那一天，人们对现代主义建筑的信念也在那一刻烟消云散了。

可以说，现代主义的城市规划，尤其是大规模工业化的居住区建设模式在 20 世纪六七十年代就被欧美抛弃，被认为是割裂人类文明和城市文明的发展模式。欧美现在还存留的一部分按照光明城市理论规划的居住区大多数被当作贫民窟和廉租房使用。现在比较成熟的模式是混合居住社区与共享空间模式。城市规划鼓励保留城市文脉的城市填充（fill-in）或称为城市修复式的住宅建设。修补由超大街廓、高层板楼的建设对城市所造成的重大伤害和错误，尝试从新建小型围合街廓中一些内院与内向小径中，找寻令人激动且富有趣味的新城市肌理，用易于步行且鼓励人际交流的新建筑形态，来取代失败的板楼与超大街廓。旧金山镶嵌社区（Mosaica），就是一个混合收入且混合使用的住宅与工作室项目，与城市完整无缝地整合在一起。另一方面，美国的郊区化造成城市蔓延、城市空间消失等问题，从 20 世纪 80 年代末开始出现了新都市主义运动，旗帜鲜明地向郊区化无序蔓延"宣战"。新都市主义的宗旨是重新定义城市，探索住宅的意义和形式，强调社区感，重新倡导较高密度、重视邻里关系的社区，广泛提倡不同阶层的融合，采用以步行为主要交通形式的居住模式。它强调通过调整环境中的物质因素来加强人们的社会交流，强化社区居民的相互联系、认同感和安全感，从而创造最佳的人居环境。具体体现在建设多功能的新社区和新城镇，刻意营造社区和城镇中心，让社区回归网格状道路系统，重建富有活力的城市街道以及协调的建筑单体设计。

3. 苏联及东欧的居住区规划理论和方法的演进

苏联是人类历史上第一个社会主义国家，实施计划经济和供给制。1917 年十月革命胜利、新的苏维埃政权建立后，实施了国家主导的现代化和工业化，进行了大规模的基础工业建设。1924 到 1932 年"一五"社会主义改造和工业化计划取得了巨大的成功，引起了美国等西方国家的羡慕，包括柯布西耶这样的建筑大师。美国 1929 年经济危机后罗斯福总统实行的"新政"就有国家计划的影子，包括田纳西峡谷区域规划（Tennessee Valley Authority）。而柯布西耶则投身苏维埃的规划建设。1928 年，柯布西耶受邀参加了为莫斯科的消费者合作社中央联盟设计一座新总部的设计竞赛。最终他的方案胜出，具体落实为莫斯科东北角的中央局大厦。后来，由于参加莫斯科总体规划竞赛未如所愿而离去。苏联建筑师继承了现代主义"为大众设计住宅"的传统，他们提出多种居住单元类型组合，通过科学计算研究其空间使用效率、经济性和功能性等特性。用自己的方式诠释"住宅是居住的机器"这一现代建筑理念，并在莫斯科建成了公共集合公寓：纳康芬公寓和全俄合作社建筑工人集合公寓，其设计思想和作品直接影响了柯布西耶马赛公寓大楼的创作。

苏联卫国战争结束后，战后重建任务繁重，包括工业生产和城市生活的恢复，急需建设大量的住宅。为提高建设和配套效率，新建单元住宅从传统的 4~6 层为主转为 12~14 层的塔式和板式，扩大了居住区面积。这一时期，由于过于强调建筑形式，阻碍了新技术和工业化施工方法的推广。大量的住宅需求，必须按工业化方法施工，对建筑设计和居住区规划提出了新的要求。1954 年苏联批判了城市规划和建筑设计中的传统主义、复古主义、形式主义和装饰主义，强调在城市建设中重视功能、社会效益和使用新技术。1955 年以后苏联再次进入大规模建设时期，经历了 1955 年至 1960 年建筑工业化阶段、20 世纪 60 年代粗放型发展阶段和 20 世纪 70 年代以后的集约化发展阶段。由于住宅建设都由国家投资，因此制定统一的标准是重要的手段，标准定额和成片的居住小区规划建设是最常用的方法。实际上，早在 20 世纪二三十年代，苏联的某些居住区详细规划中就已经出现了居住小区的思想，随着国外邻里单元理论的推广，苏联居住小区理论逐步成型。居住小区理论明确形成并被普遍采用是 1955 年到 1960 年期间。到 20 世纪 60 年代以后的规划中，较普遍地扩大小区面积，提出了"扩大小区"的概念，以扩大小区或居住区作为城市的细胞。住宅建筑设计注重功能和新技术使用，推行标准设计和建筑构件定型化，对满足住宅建设速度的需求起了很大的作用，但同时也造成了建筑单体和居住区面貌的刻板和单调。

苏联及东欧国家在大中城市中大量建造 9~25 层住宅，少量的高达 40 层。对于苏联这样地大物博的国家，建设高层住宅一定不是因为缺少土地和保护耕地，主要是因为住宅工业化和大规模生产。到 20 世纪 80 年代，苏联及东欧一些社会主义国家在住宅工业化方面取得很大的进展，发展到比较高的水平，如南斯拉夫、罗马尼亚等国家住宅工业化搞得非常成功，形成 SI 等住宅建造技术体系，较好地解决了标准化和多样化的问题。虽然住宅建设比较成功，但由于计划经济本身的"大锅饭"等问题，导致国家政治、经济、社会等大的方面出现问题。20 世纪 90 年代苏联解体后，东欧社会主义国家逐步转变。这种大规模的居住区规划设计和建设在世界上不再出现，除中国等发展中国家外。

（三）中国当代居住区规划设计的演进

为了解决住房问题，近现代中国经过了150余年的探索，包括百年半殖民地半封建社会下的摸索和中华人民共和国成立后数十年的艰苦探索。从20世纪90年代开始，伴随着住房制度和土地使用制度的改革，中国开创了人类历史上大规模住宅建设的新时代，在30年的时间里按照市场化机制，通过房地产开发建设了数百亿平方米的住宅，解决了中国人的住房短缺问题。

1. 中国近代居住建筑和社区规划设计的演进

工业革命后，西方城市进入高速发展期，而此时的清政府实行闭关锁国政策。鸦片战争爆发后，西方列强侵入，清政府被迫门户开放。经历了洋务运动、戊戌维新、辛亥革命，中国资本主义的工商业逐步发展繁荣，直接促进了开埠城市和内地工商业城市的迅速发展和社会结构的变化。与此同时，西方现代城市规划和建筑设计的技术、理论和方法开始进入中国，包括现代住宅建造技术、花园城市理论和邻里单元规划等。在具体的建设实践中，随着新材料、新技术的引进，出现了与西方近现代建筑一致的新型住宅建筑类型，具备厨房、卫生间、暖气等现代化功能。从1840年到1948年的100余年间，中国城市经历了最重要的一次住宅类型的转变，从传统的平房合院式独户住宅逐步转变为以低层联排集合住宅为主，多种住宅类型开始出现。最初这个过程主要发生在开埠城市和北方新兴的城市，然后逐步延伸到其他城市。从最早出现到普及大约经历了半个世纪，到20世纪初基本定型。虽然现代住宅建设总量相对比较小，对全国住宅的影响面不大，但意义重大。这是我国数千年人居历史上住宅形制最重要的一次转变，对我国近现代城市规划建设影响深远。

我国封建社会时期的都市一般是商业、手工业城市，人多地少、环境拥挤是影响住宅形式的自然因素。唐代以后，商业和手工业的发达使城市更加繁荣，出现了一批数十万人口的大城市，唐长安和宋东京都是百万人口的特大城市。在这些城市中也出现了居住拥挤、火灾、治安等典型的城市问题，但里坊制及相应的治安、消防措施还是保障了城市的繁荣发展，特别是中国传统合院住宅模式，就是在这样拥挤的城市环境中保持家庭的私密性并达到人与自然相融合的理想形式，数千年的历史证明其是最合理的形式，它与中国的传统文化、家庭生活相适应，并为文化的繁荣提供了居所。虽然有巧妙的自然通风、采光等设计手法，但与西方的现代住宅相比，它在各项设备技术上还是落后的。

鸦片战争结束后，中国发生了深刻的变革，社会的开放、现代化和现代产业的兴起，特别是房地产业的兴起是导致这一次住宅类型转变的直接动因。当时，乡绅们和农民劳工涌入城市谋生，工商业主和新社会阶层出现。人口的聚集和城市急剧发展的客观要求导致了房地产业的兴起和繁荣，房地产商建造了多种档次、出售或出租的集居住宅。新型住宅的出现和演变有两条不同的途径：一条是以中国传统住宅形式为基础，适应新的要求，逐步向现代化的住宅演进，如上海的旧、新石库门里弄住宅；另一条途径是直接引进西方的住宅形式，再根据中国城市的生活方式和实际条件进行调整，如联排住宅、独立住宅和多层单元楼房等。这些新型住宅都反映了当时的社会人文和经济条件，开启了中国现代住宅的先河。值得深思的是，在当时新文化运动中，曾经有中国传统建筑形式应用到现代建筑上的尝试，但主要集中在公共建筑上，在居住建筑上的不多见。此外，从中式传统合院住宅演变来的新型住宅，即使建设之初的目的是每个院落、天井给单户家庭使用，最终大多演变为多户聚居的大杂院。

对我国近代住宅规划建设历史的深入研究是非常重要的课

题，它承上启下，通过研究应该可以认清我国具有数千年历史、丰富多样的传统民居进入近代社会后日渐衰落而西式现代住宅逐步进入并被广泛接受的过程，从中进一步探索未来具有中国特色和地方特征的现代住宅的发展方向。对中国近代城市规划和建筑设计历史的研究起步实际比较早。1944 年梁思成先生完成的《中国建筑史》，论及中国近代建筑，可以说是较早的通史性述作。1958 年至 1961 年在建筑工程部建筑科学研究院主持下进行的中国近代建筑史编辑工作，是关于中国近代建筑史首次较具规模的研究。1958 年全国"建筑历史学术讨论会"后进行的建筑"三史"全国调查及资料编辑工作，其成果《中国近代建筑史（初稿）》为高等学校提供了这一学科领域的参考教材。1960 年，全国"第四次建筑历史学术讨论会"后根据《中国近代建筑史（初稿）》缩编的《中国建筑史》第二册《中国近代建筑简史》，成为高等学校教学用书，1962 年正式出版。改革开放初期，中国历史学界对历史学理论和方法论的探讨活跃，尤其是对近代中西文化交流、碰撞引起的思想动荡极为关注。清华大学建筑系汪坦先生和张复合教授积极推动中国近代建筑研究。1985 年清华大学发起的"中国近代建筑史研究座谈会"，并向全国发出《关于立即开展对中国近代建筑保护工作的呼吁书》。1987 年国家自然科学基金会、住房和建设部城乡建设科学技术基金会决定把"中国近代建筑史研究"作为联合资助科学基金项目。1988 年中国近代建筑史研究会同日本亚细亚近代建筑史研究会正式签署《关于合作进行中国近代建筑调查工作协议书》，中日国际合作全面开始。1989 年《中国近代建筑总览·天津篇》问世。到 1991 年，中日合作进行的 16 个城市（地区）的近代建筑调查全部完成，出版《中国近代建筑总览》16 分册。从 1986 年到 1992 年间，中国近代建筑史研究举行了四次全国性会议。1993 年后中国近代建筑史研究进入发展期。1997 年中

国建筑学会决定在建筑史学分会下设"中国近代建筑史专业委员会"，2001 年改名为"近代建筑史学术委员会"，统筹中国近代建筑史研究工作。在对各个城市近代建筑的研究中也多涉及居住建筑。2003 年，清华大学吕俊华、张杰教授与哈佛大学规划设计研究生院彼得·罗教授合作主编《1840—2000 中国现代城市住宅》一书，对我国近现代住宅建筑设计及其历史背景进行了较系统的回顾和总结。

总体上看，中国当代居住社区的规划设计是从西方国家被动学习来的。19 世纪中叶西方列强利用坚船利炮打开了中国的大门，进行强盗式的掠夺。现代城市规划和住宅建筑也开始输入国内。中国的房地产商、建造商及后来出现的中国建筑设计师在懵懵懂懂中，开始了中国现代住宅的设计和建造，缺少思想的准备和主观的作为。虽然 20 世纪 30 年代花园城市的理论也被介绍进入中国，许多学者也呼吁兼收并蓄，但在国内混乱的情况下，真正有意识、有目的的现代居住社区的规划建设量很小，中国广大劳动人民的住宅问题没有真正得到重视和解决。

2. 中国当代居住区规划设计的演进

中华人民共和国成立后，我国现代化大规模住区规划建设的时代才真正到来。至今近 70 年，期间经过曲折的演进过程，大体可以分为三个阶段：1949 年至 1978 年是邻里单位的理论初步引入和全面学习苏联居住小区理论、定额指标的早期实践阶段；1979 年至 1998 年是居住区理论的发展成熟以及政府主导的试点小区和小康住宅规划设计实验时期；1999 年至今的新时期住区规划则呈现出以房地产市场为主导、以高层住宅为主、成片开发的封闭小区和多样性发展阶段。

（1）我国改革开放前的居住区规划设计

中华人民共和国成立后，我国实行社会主义公有制和计划经济。国家通过对私有住房的社会主义改造和发展公有住房，

在短时期内将中华人民共和国成立前超过 80% 的住房为私有住房的形势迅速转变为几乎全部为公有住房的局面。从"一五"计划开始，在苏联援助和苏联专家的指导下，学习苏联计划经济的定额指标和福利分配住房制度，由国家统一住宅建设计划和投资。在城市规划和住房规划设计上也是学习苏联的居住区规划理论和方法，包括定额指标体系和标准图设计等具体做法。虽然后期与苏联决裂，但住宅福利分配制度和居住区规划设计理论方法一直延续到改革开放前，甚至一些观念对我们今天的思想还存在着潜移默化的影响。

这 30 年间，政治运动多，经济起伏大，是我国现代住宅规划设计的艰难起步成型期。1949 年到 1957 年是国民经济恢复和第一个五年计划时期。各地建设了工人新村，大量的住宅建设缓解了住房短缺的矛盾。如上海 1951 年启动建设、1953 年完成的曹杨新村，采用邻里单位的规划理念和手法，取得了很好的效果。随着 1952 年至 1957 年第一个五年计划的实施，住宅建设的重点转移到生产建设服务上，引进了苏联的住宅建筑标准、标准设计方法和工业化目标，规划布局以沿街周边围合式街坊为主。苏联居住区规划设计思想引入后，曹杨新村的规划设计被作为资本主义规划思想的体现遭到批判。这一时期逐步发展起来的住房福利分配制度、住宅定额标准与设计技术规范等都成为以后 30 年中国住宅规划设计发展的基础。为了寻求符合中国国情的住宅形式，在中央"双百"方针的号召下，建筑师从标准、造价以及居民居住习惯和建筑形式等方面对住宅进行了有益的探索。当时西方流行的国际主义风格被看作资本主义的审美情趣。苏联提出了"社会主义现实主义"的建筑创作原则。新国家需要新的建筑形式，中国建筑师开始在中国建筑传统中寻求"社会主义内容、民族形式"。在 1955 年受到批判之前，一些好的做法也被应用到住宅上，如北京有的高校住宅就采用

了五花山墙、垂花门和窗楣等形式。"一五"后期，重工业优先政策造成产业发展失衡的问题逐步显现，在国家"先生产、后生活"的方针下，住宅建设标准第一次大幅下降。在这个时期，面对现实的经济局势，美学形式已经成为住宅设计的一个次要问题，从而导致了以后相当长的一个时期内住宅设计的贫乏。随着对大屋顶等民族形式的批判，围合式布局也受到批评，在当时北方地区没有供暖和空调的情况下，朝南的行列式布局成为主流。

1958 年住宅建设投资急剧下降，住宅建筑标准也下降到中华人民共和国成立以来最低的水平，节约成为住宅规划设计中压倒一切的原则。从 1961 年开始的国民经济调整、整顿，使城市住宅发展再次回到理性的轨道。这一时期住宅设计领域开始了有关合理分室、分户问题的讨论，推动了各种小面积住宅的研究，居住区规划方面也出现了多种多样的形式。

随着人口增长和落后的农业，国家开始对用地实施控制，以保障粮食生产。土地紧张也影响了城市住宅建设。为了控制大城市规模、节约用地，国家开始在大中城市中鼓励建设高层住宅，并大幅提高居住区的建筑密度。这一时期继续推行住宅标准图设计和工业化，取得一定进展，但很少有大规模的住宅成片建设，主要是调整充实和填平补齐，或结合重点改造过程做些安排，如北京前三门大街住宅等。到 1978 年改革开放前，由于长期执行"先生产、后生活"的方针和持续贯彻住宅的低标准，城镇居民的居住水平低下，人均居住面积只有 36 平方米左右，住房严重短缺，许多家庭没有成套住房，几代同屋、大龄异性子女同屋等现象普遍。全国几乎所有城市都出现了住房紧缺、分配不均等问题，住房制度改革势在必行。

（2）我国改革开放后到 2000 年前的居住区规划设计

1978 年党的十一届三中全会做出改革开放的伟大决策，中

国从此走入一个崭新的历史时期。为了缓解当时住房极度紧张的矛盾，国家首先提出了发挥中央、地方、企业、个人四个方面的积极性的方针以加快住宅建设。1980 年 4 月，邓小平同志做了关于住房问题的讲话，指出了住房制度商品化改革的大方向，启动了我国的房改。经历了出售公有住房的实验、对住房是否是商品的讨论、开展"提租增资"试点、推广住宅套型、经济适用房建设、确定住房作为新的经济增长点、建立公积金制度等一系列改革尝试，到 1999 年，以停止福利分房、全部转为货币分房为标志，我国住房制度改革基本完成，形成了具有我国特色、以市场化商品住房为主的现代住房制度体系。

改革开放初期，如何在有限的土地上解决更多人的居住问题成为住宅建设面对的一个关键问题，当时的建筑界就此展开多方位的研究探索，包括加大住宅进深、提高层数、北向退台、加密布局等。20 世纪 70 年代末北京高层住宅以前三门为起始进入大发展时期，到 20 世纪 80 年代初已经有 300 多栋高层住宅。这一时期发生了关于高层住宅的争论。20 世纪 80 年代初我国高层住宅刚刚出现，绝大多数人认为高层建筑就是现代化。而西方发达国家对大规模高层住宅得失的研究原本已经有了定论。虽然当时建设部和北京市分别发文件明确限制高层住宅建设，但没有什么效果。

随着住房制度改革的深入，对居住区规划和住宅建筑设计提出了新的要求。为了改变过去居住区规划设计千篇一律的情况，提高居住区规划设计和建造水平，建设部于 1986 年开始抓城市住宅小区建设试点，提出的目标是"造价不高水平高，标准不高质量高，面积不大功能全，占地不多环境美"。天津川府新村、济南燕子山小区、无锡沁园新村等三个小区是第一批试点。在建设部专家指导下，在规划设计上突出以人为本的思想，通过精心规划、精心设计、精心施工、综合开发、配套建设和科学管理，使小区的施工质量、功能质量、环境质量、服务质量都有了很大的提高，还强调了推广科技成果，应用成熟的新材料、新工艺、新技术和新设备。城市住宅小区建设试点对丰富和提高居住区规划和住宅建筑设计发挥了很好的作用。这一工作主要靠各级领导重视、专家和规划设计单位认真负责、国有开发企业积极参与来推动的。这一时期住宅产业化有一定发展，以适应多样化需求为主。为了进一步推动住宅产业化，建设部 1996 年发布《住宅产业现代化试点工作大纲》和《住宅产业现代化试点技术发展要点》。国家制定了"2000 年小康型城乡住宅科技产业工程"，发布了《2000 年小康型城乡住宅科技产业工程城市示范小区规划设计导则》，推动小康示范社区建设。

1994 年《城市居住区规划设计规范》颁布实施，形成了具有我国特色的居住区规划设计理论方法。它是建立在 1964 年原国家经济委员会和 1980 年原国家基本建设委员会先后颁布的有关居住区规划定额指标规定的基础上，尝试改变计划经济时期的一些要求和做法。虽然《城市居住区规划设计规范》努力适应市场经济下的房地产市场，但居住区规划设计从骨子里还是脱胎于计划经济，无法从根本上适应市场经济的需求。1994 年国家颁布了《城市新建住宅小区管理办法》，规范了物业管理。

这一时期，在市场上出现了一些新颖的开发项目，如万科开发的北京、天津等地的城市花园等。虽然建筑类型丰富多样，但规划依然是基于居住区规划。跳出居住区规划模式的是北京菊儿胡同和苏州桐芳巷等项目。虽然获得成功，但遗憾的是，这些项目的理论和方法始终没有被纳入居住社区规划教学体系予以推广。伴随着房地产开发的兴起，在 20 世纪 90 年代开始的以开发商主导的旧城改造和大规模住房建设再没有更多地考虑各地城市的历史文脉、肌理以及民居优良传统保留和发扬的课题，而是完全按照现代主义的规划思想，按照计划经济模式的居住区规划设计方法，实施了人类历史上最大规模的住宅和城市建设。

（3）我国 2000 年以后的居住区规划设计

进入新世纪，住房货币分配制度和银行按揭贷款开始普及和深入人心。住宅建设规模急剧扩大，房地产开发企业成为住房建设的主体，房地产业成为支持经济增长的支柱产业。这一时期，我国城市居民平均人均居住建筑面积提升迅速，从 1998 年的 9.3 平方米提高到 2016 年的 36 平方米，户均超过一套住房。商品住宅的设计建造和技术水平得到进一步提高。当然，问题也比较明显，住宅建设量和库存比较大，存在金融风险；住房困难家庭依然存在；房价不断攀升，广大中产阶级即所谓"夹心层"买不起或买不到合适的住房；居住区规划设计出现了大规模封闭小区等现象，是导致城市病产生的主要原因之一。

这一时期住宅的规划设计形成了建立在控制性详细规划基础上、以开发项目为主导的习惯做法。需求多元化、投资市场化、政府职能的调整等因素促使居住区规划建设由政府主导转向市场主导，房地产开发企业作为市场主体，通过招拍挂获得居住用地逐步成为常态。开发企业主导项目的前期规划设计、建设销售和竣工验收入住，包括后期维修和物业管理等全过程。为应对房地产开发的需求，城市规划管理部门很快形成了一套成熟、简单化的居住区规划管理机制。依靠批准后的控制性详细规划和相应日照、间距、停车等规定核提土地出让规划设计条件，纳入土地出让方案。房地产开发企业通过招拍挂获得土地后，委托规划和建筑设计单位按照土地出让合同、规划设计条件、居住区规划设计规范、住宅建筑设计规范等各种规范和国家标准，编制修建型详细规划和建筑设计方案，获得批准后组织实施。在进行修建型详细规划和建筑设计方案审查和审批时，

城市规划管理部门只能依靠控制性详细规划、土地出让合同和规划设计条件，以及规划管理技术规定等进行居住区修建性详细规划和住宅设计的审批管理，没有其他成熟应对的规划管理办法，更多的发言权可能是对配套位置、建筑的立面提出意见。这种机制的好处就是放松了管制，提高了企业的自主权和行政审批效率。

市场化和公平竞争使得居住区规划和住宅设计呈现出多样性的好局面，住宅设计建造由"数量型"进入"质量型"阶段。居住建筑和环境质量成为规划设计的核心。随着居住水平的提高，人们除去对住宅本身的要求提高外，对居住环境的要求也越来越高，小区绿化环境成为开发商的卖点，促进了居住区景观设计的发展。一般开发项目采取封闭的物业管理，普遍采用地下停车，将绿地集中布置，绿化景观效果更加明显。随着可持续发展和生态环保理念的深入人心，以及居民对健康的关注，绿色生态建筑和社区趋势开始逐渐普及。许多小区在规划之初就重视生态环境保护和营造，依靠中水回用、雨水收集、地源热泵、太阳能利用、垃圾分类和生化处理等新技术，在节水、节能、减排等方面取得实效。如中新天津生态城住宅全部执行绿色建筑标准，包括管道垃圾收集、智能电网等。产品的竞争推动了住宅设计建造水平的提高、设备部品的完善。我国住宅整体水平取得进步，住宅产业现代化进入新的阶段。建设部在 2001 年提出小康住房 10 条标准，作为我国住宅产业未来发展的方向。住房和城乡建设部 2002 年出台《商品住宅装修一次到位实施细则》，2008 年发布《关于进一步加强住宅装饰装修管理的通知》，鼓励和推进一次性装修住宅。随着人民生活水平的提高和住宅产品质量的改善，精装修交房日益成为趋势。

这一时期，在经济社会大的环境背景下，居住区规划设计出现了一些新的情况和新问题。首先，居住区选址向城市外围

和郊区延伸，私人小汽车的逐步普及也应和这一趋势。一些城市新建的居住区规模过大、功能单一，成为卧城，不仅生活配套缺失，降低了生活的方便性和舒适度，而且每日早晚形成钟摆式交通，造成交通拥挤。如北京回龙观、天通苑，以及天津梅江南等。其次，楼盘出现大型化趋势。开发项目大盘化具有规模效益，容易形成品牌效应。一些大型居住区拒绝一切城市道路穿过，使城市路网过稀，造成社区功能单一，居民出行和生活不便。另外，用地容积率不断提高，高层住宅成为主要住宅建筑类型。在市场化初期，为满足多种需求，居住建筑和居住区类型呈现出多样化，包括独立住宅、双拼住宅、叠拼住宅、多层花园洋房、高尔夫别墅等。随着国家对高尔夫和别墅用地停止供地，以及"90/70"政策出台，特别是城市土地财政重要性的攀升，居住用地容积率越来越高，商品住房类型越来越单一。容积率提高后，要满足绿地率、停车等指标，建设高层住宅是最可行也是最省事的方式。这造成居住区规划设计简单化，一堆高层建筑散落在地上，俗称"种房子"，不考虑城市整体环境景观，缺乏空间景观特色。

总体看，虽然这个时期只有十几年时间，但居住社区规划和居住建筑设计发生了巨大变化。在这个过程中，虽然也明显受到禁止建设别墅、"90/70"等有关政策的影响，但市场发挥了主导作用。针对超大封闭小区造成的生活不便、城市街道空间缺失等问题，一些有作为的开发商、规划设计师和建筑师在实践中也进行了有益的探索，如深圳万科四季花城开放社区的探索，就是很成功的尝试。一些中高档项目开始突出居住文化内涵。一些地方为了推广开放社区规划，制定了地方规定，如2009年上海市规划和国土资源管理局发布《上海大型居住社区规划设计导则（试行）》，强调居住社区和开放街区规划等内容。但这些有益的尝试与规模巨大的开发相比，没有能够起到引导

作用，没有扭转总的趋势。

保障性住房建设是这一时期的一项重点工作。由于住宅价格大幅上升，2005年开始，政府加大市场干预力度，并逐步建立健全社会保障体系，相继出台了一系列政策，形成了由廉租房、公租房、经济适用房、限价房等构成的住房保障体系。同时，开始改革集中建设廉租房等做法，积极探索解决中低收入家庭在公共设施、交通服务、就业机会等方面的需求，推动社会交往与融合，避免社会隔离。如取消了廉租房，将其纳入公租房中。北京等城市在商品住宅土地出让条件中增加了公租房、两限房配建比例的要求。天津滨海新区针对自身外来人口多的情况，推出了面向非户籍人口的定单式限价商品房这一新型保障房类型，扩大保障范围。另外，重视老旧和延年社区整治改造是这一时期值得充分肯定的突出现象。对存量住宅进行整治维护是城市的基本任务，实施小规模动态更新，这样才能使城市居住环境和质量长期保持在较高水准上。我国从近现代以来，包括中华人民共和国成立后，一直缺失这一机制。改革开放后，天津在震后重建中率先开始对老旧楼房进行整治，破墙透绿，"穿鞋戴帽"，城市面貌得到改善。随后在全国许多城市得到推广。进入新世纪，对旧楼房的整治不仅局限在外檐、增加坡屋顶等内容上，而是开始对老旧住宅进行功能上的改善和深入到小区内部环境的整治上。

（4）我国当前居住区规划设计存在的问题和发展方向

今天，中华人民共和国成立已近70年，改革开放已40年，虽然在中华五千年文明历史的长河中只是一瞬间，但发生的变化、取得的成就将永垂青史。通过住房制度改革，发展房地产市场，发挥国家、企业、单位、家庭及个人几方面的力量，在短短几十年的时间里，我国成功地解决了13亿人的居住问题，这在世界人居环境建设史上是一个旷古的人间奇迹。取得这样

的成绩，是依靠党的领导、中央和各级政府的决策，与广大开发商和开发企业、规划设计人员和城市规划管理人员的共同努力分不开，也证明我国现行的居住区规划设计体系的合理性和发挥的重要作用。

在肯定成绩的同时，我们清楚地认识到在住宅和房地产领域，包括居住区规划设计领域，还存在许多的问题和矛盾，有一些是深层次、非常严重的问题，需要正视，对症下药。我们这里关注的重点在居住区规划设计方面，当然，造成这些问题的根源绝不仅仅是居住区规划设计本身的问题，原因是多方面的，涉及思想观念、住房制度、法律法规、城市规划编制和管理、社会治理等众多方面，需要追根溯源，进行综合分析。

目前，我国社会主义市场经济体制已经初步建立，房地产业蓬勃发展，每年住宅建设量巨大，但我国居住区的规划设计理论和方法上一直没有大的改进，使用的依然是计划经济特色和现代主义特色鲜明的住房政策、居住区规划理论方法，包括规划管理，具体代表即1993年颁布、1994年开始实施的国家标准《城市居住区规划设计规范》，以及各个城市制定的《城市规划管理技术规定》。《城市居住区规划设计规范》是居住区规划设计的基本法律文件。自1994年实施以来，尽管近年来进行了几次修订，但没有做大的调整。总体看改革力度不够、不及时。实际上，美国和西方发达国家从20世纪60年代就开始批判现代主义的大规模旧城更新和大规模新建高层住宅区的规划设计模式，到20世纪70年代逐步形成共识。虽然这些理论观点改革开放后就被引入国内，但我们没有真正理解和体会到其中的道理。今天，开发商以利益最大化为目标，追求规模效益，超大楼盘、高楼林立、保安把守的封闭小区成为今天商品住房的主流形态。这种现象正是当年简·雅各布斯、芒福德深恶痛绝、连篇累牍批判的。我国许多城市暴露出严重的城市问题，如交

通拥挤、环境污染、城市空间丢失、环境品质不高、建筑质量差、城市特色缺失、千城一面等问题，与目前通行的大规模居住区规划建设模式有关。大型封闭居住区本身也面临配套不完善，缺乏邻里交往空间、停车难、卫生差等问题。居住社区量大面广，影响深远。事实说明，必须从根本上改革传统居住区规划设计的理论和方法，包括相应领域的改革和相关法律法规的修订，使我国居住社区规划设计走向正确的轨道。

3. 天津和滨海新区居住区规划设计的特点和存在问题

作为典型的中国北方城市，天津有良好的居住社区规划设计传统。历史上天津有多种居住形态，如老城的合院住宅、租界区的现代住宅，包括独立住宅、联排住宅以及多层和高层公寓等各种类型，还有河北新区中西合璧的院落式里弄和锁头式里弄住宅。中华人民共和国成立前，由于多年战乱等原因，也存在大量的棚户区、三级跳坑等贫困的住宅区。中华人民共和国成立后，天津住宅建设进入全新的阶段。改革开放后，结合震后重建，天津城市功能和面貌得到很大的改善，建设了国家住宅试点小区。到20世纪90年代，实施了成片危陋平房改造。进入新世纪，天津城市规划建设进入新阶段，相继实施了海河两岸综合开发改造、滨海新区开发开放、历史街区保护、城市环境综合整治等行动，城市风貌特色显著提升。

目前天津城市的居住社区形态反映出天津城市扩展和居住社区发展演变的过程。现在天津中心城区、滨海新区核心区主流的住区平面布局形态有三种：一是历史街区保留下来的居住社区，是窄路密网式、相对开放的街区，如五大道地区等，包括新建的北塘地区。二是中华人民共和国成立后政府投资规划建设的居住区，包括最初的工人新村和后来为工业区配套建设的大型居住区，如天拖南、长江道、真理道、体院北居住区等，主要位于中环线附近。这些居住区采用典型的居住小区规划方

法，以多层条式住宅为主的行列式布局，少量高层住宅点缀。三是改革开放后规划建设的大型居住区，如华苑居住区等，以及以房地产开发为主的大片居住区，如梅江南地区，还有正在建设的解放南路地区等，主要位于外环线边，采用居住区—居住小区—组团规划模式。纵观这些布局形态，除第一种历史街区具有较好的宜居环境外，第二种也基本上形成满足日常生活的居住环境，道路系统、服务配套与整个城市衔接得较好。只是建成时间比较久，需要及时维修和改造升级。第三种形态是20世纪90年代以后规划建设的外围大型居住区。虽然住宅建筑质量和水平有较大的提高，但超大封闭居住区的做法带来比较严重的问题，与城市关系不好，道路交通联系不方便，与地铁等公共交通的衔接也不好，没有形成完善的城市空间环境，缺乏城市生活氛围。

历史上天津城市建筑高度不高，街道尺度亲切宜人，住宅建筑以低层为主，少量多层和极少数的高层。中华人民共和国成立后到20世纪80年代末，天津的住宅建筑以多层为主，从20世纪80年代开始点缀少量高层。20世纪90年代开始危陋平房改造和房地产开发，容积率开始提高，高层住宅建筑增多。为了保持天津城市的空间特色，规划对历史街区和城市河流、公园等"三边"地区提出非常严格的高度控制规定，如五大道地区建筑檐口高度不得超过12米，同时禁止城墙式的板式高层建筑，防止对城市日照、通风造成影响，特别是对城市景观、空间尺度造成负面影响。2000年以后，随着房地产的进一步发展，地块容积率不断提高，高层居住建筑形成常态，特别是在城市外围地区，也出现了高层点式住宅与低层或多层行列式布局的条楼混合布置，如梅江卡梅尔小区等。近年来，住宅地块的容积率均在2以上，随着对绿地率和停车指标的提高，特别是天津规划管理部门提出了高层居住建筑高宽比的要求后，散点式

布局的100米高层塔楼成为主要形态。

总结天津，包括中心城区、滨海新区和其他区域居住社区平面和空间形态的演变，包括住宅建筑高度的变化，我们可以清晰地看到两个主要趋势：一是封闭居住区的规模扩大；二是点式高层住宅占绝对主导地位。这些特点背后有着深层的原因，前者满足了人们对人车分流、安静住区的基本生活的期盼；后者则可以使居住单元获得良好的通风、采光等条件，符合房地产开发快速建造的速度要求。而城市交通拥堵、环境污染、城市空间丢失、特色缺乏也正是这些特点造成的。这些问题不是天津所独有的，而是我国北方大部分地区共同的问题。居住区规划设计中存在的问题是造成我国城市病的根源所在，也是我们未来要进一步解决的关键问题所在。

二、和谐社区规划设计研究的目的意义、主要内容和创新点

滨海新区作为国家级新区和国家综合配套改革试验区，在城市规划领域，我们一直以改革创新为引领，将探索新型居住社区规划设计模式作为提高整体规划设计水平的一项重要内容举措。从2006年被纳入国家发展战略伊始，在开发区生活区和滨海新城提出的"窄马路、密路网、小街廓"布局的基础上，我们在几个功能区的生活区以及中心商务区、北塘等地区推广窄路密网布局，旨在完善城市功能、丰富城市活力、全面提高城市的空间品质。2009年，我们编制滨海新区核心区南部新城规划，进一步突出居住社区"窄马路、密路网、小街廓"的布局模式。南侧新城北临中央商务区，东临临港经济区，西侧为天津大道，南侧为津晋高速，规划范围52平方千米，由40平方千米的塘沽盐场盐田和12平方千米的天津港散货物流中心两部分构成。规划采用新都市主义理论和方法，营造以公交为导向、

以窄路密网为主要特色的新城区，围绕中心人工湖布置商业、文化、教育、体育、医疗、养老等多样功能。住宅选择以多层和小高层为主，采用围合布局，塑造出城市街道和广场空间，组成丰富多样的城市生活环境。南部新城与中央商务区仅一河之隔，是滨海新区核心区未来发展的主要空间。随着滨海新区被纳入国家战略和于家堡金融区的规划建设，天津港散货物流中心计划搬迁到新规划的南港工业区，南部新城的规划建设迫在眉睫。

为了进一步深化南部新城提出的"窄路密网"规划方案，使其具有可操作性、为项目实施做好准备，在前期研究工作的基础上，从 2011 年开始，我们选择了南部新城中靠近中央大道 1 平方千米的起步区——和谐社区作为滨海新区新型居住社区规划设计的试点项目，启动了以新型居住社区城市设计为核心的规划设计工作，进行了三轮、持续数年的研究探索。希望通过和谐社区规划设计的创新研究，探索一种以多层和小高层为主、适应窄路密网布局的新型居住社区规划设计新模式，能够为解决我国当前居住社区规划设计中存在的严重问题、改革创新新型居住社区规划模式、提高居住社区规划设计水平，积累有益的经验。

（一）和谐社区试点项目规划设计的目的和意义

1. 区位和周边规划设计情况

和谐社区项目位于南部新城起步区，即散货物流区 12 平方千米范围内，占地面积 1 平方千米，是一个规整的方形用地，西侧隔 300 米宽的中央绿轴和 100 米宽的办公用地与中央大道相邻，南部为南部新城的快速环路和滨湖商业区，北部临大沽河，河北岸即为中心商务区，东侧是散货物流区的生活配套区。

从 2008 年开始我们着手研究天津港散货物流中心搬迁和盐田利用规划。2010 年组织了南部新城规划设计方案征集。2011

年市政府对天津盐田利用规划进行明确。2012 年结合滨海新区核心区城市设计，南部新城规划进一步深化。南部新城规划采用"生态城市""精明增长"和"新城市主义"等规划理念，在吸收中新天津生态城规划设计成功经验的基础上，力争在新型居住社区规划和城市空间塑造上有所突破。

2007 年，中国政府和新加坡政府确定合作建设中新生态城，选址在滨海新区北部盐田和荒地上，占地 30 平方千米，规划人口 30 万。中新生态城的规划充分考虑生态保护和生态修复，通过治理原污水库，保护蓟运河古河道，形成城市与生态环境的和谐共存。规划提出了生态城规划指标体系，绿色交通出行率、清洁能源使用率都达到较高值，全部采用绿色建筑。生态城对居住社区的规划非常重视，提出了生态谷和生态细胞等概念，同时借鉴新加坡社会管理的成功经验，集中规划建设邻里中心。从实施效果看，整个生态城的环境水平、居住建筑，包括城市管理都达到了比较高的水平。只是由于容积率相对较高，居住建筑还是以高层为主，加之正南北向布置的建筑与倾斜的道路网有角度，道路绿化比较密集，没有形成生活化的街道界面等城市空间。

南部新城规划的目标是形成充满活力、社会和谐的生态新城，将生态环境营造、产业发展和社会管理创新与新型居住社区规划等方面作为规划的重点。首先，遵循上位规划，在盐田上开挖湖面和河流，既可以实现土方平衡、调蓄雨水，又可以改良土壤、改善生态环境、提升土地价值。其次，在为临港经济区和中心商务区做好生活配套的同时，大力发展商业、文化创意、教育、体育、医疗养老等第三产业，实现综合发展和职住平衡。另外，完善住房体系，强化社会管理创新，选择以多层和小高层为主的住宅类型，采用窄路密网布局，更加注重营造城市生活空间。

南部新城的总体布局为"一心、两带、六社区"。一心是4平方千米中心湖，形成新城的生态核心和核心景观。两带主要指城市服务带，一带是围绕中心湖，形成的以轨道交通和快速环路连接的城市公共服务带，包括滨湖商务商业、文化创意、教育、体育、医疗养老等区域。另一带是串联6个社区的由电车、绿带连接的社区生活服务带，包括6个社区中心。6个社区则是指围绕城市公共中心区域的6个综合社区，以居住为主。

社区规划布局具有小街廓、密路网的特点，通过紧凑的、混合功能的社区和适合步行的街区，塑造城镇生活氛围。借助不同的区位和土地混合使用，打造多元的住房产品和各具特色的居住社区。其中沿湖文化创意、教育、体育、医疗、养老等6个主题邻里建设精品住宅，以低层和多层洋房为主。而外围六大生活社区规划建设定单式限价商品房和普通商品房。多元化的住房类型为不同收入的人群提供了多样选择，面积、房型、价位的多元化满足不同生活阶段的居住需求。保障房、普通商品房和高档住房在空间上相对混合，促进社会融合与和谐。

南部新城以公共交通为主导，形成以高架轨道、地面电车和普通公交组成的公共交通体系，提高公共交通覆盖率，体现绿色低碳交通理念，为居民提供便捷、舒适、准时的公共交通服务保障。除快速环路加强与区外和各社区之间的联系外，道路系统采用开放式的棋盘网格局，街廓尺度控制在200米左右，路网密度提高，便于交通组织，满足小汽车交通的出行，设置足够的停车场和停车设施。依托中心湖与生态廊道、多功能绿带、邻里绿地以及周围的官港森林公园，打造绿化景观体系，提升新城整体绿化水平和居住生活环境质量。

改革传统的"居住区—居住小区—组团"的居住区体系分级概念，形成10万人级社区—1万人级邻里—600人级街坊三级结构，对应街道、居委会和业委会三级社会管理体系。南部新城结合地铁和电车站点设置6个社区中心，包含街道办事处、派出所、中小学、社区医疗、养老、文化体育、商业、公园等设施。结合电车和公交站点设置54个邻里中心，包含居委会、物业服务站、幼儿园、托老所、生鲜超市、早点铺、邻里公园等。各个地块形成街坊和业主委员会，设置活动用房和交往空间等设施。提倡围合街坊布局，强调街道广场公园等城市公共空间的创造。要求沿生活型道路设置沿街商业，形成连续街墙，取消绿带。沿交通型道路设置绿带，不得设置沿街商业。通过集中设置公共开放空间和社区服务配套，包括社区中心、邻里中心、社区公园、教育设施等，居民获得丰富的社区生活、街道活力得以提升的同时，每个地块内部的凝聚力和认同感也得以加强，为和谐社会的创造提供条件。

2. 和谐社区试点项目的目标和意义

滨海新区和谐社区试点项目的目标和意义有微观和宏观两个层面。微观层面的目标非常清楚，就是为南部新城及和谐社区的实施做好规划设计准备。南部新城是一个50平方千米的全新的新城，要做好整个新城的规划设计，有必要通过一个局部试点的深化研究和实施建设来进行检验，发现问题、积累经验。

滨海新区在过去的10余年中对于窄路密网的规划模式已经进行了许多的探索，具备一定的经验。开发区生活区的第一批住宅翠亨村的规划设计就采取了围合的居住院落、配套步行商业街等做法。2000年，SOM建筑设计事务所为开发区生活区所做的城市设计，明确提出了窄路密网的布局。2005年，在滨海新城即滨海新区核心区城市设计方案征集和综合方案中，明确提出了窄路密网的城市设计布局模式。2006年，在空港经济区、滨海高新区、北塘总部经济区等功能区的规划设计中，都采用了窄路密网的布局。这些区域基本都按照窄路密网布局进行了实施，如于家堡金融区、北塘等，通过城市设计导则解决了与部分现行城市规划管理规定不一致的地方，效果很好。但总体看，这些区域大部分为办公建筑，完全窄路密网的居住建筑和社区还比较少，需要现实的检验。2010年，滨海新区住房投资有限公司和滨海新区住房保障中心在散货物流的配套生活区规划建设了占地1公顷的佳宁苑定单式限价商品房项目，通过该项目我们发现要实施窄路密网的居住社区规划设计，在城市规划管理上还有许多需要改革创新的地方。所以，和谐社区试点项目的目标非常具体明确。和谐社区作为试点具有很好的条件。一是占地1平方千米，规模适宜。二是区位良好，临近已经建成通车的中央大道，距中心商务区2千米，仅一河之隔，通过已经投入使用的海河隧道，可以快速到达于家堡金融区起步区和于家堡高铁车站。滨海新区近期启动建设的地铁Z4、B1线也在该区域周边通过，设有两个车站和换乘站。三是土地平整，宜于近期启动建设。

和谐社区试点项目宏观层面的目标就是改革我国数十年一成不变的居住区规划设计体系。改革开放初期，居住区规划设计体系适应了解决住房短缺问题的需求。今天，在住房短缺问题得到基本解决以后，居住社区规划设计的重点是提高水平，解决严重的城市问题。改革开放40年来的经验和教训使我们越来越清楚地认识到住宅和居住社区规划设计对城市的重要性。要提升我国现阶段城市的品质，彰显城市特色，就要彻底改变传统的居住区规划设计模式。和谐社区试点项目的目的就是按照窄路密网规划模式，对我们"约定俗成"的居住区规划设计和管理模式乃至技术标准和规范展开讨论与思考，转变观念，改变目前居住区规划以三级结构、千人配套指标、日照间距等为核心的规划设计技术体系和规划管理方式，构建一种符合窄路密网原理的新型居住社区规划设计原型和规划管理模式，为深化规划改革、创造充满活力的城市街区、形成丰富多样的都市形态奠定坚实基础。

和谐社区试点项目就是在这样一个背景下开展起来的，目标非常明确。虽然看似是一个简单的1平方千米的居住社区的规划设计研究探索，但从提高我国整体城市品质、解决城市问题的高度看，意义非常重大。

3. 和谐社区试点项目规划设计的过程

从2011年11月启动开始，和谐社区试点项目规划设计工作共进行了五年，分为三个阶段。

2011年11月到2013年7月是和谐社区试点项目规划设计的第一阶段。从2011年11月开始，在天津市滨海新区规划和国土资源管理局的组织下，在当时天津滨海新区迅速发展和南部新城即将启动规划建设的背景下，天津市城市规划设计研究院滨海分院与美国旧金山丹·索罗门建筑设计事务所及天津华汇环境规划设计顾问有限公司一起合作开展了南部新城北起步区1平方千米和谐社区试点项目的规划设计研究。丹·索罗门先生是美国住宅设计方面的专家，在窄路密网规划和可负担住宅设计方面有许多出色的作品，也是美国新都市主义运动的积极倡导人之一，曾在加州大学伯克利分校建筑环境学院任教。天津华汇环境规划顾问有限设计公司黄文亮先生是美籍华人，较早在天津和滨海新区规划中推动窄路密网规划，有许多好的经验。而天津市规划设计研究院滨海分院长期在新区工作，对新区的情况和国内规范比较了解。整个规划设计工作建立在交流、调研、沟通的基础上。丹·索罗门来自美国，首先要了解中国和天津居住区规划建设的总体情况、现行技术标准和规范，以及存在的主要问题，明确本次工作的目标和重点。其次要对天津、滨海新区及场地周边的现状和规划情况有深入的了解。在工作过程中，中外设计单位合作进行了广泛的调研，与开发企业进行座谈，了解市场对小街廓和围合式住宅的接受程度，以及具体操作中存在的问题等。在工作过程中多次召开视频会议，进行中期沟通交流。在形成第一阶段成果后，于2012年7月召开了专家研讨会，丹·索罗门、黄文亮及滨海分院进行了汇报，与会专家张菲菲、周燕珉等对概念规划给予肯定，也提出了通风、采光等方面的改进建议。在配合工作的同时，与丹·索罗门研究同步，天津市城市规划设计研究院滨海分院独自开展了相关探讨性规划，主要出发点是在斜向路网格局基础上尽量多地布置正南北向住宅，适应市场需求。市规划院方案中虽然有60%以上的住宅建筑为正南北朝向，但整体城市空间不够好，经过滨海新区规划和国土资源管理局研讨，最后选择了丹·索罗门建筑设计事务所的规划方案进行深化。到2013年7月，丹·索罗门建筑设计事务所牵头完成了规划设计成果，这段工作历时两年时间。

2013年11月到2014年5月是和谐社区试点项目规划设计的第二阶段。由天津港散货物流中心委托丹·索罗门建筑设计事务所和天津华汇环境规划设计顾问有限公司就1平方千米和谐社区内的一个居委会邻里进行了深化规划设计和住宅单体概念性建筑设计。试点项目在总图规划、停车、房型建筑设计、装修设计、景观设计、物业管理、网络时代配套社区商业运营分析等方面进行了深入研究。期间，2014年5月，在滨海新区规划和国土资源管理局主办的第二届新区住房规划与建设专家研讨会上，对项目规划设计成果进行了研讨，与会专家赵冠谦、开彦、张菲菲、王明浩、周燕珉等对此给予了充分肯定和高度评价，项目取得了比较好的效果。

2015年3月到2016年7月是和谐社区试点项目规划设计的第三阶段。由于天津港散货物流搬迁的进度滞后，导致和谐社区试点项目没能够按照预期真正进入实施阶段。为了进一步推动示范社区规划设计工作，将示范社区规划方案和建筑方案实

施落地，明确具体的改革内容，使和谐社区具有可实施性，结合市规划局提出增强城市活力的要求，滨海新区规划和国土资源管理局将和谐社区新型社区规划设计试点项目作为2015年指令性任务，同时由滨海新区房屋管理局住房保障中心下属的住房投资公司委托天津市城市规划设计研究院和天津市渤海城市规划设计研究院开展具有实施性质的规划设计深化工作，包括控制性详细规划、住宅地块及邻里中心修建性详细规划和建筑方案的深化设计，从法定规划层面进行深化设计，以检讨和谐社区规划设计方案与国家和天津市现行规划编制规范及规划管理要求之间的矛盾点，并就涉及的规定、标准的修订进行分析论证，为项目真正实施做好准备。

（二）和谐社区规划设计成果的主要内容

和谐示范社区规划设计的三个阶段形成了相应的成果，随着规划的逐步深入，规划成果形成了一个系列，包括从1平方千米总体概念规划和城市设计，到详细城市设计和概念性建筑设计，再到控制性详细规划、修建性详细规划和建筑深化设计，以及对相关设计规范、标准和规划管理规定所做的相应的调整建议等内容。

1. 第一阶段规划总体城市设计成果

和谐示范社区规划设计第一阶段是实际规划面积约为1.3平方千米，为14 000户、31 000人的居住社区的总体城市设计，包含三个居委会邻里。规划设计成果包括三部分内容：首先是对中国当前居住区规划设计现状，包括封闭的超大街廓社区的起因及其造成的问题分析，明确本次规划设计的目标；其次是总体城市设计方案；第三是具有辅助研究性质的概念性建筑设计，作为附件。

封闭的超大街廓的起因包括日照间距、物业管理和安全要求、简单快速建造的开发模式等因素，导致了城市交通拥挤、

环境污染、无地方性和场所感等问题。本次城市设计的首要目的在于创造一个当代住宅发展新模式，既符合现代中国人对于空间、日照、隐私等的期望，也同时创造一个充满活力的社区生活环境，重建中国城市步行生活空间与邻里交往环境。在具体规划设计开始前，比较了以行列式和点式布局为主的超大街区与围合街区的异同，以及围合布局建筑如何解决日照规范问题和建筑朝向问题的方法，对围合式居住社区规划设计的可能性进行分析。

规划设计的主要内容如下：

关于规划总图和规划结构。 延续南部新城建立新型居住社区的规划理念，本次规划总图设计与传统的居住区规划方法不同，更加注重居住社区功能和城市空间的塑造，目的是创造清晰、完整、具有特色、宜居的城市社区。规划思路是通过简单易懂的动线组织，为本地区创造具有鲜明特色的场所感。规划布局从现状和周围规划入手，路网、绿廊和公共交通走廊与周边规划一致，并形成自身的特色。同时，通过各居委会邻里中心设计的完整性和多样性，丰富整个地区的场所感，避免单调，每一个居委会邻里也有清晰的组织架构和场所感。

整个居住社区的主要特征是一个月牙形的公园和围绕公园形成了弧形的城市景象。这个具有鲜明特色的城市形态的设计源于南部新城规划。利用规划中的绿廊和公共交通走廊，将其南侧道路向南弯曲，形成面积约 7 公顷、月牙形的集中绿地，成为设计的中心场所，同时将整个地区划分为面积和规模较为相等的三个居委会邻里。每个居委会邻里的核心区域都有一个多功能的邻里社区中心，包括居委会办公、超市、菜市场等商业设施、幼儿园、托老所和社区卫生站、文化活动中心，以及集中的绿地和广场等。规划依托地区南部的轨道车站和中央绿地中的电车车站，串联三个邻里中心来组织步行和自行车线路，

形成一个 Y 字形的步行和林荫道，成为人流动线的骨架和清晰的规划结构。

关于建筑高度。 建筑高度对城市空间尺度起到决定性的作用。本次规划的目标就是采用多层住宅建筑为主的方式，以形成宜人的居住环境和街道空间。整个社区以多层住宅为主，部分为 9～15 层的小高层住宅建筑。考虑到土地的合理开发强度，与习惯做法基本一致，较高的建筑位于不会遮挡的西侧北侧，但建筑高度布局的重点是考虑城市的景观，如通过高层的布局设计强调边缘或门户效果、建筑高度布局富有变化等。

关于地块划分和容积率。 街坊、街廓是构成居住社区的基本单元，它的尺度的合理性在一定程度上决定了社会管理、社会自治的合适尺度和和谐的邻里关系。基地可以划分为 80 个左右的街廓地块，每个街廓用地面积 1 公顷左右，容积率为 1.5～2.0，居住建筑面积为 1.5 万～2 万平方米。按照户均 100 平方米计算，则每个街廓地块 150～200 户、450～600 人，具有合理的开发强度和人口密度，是一个比较理想的街廓尺度，便于每个街廓业主委员会管理自己院子内的事务。考虑到目前土地出让、房地产开发运作的习惯和规模效益，将 80 个左右的街廓地块组合成 16 组地块，每组地块的用地规模为 4～7 公顷。每组地块由街坊道路和步行路划分为 4～6 个基本的街廓地块。土地出让和行政许可可以以每组地块为单位，但出让合同中和在审批时要求保留街坊道路。这样的做法实际上把一些街坊道路的建设和维护给了了社区，而不是政府，一方面有利于市政道路建设，另一方面鼓励社区积极利用和管理街坊道路。

关于公共交通站点及对角线道路。 如果要设计一个以公共交通为导向、以步行为主的居住社区，就必须把人行系统和公交站点的关系处理好，鼓励人们更多地采用公交和步行。规划形成以最短距离的对角线串联地铁车站、电车站和公交站点，

形成了 Y 字形人行及自行车混合使用的林荫道街道结构，在这个 Y 字形结构上布置居委会邻里中心等居住社区配套服务设施和开敞空间，方便居民依托公交出行和进行生活组织。

关于开放空间、配套公建、商业和生活组织。新月地区的开放空间由 7 公顷的新月公园和各邻里中心 7000 ~ 13 000 平方米的邻里公园，以及分散的小型街头绿地组成，每个居住单元到公园的距离都不超过 250 米。另外，街坊内部也形成各具特色的院落。由于采用多层高密度的围合布局，每个街廓地块的绿地率相对降低，需要平衡绿化率，增加中央新月公园面积，既可以平衡绿地率，也为更好地改善地区的生态环境提供了空间。

配套公建主要结合邻里中心设置，社区商业沿步行街设置。较大一点的商业在南部地铁站以北集中设置。小学位于整个地区的中心，方便学生步行上学。新月地区的生活组织强调社区场所精神，社区生活空间以社区邻里中心为核心，鼓励社区交往，日常生活都可以在步行 5 分钟范围内解决，为增强居民交流交往创造条件。为鼓励步行和交往，社区邻里中心不提供路边停车。强调社区、邻里空间形态特色，增强认同感。

关于街道等级体系、街道设计和街道生活。成功的社区规划的主要内容是创造一个包括不同类型、不同功能、不同个性街道的街道等级体系。有些街道以交通为主，有些街道在较慢的行驶速度下，可以小汽车与自行车、人行混合使用，有的街道主要以步行和自行车为主，限制小汽车的通行。

新月地区形成了三种主要的街道，具有不同的目的与特质。15 米宽对角线街道以步行和自行车为主，街道两侧底层为商业或工作室等，具有亲切的尺度和宜人的形态。除主要斜向对角线步行街外，还规划了多条对角线步行斜街，串联整个商业零售以及多个公交搭乘点，形成一个步行网络和城市肌理。第二级街道 17 ~ 19 米宽，为小汽车、行人和自行车混合使用，主要

解决社区内部的机动车交通问题。街道上布置进出停车场的出入口，道路上可安排部分路内停车。为保持街道的活力和方便出让，临街单元的入口应该向街道开口；为保证住宅的私密性，首层住宅高出道路半层。第三级街道 24 米宽，是社区主要的方格网道路，以小汽车交通为主。为保证交通流畅，停车库出入口不能直接向道路开口。可以设置一定的道路绿带，沿街住宅建筑物要退线，以减少噪声、汽车尾气等影响。住宅建筑首层可以设置院落和矮墙。

街道的设计是居住社区规划设计主要的内容之一。街道是城市最重要的空间环境，是居民日常生活的主要场所之一，是人们最直接体验到的城市空间。规划重视道路断面的设计、城市绿化景观、城市家具设计和两侧面向街道的建筑界面的设计。

关于生态社区和雨水收集。规划考虑采用海绵城市的理念，对雨水进行收集利用。新月公园可以起到预防暴雨滞留、过滤等作用，将区域内的雨水收集后输送到外围规划的河道和湖泊中，同时新月公园可以部分作为湿地，成为城市生态廊道的一部分。

虽然本次任务不包括单体建筑的设计，但为了使规划设计可行，丹·索罗门建筑设计事务所进行了典型街廓的建筑设计。对于住宅朝向，丹·索罗门坚持建筑平行道路布置，尝试通过建筑设计的调整保证南向房间朝向正南的选择方案。虽然可以使每户住宅都有正南朝向的房间，但房间会出现转角，因此最后还是推荐正常布局和建筑方案。考虑到土方平衡和降低造价，停车采用半地下方式。按照目前的容积率和停车标准，基本可以满足停车要求。

和谐社区总体城市设计方案具有突出的特征和完整性，一个横贯东西、面积约 7 公顷的月牙形的公园以及围绕公园形成的弧形的城市景象，这个地标的形象给予整个地区鲜明的个性。

灵感来自类似尺度的成功案例,如英国贝斯的皇家新月、纽约中央公园的西侧和上海外滩的界面。这个界面被称为该地区的标志。整个社区通过精心配置的平面和空间设计,借由多个小的围合街廓形成一个更紧致、易于步行的城市社区和城市肌理。它具有传统城市街道和空间的特点,同样满足日照间距的要求,拥有由现代塔楼住宅组成大型居住区所具有的绿化和开敞空间。高标准的住宅和各具特色、功能完善的邻里中心满足现代城市居民生活及心理和社会交往的需求。在解决私人小汽车停车问题的基础上,依托地区的轨道车站、电车车站和公交车站,以一个 Y 字形的人行及自行车林荫道,串联邻里中心和商业,成为动线的骨架以及社区生活和景观结构的骨架,形成以公交为导向、交通便捷的城市。在规整的窄路密网中,形成了丰富多变的城市空间和景观。

与丹·索罗门建筑设计事务所的研究同步,天津市城市规划设计研究院滨海分院也开展了相关探讨性规划,主要是尝试在斜向路网格局基础上尽量多地布置正南北向住宅。同时,发挥本地规划院特长,对用地四周道路交通进行了详细的分析和初步设计,保证整个居住社区与城市有便捷快速的交通联系。

滨海分院的方案总体布局仍然坚持了城市外部空间是居住社区规划重点考虑的规划原则。临街建筑平行道路布局,形成连续的街墙,不临街建筑旋转角度,形成基本的正南北住宅。经过认真规划,整个社区正南向住宅比例达到 60% 以上,既提高居住生活品质,又有利于建筑的绿色节能。这样的布局既基本满足了围合式的布局要求,又满足了市场对建筑朝向的苛刻要求,接近目前的开发模式和管理模式,但大部分街道缺失了完整的城市界面。

为形成良好的城市空间和景观环境,南部新城不设立大型立交桥。为保证整体的交通顺达,五级路网有合理的衔接关系。

城市快速路中央大道与准快速路物流北路采用立交和红绿灯控制的互通处理。主、次干道与快速路一般通过辅路相接,右进右出,部分路口主干道下穿快速路的简单分离立交,通过密路网组织交通。街坊道路、支路一般与次干道连接,一般要右进右出。方案对新月地区南边界的准快速路物流北路的典型断面进行了设计,并对一些主干道与物流北路的交叉口进行了详细设计。

2. 第二阶段详细城市设计和住宅概念建筑设计成果

第二阶段工作是在第一阶段 1 平方千米和谐社区总体设计的基础上,就区内的一个占地近 30 公顷的邻里进行深化的详细城市设计和住宅概念建筑设计。成果主要包括五部分。第一部分以巴黎和美国为例,进一步分析国外社区规划的教训,以及近年的成功经验。第二部分对第一阶段的成果进行了简要回顾。第三部分是具体的规划设计成果,重点在总图规划、街道设计、景观设计、停车、消防、垃圾收集、物业管理等方面进行了深入规划设计。第四部分为居住建筑概念性方案设计。第五部分由华汇公司对网络时代配套社区商业运营等方面进行了深入分析研究。规划的最后成果包括一系列效果图、1∶500 整体规划设计模型,以及 1∶100 典型三角形街坊的建筑设计模型。

(1)规划设计深化成果

本阶段详细城市设计是在第一阶段总体设计及各方意见与建议的基础上,通过住宅建筑概念设计,细化深化原总体城市设计方案,使规划设计逐步走向实施。工作的重点是总平面规划设计、小街廓的详细设计、街道的设计、邻里中心的设计和生态社区初步设想等内容。深化设计的对象是位于 1 平方千米和谐社区西北角的一个居委会邻里,实际占地 26 公顷、约 1 万居住人口。考虑设计费用,具体设计范围 11 公顷,容积率 1.7,总建筑面积 19 万平方米,其中居住建筑面积 16.9 万平方米,

1690 户，约 5400 人。

关于规划总平面。在总体城市设计的基础上，通过深化设计，使这个居委会邻里的规划结构和总体布局得以落位，形成规划总平面图。以邻里公园以及多用途的邻里中心为核心，以串联地区性公交站、新月公园和邻里中心的斜向人行商业步道作为邻里的主要轴线，以小尺度的围合街廓组成整个邻里社区。

关于邻里公园及邻里中心。具有中国传统建筑特色的连廊环绕在公园的四周可作为界定公共空间的重要元素。邻里中心包括各类邻里服务活动功能，构成邻里生活的场所，毗邻邻里中心的邻里公园周边环绕商铺及围廊，形成清晰难忘的公共空间。步行商街斜向穿越整个邻里，吸引人流从公交站经小广场至邻里中心及公园，再到新月公园和地铁车站。这条内街完整地联系了邻里各个街廓、开敞空间，还有地标性的门户塔楼，成为步行主线和视线主轴。

关于道路分级和街道设计。和谐社区包含了不同宽度、不同特质与不同目的的道路，从 24 米宽的主要车行道路到 12 米宽的综合使用步行街，清晰的道路分级以及步行系统为鼓励步行外出奠定了良好的基础。街道设计是详细城市设计工作的一个主要内容，包括道路平面、断面、竖向、管线、行道树、路边停车位、雨水的排放、雪的堆积等绿色环保及日常维护管理等方面。街道竖向从现状地面抬起半层，其中设置各种用途的市政管网。在社区里面，行道树至关重要，需要特殊的保护层用以减少直接接触盐碱土的危害。24 米宽的公共道路由政府管理与维护，12 米以及 16 米的道路则由物业管理维护。

24 米宽道路均为双向通车的公共道路，道路两旁均设有路边停车以及自行车道。机动车、自行车及步行街道都被四排的植树分开。路边停车可作为下雪时的堆放场地，抬高的行道树穴可以保护树根免受雪水的冰冻以及土壤的盐性危害。16 米宽

道路均为单行车道且单边停车，自行车道与机动车道混合使用。12 米道路作为南北向商业内街，临街的空间可作为多样性的商业贩售以及工作－生活的混合使用空间。除了满足消防应急车辆的通行外，街道设计为易于步行的亲切尺度。

关于小街廓总平面设计。整个和谐社区的窄路密网布局和规整又富于变化的城市肌理由许多 1 万平方米左右的围合住宅建筑街廓塑造而成。围合街廓一方面界定了社区的室外街道、公园广场等空间，一方面确定了住宅的布局和设计，起到承上启下的作用，十分重要，是做好详细城市设计的基础。因此，本次小街廓总平面设计与概念性住宅建筑方案设计同步进行。对典型的方形街廓和商业斜街两侧的三角形街廓进行了详细设计，包括住宅建筑布局和高度、街廓和单元出入口、过街楼和消防车通道，以及废弃物收集、安保范围和停车库出入口等。

小街廓的布局关键是在保持城市道路、公园广场等外部空间完整性的基础上，解决好住宅日照采光和通风、交通组织和停车等问题。住宅建筑以多层为主、局部为小高层，高度分布既考虑动态的道路街景，同时又满足每个住宅单元大寒日两小时的日照规范。小尺度的街墙断口和过街楼对于地块中间的建筑以及中庭内院来说，提供了具有安保的出入口，同时利于空气对流。建筑街墙上细部的艺术化处理，小尺度的开口以及富有变化的建筑高度形成丰富的道路景观。对半地下停车库进行了仔细设计，基本满足停车指标要求。认真进行了交通组织和内部庭院设计。对所有建筑物和内部道路不退让来计算，典型院落范围内的绿地率为 32%，综合新月公园绿地，满足相关规定要求。

关于邻里中心的规划设计。多功能的邻里社区中心，包括居委会办公、超市、菜市场等商业设施、幼儿园、托老所和社区卫生站、文化活动中心等教育、卫生、养老和文化设施，

总用地 12 900 平方米，总建筑面积 14 400 平方米，其中地上 11 200 平方米，地下部分 3200 平方米。

邻里中心的设计将相关设施集中形成几座 2 ～ 3 层的低层建筑，围绕着中间的广场形成开放的布局，各项设施都有通道可以与周边道路连接。其中幼儿园占地规模比较大，达到 4000 平方米，相对独立，布置在西北角。公园一侧是超市和文化中心，以拱廊相连接，面对邻里公园。老年中心与社区医疗站、社区办公室等设施整合在一起，位于地块中央。服务与资源回收动线设置在超市的后面，包括一个小型的员工停车场。邻里中心的布局共设计了两个方案，考虑了分期建设的可能性。

（2）住宅建筑概念设计

应该说，城市设计的深化建立在住宅建筑设计可行性的基础上，即通过住宅建筑设计的变化做到围合的街廓布局。在确定了总平面布局后，对住宅建筑设计提出了细致的要求，比如停车、竖向、建筑入口、建筑转角单元、建筑退线等。按照规划要求和户型要求进行住宅建筑概念设计后，可以提供更准确合理的尺寸，反过来优化规划设计。

住宅建筑概念设计参考了滨海新区定单式商品住房的有关设想和要求。提出了改善居住建筑设计标准的理念，如建筑面积标准按照套内面积计算，优化单元交通核和公共空间的设计。以套内面积 90 平方米、建筑面积 115 平方米左右的两居室作为主力户型。所有的典型单元平面皆有面向南向的生活空间，主要的活动空间都是南北通透的，具有良好的室内通风和最大采光。不同类型的居住单元都可以整合在同一栋建筑里面，所有的管道结构都可以完整地上下对应。模组化的做法允许相同的内部单元建筑，也可以有不同的立面表情以及通往地块内部的过街楼等处理方法。利用标准化的单元模组，可以组合成不同的建筑高度变化以及通往内部地块庭院的大门。初步的建筑立面设计展示出标准化的单元平面，可以设计出不同的建筑立面，丰富建筑造型。

建筑竖向设计上，内院平台高出街道地面标高 1.5 米，机动车与非机动车都停在低于街道地面标高 1.6 米的半地下车库内，包括设备用房。围合街廓包含了面对不同街道所形成不同高度的建筑。具有安保控制的住宅单元入口可以直接从街道上进入，也可以从街廓地块的内院进入。架空 2 ～ 3 层的过街楼除了作为庭院的出入口之外，也提供了围合庭院南部空气对流的条件和消防车与废弃物运送的通道。每一个住宅街廓的半地下车库基本可以满足该住宅街廓的停车位。所有的建筑承重墙都不影响停车位的设置，且不需要昂贵的转换结构。访客以及商业空间所需要的停车由路边停车位解决。

（3）社区商业策划研究

为了回答专家和各方面关心的居住社区中规划商业步行街的可行性，华汇公司主动开展了社区商业策划研究，包括产品业态创新和经营模式创新等内容。

通过对国内主要城市社区商业规模的比较，确定了内向型、中间型和外向型社区配套商业的比重和人均商业建筑面积。按照各种方式测算分析，最终确定规划的社区商业总建筑面积和其他社区配套设施建筑面积，同时考虑市场变化，预留 10% 的商业空间。根据社区商业的租金、居民可支配年收入及其中用于社区消费的比重，对社区商业面积规模进行验证，基本可以保证社区商业的存活和良性运营。

社区商业的业态结合社会进步、居民生活水平提高和居民客户的群体特征来分析，考虑社区商业业态的基本需求和创新发展。新建社区的客户以年轻人为主，具有成长型、生活化和积极性等特点，对新事物接纳度高，喜欢超越基本生存需求的产品，关注与日常生活休闲相关的内容，改善生活品质是消费的主动力，对性价比比较敏感，需求有弹性和针对性，产品和价值服务有助于弹性需求的释放。在城市新建社区定居的动因，主要是就业、居住和投资等，长居动因包括居住社区管理的改善、配套完善、比较好的环境和教育资源、物业升值等。新建社区一般为需求改善型占 25% 左右，中间型占 55%，品质追求型占 20%，与社区住房房型比例和多样性有关，包括保障房的占比，这是社区商业的基本需求。

现代成熟社区体系构造，包括居住、交通、教育文化、活动休闲、卫生健康、商业等六个方面，后四项可归为社区泛商业。社区商业中餐饮占主导定位，一般占 30% 以上。休闲娱乐业态有创新，健康运动健身普及，教育培训增加。国家鼓励社区商业的发展，2005 年《社区商业全国示范社区评价规范》提出全国社区商业示范社区对社区（新建）商业业态构成建议标准。总体看，业态内容和比例会随着时间产生变化，但基本内容和空间形态不会有大的改变。社区商业商铺的数量有一定的规模。通过对深圳等社区商业数量的比较，发现一般为 50～100 间，既可以满足各项商业业态，也有一定的多样性。店铺尺寸一般面宽在 5～8 米，进深为面宽的 1.5～2 倍。店铺建筑面积从 30 平方米到 1000 平方米，80 平方米以下商铺数量占 80%。

社区商业有很好的经济和社会效益，可以促进社区完善社区商业服务设施，方便和丰富居民生活，提高生活品质。可以提供就业和创业，鼓励社区交往。针对老年社会，增加居家养老的服务内容，完善家政服务网络。鼓励青少年参与社区生活。社区商业通常采用分散销售的模式，可以短期内快速回收资金，鼓励业主自主经营。针对自主经营难于管理的问题，采取只租不售模式，由开发企业持有物业，聘请或自己组建专业团队，经营效果比较好。政府可以从税收减免优惠、专项资金支持和就业扶持等方面给予帮助。专项资金包括对社区商业扶持专项

资金、早点铺、废物回收、4050 就业、继续培训等扶持资金，涉及政府许多部门，可以由街道社区统筹，交给居委会实施。另外，通过社区商业的平台，可以鼓励农企对接、农超对接，鼓励同类业者组成行业协会，开展技能培训等。

3. 和谐社区总体和详细城市设计的主要创新点

和谐社区总体城市设计和详细城市设计方案以南部新城规划为基础，基于丹·索罗门作为外来者对中国居住社区规划现行规范、做法的理解，学习借鉴美国等西方居住社区规划建设的成功经验和教训，应用城市设计方法，形成了高水平的规划设计方案，同时提出了一整套"窄路密网"布局的规划设计思路，是对我们传统"约定俗成"的居住区规划设计模式的一次根本改变，包括居住区规划设计传统的居住区、小区、组团三级结构，以及千人配套指标、规划设计管理技术规范等规定，构建了一种形态更好、更具活力的居住社区规划设计原型。虽然这个方案位于天津滨海新区南部新城地区，有其地域性的限制，而且由于整个城市路网有 37° 的角度，所以规划布局包括住宅布局更有自身特点，不及正南北向地段具有普遍的代表性，但这个规划设计方案是一个非常成功的设计，具有许多典型性的创新点。

（1）"窄路密网"的路网模式与街廓尺度

古代城市，不论是自然生长的还是人工规划的，道路两侧的建筑都比较连续，形成亲切的街道空间。近代的欧美大部分城市仍然采取了传统的方格网路网，城市的空间感比较好。20世纪，现代主义建筑和城市规划发展起来。在城市路网规划中，普遍采用等级式道路系统。加之现代建筑布置自由，造成城市街道和广场等围合空间逐渐消失。佩里的邻里单元理论，采用大街廓的道路网格，鼓励人车完全分离。居住区规划提出了居住区内道路通而不畅的设计方法。在过去的几十年间，我们一直采用居住区规划方法，大街廓造成城市路网密度急剧降低。

伴随着机动车的快速增长，交通拥堵与空气污染已经成为我国城市面临的主要问题。事实上，西方发达国家大规模居住区规划建设模式在 20 世纪 60 年代即被终止。同时，许多城市，从巴黎、纽约到巴西的库里蒂巴，开始尝试以公交导向的出行方式。

多年来的实践证明，小方格路网依然是最有效率的路网模式。尽管传统的道路方格网是在机动车交通大量出现之前就有的路网和城市布局模式，它对于同时保障机动车的移动效率和行人安全的能力还有些争议，但是，与那些大街廓的层级式路网相比至少有如下优点：由于较小的街廓边长、高密度的十字路口，有效地减少了汽车拥堵，能够更高效地组织交通，适合步行，大大提升人们对城市的识别度。既满足日益增长的机动车需求，也适应步行、自行车以及公共交通导向的运输模式。

和谐社区最突出的特征和创新点就是采用了"小街廓、窄马路、密路网"的路网模式。与大街廓、等级道路系统的传统居住区规划不同，规划采用 100 米见方的方格路网，不区分次干路和支路等级，同时引入斜向慢行步行通道系统，在社区内部创造出既规整又富于变化的小街廓与街道肌理。步行街道，连接主要公共交通站点和邻里中心，成为居民生活交往空间的重要场所。正视机动车的发展，但不鼓励其无限制的增加和不合理出行。通过公共交通体系的发展和设计高质量的步行网络以提供舒适愉快的步行体验，鼓励步行和公共交通出行，减少对小汽车发展模式的依赖。通过社区邻里交往空间环境的营造，试图恢复传统城市中的丰富社区生活，创造和谐社区。

城市里的步行生活取决于街道所扮演的不同角色，街道的宽度决定其基本属性。包括天津在内的国内北方城市，由于日照规范规定了住宅建筑之间的距离，以及道路设计规范和红线、绿线管理等规定，大大限制了居住社区内设置窄道路的可能性。在和谐社区规划设计中，对道路设计规范进行改革优化，使窄路密网成为可能。同时，在遵循现有的日照规范下，策略性地降低某些位置的建筑高度，使建筑之间的距离和道路变窄。依据街道性质进行道路断面和道路景观设计，创造不同的街道特质。除周边满足大量通行的交通性干路外，对于大部分的街道都采取了窄街的做法，营造出"慢行共享"的氛围，形成小汽车、自行车与人行的混合使用的局面。加密的路网为行人线路的选择、机动车的交通组织（如单行路等）提供了可能。在保证机动车效率的基础上也大大提高了步行者和非机动车的安全性。

（2）围合布局与日照规范

"窄路密网"的路网模式与小街廓的布局模式逻辑上对应的是围合式的建筑布局，这一方面是由于路网比较密，可建筑用地减少，如果在同等建筑高度情况下，要增加建筑密度来保证建筑总量不减少。更重要的是，窄马路、密路网、小街廓布局模式的目的就是对城市街道、广场空间的塑造，要求建筑平行道路布置。如果采用窄马路、密路网、小街廓布局模式，而建筑仍然是行列式或点式布局，这在逻辑上是不匹配的，会带来更多的问题。

城市中的围合建筑具有历史合理性。从西方中世纪城镇来看，由于人口向城市聚集，在当时的技术条件下，如何在一定的建筑高度内尽可能多地建设，围合式布局是最佳的方式。为了保证基本的通风采光，在街坊内部建筑围合形成天井或院落。工业革命后，更多的农村人口涌入城市，原本围合式建筑容纳不下过多的人口，造成拥挤和卫生污染等问题。豪斯曼巴黎改造时采取新的多层围合式住宅建筑原型，使用了许多现代的技术，而且更加注重城市街道的景观，是一大进步。我国历史上传统民居大部分是围合式布局。围合式布局既安全，又能够抵抗恶劣气候，也能满足大家庭居住的要求。基于里坊制度的街巷将合院住宅组合成城市社区，北京的四合院和胡同是典型代表。

打破围合式布局的是现代建筑运动。工业革命后，城市人口急剧增长，住房短缺，为改善恶劣的居住条件，现代城市规划产生。日照观念来源于 20 世纪初期西方的功能主义，自 1930 年形成了一系列从健康和生理角度来评价建筑的准则，对住宅的采光、通风等方面提出明确的要求，要求住宅向阳布置，取消内部天井。这一理念对现代住宅规划产生了深远影响。在 CIAM 的倡导下，板式建筑成为一个被广泛接受的标准模式。住宅单体建筑相对独立自由地布置，以满足朝向和日照要求为第一要务，却忽视了人们的心理需求和交往需求。城市公共活动的街道、广场空间消失殆尽，军营式的单调布局造成千篇一律，颂扬着工业化与标准化却丧失了场所感与归属感。中华人民共和国成立后，受苏联的影响，大规模住房建设和计划经济的福利分配住房制度，使得行列式成为必然之路。改革开放后，虽然进行了以商品房为主的住房制度改革，结束了福利分房制度，但不论是开发商还是购房的市民，依然对行列式或点式布局的住宅感兴趣。行列式和点式布局模式成为居住社区规划的主流，其代价是街道空间、邻里交往和庭院生活这些昔日场景从公众的视线中悄然消失。

突破行列式和点式布局模式的首要难题来自于现行的国家和天津的日照规范，新建住宅以大寒日日照时数不低于两小时为标准。对于日照的强制规范性要求造成了公众、设计师以及开发商对于行列式模式的习惯性接受。和谐社区规划的第二个主要创新点就是小街廓围合式布局。四面围合式的小街廓布局，激活底层社区商业，让城市的横纵街道都丰富多彩。同时，在每个围合内形成安全、归属感极强的内庭院，借此实现邻里和谐交往。

实现围合式布局，必须要满足现行的日照等规范。工作前期进行了日照规范与围合布局的研究，主要有两种方法。方法一是精心设计。通过日照分析，针对不满足日照要求的区域可以采用浅进深单元、降低遮挡体建筑高度等方式，或设计成建筑的特别部分，如大厅、社区活动室或者不需要满足日照的空间，它们也可以作为建筑之间的开口，作为街道到建筑内院的通道。方法二是采用特殊的户型设计。可以为斜向建筑南墙面设计朝正南的角窗，或是将南侧房间扭转成正南向。由于和谐社区是一个有 37° 倾角的地段，具有一定的特殊性，因此，在考虑正南北地段情况下，对东西向住宅设计也予以考虑。可以将街廓东西两侧作为非住宅使用，或者采用特殊的锯齿形南北单元户型设计。实际上，如果认同了围合式布局，建筑设计上会有许多的设计方法来解决这个问题，并为形成住宅建筑的多样性提供帮助。我们希望能够保持一个发散性的思维，从而最终营造一个多元开放的城市形态。

（3）注重外部空间的开放社区

传统居住区规划设计主要考虑住宅的户型设计，小区内部的道路、空间组织和庭院的设计是内向型的，很少考虑与周围城市的关系。居住社区是城市的基本单元，如果居住社区都是内向和孤立的，则组成的城市一定是割裂的，必然会出现许多问题。因此，本次规划设计创新的另一个关键点在于规划设计思想方法的创新，改变居住区规划设计的方法，用城市设计的方法，考虑城市空间图 - 底关系（figure-ground）的塑造和场所（place）的营造，强化重要节点之间的交通联系（linkage），从城市公共开放空间入手，作为居住社区规划设计的出发点，将城市的街道、广场、公园等最重要的公共空间作为城市设计的重点，并组成网络，形成高品质社区生活的场所。

（4）社区生活与社会管理模式创新的结合

目前的住区规划执行的依然是国家标准的"居住区—居住

小区—组团"三级体系，对相应配套的公共服务设施数量做出规定，而没有对应街道和居委会的社会管理体系，也没有对具体的配套形式和位置选定有所要求。滨海新区结合社区社会管理改革创新，提出了"社区—邻里—街廊"三级社会管理体系，与街道办事处、居委会和业主委员会三级社会管理体制对应，并与之相应提出了集中布局的社区中心、邻里中心与街坊配套设施理念。

除了街道与街廊庭院外，社区的活力同样体现在居民日常集中活动的场所——邻里中心。邻里中心有市民自治机构、商业设施和教育文化、养老医疗等设施，相对集中布置可以促进资源的集约与有效利用，作为社区居民集会交流的公共场所，可以提升社区居民的交流度。通过细化设计，具有自身特点和识别性，形成有意义的场所。

（5）基于"活力街道"理念的道路与停车设计

宽马路是我国当前许多城市规划建设的常用手法，而马路越宽交通越拥堵。交通拥堵、汽车尾气、噪声污染、停车难是城市面对的共同问题，造成城市空间丢失和步行困难。和谐社区城市设计采用窄路密网布局和基于"活力街道"理念的道路交通与停车设计方法，在从根本上解决居住社区交通拥挤和环境污染等问题的同时，形成亲切宜人的城市空间环境。

基于减轻道路交通对两侧用地和建筑的干扰，包括噪声、汽车尾气、震动、粉尘等，以及市政管线铺设、道路拓宽的可能性，现行常规的做法是道路外侧规划绿线，绿线宽度根据道路等级确定，主干道 20 米绿化带，次干道 10 米绿化带。建筑布局时再退绿线，越发让街道上的行人不能亲近建筑，难以形成街道的氛围。规划提出应该保持街道宽度的稳定，生活性道路不设置绿带，保证舒适的人行空间。建筑物保持统一的退线，形成一致的街墙线，为居民提供多样性的生活交往场所的同时，

配套商业设施因为靠近街道而能够获得更好的盈利模式。

在强调发展公共交通的同时，客观看待私人小汽车进入家庭的趋势，处理好小汽车的停放和出行组织。按每户家庭一个车位的规定进行配置，引导小汽车合理出行和使用。规划将整个地块进行整体开挖，建设半地下式停车库，既降低造价，又便于交通出行，是比较经济合理的停车方式。为鼓励半地下车库建设，要给予相应政策支持，如容积率和土地出让金计算标准，车库地面绿地计入绿地率计算等。在一般的情况下，即土地价值不是特别高的区位，居住用地应该以停车位数量来确定住宅户数及容积率等开发强度，不鼓励设置机械双层停车。

4. 新模式带来相关问题的解决方案

窄路密网、小街廊、围合式布局模式是一种新型居住社区规划设计和建设管理模式，和谐社区城市设计除在技术上进行了认真的分析研究和具体设计外，对市场接受程度、日常运营管理，以及土地出让和规划审批等新模式实施推广的难点问题，在总体城市设计和详细城市设计阶段都进行了认真研究思考，提出了可供选择的解决方案。

（1）对围合式布局市场的接受与推广的考虑

围合式布局必然会产生一些东西向或非正南北朝向的住宅，大部分房地产开发企业，包括部分规划设计人员认为东西向住宅的销售前景堪忧。而在实际调研中，包括万科等企业，通过认真的产品定位和设计，比如东西向住宅采用多层、8 米左右小进深的户型，取得了很好的市场认可度和销售成绩。

随着我国房地产市场的发展和转型升级，客户的需求必然出现多样化，不仅关心日照、通风等基本指标，会更多地关心居住社区的城市环境和文化内涵。围合式布局适应这一发展趋势，更加注重城市外部环境的营造。要加大对新模式的宣传，通过试点项目等措施进行推广。同时，通过精心的设计，提高

住宅设计建造的水平，为东西向住宅赢得多种可能的优势。东西向住宅在房型设计上可以更多样，销售价格上有优势。我们相信经过良好的宣传和建设项目的逐步增加，围合式布局模式会推广开来。

技术进步为围合式布局提供了支撑。目前，比较成熟的辅助设计软件都有模拟建筑和建筑群通风、采光、温度变化等功能，通过深入细致的设计，如增加过街楼等开口，可以解决围合式布局院落内部及住宅的采光通风等问题，而且还可以创造更舒适宜人的小气候、节约能源。

（2）物业管理服务的优化配置

与传统大街廓封闭小区相比，如果每个小街廓都配备保安等物业人员，将大大增加成本，恶化物业公司原本就不佳的经营状况。针对窄路密网的规划布局，和谐社区城市设计提出物业管理采用小封闭、大开放的物业和安保模式，即整个居住社区是开放的，而局部的小街廓是封闭的。采用中央监控技术，在每个小街廓配备无保安的门禁系统，业主持门卡进出，中央控制室对小街廓提供特殊情况下的开闭门等服务，物业和绿化人员依照中央控制室的监控指令，提高效率。扩大物业公司管理的规模，同时管理一个社区或几个街廓，通过规模效益来保证物业公司的良性运转。改进业主委员会与物业公司的关系，改进物业的经营和取费模式，物业费用应该跟随城市的经济发展状况而逐年增长，保障物业管理水平。

（3）小街廓的土地出让、建设审批管理与城市管理

窄路密网和小街廓布局的特点是具有多样性，适应小规模精细化的开发建设模式。当前仍然处在大规模建设时期，与大街廓相比，在窄路密网布局模式下，如果按照1万平方米的小街廓地块来进行土地使用权出让，对国土规划管理部门和开发企业可能都是个挑战。一是增加了工作量和行政成本，也增加

了企业行政许可的成本，降低了效率和规模效益。作为过渡，可以采取以主次道路围合的大地块作为出让的基本地块，规划建设审批管理也以道路围合的大地块作为行政许可的基本单位。

按照目前大街廓层级式路网形成的城市市政管理方式，政府只负责城市道路的建设和维护，地块内部道路和市政配套设施由开发商投资建设，入住后，物业公司负责运营维护，居民缴纳物业费。对于相同面积的土地，窄路密网模式增加了道路的数量、长度和面积。增加的道路作为居住社区内部的道路，主要用于社区内机动车出行、车库出入口等。道路由开发商建设，道路产权为社区居民共有，维护费用由物业费负担。与过去习惯做法所不同的只是要求社区道路是开放的。这样，既实现了窄路密网小街廓的布局，也避免了城市道路面积的增加，导致可出让土地面积的减少和房价的进一步上涨，也减少了政府市政建设运营维护的负担，发扬人民城市人民建、人民城市人民管的好传统。

5. 和谐社区控规、修详规和建筑设计深化成果

深化工作的内容包括单元控规、开发地块修详规和典型街坊建筑设计三部分内容，主要是按照现行的规划行政许可的做法真题先做。所谓真题先做，一是这个项目是真实的，选址是真实的。二是规划设计过程是按照行政审批许可来做的，提前为项目审批做好准备。三是通过深化规划设计工作，发现示范社区规划设计与现行规范的冲突点，为改革做好前期准备。

（1）C-DGu02 控规单元和控规街坊控制性详细规划

控规是法定规划，是土地出让和规划行政许可的法定依据。目前在控规编制中，对于大量的居住用地，依然是按照传统的居住区规划设计规范和模式来进行。新区新型示范社区改变了传统的居住区规划方法，要使新的规划落地，首先要改变目前控规习惯的编制方法和内容。和谐社区位于滨海新区中部综合

片区 C-DGu02 控规单元，控规单元总用地 310 公顷，主要功能是为周边功能区提供优质的住房和生活配套。控规编制充分结合了和谐示范社区总体和详细城市设计方案，重点解决了以下问题。

第一，规划充分衔接社会管理，合理划分控规单元和控规街坊，集中建设公共配套设施，形成社区和邻里中心。控规单元是控规编制的基本单元，过去习惯以自然界限和道路等来划分单元，以居住区为基本单位，与城市街道、居委会边界不对应，不利于社会管理。按照南部新城规划，50 平方千米共分为 12 个单元。散货物流区占地 12 平方千米，是一个街道社区规模，划分为 C-DGu02 控规单元在内的 4 个控规单元，集中设置 1 处配套完善，具有商业、文化、体育、就业服务等功能的街道社区中心。按照控规编制技术规定，控规单元进一步划分为控规街坊，每个街坊约 1 万人，与居委会规模对应。C-DGu02 控规单元中共划分为 6 个街坊。和谐示范社区包括其中的 3 个街坊，设 3 个居委会，规划对 3 处街坊邻里中心的位置、配套内容和规模给予明确。

第二，合理调整城市道路分级和红线宽度及绿带等技术标准，实现窄路密网布局。我国现行《城市道路交通规划设计规范》（GB 50220—95）规定的城市道路分级，对各级道路红线宽度和设计车速进行了相应规定。和谐示范社区采用"窄路密网"的理念和布局，除外围交通性快速路和主干路外，其他道路呈均质化布局，宽度均为 24 米，不做等级规定。地块内部设 16 米宽机非混行街坊路和 12 米宽步行路。现行控规中，按照《城市道路交叉口设计规范》（CJJ 152—2010），要根据道路分级确定道路红线转角半径。为形成完整围合空间和集约利用土地，和谐社区城市设计中道路红线均采用无转角处理方式，用道牙线转角约束机动车。本次控规深化中明确表达出道牙线，除主干路口设置 5 米半径的红线转角外，其他路口暂不做红线转角，而采取道牙线转角，典型值为 5 米、8 米。两条道牙线之间为机动车主要活动空间，道牙线与道路红线间为行人主要街道生活空间，道路红线内为建筑及内庭院空间。

现行控规中，按《天津市城市规划管理技术规定》等规范，城市道路两侧根据道路等级应设置相应宽度的绿带。本次控规深化，为提高沿街建筑与道路上人和车的互动及活力，除规划外围交通性主干路，考虑减少交通性道路噪声、粉尘等对居住建筑的影响，两侧各设 10 米绿带外，其他道路不设绿带。

第三，合理布局，使绿地更好地为居民服务，统筹平衡社区绿化用地总量。现行控规中，按照《天津市绿化条例》和《天津市城市规划管理技术规定》等规范，老居住区绿地率应大于 35%，新建居住区绿地率应大于 40%。《居住区规划设计规范》对居住区内绿地的计算有非常细致的规定。本次深化研究，参照武汉等城市的做法，调整绿地率计算办法，则示范方案的绿地率为 25%。控规深化明确各地块绿地率指标，同时，对地块附属绿地及公共绿地进行总量平衡，设置较大社区级公园绿地和邻里级公园绿地，两类公园绿地加上居住地块内部绿地总计占社区净居住用地总面积的 36%。人均公共绿地面积达到 5.9 平方米，大于规范人均公共绿地 1.5 ~ 2 平方米的标准。

（2）开发地块修建性详细规划

按照现行规划管理，对超过 2 万平方米建筑面积和成片的居住区，开发商通过招拍挂获得土地使用权后，要按照控规和规划设计条件，编制修建性详细规划报批。本次修建性详细规划选择了和谐社区中的和睦里，按照各种技术规范，将示范社区城市设计成果局部地块深化为符合报批的修建性详细规划。修建性详细规划与居住建筑设计同步进行，具有以下主要特点。

首先，城市设计采用窄路密网路网模式，优化和确定道路红线和街廓用地范围。和睦里由北部的城市主干道和其他三条24米宽社区道路围合，规划可用地面积63 000平方米。规划范围内包括一条12米宽的商业街和两条16米宽的街坊道路。12米宽的商业街主要承担非机动车及行人交通，16米宽街坊内部路将承担进出的机动车、非机动车及行人交通。3条道路将本地块划分为6个街廓，每个街廓约为1公顷，形成基本的生活组织单元。

其次，强调建筑围合式布局与社区生活氛围的营造，实现开放社区和安静生活的协调。基于规划地块的主朝向为南偏西36°，与传统北方常见的行列式布局不同，本规划沿街平行道路布局住宅，形成四面围合式的小街廓。每个围合街廓内形成安静、安全、具有归属感的内庭院，促进邻里交往。同时，临街布置的建筑清晰地界定出街道空间，营造丰富多彩的街道生活。12米宽步行街两侧建筑设置底层商业，成为邻里交往的中心。其他街道尺度亲切，根据功能形成生活性的街道。

6个街廓主要由多层和小高层住宅建筑组成，多层分为5、4、3层3种，小高层分为16、11、8层3种。小高层主要沿北侧和西侧道路布置。临12米内街底层规划为商业等公共建筑，公建内设置物业管理服务用房、警务室、公厕、商业服务网点等设施，就近为周边居民提供便民服务。沿12米内街两侧的街廓一、街廓二、街廓四、街廓五均呈三角形围合式布局。街廓三、街廓六呈方形围合式布局，街廓内部布置两排4层住宅。住宅建筑紧贴周边道路呈连续线性布置，贴现率达到90%以上。

6个住宅街廓内均为安全且归属感极强的社区活动及交流内庭院，内庭院比周边道路抬高半层，小汽车在半地下室停放，内庭院禁止小汽车进入。停车位满足现行天津市停车规范要求。庭院道路均采用环线设计，主要起到联系各栋建筑的作用，规划4米的宽度及8米的转弯半径，保证消防车通行，满足街廓内每栋建筑的消防要求。

第三，符合住宅建筑日照要求，建筑间距保证通风、安全等方面的要求。按照天津市对住宅建筑日照的相关管理规定，既应该满足日照分析每户至少一个居室在大寒日有效日照时间不低于2小时的要求，又应该满足日照间距的相关要求。根据计算得出的日照分析报告来看，规划地块内满足每户至少一个居室在大寒日有效日照时间不低于2小时的要求。由于为围合式布局，局部间距比现行《天津市城市规划管理技术规定》的间距管理规定有所减小，但应满足通风、消防等要求。

第四，创造适宜的街道生活空间，减少建筑退让道路红线和绿线。对主干路沿街建筑物退让绿带2米，其他沿街建筑退让道路红线2米。较小的建筑退线有利于建立宜人的街道尺度，有利于沿街建筑直接面向街道并开设出入口，有利于提高街道上行人的心情愉悦度和安全度。对于通过性交通性干道，采用10米的绿化带，解决交通噪声等问题。对于社区南部交通道路，由于车速和交通量有限，因此减少建筑退让不会带来噪声等问题。由于住宅建筑均抬高了1.5米，因此可以保证临街住宅建筑的私密性。

第五，统筹绿地用地指标。围合街廓庭院内的绿化用地，为居民提供活动、休闲、健身的空间，可设置花架、座椅、硬地、小品、小型健身器材等设施，安排老年人休息的场所和儿童活动设施，是街廓内居民交往、游憩的主要场所。根据上位规划《大沽街分区C-DGu02单元控制性详细规划（仅供研究使用）》，在该单元范围内进行绿地布局的整体平衡，本规划地块内绿地率为25.5%，综合平衡后达到35.5%，符合《天津市城市规划管理技术规定》的要求。

第六，对安保单元和物业管理的考虑。每一个街廓作为一个独立的安保区域，形成以智能化监控和邻里监视相配合的安防体系。沿街住宅过街楼为行人和消防车出入口，不设大门，便于消防车等应急通行。围合的内院是开放的半私密空间，处于邻里的注视下，具有一定的安全性。沿街围合式住宅建筑的楼电梯间对道路及内庭院两个方向都进行开放，居民凭门禁卡通行。采用智能化安防，提高物业服务水平。

（3）典型住宅单元、街廓和邻里中心建筑设计

本次和谐社区典型街坊建筑方案深化设计以概念性建筑方案设计为基础，按照《住宅设计标准》GB 50096—2011、《天津市住宅设计标准》（DB 29-22-2013，J 10968—2013）、《天津市居住建筑节能设计标准》（DB 29-1-2013，J 10409—2013），以及抗震、消防等国家和天津市现行的各项规范和技术标准，采用相应的技术措施，使原概念方案得以落地。共进行了方形、三角形两个典型街廓和邻里中心三个项目的建筑设计，1号街廓和睦里为典型方形街廓，2号街廓和兴里为三角形街廓，3号街廓为邻里中心。从设计工作到扩初深度，包括建筑结构、水暖电等专业。设计工作与修建性详细规划同步进行，互相配合。

关于典型住宅单元的深化设计。原住宅建筑设计概念方案采用传统的标准单元组合设计模式，共有6种单元平面，包括一、二、三室等多种户型，通过不同的组合，适应总平面布局，既满足标准化、工业化要求，又实现了户型和单体建筑的多样化，可以形成丰富多变的建筑立面。

在深化设计中，对照相关规范，对概念方案建筑体型系数进行优化，由一般在0.44左右减少到一般不超过0.33，满足我国住宅节能标准。其他调整内容包括：部分间接采光的厨房调整为直接天然采光；户型平面中部分有三面外墙的采暖房间改为最多两面外墙；空调室外机位的布置更利于空调散热；修改少量卫生间布置在下层住户除卫生间外的其他房间上层等问题，对管道井的设计做了优化。

关于典型总平面和竖向的深化设计。原概念方案在典型总平面设计上花了许多功夫，得到非常巧妙的综合性解决方案。但由于深度的原因，还存在一些问题，包括：带地下室的多层住宅建筑结构采用短植剪力墙比较经济，但剪力墙落地会严重影响停车位数量；竖向设计方面，有些坡度不符合国内规范，没有考虑管线的敷设；部分楼栋间距过小，地库出入口宽度较小，不满足消防规范。

在深化设计中，按照相关规范和标准，统筹地上和地下、平面和竖向、结构和市政管线等因素，力争使概念设计的亮点都能够保留、实现。通过综合比较分析，最终确定住宅短植剪力墙在地下室进行结构转换，尽可能使地下室规整好用。对无法取消的剪力墙、交通核保证落地，处理好与停车位和通道的关系。在总图剖面设计中，也进行了多方案比较。根据室外场地设备管线设计及覆土厚度和绿化形式的不同处理方式，考虑到消防车要上内庭院、坡度不大于8%的要求，确定住宅建筑首层地坪高于城市道路1.5米，半地下车库采用3.75米层高的方案，是做到极限的最可行的方案。住宅首层与庭院室内外高差0.15米，结构板上覆土0.3米，绿化种植部分做花池和树穴。梁高700毫米，梁下400毫米用于污水等管线，做天井，无需排风管道，车库保证2.2米净空。这样意味着半地下车库地坪低于城市道路2.25米，减小了坡道长度，也减少了地下开挖的深度，节约造价。

其他的调整内容包括：调整相关单元户型的开间或进深或者部分采用防火墙构造措施，以满足防火间距以及地库出入口的车道宽度要求；汽车坡道采用局部结构做反梁，保证坡道最低处2.2米净高，将地库坡道对庭院的影响降到最小；坡道入口处地面高度比城市道路抬高0.3米，形成反坡，防止雨水倒灌等。

关于1号街坊和睦里的深化设计。1号街坊和睦里为典型的

方形街廓，根据概念设计方案和深化后的 6 种标准单元平面，形成建筑组合平面，以变形缝分隔命名不同楼号，共形成 6 栋建筑，其中 5 栋为 5 ~ 6 层多层，建筑高度小于 20.9 米；1 栋为 9 ~ 11 层的小高层，建筑高度 41.4 米。由于组合建筑变化比较多，因此，除首层和标准层平面外，还设计出有变化的各层剖面图，以及组合建筑立面图和剖面图。

建筑总平面成果包括地上总平面和半地下总平面两个总平面。地上总平面优化调整内容包括：降低相关单元的层数以满足日照要求；调整相关单元户型的开间或进深或部分采用防火墙构造措施，以满足建筑防火间距以及地库出入口的车道宽度要求；去掉一个住宅单元，局部增加建筑层数，在保证容积率不变的前提下，增加庭院活动空间的面积；合理布置半地下车库的天井，避免对住宅和庭院活动造成影响；半地下总平面按照典型总平面设计的原则和标准予以深化完善；半地下室总面积 8410 平方米，标准车位 195 个；无法用于停车的面积一部分作为自行车停放和设备用房，包括雨水存储和泵房外，还有部分面积可以考虑其他用途。

总平面图中的管线充分利用窄路密网小街廓布局和半地下停车的优势，地块内的市政管线均走半地下车库楼板下的空间，便于检修。地块管线包括污水、雨水、自来水低压（市政直供）、自来水中压、再生水低压（市政直供）、再生水中压、热力、燃气、室内消防栓系统管线、自动喷淋系统管线、强电和弱电，共 12 种。在市政设施设备用房方面，尽可能布置在半地下室，一个开发地块内集中综合统筹设置，避免每个街廓都设置设备用房而造成的浪费。地块的市政管线均布置在地块内 12 米和 16 米红线宽的道路内，包括两侧各 2 米的建筑退道路红线的空间。实践证明，再生水管线利用率不高，建议下一步实施时取消地块再生水低压（市政直供）管线和再生水中压管线，采取其他更有效的节水措施。

建筑设计同时注重城市街道等公共空间的设计是示范社区规划设计的重要特征。在总图设计中，增加了街道设计意向。按照概念设计，考虑了市政管线敷设、建筑 2 米退线和高度关系外，进一步细化道路空间设计。对于沿 24 米道路一侧的半地下考虑作为商业用房的可能性，通过在人行道上设置下沉庭院和楼梯，形成有趣的空间。既可以丰富街道生活内容，也可以用于鼓励社区就近创业和就业的空间场所。

和睦里总用地 10 000 平方米，总建筑面积 31 400 平方米，其中地上 22 800 平方米，均为住宅建筑。半地下 8600 平方米，不计入容积率。街廓容积率为 2.28，建筑密度 33%，绿地率 21%，198 户，654 人，户均 2.8 人，机动车车位 195 个（户均近 1 个），非机动车车位 297 个（户均 1.5 辆），均位于半地下室内。

关于 2 号街坊和兴里的深化设计。 2 号街坊和兴里为一个近似正方形的街廓，一条 12 米宽斜向的商业内街将和兴里分为两个对称的三角形街廓。住宅标准单元共有 6 种，其中 3 种与 1 号街坊和睦里相同，另外 3 个单元 1 号街坊中没有出现，主要是沿商业街和内庭院中布置的 3 层低层住宅和北端的两栋 6 层蝶形住宅。6 种单元形成建筑组合平面，以变形缝分隔命名不同楼号，共形成 10 栋建筑，其中 4 栋为 3 层低层，建筑高度小于 12.3 米，6 栋为 5 ~ 6 层的多层，建筑高度 20.4 米。同样地，由于组合建筑变化比较多，因此，除首层和标准层平面外，还设计出有变化的各层剖面图，以及组合建筑立面图和剖面图。

虽然是三角形街廓，但总平面设计的原理与典型方形街廓相同。与方形街廓的不同点主要是商业步行街的处理，步行商业内街沿街在不同形态的单元住宅建筑首层设置商业空间，由于住宅建筑抬高 1.5 米，因此商业建筑层高达到 4.4 米。商业建筑不仅有较高的室内层高，并且可以形成不同形态的街景立面。

内街红线宽度12米，两侧建筑高度12.3米，形成亲切的街道尺度。管线综合设计方式与典型街廓相同。

和兴里总用地17 300平方米，总建筑面积39 900平方米，其中地上面积30 000平方米，住宅建筑面积27 200平方米，商业2800平方米。半地下部分面积9870平方米，不计入容积率，街廓容积率为1.74，建筑密度34%，绿地率23%，174户，488人，户均2.8人，机动车车位180个（户均近1个），非机动车车位261个（户均1.5辆），均位于半地下室内。

关于邻里中心的深化设计。 本次深化设计在概念建筑设计的基础上进行，但由于缺少细化的设计任务书，也缺少居委会管理部门的参与，只能依然以控规确定的配套内容和标准来设计，以建筑功能分区布局和体量形态为主。幼儿园仍然位于基地西北，有4000平方米的独立用地，为6个班，建筑面积2700平方米。活动室和寝室均朝阳，各班都有自己的室外活动场地。幼儿园主入口面向东侧，有邻里中心建筑围合的内广场。邻里中心建筑面积7400平方米，共2层，包括居委会、物业管理、文化活动站、社区卫生站、托老所、社区商业、邮政所等。按照功能组合为两部分，托老所与社区卫生站靠近，居委会、文化活动站和商业靠近。建筑沿街道布置，向东面向邻里公园，向内与幼儿园围合形成内广场。另外，公厕、环卫清扫班点以及废物回收与公园管理用房集中设置在公园的南端，与邻里建筑和幼儿园形成一定的距离，以绿化环绕。

邻里中心总用地12 900平方米，其中幼儿园4000平方米，邻里公园4900平方米。总建筑面积14 400平方米，其中地上11 200平方米，地下部分3200平方米，建筑密度30%，绿地率20%，机动车车位70个，非机动车车位150个，均位于地下。

关于建筑深化设计涉及的规范和标准问题。 在建筑深化设计中，凡是涉及与国家和天津市现行设计规范标准不一致的地方，均按照现行规范和标准进行修改。经过努力，最后得到较好的结果，即在不对现行规范和标准进行修订的情况下，深化后的示范社区典型街廓的建筑设计均满足国家和天津市现行建筑、住宅、消防等各方面要求。

6. 对现行居住区规划设计改革创新的建议

对新型社区规划设计的创新可以进行总结归纳，形成相对成熟的模式，是新型社区规划进一步发展的技术保证。这涉及居住区规划设计理念和方法的转变等多个方面。

（1）从居住区规划到居住社区——新型居住社区规划设计技术路线的确立

首先，转变观念，用城市设计方法替代居住区规划设计方法。居住区规划理论方法在我国已经有50多年的历史，国标《居住区规划设计规范》已经实施了20多年。由于简单易懂，符合大众的心理，所以深入人心、根深蒂固。实际上，居住区规划理论和方法是现代主义建筑运动、功能主义城市规划和工业化大规模标准化生产以及计划经济体制的大杂烩。在住房短缺时代，居住区规划方法适应大规模开发的要求，在加快住房建设方面发挥了重要作用，但所带来的副作用日益严重。

滨海新区和谐新城社区的规划设计研究采用城市设计的方法，在社区总平面规划、城市街道和广场、社区邻里中心设计、住宅单体设计到停车、物业管理、社区商业运营和生态社区建设等方面不断深化研究，尝试建立和谐、宜人、高品质、多样化的住宅社区和城市空间环境，满足人们不断提高的对生活质量的追求。新型社区规划设计实际上就是从根本上改变居住区规划理念方法，用城市设计的方法替代居社区规划设计方法，将重点放在城市街道、广场、公园绿地和社区中心等公共空间和公共设施的设计上，创造出宜人的城市空间，塑造给人以美感、舒适感，以及充满活力和富有场所精神（genius loci）的优美人居环境。同时，居住社区是城市的重要组成部分，好的城市设计必须要以好的居住社区城市设计为支撑。

其次，在城市总体规划和控规中细化住宅用地分类和布局。杜安伊绘制的城市乡村住宅生态学断面揭示了住宅在不同区位有着不同适宜类型的规律。同时，随着社会进步，居住用地体现出不同的属性，如保障性住房用地、老年住房用地等。要在城市总体规划和控制性详细规划中体现出对不同类型住宅布局的规划控制。对《城市用地分类与规划建设用地标准》（GB 50137—2011）中一、二类居住用地划分进一步优化，形成与住宅生态学类型相对应、按居住形态划分的三类居住用地类型。考虑住房政策和现代住房制度设计，在规划中赋予居住用地相关的属性标注，包括建设时间和建筑质量，如棚户区、危陋房屋、需要整治的延年住宅、历史建筑等，以及公租房等保障房用地、小康公众住房等政策性公共住房用地和商品住房等居住用地类型，合理规划保障房和商品房用地规模和布局。

第三，明确居住用地开发强度和建筑高度。目前，全国都面临着居住用地容积率、住宅建筑过高的问题。按照威廉·配第的级差地租理论、伯吉斯等人的城市结构理论，城市的地价、土地使用和开发强度有客观的分布规律。要使城市正常地运转，推行新型居住社区的规划设计模式，关键是要对目前普遍过高的住宅用地的容积率和建筑高度进行科学合理的严格控制，转变建设用地容积率越高越好的片面认识。合理的开发强度和建筑高度控制是营造良好居住环境的基础和保证。

按照杜安伊城市乡村住宅生态学断面理论，在城市远郊区、近郊区、城市中心周边、城市中心，不同地域具有不同住宅类型、建筑开发强度和建筑高度。住宅的类型与开发强度和建筑高度有直接的关系。目前，独立花园住宅的容积率在 0.5 左右，高度 12 米以下；联排花园住宅小区容积率可以做到 1.0，高度 24 米

以下；多层为主、少量高层的居住小区的容积率可以做到 1.5 左右，多层高度 24 米以下，小高层 60 米以下。城市的大部分地区都要按照这样的容积率和建筑高度进行控制。除去城市中心、地铁站周边等，我国北方城市要严格限制容积率超过 2 的居住用地，控制 100 米的高层住宅建筑，这对保证城市功能和居住品质非常重要。

第四，多样的住宅类型和高品质的住宅建筑。传统居住区规划设计的模式是将标准住宅单元组合成的几种住宅单体建筑简单重复排列，建筑与城市的关系变得孤立而分散，对城市空间形态和特色少有考虑。只是在建筑高低起伏上有所变化，勉强算作对城市景观的设计。这些普遍现象是造成我国空间规划失效、城市特色不鲜明的主要原因之一。

按照新型居住社区城市设计的理念，居住建筑应该是城市的建筑，建筑类型和建筑形体上具有多样性，建筑造型上具有历史文脉和文化内涵。采用窄路密网布局后，居住建筑与城市街道、广场和绿化公园等开敞空间关系密切，必然会形成多样的平面和体量造型。每个地块由不同的建筑师和设计单位进行设计，住宅建筑风格必然会呈现多样性。住宅建筑的造型设计要有文化的考量，延续城市历史文脉。窄路密网规划有许多成功的经验，天津五大道历史街区是在当时历史条件和窄路密网布局下居住建筑具有丰富多样性的典型代表。

窄路密网模式打破了居住区封闭大院的大规模开发模式，呼应了后工业社会对多样性、个性化的要求。信息技术的发展和居住标准的提高使得定制住宅成为可能。随着经济发展和社会进步，更多的满足个性化的专属技术和服务会出现，如住宅的分户采暖、热水、环保节能、安保系统、家庭智能系统等，这也为住宅多样化的发展提供了支持。城市规划管理要主动适应住宅建筑多样性和定制化的发展趋势。

（2）新型社区规划编制与城市规划管理的改革

为了适应新型社区规划设计模式带来的变化、支持新型社区规划设计模式的推广应用，在城市规划管理方面要做相应的改革创新，包括规划管理审查重点的转移、规划层次和审批环节的调整，以及控制性详细规划相应的改革创新。

目前，作为住宅开发项目，规划管理部门主要进行的审查内容涵盖修建性详细规划和建筑设计两个层面、四个方面，主要是根据规划设计条件和土地出让合同，审查用地性质、建筑规模和容积率、建筑密度、建筑高度、绿地率、停车位等指标和配建项目；根据《居住区规划设计规范》和各地的配套标准，审查配置公建是否齐全，面积是否达标；根据各项法律法规和城市规划管理技术规定，审查建筑退线和日照、消防、卫生、安全等各种间距是否满足规定要求，特别是日照和日照间距；根据《住宅建筑设计规范》等规范，审查小区的规划布局、总平面、住宅和配套建筑的平面、立面和其他事项。实际上大部分审查内容都是对数据和技术标准的审查。随着新型社区规划设计模式的推广、新的技术路线的应用，规划部门审查的重点可以转移。规划设计编制单位应对规划设计和建筑设计成果满足规划设计条件和法律法规要求负法律和技术责任。对于各项数据、技术标准和住宅建筑设计方案的审查可以委托第三方进行，如同日照审查一样。项目审查的重点转移保证城市公共利益和城市空间景观上，更多地发挥规划管理人员的作用，提高审查水平和审批效率。新型社区规划改变了过去使用千人指标分摊公建配套的做法，集中统一建设，可以节省对公建配套项目和指标的核算。

为鼓励新型社区规划设计模式的推广，在规划层次和审批环节上给予依法依规的支持，对于小街廓地块上限，如4公顷以下用地取消修建性详细规划，用总平面代替。借鉴美国土地细分（subdivision）、居住用地单元区划和中国香港详细蓝图等做法，天津的控制性详细规划实施阶段建立了土地细分导则和城市设计导则，两导则是按照控规和城市设计制定的细化实施方案，辅助规划行政许可中核提规划设计条件、核定用地界限等工作。在土地出让前，随着项目的成熟和市场的细分，在符合控规的前提下，由城乡规划主管部门组织编制策划方案和城市设计方案，对土地细分导则和城市设计导则进行修订，按照业务流程审定后，作为规划设计条件编制和规划审批的依据。土地细分导则通过深入设计，明确支路、绿化、开敞空间和公共配套设施用地等，明确各种用地界限和指标，为取消修建性详细规划、采用项目建筑总平面管理奠定了基础。这样既可以避免目前修建性详细规划与建筑总平面设计之间的尴尬关系，也能够大幅提高审批效率，符合国务院和国家住房和城乡建设部"放管服"的总体要求。

适应新型社区规划设计的要求，结合居住区规划方式的转变，进一步完善控制性详细规划体系。控规单元边界与街道行政管辖边界一致，控规街坊与居委会管辖的街坊范围一致。集中布置街道社区中心和居委会街坊中心。同时，为增强城市活力、促进用地的混合使用、减少不必要的控规调整，控规编制中要进一步增加用地的兼容性，以适应新型社区规划设计创新的要求。

（3）相应配套管理的改革

新型社区规划设计模式的改革创新不仅涉及规划设计和规划管理的改革，还涉及政府各项管理方面相应的配套改革，重点是土地使用管理、不动产测量登记和商品房销售管理，以及市政配套管理等方面。

首先是土地出让方面。客观地讲，成片规模开发目前还是我国房地产开发的主导模式。采用新型社区规划设计后，居住用地单宗用地的规模急剧减小，地块数量增加。对于目前习惯于大盘开发的房地产企业来说，会带来一些困扰，要增加各种合同和审批手续办理的次数和数量，增加时间成本和费用，关键是在土地招拍挂期间产生许多不可预知的因素，企业无法全部摘得理想的土地。2010年国土部、住建部联合下发《关于进一步加强房地产用地和建设管理调控的通知》（国土部151号文），明确规定不得将两宗以上地块捆绑出让。当时出台这一规定的背景是有些城市将单宗不超过20公顷的居住用地捆绑后销售，总规模远大于国家规定的单宗用地规模标准，属于变相违规行为。2016年《中共中央、国务院关于进一步加强城市规划建设管理工作的若干意见》中明确提出要树立"窄马路、密路网"的城市道路布局理念，新建住宅要推广街区制，原则上不再建设封闭住宅小区等。考虑到贯彻落实中央文件精神和现实性，应该可以容许居住用地打包出让，前提是打包地块可以跨越城市支路，但不得跨越城市主次干道，总用地规模不大于国家控制的单宗用地规模，用地总的规划指标和各地块的规划指标都要确定，在出让后不得平衡调整等。

其次是住宅不动产登记测量和后续相应的税费收取标准问题。随着社会主义市场经济体制的不断完善，我国的产权制度也在不断改进。从最初的房产证、土地证分别办理发证，到后来合并为房地产证，到今天统一的不动产证，取得了很大的进步。目前，在规划审批和验收中对住宅建筑面积的计算标准与住宅销售测量和登记测量的标准不一致，应该统一。推进新型社区规划设计，住宅不动产测量登记的概念和标准应该改进，包括住宅建筑面积、套内建筑面积、公共部位分摊面积、分摊土地面积，以及地下停车库、地面停车位产权的界定等问题。这些概念和标准与房地产销售、配套费收费、采暖收费标准、物业收费标准等均有关系。未来与房地产税、房地产评估关系密切。目前公共部位分摊面积的计算非常复杂，居民也难以理解。即使分摊到各户，各户也没有办法处置，如同单元住宅分摊土地面积一样。因此，是否可以建立共有土地和部位产权的概念，即地块内的土地和公共部位为地块内居民所共有，包括地下车库等设备用房，具体每套住房占有的比例可简化计算，不用落实具体位置。改革完善我国的房地产登记测量也是发展的必然要求。考虑已经登记的大量存量住宅，房地产登记测量的改进可以采用双轨制过渡，即新项目新办法、老项目老办法，逐步统一。

第三，涉及市政公用设施的配套标准等问题。在实际的项目中已经遇到过这样的情况，比如，过去只需要配套建设一个变电站的一个大地块，采用窄路密网后，被城市支路分割成两个或多个地块，则每个地块都必须建设一个自己的变电站。电力部门规定一个地块内的变电站不能为跨越城市道路的另外一个地块服务。这些规定可能有其特定的背景，但这些规定是不利于窄路密网规划布局的，应该进行相应的调整。各行各业都应该为城市和居住社区的转型升级做出自己的贡献。

经过新型社区的研究，我们认识到，我国现有居住区规划建设中存在一些共性问题，与现行的土地出让、规划设计、建筑设计、项目审批、房地产销售、房屋产权登记、各种行业规范等一整套城市规划土地房屋建设管理体制机制有关。要建立新型居住社区规划设计模式，需要系统的改革，是一个庞大的系统工程。

（4）法律法规和技术规定的修改修订

要实施以"窄马路、密路网、小街廓"为特征的新型居住社区规划设计模式，需要对一些国家和地方标准，如《城市居住区规划设计规范》（GB 50180—93）、《城市道路交通规划设计规范》（GB 50220—95）、《城市道路交叉口规划规范》（GB 50647—2011）、《城市道路交叉口设计规程》（CJJ 152—

2010）、《天津市居住区公共服务设施配置标准》（DB/T29—7—
2014），包括相关法律法规和《天津市城市规划管理技术规定》
（2009 年）等进行不同程度的修订和调整。据了解，按照中央
城市工作会议和《中共中央、国务院关于进一步加强城市规划
建设管理工作的若干意见》文件中对窄路密网布局的要求，住
建部已经开始组织相关部门和单位进行居住区规划设计规范和
道路设计规范的修改和修订。

① 现有居住区分级体系的优化。

按照国标《城市居住区规划设计规范》（GB 50180—
93），居住用地规划划分为居住区、居住小区、居住组团三级
结构，公共服务设施按照三级千人指标进行相应配套。《天津
市居住区公共服务设施配置标准》（DB/T29-7—2014）延续国
标体系。窄路密网小街廓的新型社区规划采用街道社区(街区)—
居委会社区（街坊）—业主委员会社区（街廓地块）三级体系，
采用独立占地和集中建设的方式对公共服务设施进行配置，设
置以街道办事处为主的社区中心和以居委会为主的邻里中心。
人口规模留有一定的弹性，社区对应街道办事处，人口 3 万 ~ 10
万人，街坊对应居委会，人口约 1 万人，地块对应业委会，人
口 300 ~ 600 人。实现城市规划建设单元与社会管理的有效对接。

② 窄路密网与路网规划指标的矛盾。

按照国标《城市道路交通规划设计规范》（GB 50220—
95），城市道路分为快速路、主干道、次干道、支路四级，并
明确了四级道路相应的道路密度、道路设计车速和红线宽度。
建议针对实施窄路密网居住社区规划、修改红线宽度等内容，
或研究一套新的居住社区道路体系和相应标准。另外，取消《城
市居住区规划设计规范》（GB 50180—93）中提出的"可以设
置小区路，通而不畅"等表述，增加相应窄路密网的内容。

③ 小街廓道路转角与交叉口规范的矛盾。

国标《城市道路交叉口规划规范》（GB 50647—2011）和《城
市道路交叉口设计规程》（CJJ 152—2010），按照道路平均设计
车速，考虑道路交叉口安全三角形，确定了道路红线转弯半径，
根据相交道路等级转弯半径为 15 ~ 25 米。如果要实现窄街密路，
道路必然需要进行小转角的设计。建议通过降低路口车辆速度，
在保证安全停车视距的前提下，调整道路转弯半径标准。交通
性主干路交叉口转角部位减小红线及路缘线转弯半径；其他生
活性道路路口不设红线转弯半径，只设路缘线转弯半径。建议
街坊内部道路采用单向通行的方式，在所有平面交叉口上游布
设限速标志。

④ 窄街与退线规定的矛盾。

《天津市城市规划管理技术规定》规定了绿线设置、宽度
及建筑退让红线和绿线的具体要求，如城市主干道设 20 米宽绿
线，次干道设 15 米宽绿线；建筑退让绿线为 5 米，无绿线则退
红线 8 米；高层建筑为 15 米。由于城市主次干道红线原本就比
较宽，加上绿线和建筑退线，很难形成亲切宜人的城市街道空
间比例和尺度。要实现窄路密网布局，需要修改《天津市城市
规划管理技术规定》中有关道路绿带和建筑退让的相关规定，
取消支路绿线和大幅减少主干道绿线宽度，建筑退让红线或绿
线 2 米，满足基本的工程需要。

⑤ 小街廓与居住区日照间距规范的矛盾。

日照是北方地区居住的基本要求，国标《城市居住区规划
设计规范》（GB 50180—93）提出两种控制要求，必须同时满足，
一是建筑日照间距，二是单元住宅 2/3 房间满足大寒日满窗日
照不小于两小时的要求。窄路密网小街廓布局会减小建筑间距，
建议更多地通过日照分析软件来进行科学的设计，满足被遮挡
居住建筑每户的南向居室在大寒日有效日照时间不低于两小时

的要求，在满足卫生、消防等要求的情况下，可适当减小建筑间距。

⑥ 小街廓建筑密度、绿地率与居住区设计规范的矛盾。

建筑密度、绿地率是反映居住社区环境质量的主要指标。国标《城市居住区规划设计规范》（GB 50180—93）规定，对于天津所处的地区，多层建筑密度上限为28%，小高层为25%；绿地率新建居住区不小于30%，老区不小于25%，并对绿地率的计算提出详细规定和图示。《天津市绿化条例》规定，新建居住区或者成片建设区绿地率，中环线以内不得低于35%，中环线以外不得低于40%。其中，用于建设公共绿地的绿地面积，不得低于建设项目用地总面积的10%。采用窄路密网小街廓布局，建议国标中建筑密度上限放宽至35%。修改国标和天津市绿地率计算标准，可以与社区集中公共绿地统筹平衡。建议《天津市绿化条例》中新建居住区绿地率降低到35%或与国标保持一致。

新型居住社区规划实际上是与《居住区规划设计规范》的彻底决裂，理应废除老的规范，制定全新的规划设计规范，用新型居住社区规划设计导则取代《居住区规划设计规范》。考虑到历史延续性，可以对《居住区规划设计规范》进行修订，但必须做大的修改。建议将《居住区规划设计规范》改名为《居住社区规划设计规范》。另外，最好将与居住社区相关的各种标准规范尽可能地纳入，如住宅建筑测量和登记标准等，避免政出多门的局面。为了做好各种标准规范的修订工作，住房和城乡建设部应开展新型居住社区规划设计试点，容许试点城市对《居住区规划设计规范》及相关规范进行调整，制定自己的暂行标准规范。试点期满，将各地试点经验进行总结，形成居住社区规划设计新的国标和规范体系。

7. 和谐社区下一步需要深化完善的工作

和谐示范社区的工作历经5年的时间，分几个阶段，从不同的层面做了大量的工作。由于项目没有实施，还没有经过实践的检验。在项目实施前，规划设计本身还有许多需要进一步完善的工作，可以分为以下几个方面。

首先，对于围合式住宅，大家比较关心的还是居住环境的舒适性问题，包括转角单元的采光通风，以及院落内部的小气候等问题。下一步可以利用现有的BIM等软件具有的模拟分析手段，对和谐社区围合街廓进行定量动态的模拟分析，如住宅建筑和内庭院落一年四季中不同季节一天内日照和采光、风速和通风、温度等的变化。针对问题，通过开洞和层数变化等设计进行改善，不断优化小气候环境和居住舒适度。

其次，在私人小汽车拥有量不断增加的情况下，对于窄路密网社区的交通问题也是必须进一步考虑的问题，必须避免交通拥挤的情形出现。虽然和谐社区是以公共交通为主的社区，在规划布局上也充分考虑步行和慢行交通系统与轨道站点、公交站点和社区中心无缝网络的建立。通过采用半地下车库的方式也较好地解决了私人小汽车的停车问题，采用了不反对拥有私人小汽车，而是鼓励私人小汽车的合理使用的策略，维持每户一个车位的水平，但小汽车出行能否顺畅，依然是下一步必须深化研究的问题。可以利用现有的交通模拟分析模型，针对高峰时段进行定时定量的验证，根据验证数据结果对路网及道路组织进行优化。由于采用窄路密网，所以在道路组织上有更多的灵活性。

第三，要进一步强调住宅建筑类型的多样性。同时，作为全装修住宅，应与建筑扩初和施工图设计同步开展室内装修方案和施工图设计，相互验证，避免不必要的二次拆改。对于院落内部的屋顶庭院，结合建筑总平面设计，要同步开展景观设计，考虑植物配置、雨水收集使用等问题。

第四，建筑的外观不仅与功能和耐久性有关，更与文化有着密切的联系。目前在建筑立面设计上的深度还不够，一是在建筑材料和构造上还没有达到应有的深度，二是对新技术的应用还不够，如绿色建筑技术、智能建筑建设等，三是在建筑造型上还缺少更深入的对建筑文化符号的研究和探索。特别是作为批量设计和建设、采用标准单元组合的设计手法的社区。结合目前移动互联网的发展和时代的进步，探索定制住宅，包括外檐造型的可能性，在统一规划的前提下，保证社区建筑的多样丰富性。

2015年底召开的中央城市工作会议和2016年初中共中央、国务院印发的《关于进一步加强城市规划建设管理工作的若干意见》（以下简称《若干意见》）指出：历经37年改革开放，我国城市发展进入转折时期。城市规划建设管理中的一些突出问题亟须治理解决，如越来越多的封闭小区出现在城市中，一个个楼盘都是一个个独立王国，彼此不关联，公共服务设施不共享，导致主干道越修越宽，微循环却堵住了，造成城市环境污染、交通拥堵等"城市病"加重，城市建筑特色缺失，文化传承堪忧。《若干意见》部署了破解城市发展难题的"实招"，指出开放社区对我国城市发展和解决城市问题的重要性。明确要推动发展开放便捷、尺度适宜、配套完善、邻里和谐的生活街区，树立"窄马路、密路网"的城市道路布局理念，新建住宅要推广街区制，原则上不再建设封闭住宅小区等。《若干意见》为居住社区规划设计改革指明了方向，提出了具体的措施，为新型社区规划设计深化研究探索提供了条件。但是，要真正使文件的精神和具体要求得到落实，还有许多艰苦的工作要做。从近一个时期的反映看，许多规划管理和规划设计人员还没有完全理解传统的居住区规划设计模式的危害。我们知道新型社区规划模式的推广应用将是一个长期艰苦的过程，需要全面深化改革。首先需要加强理论研究探索，逐步统一思想认识。最

有效、快速的办法是进行实际项目的建设，通过样板来带动，事实胜于雄辩。我们希望，通过以上的工作，能够使和谐示范社区的规划设计更加全面完善，尽快实施，做出一个真正优秀的、有说服力的样板，为新型居住社区规划设计模式的推广奠定坚实的基础。

三、新型居住社区规划设计模式与相关领域的改革

新型居住社区规划设计模式的创新，其中关键点是实施窄路密网的开放型活力社区、住宅高度的降低和容积率的减小，以及面向广大中等收入家庭改善型小康住宅的有效供给，这涉及房地产市场转型升级、商品房价格调控、住房制度深化改革、土地财政和房地产税、社会管理制度改革和住宅产业化等一系列问题，需要系统的思考和行动。这些问题是我国深化改革、转变经济增长方式的深层次内容，是国家、省市战略空间规划要考虑的具有综合性的重点问题。我们在这里抛砖引玉，希望引起大家的讨论。不正确的地方敬请批评指正。

（一）新型社区规划与房地产转型升级发展

20世纪80年代末，深圳特区在国有土地使用权转让和商品住宅建设等重大问题上率先取得了历史性的突破。从此，拉开了住房建设和房地产持续高速发展的大幕。20世纪90年代以来，房地产已经成为推动我国社会经济发展和城市建设的最重要力量。人们的住房条件和居住环境得到改善，社会事业得到发展，城市功能得到提升，城市面貌发生改变。据统计，目前我国城镇居民人均住房建筑面积达到33平方米，户均超过一套住房，虽然与美国人均居住面积40平方米、德国38平方米相比仍然有差距，但已经超过中国香港地区的7.1平方米、日本的15.8平方米和新加坡的30平方米，居于世界较高水平。

住房制度改革和土地使用制度改革，以及住房的强劲需求

促进了房地产业的发展。作为支柱产业，房地产业的发展不仅解决了住房短缺的问题，而且成为促进经济发展和城市建设的强大动力。近几年来，我国每年保持数十亿平方米的住宅新开工量和10多亿平方米的商品房销售量。房地产业的发展促成土地市场的繁荣，土地使用权出让收益成为地方政府发展经济的主要财力，用于城市基础设施和公共设施建设。与土地和房地产相关的税收，如城镇土地使用税、土地增值税、房产税、房地产相关的印花税、契税、营业税、房地产企业所得税等成为地方政府税收增长的重要来源。因此，到21世纪中叶我们要全面建成小康社会和实现中华民族伟大复兴的中国梦，未来30年还需要房地产业持续稳定的发展。

但是，随着长期的高速发展，我国房地产积累的问题和矛盾越来越严重，越来越尖锐，而且已经影响到国家经济的繁荣和稳定。改革开放以来，我国的房地产业内部政策和外部环境不断变化，房地产业波动频繁，房地产市场的发展数起数落。中央政府对房地产采取过六个调控阶段多轮调控，调控的目标只有两个：避免过热和防止过冷。大部分是从土地、资金两个供给方面，以及限购和税收减免上做文章。由于缺乏对房地产开发总量和需求总量调控的有效手段，形成越调控房价涨得越多的被动局面。据有关方面分析，我国房地产总值是年国民生产总值的350%，与日本房地产泡沫时期相似。全民热衷房地产，与美国次贷风暴异曲同工。地方政府过度靠土地来运作，大量银行贷款、保险资金、企业资金、基金、民间信贷进入房地产领域，加上国外游资威胁，形成巨大风险。事实证明，单纯地依靠市场化，政府缺少正确的调控和相应法律法规制度的建设，会出现市场失效的严重问题，影响整个经济的健康和稳定，需要综合施策、标本兼治。

房地产业的持续稳定发展对我国经济社会实现转型升级、全面建成小康社会十分关键。未来一段时期，我国房地产业改革升级的方向应该是，贯彻中央供给侧结构性改革方针，实施去产能、去库存、去杠杆、降成本、补短板，减少开发总量，提高质量，有效供给，实现平稳过渡。首先，深入研究房地产合理开发量的规律，确定全国及各省市每年的开发套数。目前，我国每年保持住宅数十亿平方米的新开工量和十亿平方米左右的竣工量，每年城镇人均住宅建筑面积要增加1~2平方米。按照户均建筑面积90平方米计算，每年住宅新开工量等于城镇人口每千人约18套，也远大于合理区间。目前许多矛盾问题的根源是房地产总体产量过剩、有效供给不足、质量不精造成的。因此，必须控制住宅开发总量，结合各地的情况予以明确。控制住宅的开发量比控制土地供应更加有效合理。第二，落实供给侧结构性改革，通过住宅质量的提升来实现房地产业升级，创造有效需求，实现平稳过渡。针对我国20世纪90年代前建设的住房面积小、标准低的情况，结合中等收入群众住房改善的需求，商品住宅部分向中高档为主转化，以建设面向广大中产阶级的改善型小康住宅为目标。采用绿色生态建筑和智能化等新技术，提升住宅的性能，带动相关绿色和智能高新技术产业发展。第三，通过改变土地出让金70年一次缴纳为分年度缴纳房地产税的形式和其他税收优惠等政策，降低房地产开发企业成本，控制房价过快增长，形成合理房价收入比的住房价格，使广大中等收入家庭能够有能力购买升级后的住宅产品，释放有效需求。

国外正反两方面的实践经验表明，要建立健康的房地产市场，避免房地产泡沫和大起大落对国民经济造成的影响，除去以上的举措外，还必须建立完善的面向广大中产阶级的现代住房制度，真正实现政府对房地产有效的调控。

（二）新型社区规划与现代城市住房制度的建立

改革开放后，我国启动了市场化导向的住房制度改革。1999 年停止住房实物分配、逐步实行住房分配货币化政策标志着我国住房制度改革进入新阶段。随着社会主义市场经济体制的建立和不断完善，尤其是在金融改革和经营性土地招拍挂制度的基础上，房地产企业融资和开发能力大幅度提高，房地产快速发展。到 2016 年我国现状城市居民人均住宅建筑面积 36 平方米，已经达到许多发达国家的水平，90% 的城市居民拥有住宅产权。虽然住房保有量已经很大，人均居住建筑面积、住房自有率达到世界发达国家水平，同时中央和各级政府一直在加大棚户区改造和公租房建设力度，对住房困难家庭给予各种帮助，但是住房问题并没有圆满解决。今天，房价高企，住房供给结构不合理，包括区位分布、价格、房型等，不能满足有效需求，造成许多居民特别是特大城市和大城市的中等收入家庭，即所谓"夹心层"买不起房或买不到合适的住房。住房问题成为我国当前深化社会经济和政治体制改革面临的一个火山口。形成这些问题和矛盾涉及的原因非常多，包括收入差距过大、居民缺少投资渠道、过多的人口涌入大城市等。但总体看，住房制度改革停滞、《住房法》一直未能出台、现代住房制度没有明确建立，是我国当前住房问题众多的直接原因之一。

1.《住房法》

居住是人类基本的生存需求，也是人的基本权利，但人类社会达成这个共识却经过了漫长的过程。直到人类文明发展到 20 世纪人们才真正认识到对基本居住权的保障是政府的责任。经过工业革命后百年的求索，发达国家才逐步把住房权作为基本的人权在宪法中予以保障，通过《住房法》等形式落实，目前世界上发达国家都建立了各具特色的现代住房制度。

真正形成美国当代理想的住宅和社区模式是二战后，私人小汽车的普及、州级公路建设计划、住房按揭、郊区化和政府关于住房的一系列法律制度奠定了美国当代住房制度和住宅规划建设模式的基础。1949 年的美国《住宅法》具有划时代意义，它不仅将城市更新等计划与公共住房计划结合起来，鼓励私有企业积极参与，使公共住房进一步成为针对低收入阶层的专门计划，而且更为重要的是提出并制定了全国性的住宅政策目标，即让"每个美国家庭都拥有一套体面的住宅和合适的生活环境"。这一目标面对的不仅是低收入家庭，还有广大中产阶级，这成为美国梦的基石。

我国《住房法》的立法工作由来已久。早在 1980 年就着手起草《住宅法》，后因故暂停。2008 年启动制定《住房保障法》，但一直未能出台。从 1980 年启动《住宅法》立法至今已经过去了 36 年，2008 年至今又过去了近 10 年。在具有中国特色的社会主义法律体系基本建成的大环境下，缺少与广大人民群众关系最密切的《住房法》，不能不说是一个遗憾。这也是造成我国现代住房制度没有能够建立的重要原因。2017 年，国务院办公厅印发立法工作计划，力争年内由住房和城乡建设部起草制定《城镇住房保障条例》。

2. 我国《住房法》的主要内容

我国《住房法》立法的最重要内容是明确政府对居住权的保障和居住的目标。居住权是人的基本权利，国家和地方政府有责任提供相应的保证，如同基础义务教育、医疗卫生、养老保险等。《住房法》要明确公民居住权，以及政府在保障住有所居方面承担的责任，还对保障性住房的资金来源给予保证。实际上，对居民居住权的保障主要是基本需求的保障和平等机会的保障，而决不能回到计划经济、全部公有制和福利分房的老路上去。

基本需求的保障主要针对少数低收入住房困难家庭，政府可以提供住房补贴或公租房等形式，做到应保尽保。平等机会的保障主要面对广大中产阶级，保障市场有效供给，满足有效需求，主要体现在住房商品的区位、社区环境配套、住房质量和合理价格上。广大农村地区，则应该延续集体经济组织自治体制，由集体土地提供宅基地、农民自主建房，对于住房困难户由政府、集体组织或社会各界提供资助，应保尽保。

《住房法》作为我国现代住房制度的基本法，要明确提出以广大中等收入家庭为重点的全国性的住宅政策目标，即让"每个家庭都拥有一套高品质的小康住宅和合适的生活环境"。我国全面建成小康社会的重要标志就是形成以中等收入阶层为主体的枣核形社会结构。广大中等收入家庭目前已经解决了住房有无问题，随着收入水平和生活水平的提高，提出了住房改善升级的要求。作为广大人民群众改善住房的述求，《住房法》必须予以明确，这也是全面建成小康社会、实现中华民族伟大复兴中国梦的必然要求。

3. 确立我国现代住房制度

改革开放 40 年来，我国住房制度改革在探索中前进，取得了很大的成绩，基本形成了商品住房和保障性住房两大类住房，以及相应的管理办法和机制，但现代住房制度远没建立。在《住房法》的法律框架内，进行适合我国国情的现代住房制度设计，明确继续深化住房制度改革的方向，解决当前我国房地产问题或危机，进一步提高广大人民居住水平是当务之急。应该说，我国住房制度进一步深化改革和制度设计不是在一张白纸上进行，要面对客观现实，但也不是无所作为。

我国现代住房制度的核心内容，也是下一步住房制度改革创新的要点是落实"每个家庭都拥有一套高品质的小康住宅和合适的生活环境"。具体举措可以归纳为："低端有保障、中端有供给、高端有市场"。总结发达国家的经验，现代住宅制

度是两极明确，中间多样化。对于困难家庭的住房保障，政府要做到应保尽保。对于富裕群体的住宅，要市场化，取消限制，重点是用税收来平衡调节，保证社会公正公平。对于最大量的中产阶层的住房政策，是现代住房制度最重要的内容。

"低端有保障"即对少数低收入住房困难家庭，政府提供住房补贴、公租房等形式，做到应保尽保，这方面已经达成共识。对"高端有市场"，目前还有不同观点，要转变观念。社会主义市场经济就是要市场在资源配置中发挥主导作用。高档住宅的出现就是市场需求，市场起主导作用。除作为基本的生活使用功能外，住房也是一种消费和投资，也是文化。与高档汽车、手表、珠宝、时装等一样，并不会因为是住房而产生罪恶感。所以，要取消对高档商品房在用地供应、容积率、户型面积、价格等方面的限制，满足市场的消费需求，鼓励合理的住房投资，培育住房新的消费热点，拉动内需，为房地产实施供给侧结构性改革提供支持。也形成城市建筑文化的多样性，避免出现住房都是单元房单调乏味的情况。同时，高品质的住房和社区也是城市吸引人才和投资的竞争力。当然，高档住房可能消耗更多的资源，可以通过特定的税费来调节平衡。

"中端有供给"是我国现代住房制度设计的核心内容，也是深化住房制度改革及实现房地产市场转型升级、政府土地财政和房地产税收改革的重点举措。中端指占人口大多数的中产阶级或中等收入家庭，政府要负责保障市场合理的住房有效供给，即具有较好区位、社区环境配套、住房质量和合理价格的商品住宅，使得广大中产阶级能够买到称心如意的改善住房，实现"居者有其屋"。在过去十年中，滨海新区作为国家综合配套改革试验区，在住房制度改革方面进行了有益的探索。在国家和天津市保障性住房制度整体框架下，根据自身外来人口多、收入水平中等偏上的实际情况，通过发放"两种补贴"、

建设两种保障性住房和两种政策性住房，滨海新区初步建立了具有滨海新区特色、政府主导、市场引领、多层次、多渠道、科学合理的住房体系，初步形成了"低端有保障、中端有供给、高端有市场"的现代住房制度。在确保户籍人口低收入住房困难人群应保尽保的基础上，坚持以市场为导向，重点解决外来技术人员、务工人员等常住人口、通勤人口以及户籍人口中"夹心层"的住房困难问题。滨海新区保障性住房制度改革的成功经验具有实证的意义。

4. 小康公众住房

我国现代住房制度的关键就是如何做到"中端有供给"。首先，在做到基本保障性住房应保尽保的基础上，继续贯彻住房商品化的总体改革思路不动摇，建立政府主导、市场运作的政府公共住房制度，核心是建立面向广大中等收入家庭，具有完善的功能、良好的品质、合理的价格的小康公众住房类型，成为全面建成小康社会、实现中华民族伟大复兴中国梦的公众的理想住房。其次，要在《住房法》明确的法律目标下，将小康公众住房纳入社会经济发展规划和空间规划，制定相关的法律法规，强调地方政府对政府公共住房建设管理的责任，逐步扩大小康公众住房的覆盖面，提高小康公众住房的质量和水平，逐步使小康公众住房成为房地产中的重要力量，确保满足公众的需求和房地产市场的健康发展。要树立科学文明的住房文化观，改变过去"廉租房""经济适用房""限价商品房"等粗俗的称谓，利用曾经使用的"小康住宅""安居住房"等称谓，将政府公共住房取名为"小康公众住房"或"康居房"应该是合适的，具有时代特点，又体现了安身立命和住有所居的理念，具有中国传统文化内涵。

小康公众住房成功的关键是合理的价格控制，在供需两个方面都具有可行性。一方面，小康公众住房是由市场运作的商品住宅，开发企业必须有一定的利润空间；另一方面，小康公众住房销售价格必须在合理的房价收入比范围内，中等收入居民可以负担。土地成本、建安成本、销售成本、税费和企业利润等构成住房价格。影响小康公众住房销售价格的关键因素是土地的价格。我国的土地归国家所有，具备对土地价格进行调控的条件。小康公众住房的土地采用有偿出让，土地挂牌竞拍的底价由地方土地主管部门依据评估价确定，城市人民政府批准。土地使用权出让的成本由土地整理成本、国有土地出让政府净收益、税费和管理费组成。对于具体项目，土地整理成本、税费和管理费是固定的，可以调节的是土地出让金政府净收益额。结合目前积极推进的房地产税改革，建议将土地出让金中25%的政府净收益改为按年度收取房地产税的方式。这样，一是可以加快推进房地产税的实施，二是可以降低小康公众住房的价格。虽然近期政府减少了部分土地出让收益，但通过形成有效需求、促进房地产市场发展，可以增加建设销售环节的税收，关键是开征了房地产税，为长远形成稳定的税源奠定了坚实的基础。另外，这样的做法与目前各级政府的财政运作方式相对比较容易衔接，具有可行性。在居民购买能力方面，除去公积金和银行按揭贷款外，政府还可以给予降低首付比例、共有产权等方式，给予进一步的支持。

长远看，小康公众住房要在整个住房拥有量中占绝大部分比例。在中国香港特别行政区和日本，政府公共住房只占全部住宅拥有量的30%，人为造成符合条件的居民轮候时间过长。新加坡的做法比较成功，超过80%的居民都能够购买到住房，实现了住有所居。鉴于目前我国普通商品住房的存量规模已经很大，在一段时期内，是小康公众住房和商品住房并存的双轨制时期，因此，小康公众住房的比例要实事求是。随着70年土地使用权期限到期，部分存量普通商品房可以转为缴纳房地税的小康公众住房。部分条件比较差的普通商品房可以由政府收购作为公租房。逐步放宽准入条件，取消户籍、收入、现有住房面积等限制，未来使得城市大部分中等收入家庭都可以购买小康公众住房。做好小康公众市场供需的调控，利用政府房屋交易登记机构掌握的实时数据和移动互联网、大数据、云计算等新技术，动态分析市场供需关系，指导规划和开发建设，形成有效需求，避免产生新的库存。根据需求，逐步增加小康公众住房的占比。

建立小康公众商品住房和普通及高档商品住房相互独立的两个市场是现代住房制度的保证。多年来，对于经济适用房、限价房的退出缺乏应有的控制，政府给予的土地、税费等各种优惠随着保障房的退出而消失，政府还需要再建设更多的保障房。在新加坡，政府建立了独立的政府组屋市场，与私有房地产市场分割。政府组屋作为一种特定的商品住房，可以在市场上买卖，实现保值增值，但交易仅限于政府组屋市场。由于进入租屋市场的购房者有资格准入的要求，所以可以限制炒房投机。同时，政府可以加大或减少政府租屋的建设量，以保持组屋市场供需平衡和价格的稳定，对房地产市场起到有效的调控。作为特定的商品房，小康公众住房在退出后也要进入市场交易，实现保值增值。要建立相对独立的小康公众住房市场，实现"房子是用来住的不是炒的"的目标，保证政府对公共住房在土地税收等方面的让利继续留在政府公共住房市场中，为其他符合条件的居民享用。

小康公众住房的标准应逐步提高，是我国现代住房制度的核心议题。近年来，新加坡政府在市中心规划建设绿色、生态、时尚的政府租屋示范项目，旨在向国民展示政府租屋未来的发展方向。小康公众住房是全面建成小康社会的标志，是实现中华民族伟大复兴中国梦的物质载体。伴随着生活水平的进一步提高，精神需求的增长，科学技术的进步，住房的标准必定逐步提高。另外，考虑我国老龄化、人口高峰期以后会出现的变化，以及许多家庭不只一套住房，未来由独生子女组成的家庭还可能会继承多套住房遗产，可以适当提高小康公众住房的标准，减少套数。同时，结合各地的自然和历史传统，形成丰富多样的住宅文化。

当前，我国正处在新型城镇化发展的关键时期，经济进入新常态，大部分城市都面对着房地产业供给侧结构性改革、刚需阶层住房保障和改善的共同课题。解决好大多数中等收入家庭的住房问题，做到居者有其屋，不仅关系到全面建成小康社会，实现中华民族伟大复兴中国梦的总体目标，更关系到我国社会经济的健康和可持续发展。中产阶级住房是现代住房体系中最重要的住房形式，量大面广，是现代住房制度的主体。与为低收入住房困难家庭提供住房保障不同，面向中等收入家庭的小康住房仍然是市场化住房，要坚持市场化方向不改变，主要目标是提高居住质量和水平，这也是新型社区规划改革创新的目的和方向。

（三）新型社区规划与城市土地财政和房地产税收制度的改革

房地产转型升级和现代住房制度的深化改革与城市土地财政和房地产税收制度的改革相关联。房地产业的减量提效升级和对现代住房制度改革都需要地方政府相应的财政和税收体制的改革。而新型居住社区规划设计模式的创新，关键点是住宅高度普遍的降低和容积率的减小，容积率的降低和开发量的减少也涉及商品房价格、房地产市场和土地财政、房地产税收等一系列问题，需要系统的考虑和积极主动的转变和应对。这是深化供给侧结构性改革、转变经济增长方式的深层次内容，也是新型社区规划理念能够落地的保证。

1. 土地财政的转型和平稳过渡

改革开放初期，特别是 1994 年中央和地方分税改革后，一般城市的财政收入都是所谓的吃饭财政，没有富余的资金搞建设，而且宪法规定地方政府不得借债。为了加快城市建设，经营城市理念逐步普及，以土地出让收入作为城市建设的主要资金来源。政府通过设立城市建设投资公司等平台，创新投融资模式，加大投融资力度，为城市建设提供了源源不断的资金，有效地缓解了地方政府的财政及土地开发、市政建设过程中的资金供需矛盾，弥补了地方政府财力不足的缺陷，促进了区域开发、公共设施和基础设施建设，大大推进了我国城市化进程。

由于土地出让金是地方政府的主要收入来源，土地财政名副其实。土地财政对我国城市现代化建设的重要作用不言而喻，而土地财政面临的严重问题也旷日持久。随着城市化进程的加快，区域开发和基础设施建设规模不断扩大，资金需求不断增大，地方政府只有全力通过融资平台公司进行融资。在这种情况下，涌现出了大量的政府融资平台公司，融资规模急剧扩张，导致地方债务总规模急剧攀升。因为大多住宅用地的土地出让收入是 70 年出让金一次收取，所以土地财政持续性不好。在房地产形势好的时候，政府大量出让土地，大规模融资建设；到发展进入稳定期时，土地出让收入减少，而政府的债务沉重。而且，土地出让收入不稳定，随房地产市场的波动而大幅度变化，容易引发财政和金融风险。

目前，国家出台各项政策和文件，包括将国有土地出让金收入作为基金收入纳入政府财政预算管理，规范土地整理机构，控制政府平台融资等，主要目的就是为了完善政府预算体系、规范地方政府债务管理、防范化解财政风险。在不改变中央与地方分税制大结构的情形下，为地方政府找到稳定的税收来源，逐步替代土地财政是近年来财政领域呼声很高的头等大事。从发达国家的经验看，普遍征收房地产税是地方政府持续稳定的税收来源。从我国当前大部分城市的财政收支现实状况看，考虑到企业税负已经比较高的因素，向城镇居民征收房地产税，为地方政府建立持续稳定的税源，是发展的方向。但是，在目前政府债务还款来源主要是土地出让收入的情况下，土地财政的转型还需要考虑避免出现政府债务危机。有关人士做了初步研究，考虑一定比率免征和实征收入再打折扣，全面征收的房地产税总额约 1.5 万亿元，而 2016 年全国土地出让金收入高达 3.7 万亿元。因此，单纯想依靠房地产税一下解决所有问题是不可能的。要避免采取断崖式的莽撞改革，必须采取各种措施，结合各地方实际，逐步稳妥化解，包括采取双轨制等措施，实现平稳过渡。

2. 房地产税的平稳起步

房产税是为中外各国政府广为开征的古老税种。欧洲中世纪时，房产税就成为封建君主敛财的一项重要手段，且名目繁多，如"窗户税""灶税""烟囱税"等，这类房产税大多以房屋的某种外部标志作为确定负担的标准。中国古籍《周礼》上所称"廛布"即为最初的房产税。至唐代的间架税、清代和民国时期的房捐，均属房产税性质。中华人民共和国成立后，政务院将房产税列为开征的 14 个税种之一。1951 年将房产税与地产税合并为房地产税，其后几经变化。1986 年《中华人民共和国房产税暂行条例》规定，房产税是以房屋为征税对象，以房屋的计税余值或租金收入为计税依据，向产权所有人征收的一种财产税。征收范围限于城镇的经营性房屋。目前，各地房产税只是对企事业单位和个人出租的房产定时征收，对个人存量房屋交易时一次性征收。没有对广大城镇居民自用的房屋开征按年度征收的房产税。

党的十八大以来，随着我国经济发展进入新常态和供给侧结构性改革，房地产税已经列入中央改革计划和十二届全国人大立法规划，改革势在必行。总体来说，一切与房地产经济活动过程有直接关系的税种都属于房地产税，包括房产税、城镇土地使用税、印花税、土地增值税、契税、耕地占用税等。所以，开征房地产税，首先必须要进行税种的重新设计划分。目前，仅是土地使用税、增值税等五项税种，在我国税收总额中的占比就达到了12%左右，再加上房地产相关的营业税、企业所得税，对企业而言已经是不小的负担。所以，房地产税主要针对广大城镇居民自用和出租房屋征收。其次，如何实现普遍收税、规避拖欠缴税是改革成功与否的基础。国民要形成正确的纳税意识，形成房地产评估、税务服务、律师等相关咨询业的完善服务体系。征收房地产税的主要理由是因为地方政府为居民的房地产实体财产提供了基本的公共服务，包括道路交通、市政配套、绿化、环卫等，保证了住宅的正常使用和保值升值。有些专家学者认为，开征房地产税，目的是提高房地产持有的成本，避免炒房，这背离了房地产税的本义，缺乏对房地产的真正理解，容易引起误读。

据了解，目前国家初步确定的面向住宅征收的房地产税是由房产税和土地使用税合并而成，借鉴了国外通行的做法，是比较合理的方案。对商品住宅开征房地产税，面临着一个法理问题。在现行模式下，开发商获得居住用地时，一次性交纳了70年土地使用权的出让金。用户在购买商品住宅时等于交纳了土地的这些费用，再每年征收房地产税有重复征税之嫌。另外，这种单打一的改革会引发其他矛盾和问题。比如，在有些房价过高的城市，即使按照低税率，许多家庭也缴不起房地产税。过多地减免则失去了开征房地产税的意义。而许多家庭不只一套住房，如果一套以上的住房都开征房地产税，可能会引发抛售，造成房地产泡沫破裂和经济危机。房地产税的推出必须与土地

使用制度深化改革、住房制度深化改革和房地产市场深化改革结合起来，统筹考虑、综合施策。采取渐进的办法，比较可行的做法就是将一次性收取的土地出让金，指政府25%净收益部分及土地使用税、增值税等，变成逐年收取房地产税。这样操作既合法理又容易起步。

实现将一次性收取的土地出让金转变成逐年收取房地产税关键是要保障政府财政收支和政府债务不出现问题。各地政府可以在法律的框架内，结合各自具体情况制定各自的时间表和路线图，可以同时采取数项措施，配合使用。比如，可以先从面向中等收入家庭改善需求的小康型公共住房开始，改变70年出让金一次缴纳的做法，采取交纳房地产税的方式。对于老的商品住房土地使用年限到期后也要开始交纳房地产税，未来能够将大量存量住宅作为房地产税纳税房源。同时，近期可以确定一些高档商品房等用地依然按照一次性收取70年土地出入金的方法进行出让，以弥补由于采用新方式而带来土地出让金的减少。通过30年左右双轨制的过渡期，实现土地财政的平稳转型、远期并轨。当然，以上只是一个初步的思路，许多具体问题需要细化研究，不同城市、区域有各自的特点和具体情况需要考虑，比如旧城区，近期没有新建的商品住房，可能就没有新设置的房地产税的来源，这需要整个城市综合平衡、统筹考虑。

实际上，通过建立以广大中等收入家庭为保障对象的公共住房制度，提供面向广大中等收入家庭、改善型的小康公共商品住房，改变土地出让金一次缴纳为逐年交纳房地产税，既可以形成合理的商品房价格，具有合理的房价收入比，大部分中等收入家庭能够负担，又能平稳启动房地产税征收，形成地方政府稳定的税收来源。同时，放开别墅等高档商品房市场，以高税收进行调节，弥补土地出让收入分年度缴纳造成短期内土地出让收入的减少，不影响政府及其平台偿还债务的能力，是

实现地方政府财政转型和可持续健康发展的前提，也是路径。

（四）新型社区规划与城市社会管理体制的改革创新

新型居住社区规划设计模式的创新与城市社会管理体制改革密切相关。新型社区规划提出街道社区、居委会街坊、业主委员会街廓邻里新三级体系，各级中心场所和邻里空间以街、道、巷、里弄连接，形成完善的城市空间和社会网络。这种新的模式吸收了中国传统居住里坊制度的脉络，也借鉴了西方发达国家社区规划管理的经验，与我国现行社会管理体制基本对应，并为社会治理进一步改革发展和能力建设提供空间和场所。

目前，在我国城市中，不论是大城市，还是设区的较大城市和不设区的小城市，街道办事处和居民委员会是主要的社会管理机构。按照《中华人民共和国地方各级人民代表大会和地方各级人民政府组织法》，街道不是法定的一级行政区划，街道办事处不是法定的一级政府，只是作为市辖区和不设区市政府的派出机构，但通常管理数万人口，相当国外一个城市的规模。街道的基本职能有许多，其中指导居委会的工作，做好城市管理等是其主要职能。随着政府简政放权，街道的社会管理职能还会增多，面临的矛盾和问题也会越来越突出，需要深化改革，理顺与政府和居委会的关系。根据《中华人民共和国居民委员会组织法》，居民委员会是居民自治机构。业主委员会是改革开放后出现的新事物，代表业主的利益，向社会各方反映业主意愿和要求，并监督物业管理公司管理运作的民间性组织。2007年《物权法》出台，确立了业主组织——业主大会和业主委员会的法律地位。

目前，大规模封闭居住区的模式带来了许多社会管理的问题，开发公司、物业公司与业委会的矛盾比较突出。业委会与物业公司是聘用关系，有的是开发商延续下来的，有的是通过招投标，在日常运作上总会存在各种各样的矛盾问题。业委会

内部、业主之间因为物业等问题也会产生矛盾。居委会作为居民自治机构，也作为政府的基层组织，为保证一方居民的利益和基本生活、保证社会稳定，需要经常出面进行协调，解决邻里存在的问题。目前许多事情是一事一议，还没有形成好的机制。2017年通过实施的《民法总则》，规定居民委员会等基层群众性自治组织是特别法人。业主委员会作为群众性自治组织也应该明确是特别法人，这将会对基层组织建设和完善机制起到很重要的作用。

搞好居民的自治是完善社会管理的基础，业主委员会是基本的居民单位，首先必须搞好业委会层次的自治管理。民主需要合理的规模，过小没有意义，过大会造成个体难以表达和形成集中的意见。西方有许多著名的理论家，如亨廷顿等，普遍认为200～500人是基层民主的合理尺度。为了便于社会民主管理和促进邻里交往，新型社区规划的街廓邻里在200户左右，500～600人，形成一个业委会。这样一个尺度具备了实施民主的条件。

我国新型社区规划建设和社会管理要取得成功，需要形成当代居民业委会的议事规则。要发扬我国古代的优良传统，学习借鉴西方先进国家的经验，在社区管理的实践中探索。《罗伯特议事规则》一书写于1876年，是罗伯特根据美国草根社团的合作实践，以及英国400多年的议会程序编撰的。当今世界无论是公共领域的议事程序，还是私人公司的议事章程，无不以《罗伯特议事规则》为依据和蓝本。孙中山先生参考《罗伯特议事规则》，写出《民权初步》，将议事之学当作民主政治的入门课程，向国民传授民主议事的规则技术。新加坡政府在政府组屋社区物业管理上有成功的经验。新加坡前总理李光耀将物业管理与政治选举结合起来，建立"市镇理事会"制度，由选举出来的议员担任市镇理事会的理事长，专门负责社区物

业管理事物，建屋局按照市镇理事会的要求负责具体实施物业管理和维修工作。市镇理事会是国会议员们施展才华的地方，因为只有管理好社区才有可能获得选民们的投票。除去学习先进经验和建立机制外，关键是实践。通过不断的实践，居民的民主意识和水平会逐步提升。社区民主水平提高了，我国的社会主义民主就有了保障。

实施基层民主也需要物质空间的保证。现在，建成的小区中居委会办公用房不足或不好使用，街道办事处主要是办公场地，缺乏社区中心的广场和公共活动空间，这些都是我国居区规划建设中常见的问题。中新天津生态城学习借鉴新加坡的成熟经验，规划建设了邻里中心，面积数万平方米，包括完善的公共服务设施和商业功能。滨海新区从 2000 年开始社会管理制度改革，规划建设街道和居委会服务中心，每个街道服务中心建筑规模达到 6500 平方米，包括居民办事大厅、文化活动场所等。社区中心设计了统一的 VI 标识系统。新型社区的规划特别强调社区中心的规划设计，包括空间环境的营造和建筑的设计。社区中心不仅有具体的功能，而且要有社区文化和精神象征意义，是居民社会生活的场所。即使在高新技术和新型通信的时代，高科技更需要高接触，因此，具有特色的社区中心场所的营造更加重要。

（五）新型社区规划与住宅产业体系的升级

与新型社区规划相匹配的住宅产业体系是我国产业结构转型升级非常重要的一块内容。要提高住宅设计建造的整体水平，还是要走住宅产业化的道路。新型社区规划成功的关键是住宅的丰富多样性。在有限的空间、时间和技术、资金的限制下，要设计和建造丰富多样的高品质住宅，对于建筑设计来说已经是一件很有挑战性的任务，对建筑产业化则提出了升级换代的要求。

目前国内住宅产业化的现状，包括对住宅产业化的认识还局限在狭义的住宅产业化阶段，重点是住宅结构和施工体系采用装配式、部品化。通过大规模工业化生产，提高住宅的整体质量，提高住宅生产的劳动生产率，降低物耗、能耗、降低成本。住宅的简单工业化和大规模建造必然造成单一化和"兵营化"。大规模标准化居住建筑的建设，虽然在短时间内解决了大量居民的居住问题，但难于持续发展。随着时间的延续，如果维护管理不到位，很容易出现欧美国家当时出现的社会问题，而且难以改造。新型社区规划反对的正是这种大规模重复建设的简单住宅产业化。

新型社区规划设计的目的就是按照城市发展的规律，依照城市规划确定的窄路密网格局，创造具有城市文化内涵、开放宜人的居住环境。以 5、6 层左右的多层和小高层为主将是我国大多数城市地区合理的居住形态。与新型社区规划相适应的住宅产业化首先要研究适应这一方面的根本转变，从单一的以高层住宅为主的住宅工业化向多层为主的产业化转变。目前我国工业化住宅已经在这方面有很好的尝试。"百年住居 LC 体系"（Life Cycle Housing System），是在借鉴日本住宅产业化 SI 体系技术的基础上研发的，带来数十项先进技术，如管线与结构墙体分离系统、干式地板采暖系统、同层排水系统、无负压供水系统、内保温系统、负压式新风系统、烟气直排系统等。住宅的结构体（Skeleton）和居住填充体（Infill）完全分离，通过双层楼板、天棚、墙体，将建筑骨架与内装和设备分离，当内部管线与设备老化的时候，可以在不伤害结构体的情况下进行维修、保养，并可以方便地更改内部格局，以此延长建筑寿命，成为全生命周期住宅。绿色住宅建筑和现代化市政管理也是产业化的重要内容。按照住建部《绿色建筑评价标准》及生态城的相关绿色指标，中新天津生态城推动生态城市和住宅产业化，所有住宅均为绿色建筑，包括太阳能热水系统、地板辐射采暖系统、智能家居等，特别是在多层住宅项目上进行工业化住宅的探索，也同样取得了成功。中新天津生态城还规划建设了智能电网、集中垃圾管道收集气力输送系统。另外，改革传统市政配套建设管理模式，管委会成立生态城市政配套公司，将过去由各个市政公司各自为政进行的庭院内管线和设施建设管理统一由市政配套公司负责，包括后期维修，包括水、气、热等，提高了效率，方便了群众。

21 世纪的新型社区期望的是利用移动互联网、物联网、云计算、大数据等现代技术，使用绿色、节能、生态、智能的材料技术，体现历史文脉和住宅建筑文化的多样性，满足业主人性化和个性需求的，具有柔性生产和定制生产的住宅产业化，而高水平的产业化也会促进城市规划设计和建造方法的提升。建造技术也是建造文化，是高级的建造。新型住区规划设计，是建立在一个经济结构、社会文明，包括城市规划、建筑和环境设计、住宅建造全面转型升级的基础之上。住区营造和住宅建造是一个综合性的领域，能够带动众多产业的发展。高水平的住宅产业化是定制住宅的产业化和住宅服务的产业化。计算机等信息技术和智能生产的发展，已经使得住宅的多样性和柔性定制生产成为可能。而绿色住宅、绿色家电、智能住宅、移动互联网、电商以及住宅建筑文化艺术水平的提高将使住宅成为 21 世纪比电动汽车更能够带动技术合成进步的商品和推动文化繁荣的艺术品，是最具活力和潜力的新经济增长点，是文学艺术创作最具生命力的场所。

四、新型居住社区规划设计模式与中国人的居住理想

十年来，我们一直对滨海新区新型居住社区模式进行探索，

包括和谐社区 5 年多时间的持续研究，对新区保障性住房制度改革和试点项目佳宁苑的试验以及中新天津生态城社会管理的改革探索等。在实践中，我们不断学习总结，从世界各国百年来居住社区发展的经验中，从我国民居数千年发展演变的过程中，从我国近代以来居住社区百年的发展，以及中华人民共和国成立后 60 多年的曲折发展中，我们逐步认识到新型社区的规划设计不只是个单纯的技术问题，而是一个涉及面非常广泛的社会文化问题，涉及意识形态的改革，包括对居住建筑类型和多样性及其重要性的认识、居住理想和价值观、对居住行为的限制和鼓励、居住文化及城市文化的发展繁荣等，是一个已经超越了规划设计技术层面的问题。实际上，这些关于居住的观念理念决定着规划设计的大方向，它不仅关系到城市化的物质空间的质量和水平，更关系到人民生活品质的进一步提高，关系到中华民族伟大复兴中国梦的实现。

（一）居住建筑的类型和多样性

居住建筑的类型和多样性，广义上是指世界上不同国家、地区、民族各具特色的住宅建筑类型，这些特色鲜明的住宅建筑是世界文化多样性的组成部分。经过对 20 世纪国际主义风格建筑的批判，对保持和突出各自国家地区的建筑特色已经达成共识。狭义的居住建筑的类型和多样性，是指一座城市内部不同的布局、高度和造型等住宅种类的多样性，如低层独立式住宅、联排式住宅、多层单元式住宅、高层单元式住宅、超高层住宅等，是城市文化和特色的重要组成部分。

我国地域广阔，民族众多，各地形成了各具特色的民居建筑。刘致平、傅熹年在《中国古代住宅建筑发展概论》中，按照不同地区特征和建筑构造等因素，将我国古代住宅划分为七大类。每类住宅因民族风俗不同而有各民族自己的特点，使得同一类第宅的形制也呈现出多种多样的变化。刘敦桢在《中国住宅概说》

一文中，从建筑布局类型上，将明清汉民居建筑大致划分为9种，合院住宅或称庭院、天井住宅是我国主要的住宅形制。一些地区在住宅整体布局上考虑环境因素，如浙江一带临水民居，呈现出生动而清新的风趣。在住宅装修和室内家具等布置上，地区特点也很突出。另外，我国的住宅与园林关系密切，许多宅邸配建私家园林，把自然风景山水缩进方尺之间，达到了自然美、建筑美、绘画美和文学艺术的有机统一。

虽然种类繁多，但与五千年的文明史相比，我国古代住宅形制总体看发展演变比较缓慢。近代在我国开埠城市和一些新兴的城市，出现了从西方引入的各种现代住宅类型。由于传统合院式住宅在功能上进步缓慢，带有卫生间和厨房的外来现代住宅成为极具竞争力的新住宅形式。而从我国传统合院住宅演变来的石库门式住宅，由于标准太低，沦为低档的杂院住宅。中华人民共和国成立后，实施公有制和计划经济的福利分房。中华人民共和国成立初期，住房严重短缺，许多独立住宅、联排住宅、多层住宅都被按照每个房间一个家庭的方式重新安排使用。从第一个五年计划开始，在苏联的帮助下开始现代住宅建设，普遍采用多层标准单元住宅。居住小区规划以军营行列式布局为主，造成居住环境景观的单调和千篇一律。改革开放后，我国住宅类型的多样化开始涌现。20世纪80年代试点小区时期住宅的多样化创作集中于住宅形体和外观造型上。到20世纪90年代末，为了市场营销和满足多样化的需求，房地产开发企业开始建设别墅、花园洋房、多层和高层的高档住宅。2003年以后房地产调控期，国家叫停别墅用地，出台"90/70"政策，住宅建筑类型又趋向单一化。同时，用地的容积率不断升高，加上绿地率、建筑密度、停车位等控制指标要求，住宅建筑只能向高处发展，都成为30层、100米高的塔式或板式高层，几栋、十几栋，甚至几十栋类型单一、长相相同的高层住宅堆积在一起，

形成了目前典型的居住环境和城市面貌。虽然建筑和小区绿化环境的物理质量提高了，但居住的整体品质却下降了，也导致城市整体空间品质极度的下降。

世界上发达国家住宅建筑都有多样性，有鲜明的特色。经过多年的实践，美国逐步形成了与区位、建筑形制、产权管理等相对应的独立花园住宅（patio house，single family house）、联排住宅（townhouse）、出售公寓（condominium）和出租公寓（apartment）三种基本住宅类型。三种类型的住宅形成了各自相对成熟完善的建造技术体系。根据场地环境、住户对功能和外观的不同需求等可以有无穷无尽的变化，形成了美国丰富的住宅类型和建筑多样性。美国三种基本的住宅类型对应着三种完全不同的居住社区规划设计模式，形成具有明显特色的、不同功能和特征的、多种多样的城市街区和环境。多种类型、价位和不同区位的住宅为美国人提供了多种选择的可能性。不同家庭根据各自生活、工作等特殊需求，租住或购买适合自己的住房，与人的身份和生活方式高度契合。正如赖特所说："建筑就是美国人民的生活"。即使在国土面积狭小、人口高度密集的日本，住宅建筑也具有丰富的多样性。基本类型有"一户建"独户住宅、低层高密度集合住宅和多、高层集合住宅三种类型，在这三种基本类型上演变出各种类型和丰富多样的住宅。

早在20世纪初，盖迪斯就从生态和人的互动中发现了区域生态和人的活动的规律性，即从城市到乡村，处在不同位置上的人从事不同的工作，过着不同的生活。美国新都市主义发起人安德鲁斯·杜安伊（Anders Duany）和伊丽莎白·普拉特·齐贝克（Elizabeth Plater-Zyberk）在题为《建设从乡村到城市的社区》的文章中，制定了城市乡村横断面，描述了从市中心到乡村不同密度、高度和形态类型的居住建筑形式，揭示了住宅

建筑类型的生态区位分布规律。随着人类城镇化的进步，住宅类型也在不断演进，最终形成三种比较稳定的基本类型，适应城镇特定位置的特定需求。从城市乡村横断面和平面模型中可以看到三大类、七小类住宅的分布规律：城市外围和郊区、乡村是独立低层住宅，城市外围和城市中心之间的中部是低层或多层联排住宅，城市中心及核心是多层或高层单元集合住宅。

现代主义城市规划和现代主义建筑推广大规模工业化和国际式风格，希望用一种通行的模式解决所有问题，是违背生态法则和城市发展的客观规律的。简·雅各布斯说，不论是霍华德的田园城市所倡导的花园住宅，还是柯布西耶的光明城市的塔楼住宅，都是专制的、家长式的规划，都试图用一种类型、一种模式解决所有的问题，它们注定是不会成功的。目前，我国存在单一超大封闭小区、塔式高层住宅的现象，根本原因是受现代主义建筑思潮的影响，而人口众多的现实、历史上形成住房短缺的潜意识和计划经济的残余进一步强化了这种思想。封闭小区加高层住宅模式的出发点是市场和经济效益，是满足现行管理要求最赚钱的模式。高层住宅楼的大量复制，建筑师设计省事，施工企业效率高，开发商赚钱快，商业银行也满意，但却极大地损害了城市空间的品质，违反了城市发展和住宅建设的客观规律，给未来埋下了许多隐患。

中国人口众多，土地资源紧张，住宅建设要考虑节约土地是不争的事实，但不论城市还是郊区，甚至农村，是否都要盖高层住宅，是我们必须认真反思的问题。中国香港、新加坡采取高层高密度住宅，因为它们是中国的一个地区或是城市国家，土地狭小，但即使如此，也依然有别墅、高档公寓等多种住宅类型。在土地比我国还紧张的日本，有超过 50% 的住宅还是传统的低层独户住宅——一户建，一户建是日本住宅多样性的重要组成部分，不可或缺，也说明住宅不单单是节约土地的问题。

社会经济发展和城市建设的最终目的是提高人民的生活质量和水平，土地只是载体和手段，为了节约土地而取消住宅的多样性，都建成高层住宅，是本末倒置。事实上，现代城市规划产生后主要的任务就是控制城市增长、疏解城市人口。我国从近现代以来，许多大城市同样面临城市中心人口拥挤的问题。在城市总体规划中，普遍采取了建设卫星城，疏解城市中心和老城人口，控制城市人口增长的策略。实际上，随着土地制度改革和房地产的发展，旧区改造要求比较高的拆建比，结果是非但没有疏解人口，却成倍地提高了土地开发强度。同时，新区的建设也采用了较高的容积率，都是高层住宅。过高的土地开发强度，近期可以为城市带来土地出让的高收益，但过高的人口密度和开发强度是造成交通拥挤、环境污染等城市病的主要原因。到头来再花钱治理，得不偿失。显然，我们目前的一些规划和土地政策，如禁止别墅和容积率低于 1.0 的用地供应和规划审批是以偏概全。我们没有任何一种理由，来限制居住建筑类型的多样性。因此，必须统筹考虑城市人口密度、土地开发强度与城市交通、环境景观、公共服务配套及住宅类型多样性等问题。按照城市发展的客观规律，在城市不同的区位要采用不同的开发强度和建筑类型，包括在郊区容许独立住宅和容积率低于 1.0 的开发。实际上，目前我国城镇存量住房中高层和多层住宅已经占主导地位，土地的集约已经相当高。逐步发展一些低密度合院式住宅，不会对城镇土地问题带来负面影响。通过合理的规划设计，我们可以创造出既有一定的开发强度，又具有丰富多样居住建筑类型的、适合我国特征的更好的人居环境。

住宅类型的多样化是提高居住水平和生活质量的要求，也是城市文化发展的要求。随着经济的进一步发展和社会的不断进步，以及居民收入的提高，居住需求的分化越来越明显，不仅体现在支付能力上的差异，也表现在生活方式、功能需求等方面的变化和多样化。随着城市规模的扩大，土地的价值和区位条件差异加大，这些因素都使得当代城市住区和住宅建筑类型和形态趋于多样化。因此，合理的密度和聚集程度、完善的社会配套服务、良好的环境和合理分布、多种多样的居住建筑类型，如城市公寓、合院住宅、联排住宅，包括独立住宅等，是提高我们生活质量的必备条件。日本著名建筑师隈研吾在其著作《十宅论》中，将日本住宅分为单身公寓派、清里食宿公寓派等十种类型，生动描绘出这十类住宅的特点、居者的精神追求和生活状态。隈研吾认为住宅从来都不仅有居住功能，而且是人们自我投射的场所。从这个意义上讲，住宅是日本人生活方式的体现，不同的人需要不同类型的住宅。十种住宅，也是十类人的生活方式。通过以上研究使我们认识到，虽然我国的社会主义市场经济体制基本建立，但我们的思想意识和城市规划管理还有很多是计划经济和"一刀切"的简单化方法，没有做到针对不同的情况分门别类、因地制宜地考虑问题，还是以一种单一模式来制定规则，导致形成了千篇一律的建筑类型和空间形态，使住宅建筑的多样性难以存活。我们必须要认识到居住建筑类型多样性的重要性，要改革创新，使我们的规划和各项管理能够为居住建筑类型多样性提供生存的土壤和环境，最终呈现百花齐放的局面。

通过以上研究，我们认识到，居住建筑丰富的多样性是好的城市和社区的标准，也是文化多样性的重要载体。新型居住社区规划设计的前提之一是必须有多种多样的住宅建筑类型。如果只是把大院式封闭小区改成窄路密网式布局，而不增加住宅建筑类型的多样性，新型居住社区是不会成功的。中国传统民居多种多样的形式，造就了各具特色的城市和地区，也成为中华文明和地方文化的重要代表。可惜的是从中华人民共和国成立后，虽然有少量的有益尝试，有许多关于民居的研究成果，

但以合院住宅为主的民居建筑没能进一步存续演进。实现中华民族伟大复兴的中国梦，不仅是经济的发展、社会的进步，而且是文化的传承和发扬光大。未来，要满足居民多样的生活需求、满足城市不同区域多样性的要求，三种基本住宅类型都要存在。低层住宅便于采用合院住宅这一中国传统民居的典型形式，将中国优良的人居传统思想文化发扬光大。多层住宅区可以规划联排住宅为主，吸收我国传统民居中窄面宽、多重院落、天井的大进深布局，既有一定的密度，又满足中国人住房"顶天立地"的心理需求。住宅建筑要延续传统文化，促进居住建筑品质和文化性的提升。

（二）中国人的居住理想和价值观

理想引领方向。今天，经过改革开放40年的高速发展，我国居民生活日渐富裕，居住环境有了很大提升，城镇人口人均住房建筑面积超过36平方米，户均超过一套住房，与住房短缺时代不可同日而语。但是，与发达国家相比，我国整体的住房水平和生活质量还不是很高，仍然有较大差距。如何跨越这个差距，一项重要的工作就是要树立建筑理想和正确的价值观。居住理想和价值观是人们追求美好生活的动力，是经济发展、社会进步、全面实现小康社会和中华民族伟大复兴中国梦的强大动力。

德国著名哲学家和哲学史家恩斯特·卡西尔创建了"文化哲学"体系，在三卷本的《符号形式的哲学》丛书中进行了系统的论述。他的《人论》是简要阐述《符号形式的哲学》基本思想的一本书。在卡西尔看来，人与其说是"理性的动物"，不如说是"符号的动物"，亦即能利用符号去创造文化的动物。人与动物虽然生活在同一个物理世界之中，但人的生活世界却是完全不同于动物的自然世界。造成这种区别的秘密在于：人能发明、运用各种"符号"，所以能创造出他自己的"理想世

界"；而动物始终只能对物理世界给予它的各种"信号"做出反射，无法摆脱"现实世界"的桎梏。通过精神分析和对人类科学发展历程的简单回顾，卡西尔清晰地阐明了事实与理想的区别，以及理想对于科学技术进步、对于人和人类社会的重要性。如果不扩大甚至超越现实世界的界限，人们的思想就不能前进，哪怕是一步。除了具有伟大的智慧和道德力量以外，人类的伦理导师们还极富有想象力。他们那富有想象力的见识渗透于他们的主张之中并使之生气勃勃。尽管总是被指责为只能应用于一个完全不真实的世界，柏拉图的《理想国》和托马斯·莫尔的《乌托邦》却引领着人类社会的发展进步。伟大的伦理思想家们并不害怕这种指责，他们认可这种指责并且公然对它表示蔑视。人的理想是引领人进步发展的目标和动力。城市规划是对未来的展望，更需要理想。中国改革开放的成功也从事实层面说明了理想的重要性。在目前我们面对住房、房地产业各种复杂无解的矛盾问题束手无策时，树立中国当代的居住理想是一项非常重要和有效的方法，是一项勇敢的工作。

从世界各国的经验看，居住理想是不断进步的，而且相互学习、交流、影响。从 20 世纪 30 年代开始，由花园洋房、汽车和体面的工作组成美国梦具体的内容。位于郊区的独立式的花园住宅与郊区化模式密不可分。郊区化是城市经济发展到一定阶段的产物，私人小汽车的普及为郊区化提供了支撑条件，工厂、办公等的外迁为住在郊区的人们提供了部分就业。独立花园住宅既适应美国土地幅员辽阔的特点，又延续了美国人的历史情结，满足现代生活发展的需求。郊区新建社区以 1～2 层独立住宅为主，密度低、尺度小，住房设计建造采用了比较适宜的技术，不需要大规模的市政设施，在土地开发和道路建设上可以顺应地形，与周围的生态环境很好地融合，社区运营维护成本低。独立花园住宅和社区为大部分美国中产阶级提供

了比较高品质的生活，保证了日常生活的舒适、方便和丰富多彩。再者，独立花园住宅模式与美国梦提倡的体面工作和生活方式相协调，具有丰富的文化内涵。当然，美国梦是经历了 300 年痛苦的过程，包括殖民战争、内战、对土著印第安人的屠杀劫掠、周期性经济危机等才逐步成型的。另外，今天的美国仍然存在着城市蔓延、种族冲突、医保困难等许多问题。

著名的城市规划理论大师彼得·霍尔教授在《明日之城》一书中提到一个观点。经过在英国和美国工作生活的切身体会，他认为，客观比较起来，英国中产阶层的生活质量不如美国中产阶层的生活质量高。美国中产阶级大部分居住在郊区的独立花园住宅内，英国人部分住在城市中面积相对较小的公寓住宅（Flat）、联排住房（Terraced Houses）和前议会住房（Ex-Council Houses）中，部分在郊区毗联式花园住宅中。虽然英国人的生活方式不失绅士风度，恬雅宁静，但总体看美国中产阶级生活更好，这与美国人的独立花园住房功能和品质水平更高有很大关系。美国梦中的花园住房、汽车和体面工作的具体化，使得美国人的生活比其他国家更丰富多彩，更有活力和创造力。美国的经验表明，住宅和社区模式可以在改变人的生活方式、决定人居环境和生活质量上发挥很大的作用。对于城市蔓延等问题，20 世纪末期出现了新都市主义运动，采用更加紧凑的规划模式。高新技术也在为解决能源和空气污染问题做贡献，如埃隆·马斯克制造的特斯拉电动汽车的成功案例，为解决小汽车的排放和空气污染问题带来新出路。

我国作为文明古国，除去居住建筑文化的优秀传统，古代的居住理想一直引领着住宅的建设发展。唐朝盛世，诗人杜甫在《茅屋为秋风所破歌》中大声疾呼："安得广厦千万间，大庇天下寒士俱欢颜"，道出了中国人两千多年的居住理想，为世人所传颂。杜甫的诗句人们吟唱了无数遍，杜甫描绘的居住

理想在人们心头萦绕千余年。十月革命一声炮响，给中国带来马克思主义。经过艰苦奋斗和流血牺牲，在中国共产党领导下，我国取得了新民主主义革命的胜利，成功地推翻了三座大山，中国人民从此当家做主。中华人民共和国成立后，实施社会主义公有制和计划经济，追寻欧文、傅里叶等空想社会主义者们百年前的居住理想，尝试实行人人平等的福利分房，虽然结果令国人黯然神伤，但激发了更强烈的愿望。改革开放释放了广大人民的劳动和工作热情，以及对居住的渴望和理想，通过住房制度和土地使用制度的改革、商品住房和房地产的快速发展，人们通过银行按揭等方式，自主购房，实现安居的理想。今天，可以说，数千年来一直困扰着中国广大劳动人民的住房短缺问题基本得到解决，杜甫的理想终于变成实现，化作人间奇迹。

党的十八大以来，以习近平总书记为核心的党中央提出了两个百年的奋斗目标，是对世界、历史和人民的庄严承诺，指明了未来我们国家努力奋斗的方向。这个总的目标同时也指明了我国住宅事业发展的方向，为全面建成小康社会和实现中华民族伟大复兴的中国梦做出贡献。按照三步走的发展目标，到20世纪中叶，我国要赶上世界发达国家水平。那么，到2049年我国的住房水平达到什么目标和水平，是我们当前必须认真研究和回答的问题。一方面，理想需要实事求是，脚踏实地，不能好高骛远，必须建立在现实的基础上，面对当下存在的问题。要客观分析预测2049年我国的城镇化水平、城镇人口及其居住水平等指标。另一方面，理想要超越现实，指引方向，引领未来30年中国人居建设。理想需要开放性思维，随着知识水平和生活水平的不断提高，理想需要进步，过去的理想可能变成今天的牢笼。同时，居住的理想不单单是物质形体的理想，而是理想的生活方式。实际上，不同人群的居住理想是不一样的，不同年龄阶段的家庭的居住理想也不一样。应该是多

种多样的，是多样的人生、多彩的生活。

住房不同于一般的耐用品，好的住宅寿命超过百年，所以居住理想要体现长远和高标准。在住房短缺的计划经济时期，我们一直采用低标准。改革开放后，国家分阶段地逐步提高住房人均居住面积标准，但总体看标准的制定低于发展的实际情况。今天，我国经济发展进入新常态，城镇人均住房面积已经比较大，户均超过一套住房，但缺少真正的好房子，许多新建住宅只有30年的寿命。面对产能过剩、有效需求不足等困难，中央提出实施供给侧结构性改革的方针，就是要根据市场需求转型，采用高新技术，实现产品的升级换代，带动产业升级转型。目前以住宅为主的房地产业正处于转型升级的关键时刻，与居住理想的研究非常契合。总结历史经验教训，面对当前的客观现实，借鉴国外先进经验，展望未来30年，应该树立百年精品住宅的理想。考虑到住宅存在于城市的社区中，与新型社区的转型升级，与人的生活方式的转变紧密相关，所以初步提出中国百年的居住理想：百年住宅、文化社区、品质人生。

居住理想非常重要，从杜甫萦绕人们心头的诗句，到中华人民共和国成立后近70年来国人对住房的渴望和追求。试想，如果当时没有住房制度改革和商品房建设释放人们的居住理想，我们国家的改革开放和城市建设还能够开展得这么快吗？今天，从住房短缺时代进入住房有效供给和需求不足时代，房地产市场面临的各种困难矛盾错综复杂，房价高企，想买的房买不起，买不到，使人很难有什么居住奢望。实际上，这时候正是最需要理想的时刻。如果失去了居住的理想，就会失去动力和前进的方向。今天，在我国改革开放进入新常态的关键时期，必须坚定地树立居住理想，重树大众的信念，点燃心中百年居住理想的火花。

居住理想有非常具体的理想住房类型和社区形态，以及相

应成熟的技术体系和制度体系。如美国梦最终形成了以郊区独立花园住宅为主、市中心高档公寓、市区联排住宅三种类型为主体的理想住宅和相应社区模式。日本除去单元式政府公团住房和小尺度开发的组合团地住宅之外，有大量的独户住宅——"一户建"，作为日本人心中的理想住宅类型，延续了日本国人居住的历史情结。新加坡"居者有其屋"的居住理想是以花园城市中的大量单元式政府租屋和少量私有高档住宅为具体的形态。总体看，理想住宅和社区的具体意象和形态呈现多样性、现代化和国家特色，除去普遍具有城市中心型、城市型和城市近远郊区型三种大的类型外，与各国的文化传统密切相关。

未来中国人的居住理想形态具有几种原型：一是传统合院住宅。传统合院住宅是我国传统民居主要的形式，有两千多年的历史，不管是在闹市间中取静，还是在乡间接近田园，它可以不是带有江南私家园林的深宅大院，或只是一栋小的四合院，这是大部分中国人喜欢的住宅形式，是中国人的文化基因决定的，对于传承中国传统文化大有裨益。二是美国式的独立花园住宅。突出高品质生活和良好的环境，在比较好的社区，有自己的小花园，融入大自然的风景。三是城市中心的高档公寓。现代化，采用顶级设计和建造标准，给建筑师更多发挥的空间进行创作，引领技术进步和社会时尚。周边环境优美，配套完善，街道具有活力，生活方便。四是城市中心周围的城市住宅。即广大中产阶级的理想住宅类型——小康安居住宅。要享受城市的文化和教育等设施、充满活力的生活节奏和方便的生活配套，学区房很重要，孩子教育是重点考虑的问题。随着老龄化社会的到来，需要更重视居家养老问题。还有艺术家居室兼工作室、Loft 等形式新颖的住房等。以上几种理想的住房类型虽然相差很大，但却有共同的特点，一是要现代化的住宅和城市生活，二是接近自然。由于人口众多，住房紧缺，中国人历来重视住房，

将其看成安身立命的居所。也是由于人口众多，空间狭小拥挤，相互影响，因此中国人的集体潜意识中就喜欢大的空间和空间的独立性，也更希望接近自然。另外，重视文化的深厚传统也使得住房成为精神寄托的场所。住房要有自己的特点，与众不同。合院式、独立洋房式和高档公寓式住房可以更好地突出个性与文化的多样性。

作为广大中产阶级的未来理想住宅，量大面广，需要明确标准，作为规划引导。国家曾提出小康住房的发展目标，并逐步提高相应的规划和住宅设计标准，如《小康住宅规划设计标准》《住宅设计规范》等，现在看，有些已经过时。借鉴国外发达国家经验，结合我国目前存量房规模很大、质量标准相对比较低的实际，在选择理想住房标准时需要适度超前。未来 30 年大部分中等收入家庭居住的住宅采用较高的标准，套型建筑面积 130 ~ 160 平方米，即每套 3 ~ 4 个卧室、独立的书房、餐厅，两个以上卫生间。我们畅想的是 21 世纪中叶的百年理想住房，应该比目前新加坡的政府组屋住宅品质更高，达到当时中等发达国家的水平。从美国统计署发布的历年统计数据中可以观察到现代美国独立住宅的发展变化，可供我们参考，主要集中在以下几个方面。一是户均和人均建筑面积逐年增加。2015 年新建住房户均面积约 268 平方米，比 1973 年的 165 平方米增加 103 平方米，增长近 62%。若按统计署每个家庭平均人口 2.63 计算的话，人均占有使用面积的中线值为 88.6 平方米。二是卧室数增加，2015 年 47% 的新建独立住宅拥有 4 个卧房或是更多。三是卫生间数量攀升，2015 年新建住房中约 38% 的有 3 个或更多卫生间。四是车库车位数量增加，绝大多数新建住房车库都至少有两个车位。五是房子层数增加，2015 年约 55% 新建住房至少有两层楼，1973 年只有 23%。六是壁炉失宠了。七是建房材料在不断更新等。过去 40 年，美国大众独立住房的变化是巨

大的，所以，未来 30 年我国理想住房及其标准要充分考虑发展的可能。

（三）住房问题作为社会问题

住房问题是一个亘古的问题，目前在世界上许多发达国家仍然是一个严重的社会问题，住房和社区涉及贫富差距、族群隔离、社会公平等。为了解决住房问题，世界各国采取了各种应对措施。我国作为世界人口第一大国，住房短缺问题基本解决，但相关的住房问题依然存在，而且在可预见的未来会成为突出问题。总体看，在当今社会，经济高度发展、社会进步、鼓励公平和效率，解决住房问题更多的是通过建立和完善现代住房制度，依靠市场机制和税收调节等市场经济手段，采用鼓励各方积极性的方法，而较少采用限制、封堵和简单粗暴行政命令的方法。原则上，除去社会保障性质的小康公众住宅外，应该取消对住宅建筑和居住社区本身的任何约束，鼓励多样性发展，提倡住宅建筑文化的繁荣和对传统住宅建筑文化的继承发展。

回顾我国住宅发展的历史，住宅问题早已有之。在奴隶和封建社会，帝王将相骄奢淫逸，宫阙重重，而广大劳动人民居住条件简陋，许多人居无定所。"朱门酒肉臭，路有冻死骨"。我国的第宅是与田地联系在一起的，每当封建地主过度建设第宅和扩张发展，田地兼并过于集中，使大多数农民无地可依靠的时候，就会导致农民揭竿起义，社会剧烈动荡。对住宅建筑等级和里坊的管控一直是中国古代社会实施统治的手段。统治者为了保证理想的社会道德秩序和完善的建筑体系，制定出一套典章制度或法律条款，按照人们在社会政治生活中的地位差别，来确定其可以使用的建筑形式和规模，形成建筑等级制度。这种制度至迟在周代已经出现，直至清末，延续了 2000 余年，是中国古代社会重要的典章制度之一。虽然历朝历代都对住宅建筑等级有严格的规定，但越制经常出现。唐代以来建筑等级

制度是通过营缮法令和建筑法式相辅实施的。营缮法令规定衙署和第宅等建筑的规模和形制，建筑法式规定具体做法、工料定额等工程技术要求。财力不足者任其减等建造，僭越逾等者即属犯法。历史上，因建筑逾制而致祸的，代不乏人。我国古代第宅等级制度不仅反映在规模等级上，也形成了对建筑形式、构造的严格规定。封建社会对住宅建筑等级的约束控制，主要是为了巩固政权、强化封建礼教和建立建筑秩序。建筑等级制度对我国古代建筑，包括住宅建筑的发展有很大影响。各级城市、衙署、寺庙、第宅建筑和建筑群组的层次分明、完美协调，城市布局的合理分区、次序井然，形成中国古代建筑群落和城市的独特风格，建筑等级制度在其间起了很大作用。但另一方面，建筑等级制度也束缚了建筑的发展，成为新材料、新技术、新形式发展和推广的障碍。凡建筑上发明新的形制、技术、材料等，一旦为帝王宫室所采用，即著为禁令，成为禁脔。中国古代居住建筑，在漫长的封建社会里发展演进缓慢，建筑等级制度的约束是一个重要原因。

近代以来，房地产业出现，现代建筑技术从西方逐步引进。除少数达官显贵和新阶层住房得到改善外，大部分百姓住房条件恶化，连年战争饥荒，民众流离失所。中华人民共和国成立后，实施社会主义公有制和计划经济，住房由国家统一投资建设，实施福利分配，走入人平等、共同富裕的道路。在"先生产后生活"的指导思想和长期低标准住房政策指导下，采取定额指标、严格控制住宅人均居住建筑面积等措施，以及使用建筑标准图的设计方法，努力解决住房短缺问题。经过 30 年的艰难曲折，到改革开放前，我国城镇居民人均居住面积只有 3.6 平方米，比中华人民共和国成立前夕的人均 4.5 平方米还要低。事实证明，完全由政府负担的福利分房制度是不可行的，即使采用低标准。

改革开放后，明确了住房制度改革市场化的正确方向，抓

住了问题的症结。经过十多年的稳步推进，通过提高公房租金、鼓励个人购买公房、建立住房公积金制度、实施货币化分房、推出银行按揭业务、鼓励购买商品房等配套措施，实现了从计划经济福利分配住房制度向市场化商品住房的过渡，从根本上解决了我国住房短缺的千年难题。短缺问题解决了，新的住宅问题出现了。问题的核心已经不单单是住房本身的问题，而是社会、文化和意识形态的问题。许多文学艺术作品以住房为题材，反映了当下许多真实的、深层次的问题和矛盾，以及国人内心深处对住房的模糊认识和潜意识，以及由住宅问题引发的对贫富差距、社会公平的复杂感受。住房问题不仅是经济问题，已经成为严重的社会问题。20世纪90年代起，房地产进入快速发展期，起步猛、波动大，国家对房地产进行了数轮调控，采取了许多与住房有关的限制手段，但效果都不理想。虽然政府采取了大量的调控和限制措施，涉及土地供给、信贷等，包括禁止别墅用地和容积率小于1.0的土地供应和建设、采取"90/70"户型限制，以及近年来更严格的限购限贷等措施，但调控效果不理想，房价过高问题越来越严重。与房屋本身的价值背离，与居民收入不成比例。从美国的房价与我国房价的对比，以及国人跨国置业现象中能够进一步反映出这个问题的严重程度。根据美国统计署的数据，2015年美国新屋销售价格创历史高点，中间价为29.64美元，约200元万人民币。2014年全年共有43.7万栋独栋新房售出，平均价格为34.58万美元，约为235元万人民币，平均价格合每平方米6600余元。与目前我国许多城市一般商品住房动辄数万元的房价形成强烈对比。据有关资料，截至2015年3月的12个月里，中国人在美国共支出286亿美元购买房产，同比增加了30%。有些人热衷到美国买房，除了因为美国有良好的教育体系、一流的生活质量、强大的法治和产权制度之外，物有所值是关键因素。美国独栋住房的面积很大、

带车库、院子，甚至有游泳池，比中国同类房子的环境好、品质高，价格却低很多。

回望历史，特别是从过去70年的改革历程中，我们看到，由于不同的时代和问题所在，解决住房问题的应对措施有所不同，但不外乎堵与疏两种类型。从效果看，对住宅的各种严格限制是无法解决住房问题的，形成了越调控房价越涨的恶性循环。而改革开放40年的成功经验表明正确的引导举措可以激发民众的积极性和创造性，是解决住房问题的方向。俗话说：不患富而患不公。一个公字，是当今社会稳定和谐的关键。要建立现代住房制度，实现住有所居的目标，政府必须起主导作用，要保证市场能够为广大中等收入家庭提供质量好、价格可以承受的小康安居住房，如同粮食等生活生产必需品和义务教育、医疗一样，这是政府必须承担，而且实践证明能够承担的责任。同时，要发挥市场资源配置中的主导作用，取消对高档商品住宅的各种不必要、不合理的限制，逐步放开在用地供应、容积率、户型面积、价格等方面的限制，引领住房质量和水平升级，鼓励合理的住房投资和出租，为房地产实施供给侧结构性改革提供支持。

为广大城市居民提供质量好、价格合理的小康安居住房，鼓励改善型住房消费，是解决住房问题、实现百年居住理想迈出30年征程的第一步，是住房制度和房地产深化改革的新引擎。目前我国经济增长正在从投资和出口两驾马车拉动向投资、出口、消费三驾马车拉动转变，高水准的小康安居住房和改善型住房可以形成新的消费热点，也是最大的消费增长点，可以带动房地产业及其相关产业转型升级。改善型住房和新型社区除建筑面积加大、住宅功能提升、设备更新提高外，社区规划设计进一步提升，践行健康、绿色、智能、低碳等理念，社区活动和空间组织进一步丰富，推行更有文化和文明的生活方式，

对于社会进步起到示范作用。可以用改善型住房带动小康公众住宅的发展，为各项改革提供空间和时间。改善型住房，因为有较强的支付能力，可以继续采用土地出让金政府收益一次收取等灵活的方式，弥补亏空。同时，这部分居民的原住房条件一般相对比较好，进入二手房市场后，对房价可以起到一定的调节作用。

推动高标准改善型住房消费，需要房地产开发企业，以及相关的规划设计、咨询服务、建造监理、材料设备等企业厂家的转型升级。充分利用移动互联网、大数据、云计算等新技术，进行满足客户需求的定制建造，从以开发数量为主向以个性化服务和质量为主的方向转变。推动改善型住房消费，需要政府各部门政策的相应转变和大力支持。从过去的限制消费转向鼓励消费，在规划设计、土地、税收、市政配套等方方面面都采取相应的对策，包括金融部门，可以针对人群年龄构成，推动反按揭等新的金融手段。要加大正面宣传，树立国人理性的居住价值观。勤俭节约、艰苦朴素是传统美德，要发扬光大；追求高品质的生活方式，跟上时代科学技术、文化艺术进步的步伐，要予以鼓励，两者并行不悖。要遵循社会主义市场经济的规律和建筑艺术创作的规律，既要改变盲目追求面积大、大而不当的现象，严禁不必要的浪费，也要改变住宅面积大就是浪费、不节约、不文明的认识。部分中等偏上家庭将银行存款和资产投入住房的更新换代，实际上是更加理性的消费，是对国家经济转型升级的呼应。对住房的更新换代是对人生和幸福生活的追求，是对"居者有其屋"住房价值观的实践，也是对国家和社会进步的贡献，政府应该鼓励，社会要逐步认同。在实现中华民族伟大复兴中国梦的旗帜下，让每个公民都能有实现个人抱负，体现个人价值，追求个人居住理想的机会，让社会充满动力和活力，展现出文明和文化的多样性的和谐社会。

（四）新型社区规划设计与城市文化

居住社区是文化现象和城市文明的集中体现，需要丰富的多样性和高品质。新型居住社区的规划设计的"新"就体现在对城市空间、住宅建筑文化和社区邻里场所规划设计的重视，对街区、街坊、邻里文化的塑造。新型居住社区是城市特色的重要组成部分，更是中华传统文化延续和发扬光大的重要载体。

与其他规划师热衷于将雷德朋新城作为邻里单位规划理论的实例进行解读不同，路易斯·芒福德进行更加深入的思考，他认为，雷德朋新城成功的要诀不是建筑，关键在于规划提供了一个文明核心，即使这核心仅体现为商铺、学校、公园，但它可以聚集人群。此外，绿带、街道构成了共同的边界，使居民有归属感。"大力在邻里社区重搭戏台，让社会生活的精彩场面还能在这里上演。"当时，芒福德对城市系统的研究刚开始，但他已经敏锐地发现社区内在的文化意义。对于美国新型居住社区的工作促使芒福德开始系统研究美国的城市文化，写出了《城市文化》和《城市历史》两部巨著，成为20世纪最伟大的城市历史和理论大师。芒福德对历史描述的重点和笔墨更多地用在人的身上，关注人的文化和精神生活。芒福德解释说聚落最初形成的主要动力之一是人的精神需求。在最初雏形期，聚落的形成往往不是源于居住而是源于祭祀活动，对死者的祭奠和回忆，祈求丰收或者有足够的猎物，定期朝拜集会，对天神自然力等的崇拜等。农业革命后，人类开始定居下来，村庄成为庇护、养育人类的场所，其中已经包含了日后为城市所吸纳的圣祠、管道、粮仓等功能。当凶猛强悍的狩猎民族对坚忍的农耕民族实施统治的时候，统治权逐渐与神权相结合，使国王拥有了空前的力量，役使他的农民为他建造一系列的高大构筑物，并且分化出一批司精神之职的赞颂国家的阶层，于是城市就此诞生。城市最初首先是作为一个磁体而不是一个居住的容器存在。村落的存在基础是食物和性，而城市则应该能够"追求一种比生存更高的目的"。

　　与一般人对中世纪教会黑暗统治的看法不同，芒福德认为中世纪的城市是一个人性得到弘扬的时代，他常用11世纪的威尼斯作为中世纪城市的代表。从公元5世纪开始，基督教开始盛行，这种新的宗教文化否定财产、威望和权力，把清贫当作一种生活方式，消减肉体生存所需的全部物质条件，把劳作当成一种道德责任，使之高尚化。修道院成为理想的天堂城市的城堡。随着经济的缓慢恢复，人口和财富增加，行业工会的作用增强，城镇开始发展。这时候，教会统治遍布整个欧洲。旅途中的人们从地平线上看到的第一个目标就是教堂的塔尖。城镇中心都是以大教堂为中心，周边有小教堂、修道院、医院、养老院、济贫院、学校，以及行业工会使用的市政厅等，后来出现了大学。礼拜、朝圣、盛装游行、露天表演等仪式成为城市中定期进行的活动。中世纪大众的住房比较简陋，但人们更便于接近农田和自然环境，习惯户外活动，城镇有很多空地供人们进行各种游戏活动。城镇尺度宜人，众多的小教堂成为社区中心，成为人们精神寄托和交往的场所。芒福德赞赏中世纪的城市核心，认为中世纪的城镇邻里比巴洛克、文艺复兴时期君权主义和工业革命后大工业发展时期的城市都更有人情味，更具有文化。

　　以工业化为标准的现代主义城市规划和建筑思想体系，认为科学技术和大工业可以解决一切问题。柯布西耶提出"住宅是居住的机器"的口号，认为住宅可以像福特汽车一样大规模生产，以解决大众的住房问题。历史证明，住宅除去基本生活起居功能外，也有人的精神需求和文化内涵。城市不是单一类型住宅堆砌起来的仓库，而是文化的载体。简·雅各布斯对美国20世纪50年代大规模旧城更新提出强烈批评。她认为这些

大规模改造非但没有改善城市的功能环境，反而对城市肌理、传统文化造成巨大的破坏，造成美国大城市的死亡。她以自己在纽约格林威治几十年的生活经历，提出了好的城市的标准。一个好社区就是要在"隐私权"与"彼此接触"之间取得惊人的平衡，这就需要社区多元化。好社区应具有以下四个条件：一是应具备多种主要功能；二是大多数街区应短小而便于向四处通行；三是住房应是不同年代和状况建筑的混合；四是人口应比较稠密。简·雅各布斯的思想引起人们的共鸣。

　　芒福德像简·雅各布斯一样，站出来反对摩西对纽约的大规模改造。实际上，20世纪20年代芒福德和美国区域规划协会推动的美国花园城镇从一兴起就是针对西方世界一味追求增长的错误意识形态，希望这场运动能为新型城乡发展打开新路，实现有节制的增长和生态平衡。均一化的大都市文化浪潮吞没了美国丰富多彩的地方文化特色，像个滚烫的大熨斗一样烙平了各地的差异，断送了各地富有特色的地方文化。芒福德将区域主义作为这场运动的文化目标。他希望制定区域性社会综合规划，保存地方文献、文学、语言、生活方式，本地共享的生活经验和文化遗产，这比任何社会制度和意识形态都更能团结民众。

　　简·雅各布斯宣言般地提出了城市的本质在于其多样性，城市的活力来源于多样性，城市规划的目的在于催生和协调多种功用来满足不同人的多样而复杂的需求。她认为霍华德的"田园城市"理论、柯布西耶的"光明城市"理论都是基于一些指导性的规划，用一个假想的乌托邦模式，来实现一个整齐划一、非人性、标准化、分工明确、功能单一的所谓理想城市。简·雅各布斯指出，正是那些远离真实生活的正统的城市规划理论，以及乌托邦的城市模式、机械的和单一功能导向的城市改造工程，毁掉了城市的多样性，扼杀了城市商业活力。简·雅各布

斯所激烈抨击的是西方世界自文艺复兴以来一直延续下来的，特别是工业化以来一直推行的大规模城市改造和重建方式。这一观点与芒福德的观点惊人一致，殊途同归。

我国当前在城市规划建设上面临的许多问题，除去交通拥挤、环境污染等问题外，实际上是城市文化问题，包括城市特色缺少，城市空间环境丢失等。我们倡导的新型居住社区规划就是突出城市文化的规划模式。既要吸收世界各国先进的当代文化，更要传承历史传统、光大地方文化。首先要认识到住宅建筑品质的重要性。住宅是安身立命之所，是人、家庭生活起居、社会交往的场所。住宅建筑不仅是功能建筑，也是文明生活方式的载体，是文化符号，承载着许多的内涵。有历史心理学家认为，远古时期住宅在人们心中是一个宇宙的意象模式。同时，住宅的品质非常重要。古人有云，土木不可善动。住宅建筑应强调"百年大计、质量第一"。我国传统住宅建筑有许多类型，有许多建筑元素和相应的符号、装饰，与多种艺术形式结合，工艺品质堪称完美。古罗马人维特鲁威指出建筑的三要素是实用、坚固、美观，三者并重。20世纪50年代我国提出的"适用、经济、在可能的情况下注意美观"的指导方针，本应是在物质极为匮乏的特殊情况下的临时手段，后来却形成了长期的政策。改革开放前，我国实行计划经济和福利分房制度，住宅建设一直采用低标准。改革开放后，随着房地产和商品住宅的迅速发展，实际上住宅建设标准已经成为市场行为。但在节约是美德的道义帽子下，形成了一个误区，认为建筑功能第一，尤其作为居住建筑，经济节约更重要，美是可以省略掉的。加上对现代主义建筑思潮"少就是多"的片面理解，住宅建筑设计普遍过于简陋、缺少美感。今天的住宅建筑，在妥善解决使用功能的基础上，也要把美观、品质和文化作为主要的设计内容，大幅度提高住宅建筑品质。

其次，注重社区公共建筑和空间场所的文化意义。人聚集而居，住宅建筑组合形成居住院落、街廊、街坊和社区，居住社区是人居环境的基本单元和本底。要处理好邻里关系，在社区中创造出半私密空间和公共交往空间，鼓励邻里交往。远亲不如近邻是国人内心对邻里关系的定义，西方世界如出一辙。芒福德从研究村落形成的历史中指出邻里关系的重要性。他指出："早在城市出现前，村庄生活方式中就有了毗邻而居的邻人。左邻右舍，招之即来。共同分担生活的危机，为将死者送终，为死去者掬同情之泪，又彼此为婚嫁喜事、小孩出生同欢共庆。一家有难，四邻支援。"社区中心、街坊中心的公共建筑，及其围合的广场街道空间，除去使用功能外，都有精神和文化的含义。目前的社区公共建筑普遍比较简陋，必须改变这一习惯做法，把社区公共建筑设计成为具有较高建筑水准的建筑，成为社区中心的文化标志。芒福德曾感叹，在经济不十分发达的中世纪城市中，社区投入大量资金用于教堂、修道院、学校、医院等公共设施的建设。今天经济空前发展，而我们的社区却没有资金建设一些社区的公共建筑，不是真正缺少资金，只是重视不够。今后，政府管理部门要对社区中心建筑标准提出明确的要求。规划设计把社区中心和公共建筑作为设计的焦点，在社区中心布置广场、花园绿地、商业和教育文化体育医疗养老等设施，营造宜于步行的街道网络和城市生活空间，以及具有鲜明特色的建筑形象。

第三，要强调住宅和社区的多样性。不同地域的住宅和居住社区要突出地方特色，我国31个省市自治区、56个民族，在漫长的发展过程中形成了适合当地自然、环境和历史文化的民居建筑和聚落形态，要发扬光大，使具有地方特色的住宅和居住社区成为改变千城一面现状的重要抓手。对于一个城市内部的居住社区，依据不同区位、不同地形、不同的住宅建筑类型，规划设计出各具特色的居住社区，具有可识别性，形成居住社区的多样性。同一类型的社区、邻近的社区具有许多共同点，住宅的体量和街道的尺度基本相同，住宅作为城市的背景建筑也不能有过于夸张的造型，为了做到具有自身的特色和多样性，需要在住宅建筑细部上做文章，在提高建筑品质上下功夫，特别是在社区邻里中心的空间布局、建筑设计，包括景观设计中求变化。居住社区进行小尺度的开发和多个设计师进行设计都是增加多样性行之有效的办法。

第四，要重点处理好住宅建筑设计和社区规划中的现代与传统、西方与东方的关系问题，形成具有中国特色的当代住宅建筑体系。这是我国建筑界已经面对百余年的问题，在住宅建筑和居住社区上更难处理。工业革命后，西方科学技术的进步导致了经济的高速发展、人类生活水平的大幅度提升和生活方式的巨大改变。随着现代化的发展，我国东方传统文化延续受到威胁。所以在 19 世纪就出现了"中学为统，西学为用"的思想，在 20 世纪初现代建筑设计中出现了大屋顶等中国传统造型的尝试，以及 20 世纪 50 年代"社会主义内容、民族形式"的探索。改革开放后，虽然没有大张旗鼓，但还是做了许多工作，包括对各地民居的研究。20 世纪 80 年代吴良镛先生在北京菊儿胡同改造中，采用类四合院平面和造型，对北京旧城的居住建筑如何延续历史文化进行了有益的探索。总结过去的实践经验，我们认识到传统建筑文化的延续和发扬光大需要载体，如同基因一样，是人类深层次的语言和文化遗传，不能断裂。当单纯以科学技术和经济作为标准时，传统文化就显得苍白无力。新型居住社区规划设计就是要延续传统的住宅建筑文化，把中国人理想的合院住宅、园林庭院等文化载体保留下来，发扬下去。各地传统民居可以成为创作新的居住建筑的宝贵源泉，采用多种方式进行探索。在 21 世纪的今天，要找到居住社区的场

所精神和相应的具有中国文化传统的住宅建筑形式和社区模式，是一项艰巨的挑战，也为建筑师、规划师提供了用武之地。

（五）滨海新区新型社区规划建设的未来展望

在城市规划领域，霍华德的《明日的田园城市》、柯布西耶的《明日之城市》和彼得·霍尔的《明日之城》是以"明日城市"为题的最著名的三本著作。前两本都以城市理想住宅和社区为主要对象，是对未来的期许，是理想住宅和社区的具体规划设计，影响了世界各国的城市规划和住宅社区建设。彼得·霍尔的著作虽然以"明日之城"为题目，但实际上是一本关于历史的书，对现代城市规划从产生到今日的历史演变过程和重大事件、著名人物等进行了详细的记述，并对当时产生的历史原因和最后的结果进行了分析。虽然著作内容十分丰富，涉及城市规划建设的众多方面，但彼得·霍尔的着力点还是对霍华德、柯布西耶等先人对明日城市设想实施结果的分析。彼得·霍尔写到：霍华德花园城市的理论产生于英国，但却在美国真正地开花结果；以柯布西耶等人为代表的现代建筑运动和现代城市规划的理想产生于欧洲，在美国得到很好的发展，但受影响最大的却是欧洲。事实上，今天受现代建筑运动和现代城市规划的理想影响最大的是中国。现代建筑运动和现代城市规划在我国大行其道，割断了中华民族五千年城市规划和民居发展演变的历史脉络，抹杀了各个地方的文化特色。

城市经济社会发展的最终目的是为居民提供良好的人居环境。我们一直清醒地认识到，在完善城市规划体系，提高战略性的空间规划、城市总体规划和城市设计水平的同时，必须改革传统居住区规划设计模式，提升住宅建筑和居住社区规划设计的水平，才能真正实现我国规划设计水平的进一步提升，才能真正改善我国城市的居住环境。新型社区规划设计模式，与生活居住方式和生活质量相适应，主要意图是形成高品质的城

市居住环境。在优美的环境中，促使人们思想进一步解放，科技人文进一步创新，城市进一步发展，广大人民群众诗意地、画意地栖居在大地上。

滨海新区作为国家级新区和国家综合配套改革试验区，在城市规划领域，我们一直努力探索住宅和居住社区规划设计的改革创新。一是在国家和天津市的政策框架下建立了适应滨海新区自身特点的现代住房保障制度体系，强调以中等收入的外来务工人员作为保障的主体，住房标准是高标准的小康住房。这方面的内容可参见天津滨海新区城市规划设计丛书之《居者有其屋——天津滨海新区首个全装修定单式限价商品住房佳宁苑试点项目》。二是强调探索新型住房社区规划模式，创造宜居的城市肌理和人居环境。和谐社区作为滨海新区新型居住社区规划设计的试点项目，以新型社区城市设计为核心的规划设计工作，进行了三轮、持续数年的研究探索。一直期望能够在滨海新区建设一个新型居住社区的试点，同时希望通过和谐社区规划设计的创新研究，为解决我国当前居住区规划设计中存在的严重问题、改革创新新型居住社区规划模式、提高居住社区规划设计水平，积累有益的经验。

2016 年初，《中共中央、国务院关于进一步加强城市规划建设管理工作的若干意见》印发，为居住社区规划设计改革指明了方向，提出了具体的措施。这些道理和原则是清楚的，但是，要真正使文件的精神和具体要求得到落实，还有许多艰苦的工作要做。滨海新区要在贯彻落实中央城市工作会议精神和文件上走在前面，要在过去窄路密网与和谐社区规划试点经验的基础上，在新型社区规划设计改革创新上取得突破，率先垂范。一方面，深化滨海新区保障性住房制度改革，推动滨海新区定单式限价商品住房建设和健康发展，率先实现居者有其屋的目标。另一方面，继续在落实新型居住社区规划设计和改革创新

上下功夫，创造和谐、宜人、绿色、生态的居住社区环境。

任何一种变革都需要系统的思考、科学的论证和反复的实践，任何一种规划设计标准的执行都应认真考量。滨海新区从 2011 年开始和谐社区新型居住社区规划设计试点，在过去的几年中，开展了多轮、不同层次的规划设计和研究论证，形成了系统详尽的规划设计成果。虽然由于各种原因，和谐社区试点项目没有能够启动建设实施，令人遗憾，但积累了许多经验，也引发了我们对我国居住社区规划设计相关内容的深入思考。实现居者有其屋和创建和谐、宜人、绿色、生态的居住社区是城市规划的终极目标，城市规划师、建筑师和城市规划管理者必须有这样的胸襟、情怀和理想，必须时刻牢记历史使命和职业操守，要不断深化改革，勇于探索，不停尝试，积累成功经验，为全面落实窄路密网、开放活力的新型社区规划模式，全面建成小康社会、实现中华民族的伟大复兴做出贡献。

第一章 居住社区规划设计的发展演变

住宅建筑是基本的建筑类型，既是最简单的建筑类型，又是最复杂的建筑类型。建筑历史上的建筑大师都做过住宅设计，在有限的面积等约束条件下做出好的住宅建筑不是一件容易的事情。赖特说：建筑就是美国人民的生活。说得非常有道理和准确。住宅与人们的日常生活息息相关，与城市的品质息息相关。当前，我国正处在新型城镇化中后期和转型发展的关键阶段，

住宅和居住社区的规划设计的转型升级对我国城市现代化的质量和水平，以及中国梦的实现有重要意义。滨海新区的新型居住社区规划设计的改革创新要结合新区自身的实际，从世界各国及我国居住社区规划设计发展演变和经济社会环境变化的大背景下来思考。

第一节 对我国古代居住建筑发展演变的研究

一、我国古代居住建筑研究的源起

"不问鬼神，问苍生"。衣、食、住、行中的住，是人生四大要素之一。在我国古代城市的构成中，住宅是最重要的建筑类型。经过数千年漫长的演进,居住建筑从具有不怕风、雪、雨、火和野兽、毒虫等危害侵扰的简单功能，发展到完善的居住功能，而且包含了丰富的文化内涵，全国各地形成了各具特色的民居建筑，争奇斗艳、丰富多彩，是我国各地城市特色和城乡文化的重要组成部分。

对我国古代住宅建筑开始进行研究的可以说是中国营造学社的同仁们，包括林徽因、刘敦桢、刘致平、傅熹年等。林徽因对住宅建筑比较关注。早在美国宾夕法尼亚大学求学时她就

公开表述过："荷兰的砖瓦匠与英国的管道工，正在损害着中国的城市，充斥各个城市的是那些他们称之为新的时髦式住宅的滑稽而令人讨厌的范例。比如一座中国住宅被添上法国式的窗子、美国殖民地式的门廊，以及大量并不必要的英国式、德国式、意大利式和西班牙式的装饰细部，这是对东方艺术的亵渎。" 回国后，梁思成于 1930 年加入中国营造学社。从 1932 年开始林徽因随梁思成和营造学社同仁刘敦桢、刘致平等一道开展中国古建筑调查，6 年时间内，踏访 15 个省、200 多个县，测量、摄影、分析、研究了 2000 多个建筑文物，为梁思成破解《营造法式》、建立中国古建筑科学理论奠定了坚实的基础。在野外调查中，梁思成更多地关注庙宇、宫殿等古建筑，而林

徽因更多地关注民居。为此，林徽因经常和梁思成争抢相机等测量器材。他们在北京居住的位于北总布胡同24号的四合院也被林徽因改造得既保留传统的特色，又完全满足现代生活的需要，而且成为学术活动的中心。她当年写信给美国朋友费慰梅，信中附有一张24号院的平面草图，十分精细地标出了院落格局。抗战爆发后，梁思成、林徽因等随西南联大到达昆明。1940年从昆明辗转至四川李庄，继续营造学社关于中国古建筑的研究。至抗战胜利时，林徽因躺在病床上还在为中国战后的城市重建殚精竭虑。她在病痛中写完《现代住宅设计的参考》，在油印的《中国营造学社汇刊》上发表。该文是林徽因在翻译凯瑟林·保尔（Cartherin Bauer）的住宅研究成果基础之上，针对中国建筑现实的一项研究。在以清一色的古建筑、文献等研究论文为总体面貌的《中国营造学社汇刊》中，显得十分突兀。文章介绍了欧美国家的经验，呼吁为低收入者设计住房，在当时建筑学术界多以大型公共建筑和古代尊贵建筑为主要关注对象的情形下，这种非常有见地的学术眼光，显然与她重视"人"的文学家思维有相当大的关系，其高度的社会责任感由此可见一斑。她在文章中明确指出，随着时代的发展，以往建筑学不重视住宅问题必将改变，这种情况也会明显体现在战后的社会发展之中："现在的时代不同了，多数国家都对人民个别或集体的住的问题极端重视，认为它是国家或社会的责任。以最新的理想与技术合作，使住宅设计不单是美术，成为特种的社会科学……战后复员时期，房屋将成为民生问题中的重要问题之一。"在当时的情形下，林徽因能够写出《现代住宅设计的参考》难能可贵，她把目光投向民宅修建，已经表现出对未来的前瞻。

1945年梁思成创建清华大学建筑系，林徽因积极参与

梁思成与林徽因在考古现场

莫宗江、林徽因、刘敦桢在考古现场

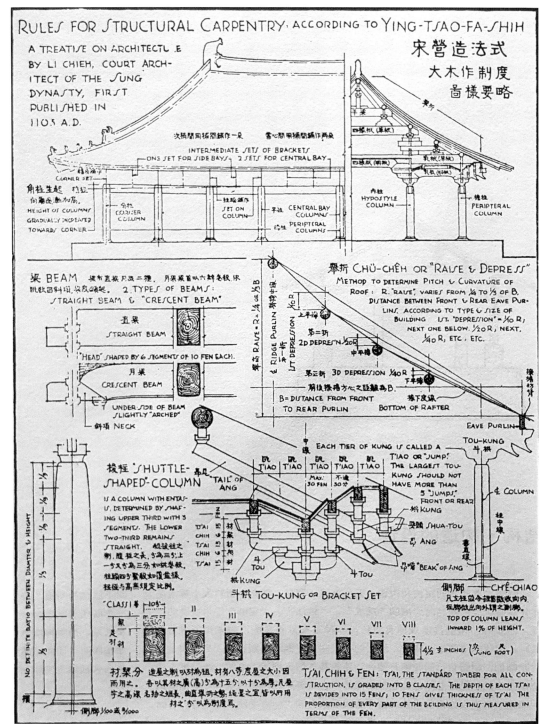

梁思成、莫宗江《营造法式》手绘图

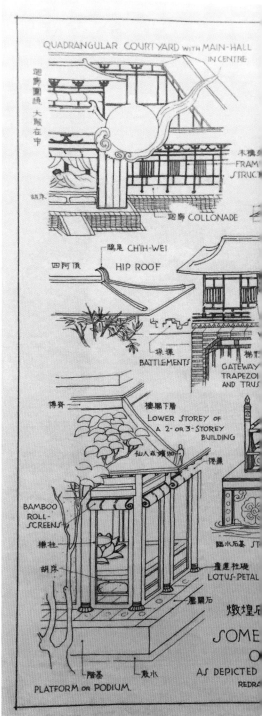

梁思成、林徽因考古图

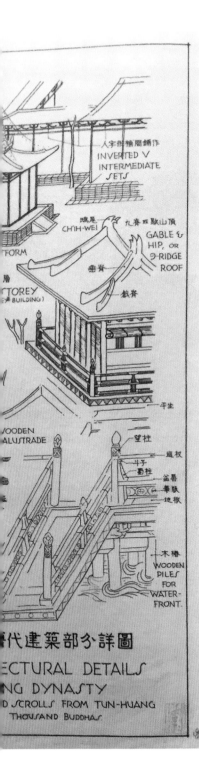

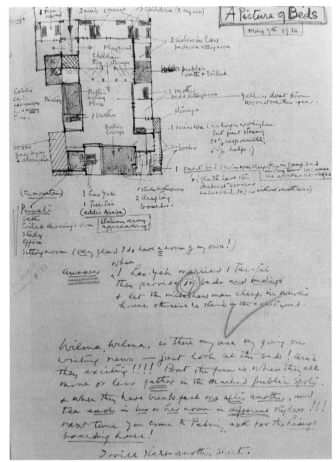

林徽因北总布胡同 24 号院草图

林徽因在北总布胡同 24 号院

北总布胡同 24 号院室内

北总布胡同沙龙

建筑系的筹建工作。北平解放后，林徽因受聘为清华大学建筑系教授，担任《中国建筑史》课程，并首次开设了《住宅概论》专题课，为研究生系统地讲授现代的住宅建筑设计理论，包括住宅设计、装饰等。从某种意义上讲，这是中国第一代精英式的建筑理论家对中国建筑文化的核心之回归。住宅设计在当时属于新课题，相关资料很少，林徽因对学生要求很严格，这形成了清华大学建筑系住宅设计的良好传统。1951年的清华大学毕业论文中，有林徽因指导王其明、茹竞华两位女学生完成的"圆明园附近清代营房的调查分析"。当时的林徽因通过梁思成自美国了解的战后新兴的城市规划理论，尤其针对"邻里单位"和社区等新概念来从中国传统的聚落规划中做出对应的研究，这显然是相当有远见的一种探索。可惜这种探索在后来的中国建筑研究中却甚为鲜见，以至于中国建筑的研究似乎只能与国际上的理论隔离才能进行。

中华人民共和国成立后，营造学社的一些建筑师将多年来研究的民居建筑进行系统的归纳和总结。1956年，中国建筑学家刘敦桢利用多年研究的成果，在《建筑学报》发表《中国住宅概说》一文。1957年，编辑出版《中国住宅概说》一书。该书简要而系统地叙述了我国古代住宅建筑的发展演进和明清时期汉族住宅居住建筑的主要类型，引证了大量的古代文献、既有考古资料和建筑实物实地考察记录。在前言中，刘敦桢写到："大约从对日抗战起，在西南诸省看到许多住宅的平面布置很灵活自由，外观和内部装修也没有固定格局，感觉以往只注意宫殿陵寝庙宇而忘却广大人民的住宅建筑是一件错误的事情。"在书首，他继续写到：中国是一个幅员辽阔、气候和地形相当复杂、多民族的国家，从很早时候起，各民族就依着自己的生活方式建造房屋，形成若干不同的建筑式样。长久的历史过程中，由于政治、经济的密切联系和文化交流的不断融合，汉族

刘敦桢

《中国住宅概说》

的木构架建筑成为主流。在资料不平衡的情况下，本书暂以汉族住宅为主体来说明一下中国住宅的概况。全书分为三个部分。第一部分从纵的方向上讲述中国民居建筑的发展概况。汉族住宅从新石器时代晚期的袋穴开始，约有四千多年乃至更长的历史。早期研究借助考古遗址中房屋基础的残余，以及铜、陶器、绘画文物和文献中所描绘表示建筑式样的间接资料；明中叶及明末清初以后的研究依靠若干较完整的住宅实例，可以了解它的整体面貌与各部分的相互关系。根据以上不完整的资料，我们大体知道在新石器时代末期汉族的木构架住宅已经开始萌芽，经过一段金石并用时期和殷周二代的继续改进，至迟在汉代已经有四合院住宅了，而且贵族们开始建造大规模的宅邸和以模仿自然为目的的园林。此后，技术方面不断提高，而四合院布局原则基本没有大的改变。这个过程包括三国两晋和南北朝及隋唐、五代和宋朝，住宅实现了回廊、布局、建筑细部的发展，以及功能和结构的发展进步。唐代园林建筑承六朝以来遗风，继续发展，不仅贵族官僚们竞营别墅，甚至长安的衙署多附设花园，对造园艺术的普及与提高起到了推动作用。宋朝农业和手工业发达。在建筑方面，木工喻皓著《木经》。朝廷为节省工料由李明仲编制了《营造法式》，使建筑技术有不少改进。园林布局在唐代传统上开辟与绘画文学相结合的新途径，并能与居住部分密切配合，尤其以叠山技术有了不少创新。元朝灭宋后采取严酷的政治压迫和经济剥削，使唐宋以来的建筑艺术受到损失。以木构架为主的建筑也开始发生变化，如砖建筑和窑洞的发展，以及佛寺中砖券结构的无梁殿等。明朝后建筑艺术逐步恢复与发展，当时经济富裕的江南木结构建筑继续发展，造园艺术相当繁荣。安徽徽州一带官僚地主商人们的住宅，在梁架与装修方面使用曲线较多的华丽雕刻和雅素明洁的彩画，获得相当高的成就。当时记述民间建筑和家具的《鲁班营造正式》

与我国唯一的造园著作《园冶》以及其他文献，曾从不同的角度和程度反映了这种状况。明中叶以后的住宅类型不只木构架形成的四合院这一种，而四合院的平面立面又因自然条件和生活习惯的不同发生若干变化和差别。到明清时期，江南一带的园林不仅局限于官僚地主商人们的私人别墅，其他地方的寺庙、书院、餐馆等也开池筑山，栽植花木，其盛况略可想见。总体看，汉族居住建筑受封建社会政治、经济、文化等局限，长期滞留于木架构建筑的范畴内，以致它的平面外观不像欧洲建筑那样曾发生多次巨大改变，可是在另一方面，由于它的分布范围比较广，为了适应各地区的自然条件与复杂的生活要求，曾做过多方面和多样性的发展，积累了许多优良传统。为进一步说明第一部分，第二部分从建筑布局类型上，将明清民居建筑大致划分为9种，包括圆形住宅、纵长方形住宅、横长方形住宅、曲尺形住宅、三合院住宅、四合院住宅、三合院与四合院的混合体住宅、环形住宅和窑洞式穴居。并通过典型住宅案例加以分析说明。第三部分作者对全书做了简要的总结。"上面介绍的是从我们知道的有限资料中提出的一部分做简单的报道，绝不是我国居住建筑的全部面貌。"虽然如此，这些资料仍然有其现实意义。通过以上研究，刘敦桢先生谈到三点认识：第一，阶级社会的经济政治文化对建筑的影响非常深刻，最显著的是宗法的家族制与均衡对称原则，不抓住这一关键，便很难了解汉族住宅，特别是四合院的形成与发展。第二，过去匠师们的高超智慧，善于利用自然条件，创造出各种式样的住宅，满足人民的生活要求，许多适用技术、平面立面处理方法等优良传统值得我们去研究继承。第三，我国的居住建筑虽然有许多优点，但无可讳言地仍有不少缺点。尤以占全国80%以上的农村住宅中的卫生问题，必须用最经济的方法予以改善。最后，刘敦桢先生呼吁："我们对居住建筑实在知道得太少。无论为发展过

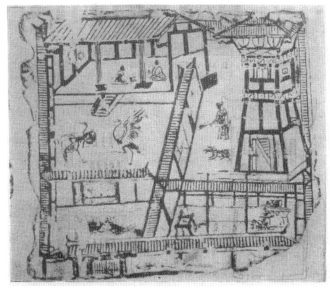

四川出土的汉画像砖（全国基本建设工程中出土文物展览图录）

甘肃敦煌千佛洞壁画（中国建筑史图录）

山东嘉祥县武氏祠汉画像石

山东济宁县两城山汉画像石

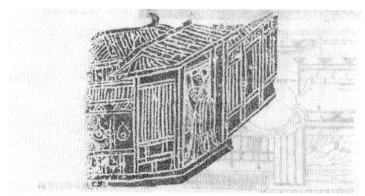

河南沁阳市东魏造像碑的住宅（中国营造学社季刊第六卷第四期）

隋展子虔《游春图》中的住宅（其一）
（故宫博物院藏）

江苏扬州静香园（平山堂图）

隋展子虔《游春图》中的住宅（其二）
（故宫博物院藏）

江苏扬州规划书屋（平山堂图）

《中国住宅概说》插图

圆形住宅——热河北部圆形住宅

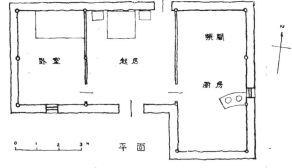

曲尺形住宅——江苏镇江市北郊某宅

纵长方形住宅——江苏镇江市北郊沈宅

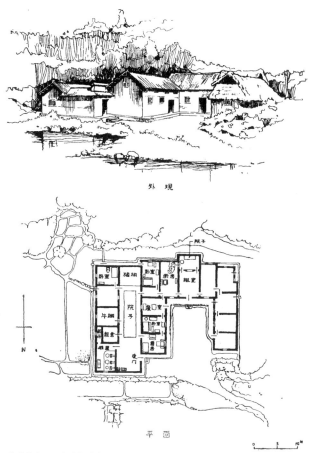

三合院住宅——湖南韶山市毛泽东故宅

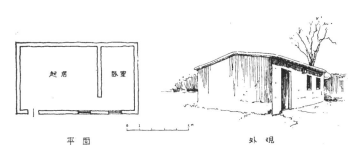

横长方形住宅——河南郑州市天成路某宅

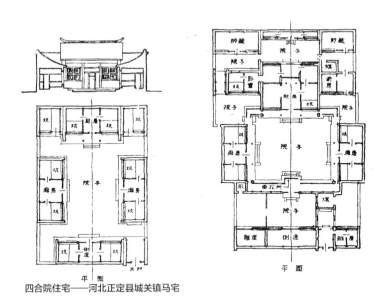

四合院住宅——河北正定县城关镇马宅

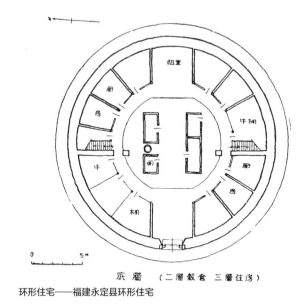

环形住宅——福建永定县环形住宅

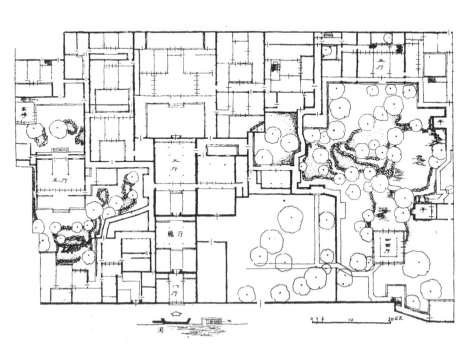

三合院与四合院的混合体住宅——江苏苏州市小新桥巷6号刘宅平面

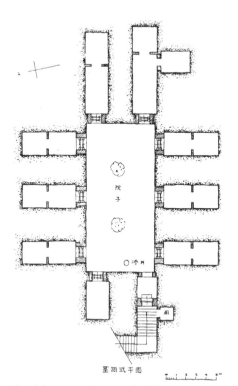

窑洞式穴居——河南翠县三区孝义镇

《中国住宅概说》对明清民居的建筑分类

去的各种优点或改正现有的缺点，都必须先摸清楚自己的家底，也就是说，不从全国性的普查工作下手，一切工作将毫无根据。这不仅是一种愿望，也可以说是一种呼吁。"20 世纪 50 年代，中国传统民居研究尚处于开荒时期，各地民居建筑的实地勘测考察正在陆续展开，既有的资料数据并不完备。从考古的角度说，成果还十分有限，不少后来的发掘成果还无法预知。《中国住宅概说》虽然还不完善，但是，可以肯定地说，这是第一部对中国民间住宅建筑进行系统梳理的著作，被认为是中国民居研究的滥觞，影响颇大。该书提高了民居建筑的地位，引起了建筑界的重视。另外，1957 年中国建筑工业出版社出版了张仲一的《徽州明代住宅》。1958 年，同济大学建筑系教材科编印了《苏州旧住宅参考图录》，作为教学参考。

20 世纪 60 年代对民居的调查研究形成了一个高潮，全国大部分省市和少数民族地区都广泛开展测绘调查研究，参加的队伍既有高校师生，又有设计院技术人员，还有科研、文物、文化部门的人员。虽然历时较短，但成果丰富多彩，有北京的四合院、黄土高原的窑洞、江浙的水乡民居、客家的围楼、南方的沿海民居、四川的山地民居等，还有少数民族地区的云贵山区民居、青藏高原民居、新疆旱热地带民居和内蒙古草原民居等。获得了图纸、照片及有关资料，以中国建筑科学研究院编写的《浙江民居调查》为代表。这一时期的调研局限在建筑学范围的调研，缺少对民居相关的历史、文化、生活习俗等方面的研究。

由于历史原因，传统居住建筑的调查研究受到阻碍。直到改革开放后，对传统居住建筑的研究再次复苏。1984 年，原营造学社骨干、著名建筑历史学家刘致平、傅熹年在《华中建筑》杂志上分五期发表了文章《中国古代住宅建筑发展概论》，根据原始社会、奴隶社会、封建社会等阶段对中国各个朝代、各

民族的居住建筑进行了更为系统的研究。可以说这是改革开放初期关于我国民居研究的又一力作。与 20 世纪 50 年代刘敦桢先生的研究相比，《中国古代住宅建筑发展概论》由于有更多的文献、考古发现以及对传统民居的研究成果和实例调查，所以论述得更加系统，也不再局限于汉族建筑，分类更加全面，有更多新的结论。比如，文中提到："现在已知新石器遗址遍及全国各地，公开发表的不下六千处。"通过对西安岐山凤雏村西周贵族宫室建筑基址的分析，明确提出较完善的四合院住宅样式早在周朝就已经出现。虽然还是以汉族居住建筑为主，但更多的注意力给予了其他民族的居住建筑，而且对各朝代居住建筑的发展及其历史背景进行了全面详细的分析。对住宅的分类上，不再以平面形式为标准，而是按照不同地区特征和建筑构造，结合民族等因素，将我国古代住宅划分为 7 类，即北方黄土高原的穴居、南方炎热润湿地带的干栏、西南及藏族高原的碉房、庭院式第宅、新疆维吾尔族的"阿依旺"住宅、北方草原的毡房和舟居以及其他，并分类进行了详细的论述。可以说，刘致平、傅熹年先生的这篇文章也是开山之作。

20 世纪 80 年代以来，随着文化的日益多样性，对于传统民居的研究再次在国内各研究机构、各高校建筑系普遍开展，而且形成了有组织的研究，真正迎来高潮。突出表现在学术交流增多，研究队伍不断扩大，研究观念和方法得到扩展，深入进行理论研究，包括设计、技术、大小环境，并且结合研究开展民居建筑实践活动。中国古代民居研究的学术团体主要有中国建筑学会建筑史学分会民居专业学术委员会、中国文物学会传统建筑园林委员会下属的传统民居学术委员会、中国民族建筑研究会民居建筑专业委员会以及中国建筑学会生土建筑分会。在 1953 年中国建筑学会成立伊始，梁思成先生就提议建立一个"建筑史学组"。1978 年，中国建筑学会成立"建筑历史与理

刘致平　　　　　　　　傅熹年

中国古代住宅建筑发展概论

刘致平 著文　傅熹年 图

"不问鬼神，问苍生"。

衣、食、住、行的住，是人生四大要素之一。今天我们已有了高楼、广厦、水电、空调等设备，住在里面已不怕风、雪、雨、火、野兽、毒虫等危害。但是这种享受，都不是白天而降的。它是无数世纪以来，经过先民们不断的艰苦劳动及克服社会上种种尖锐复杂的矛盾斗争，才得到的成果。它将来的发展速度，也是重来愈快，它的发展具体情况，将更难想像。我们现在只是将我国古代住宅的发展概况及老百姓所喜闻乐见的建筑布局、结构技巧，及艺术形式等回顾一番，以便瞻望未来。至于阶级社会里的帝王官殿建筑及园林建筑，则另外有专文论述，不在本文范围之内。

一、原始社会

在社会未划分阶级以前的社会是原始社会。它包括三个发展阶段，即：原始人群；母系氏族社会；及父系氏族社会。

原始人群—在广大的原始森林里，野兽众多，人们只有集体的共同劳动猎取食物，共同享用，勉强充饥，过着十分艰苦的生活，约一百七十万年以前，原始人群，还处在猿人阶段。他们成群的居住在靠近水边的天然洞穴里，也有住在树上，过着所谓的"构木为巢"的生活，以避免猛兽等毒害。他们使用的工具也无非是石块木棍之类，但已知用火，在五十万年前，居住在周口店天然洞穴里的"北京人"，制作的工具已较进步。有长期管理用火的能力。

母系氏族社会—大约七十万年前，旧石器时代中期，已开始母系氏族社会。"人知有母，不知有父"。约一万年左右才开始使用磨制的石器叫"新石器"，并有了"弓"的发明。

现在已知新石器遗址遍及全国各地。公开发表的不下六千处多。

大约在七、八千年前，我国原始社会的母系氏族社会。如姜寨磁山仰韶河姆渡……等文化[2]所表明的，已逐渐达到繁荣时期，这时农业已成为主要的经济部门，并普遍的同养家畜

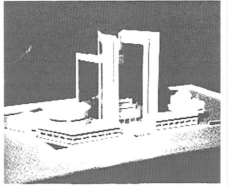

湖北省科教馆

《华中建筑》封面（1984.3）　　　　刘致平文章

春秋战国层台累榭

汉砖雕中的居住建筑

汉明器望楼

汉壁画中的合院住宅

唐朝绘画中显示的住宅形式

五代《韩熙载夜宴图》

河南庆阳东魏造像碑

南北朝隋唐绘画中显示的住宅形式

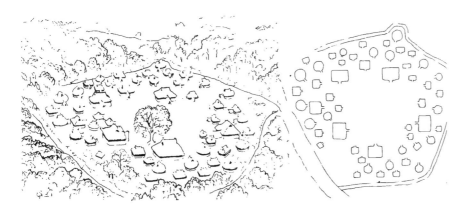

原始社会仰韶文化遗址复原图

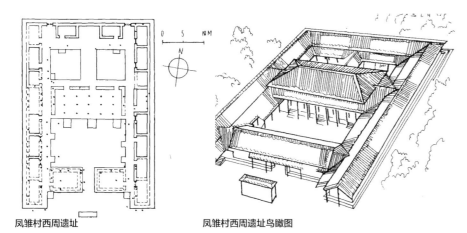

凤雏村西周遗址   凤雏村西周遗址鸟瞰图

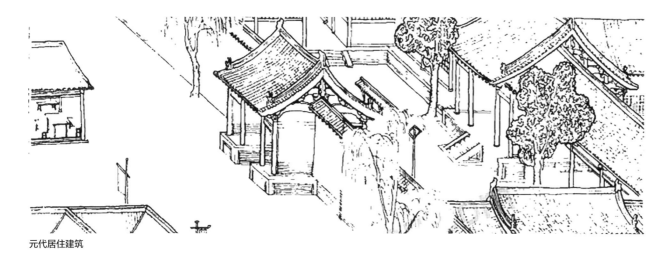

元代居住建筑

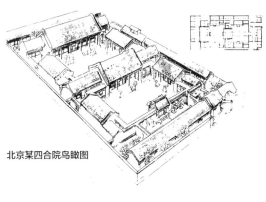

北京某四合院鸟瞰图

东汉蜗庐

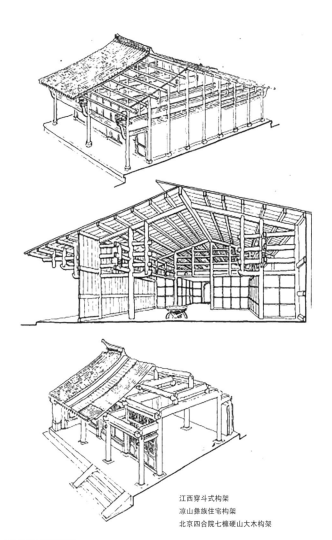

江西穿斗式构架
凉山彝族住宅构架
北京四合院七檩硬山大木构架

各地住宅架构选例

恭王府室内图一

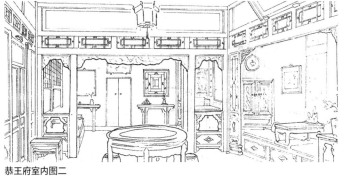

恭王府室内图二

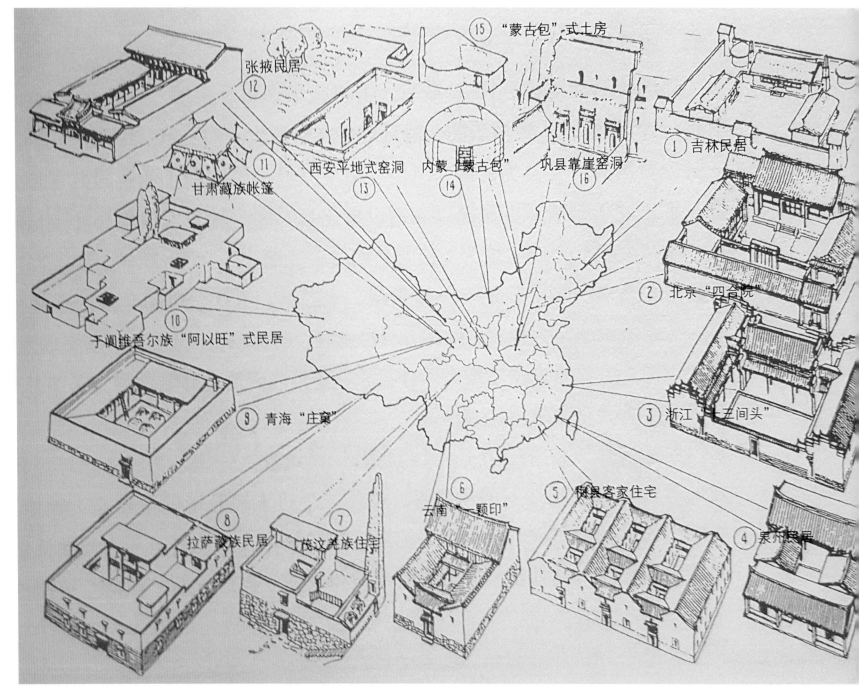

中国民居分布图

论学术委员会"，任命单士元为主任委员，刘致平、龙非了、莫宗江、罗哲文、陈从周、杨鸿勋、汪之力、刘祥桢为副主任委员。1979年，在南京召开了建筑历史与理论学术委员会成立大会暨第一次年会。1983年，中国建筑学会鉴于学术委员会的实际情况，暂时停止学术委员会的工作。经过长时间的反复酝酿研究，中国建筑学会第七届常务理事会议决定恢复建筑历史与理论学术委员会工作，改组为建筑史学分会。1993年召开了建筑史学分会成立大会暨第一次学术报告年会。杨鸿勋任会长，楼庆西、刘叙杰、陆元鼎、王绍周、张柏、于振生任副会长。为了更好地研究民居，在史学分会下面成立了民居建筑学术委员会。中国民族建筑研究会是于1995年经国家建设部和国家民族事务委员会批准成立的全国性社会团体，下设民居建筑专业委员会。该委员会长期与中国建筑学会建筑史学分会民居专业学术委员会合作开展学术活动。20多年来，组织了15届全国性民居学术会议、6届海峡两岸传统民居学术会议，召开了两次中国民居国际学术研讨会和5次民居专题研讨会。出版了《中国传统民居与文化》会议论文集。中国建筑学会生土建筑分会是由任震英先生倡导并于1980年创立的。30多年来，热心生土建筑研究的专家、学者和建筑师，走遍了黄土高原、新疆、藏北、滇北、川西、闽粤等我国主要生土建筑分布区，做了大量的调研工作。同时，运用现代科技手段，利用自然能源，科学地解决了窑居与生土建筑的采光、防潮、保温、通风、抗震等问题，为古老的生土建筑赋予了新的生命。

一、我国古代居住建筑研究的成果

2008年陆元鼎教授主编了《中国民居建筑年鉴（1988—2008）》。该年鉴是中国文物学会传统建筑园林委员会属下的传统民居学术委员会、中国建筑学会建筑史学分会属下的民居专业学术委员会以及中国民族建筑研究会下属的民居建筑专业委员会在1988—2008年共20年来所组织的民居研究学术活动历程、阶段性研究成果和经验汇总。年鉴中附有1949—2008年在正式书刊发表的中国民居建筑全部著作和论文目录索引。年鉴中还收录了学术委员会20年来所组织的各届民居学术会议的论文目录和论文全文。该资料为今后民居研究和村镇保护发展提供了大量理论和实践经验的信息资料。从中可以看出，我国关于民居的研究项目众多，成果颇丰，包括按照省份的研究，如浙江、吉林、湖南、云南、福建、广东、广西、山西、四川、陕西、贵州、新疆、西藏等。随着工作面的推开，有针对一个地区或一种类型更深入细致的研究，如北京四合院、苏州民居、皖南徽派民居、湘西民居、桂北民间建筑、云南大理白族民居、丽江纳西族民居、四川藏族住宅，以及窑洞民居、永定土楼、侗族木楼、土家族吊脚楼、开平碉楼与民居、穆斯林民居等，包括对某一地方民居相关技术的深入研究，如徽州砖雕艺术、徽州石雕艺术、徽州木雕艺术、徽州牌坊艺术、徽州竹雕艺术。这些研究成果形成了许多专著，如红学家周汝昌先生著作的《恭王府考》（1980年由上海古籍出版社出版），荆其敏等于1985年编著的《中国传统民居百题》和《中国生土建筑》，还有1988年的《覆土建筑》。1991年龙炳颐的《中国传统民居建筑》（1991年），1992年陆元鼎、陆琦的《中国民居装饰装修艺术》（1992年），陈从周、潘洪萱、路秉杰的《中国民居》（1993年），1994年汪之力、张祖刚出版的《中国传统民居建筑》，彭一刚的《传统村镇聚落景观分析》，1995年阮仪三的《中国江南水乡》，陆翔、王其明的《北京四合院》（1996年），王其钧的《中国古建筑大系——民间住宅建筑》，1998年单德启、卢强等编著的《中国传统民居图说》（越都篇、徽州篇、桂北篇、五邑篇），1999年荆其敏的《中国传统民居》，马炳坚的《北京四合院建筑》，

中国古建筑专家

单士元

龙庆忠

莫宗江

罗哲文

陈从周

杨鸿勋

汪之力

楼庆西

刘叙杰

2004 年单德启的《中国民居》，2010 年陆元鼎的《中国民居建筑艺术》等，这些都是系统的研究专著。中国建筑工业出版社有计划地组织全国民居专家编写《中国民居丛书》，研究出版了 11 期。清华大学陈志华教授与中国台湾汉声出版社合作出版了《村镇和乡土建筑丛书》，昆明理工大学出版了较多的少数民族的民居研究论著，东南大学出版了《徽州村落民居图集》，华南理工大学陆元鼎教授编著了《中国民居建筑（三卷本）》等。

与 20 世纪 50 年代的研究相比，现在中国民居的研究不论是研究的对象范围还是分类都有了很大的进展。以 1990 年刘致平先生著、王其明增补的《中国居住建筑简史——城市、住宅、园林》和 2002 年陆元鼎、潘安主编的《中国传统民居营造与技术》两本书为代表，前者从住宅研究扩展到园林和城市里坊，后者关注的对象也突破了住宅本身。对民居的分类也发展到 5 种，从传统的平面分类到外形分类、结构分类、气候地理分类和民系分类法，各有特点。实际上，对民居的研究离不开城市，而对我国古代城市规划的研究也离不开民居。我国古代城市的发展演进有规划和自然生长两种主要类型。在宋代之前，在人工规划的城市中，里坊制度普遍存在。所谓里坊，是出于管理的考虑，以单位和围墙控制的封闭居住区，里坊制承传于西周时期的闾里制度。

在《周礼·考工记》中，虽然没有对居住社区和建筑的描述，但我们能够感受到城市内成片的居住社区是经过规划的。先秦时期，《诗·郑风·将仲子》有"将仲子兮，无逾我里"之句，毛传曰"里，居也"。汉代棋盘式的街道将城市分为大小不同的方格，这是里坊制的最初形态。西汉长安城，则划分为 160 里，且"室居栉比，门巷修直"。据目前的研究，里坊制的极盛时期，为三国至唐代。由于封建社会时期阶级对立和矛盾激化程度很高，帝王在建城时，考虑更多的不是公共服务，而是监管统治。

陆元鼎

《中国民居建筑年鉴（1988—2008）》封面

主要民居有关著作

荆其敏

彭一刚

阮仪三

单德启

潘安

陈志华

封闭的里坊制度不仅是营建制度，更是管理制度。三国时的曹魏都城——邺城开创了一种布局严整、功能分区明确的里坊制城市格局：平面呈长方形，宫殿位于城北居中，全城以棋盘式分割，居民与市场被纳入这些棋盘格中组成"里"。此后，里坊制度日益完备，至隋唐长安城达到鼎盛。唐长安的封闭里坊尺度 500 ～ 1000 米，里坊规模 30 ～ 90 公顷，坊四周墙，中间设十字街，每坊四面各开一门，晚上关闭坊门，由吏卒和市令管理，全城实行宵禁。坊市分离，市的四面也设墙和市门，井字形街道将其分为 9 部分，各市临街设店，市门也是按照规定时间开闭。这种严格的里坊制度以强化城市治理、防范盗贼为目的，却给市民生活、生产及人际交往带来

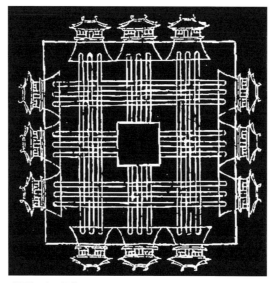

《周礼·考工记》

西汉长安城

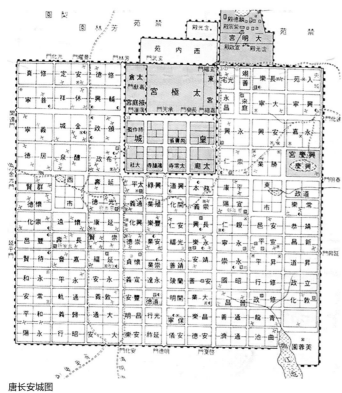

唐长安城图

《清明上河图》

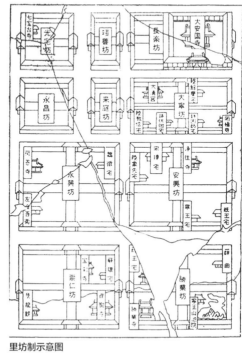

里坊制示意图

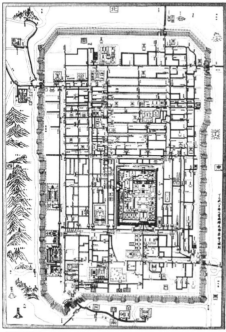

苏州城图

福州三坊七巷

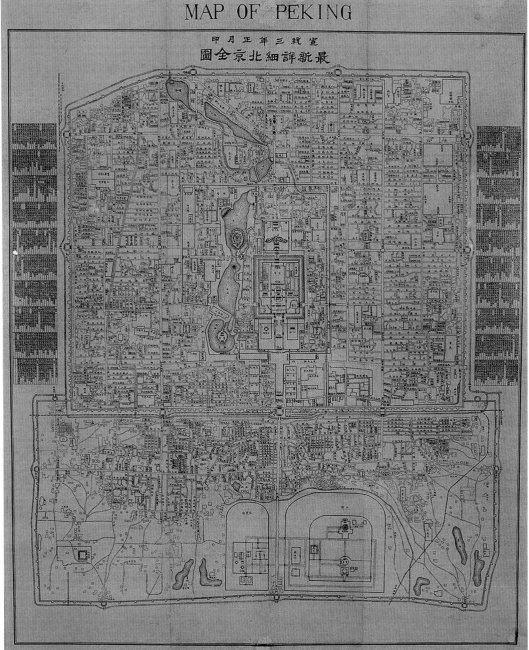

明清北京城图

里坊制北京胡同

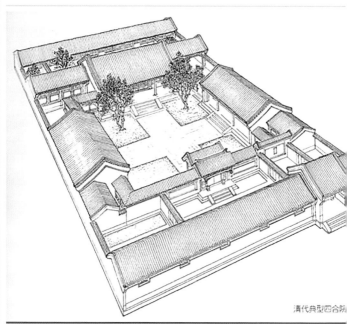

北京四合院

了诸多不便，于是，随着城市商品经济的发展，唐代中期以后，长安城内侵街建房、坊内开店、开设夜市等破坏里坊制的行为不断出现。到唐代后期和北宋初期，在如扬州等商业城市中传统的里坊制遭到破坏。坊市结合，不再设坊墙，由封闭式向开放式演变，此外瓦市、夜市也逐渐兴盛。到了商业发达的宋代，开放街区和街巷非常发达，如开封、扬州、杭州、苏州等，如自然生长的城市一般，住宅相对开放，城市更人性化、更丰富、更宜居，这在张择端的《清明上河图》中有形象的描绘。现保存比较完整，自晋、唐形成的福州三坊七巷被称为"中国城市里坊制度活化石"和"中国明清建筑博物馆"，很好地诠释了里坊制度的演变过程。在历史的演进过程中，各地区都形成了与各具特色的民居和城市规划相对应的社区规划设计模式。合院住宅是一种较为普遍的形式，虽然北方和南方的合院有许多不同，但是可以说合院是我国传统城市基本的城市住宅模式。合院住宅及其城市规划模式具有安全、安静、家庭式、文化性等特征，是良好的人居环境，如北京四合院、苏州合院住宅和私家园林建筑等。

研究中国民居的意义有很多，但主要的还是古为今用。刘敦桢在《中国住宅概说》一书的结语中说到："总的来说，我们对这份文化遗产固然不可盲目抄袭，重蹈复古主义的覆辙，但也不可否认传统文化的一切优点，而应在今天的需要与各种客观条件下批判地吸收，使其能在今后社会主义建设中发挥应有的光辉作用。"刘致平、傅熹年在《中国古代住宅建筑发展概论》文中开篇就指出，中国古代民居"是无数世纪以来，经过先民们不断的艰苦劳动及克服社会上种种尖锐复杂的矛盾斗争，才得到的成果。它将来的发展速度也是愈来愈快，其发展的具体情况，将更难想象。我们现在只是将我国古代住宅的发展概况及老百姓所喜闻乐见的建筑布局、结构技巧、艺术形式

等回顾一番，以便瞻望未来"。实际上，早在抗战时期的昆明，林徽因为当时的云南大学设计了女生宿舍映秋院。她在该设计中创造性地运用了一定的民居的手法和风格。最明显的特点是使用了不对称和院落组合的布局，还使用了游廊和望楼这两种中国民居中的要素作为该建筑的水平与垂直交通空间的构成。该建筑虽然已于 1987 年被拆重建，幸而新建之映秋院还基本保留了原建筑的形态，还是可以体现作者的良苦用心。映秋院的设计表明林徽因在当时已经开始重视了民居与现实建筑的内在关系，可以看作中国建筑师在建筑创作中借鉴民居的探索之起始。其意义与中华人民共和国成立前后对现代中式建筑风格的探索同样重要。随着历史名城保护的兴起，对老城内传统民居建筑的保护及更新改造成为一个非常重要和有意义的课题，清华大学吴良镛教授组织开展的对北京四合院的研究，朱自煊教授开展的以保护胡同和四合院肌理为主的北京后海地区城市设计研究、安徽屯溪老街保护研究，单德启教授对徽州等民居的研究，同济大学关于苏州老城内民居的更新改造等都是非常有益的尝试，取得了很好的效果。

但客观地看，我国传统民居面临着巨大的保护更新压力。自鸦片战争后，我国进入半殖民地半封建社会。到中华人民共和国成立前的近百年时间，虽然通过引入西方现代技术城市建设有了一定的发展，但传统民居普遍缺少更新维护，日趋衰败。中华人民共和国成立后，实施"先生产、后生活"的发展思路，城市和住宅建设维修滞后。20 世纪 60 年代迎来人口生育高峰，城市人口增长迅速，而当时城市建设停滞，住房短缺、老城区私搭乱盖现象在大中城市普遍存在。北京旧城同样面临这样的严峻形势，居民生活质量低、配套不完善，私搭乱盖使院落内密不透风，存在消防等安全隐患，居民改善居住条件的呼声强烈。同时，为保护北京古城风貌，北京市划定了 25 片典型四合

院和胡同构成的历史地区，予以重点保护。面对北京旧城存在的这些问题和挑战，各方集思广益，争论多，行动少。清华大学很早就开始了对北京古城和四合院保护更新的研究。1986 年还与麻省理工学院（MIT）组织暑期班，进行大栅栏、国子监、烟袋斜街等区域的保护更新研究，各国学生提出了多种多样的方案。

20世纪80年代吴良镛先生提出"有机更新"理论，主张"按照城市内在的发展规律，顺应城市之肌理，通过建立'新四合院'体系，在可持续发展的基础上，探求北京古城的城市更新和发展"。这一理论在 1988 年启动的菊儿胡同改造试点项目上得到成功实践。重新修建的菊儿胡同新四合院住宅按照"类四合院"模式进行设计，即由功能完善、设施齐备的多层单元式住宅围合成尺度适宜的"基本院落"，建筑高度四层以下，基本上维持了原有的胡同—院落体系，同时兼收了单元楼和四合院的优点，既合理安排了每一户的室内空间，保障了居民对现代生活的需要，又通过院落形成相对独立的邻里结构，提供了居民交往的公共空间。两条南北通道和东西开口，解决了院落群间的交通问题；原有树木尽量保留，结合新增的绿化、小品；在保证私密性的同时，利用连接体和小跨院，新的院落构成了良好的"户外公共客厅"；建筑外观具有传统的符号和色彩。菊儿胡同新四合院与传统四合院形成协调的群体，保留了中国传统住宅重视邻里情谊的精神内核，保留了中国传统住宅所包含的邻里之情。北京的菊儿胡同改造项目于 1992 年获 "世界人居奖"，这一奖项由一直与联合国人居中心合作密切的英国建造与社会住房基金会于 1985 年创立，每年都在

北京城市总体规划（2004—2020 年）

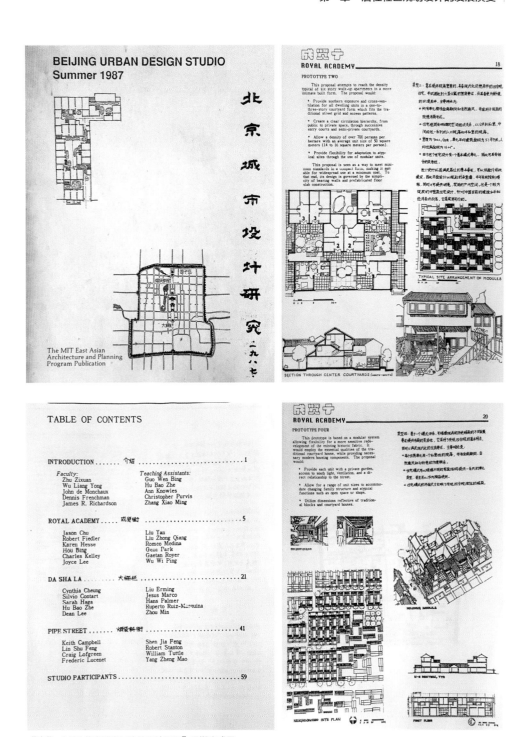

"清华－MIT北京城市与建筑设计课程"暑期班成果

"世界人居日"全球庆典上颁发,是具有一定国际影响力的奖项,旨在发现可持续发展人居项目和为发展中国家提供解决住房问题切实办法的项目,还延伸到人居的相关领域,如失业、能源等。1994年吴良镛先生著作《北京旧城与菊儿胡同》一书,对菊儿胡同试验项目和北京旧城有机更新进行系统总结,着重说明关于北京城市建设、住宅建设与危旧房改造、旧城整治的"有机更新"的整体思考,以及以菊儿胡同试验为例阐明住宅建设的研究与开发问题,包括北京的胡同、合院建筑体系的历史追溯及其复萌。菊儿胡同新四合院住宅工程获"世界人居奖",也说明各方面对菊儿胡同改造项目及其文化内涵的认同。

虽然有北京菊儿胡同改造、苏州平江古城桐芳巷改造的成功范例,但遗憾的是,伴随着住宅制度改革和房地产开发的兴起,在20世纪90年代开始的大规模住房建设却再没有更多地考虑各地民居优良传统的保留和发扬的课题,而是完全按照西方现代主义的思想方法实施了人类历史上最大规模的住宅和城市建设。

吴良镛

菊儿胡同

菊儿胡同住宅正面

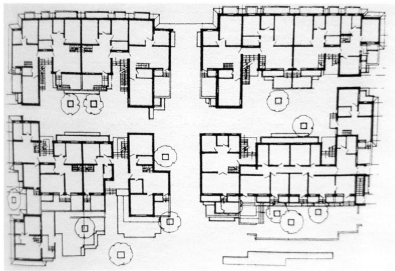

菊儿胡同建筑平面图

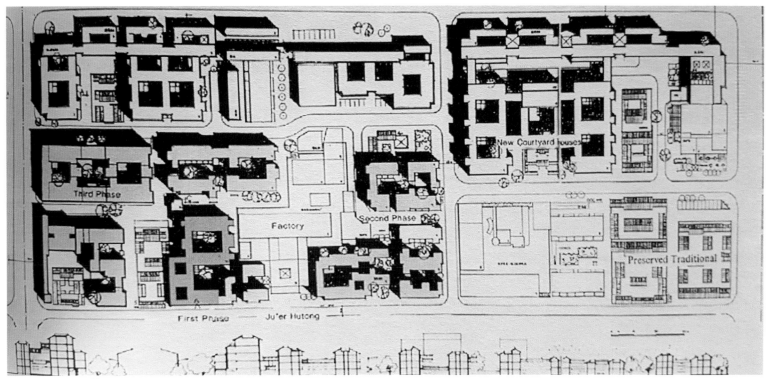

菊儿胡同总平面图和剖面图

第二节　西方近现代住区规划设计的发展演变

现代城市规划产生的直接原因可以说是住宅问题引起的。欧洲工业革命后，人口快速向城市聚集，导致住房短缺、交通拥挤、环境污染等严重的城市问题。阴暗、狭小、恶臭的住宅无法满足大量工人阶级的住房需求，缺乏污水排放和处理措施的城市住区的卫生问题促使现代城市规划的产生。19 世纪末霍华德的花园城市理论，作为现代城市规划的奠基石，其研究也是从城乡融合的居住方式、城乡一体开始的，并对现代城市规划产生了深远的影响。20 世纪 20 年代对人类社会城市规划和建筑设计产生重大深远影响的新建筑运动的发展，其中很重要的一部分也是针对现代居住建筑的发展，将解决大众的居住问题和良好的住宅作为其最重要的工作内容和目标。柯布西耶的光明城市理论和集合住宅的设想密不可分。"住宅是居住的机器"的言论表明了现代居住建筑在功能上的发展，极大地提升了居住建筑的采光、通风等功能和建造技术。同时，随着私人小汽车在美国的普及和其建造技术的进步，赖特提出了广亩城市的理论和分散主义的城市规划，对美国的郊区化和花园洋房的美国梦产生极其重要的影响。到了 20 世纪 50 年代，现代世界各国的居住社区规划设计经历了革命性的变革，以人车分流等为特征的居住小区、居住邻里等规划方法伴随着现代主义功能分区等规划理论产生，并在全世界广泛应用，塑造了 20 世纪下半叶世界各国的城市形态和人们的生活居住方式。到了 20 世纪末，随着后现代主义的出现和对现代建筑运动、功能主义建筑和城市规划的评判和反思，当代城市规划更加注重城市历史文脉、生态特色的保护和延续，注重城市空间的塑造。由此，新都市主义运动在美国出现，它更多地关注居住社区的规划设计和建筑设计。

一、欧洲的居住社区规划设计

埃比尼泽·霍华德（Ebenezer Howard, 1850—1928），20 世纪英国著名的社会活动家、城市学家、风景规划与设计师，"花园城市"之父，英国"田园城市"运动创始人。1850 年 1 月 29 日生于伦敦，1928 年 5 月 1 日卒于韦林。做过职员、速记员、记者，曾在美国经营农场。他了解、同情贫苦人民的生活状况，针对当时大批农民流入城市，造成城市膨胀和生活条件恶化，于 1898 年出版《明日：一条通向真正改革的和平道路》一书，提出建设新型城市的方案。1902 年修订再版，更名为《明日的田园城市》。

霍华德在他的著作《明日：一条通向真正改革的和平道路》中提出应该建设一种兼有城市和乡村优点的理想城市，他称之为"田园城市"。田园城市实质上是城和乡的结合体。霍华德关于解决城市问题的方案主要内容包括：① 疏散过分拥挤的城市人口，使居民返回乡村。他认为此举是一把万能钥匙，可以解决城市的各种社会问题。② 建设新型城市，即建设一种把城市生活的优点与乡村的美好环境和谐地结合起来的田园城市。这种城市的增长要遵循有助于城市的发展、美化和方便。当城市人口达到一定规模时，就要建设另一座田园城市。若干个田园城市，环绕一个中心城市（人口为 5 万～8 万人）布置，形成城市组群——社会城市。遍布全国的将是无数个城市组群。城市组群中每一座城镇在行政管理上是独立的，而各城镇的居民实际上属于社会城市的一个社区。他认为，这是一种能使现代科学技术和社会改革目标充分发挥各自作用的城市形式。③改革土地制度，使地价的增值归开发者集体所有。1919年，英国"田园城市和城市规划协会"经与霍华德商议后，明确提出田园城市的含义：田园城市是为健康、生活以及产业而设计的城市，它的规模能足以提供丰富的社会生活，但不应超过这一程度；四周要有永久性农业地带围绕，城市的土地归公众所有，由一个委员会受托掌管。霍华德设想的田园城市包括城市和乡村两个部分。城市四周为农业用地所围绕；城市居民经常就近得到新鲜农产品的供应；农产品有最近的市场，但市场不只限于当地。田园城市的居民生活于此，工作于此。所有的土地归全体居民集体所有，使用土地必须缴付租金。城市的收入全部来自租金；在土地上进行建设、聚居而获得的增值仍归集体所有。城市的规模必须加以限制，使每户居民都能极为方便地接近乡村自然空间。霍华德对他的理想城市做了具体的规划，并绘成简图。他建议田园城市占地约2428公顷。城市居中，占地约405公顷，四周的农业用地约占2013公顷，除耕地、牧场、果园、森林外，还包括农业学院、疗养院等。农业用地是保留的绿带，永远不得改作他用。在这2428公顷的土地上，居住32 000人，其中30 000人住在城市，2000人散居在乡间。城市人口超过了规定数量，则应建设另一个新的城市。田园城市的平面为圆形，半径约1134米。中央是一个面积约59公顷的公园，有6条主干道路从中心向外辐射，把城市分成6个区。城市的最外圈地区建设各类工厂、仓库、市场，一面对着最外层的环形道路，另一面是环状的铁路支线，交通运输十分方便。霍华德提出，为减少城市的烟尘污染，必须以电为动力源，城市垃圾应用于农业。霍华德还设想，若干个田园城市围绕中心城市，构成城市组群，他称之为"无贫民窟、无烟尘的城市群"。中心城市的规模略大些，

建议人口为58 000人，面积也相应增大。城市之间用铁路联系。霍华德提出田园城市的设想后，又为实现他的设想做了细致的考虑。对资金来源、土地规划、城市收支、经营管理等问题都提出具体的建议。他认为工业和商业不能由公营垄断，要给私营企业以发展的条件。

霍华德提出花园城市理论并进行了实验。他于1899年组织田园城市协会，宣传自己的主张。1903年组织"田园城市有限公司"，筹措资金，在距伦敦56千米的地方购置土地，建立了第一座田园城市——莱奇沃思（Letchworth）。1920年又在距伦敦西北约36千米的韦林（Welwyn）开始建设第二座田园城市。田园城市的建立引起社会的重视，欧洲各地纷纷效法，但多数只是袭取"田园城市"的名称，实质上是城郊的居住区。实际上，欧洲各国，包括英国，更多的是在城市总体规划层面采纳霍华德的理论，在具体的居住社区规划设计上主要采用多层和高层住宅的现代住宅建筑和居住社区规划方法。因此，也有人认为采用独立住宅的美国的郊区化才是花园城市理论最普及的地方。

1927年，德意志制造联盟（Deutscher Werkbund）在德国南部城市斯图加特举办了建筑展"Die Wohnung"（住宅/居住），首创现代住宅展览会，是运用现代主义理念解决住宅问题的第一次尝试。展览的一个重要组成部分是建于凯勒斯贝格山（Killesberg）上的魏森霍夫住宅区（Weissenhofsiedlung），住宅区由21栋建筑组成，由密斯·凡·德·罗邀请汉斯·夏隆、奥德、格罗皮乌斯、柯布西耶等17位著名建筑师分别进行创作设计，用以宣扬国际式建筑，带动现代居住建筑的发展。在当时，它向世人展示了一种新的住宅形式，以及20世纪20年代的新的生活方式。正因为如此，当人们回忆现代主义那段历史时，魏森霍夫住宅区必将是其中重要的一页。目前，魏森霍夫住宅区仍然保留并使用，成为历史遗产。

埃比尼泽·霍华德

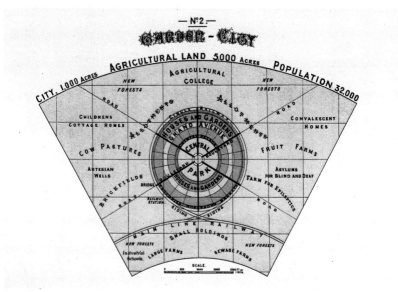

霍华德的田园城市

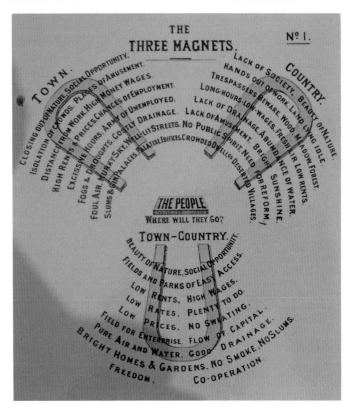

三个磁铁

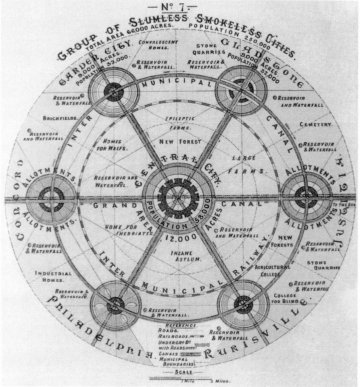

田园城市简图

莱奇沃思

韦林

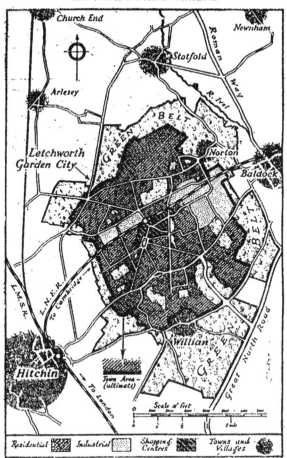

莱奇沃思规划图

韦林平面图

魏森霍夫住宅区

魏森霍夫住宅区鸟瞰图

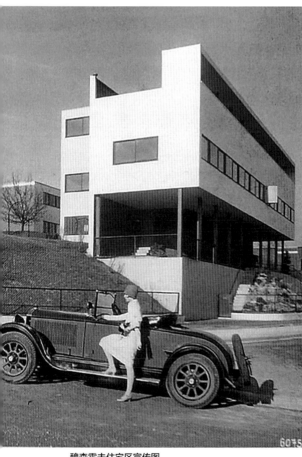

魏森霍夫住宅区宣传图

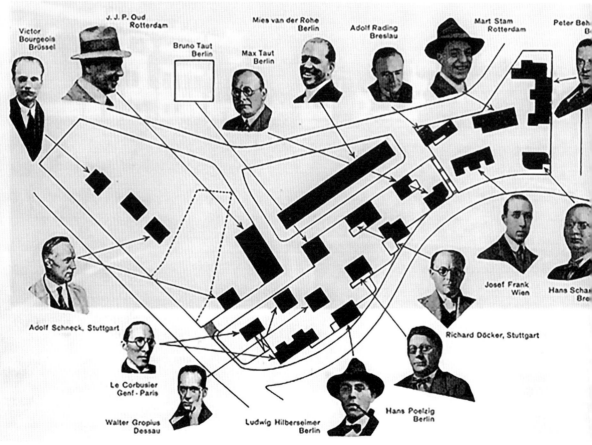

魏森霍夫住宅区建筑师分布图

1928 年，来自 12 个国家的 42 名现代派建筑师代表在瑞士集会，成立国际现代建筑协会，简称 CIAM。至此，现代建筑派有了自己的国际性组织。之后会员人数逐渐增加，遍及 27 个国家。第二次世界大战爆发以前，国际现代建筑协会共开过五次会议，研究建筑工业化、最低限度的生活空间、高层和多层居住建筑、生活区的规划和城市建设等问题。在 1933 年 CIAM 的雅典会议上，与会者专门研究了现代城市建设问题，分析了 33 个城市的调查研究报告，指出现代城市应解决好居住、工作、游息、交通四大功能，应该科学地制定城市总体规划，会议提出了一个著名的城市规划大纲——《雅典宪章》。柯布西耶主导了 CIAM 运动，《雅典宪章》也是由他起草的。不管是 CIAM 的活动，还是《雅典宪章》，我们都可以看到其对住宅的重视程度。

除了著名的建筑设计作品、新建筑理论和对住宅建筑的重视，柯布西耶在城市规划方面最著名的是"光明城市"理论。柯布西耶将工业化思想大胆地带入城市规划，主张用全新的规划思想改造城市，设想在城市里建造高层建筑、现代交通网和大片绿地，为人类创造充满阳光的现代化生活环境。他认为，大城市的主要问题是城市中心区人口密度过大，城市中机动交通日益发达，且数量增多、速度提高，但是现有的城市道路系统及规划方式与该现状产生矛盾，城市中绿地空地太少，日照通风、游憩、运动条件太差。因此，要从规划着眼，以技术为手段，改善城市的现有空间，以适应这种情况。他主张提高城市中心区的建筑高度，向高层发展，增加人口密度。他还认为，交通问题的产生是由于车辆增多而道路面积有限，交通愈近市中心愈集中，而城市由于是由内向外发展，愈近市中心道路愈窄。他主张中心空地绿地要多，并增加道路宽度和停车场，以及车辆与住宅的直接联系，减少街道交叉口或组织分层的立体交通。

"光明城市"理论是柯布西耶一生建筑思想之结晶。作为一个现代主义建筑大师，其思想以大工业为背景，同时试图对工业化本身的弊病进行克服，强调建筑与自然对立中的相互包容以及建筑作为人类居住文化总容器的艺术之美。其核心是：建筑不再是没有生命的、孤立的存在，而是与社区大环境融合成一个有机体，形态上是协调的，功能上是延续的，空间上是互补的、融会的，两者是动态的、和谐的统一。柯布西耶列出了他处理建筑设计的五个要点：首先用细柱抬高建筑离开地面，让连续的绿地在建筑下面通过。第二，由于城市中地面已经被建筑充满了，将把公园抛向天空作为有效的屋顶花园。第三，大柱距的空间结构体系必然带来开敞式的平面布局，其中可以安装自由灵活的隔断划分空间。第四，带形窗不受柱距开间尺寸的限制，采光面积更为有效。柯布西耶创造的"二到一"跃层室内空间富于明暗光感的变化。第五，由于外墙不承重，自由开闭的幕墙和灵活划分空间的隔断满足功能与美观的需要。这五个要点构成了柯布西耶新建筑美学的基础。今天世界上许多大城市的城市规划都受到了他的理论的影响。

1946—1957 年，柯布西耶设计并建成的马赛公寓大楼（L'unite d'Habitation, Marseille），是现代居住建筑的典型代表，运用了新材料、新技术和新的设计理论方法，具有开创性。该设计体现了"居住单元"的设想，柯布西耶认为一栋建筑就是一个居住单元，是城市构成的基本单位。在一个居住单元内，居民可以解决所有的生活问题。马赛公寓 165 米长，24 米宽，56 米高，18 层，337 户，共 1600 人，首层架空，7 层和 18 层布置了商店、银行、邮局、旅馆等公共设施，并设有屋顶花园和 300 米跑道。马赛公寓还体现了预制装配混凝土和人体模数、人体工学的设计思想。20 世纪 50 年代初柯布西耶为印度昌迪加尔做了全新的体现现代主义城市规划思想的城市规划，并得以实施。

第二次世界大战结束后，欧洲各国进入战后重建阶段，

柯布西耶

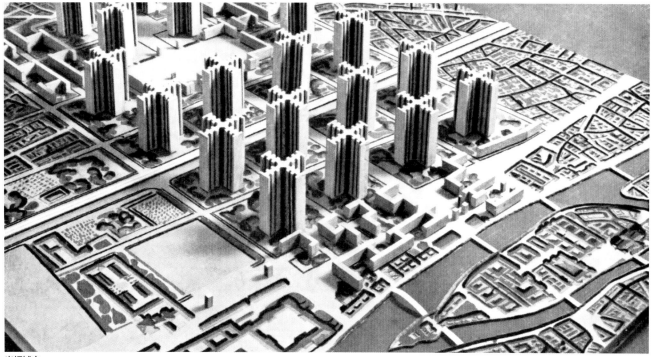

光辉城市

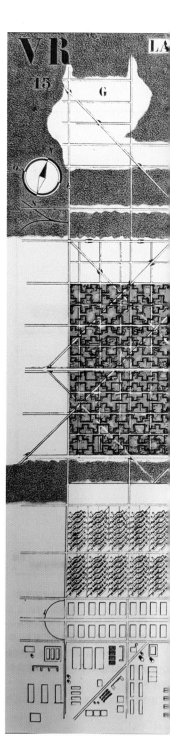

光辉城市平面图

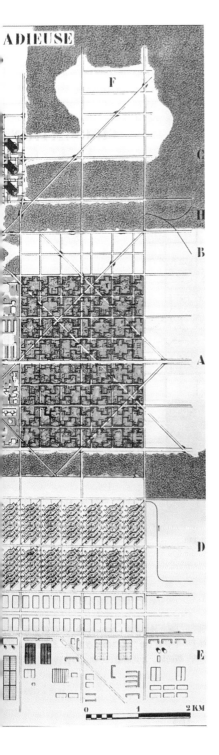

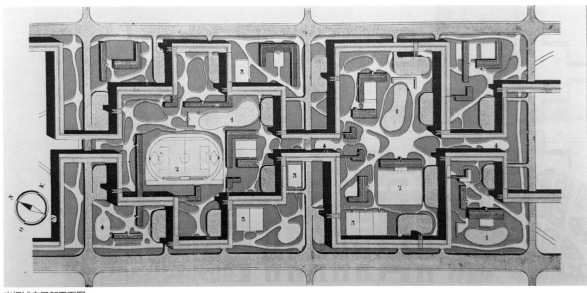

光辉城市局部平面图

光辉城市效果图一

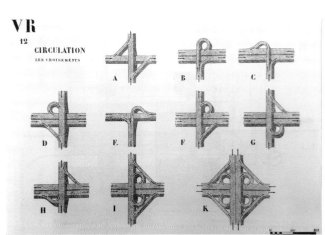

光辉城市道路交叉口立交形式

光辉城市效果图二

需要建设大量的住宅，解决住宅短缺问题。有几种典型做法，最突出的是以英国卫星城为代表的大规模的新城建设实践。虽然采用的是霍华德的田园城市理论，但第一代到第三代卫星城主要是多层和高层住宅，到第四代的米尔顿·凯恩斯，在城市外围有一些独立住宅。其次是城市扩展、城市更新改造和重建，欧洲的城市，包括苏联等社会主义国家的城市，主要推行的是柯布西耶的"集合住宅"和"光辉城市"的现代城市规划和设计理论。如法国巴黎郊区新建的大型居住区，多以高层为主。伦敦巴比坎改造，占地16公顷，2000套公寓，1700个停车位，是大型居住综合体。另外，还有以德国和北欧城市为主的住宅社区规划建设，建筑以低层和多层为主，

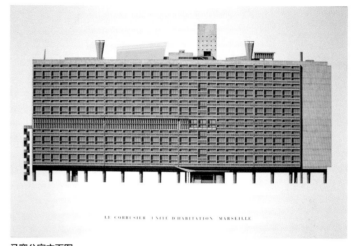

LE CORBUSIER UNITE D'HABITATION MARSEILLE

马赛公寓立面图

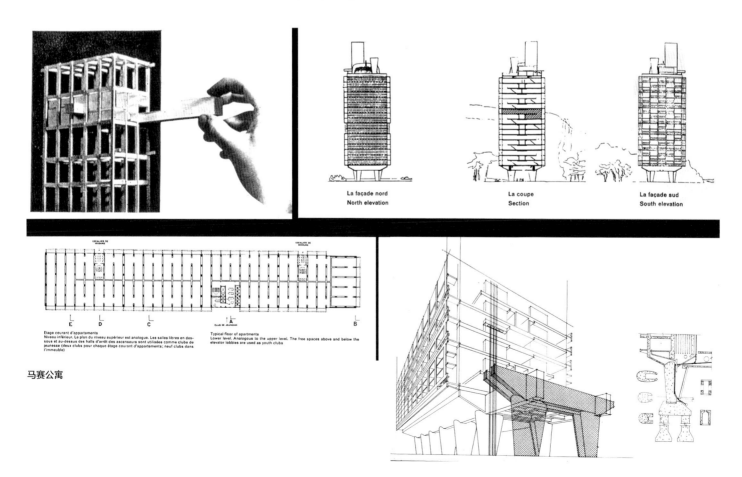

马赛公寓

马赛公寓

马赛公寓顶层

马赛公寓底层

尽可能体现城市的脉络，目前来看，比高层高密度的做法更有优势。另外，还有一些住宅多样化的尝试，如加拿大建筑师萨夫迪设计的住宅金字塔，希望在住宅工业化中体现多样化。

二、美国的社区规划和设计

美国对现代居住社区规划的贡献是比较大的，其中城市规划理论家路易斯·芒福德和美国区域规划协会（The Regional Planning Association of America，简称RPAA）发挥了重要作用。第一次世界大战结束后，一批建筑师和规划师受托为联邦政府建造大众住房。他们采用了当时世界上最先进的城市规划和建筑设计理念。美国区域规划协会就依靠这批人组建，其中三位是美国20世纪城市规划界赫赫有名的才俊：克拉伦斯·斯坦因、亨利·莱特、本顿·麦克凯耶。路易斯·芒福德一直关注美国的住房问题，把解决美国人民的住房问题作为城市规划的重点任务。他十分赞赏霍华德的田园城市理论，努力在美国推广和实践。1923年路易斯·芒福德加入美国区域规划协会，被任命为秘书长，第二年即成为协会的首席发言人和理论大师，开始有机会推行盖迪斯的生态区域思想和霍华德的田园城市理论。在协会的大量工作，将芒福德构想中的区域发展理论、城镇规划、生态保护和文化保护思想逐步塑造成型，他逐步成为一流的城市理论家。

哈 罗 新 城

6 市中心总平面
1·市场　2·电影院广场　3·卡优商店街　4·市民广场
5·教堂广场　6·地下自行车路　7·停车场　8·花 园
9·服务区　10·公共汽车站　11·技术学院　12·会 堂
13·行政办公　14·法 院
7　十二层塔式公寓。图6中之镜头a。
8　通向市场之主要商店街。图6中之镜头b。
9　市场。图6中之镜头b。
10　东北区规划结构。
11　东北区马克霍尔小区东部一号住宅区的塔式公寓。
12　东北区之马克霍尔小区（邻里）详细规划图。
13·14　马克霍尔小区的联排住宅鸟瞰及步行道景色。

哈罗新城市中心

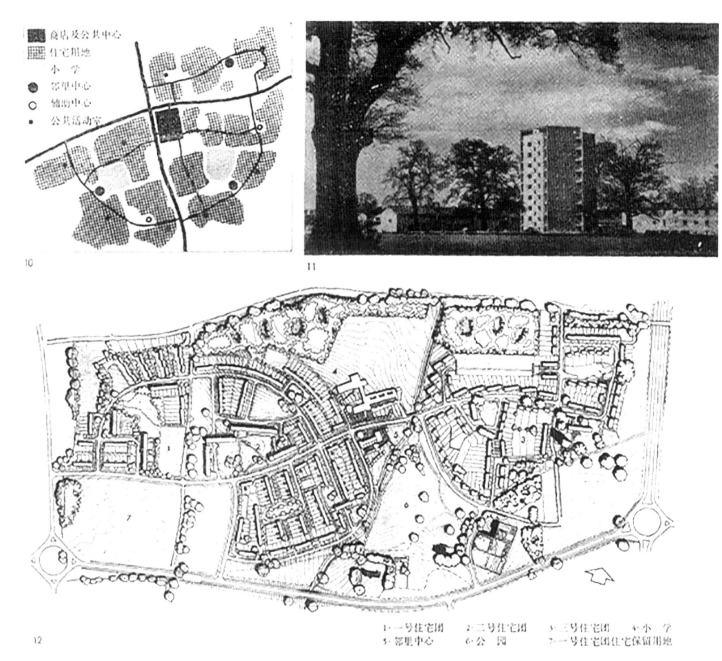

食店及公共中心
住宅用地
小学
邻里中心
辅助中心
公共活动室

10

11

12

1-一号住宅团　2-二号住宅团　3-三号住宅团　4-小学
5-邻里中心　6-公园　7-一号住宅团住宅保留用地

哈罗新城住宅区

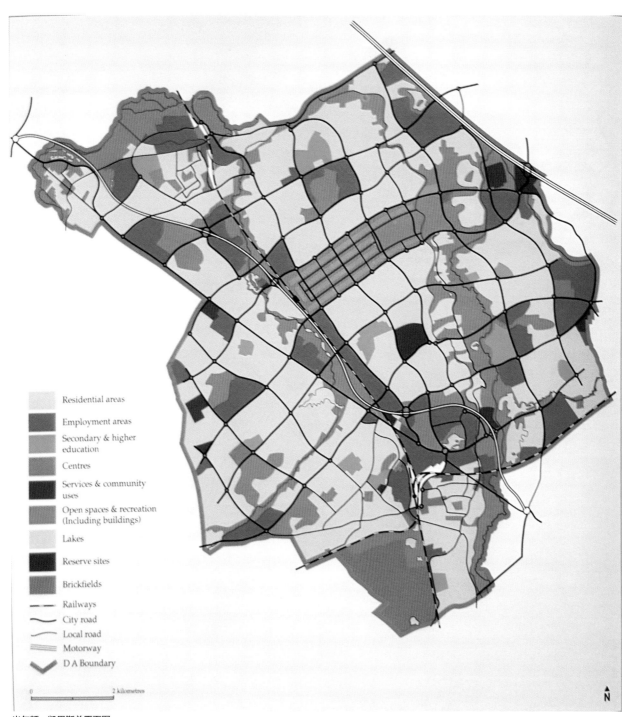

Residential areas

Employment areas

Secondary & higher
education

Centres

Services & community
uses

Open spaces & recreation
(Including buildings)

Lakes

Reserve sites

Brickfields

- - - Railways

～ City road

Local road

Motorway

D A Boundary

0　　　　2 kilometres

N

米尔顿·凯恩斯总平面图

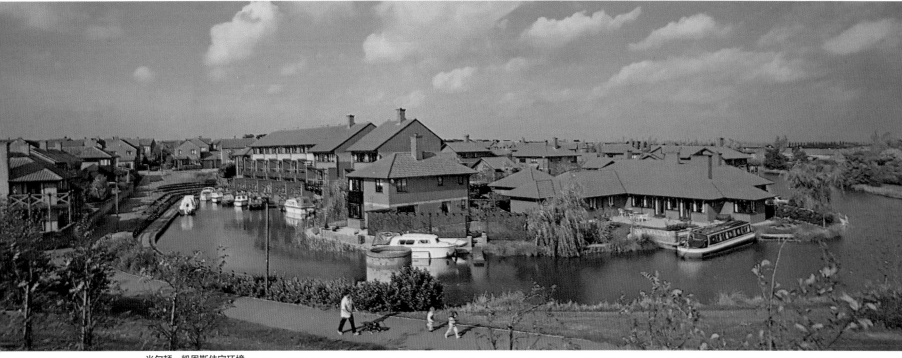

米尔顿·凯恩斯住宅环境

米尔顿·凯恩斯市中心鸟瞰

米尔顿·凯恩斯公共设施

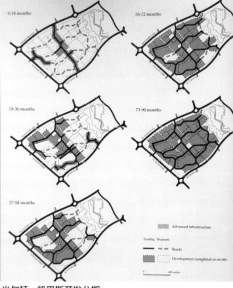

米尔顿·凯恩斯开发分期

巴比坎居住综合体鸟瞰图一

巴比坎居住综合体鸟瞰图二

巴比坎居住综合体

萨夫迪

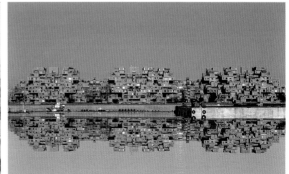

住宅金字塔

住宅金字塔一

住宅金字塔二

住宅金字塔三

美国区域规划协会十分重视住宅建设。1923—1926年斯坦因作为纽约州住宅与区域规划委员会的主席，大胆推出一项计划，由政府资助低收入家庭进行住宅建设。虽然计划未能实施，但其帮助纽约州乃至全美国进入政府负担住宅建设的新时期。同时，美国区域规划协会的同仁们接受芒福德的思想，认为随着技术的进步和生产力的发展，汽车、电话、无线电、电力的出现可以疏解城市过度集中的布局。通过在郊区建造新城，把人口和产业从大都市中吸引出来。芒福德用"区域城市"（Regional City）取代了霍华德的"田园城市"。纽约皇后区的阳光花园（Sunnyside Gardens）是美国区域规划协会的第一个实验作品。

美国区域规划协会一方面继续与纽约州政府合作推进住宅改革计划，另一方面开始探索私人企业领域，效仿霍华德，游说具有公益心的投资商支持小型的住宅建设项目，以检验区域城市项目能否有效实施，而且通过这一项目向政府展示成效，说服政府部门扩大投资，形成星星之火燎原之势。1923年，斯坦因从英国考察归来，回国后说服他的好友房地产大亨亚历山大·宾，资助美国的第一个田园城市项目。第二年美国区域规划协会成立城市住宅开发集团（City Housing Corporation），这是一个利润封顶的股份公司。公司于1924年开工建设位于纽约皇后区的阳光花园项目，目标人群是工人和低收入家庭。当时正是美国城乡经济好转时期，开发项目获得成功，1928年全部完工。从1925年开始，芒福德在这里居住了11年，莱特等美国区域规划协会的朋友也搬来居住，这里成为当时知识分子和艺术家的聚居地。

阳光花园的规划设计是由斯坦因和莱特负责的，他们原本想规避传统的方格网布局，采用同心圆围绕花园和庭院的布局。然而当地的市政工程师已经按照传统的方格网划分了街坊，修建了道路。在这种情况下，斯坦因和莱特因地制宜，以窄而长的住房和单元式楼房紧凑组织，围合中心花园绿地。住宅以三层为主。住房规格虽小，但院落轩敞，草坪整齐，大大弥补了居室狭小的不足。房屋后边建有私家路连通城市路网。

1928年城市住宅开发集团转入新项目，即最为著名的新城雷德朋（Radburn）。雷德朋距离纽约26千米，规划最终人口2.5万人。实际上，雷德朋未能全部完成，因为遇上了经济大萧条，城市住宅开发集团破产了。虽然未能全部完成，但建成的部分仍然成为邻里单元规划的样板。1931年部分完工的小区入住了1000个居民。由于是一片空地，雷德朋的规划设计打破了棋盘式布局，采用了大街廓模式，既采纳了田园城市的理念，又满足了小汽车时代的需求。福特T型车的面世使1908年成为工业史上具有重要意义的一年。T型车以其低廉的价格使汽车作为一种实用工具走入了寻常百姓之家，美国亦自此成为"车轮上的国度"。私人小汽车的普及、生活生产方式的变化，对美国居住社区的规划设计有根本性的影响。虽然芒福德一辈子不开车，而且批评美国患上了汽车综合征，但美国区域规划协会的同仁们并不反对小汽车，认为小汽车是整个交通系统中不可或缺的要素。针对20世纪20年代不断上升的汽车拥有量，以及行人、汽车交通事故数量的不断增加，雷德朋规划设计了两处类似大学校园的大型社区，提出了"大街坊"的概念。就是以城市中的主要交通干道为边界来划定生活居住区的范围，形成一个安全的、有序的、宽敞的和拥有较多花园用地的居住环境。由若干栋住宅围成一个花园，住宅面对着这个花园和步行道，背对着尽端式的汽车道,这些汽车道连接着居住区外的交通性干道。在每一个大街坊中都有一个小学校和游戏场地。每个大街坊中有完整的步行系统，与汽车交通完全分离，这种人行交通与汽

克拉伦斯·斯坦因与本顿·麦克凯耶

路易斯·芒福德

亨利·莱特

亚历山大·宾

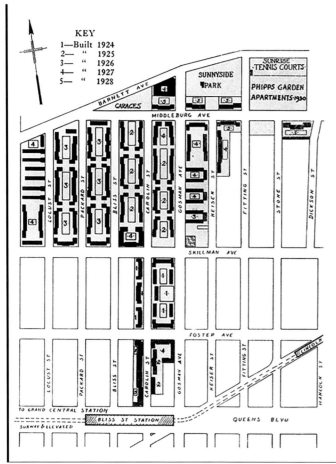

阳光花园总平面图一

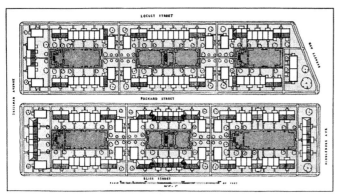

阳光花园总平面图二

阳光花园历史街区

阳光花园中心

阳光花园

雷德朋新城广场建筑

Local street　　Through street　　Boulevard

雷德朋新城规划结构图

雷德朋新城平面图

雷德朋新城尽端路实景

车交通完全分离的做法，通常被称作"雷德朋人车分流系统"。

　　雷德朋的规划设计是成功的。通过总结经验，为适应现代城市因机动交通发展而带来的规划结构的变化，改变过去住宅区结构从属于道路而划分为方格状的状况，美国区域规划协会的骨干、社会学家科拉伦斯·佩里（Clarence Perry）提出了"邻里单元"（Neighborhood Unit）规划理论，并由建筑师出身的斯坦因确定了邻里单位的示意图式，开创了现代居住社区规划的一个新时代。其目的是在汽车交通开始发达的条件下，创造一个适于居民生活的、舒适安全的、设施完善的居住社区环境。邻里单元规划理论针对当时城市道路上机动交通日益增长、车祸经常发生、严重威胁老弱及儿童穿越街道，以及交叉口过多和住宅朝向不好等问题，要求在较大范围内统一规划，使每一个"邻里单位"成为组成城市的"细胞"，并把居住社区的安静、朝向、卫生和安全置于重要位置。邻里单元理论包括6个要点：根据学校确定邻里的规模；过境交通大道布置在四周形成边界；布置邻里公共空间；邻里中央位置布置公共设施；交通枢纽地带集中布置邻里商业服务；设置不与外部衔接的内部道路系统。根据这些原则，佩里建立了一个整体的邻里单位概念。他认为，邻里单位就是"一个组织家庭生活的社区的计划"，因此这个计划不仅要包括住房、包括它们的环境，而且还要有相应的公共设施，这些设施至少要包括一所小学、零售商店和娱乐设施等。他同时认为，在当时快速汽车交通的时代，环境中最重要的问题是街道的安全，因此，最好的解决办法就是建设道路系统来减少行人和汽车的交织和冲突，并且将汽车交通完全地安排在居住区之外。住宅建筑的布置亦较多地考虑朝向及间距。在同一邻里单位内部安排不同阶层的居民居住，增进人口交流。邻里单位的规模约为800米×800米。邻里首先考虑小学生上学不穿越马路，以此控制和推算邻里单位的人口及用地规模。

科拉伦斯·佩里

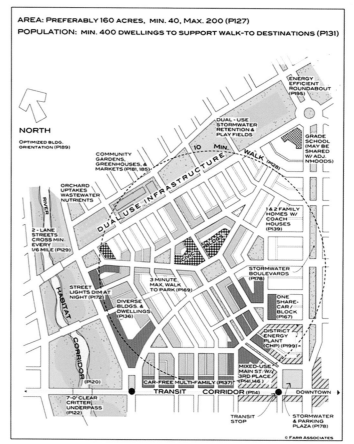
科拉伦斯·佩里提出的"邻里单元"

在邻里单位内设置小学，在学校附近设置日常生活所必需的商业服务设施。以小学为中心，以约 0.8 千米为半径来考虑邻里单位的最远距离。为防止外部交通穿越，对内部及外部道路有一定分工。邻里单位内部为居民创造了一个安全、静谧、优美的步行环境，把机动交通给人造成的危害减少到最低限度。邻里单元规划理论自提出后即流行于欧美各国，对自 20 世纪 30 年代以来欧美的居住社区规划影响颇大，在当前国内外城市规划中仍被广泛应用，在实践中发挥了重要作用，并且得到了进一步的深化和发展。

美国另一个对全美国和世界有重要影响的居住社区规划设计理论是"广亩城"。美国著名当代建筑大师弗兰克·劳埃德·赖特（Frank Lloyd Wright）在 20 世纪 30 年代提出"广亩城"的城市规划思想。赖特于 1932 年出版《正在消灭中的城市》（*The Disappearing City*），1935 年在《建筑实录》（*Architectural Record*）上发表论文"广亩城市：一个新的社区规划"（Broadacre City：A New Community Plan）。他认为，随着汽车和电力工业的发展，已经没有把一切活动集中于城市的必要，分散（包括住所和就业岗位）将成为未来城市规划的原则。他的城市规划的思想基础是：希望保持他所熟悉的、19 世纪 90 年代左右在威斯康星州那种拥有自己宅地的移民们的庄园生活。在他所描述的"广亩城市"里，每个独户家庭的四周有约 0.4 公顷的土地，生产供自己消费的食物；将汽车作为交通工具，居住区之间有超级公路连接，公共设施沿着公路布置，加油站设在为整个地区服务的商业中心内。

赖特处于美国的社会经济和城市发展的独特环境之中，从人自身的感觉和文化意蕴中体验着对现代城市环境的不满和对工业化之前的人与环境相对和谐状态的怀念之情。赖特主张城市分散发展，认为现存的城市不能适应现代生活的需要，也不

能代表和象征现代人类的愿望，是一种反民主的机制，因此，这类城市应该取消，尤其是大城市。他要创造一种新的、分散的文明形式，它在小汽车大量普及的条件下已成为可能。汽车作为"民主"的驱动方式，成为他的反城市模型也就是"广亩城市"构思方案的支柱。他在 1932 年出版的《正在消灭中的城市》中写到，未来城市应当是无所不在又无所在的，"这将是一种与古代城市或任何现代城市差异如此之大的城市，以致我们根本不会把它当作城市来看待"。在随后出版的《宽阔的田地》一书中，他正式提出了广亩城市的设想。这是一个把集中的城市重新分布在一个地区性农业的网格上的方案。他认为，在汽车和廉价电力遍布各处的时代里，已经没有将一切活动都集中于城市中的需要，而最为需要的是如何从城市中解脱出来，发展一种完全分散的、低密度的生活、居住、就业结合在一起的新形式，这就是"广亩城市"。在这种实质上是反城市的"城市"中，每一户周围都有约 4050 平方米的土地来生产供自己消费的食物。居住区之间以高速公路相连接，提供方便的汽车交通。沿着这些公路，建设公共设施、加油站等，并将其自然地分布在为整个地区服务的商业中心之内。在这一点上，赖特成功地预见了美国郊区高速公路旁出现大型超市的现象。赖特对于"广亩城市"的现实性一点也不怀疑，认为这是一种必然，是社会发展的不可避免的趋势。他写到"美国不需要有人帮助建造广亩城市，它将自己建造自己，并且完全是随意的。"应该看到，美国城市自 20 世纪 60 年代以后普遍的郊迁化在相当程度上是赖特"广亩城"思想的体现。赖特的"广亩城"理论，为小汽车时代美国的郊区化发展指明了方向。

我们看到，赖特主张分散布局的规划思想与柯布西耶主张集中布局的"现代城市"设想是对立的，但美国也有许多现代城市规划的实践。第二次世界大战结束后，美国各城市也遇到

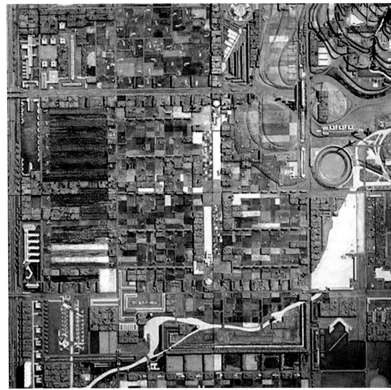

广亩城平面模型

弗兰克·劳埃德·赖特

罗比住宅平面图

广亩城市鸟瞰图

罗比住宅

住房短缺问题，也开展了以住房建设和改善为主的新城建设和城市更新运动。新城建设和城市更新运动主要是采取了柯布西耶主张的现代城市规划设计方法，多为集中的多层和高层住宅区。1961 年，简·雅各布斯（Jane Jacobs）出版了《美国大城市的死与生》一书，在美国社会引起极大轰动。当时美国规划界的"主流"认定这本书"除了给规划带来麻烦，其余什么也没有"。然而，令人匪夷所思的是，50 多年过去了，这本书不仅在出版界取得了骄人业绩，而且逐渐为许多美国规划师所接受，被一些著名院校如 MIT、哈佛等的建筑系、规划系列为学生必读书目，并作为包括社会学研究在内的许多研究领域的常见参考书。可以说，这本书在二战后的美国城市规划实践乃至社会发展中扮演了一个非常重要的角色。

简·雅各布斯

　　城市是人类聚居的产物，成千上万的人聚集在城市里，而这些人的兴趣、能力、需求、财富甚至口味又是千差万别。因此，无论从经济角度还是从社会角度来看，城市都需要尽可能错综复杂并且相互支持功用的多样性，来满足人们的生活需求，因此，"多样性是城市的天性"（Diversity is nature to big cities）。简·雅各布斯犀利地指出，现代城市规划理论将田园城市运动与柯布西耶倡导的国际主义学说杂糅在一起，在推崇区划（Zoning）的同时，贬低了高密度、小尺度街坊和开放空间的混合使用，从而破坏了城市的多样性。而所谓功能纯化的地区如中心商业区、市郊住宅区和文化密集区，实际都是功能不良的地区。简·雅各布斯对 20 世纪 50 年代至 20 世纪 60 年代美国城市中的大规模计划（主要指公共住房建设、城市更新、高速路计划等）深恶痛绝，书中用大量的篇幅对这些计划进行了批判。简·雅各布斯指出，大规模改造计划缺少弹性和选择性，排斥中小商业，必然会对城市的多样性造成破坏，是一种"天生浪费的方式"，其耗费巨资却贡献不大，并未真正减少贫民窟，而仅仅是将贫

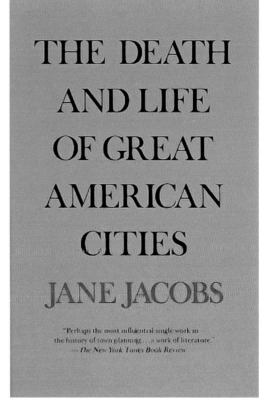

《美国大城市的死与生》

民窟移到别处,在更大的范围里造就新的贫民窟,使资金更多、更容易地流失到投机市场中,给城市经济带来不良影响。因此,"大规模计划只能使建筑师们血液澎湃,使政客、地产商们血液澎湃,而广大普通居民则总是成为牺牲品"。她主张"必须改变城市建设中资金的使用方式""从追求洪水般的剧烈变化到追求连续的、逐渐的、复杂的和精致的变化"。20世纪60年代初正是美国大规模旧城更新计划甚嚣尘上的时期,简·雅各布斯的这部作品无疑是对当时规划界主流理论思想的强有力的批驳。此后,对自上而下的大规模旧城更新的反抗与批评声逐渐增多。

正如简·雅各布斯评判的一样,采用现代住宅建筑和规划手法的城市更新运动和保障性住房建设,确实遇到了一些问题。著名的案例是由著名建筑师雅马萨奇(Yamasaki)设计的密苏里州圣路易市普罗蒂-艾戈低收入者公寓(Pruitt-Igoe Housing Project)。这个项目是通过改造一个贫民窟,建设一片可负担(affordable)的住宅给低收入的家庭居住,居民大多数是黑人。刚建成时效果很好,但好景不长,房子住久了之后就开始出现维护的问题,但是政府不希望花大钱来维修,居民也觉得没有义务自己花钱,所以房子慢慢就不能住了。在1972年3月16日下午3点,这片住宅区正式被拆毁。这片建筑的拆毁之所以在那个时代那么具有代表性,是因为当时的建筑都是以现代主义著称,而这个项目的失败被当时著名的建筑历史学家查尔斯·詹克斯(Charles Jencks)描述为:"现代建筑死亡",在炸毁的那一天,人们对现代主义建筑的信念也在那个时刻烟消云散了。

可以说,现代主义的城市规划在20世纪六七十年代就被欧美抛弃,被认为是割裂人类文明和城市文明的发展模式。欧美现在还存留的按照"光明城市"理论规划的居住区大多数被当作贫民窟和廉租房使用。现在比较成熟的模式是混合居住社区

与共享空间模式。城市规划鼓励保留城市文脉的城市填充(fill-in)或称为城市修复式的住宅建设。另一方面,美国的郊区化造成城市蔓延、城市空间消失等问题,20世纪80年代末出现了新都市主义运动,旗帜鲜明地向郊区化无序蔓延"宣战"。新都市主义的宗旨是重新定义城市,探索住宅的意义和形式,强调社区感,重新倡导较高密度、重视邻里关系的社区,广泛提倡不同阶层的融合,打造以步行为主要交通形式的居住模式。它通过强调调整环境中的物质因素来加强人们的社会交流,从而强化社区居民的相互联系、认同感和安全感,从而创造最佳的人居环境。具体体现在建设多功能的新社区和新城镇,刻意营造社区和城镇中心,让社区回归网格状道路系统,重建富有活力的城市街道以及协调的建筑单体。

三、苏联及东欧的居住区规划理论和方法演进

苏联是人类历史上第一个社会主义国家,实施计划经济和供给制。1917年十月革命胜利、新的苏维埃政权建立后,实施了国家主导的现代化和工业化,进行了大规模的基础工业建设。1924年到1932年"一五"社会主义改造和工业化计划取得了巨大的成功,当时引起了美国等西方国家的羡慕,包括柯布西耶这样的建筑大师。美国1929年经济危机后罗斯福总统实行的"新政"就有国家计划的影子,包括田纳西峡谷区域规划(TVA:Tennessee Valley Authority)。而柯布西耶则亲自投身苏维埃的规划建设。20世纪20年代末期,柯布西耶由于为日内瓦国际联盟宫做的设计遭拒而与西欧决裂。在该项目的主楼设计中,柯布西耶大胆地抛开数百年的传统,更注重功能而非固定的形式,因此遭到否决。当时的法国和瑞士思想温良保守,无力接受柯布西耶对现代城市的超前预见,所以柯布西耶走出了在其整个职业生涯中非常重要的一步——将目光投向了东方。1928

普罗蒂－艾戈低收入者公寓平面图

普罗蒂－艾戈低收入者公寓

普罗蒂－艾戈低收入者公寓一

普罗蒂－艾戈低收入者公寓二

普罗蒂－艾戈低收入者公寓三

普罗蒂－艾戈低收入者公寓四

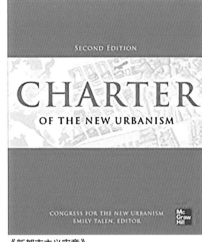

《新都市主义宪章》

海港社区

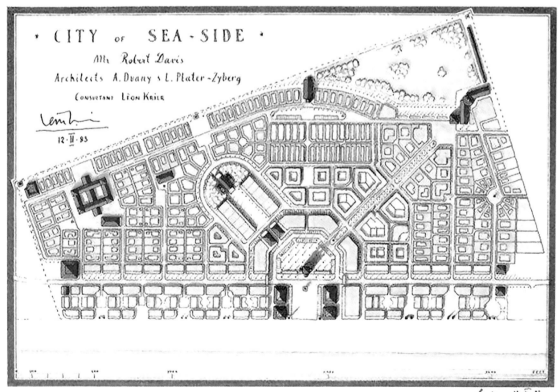

海港社区总体规划

年，柯布西耶受邀参加了一项封闭式比赛，为莫斯科的消费者合作社中央联盟设计一座新总部。最终他的方案胜出，具体落实为莫斯科东北角的中央局大厦。它是一场"玻璃和混凝土的狂欢"，还采用了高加索的红色凝灰岩。该项目是当时夭折在国际联盟宫的设计理念的集中表达。其后他在1931年参加了苏联政府组织的莫斯科城市总体规划方案竞赛，创作了《莫斯科回应》。当然，对苏联当局来说，柯布西耶的《莫斯科回应》太乌托邦也太离经叛道了。他一意孤行，提议只保留莫斯科市中心的克里姆林宫、红场、莫斯科大剧院和列宁墓，其他全部铲平。之后在原地建造一座集中式城市，市内明确地规划出商业区、贸易区、娱乐区和住宅区。住宅区里将会有许多座大型预制构件公寓楼，四面均由公园环绕。雪上加霜的是之后在为苏维埃宫举行的设计竞赛中，他的参赛方案被苏联当局粗鲁地抛弃了，最后胜出的是新古典主义的方案。历史重演了，柯布西耶一怒之下重返法国。但他对莫斯科的许多设想出现在他于1934年出版的《光辉城市》一书中。

在柯布西耶于1923年提出"住宅是居住的机器"的同时，苏联构成派建筑师们也在做着同样的探索。不同的是当时西方建筑师主要通过设计个人别墅来实现他们的新建筑思想，而苏联建筑师认为"我们要为大众设计住宅"，他们提出多种居住单元类型组合，并通过科学计算研究其空间使用效率、经济性和功能性等特性。他们经过多年的探索，用自己的方式诠释"住宅是居住的机器"这一现代新建筑理念，并在莫斯科建成了公共集合公寓：纳康芬公寓和全俄合作社建筑工人集合公寓，其设计思想和作品直接影响了柯布西耶马赛公寓的创作。

1941年苏联开始了伟大的卫国战争，战争造成山河破碎，仅俄罗斯联盟共和国就有1700余座城市在战争中遭到严重破坏。战后重建任务繁重，包括工业生产和城市生活的恢复、受到严重损坏的历史地区的保护和重建，以及急需的大量住宅的建设。战争一结束，苏联就开始了大规模城市重建工作，编制了城市重建总图。历史名城的修复工作也全面展开。新建住宅从传统的4～6层单元式转为12～14层的塔式和板式，居住区规划中扩大了街坊面积。这一时期在城市规划和建筑理论方面，由于强调继承传统形式以及对社会主义内容与时代精神的片面理解，而阻碍了工程结构新技术和工业化施工方法的推广，限制了对城市空间结构的探索。1954年召开了全苏建筑工作会议，对这一时期的城市建设和建筑工作进行全面总结，批判了城市建设和建筑中的传统主义、复古主义、形式主义和装饰主义，强调在城市建设中重视功能、社会效益和使用新技术。

1955年以后苏联再次进入大规模建设时期，这一时期可划分为三个阶段，即建筑工业化阶段（1955—1960年）、粗放型发展阶段（20世纪60年代）和集约化发展阶段（20世纪70年代以后）。大量的住宅需求，要求必须按工业化方法施工，这样便对建筑设计和居住区规划提出了新的要求。在纠正复古主义和形式主义以及烦琐的装饰倾向后，注重功能和新技术，推行标准设计和建筑构件定型化，这对后一阶段满足当时对住宅和其他公共设施的社会需求起了很大的作用，但同时也造成了建筑单体和居住区面貌的刻板和单调。粗放型发展阶段主要表现在两个方面，一方面建设了一批新城市，另一方面老城市不断在外围建设新区，因而造成城市土地不断扩大，利用率低。这一阶段城市规划所面临的任务主要是综合解决老城与新区的关系，探索新城的规划结构以及城市与乡村的协调发展问题。20世纪70年代后，苏联进入了各个领域集约化发展的阶段，除工业企业以改革工艺、引用新技术、提高生产率、减少劳动人数为方针外，在城市建设领域转入以完善城市建成区的基础设施、提高城市土地利用率、改善住房条件和提高公共服务设

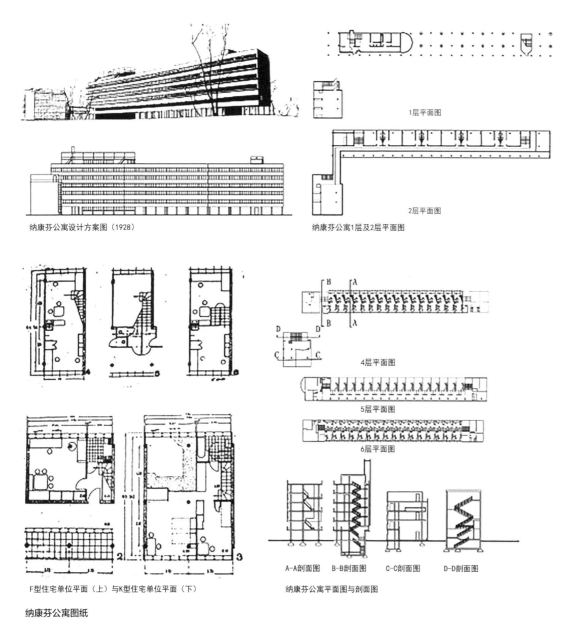

纳康芬公寓设计方案图（1928）

1层平面图

2层平面图

纳康芬公寓1层及2层平面图

F型住宅单位平面（上）与K型住宅单位平面（下）

纳康芬公寓图纸

4层平面图

5层平面图

6层平面图

A-A剖面图　B-B剖面图　C-C剖面图　D-D剖面图

纳康芬公寓平面图与剖面图

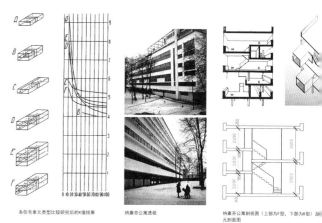

各住宅单元类型比较研究后的K值结果　　纳康芬公寓透视　　纳康芬公寓剖视图（上部为F型，下部为K型）及元剖面图

纳康芬公寓分析图

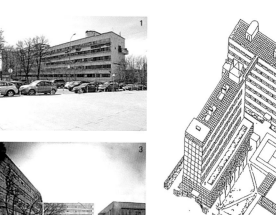

图1 纳康芬公寓现状
图2 全俄合作社建筑工人集合公寓轴测图
图3 全俄合作社建筑工人公寓透视
图4 果戈里大道集合公寓F型单位室内

纳康芬公寓和全俄合作社建筑工人集合公寓

施水平、改善城市生态和美化环境、提高城市综合效益为目标。1971 年批准的莫斯科新的城市总体规划是集约化发展的典型。规划建立集团式多中心分级体系，将森林环带内的市区划为八个规划片，其中核心片 102 平方千米，主要安排全市级行政文化服务等大型公共设施和革命纪念性建筑及历史文化古迹，核心外围分布具有不同功能特点并配有市级标准的七个独立规划片，每片人口在 100 万左右，最少 65 万人，每片配有完整的大城市级公共设施，并要求工作、居住、休息等能在片内平衡。规划片下设规划区，25 万 ~ 40 万人；规划区下设居住区，3 万 ~ 7 万人，或"扩大小区"。提高土地利用率，提高高层住宅建设比重。高层建筑分布于市区外围，核心片内限制高层建筑。扩大小区面积，并改进布局手法，充分利用地下空间。

苏联早期的住宅建设都由国家投资和计划，因此制定统一的标准和大规模规划建设是重要的手段，标准定额和成片的居住小区规划建设是最常用的方法。实际上，自 20 世纪二三十年代，苏联的某些居住区详细规划中就已经出现了居住小区的思想，随着国外邻里单元理论的推广，苏联居住小区理论逐步成型。居住小区理论明确形成并被普遍采用是 1955 年到 1960 年期间。20 世纪 60 年代以后的规划中，较普遍地扩大小区面积，提出了"扩大小区"的概念，以扩大小区或居住区作为城市的细胞。之所以出现这样的转变，一方面，由于在实践中建筑密度较低的小区也要配备全套服务设施，在经济上不划算。莫斯科的许多居住小区因为种种原因，均未能按规划建设公共服务设施，而人口密度提高的幅度也远超小区的规划容量。另一方面，有关调查发现居民不满意这种半隔离状态的小区，要求扩大生活范围。没有达到原先设想的"创建一个小区居住社会"的目的。所以，现在虽然仍然为小区之名，却已经不是 20 世纪 50 年代独立自足的小区概念了。

苏联及东欧国家在大中城市中大量建造 9 ~ 25 层住宅，少量的高达 40 层，建筑长度也加大，长弧形或折线形、条形、塔楼等形式组合形成对比，具有开阔的建筑视野和良好的环境。对于苏联这样地大物博的国家，建设高层住宅一定不是因为缺少土地和保护耕地，主要是因为住宅工业化和大规模生产。值得注意的是，在同一时期，西方国家许多建筑师、城市规划师根据战后住宅建设实践，认为不宜再建高层大规模住宅，主张规划应以低层为主或层数混合布置。当时看来，这种做法肯定需要更多的用地和投资，没有给予更多的重视和深入的思考。

到 20 世纪 80 年代，苏联及东欧一些社会主义国家，在住宅制度、住宅的工业化和规划设计等方面取得很大的进展，发展到比较高的水平，如南斯拉夫、罗马尼亚等国家住宅工业化搞得非常成功，形成 SI 等住宅技术体系，较好地解决了标准化和多样化的问题。虽然住宅建设比较成功，但由于计划经济本身和"大锅饭"等问题，导致国家政治、经济、社会等大的方面出现问题。

20 世纪 90 年代苏联解体后，东欧社会主义国家逐步转变。这种大规模的居住区规划设计和建设在世界上不再出现，除中国外。从 20 世纪 90 年代开始，伴随着住房制度和土地使用制度的改革，中国开创了人类历史上大规模住宅建设的新时代，在 30 年的时间里按照市场化的房地产机制，建设了数百亿平方米的住宅，解决了中国人的基本住房问题。但在进入这个大发展之前，中国经过了 150 余年的探索，包括百年半殖民地半封建社会下的摸索和中华人民共和国成立后照抄照搬苏联的经验。苏联居住小区规划设计理论和方法对中国影响之巨大，一直在持续，但我们并没有很好地学习到这些国家在住宅工业化方面取得的成绩。

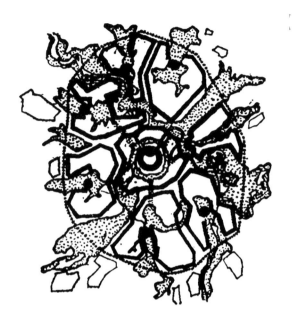

莫斯科规划结构图

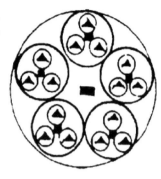

居住区级公共服务设施
居住小区级公共服务设施
居住组团级公共服务设施

居住区—居住小区—居住组团
的规划结构形式

苏联居住区三级结构

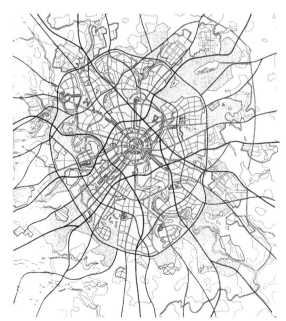

莫斯科1971年规划平面示意图

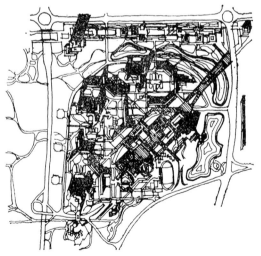

莫斯科市区南规划片的北契尔丹诺沃扩大居住小区面积77
公顷，人口规模2万人，高层住宅组群地下设有小车库和
停车场，地面车行与人行分离。

扩大居住小区实例

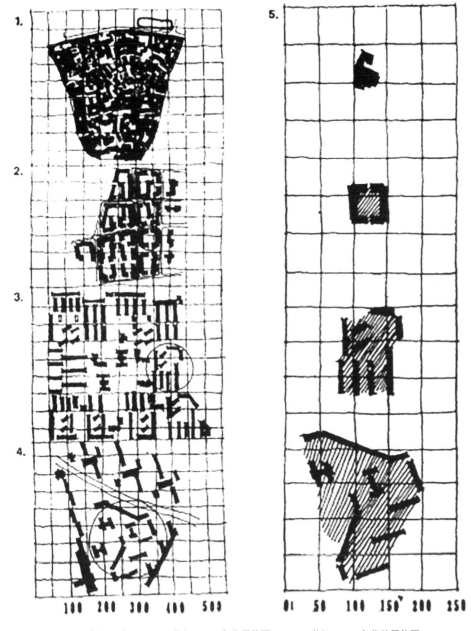

苏联居住区

传统形式和社会主义内容建筑

1. 历史性旧城区；　2. 20世纪20—30年代居住区；　3. 20世纪50—60年代的居住区

4. 20世纪70年代居住区；　5. 住宅组群布局形式和尺度变化

居住区在发展中尺度扩大

住宅和街廓尺度扩大过程

第三节　中国近现代居住区规划设计的演进

一、近代居住建筑和社区规划的发展

工业革命后，现代城市规划和建筑产生，而此时的清朝政府实施闭关锁国政策。鸦片战争爆发后，西方列强侵入，清朝政府被迫门户开放。经历了洋务运动、戊戌维新、辛亥革命，中国资本主义的工商业逐步发展繁荣，直接促进了开埠城市和内地工商业城市的迅速发展和社会结构的变化。与此同时，西方现代城市规划和建筑设计的技术、理论和方法开始进入中国，包括现代住宅建造技术、花园城市理论和邻里单元规划等。在具体的建设实践中，随着新材料、新技术的引进，出现了与西方近现代建筑一致的新型住宅建筑类型，包括现代化的厨房、卫生间、暖气等功能。

从 1840 年到 1948 年的百余年间，中国城市经历了最重要的一次住宅类型的转变，从传统的平房合院式独户住宅逐步转变为以低层联排集居住宅为主和其他现代住宅类型的多种形式。最初这个过程主要发生在开埠城市和北方新兴的城市，然后逐步延伸到其他城市。从最早出现到普及大约经历了半个世纪，到 20 世纪初基本定型。虽然对全国住宅的影响面不大，但意义重大。这是我国数千年来人居历史上住宅方面最重要的一次转变，对我国近现代城市规划建设影响深远。

中国是一个历史悠久、人口众多的国家。封建社会时期的都市一般也是商业、手工业城市，人多地少，环境拥挤是影响住宅形式的自然因素。唐代以后，商业和手工业的发达使城市更加繁荣，出现了一批数十万人口的大城市，唐长安和宋东京都是百万人口的特大城市。在这些城市中也出现了居住拥挤、火灾、治安等典型的城市问题，但里坊制及相应的治安、消防措施还是保障了城市的繁荣发展，特别是中国传统合院住宅模式，就是在这样拥挤的城市环境中保持家庭的私密性并达到人与自然相融合的理想形式，数千年的历史也证明这是最合理的形式，它与中国的传统文化、家庭生活相适应，并为文化的繁荣提供了居所，是对珍贵的城市土地最合理的利用。当然，与工业革命后西方出现的现代住宅相比，它在各项技术上还是较落后的。

鸦片战争后，中国社会政治经济文化发生深刻的变革，社会的开放、现代化和现代产业的兴起，特别是房地产业的兴起是导致这一次住宅类型转变的直接因素。当时的工商业主和乡绅们为求发展或避难进入开埠城市，与此同时，农民劳工涌入城市谋生，新阶层出现。城市人口的聚集和急剧发展的客观要求导致了房地产业的兴起和繁荣，房地产商建造了多种档次、出售或出租的集居住宅。新型住宅的出现和演变有两条不同的途径，一条是以中国传统住宅形式为基础，适应新的要求，逐步向现代化的住宅演进，如上海的旧、新石库门里弄住宅；另一条是直接引进西方的住宅形式，再根据中国城市的生活方式和实际条件进行调整，如联排住宅、独立住宅和多层单元楼房等。这些新型住宅都反映了当时的经济、社会人文条件，开启了中国现代住宅的先河。值得深思的是，在当时新文化运动中，曾经有将中国传统建筑形式应用到现代建筑上的尝试，但主要集中在公共建筑上，在居住建筑上的应用不多见。另外，从中式传统合院住宅演变来的新型住宅，即使建设之初的目的是每个院落、天井给单户家庭使用，最终大多演变成多户聚居的大杂院。

逐步向现代化住宅演进的上海石库门里弄住宅

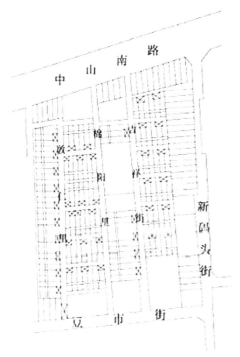

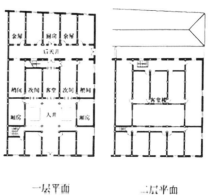

景德镇某明代二层民居建筑临层平面、引自《中国古建筑全览》，p474。

建于1872年的上海兴仁里是五开间老式石库门里弄住宅，单体平面布局明显脱胎于江南传统民居。引自《里弄建筑》，p7。

上海石库门住宅平面图

上海石库门总平面图

引进西方住宅形式并加以调整的天津五大道

图4-131 安乐村

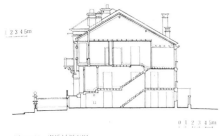

图4-130 安乐村剖面图

天津安乐村剖面图

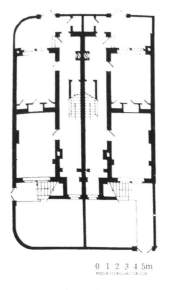

图4-127 安乐村底层平面图

天津安乐村平面图

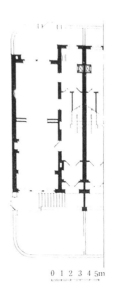

图4-128 安乐村一层平面图

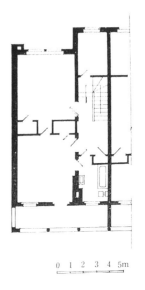

图4-129 安乐村二层平面图

因此，对我国近代住宅规划建设历史的深入研究应该是非常重要的课题，它承上启下，通过研究应该可以发现我国具有数千年历史、丰富多样的传统民居进入近代社会后日渐衰落而西式现代住宅逐步进入并被广泛接受的过程，从中进一步探索未来具有中国特色和地方特征的现代住宅的发展方向。对中国近代城市规划和建筑设计历史的研究起步实际比较早，至今可分为三个阶段。改革开放前是第一阶段。1944 年梁思成先生完成的《中国建筑史》，在"第八章结尾——清末及民国以后之建筑"论及中国近代建筑，可以说是较早的通史性述作。1958 年至 1961 年在建筑工程部建筑科学研究院主持下进行的中国近代建筑史编辑工作，是关于中国近代建筑史首次较具规模的研究。1958 年全国"建筑历史学术讨论会"后进行的建筑"三史"全国调查及资料编辑工作，以其成果《中国近代建筑史》（初稿）为高等学校提供了这一学科领域的参考教材。1960 年，全国"第四次建筑历史学术讨论会"后根据《中国近代建筑史》（初稿）缩编的《中国建筑史》第二册《中国近代建筑简史》，成为高等学校教学用书，并于 1962 年正式出版。1964 年在香港出版的徐敬直所著的《中国建筑之古今》一书，其中有"当代中国建筑"部分，是关于中国近代建筑史研究的较重要的专著。改革开放后的 20 世纪 80 年代初，中国历史学界对历史学理论和方法论的探讨活跃，尤其是对在近代（1840—1949 年）中西文化交流、碰撞引起的思想动荡极为关注。在建筑历史学界，则引发了关于建筑传统与现代风格关系的讨论，使中国建筑历史中处于承上启下的中介环节和中西交叉的汇合状态的近代一段再次引起了中外建筑历史学者的注意。清华大学建筑系汪坦教授和张复合积极推动对中国近代建筑的研究。1985 年 8 月，清华大学发起的"中国近代建筑史研究座谈会"在北京举行，并向全国发出《关于立即开展对中国近代建筑保护工作的呼吁书》。同年

11 月东京大学召开"日本及东亚近代建筑史国际研究讨论会"，可看作中国近代建筑史研究进入国际交流的开端。1987 年国家自然科学基金委员会材料与工程科学部、建设部城乡建设科学技术基金会决定把"中国近代建筑史研究"作为联合资助科学基金项目。1988 年以汪坦为代表的"中国近代建筑史研究会"与以藤森照信为代表的"日本亚细亚近代建筑史研究会"正式签署《关于合作进行中国近代建筑调查工作协议书》。1988 年5 月，"中国近代建筑讲习班"在天津举办；1989 年 4 月，中日在烟台联合开展主要近代建筑实测活动，中日国际合作全面开始。1989 年 6 月，《中国近代建筑总览·天津篇》在东京问世，标志着中日合作取得了初步成果；1991 年 10 月，中日合作开展的 16 个城市（地区）的近代建筑调查全部完成。至 1996 年《中国近代建筑总览》出版了 16 分册。从 1986 年到 1992 年的七年间，起步期的中国近代建筑史研究举行了四次全国性会议，提出论文 179 篇，出版论文集 4 本。从 1993 年至今中国近代建筑史研究进入发展期。其标志有二：一是组织加强，认识深化，研究领域扩展；二是研究进入社会，同保护与利用相结合。1997 年8 月，中国建筑学会决定在建筑史学分会下设"中国近代建筑史专业委员会"，2001 年 6 月改为现名"近代建筑史学术委员会"，统筹中国近代建筑史研究工作。中国建筑学会近代建筑史学术委员会成立后，对中国近代建筑史这一研究领域的扩展，发挥了积极的作用。

在对各个城市近代建筑的研究中多涉及居住建筑，但缺少系统的研究。2003 年，清华大学与哈佛大学研究生院合作开展中国现代住宅研究，出版《1840—2000 中国现代城市住宅》一书，由吕俊华、张杰教授与彼得·罗教授编著，对我国近现代住宅建筑设计及其历史背景进行了较系统的回顾和总结，是一部研究中国住宅问题的必读之物。

　　总体看，中国当代居住社区的规划设计是从西方国家被动学习来的。19世纪中叶西方列强利用坚船利炮打开了中国的大门，进行强盗式的掠夺。现代城市规划和住宅建筑等理念和建设也开始输入国内。中国的房地产商、建造商及后来出现的中国建筑设计师在懵懵懂懂中，开始了中国现代住宅的建设，缺少思想的准备和主观的作为。虽然20世纪30年代花园城市的理论也被介绍进入中国，许多学者也呼吁兼收并蓄。但在国内混乱的情况下，真正有意识、有目的的现代居住社区的规划建设量很小，中国广大劳动人民的住宅问题没有真正得到重视和解决。

汪坦

《中国近代建筑总览·天津篇》

二、改革开放前的居住区规划设计

中华人民共和国成立后，我国实行社会主义公有制和社会主义计划经济。国家通过对私有住房的社会主义改造和发展公有住房，在短时期内将中华人民共和国成立前超过80%的住房为私有住房的形势迅速转变为几乎全部为公有住房的局面。从"一五"计划开始，在苏联援助和苏联专家的指导下，基本是照搬苏联的计划经济模式。在住房计划建设方面，也是学习苏联计划经济的定额指标和福利分配住房制度，由国家统一住宅建设计划和投资。在城市规划和住房规划设计上也是学习苏联的居住区规划理论体系和方法，包括住宅建造体系和标准图设计等具体做法。虽然后期与苏联决裂，但住宅制度和居住区规划设计机制方法一直延续到改革开放前，甚至一些观念对我们今天的思想还依然有着潜移默化的影响。

在这30年间，政治运动多，经济起伏大，可以划分为明显的二个阶段，是我国现代住宅规划设计的艰难起步成型期。1949年到1957年是国民经济恢复和第一个五年计划时期。中华人民共和国成立初期，各地建设了工人新村，大量的住宅建设

缓解了住房短缺的矛盾。如上海1951年启动建设、1953年完成的曹杨新村，采用邻里单位的规划理念和手法，取得了很好的效果。随着1952—1957年第一个五年计划的实施，住宅建设的重点转移到生产建设服务上，引进了苏联的住宅建筑标准、标准设计方法和工业化目标，规划布局以沿街周边围合式街坊为主。苏联居住区规划设计思想引入后，曹杨新村的规划设计被

吕俊华

张杰

《1840—2000 中国现代城市住宅》

曹杨新村一

曹杨新村二

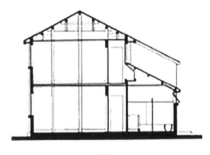

剖面

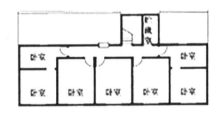

二层平面

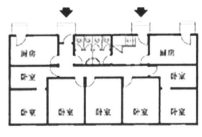

一层平面

曹杨新村住宅图纸

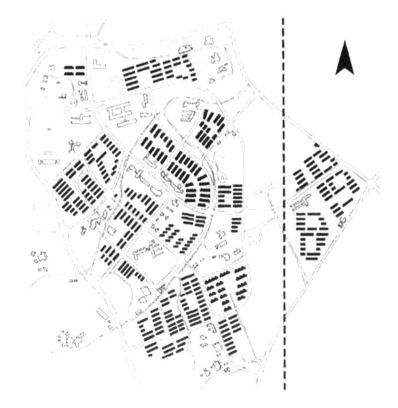

曹杨新村规划图

作为资本主义的规划思想的体现予以批判。这一时期逐步发展起来的福利分房的住房制度、住宅设计与技术规范等都成为以后 30 年中国住宅规划设计发展的基础。为了寻求符合中国国情的住宅形式，在中央"双百"方针的号召下，建筑师从标准、造价以及居民居住习惯和建筑形式等方面对住宅进行了有益的探索。当时西方正是国际主义流行的时期，其被看作资本主义的审美情趣。苏联提出了"社会主义现实主义"的建筑创作原则。新国家需要新的建筑形式，中国建筑师开始在中国建筑传统中寻求"社会主义内容、民族形式"。它在 1955 年受到批判之前，一些好的做法也被应用到住宅上，如北京有的高校住宅就采用了五花山墙、垂花门和窗楣等形式。"一五"后期，重工业优先政策造成产业发展失衡的问题逐步显现，在国家"先生产、后生活"的方针下，住宅建设标准第一次大幅下降。在这个时期，面对现实的经济局势，美学形式已经成为住宅设计的一个次要问题。住宅设计和建设领域出现了所谓比功能主义更要实际的态度，从而导致了以后相当长一个时期内住宅设计的贫乏。随着对大屋顶等民族形式的批判，围合式布局也受到批评。东西向住宅西晒问题突出，而且过于严肃，在当时北方地区没有供暖和空调的情况下，朝南的行列式布局成为主流。

1958 年到 1965 年是国民经济调整、整顿时期。住宅建设投资急剧下降，住宅建筑标准也下降到中华人民共和国成立以来最低的水平，节约成为住宅规划设计中压倒一切的原则。这时出现了大炉油田土打垒住宅设计。在北京、天津等地出现了个别"公社大楼"，每户没有厨房，一楼建有集中的食堂。从 1961 年开始的国民经济调整、整顿，使城市住宅发展再次回到理性的轨道。这一时期住宅设计领域开始了有关合理分室、分户问题的讨论，推动了各种小面积住宅的研究，居住区规划方面也出现了多种多样的形式。

随着人口的增长和落后的农业的发展，国家开始对用地实施控制，以保障粮食生产。由于土地紧张也影响了城市住宅建设，为了控制大城市规模、节约用地，国家开始在大中城市中鼓励建设高层住宅，并大幅提高居住区的建筑密度。这一时期继续推行住宅标准图设计和工业化，取得一定进展。但少有大规模的住宅成片建设，主要是调整充实和填平补齐，或结合重点改造过程做些安排，如北京前三门大街住宅等。到 1978 年改革开放前，由于长期执行先生产、后生活的方针和持续贯彻住宅的低标准，城镇居民的居住水平低下，人均居住面积只有 3.6 平方米左右，许多家庭没有独立的成套住宅，几代同屋，大龄异性子女同屋等现象普遍。全国几乎所有城市都出现了住房紧缺、分配不均等问题，住房制度改革势在必行。

三、改革开放至 2000 年的居住区规划设计

1978 年 12 月召开的中共十一届三中全会以解放思想、实事求是的指导方针，做出把党和国家的工作重心转移到经济建设上来，实行改革开放的伟大决策，中国从此步入一个崭新的历史时期。为了缓解当时住房极度紧张的矛盾，国家首先提出了发挥中央、地方、企业、个人四个方面的积极性的方针以加快住宅建设。同时，国门打开后，使我们能够了解和学习借鉴其他国家的经验。林志群在 1980 年《世界建筑》第二期上发表题为《从国外情况谈我国住宅建设》的文章，介绍了日本、美国、西欧各国、东欧与苏联，以及发展中国家住房建设的政策和做法，认为我国完全靠政府来解决住房问题是不可行的。1980 年 4 月，邓小平同志做了关于住房问题的讲话，指出了住房制度商品化改革的大方向，启动了我国的房改。通过最初的出售公有住房的实验，对住房是否商品化的讨论，开展"提租增资"试点，推广住宅套型、经济适用房建设，确定住房作为新的经济增长点，

北京大学公寓

北京大学公寓（1952 年）

北京景山宿舍大楼

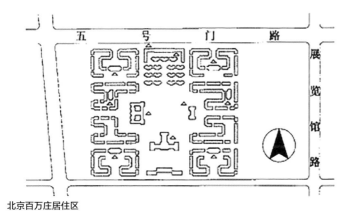

北京百万庄居住区

北京夕照寺小区

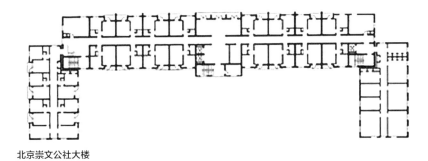

北京崇文公社大楼

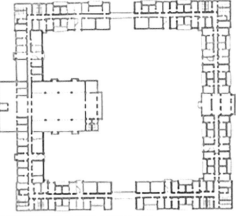

天津鸿顺里街道人民公社大楼设计方案

北京崇文公社大楼

天津人民公社大楼

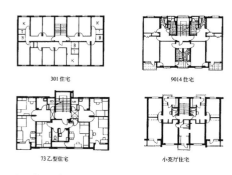

华北 301 住宅标准设计

从过道到小亮厅的变化，304 住宅、9014 住宅、北京
1973 年乙型住宅和小亮厅住宅

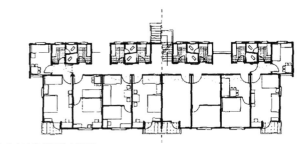

广东文冲造船厂住宅平面

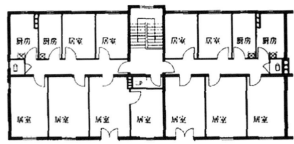

降低标准后的 55—6 住宅设计（303 住宅）

四川住标 74—5 住宅

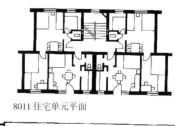

8011 住宅单元平面

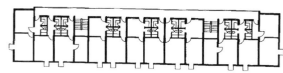

上海滩真人路外廊式住宅平面

天津 74 试 1 住宅单元平面（左）　黑龙江省 1974 年住宅方案（右）

北京洪茂砌块住宅

上海蕃瓜天井式住宅

北京幸福村小面积外廊式住宅

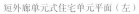

短外廊单元式住宅单元平面（左）　　　8014 住宅单元平面（左）　　　9014 住宅（清华 15 公寓）

改革开放前的住宅标准设计

建立公积金、物业管理制度等一系列改革措施，到 1999 年，以停止福利分房、全部转为货币分房为标志，我国住房制度改革基本完成，形成了具有我国特色、以市场化商品住房为主的现代住房制度体系。30 多年过去了，实践证明，我国住房制度改革总体上是非常成功的。通过停止福利分房，实施以市场为导向的住房制度改革，消灭了住房紧缺问题，大部分城镇居民居住条件得到改善，解决了 13 亿人口大国的住房问题，取得的成绩令世人瞩目。

改革开放初期，如何在有限的土地上解决更多人的居住问题成为住宅建设面对的一个关键问题，当时的建筑界就此展开多方位研究探索，包括加大住宅进深、提高层数、北向退台、加密布局等。20 世纪 70 年代末北京高层住宅以前三门为起始进入大发展时期，到 20 世纪 80 年代初已经有 300 多栋高层住宅。这一时期出现了关于高层住宅的争论。反对高层住宅的理由十分明显，即单位造价高、平面使用系数低、施工周期长、日常运维费用高、能源消耗大、环境效益及社会效益差。特别是对于北京这样的历史古都，以低层四合院为主，高层建筑会严重影响北京旧城的保护。另外，高层不是节地的唯一途径。反对派领军人为著名建筑大师张开济及北京建筑设计院顾问总建筑师刘开济。赞成者认为必须从城市建设的总体角度来衡量高层住宅的经济效益，现在电梯质量问题随着生产的改进可以解决，节约用地最主要的还是要增加层数，这是人多地少的国情决定的。这种论点今天看来是只见树木不见森林。20 世纪 80 年代初我国高层住宅刚刚出现，绝大多数人认为高层建筑就是现代化。而西方发达国家对大规模高层住宅得失的研究原本已经有了定论。虽然当时建设部和北京市分别发文件明确限制高层住宅建设，但没有什么效果。

随着住房制度改革的深入，对居住区规划和住宅建筑设计提出了新的要求。为了改变过去居住区规划设计千篇一律的情况，提高居住区规划设计和建造水平，建设部于 1986 年开始抓城市住宅小区建设试点。提出的目标是"造价不高水平高，标准不高质量高，面积不大功能全，占地不多环境美"。天津川府新村、济南燕子山小区、无锡沁园新村等三个小区是第一批试点，也被国家经委列为"七五"期间 50 项重点开发项目之一。在建设部专家指导下，在规划设计上突出以人为本的思想，通过精心规划、精心设计、精心施工、综合开发、配套建设和科学管理，使小区的施工质量、功能质量、环境质量、服务质量都有了很大的提高，还强调了推广科技成果，应用成熟的新材料、新工艺、新技术和新设备。首批试点成功以后，在全国范围内开展了试点工作，第二、三、四批试点共有 78 个小区。为把全国城市住宅建设总体质量水平提高到一个新的高度，在数量和质量上全面实现 20 世纪末我国人民达到居住小康目标，建设部决定在继续直接抓一部分全国性试点的同时，由各省、自治区、直辖市参照全国试点的做法，开展扩大（省级）试点工作。为实现建设部提出的 1997 年有 10%、2001 年有 25% 的新建住宅小区达到或接近试点小区的水平，建设部于 1995 年 4 月在上海召开试点工作会议，对扩大试点进行了部署。据统计，至 1996 年年底，全国有部级和省级试点小区 244 个。城市住宅小区建设试点对丰富和提高居住区规划和住宅建筑设计发挥了很好的作用。这一工作主要是靠各级领导重视、专家和规划设计单位认真负责、国有开发企业积极参与来推动的。试点小区规划设计上的成功经验总结如下：提高室外居住环境的质量，完善小区的使用功能，解决好交通组织和自行车停放，考虑社区管理和历史文脉延续。一些项目在居住建筑造型上进行了积极的探索，如第一批试点无锡沁园西村，着力体现江南水乡特色和常州地方特色，建筑造型和色彩采用粉墙黛瓦，营造小桥、流水、

1980年《世界建筑》第二期　　　　林志群文章

林志群（右一）

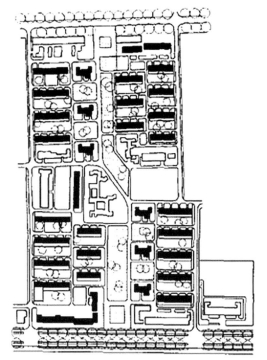

北京塔院小区总平面图

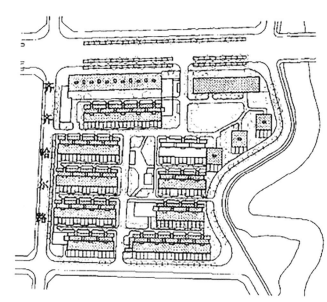

上海霍兰新村方案总平面图

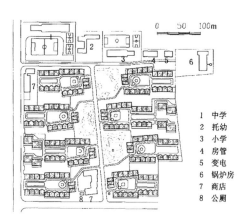

北京富强西里小区平面图

1 中学
2 托幼
3 小学
4 房管
5 变电
6 锅炉房
7 商店
8 公厕

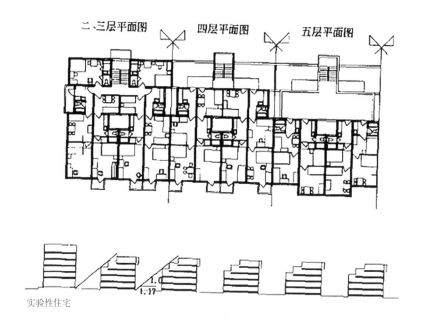

上海霍兰新村方案

张开济

刘开济

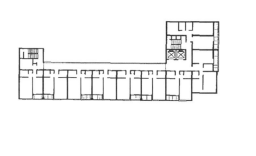
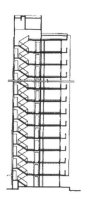
上海漕溪北路高层住宅图纸

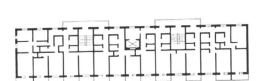

北京前三门住宅与图纸

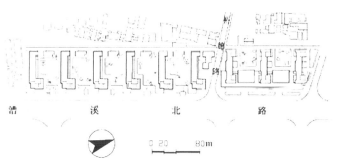
上海漕溪北路高层住宅与图纸

人家的水乡生活气息。

这时的住宅产业化以适应多样化需求为主。在1984年全国砖混住宅方案比赛中，清华大学的台阶式花园住宅获得一等奖。随后吕俊华教授主持研发的台阶式花园住宅体系，在天津川府新村和清华大学教工住宅区应用。1984年南京工学院开发的支撑体住宅（SAR）在无锡进行了实践。天津大学研发的低层高密度整体居住环境项目1980年在长江道居住区进行了试验。为了进一步推动住宅产业化，建设部1996年发布《住宅产业现代化试点工作大纲》和《住宅产业现代化试点技术发展要点》。作为具体措施，国家制定了"2000年小康型城乡住宅科技产业化工程"，发布了《2000年小康型城乡住宅科技产业化工程示范小区规划设计导则》，推动小康示范社区建设。

通过大学里居住区的实践、试点小区的实践积累和长期的科学研究，1994年我国第一部正式的《城市居住区规划设计规范》颁布实施。居住区（小区）规划于20世纪50年代后期从苏联引入，经过30多年的实践逐步成熟，形成了具有我国特色的居住区规划设计理论方法。《城市居住区规划设计规范》是建立在1964年原国家经委和1980年原国家建委先后颁布的有关居住区规划定额指标规定的基础上，但它已经尝试改变计划经济时期的一些要求和做法。虽然《城市居住区规划设计规范》努力适应市场经济下的房地产市场，但居住区规划设计从骨子里还是脱胎于计划经济，无法从根本上适应市场经济的需求。在这一时期，市场上出现了一些新颖的开发项目，如万科开发的北京、天津等地的城市花园等，虽然单体有很多新的类型，但依然是在居住区的模式内。学校里教授的也仍然是居住区规划，布局还是所谓的"四菜一汤"，与城市周围环境没有关系。1994年国家颁布了《城市新建住宅小区管理办法》，规范了物业管理。

这一时期跳出居住区规划设计模式的是菊儿胡同和苏州桐芳巷等项目，看上去有些另类。20世纪80年代吴良镛先生提出"有机更新"理论，主张按照城市内在的发展规律，顺应城市之肌理，通过建立"新四合院"体系，探求北京古城的城市更新和可持续发展。在1988年启动的菊儿胡同改造试点项目上得到成功实践，它所使用的是城市设计的方法，与传统居住区规划模式的出发点不同。该项目于1992年获"世界人居奖"。虽然北京菊儿胡同改造、苏州平江古城桐芳巷改造获得成功，但遗憾的是，这些项目始终没有作为成功范例被纳入居住社区规划教学体系，没有进行深入的分析研究。伴随着住宅制度改革和房地产开发的兴起，在20世纪90年代开始的以开发商主导的旧城改造和大规模住房建设再没有更多地考虑各地城市的

UDC   中华人民共和国国家标准   **GB**

P   **GB** 50180—93

城市居住区规划设计规范

Code of urban Residential Areas
Planning & Design
（2002年版）

1993-07-16 发布   1994-02-01 实施

国 家 技 术 监 督 局   联合发布
中 华 人 民 共 和 国 建 设 部

《城市居住区规划设计规范》

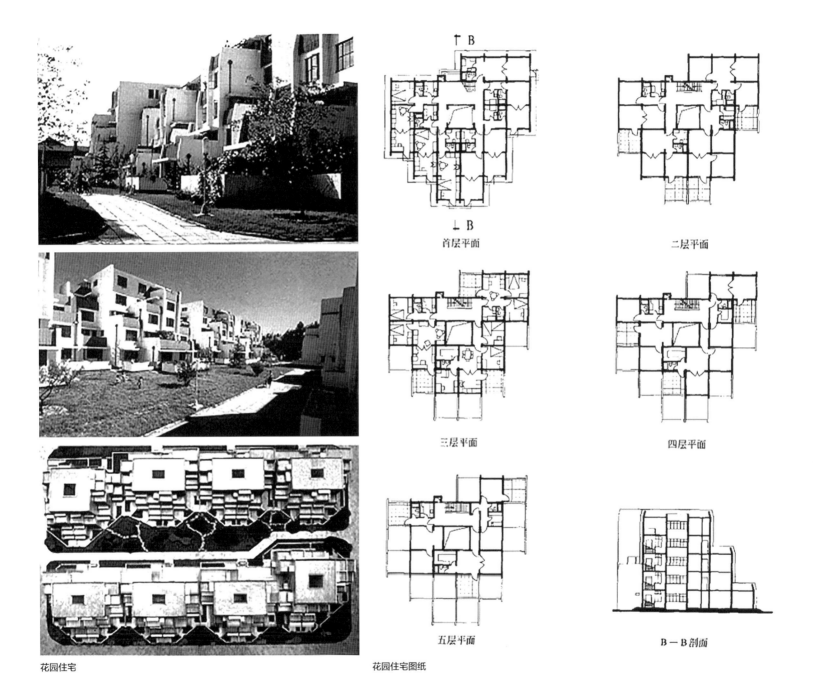

↑ B
⊥ B
首层平面

二层平面

三层平面

四层平面

五层平面

B－B 剖面

花园住宅

花园住宅图纸

支撑体单元

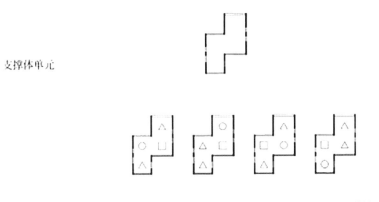

单位支撑体功能与
空间关系

□ 公用空间　　△ 专用空间　　○ 服务空间

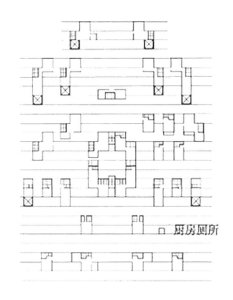

多样化户型例析

厨房厕所

南京工学院开发的支撑体住宅（SAR）图纸

南京工学院开发的支撑体住宅（SAR）

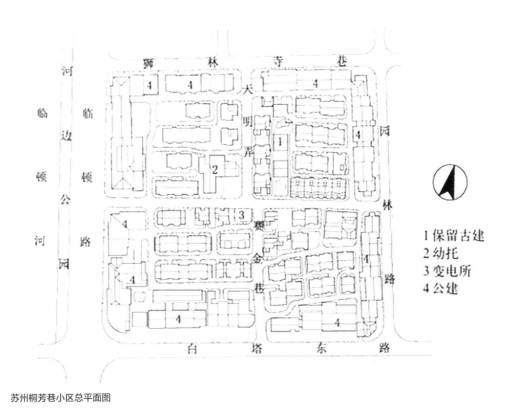

1 保留古建
2 幼托
3 变电所
4 公建

苏州桐芳巷小区总平面图

苏州平江古城桐芳巷改造一

住宅外观（2）

苏州平江古城桐芳巷改造二

传统建筑形式的应用——月亮门

小区入口

北京西坝河高层住宅"Y"形平面

（典型的"Y"形平面，一梯七户，平均每户建筑面积64平方米，做到户户朝阳。交通面积较小。因此平面利用系数比较高。）

上海爱建大厦高层公寓"蹲蛙形"平面

（一梯六户，平均每户建筑面积92.62平方米，1984年建成。这座高层住宅是为了解决华侨、侨眷、港澳及台湾同胞回国定居而设计建造的。因此，标准比较高，厨房卫生间宽敞舒适。）

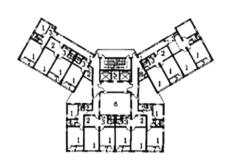

1　居室
2　前厅
3　厨房
4　厕所
5　配电
6　内院
7　阳台
8　垃圾间

上海中山南路二十层住宅"Y"形平面

（另一种"Y"形平面，一梯九户，每户平均建筑面积59.93平方米，标准较低，但尽可能地满足了朝阳的要求，符合20世纪80年代中期"节约用地"、"提高居住人口密度"的设计思想。）

上海乌路镇高层住宅"井"字形平面

一梯八户，平均每户建筑面积58.21平方米，80年代中期在上海乌路镇路旧城改造中由于拆迁密度很高，对再安置形成了巨大压力，于是采用了高层、高密度的方法，建造住宅群以解决问题。

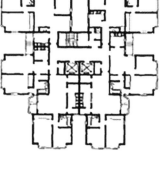

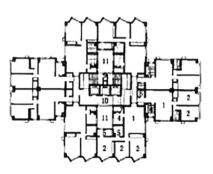

1　起居室
2　卧室
3　餐厅
4　厨房
5　浴室
6　厕所
7　贮藏
8　空调器
9　垃圾间
10　电梯间
11　天井

上海雁荡大厦"十"字形平面

（上海第一幢合资兴建的高层公寓，锯齿形的窗户改善了房间的朝向，住宅标准较高，除了有宽敞的起居空间，有的套型还设计了双卫生间，这在80年代中期的住宅设计中还不多见。）

高层住宅"蝶形"平面

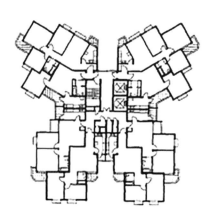

高层住宅平面图一

高层住宅平面图二

历史文脉、肌理以及民居优良传统保留和发扬的课题，而是完全按照现代主义的规划思想，以及计划经济模式的居住区规划设计方法实施了人类历史上最大规模的住宅和城市建设。

四、2000 年以后的居住区规划设计

进入新世纪，住房货币分配制度和银行按揭贷款开始普及和深入人心，个人成为商品住房销售的主体。住宅建设数量规模急剧扩大，房地产开发企业成为住房建设的主体，房地产业成为支持经济增长的支柱产业。虽然波动比较大，到目前十几年间经过数次调控，抑或控制增速和房价以避免过热，抑或刺激消费以去库存、拉动经济增长，但是从结果看，成绩是巨大的。这一时期，我国城市居民平均人均居住建筑面积提升迅速，1998 年我国城市居民人均住宅居住面积 9.3 平方米，到 2016 年人均住宅建筑面积达到 36 平方米，户均超过一套住房。商品住宅的设计建造和技术水平得到进一步提高。当然，问题也比较明显，住宅建设量依然比较大，存在金融风险，房价不断攀升，造成分化严重，仍然存在住房困难家庭，而广大中产阶级，即所谓"夹心层"买不起或买不到合适的住房。另外，商品住宅的开发成为主导城市规划建设和城市结构形态的主导力量，导致城市病的产生。

这一时期住宅的规划设计形成了建立在控制性详细规划基础上、以开发项目为主的习惯做法。需求多元化、投资市场化、政府职能的调整等因素促使居住区规划建设由政府主导转向市场主导。以政府为主导的传统城市住宅小区建设试点的方法已经无法适应市场化为主的房地产开发的大形势。为适应土地出让和新区开发建设，上海等城市借鉴国外和我国香港特区的经验，率先编制了控制性详细规划。控制性详细规划适应了新形势的要求，迅速得到推广普及。房地产开发企业作为市场主体，

通过招拍挂获得居住用地逐步成为常态。获得土地后开发企业主导项目的前期规划设计、建设销售和竣工验收入住，包括后期维修物业等全过程。实事求是地说，这段时期的城市规划工作是加强了。基本所有城市都编制完成了城市总体规划，控制性详细规划覆盖率提高。同时，为应对房地产开发，很快形成了一套成熟的规划管理机制。城市规划编制单位编制控制性详细规划，居住区控规主要还是以居住区规划设计规范和相应规定为依据；城市规划管理部门依靠批准后的控制性详细规划和居住区规划设计规范以及相应日照、间距、停车等规定核提土地出让的规划设计条件；土地管理部门对土地进行整理，编制出让方案，经政府批准后将土地使用权挂牌出让。房地产开发企业通过招拍挂获得土地后，委托规划和建筑设计单位按照土地出让合同、控制性详细规划和居住区规划设计规范、住宅建筑设计规范等各种规范和国家标准，编制修建型详细规划和建筑设计方案，获得批准后组织实施。建筑设计单位按照批准的规划，进行建筑方案设计和施工图设计，按时完成设计，保证项目开工销售为主要目标。在进行修建型详细规划和建筑设计方案审查和审批时，城市规划管理部门只能依靠控制性详细规划、土地出让合同、规划设计条件和建筑管理技术规定等进行居住区修建性详细规划和住宅设计的审批管理，没有其他成熟应对的规划管理办法，更多的发言权可能是对配套位置、建筑的立面提出意见。开发商以利益最大化为目标，一方面提高了住宅房型、单体建筑的建筑设计和建设质量水平；一方面追求规模效益，超大楼盘、高楼林立、保安把守的封闭小区成为今天商品住房的主流形态。

市场化和公平竞争使得居住区规划和住宅设计呈现出多样性的好局面，住宅设计建造由"数量型"进入"质量型"阶段。产品的竞争推动了住宅设计建造水平的提高、设备部品的完善，

我国住宅整体水平取得进步，住宅产业现代化进入新的阶段。小康住房是面向21世纪初的大众住宅，作为我国住宅产业未来发展的方向，建设部在2001年提出10条标准：①套型面积稍大，配置合理，有较大的起居、饮食、卫生、贮存空间。②平面布局合理，体现食寝分离、居寝分离原则，并为住房留有装修改造余地。③房间采光充足，通风良好，隔声效果和照明水平在现有国内基础标准上提高1～2个等级。④根据饮食行为要合理配置成套厨房设备，改善排烟排油通风条件，冰箱入厨。⑤合理分隔卫生空间，减少便溺、洗浴、洗衣和化妆、洗脸的相互干扰。⑥管道集中，水、电、煤气三表出户，增加保安措施，配置电话、闭路电视、空调专用线路。⑦设置门斗，方便更衣换鞋；拓宽阳台，提供室外休息场所；合理设计过渡空间。⑧住宅区环境舒适，便于治安防范和噪声综合治理，道路交通组织合理，社区服务设施配套。⑨垃圾集装化，自行车就近入库，预留汽车停车车位。⑩有宜人的绿地和景观，人均绿地面积达到0.8～1平方米。这些当时制定时觉得有难度的标准今天都基本实现了，有些方面如绿色生态建筑，甚至超过了这个标准。同时，全装修住宅逐步普及。住建部2002年出台《商品住宅装修一次到位实施细则》，明确：所谓全装修，是指房屋交钥匙前，所有功能空间的固定面全部铺装或粉刷完毕，厨房与卫生间的基本设备全部安装完成。2008年7月，住建部发布《关于进一步加强住宅装饰装修管理的通知》，鼓励和推进一次性装修住宅。随着人民生活水平的提高和住宅产品质量的改善，精装修交房越来越成为趋势。

在经济社会大的环境背景下，居住区规划设计表现出一些新的情况和特征，并在不断演变。首先，居住区选址向城市外围和郊区延伸。随着老城区改造的不断推进和拆迁难度增大、成本增加，新的居住区开始逐步向城市外围和郊区延伸。私人小汽车的逐步普及也应和了这一趋势。在这个过程中，经历了交通基础设施、公共服务设施、就业岗位相对滞后带来的问题。一些城市新建的居住区规模过大，功能单一，成为卧城，不仅生活配套缺失，降低了生活的方便性和舒适度，而且每日早晚形成钟摆式交通，造成交通拥挤。如北京回龙观、天通苑，以及天津梅江南等。近期，随着房地产向三、四线城市，包括城镇的普及，商品住宅项目呈现区域化趋势。随着特大城市房价的高企，跨区域购房出现。如北京的白领到河北北三县（廊坊市的三沙市、大厂回族自治县以及香河县）和天津武清购房置业，跨区域通勤。另外，向城市中心的回归，类似国外"贵族化"趋势。好地段的项目特别是学区房，房价攀升。其次，楼盘出现大型化趋势。城市外围和郊区有成片的土地，开发项目大盘化具有规模效益，容易形成品牌效应。以上提到的回龙观等项目是不得已而为之，而大盘项目是开发商有意而为之。由于缺乏与城市的协调，一些大盘用居住小区的规划手法规划大型居住区，形成一个独立王国，拒绝一些城市道路穿过，造成居民出行不便，也使城市路网过稀，社区功能单一。为了规范土地出让，2009年国土资源部规定单宗出让居住用地大城市不得大于20公顷、中等城市14公顷、小城市（镇）7公顷，而且不得捆绑打包出让。虽然对超大楼盘有所控制，但20公顷已经是大小区，由于没有与社会管理很好地衔接，后期许多大的小区普遍产生了物业管理的问题。第三，居住环境质量成为规划设计的核心。随着居住水平的提高，人们除去对住宅本身的要求提高外，对居住环境的要求也越来越高，小区绿化环境成为开发商的卖点，促进了居住区景观设计的发展。由于一般开发项目采取封闭的物业管理，因此居住组团的概念弱化，更强调均好性，除宅前屋后绿化外，一般将绿地集中布置，绿化景观效果更加明显。随着停车标准的提高，普遍采用地下停车，实现人车分流的同

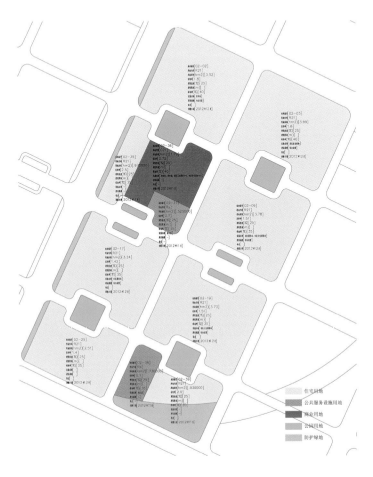

贝肯山控制性详细规划图

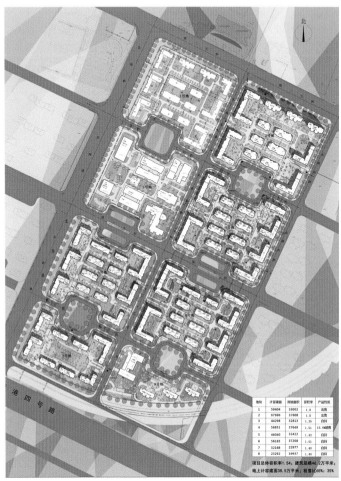

贝肯山项目规划方案设计

贝肯山高层建筑单体效果图

贝肯山公共建筑单体效果图

万通生态城新新家园

时，也为地面绿化环境的设计创造了好的条件。第四，用地容积率不断提高，高层住宅成为住宅建筑主要类型。在市场化初期，为满足多种需求，居住建筑和居住区类型呈现出多样化，包括独立住宅、双拼住宅、叠拼住宅、多层花园洋房、高档别墅、高尔夫别墅、豪宅等。随着国家对高尔夫和别墅用地停止供地，以及"90/70"政策等，商品住房集中到普通中高档住房上。容积率提高具有规模效益，政府也乐见土地出让金提高。容积率提高后，要满足绿地率、停车等指标，建设高层住宅是最可行也是最省事的方式。这造成居住区规划设计简单化，一堆高层建筑散落在地上，俗称"种房子"，不考虑城市整体环境景观，缺乏空间景观特色。第五，绿色生态建筑和社区趋势开始逐渐普及。随着可持续发展和生态环保理念的深入人心，以及居民对健康的关注，许多小区在规划之初就重视生态环境保护和营造，比当初只为营销而做的盆景式景观有很大的提升。规划注重对自然地形地貌、山体水系和原生树木的保护，在绿化中加大植物种植的覆盖面积，加大绿量，精心配置植物品种，注重景观性的同时注重生态性。注意利用适应本地气候、土壤的花草和树木，保证成活率，降低成本。结合居民的生活需要，提供丰富多样的小型步道、活动场地与设施。与此同时，越来越多的居住小区依靠新技术，如中水回用、雨水收集、地源热泵、太阳能利用、垃圾分类和生化处理等技术，在节水、节能、减排等方面取得实效。如中新天津生态城住宅全部执行绿色建筑标准，包括管道垃圾收集、智能电网等。第六，更加关注居住文化和建筑品质。在市场化之初，大量不符实际、铺天盖地的房地产广告充斥着市场和人们的脑海，建筑造型华而不实，品质不高。随着市场的成熟，目前客户更加关注住宅的区位、配套和功能，特别是住宅的品质。开发商也把注意力放到产品的质量上。一些中高档项目开始突出居住文化内涵，以及居住

建筑设计创作和景观设计。有的住区通过建筑设计、环境设计，塑造特定生活场景。有的通过开放式规划手法，居住区空间与城市空间相互渗透，形成繁华街区生活。第七，住宅保障与社会融合。由于住宅价格大幅上升，从2005年开始，政府加大市场干预力度，并逐步建立健全社会保障体系，相继出台了一系列政策，形成了由廉租房、公租房、经济适用房、限价房、普通商品房、高档商品房等构成的多元住房供应体系，改善市场供应结构，以平衡不同人群的居住需求，促进社会和谐发展，标志着我国住宅建设进入成熟期。同时，改革集中建设廉租房等做法，积极探索满足中低收入家庭在公共设施、交通服务、就业机会等方面的需求，推动社会交往与融合，避免社会隔离。如国家取消了廉租房，将其纳入公租房中。北京等城市在商品住宅土地出让条件中增加了公租房、两限房配建比例的要求。天津滨海新区针对自身外来人口多的情况，推出了面向非户籍人口的定单式限价商品房这一新型保障房类型。

这一时期的社区规划设计也明显受到有关政策影响。在国家出台的一些房地产调控政策中，有些政策涉及住宅的规划设计，如不许建设别墅、"90/70"政策等，对居住区规划设计也产生一定的影响。2003年国土资源部第一次叫停别墅用地，在其发布的《关于清理各类园区用地、加强土地供应调控的紧急通知》（国发〔2003〕45号）第四条规定"停止别墅类用地供应"。同年，国土资源部发布《关于加强土地供应管理促进房地产市场持续健康发展的通知》，表示今后我国将严格控制高档商品住宅用地，停止申请报批别墅用地。2006年，国土资源部下发"关于当前进一步从严土地管理的紧急通知"，要求自5月31日起，我国一律停止别墅类房产项目供地和办理相关用地手续，并对现有别墅进行全面清理。2012年国土资源部和发改委联合印发《关于发布实施〈限制用地项目目录（2012年本）〉

和〈禁止用地项目目录（2012年本）〉的通知》，此前发布的2006年目录和2009年增补目录同时废止。根据这一最新规定，别墅类房地产项目首次列入最新颁布实施的限制、禁止用地项目目录。住宅项目容积率不得低于1.0 。在这一政策限制下，许多开发商为了保留产品的多样性，在一个项目中经常出现低层双拼或联排住宅与高层住宅并行布置的规划方案。2006年出台的《关于调整住房供应结构稳定住房价格的意见》，要求自"凡新审批、新开工的商品住房建设，套型建筑面积90平方米以下住房（含经济适用住房）面积所占比重，必须达到开发建设总面积的70%以上"，即"90/70"政策，许多城市将这一条款写入土地合同。这一要求也造成项目内户型的单一，缺少变化。2015年国土资源部、住房和城乡建设部联合下发了《关于优化2015年住房及用地供应结构促进房地产市场平稳健康发展的通知》，明确"在建商品住房项目，在不改变用地性质和容积率等规划条件前提下，房地产开发企业可以适当调整套型结构""对不适应市场需求的住房户型做出调整"。这实际上取消了"90/70"限制，将满足合理的自住和改善性住房需求，改善需求在相当程度上也是刚需。

　　总体看，虽然这个时期只有十几年时间，但居住社区规划和居住建筑设计发生的变化是巨大的。在这个过程中，市场发挥了主导作用。尽管一些有作为的开发商、规划设计师和建筑师在实践中也进行了有益的探索，中央政府住房和规划主管部门适时进行指导，学术界进行了大量的研究探索，但与规模巨大的开发相比，没有能够起到主导作用。比如，在开放社区方面的探索没有扭转总体的趋势。小区的封闭式物业管理为居民创造了一个安全、舒适、整洁的社区环境，得到市场的认可。但随着开发项目规模的扩大、封闭管理的范围扩大，给小区内外居民造成了极大的不便，也使各类公共设施难以充分利用，

城市街道空间冷漠，城市交通受到路网过低的影响。万科作为有社会责任的企业，进行了开放社区的探索。深圳万科四季花城是一次成功的尝试。通过采用街坊、组团作为较小的封闭单元，形成相对开放的街区形态。社区空间对外开放，使地区交通更加便捷，也可以使配套设施商业获得更多的客户和营业额。街道空间更为丰富，为居民提供了多样性的生活交往场所，使城市和社区的关系更加和谐。当然，对居住区规划设计的改变是综合性的，包括社会管理改革、相关法律法规的改革创新等，单方面的力量很难有大的作用。《城市居住区规划设计规范》是居住区规划设计的基本法律文件，自1994年实施以来没有做大的调整。2002年，针对我国社会经济发展和市场经济改革中出现的新问题，对《城市居住区规划设计规范》进行了补充调整，部分标准有所提高，对涉及法律纠纷较多的条款提出了严格的限定条件，在使用规范过程中需特别加以注意。本次修订主要包括以下几个方面：增补老年人设施和停车场（库）的内容；对分级控制规模、指标体系和公共服务设施的部分内容进行了适当调整；进一步调整完善住宅日照间距的有关规定；与相关规范或标准协调，加强了措辞的严谨性。一些地方为了推广开放社区规划，制定了一些地方规定。如2009年上海规划和国土资源管理局发布《上海大型居住社区规划设计导则（试行）》，强调居住社区和开放街区规划等内容。2016年《城市居住区规划设计规范》为了纳入海绵城市等内容再次进行了局部修订。

　　另外，重视老旧和延年社区整治改造是这一时期值得充分肯定的突出现象。对存量住宅进行整治维护是城市的基本任务，实施小规模动态更新，这样才能使城市居住环境和质量长期保持在较高水准上。我国从近现代以来，包括中华人民共和国成立后，一直缺失了这一机制。改革开放后，天津在震后重建中率先开始对老旧楼房进行整治，破墙透绿、"穿鞋戴帽"，城

天津万科城市花园

天津万科城市花园鸟瞰图

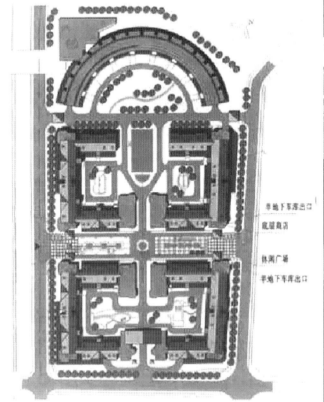

深圳万科城市花园平面图

深圳万科城市花园鸟瞰图

深圳万科四季花城一

深圳万科四季花城平面图

深圳万科四季花城二

深圳万科四季花城鸟瞰图

深圳万科四季花城三

市面貌得到改善。随后在全国许多城市得到推广。进入新世纪，对旧楼房的整治不仅局限在外檐、增加坡屋顶等内容上，而是开始从功能上改善和深入到小区内部环境整治。如天津市从2012年开始，针对老旧楼区房屋配套设施老化、居住功能下降等问题，实施中心城区旧楼区居住功能综合提升改造，连续四年将其列入全市20项民心工程。主要内容包括"一个箱""两道门""三根管""四个化""五功能"及其他项目，即：更新补设信报箱；安装楼栋门和小区门；改造居民户内自来水管，改造燃气管(燃气户管、燃气灶具连接管)和排水管；甬路平整化，在具备条件的小区安装体育锻炼器材，实现健民设施普及化、楼间环境规范化(拆除违法建筑物、构筑物及设施，清理燃气、消防等设施占压和楼间杂物)、非机动车停放集中化；屋面防水，供热计量节能，供电安全保护，楼道照明及相关设施整修，垃圾设施修复；在具备围合条件的小区安装视频监控系统，推动旧楼区住宅电梯的更新改造和维护，相关区人民政府可结合实际，自行选择安排增加整修项目。经过四年奋战，累计提升改造旧楼区2186个、6920万平方米、113万户、340万居民受益。2017年天津市委市政府决定利用三年时间开展中心城区老旧小区及远年住房改造。目前，《中心城区老旧小区及远年住房改造工作方案》经市政府第86次常务会议审议通过。根据工作方案，此次改造范围主要是老旧小区和远年住房。老旧小区主要指20世纪末前建成、房屋及其设施设备老化、建设标准不高的住宅房屋。远年住房特指1999年12月31日前建成的商品房、少量公产房等。经相关职能部门与各区协同配合、逐项甄别，共涉及3069个片区、22 496幢、128万户、8310万平方米，其中老旧小区2127片区、14 986幢、108万户、6665万平方米；远年住房942片区、7510幢、20万户、1645万平方米。改造将集中解决中心城区老旧小区及远年住房在安全设施、服务设施、公共设施和外部环境四类功能方面存在的问题，包括消防、电梯、二次供水、老化线路和配电箱、燃气、路灯、井盖、甬路、围墙、阳台及外檐、严损房屋11大类、29项、76子项问题。根据存在问题数量，将列入改造计划的片区划分为Ⅰ、Ⅱ、Ⅲ三类。同时，由各职能部门划分为紧急(红色)、一般(橙色)两个等级，按照轻重缓急实施改造。

五、当前居住区规划设计存在的问题

今天，中华人民共和国成立已近70年，改革开放40年，虽然在中华五千年文明历史的长河中只是一瞬间，但发生的变化、取得的成就将永垂青史。通过住房制度改革，发展房地产市场，发挥国家、企业、单位、家庭及个人几方面的力量，在短短30多年的时间里，中国较好地解决了13亿人的居住问题，这在世界人居环境建设史上是一个旷古的人间奇迹。取得这样的成绩，依靠党的领导、中央政府的决策，与广大开发商和开发企业、规划设计人员和城市规划管理人员的共同努力分不开。在肯定成绩的同时，我们清楚地认识到在住宅领域、房地产领域，包括居住区规划设计领域，还存在许多的问题和矛盾，有一些是深层次、非常严重的问题。虽然瑕不掩瑜，但是，为了找准未来发展的方向，我们需要正视和把握症状，对症下药。我们这里关注的重点在居住区规划设计方面，通过对城市居住区存在问题的客观分析，从实践和理论两个方面梳理居住区规划设计的不足和缺陷。当然，造成这些问题的根源绝不仅仅是居住区规划设计的问题，原因是多方面的，涉及思想观念、住房制度、法律法规、城市规划编制和管理、社会治理等众多方面，需要追根溯源，进行综合分析。

目前，我国社会主义市场经济体制已经初步建立，房地产业蓬勃发展，每年住宅建设量巨大，但我国居住区的规划设计理论和方法上一直没有大的改进，依然使用的是计划经济特色和现代主义特色鲜明的住房政策、居住区规划理论方法，包括规划管理，具体代表即1993年颁布、1994年开始实施的国标《城市居住区规划设计规范》，以及各个城市制定的《城市规划管理技术规定》。实际上，美国和西方发达国家从20世纪60年代就开始批判现代主义的大规模旧城更新和住宅区建设的规划设计模式，简·雅各布斯的《美国大城市的死与生》开始了这场运动，到20世纪70年代逐步形成共识。虽然改革开放后这些理论观点就被引入国内，21世纪初这部著作的中译本出版，但我们没有真正理解和体会其中的道理。在这样的机制下，经过长时期的建设发展，一方面，我国城市规划和建设取得巨大的成绩，城市功能不断完善，城市发展日新月异，居民的居住水平和生活水平不断提高。另一方面，除住房价格高于居民家庭实际收入等社会问题外，也暴露出了严重的城市综合征，大病是交通拥挤、环境污染、城市特色缺失、千城一面，中病是城市空间丢失、环境品质不高、建筑质量差、配套不完善，小病是建成的小区，不论是保障房还是商品房，缺乏邻里交往和社会治理空间，面临停车难、卫生差等物业管理问题。小病不致命，但量大面广，影响深远。我们把以上这些表象问题进行深入分析，可以发掘出我国居住区规划设计目前存在的深层次问题，包括居住区规划理念和方法、城市规划设计编制、规划管理、相关标准和法律法规以及社会经济政治发展阶段等方面众多的原因。

第一个问题是居住区规划设计没有以人为中心，没有设计出宜居的室内外空间环境和场所。我们已经习以为常的居住区规划设计模式实际存在重大的缺陷，最突出的问题是住宅的设计采用低标准、大规模建造，居住区规划设计对住宅类型的多样性重视不够，对人、家庭的关注不够，对居民生活的考虑不周，更没有对居民个性加以考虑，见物不见人。特别缺乏对多样性的邻里交往场所的设计，这个问题是多年来积累下来的最严重的问题，是造成目前许多居住区中物业管理矛盾、缺乏邻里交往的主要原因之一，也是未来居住社区规划必须要提升的主要内容。当然，这要在以人为本的发展理念、对住宅认识的理解、社会治理改革以及整个城市文化和居民文明水平提升的大环境下进行。重要的是现在我们已经有了城市住房不再短缺的物质基础。

我国从19世纪中期进入近代社会开始，在从封建社会向半殖民地半封建社会演进过程中，随着社会经济变化，大家庭瓦解，小家庭出现，住房短缺一直是城市面对的主要问题。即使在租界内，除少数高档住宅外，大部分劳动人民的居住条件也很差。最初是一些临时搭建的棚户建筑，后来房地产发展起来，面向大众的是由传统合院住宅演变而来的旧里弄式住宅——石库门等，建筑过于密集，很快变成了多家混居的状态，而且这种状态延续了数十年。1958年创作的上海滑稽戏《七十二家房客》，就发生在20世纪40年代上海的一栋石库门房子里。正如台词所说"房间小得像白鸽笼，房客都像进牢笼"。这种长期持续的住房短缺状况造成大众住房短缺心理和集体潜意识。中华人民共和国成立后，实行公有制和计划经济，政府要在短期内解决长期以来积累下来的住房短缺问题，只能依靠低标准、大规模工业化建设。在计划经济和福利分配思想指导下，考虑定额指标、日照间距和分房的平均主义等因素，以及当时缺少集中供热等具体条件，居住小区规划布局逐步发展成以标准单元组成的基本相同的条状多层住宅，行列式布局为主，生活服务设施按照居住区配套千人指标设置。为节省投资、降低造价，住宅设计采用标准图，只能满足最基本的功能需求，建筑外形简洁。虽然住宅标准过低，人均居住建筑面积8平方米左右，但单元住房具备了卧室、厨房、厕所等现代住宅的基本功能和良好的采光通风条件，与大杂院棚户区相比已经是天壤之别。即使这样的低标准，政府主导的大规模居住区建设也没有解决住房短缺问题，受经济实力、"先生产、后生活"的主导政策和各种运动影响，建设量与巨大的需求相去甚远。改革开放前的1978年我国城市人均居住建筑面积只有3.6平方米，比中华人民共和国成立时人均4.5平方米还要低。因此，大量的居住需求通过住户自己加建改造存量房来解决，包括所谓的私搭乱盖。北京四合院的变化最具代表性。著名作家刘桓1997年创造的小说《贫嘴张大民的幸福生活》就是以四合院演变成的大杂院为背景的，后来拍成脍炙人口的电视连续剧，反映出当时全国普遍存在的住房困难。

真正解决住房短缺的是改革开放和社会主义市场经济这场伟大的运动，现代主义建筑思想和大规模工业化生产是主要方式，虽然这一运动是由房地产开发企业以市场化运作的形式出现。改革开放初期，我们首先接触的是现代主义建筑思潮，强调功能决定形式，装饰是罪恶。现代主义运动将住宅看成居住的机器，要求标准化、速度快、效率高、低成本。源于苏联居住小区的居住区规划主要的特点就是规模化、标准化和简单化。居住区规划设计模式可以说与现代建筑运动和功能主义在思想本质上一脉相承，因此在当时的学术界也获得认同，延续下来，少有疑问。高校和设计院所一直进行居住区规划设计以及住宅设计理论和技术的研究教学。经过多年探索，我国居住区规划设计规范和住宅设计规范相对也比较完善。所以，在房地产起飞的20世纪90年代颁布实施了《城市居住区规划设计规范》。客观地讲，这一规范与房地产开发商追求规模效益的路径是高度一致的。房地产开发商为了市场营销，制造规划设计的各种噱头，在小区规划和住宅建筑设计上有许多的变化和说法，但

大规模生产、密集居住的基本居住区模式没有改变。大规模房地产开发最缺乏的是对住宅的使用者、住宅的主人作为个体人的尊重。现在回想起来，实际上，20世纪80年代末，后现代建筑理论思潮和多种社会科学理论已经传入中国。清华大学汪坦教授为建筑学院研究生开设《现代建筑理论》课程，他不仅讲解文丘里的《建筑的复杂性和矛盾性》，讲解具有古典符号的后现代建筑，而且也讲了这些发生在西方后工业时代现象的思想和哲学根源，包括皮亚杰的《结构主义符号学》等论著，推荐我们读恩斯特·卡西尔的《人论》。当时，我们知其然不知其所以然。我们也听到发达国家对现代主义建筑的批判，但无法真正理解其对城市和建筑多样性的危害。

《城市居住区规划设计规范》确定的居住区、居住小区、居住组团三级结构自成体系，是对城市结构形态的错误理解，它把人的生活与城市割裂开来。如果说邻里单位规划理论是以人的行为特征为出发点的话，到苏联的居住小区，虽然表现上延续了邻里单位理论，但实质上已经发生变化，不是以人为主，而是以物为主。而扩大小区，则是因为当时苏联建设的小区配套设施总是滞后于居住小区建设，因此试图通过扩大小区提高配套效率。我国将居住小区扩大到居住区，主要是当时住宅区建设规模一般都大于小区规模，为了方便配套而形成居住区级定额指标的考虑，不是以实际城市的真实状况为基础的。实际上，一个数万人口的所谓居住区，已经是一个城市，它一定比一个居住区更丰富多彩。过去，在计划经济时代，居住区规划首先要进行修建性详细规划。虽然单体类型不多，但还是要对组团、小区、公共设施、绿化环境进行具体的设计，力求配套完善，生活方便，景观丰富有变化。如天津体院北居住区的规划，没有生搬硬套居住区规划方法，而是通过认真巧妙的设计创造了丰富方便的城市生活环境。后来，随着房地产开发的兴起，

控制性详细规划成为主要的开发控制方法。一般情形下，控制性详细规划按照《城市居住区规划设计规范》和千人配套指标，简单划分路网和地块，确定配套用地位置，缺乏设计过程，没有考虑自然地形、地理环境和历史连续性等多种因素，很难从人的角度、从城市设计入手，来考虑居住区和城市空间的丰富多样性。到了居住小区和街坊地块开发层面，在目前的房地产开发模式下，房地产开发商是最先到的主导者，在前期规划设计阶段购房者和社区管理者还没有确定。开发商也在讲以人为本，考虑住宅的多样性，但这主要是以商品房的销售为目标。有的小区的绿地设计建造得像盆景花园一样，但生活并不方便；虽然满足千人指标的要求，但配套设施不完善，分散凌乱，没有形成集中的邻里或社区中心。现在规划部门在审查居住规划时也邀请民政部门等相关部门参与，但没有真正形成合力。造成这种状况的客观原因还有许多，主要的原因是没有居民和社区的公众参与，开发商操纵了居民的生活。

聚居是人生存的需要，也是社会生活和心理的需要。我国古代孟母择邻而居的故事脍炙人口，远亲不如近邻是中华民族的优良传统。在现代社会，人更倾向于封闭，这有住宅配套水平提高和信息技术进步的副作用的原因，也有现状居住环境造成的压力。居住区模式将过多过密的人群聚集在一个封闭的空间中，给人带来心理和生理的影响，实际上妨碍了邻里交往。从心理学角度分析，人需要交往，但过多过密的人群使人忌讳交往。从空间心理学角度分析，人有自己的私密空间和安全距离，人、家庭的交往需要相应的空间，邻里交往需要灰空间或半私密空间。亲朋好友交往需要家庭的厅堂空间，住宅标准化，没有展示的内容和心情，而单元内的两三户人家又由于局促的电梯、楼梯过道空间难以交往。目前主要的交往形式是小区内花园绿地和儿童游戏场，限于老人、儿童及家长间。即便有的

高档小区有会所，住户也很少自主交往。形成这种状况的主要原因之一就是居住区规划设计没有创造适宜的空间场所。人生如一出戏，人居住的社区就是一个舞台，有各种场景。邻里交往也是由发生在各种场景中丰富多样的生活产生的，是自然的反应。私家院落、里巷、街道、公园、运动场、广场、业主委员会的大房子等，都是交往的场所，有各自的功能。街道空间包括各种服务设施，如小超市、咖啡店、私人诊所、理发美容店、宠物店等，人们在此碰面交流。公园的意义远远大于封闭居住小区内的绿地花园，不仅可以游玩，还可以邂逅路人，谈情说爱。幼儿园、小学、中学都是社区中重要的交往场所，社区也是孩子们学习成长的地方。所以居住社区规划设计的关键应该是创造丰富的居住和城市空间场所。因此，必须改变目前居住区规划十几栋高层住宅围合一个绿地这种大规模重复、标准化和简单化的过时做法。居住区规划一定要以人为本，设计多样化的住宅类型、多样的空间环境、多样的场所。我们已经进入后工业化时代，信息化已经使定制的、具有个性的住宅产品成为可能。不一样的人、不一样的家庭应该住在不同的房子里。这是一个非常关键的大问题，我们在后边的论述中还要重点讨论。

第二个问题是居住区与城市的关系被割裂。从居住区外部看，我国目前城市居住区过于内向封闭，许多超大封闭小区无视周围的城市环境，与城市缺少合理的对话，缺乏城市街道广场等活力空间，造成城市路网过稀和交通拥堵。从市场角度看，居民置业希望过上理想生活，希望封闭的小区安全、安静，有属于自己小区的大片集中的绿地花园。由于缺乏经验，不知道建设这样封闭的小区付出的代价，会失去生活的方便和丰富的城市生活，形成交通拥堵、环境污染等城市病，所有人都躲不掉。开发商出于市场营销和提高规模效益的目的，要求取消城市道路，不管是主干道，还是次干道、支路，即使多花一些投

资也乐意，都可以打入开发成本。这样一可以减少土地出让的次数，二可以减少与相关部门的扯皮，提高效率。开发商关心的是市场宣传的卖点，快速销售，没有精力和心情去考虑日后周边城市的交通会怎样。对于取消道路的动议领导一般也支持，既可以创造安全安静的居住环境，又可以减少道路建设开支，也减少日常维护开支，省了很多土地出让、规划审批和建设协调的麻烦。另外，取消一两条道路不影响大的道路格局。殊不知大家都这样做，对城市道路交通的影响则是质的改变。同时，国标《城市居住区规划设计规范》起到了帮凶作用。它给出了居住区、居住小区、居住组团三级体系各自合理的人口和用地规模，但没有给出强制性的人口和用地规模上限的限制。它鼓励居住区和小区道路通而不畅，避免城市道路的穿越，但反过来却没有提出必需的道路网密度和合理的间距等强制性要求。当然，我们还有国标《城市道路交通规划设计规范》，它对城市主次干道和支路密度提出了明确的要求，但在保护居住区安静安全的口号下，在居住区规划时路网密度标准经常难以落实。居住小区占地标准10多公顷已经很大，实际就是城市主干道围合的范围，道路通而不畅，使得城市次干道和支路难以形成系统。在这样的情形下，城市道路密度越来越低，越来越难以成网。没有了微循环，道路交通必然拥堵。居住小区规模进一步扩大，城市主干道都受到影响。当然，造成这样的结果不仅仅是《城市居住区规划设计规范》和城市规划管理的问题，原因还包括政府经营城市、经营土地的方式粗放，居民对小区外的城市缺乏关心，规划师、建筑师不重视城市街道、广场空间的设计，城市道路规划建设管理职责不是很清晰，城市道路、市政、交通和交管部门缺少统筹，事前参与规划不够等。

第三个问题是居住区规划与居住建筑设计重点关注物质功能和经济性，对美的追求不够。从居住区外部景观看，现在越来越多的居住区是有围墙和大门的大院，长相相同的一栋栋高层住宅毫无关系地矗立，远远望去缺乏美感和特色，使城市成为文化低下的混凝土森林。由大量这样的居住区组成城市，城市的景观必然是单调和乏味的，必然会千城一面，造成城市文化衰退。居住是一种文化，住宅是文化重要的物质空间载体。按照符号学的理论，人是符号的动物，人创造了各种符号和各种文化形式，形成文化传承。建筑就是一种符号体系，是一种艺术形式，建筑的美对城市和人类具有重要的意义。优美的城市和建筑景观能够反映出城市的文化和历史积淀。同时，按照景观生态学的理论，生境的美反映出环境的质量。城市和居住社区的美能够反映出丰富多彩的品质生活。当我们身处苏州平江古城粉墙黛瓦的环境中，就会联想到小桥流水人家的生活场景。当我们徜徉在私家园林中，就能够体会到文人骚客的情怀。当我们漫步在天津五大道街头，形式各异的小洋楼美不胜收，让我们回想起曹禺话剧《雷雨》所描述的洋楼中的生活。当我们经胡同走进北京的四合院，《大宅门》《四世同堂》等电视剧中的人物影像就会栩栩如生地出现在院子里。美的居住建筑和环境为多彩的人生和生活提供了舞台和场所。

长期以来，在住房短缺的潜意识作用下，在"适用、经济、在可能条件下注意美观"的建筑方针指引下，我国居住区规划设计内容简单，缺少对美的追求。规划管理也不着要点，把日照间距、配套指标、停车位、绿地率等基本要求作为规划管理的重点，舍本逐末。各行业管理部门缺乏综合协调，如土地部门片面强调中国人多地少，因此总要提高土地使用强度。当然，这样做政府可以提高土地出让收入，配套相对容易，也正符合开发商的意愿。由于容积率高，按照日照和建筑间距的要求，加上停车指标、绿地等指标的压力，结果，不管是在大城市，还是在小城市，抑或在一些偏远郊区城镇，居住小区形成住宅高楼林立的局面。开发商喜欢,建筑师喜欢,建筑施工企业喜欢,银行也喜欢。道理很简单,因为高楼建筑标准层多,设计简单,施工容易,节省时间,提高效率,效率就是金钱。但遗憾的是独缺少了美,没有美就没有文化。

住宅建筑的美和居住区的美不只加点线脚、符号那么简单。居住区规划设计如果缺乏了住宅的多样性,缺乏了对人的关注,缺乏了丰富多样的城市空间场所和生活的塑造,就缺少了文化的考虑,就不会产生真正的美。设计上这要求居住区规划设计模式的根本改变。在改革开放后居住区规划建设的过程中,曾经有一些积极的试验探索,如吴良镛先生的类四合院菊儿胡同、苏州老城桐芳巷改造等,他们把居住建筑美的创造与历史街区保护、新的居住模式的创造结合起来,很有意义。但遗憾的是这些尝试没有得以推广。目前中国城镇人均住房建筑面积达到36平方米,居于世界较高水平,但与面积标准不相适应的是,居住社区规划设计水平与发达国家相比还有较大差距,尤其是在美的创造上。

2015年底中央城市工作会议时隔37年后召开,意义重大,指明了下一步我国城市规划建设,包括居住社区规划建设的方向。会议指出,改革开放以来,我国经历了世界历史上规模最大、速度最快的城镇化进程,城市发展波澜壮阔,取得了举世瞩目的成就。城市是经济、政治、文化、社会等方面活动的中心,城市发展带动了整个经济社会发展,城市建设成为现代化建设的重要引擎。要深刻认识城市在我国经济社会发展、民生改善中的重要作用。要尊重城市发展规律。统筹空间、规模、产业三大结构,提高城市工作的全局性。统筹规划、建设、管理三大环节,提高城市工作的系统性。统筹改革、科技、文化三大动力,提高城市发展的持续性。统筹生产、生活、生态三大布局,提高城市发展的宜居性。会议强调,当前和今后一个时期,

我国城市工作的指导思想是以科学发展观为指导,贯彻创新、协调、绿色、开放、共享的发展理念,坚持以人为本、科学发展、改革创新、依法治国,转变城市发展方式,完善城市治理体系,提高城市治理能力,着力解决城市病等突出问题,不断提升城市环境质量、人民生活质量、城市竞争力,建设和谐宜居、富有活力、各具特色的现代化城市,提高新型城镇化水平,走出一条中国特色城市发展道路。

全面建成小康社会,推动以人为核心的新型城镇化,发挥这一扩大内需的最大潜力,有效化解各种"城市病"。坚持以人民为中心的发展思想,坚持人民城市为人民,满足人民群众新期待。要深化城镇住房制度改革,继续完善住房保障体系,加快城镇棚户区和危房改造,有序推进老旧住宅小区综合整治改造。着力提高城市发展的持续性、宜居性。要提升规划水平,全面开展城市设计,完善新时期建筑方针。要保护弘扬中华优秀传统文化,延续城市历史文脉,保护好前人留下的文化遗产。要结合自己的历史传承、区域文化、时代要求,打造自己的城市精神,对外树立形象,对内凝聚人心。要增强城市内部布局的合理性,提升城市的通透性和微循环能力。要强化尊重自然、传承历史、绿色低碳等理念。城市建设要以自然为美,把好山好水好风光融入城市。要大力开展生态修复,让城市再现绿水青山。要控制城市开发强度,划定水体保护线、绿地系统线、基础设施建设控制线、历史文化保护线、永久基本农田和生态保护红线,防止"摊大饼"式扩张,推动形成绿色低碳的生产生活方式和城市建设运营模式。要坚持集约发展,推动城市发展由外延扩张式向内涵提升式转变。城市交通、能源、供排水、供热、污水、垃圾处理等基础设施,要按照绿色循环低碳的理念进行规划建设。要提升建设水平,加强城市地下和地上基础设施建设,提高建筑标准和工程质量。要提升管理水平,着力

大型封闭小区一

大型封闭小区二

大型封闭小区三

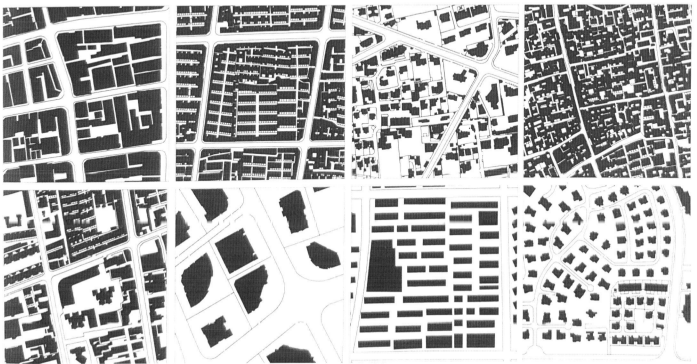

城市肌理的变化

回龙观居住区

天通苑居住区

回龙观居住区平面图

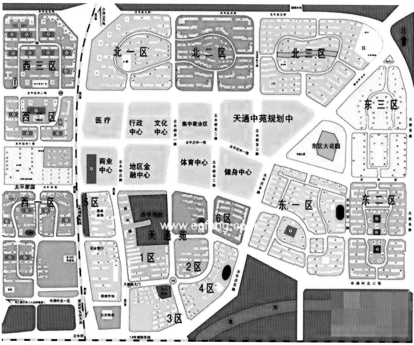

天通苑居住区平面图

打造智慧城市，以实施居住证制度为抓手推动城镇常住人口基本公共服务均等化，加强城市公共管理，全面提升市民素质。推进改革创新，为城市发展提供有力的体制机制保障。要推进规划、建设、管理、户籍等方面的改革。要深化城市管理体制改革，确定管理范围、权力清单、责任主体。统筹推进土地、财政、教育、就业、医疗、养老、住房保障等领域配套改革。

2016 年 2 月 21 日，《中共中央、国务院关于进一步加强城市规划建设管理工作的若干意见》（以下简称《若干意见》）印发，这是中央城市工作会议的配套文件。目标是实现城市有序建设、适度开发、高效运行，努力打造和谐宜居、富有活力、各具特色的现代化城市，让人民生活更美好。历经 40 年改革开放，我国城市发展也进入转折时期。城市规划建设管理中的一些突出问题亟须治理解决，如城市规划前瞻性、严肃性、强制性和公开性不够；城市建筑特色缺失，文化传承堪忧；城市建设盲目追求规模扩张"摊大饼"；环境污染、交通拥堵等"城市病"加重等。近年来，越来越多的封闭小区出现在城市中，导致主干道越修越宽，微循环却堵住了。一个个楼盘是一个个独立王国，彼此不关联，公共服务设施不共享。

《若干意见》部署了一个个破解城市发展难题的"实招"。比如，加强城市总体规划和土地利用总体规划的衔接，推进两图合一；建设快速路、主次干路和支路级配合理的道路网系统；积极采用单行道路方式组织交通；加强自行车道和步行道系统建设，倡导绿色出行等。除了以上内容外，特别提出要树立"窄马路、密路网"的城市道路布局理念；新建住宅要推广街区制，原则上不再建设封闭住宅小区；实现中心城区公交站点 500 米内全覆盖；打造方便快捷生活圈；城市公园原则上要免费向居民开放等。《若干意见》为居住社区规划设计改革指明了方向，提出了具体的措施。有些人对开放社区还有疑虑，实际上，现代城市应该是开放的，激发街道的魅力和活力。社区物业管理要跟上，每栋楼安全了，街道自然就可以开放了。这些道理是清楚的，但是，要真正使文件的精神和具体要求得到落实，还有许多艰苦的工作要做。

第二章 滨海新区对新型社区的思考

第一节 天津及滨海新区居住区规划设计的特点和存在的问题

一、天津市居住区规划的发展演变

天津作为典型的中国北方城市,有良好的居住社区规划设计传统。历史上天津有多种居住形态,如老城的合院住宅、租界区的现代住宅,有独立住宅、联排住宅和多层和高层公寓等各种类型,还有河北新区中西合璧的院落式里弄和锁头式里弄住宅。同时,也存在大量的棚户区、三级跳坑等贫困的住宅区。

中华人民共和国成立后,天津迎来了城市规划建设的新时代。从1952年开始就进行了工人新村的建设,包括中山门、西南楼等7个平房新村。这些新村的规划采用了邻里单元的规划原理。如中山门工人新村,占地92公顷,新建住房1万间,16万平方米。考虑到避免城市交通穿越,划分为12个街坊,围绕中心公园和公共设施布局。所有建筑均南北朝向。1953年起,又规划建设了团结里、友好里、德才里、佟楼等居住街坊。这些街坊有的位于老城区,如友好里、佟楼等位于五大道地区,建筑层数不高,与环境取得较好的协调。以后陆续在尖山、王串场、丁字沽、咸阳路等处规划建设了新的居住区。这时的规划开始逐步采用苏联的居住街坊的规划方法。如尖山居住区规划,占地44公顷,建筑面积22万平方米。以中心2公顷绿地为核心,外围分为6个街坊。每个街坊占地6公顷。住宅以三层为主,局部四层,采用沿道路围合式布局。每个街坊内组织托幼和生活配套。幼儿入托、小学生入学,均不穿越城市主要道路。据统计,从1953年到1957年第一个"五年计划"时期,天津共建设住宅185万平方米,较好地改善了城市居民住房困难问题。1956年苏联提出居住小区规划理论,1957年传入我国和天津,产生深远影响,一直沿用至今。1962年,天津举办天拖南住宅区规划竞赛,从参赛的方案看,已经完全按照居住小区的理论方法来编制规划了。20世纪60年代,天津又建设了东风里、卫星里等住宅,规模相对不大。后来,在国家治理整顿的形势下,天津结合总体规划确定的外围工业区建设,开始准备规划建设配套的居住区,包括灰堆居住区、天拖南居住区、长江道居住区等。

1976年的唐山大地震给天津造成严重影响,倒塌和严重损坏的房屋达到640万平方米。为了灾后恢复,当年开展了大胡同、贵阳路等六片震损严重地区的恢复重建。1978年改革开放,国家专家组来津帮助天津编制震后重建规划和城市总体规划。依据国务院批准的《天津市震损住宅及配套设施恢复重建三年规划》,天津震后重建取得很大的成绩,完成了引滦入津引水工程,实现了三年煤气化和中心区集中供热;"三环十四射"路网形成基本骨架;建设了海河大桥,扩建了新港集装箱码头,建设了海河二道闸;"老龙头"火车站实施改造;航空港扩建为国际一级备降机场。城市市政公用设施配置水平有了较大提高,城市交通有了较大的改善。同时,维修了有特色的古旧建

图2-6　1840—1949年天津城市建成区范围和各类住宅分布
（王绍周、陈志敏，1987，p26）

天津解放时住宅类型分布图

天津合院式住宅

天津棚户区

天津马场道别墅

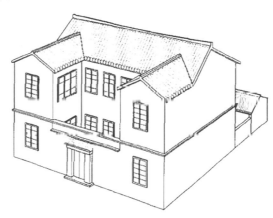

天津市锁头式住宅

天津新式里弄住宅疙瘩楼

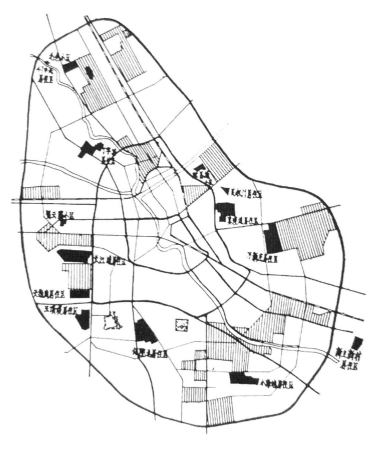

天津大型居住区年代和分布图

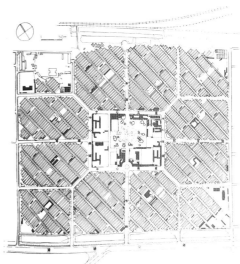

中山门居住区平面图

中山门工人新村

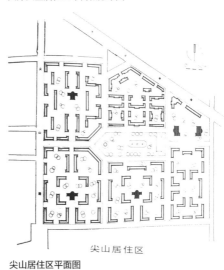

尖山居住区平面图

尖山居住区拆迁现场

筑，整修和新建了一批沿街建筑和高层住宅；建设了海河两岸的带状公园及街头庭院绿化，城市面貌和环境得到很大改善，天津成为当时国内学习的样板。从 1977 年到 1987 年的 11 年间，天津规划建设了 30 余片新居住区，共占地约 14 平方千米，住宅建筑面积约 890 万平方米。具有代表性的居住区包括 1978 年开始建设的丁字沽、密云路、长江道、天拖南、体院北、小海地、真理道、建昌道、北仓等居住区，以及 1984 年开始建设的王顶堤、万新村等居住区。受苏联后期扩大小区思想的影响，也通过自身的实践，天津的居住区分级结构逐步简化。从早期的住宅组团、街坊、小区、居住区四级制，发展到居住区直接住宅组团的二级制，当时看取得较好的效果。体院北居住区的规划是典型的代表。体院北居住区位置比较好，位于天津上风向，西侧是水上公园，东侧是卫津河，南边是体育学院。占地 90 公顷，总建筑面积 83 万平方米，其中住宅面积 71 万平方米，居住人口 5.1 万人。体院北居住区是天津市第一个先地下后地上施工的居住区。居住区由 13 个占地 6 ~ 8 公顷的街坊组成，南北向的主要道路采用了弧线和直线相结合的形式，为街景建筑的活泼布局创造了条件。居住区中心位于核心位置，包括占地 5.5 公顷的公园、俱乐部、图书馆、影剧院和少年宫等。住宅层数以五层为主，在北部布置了五栋高层住宅，个别地方采用八层升板结构住宅，在环湖南里布置了 12 栋三、四层退台住宅，从而使整个居住区空间高低起伏、疏密有致。天津当时的住宅类型以条式和点式多层住宅为主，大多采用了行列式，居住环境和面貌略显单调。为了打破行列式布局，1984 年开始在子牙里小区搞了围合式大院布局；在西湖新村采用了弧形多层住宅。这些尝试说明要改变居住区行列式布局，要先从住宅单体设计入手，规划与建筑设计紧密结合，才能创造出多变的布局，使空间富于变化、形成个性。

天津有住宅设计建造的悠久传统。中华人民共和国成立前，中国建筑师、建筑事务所就有许多现代住宅建筑设计建造的实践，如基泰事务所等。1949 年后，天津在工人新村的规划中就使用了邻里单元的规划思想和方法。其后在国家组织的各项有关住宅规划设计的工作中，包括标准图设计等，也做了大量工作，形成具有天津特点的住宅建筑体系和形式。改革开放后，天津积极进行新型住宅的探索，除上面谈到的改变行列式的试验外，还进行了低层高密度等住宅类型的探索，如 1981 年实施的和平区柳州路震损片重建。该项目占地 3.9 公顷，规划总建筑面积 6.3 万平方米，其中配套公建 2300 平方米，由四个街坊组团组成，住宅建筑由 3 层低层和 5、6 层多层混合布局。虽然建筑密度比较高，但精心绿化设计，布置了 1000 多平方米的小绿地，同时采用垂直绿化、围墙、花架、花池等小品，美化了环境。从 1986 年开始，积极参与全国试点小区，如川府新村试点小区、华苑安居小区等，获得许多奖项，在国内城市中名列前茅。川府新村位于市区西部，距离市中心 5 千米，占地 12.8 公顷，规划总建筑面积 15.8 万平方米，其中公建 2 万平方米，约居住 2400 户，8400 人。川府新村规划充分利用带角度的道路和地形，规划将用地划分为四个居住组团、一个公共设施中心组团和一个市政组团，大胆采用了多种新的住宅建筑类型，彻底打破了天津过去流行的行列式布局。田川里采用 5 ~ 6 层的大开间内板外砌系列住宅，园川里采用清华大学的退台式花园住宅，易川里采用 11.16 米进深砖混结构住宅和蟹型点式住宅，貌川里采用 13 栋独立麻花型七层升板住宅，并出平台连接，底层为商业和附属用房。住宅组团应用多种布局手法，营造优美居住环境，结合各具特色的住宅单体，使得每个组团具有识别性，改变了多年来天津居住区面貌千篇一律的状况。

虽然天津 1949 年前就有 ·定的住宅存量，1949 年后建设了

1976 年地震震损房屋一

1976 年地震震损房屋二

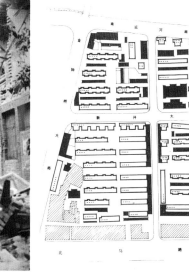

大胡同片重建总平面图

1976 年地震后南京路抗震棚

1976 年地震后海河边抗震棚

贵阳路片重建风貌

贵阳路片重建总平面图

体院北居住区鸟瞰图

万新村居住区平面图

体院北居住区规划图

天拖居住区平面图

长江道居住区平面图

大量的新的居住区,包括唐山地震后国家给予支持的灾后重建,但到 20 世纪 80 年代末,仍然面临住房短缺的困难,城市中还存在大量的危陋平房。1989 年,市政府筹建了 50 万平方米低价商品住房,出售给无房职工。如新立村街坊,占地 4 公顷,建筑面积 2.2 万平方米,居住 800 户。房屋层数为一、二层结合。每户 23 平方米,居室一般 14 平方米,带一个 5 平方米的厨房,厕所采用公厕。这是不得已的过渡措施。从 1994 年开始,天津实施了成片危陋平房改造工程,用房地产开发这一市场化的手段,政府给予优惠政策,吸引国有和非国有房地产开发企业参与。到 2002 年共拆除了 1400 万平方米的成片危陋平房,新建了 3800 万平方米住宅,极大地改善了低收入居民的居住条件以及城市面貌和功能。过程中也出现了一些不可避免的问题。如有些还迁房标准过低,设计不当,厕所面积不足 1 平方米。还有就是关于老城厢、估衣街、南市等地区保护的争论。20 世纪 90 年代末开始,天津在外环线位置规划建设了华苑、梅江、丽苑、瑞景、梅江南等五大安居和商品房居住区,总占地面积 11 平方千米,建筑面积 1000 多万平方米。这些居住区的规划各具特色,如梅江和梅江南就结合当地的现有水面,规划了湖面和水系,延续了天津"七十二沽"的地方特色。2002 年天津开始实施海河两岸综合开发改造工程,使海河两岸成为城市的经济带、文化带和景观带,也成为天津滨水住宅的最佳区位。同时,对海河沿岸的租界区进行保护整修,对 1949 年后多户居住的小洋楼实施腾迁保护。历史上五大道地区就具有多种多样的近现代居住建筑,通过腾迁保护,成为天津近代历史和近代万国建筑的博物馆。进入 21 世纪,天津在社区规划和居住建筑设计改革创新方面仍然在进行积极的探索。如 2003 年天津中心城区梅江万科水晶城规划设计的成功探索,2007 年中新天津生态城的规划建设,2011 年滨海新区新型居住社区的规划研究和开发区贝肯山

窄路密网居住社区的实践等。

目前天津中心城区的居住社区形态反映出天津城市扩展和居住社区发展演变的过程,从谷歌、百度等地图上快速浏览后不难发现一些规律。现在天津中心城区主流的住区平面布局形态有三种:一是历史街区保留下来的居住社区,是窄路密网式、相对开放的街区,如五大道地区、哈密道地区和河北新区等,地块街坊小的 1 公顷,大的 3 ~ 4 公顷。即使 20 世纪 80 年代对老旧工厂仓库实施"双优化工程"改造为住宅用地和 20 世纪 90 年代实施成片危陋平房改造,都保留延续了老的路网和城市肌理。虽然部分道路展宽,但大部分道路保留了原有的路面。二是中华人民共和国成立后政府投资规划建设的居住区,包括最初的工人新村和后来建设的为工业区配套大型居住区,如天拖南、长江道、真理道、体院北居住区等,主要位于中环线附近,占地 1 平方千米左右。典型的居住小区规划方法,以多层条式住宅为主的行列式布局,少量高层住宅点缀。我们可以发现一些居住区采用了居住区—居住小区—居住街坊—组团四级结构,而大部分结合天津特点,采用了居住区—居住街坊组团两级结构,保证了城市道路的连通。街坊组团由城市道路划分,用地规整,占地 6 ~ 8 公顷。三是改革开放后规划建设的新时期的大型居住区,如华苑居住区等,以房地产开发为主的大片居住区,再如梅江南地区,以及正在建设的解放南路地区等。主要位于外环线边,占地 1 ~ 3 平方千米。华苑等大型居住区采用居住区—居住小区—组团规划模式,由于位于城市外围,地形复杂,同时按照居住区规划道路通而不畅的原则,道路多有变化,与市中心连接集中在少数道路上。规划突出居住小区作为规划单元,小区面积 10 公顷以上,小区内部道路更加自由。梅江南居住区规划时,我们曾鼓励方格网的道路方案,但土地整理单位和开发企业喜欢多个居住半岛围绕中心湖的方案,环境好了,

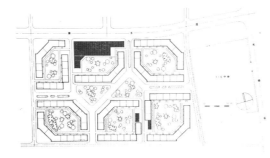

子牙里小区平面图

柳州路片效果图

子牙里小区鸟瞰图

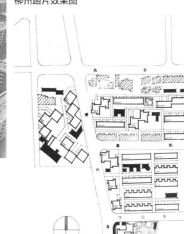

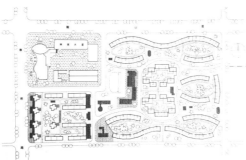

西湖新村平面图

柳州路片平面图

西湖新村鸟瞰图

柳州路片

川府新村平面图

华苑居住区

天津市华苑居住区总平面图

川府新村建成照片

华苑居住区总平面图

小二楼

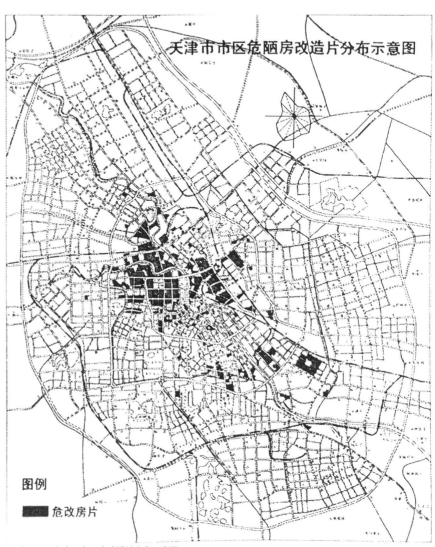

天津 1994 年市区危陋房改造片分布示意图

低价商品住房新立村片规划图

天津谦德庄旧貌

天津谦德庄新貌

天津梅江居住区

梅江南居住区平面图

占地面积：191.77公顷
总建筑面积：178.2万m²
住宅建筑面积：156.41万m²
公建用地面积：26.18公顷
总套数：15600套
居住总人口：52684人

Land Area: 191.77 hektares
Total Building Area: 1,782,000 m²
Residential Floor Area: 1,564,100 m²
Public Building Land Area: 26.18 hektares
Total Suite:15,600
Population: 52,684

16

梅江居住区平面图

梅江南居住区鸟瞰图

天津老城厢

天津老城厢航拍图

天津老城厢规划平面图

天津市五大道历史文化街区保护规划（控制性详细规划）

附　图

五大道控规平面图

天津五大道鸟瞰图

天津五大道睦南花园

水晶城

水晶城

水晶城鸟瞰图

水晶城平面图

但 2 平方千米范围内的城市道路取消了。建成后实际效果说明这种布局在中心城市是不合适的，造成生活不方便，周围道路交通拥挤。纵观这些布局形态，除第一种历史街区具有较好的宜居环境外，第二种也基本上形成满足日常生活的居住环境。由于没有机械地照搬居住区规划模式，所以道路系统、服务配套与整个城市衔接得比较好。现在面临的主要问题是建成时间比较久，需要及时维修和改造升级。问题比较多的是第三种形态，主要是以 20 世纪 90 年代以后规划建设的外围大型居住区为主。虽然住宅建筑质量和水平有较大的提高，但居住区超大封闭的街廓尺度与城市关系不好，道路交通联系不方便，与地铁等公共交通的衔接也不好，缺乏城市生活氛围。

在居住建筑高度和空间形态上的变化也比较明显。历史上天津城市有非常好的传统，建筑高度不高，街道尺度亲切宜人。1949 年前，住宅建筑以低层为主，少量多层和极少数的高层。中华人民共和国成立后到 20 世纪 80 年代末，天津的住宅建筑以多层为主，从 20 世纪 80 年代开始点缀少量高层，地块容积率不是很高，如华苑居住区的毛容积率为 1.1，梅江居住区的毛容积率为 0.9。20 世纪 90 年代开始危陋平房改造和房地产开发，容积率开始提高，高层住宅建筑增多。好在天津一方面对历史街区，如五大道地区等提出了建筑檐口高度不得超过 12 米的非常严格的高度控制规定，同时及时提出了对高层住宅规划管理要求，避免出现城墙式的板式高层建筑，防止对城市日照、通风，特别是城市景观、空间尺度造成过度的负面影响。2000 年以后，随着房地产的进一步发展，地块容积率不断提高，高层居住建筑形成常态，也出现了高层点式住宅与低层或多层行列式布局的条楼混合布置，如梅江卡梅尔小区等。近年来，出让住宅地块的容积率均在 2 以上，随着对绿地率和停车指标的提高，特别是天津规划管理部门提出了高层居住建筑高宽比的要求后，

散点式布局的高层塔楼成为居住小区的主要形态。100 米以下的几栋甚至十几栋住宅塔楼尽可能在高度上形成起伏变化的天际轮廓线。

总结天津中心城区居住社区平面形态演变和住宅建筑高度的变化，我们可以清晰地看到两个主要的共同特点，一是超大封闭的街廓尺度和与城市脱离的居住区；二是南北向行列式和点式高层住宅的绝对主导地位。这些特点都有着背后深层的社会发展原因，简而言之，前者满足了人们对人车分流、安静住区的基本生活期盼；后者则可以使居住单元获得良好的通风、采光等卫生条件，更重要的是符合快速向居民提供住房的建设速度要求。而城市交通拥堵、环境污染、城市空间丢失、缺乏特色也正是这些特点造成的。这些特点和问题不只是天津目前居住社区所独有的，也是我国北方大部分地区共同的特点和问题。既是我国城市病的根源所在，也是我们未来要进一步提高城市规划水平需要解决的问题所在。

二、滨海新区居住区规划的发展演变

滨海新区作为天津城市的一部分，由于其滨海的特定位置和发展阶段的延滞性，其居住区规划有自身的特点。我们将滨海新区居住社区的发展历程分为四个时期：

第一个时期：1949 年以前，天津滨海地区以港口、工业为主，城市功能不完善，是早期居住社区形态。

第二个时期：1949 年至 1978 年，中华人民共和国成立后，城市建设起步，是以计划经济为主导的居住区规划设计。这个时期又分为两个阶段：1949 年至 1965 年，基本处于计划经济的建设和调整时期，经济力量相对薄弱，对居住区建设有一定影响；1966 年至 1976 年，城市整体建设停滞。

第二个时期：1978 年至 1994 年，改革开放初期，以"解决

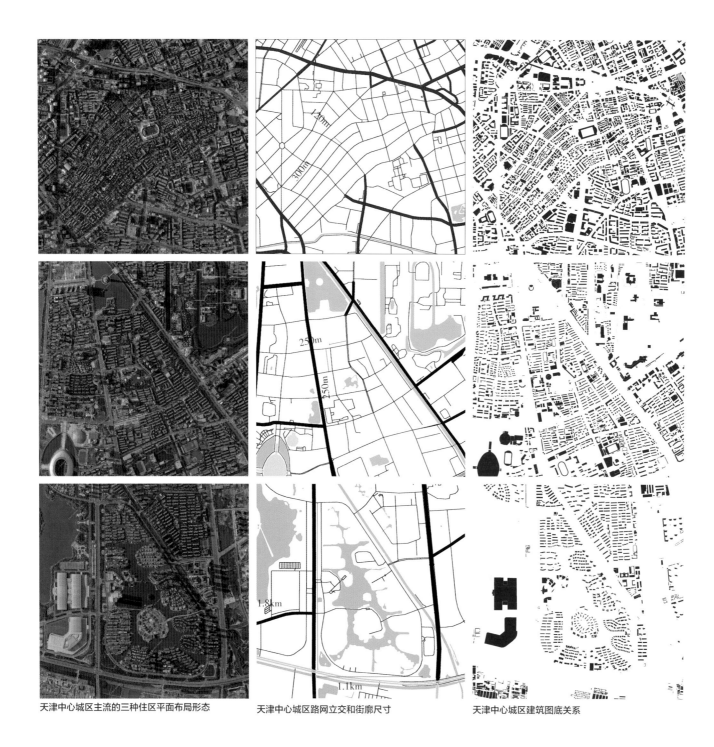

天津中心城区主流的三种住区平面布局形态　　　天津中心城区路网立交和街廓尺寸　　　天津中心城区建筑图底关系

数量"为主要目的的居住区，本时期住宅建设可分为两个阶段：1978 年至 1985 年，改革开放初期，住房供需矛盾尖锐，住房建设主要解决"数量"问题。1986 年至 1990 年，基本与全国住宅建设同步，住宅建设稳步增长。

第四个时期：1994 年至 2016 年，以提升质量为导向的现代居住社区。本时期的住宅建设大致可以分为三个阶段；1991 年至 1994 年，福利分房逐步向商品房过渡阶段，商品房在此时一度处于无序发展，陷入了建设和设计的误区；1995 年至 2006 年，加大了建设和管理力度，商品房市场逐渐成熟；2006 年至 2012 年，滨海新区被纳入国家发展战略，城市居住社区规划理论研究及住宅设计方法得到了空前重视，新区住房建设水平得到快速提升，这个时期是滨海新区居住社区的建设发生质变、迈向未来的关键时期。

1. 早期居住社区（1949 年以前）

天津滨海地区退海而成，汉沽大港地区成陆较早，人类活动有几千年历史。作为滨海新区的核心部位，塘沽在公元 1000 年左右成陆，为这一带人文历史的发展奠定了基础。元初（公元 1206 年前后），来自山东、河北的开拓者，陆续沿海河、蓟运河来到塘沽这片"斥卤之地"安家。他们在贝壳堤上用芦苇、泥土垒起原始的茅屋以避风寒。先民们以渔为生，以盐为业，生活生产、繁衍生息，开辟了自己的家园。

明永乐二年（1404 年）天津置卫，一些退伍官兵"跑马圈地"，河北、山东、山西等地居民陆续迁移津沽大地。随着人口的增加，天津滨海地区的早期村庄如大沽、北塘、于家堡、新河、邓善沽、宁车沽、营城、寨上、窦庄子等先后形成，奠定了后来基本村镇的居住格局。

大沽是塘沽地区成陆后最早形成的村落之一。早期先民落户在这里，赶海捕鱼、煮海为盐，以此为生，人们称这里为"花儿寨"。后逐渐繁荣，来此定居的又多是山东大沽河人，遂改称为大沽。直至清代，南北漕运改为海运，大沽已形成重镇，成为"海门要塞"。

1860 年第二次鸦片战争后，天津成为通商口岸，塘沽逐步发展成为港口交通、军事工业重镇。光绪十一年（1885 年），李鸿章在海河南岸建北洋水师大沽船坞。光绪十四年（1888 年），李鸿章将我国第一条标准轨铁路从芦台延伸到天津，建立了塘沽南站。外国殖民者在海河沿岸大量建设码头仓库；1914 年实业家范旭东创办久大精盐厂和永利碱厂。塘沽逐步成为民族工业和军工基地，在久大制盐、永利碱厂和黄海学社周边形成了配套居住区，依托工厂的电力和自由水供应。范旭东还建起了明星小学和附属医院。

北塘地处永定新河、蓟运河、潮白河三水回流进入渤海的入海口，自南宋成陆，明永乐年间逐渐形成村落，初名陈家堡。后来外地移民逐渐增多，至明朝嘉靖年间，改称"北塘儿沽"。现存的北塘渔村是北塘历史上最早的村落遗址，这里三面环水，形成一个半岛，历史上这个渔村叫前庄。北塘古镇的文化内涵很丰富，清末民初曾修建了许多庙宇，而这些庙宇全是具有一定规模的青砖四合院结构。[1]

"九一八"事变后，日本帝国主义侵占华北，出于掠夺目的，1939 年在海河口建人工港，在塘沽海河两岸和汉沽分别建设了化工厂。围绕港区和工厂形成了住宅和配套设施，总体上，与天津城区相比，塘沽及滨海新区的居住社区规划建设比较落后。

注 1：《滨海两千年》，中共天津市滨海新区委员会宣传部、天津市滨海新区文化广播电视局编，天津人民出版社，2012.

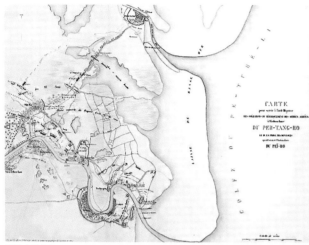

塘沽老地图一

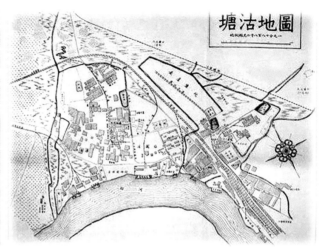

塘沽老地图二

塘沽永利碱厂老照片一

塘沽永利碱厂老照片二

北塘河图

北塘地区老地图

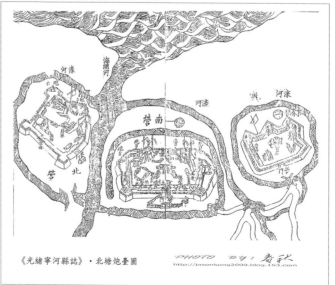

北塘地区老地图

2.中华人民共和国成立后到改革开放（1949 年至 1978 年）

1949 年，天津解放，新成立的人民政府城市建设的首要任务就是医治战争创伤，解决和改善人民群众的居住条件，其中主要以解决城市产业工人的住房问题为主要任务。当时政府在经济极端困难的情况下，改造了部分的"滚地龙""三级跳坑"住宅，在各区修建了一些单层平房、简易楼房，以应急需。

1953 年，随着第一个五年计划的开始，苏联开展对中国的援建工作。苏联专家来华进行工业建筑项目建设的同时，也开始了一些包括住宅在内的民用建筑配套项目的建设。

该类小区采用了街坊群的形式，居住街坊内部采取院落式布局，呈内外院布置，外院服务于停车、商业等用途，内院形成安静的居住环境。住宅建筑为 4 ~ 6 层。小区规划的特点主要是临近就业单位，并强调生活服务设施的完整性。配套设施有学校、门诊、派出所、邮电所、街坊办事处、储蓄所、图书室、车库、锅炉房等生活服务设施。苏联的居住区规划思想及单元式住宅设计手法，在很长一段时间内成为我们住宅设计的模板。

1958 年至 1965 年是国民经济调整时期。随着工业的发展，全国的住宅建设有了新的发展趋势。为使住宅建设适应形势发展，国务院提出了"统一投资，统一规划，统一设计，统一施工，统一分配，统一管理"的"六统一"要求。"六统一"的提出与实施，使住宅规划建设进入了一个新的有序阶段。但由于各地方经济实力不强，本时期住宅建设比"一五"期间下降，设计总体水平不高。

1964 年，大港油田会战开始，在"先生产、后生活"的指导思想下，建设了一批干打垒住宅。1965 年，随着渤海石油的开发，渤海工人新村在塘沽海河两岸建立。

1966 年至 1976 年，各类建筑活动均处于停滞状态，国家经济困难，住宅投资比例严重失调。住宅增长速度远远小于人口增长速度，造成了严重的住房困难，大龄、异性子女同居一室，结婚无房。

3.改革开放初期的居住区建设（1978 年至 1994 年）

1978 年党的十一届三中全会确定了工作重点重新转移到经济上去，住宅建设迎来了好时机。而 1976 年 7 月的唐山地震使得全天津的建筑物遭受重创，塘沽、汉沽、大港受灾严重，巨大的损失使天津市包括滨海新区的住宅需求形成巨大的缺口，灾后重建中住房建设是主要任务。

20 世纪 70 年代营口道街景

20 世纪 70 年代沈阳道街景

为了弥补过多的住宅"欠账",天津滨海地区加大了住宅建设的力度,住宅建设量逐年增加,居住区住宅规模逐年扩大。随着经济的发展和住宅建设观念的更新,住宅建设开始向着大型综合性居住区方向发展。比如,塘沽、汉沽老城区的居住区以及大港油田、大沽化、天化、渤海石油、天津石化、新港船厂的生活区都是那个时期建造的。同时,改革开放和经济建设的巨大成就,使得设计工作者重新焕发了创造热情,在住宅规划设计的探索和实践方面,取得了一定成就。从 1979 年开始,国家建委举办了几次全国性的城市住宅竞赛,这些竞赛对当时的人民生活及居住观念做了深入的调查研究,提出了一些切实可行的设计方案,推动了住宅设计理论的进步。虽然当时塘沽、汉沽、大港并不是天津城市建设的核心区域,但同样为它们之后的住宅建设提供了宝贵的经验借鉴。除此之外的另一项贡献就是震后旧住宅区的改造工作。在当时的塘沽区比较典型的事件就是"三级跳坑"住宅的改造。"三级跳坑"住宅,是指屋内地面比院子低,院子比胡同低,胡同比街道路面低的住房。它是特定的历史原因造成的。这些住房大多有六七十年房龄,墙体碱蚀非常严重。1976 年的大地震使这些原本破旧不堪的房屋更加摇摇欲坠。每年雨季,"三级跳坑"住宅里的人们都饱受雨淋水泡之苦。1985 年市政府将改造"三级跳坑"工作列入改善城市人民生活十件大事之一。经过一年的努力,"三级跳坑"住宅全部改造完毕,居住环境得到了极大改善。

1984 年,天津经济开发区在塘沽东北的盐田上选址,伴随着起步区工业企业的开发建设,同步建设了起步区的生活区。1991 年天津港保税区成立。

20 世纪 90 时代,住房制度改革,福利分房逐步进入商品房过渡阶段,住房商品化,人们的生活方式和观念都有了很大改变,居住建筑的质量提升成为继续解决的问题,城市小区的规划、住宅设计和住宅建设都进入了一个新的阶段。

4. 以提升质量为导向的现代居住社区(1994 年至今)

本时期滨海新区的住宅建设大致可以分为两个阶段。1994 年至 2006 年,天津市委市政府提出用十年时间基本建成滨海新区,滨海新区进入新的历史时期,在加大工业项目招商引资的同时,开发区启动了 12 平方千米生活区的规划建设。

开发区生活区属于商品房住区。区域采用小街廓、密路网的模式,街廓尺度 2 ~ 3 公顷。板式多层住宅与高层住宅的结合富有韵律和节奏的变化。邻里环境友好亲切,鼓励居民步行,积极参与街道生活。每个组团设置中心绿地、商业中心,并保证商业街面的连续感。

各小区内部普遍拥有充足的景观空间、活动场地、停车空间。其中,第一批建设的翠亨村社区采用多层建筑为主的围合式布局。天保金海岸、万通新城国际等社区将整体楼盘的步行空间及景观空间提升置于台地之上,台地下用作车库空间,人车分流,有效组织了交通流线。

塘沽区实施了外滩改造,建设了解放路步行商业街等一批商贸服务设施,同时加大了住宅建设和管理力度,商品房市场逐渐成熟。

在 2006 年被纳入国家发展战略后,滨海新区住宅建设进入了快速发展期,人们对居住理论的研究更加深入,新区住房建设得到全面发展,出现一批质量较好的住宅和小区。

随着经济社会的高速发展,滨海新区人口增速加快,住房需求量大,根据居住对象类型的不同,住宅建设呈现出多元并存的局面。

首先,特色各异的商品住房是住房建设的主体。本时期商品住房建设速度较快,尤其进入 21 世纪后,住房建设速度节节攀升。2000 年,新区住房竣工面积仅为 47.14 万平方米,而

"三级跳坑"改造于1985年全面铺开，并于当年全面完成，共翻建、新建住宅31万平方米

三级跳坑改造

开发区起步区生活区

汉沽河西小二楼

汉沽城区总体规划见（图6-2-1）。

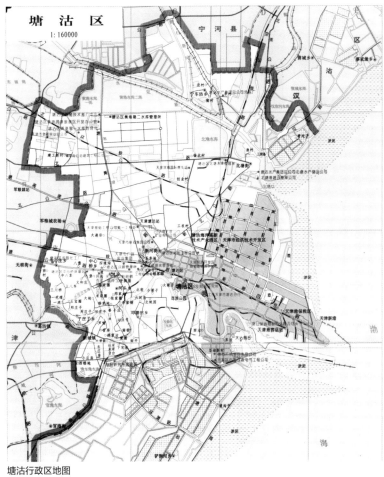

塘沽行政区地图

图6.2.1　1988年汉沽城区总体规划图

汉沽城区规划图

开发区翠亨村小区

开发区天保金海岸实景图一

开发区泰丰公园后住宅

开发区天保金海岸实景图二

塘沽外滩居住区

开发区泰达国际小区

2006年则达到388.84万平方米。商品住宅标准比较高，形式多样，高层、小高层、多层、联排等住宅形式被广泛运用在商品住房中，形成多元混合、各具特色的商品住宅类型。

开发区生活区和塘沽由于发展时间相对较长，地理位置优越，配套完善，整体建设水平要高于其他区域。开发区除建设了万科金域蓝湾等大型居住区外，还规划建设了柏翠园等高档居住项目，以及近期建设的以窄路密网模式为主的贝肯山项目。塘沽区商品住宅开发建设量比较大，开始向杭州道以北区域扩展。大港规划建设了港东新城。一改老城区以多层居住建筑为主的做法，大部分新建项目以高层住宅为主。汉沽实施了老城区改造，同时也规划建设了汉沽东扩区。

另外，近些年新区还涌现了一批住宅开发热点地区，主要是新规划建设的功能区。它们各自都具有较为鲜明的特色与理念。比如，2007年启动的中新生态城项目，作为中国、新加坡两国政府战略合作项目，其建设显示了中新两国政府应对全球气候变化、加强环境保护、节约资源和能源的决心，为建设资源节约型、环境友好型的生态城市提供了积极的探索和典型示范。生态城内的住宅建筑全部达到绿色建筑标准，与自然环境相协调。空港经济区、滨海高新区也都规划建设了高水平的配套住宅项目。北塘经济区规划延续了历史文脉和天津特色，北塘古镇和总部配套居住区也采用了窄路密网的布局，以多层和低层住宅为主，具有人性化的尺度和城市肌理。

其次，保障性住房规划建设进入新阶段。2010年以前，滨海新区仅有少量蓝白领公寓和针对拆迁居民的经济适用房，如于家堡和东西沽还迁房等。随着国家"十二五"规划中明确提出了"实现广大群众住有所居"的发展目标，我国住房保障问题被提到了前所未有的高度。天津滨海新区作为国家发展战略的重要组成部分，体现着住房建设"排头兵"的重要作用和

意义，保障房的建设工作随之全面铺开。尤其是在2010年新区政府成立以来，开工建设了各类保障性住房952万平方米、11.2万套。集中规划建设了滨海欣嘉园等保障性住房聚集区和中建幸福城等项目。滨海欣嘉园（一期）项目是2010年滨海新区重要的保障性住房社区建设项目之一，是新区政府成立以来第一批建设的保障性住房，具有一定的代表性。居住地块内全部设计为点式高层，空间感受过于单调，居住空间辨识度较低，街道的空间连续性不宜塑造。同时，由于地块的开发强度要求较高，过高的点式塔楼成群布局使得城市天际线形态不佳。较大的街廓尺度容易造成街道空间的冷漠，城市环境品质的下降。之后建设的一些保障性住房也同样多为点式高层住宅为主，开发强度普遍偏高。在建设速度、建设规模喜人的情势下，同样的问题也显现了出来。

另外，新城镇建设与农村城市化也成为住房建设的重要内容。新区农业人口约20万，涉农街镇7个，行政村139个，实有村庄127个。根据中央和天津市要求，积极推动社会主义新农村建设，农民住房条件有了很大改善。塘沽新塘组团开展了农村城市化工作，茶淀镇、大田镇、中塘镇、小王庄、太平镇进行新城镇的规划建设。以中塘示范镇东区还迁居住区为例，中塘镇位于滨海新区南部，距滨海新区核心区32千米。用地规模1平方千米，规划居住人口3.3万人。以小户型为主，建筑层数为8～15层。规划空间布局采用自由式。与欣嘉园类似，存在着街廓尺度较大、点式高层过多、空间感较差等问题。

目前，滨海新区的居住社区形态和住宅的群组布置反映出滨海新区城市发展和居住社区发展演变的历程。住宅组群的布置对使用功能、卫生、安全、美观、经济等有很大的影响。从浏览航片影像图可以发现，滨海新区居住社区形成了以下几类组群形式：

万科金域蓝湾

万科柏翠园

塘沽融创贻锦台

港东新城住宅

汉沽住宅

欣嘉园居住地块鸟瞰图一

欣嘉园居住地块鸟瞰图二

高层住宅示意图

中塘示范镇东区还迁居住社区效果图

第一类是条式住宅组群形式。这种类型又可分为几种布局形式。

一是行列式布置。由于受地理纬度、气候条件影响，滨海新区的住宅布置一般以条形为主，其基本布置形式是依照良好的朝向及合理的间距、依次排列各幢住宅，即为行列式。这样能够争取良好的南北朝向，也有利于组织施工建设，有效地降低成本。这种布置无论是平面上还是空间上均有一定的韵律感、节奏感。但是，大量的等长组合体做同方向的行列式布置，若不做其他形式的变化会显得很单调，不容易创造良好的空间环境。行列式有不等间距行列式、错接行列式、错排行列式、斜列式等。

二是周边式布置。沿街坊院落四周布置房屋，使中间形成一个比较封闭的空间，用来安排街坊的公共绿地、小型公共建筑及休息、游戏空间。这种布局方式可提高建筑密度，创造较好的居住环境，但不能获得良好的通风和朝向，在这个时期特别是20世纪90年代后已基本消失。

三是混合式布置。混合式综合了行列式和周边式两种布置形式的优点，大部分房屋采用行列式布置，运用成组的房屋错列、错排形成院落或者运用长短组合体搭配，在转角处布置东西向组合体。这样既解决了使用和卫生的要求，有利于沿街商业服务性建筑的设置和城市街景，同时，在庭院组织日照、通风、室外管线布置、建设用地等方面都比较有利。因此，这种布置形式目前被广泛采用。

四是自由式布置。在道路走向或组团用地不规则的情况下，住宅组群出现了自由式布置方式。平面上利用长短不同的组合体、曲线形住宅单体，竖向上运用不同层数的高低变化，在群体布置时结合地形、朝向、道路因素形成自由变化的布局。

第二类是点式组群形式。在特殊的用地或环境条件下，用点式（或塔式）住宅来组织住宅群，可以收到一定的经济效果。点式（或塔式）住宅单元平面上的特点是长、宽比较接近，而且一般外形多变化。在狭长地段或者零星用地上采用点式组群可以争取较好的朝向，并使建设用地得到充分发挥。

第三类是条、点结合的组群形式。在住宅群体的规划布置中，单一的条式组群平面布置有单调和呆板的局限，而单一的点式组合对城市空间的塑造不利。因此，采用条点结合的布置可以收到空间丰富、环境优美的效果。这是目前采用较多的一种手法。

从以上的分析回顾中，我们可以看到滨海新区居住社区的规划建设经过了漫长的演进过程。改革开放后，滨海新区居住社区的规划建设进入了新的历史阶段。特别在滨海新区被纳入国家发展战略、国务院20号文中提出将新区建设成"环境优美的宜居生态型新城区"以后，新区住宅规划建设势头更加迅猛，取得了一批高水平规划建设成果。住区规划的研究工作也被提到了很高的地位，但也存在着很多问题，需要不断地思考、创新、探索与实践。

在滨海新区的社区建设不断推陈出新、亮点层出不穷的形势下，我们也应该清醒地认识到新区社区规划建设存在的问题。封闭大院式开发、住宅空间组合形式匮乏、空间可识别性低、配套设施分散、居住人群层次单一、户型设计不合理等问题是我们未来社区规划建设亟须解决的问题。同时，新区对住房的建设速度、强度要求较高，居住地块的规划布局原型需要进行深入研究、实践。

行列式布局模式示意图

混合式布局模式示意图

点式布局模式示意图

条、点结合布局模式示意图

佳宁苑及周边示意图

贝肯山及周边示意图

第二节　滨海新区新型社区的思考与实践

一、理念缘起——SOM 编制开发区生活区规划（2000 年至 2005 年）

2000 年由 SOM 公司编制的《天津泰达生活区修建性详细规划设计》，在滨海新区首次提出了"小街廓"居住区的理念。项目南起新港四号路、北至泰达街、西起新城东路、东至太湖路，总面积约 1 平方千米。项目将循环行列式、邻里结构、开放空间、慢行系统、空间体量组织、景观环境六大部分作为规划原则。

1. 循环行列式

标准街廓为 200 米 × 200 米，生活区内部支路红线宽为 20 米。两个标准街廓南北向连接处设置邻里中心，邻里中心包含社区商业、点式高层住宅、特色公共绿地等。在约 1 平方千米的规划范围内将标准街廓及邻里中心进行循环行列式布局，形成 15 个较为规整的居住街区、4 个公共设施街区、2 个办公混合使用街区、5 个居住混合使用街区和 2 个商业混合使用街区。

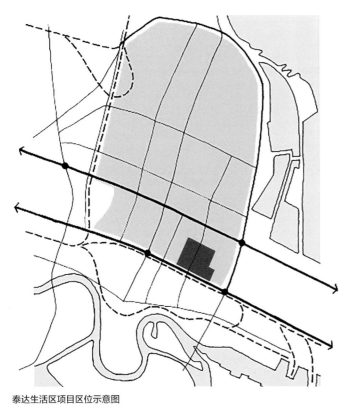

泰达生活区项目区位示意图

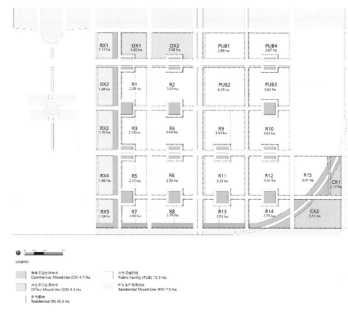

循环行列式布局示意图

2. 邻里结构

以 540 米 ×450 米作为典型居住邻里规模，规划范围内形成 4 个居住邻里；每个居住邻里中分为 4 个开发单元，每两个开发单元之间共享一个公共广场；每个开发单元内部设置道路，将开发单元分为两个迷你开发单元。

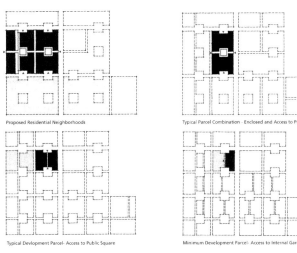

Proposed Residential Neighborhoods

Typical Parcel Combination - Enclosed and Access to Public Square

Typical Devlopment Parcel- Access to Public Square

Minimum Development Parcel- Access to Internal Garden Street

邻里结构示意图

借鉴中国福建土楼圆形核心为祖堂、围廊，外围为居住建筑的设计手法，邻里中心的商业设施围绕邻里公共广场设置，形成每个街廓的几何中心和社交活动中心。每个邻里中心绿地南侧放置一座点式高层建筑，在空间体量上提示邻里中心，为满足点式高层住宅的日照要求，建筑采用风车形平面布局，底层与商业设施建筑连接。

3. 开放空间

规划范围内设置绿带公园、运动公园和公共广场三级开放空间。绿带公园分为用于隔离轻轨影响的景观隔离绿带以及区分高层建筑和多层建筑区域的带状水景公园两类。运动公园独立占据一个标准街廓（约 4 公顷），是整个规划范围开放空间

的核心。此外，每两个标准街廓之间设置一个 60 米 ×60 米的公共广场，为提高标准模块式街廓带来重置性，绿地景观设计丰富多样，提高了每个街区的辨识度。

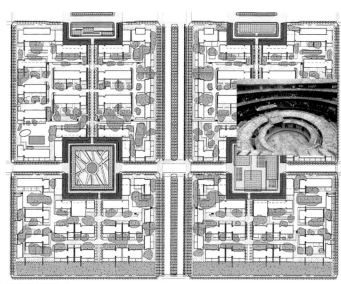

邻里中心平面图

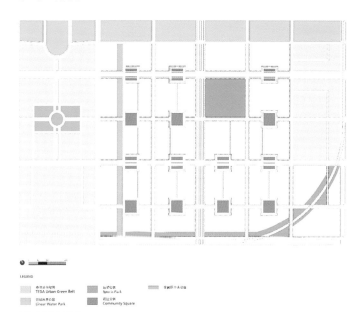

LEGEND

泰达城市绿化带　TEDA Urban Green Belt
运动公园　Sport's Park
全街区十字公园

带状水景公园　Linear Water Park
社区公园　Community Square

开放空间示意图

4. 慢行系统

为提高街区内部与公共广场之间的步行通达性，街廊的东西向 20 米宽道路两侧设置较为宜人的步行空间；在南北向 20 米宽道路设置可以与街廊内部道路连接的人行步道；在街廊内部设置小区花园步道，南北向连通各个公共广场。此外，还在城市次干路两侧结合开放空间设置自行车专用道。

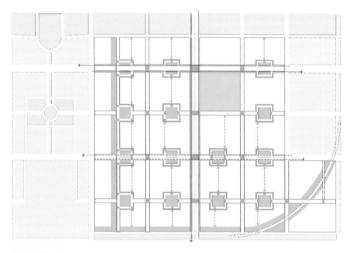

慢行系统布局图

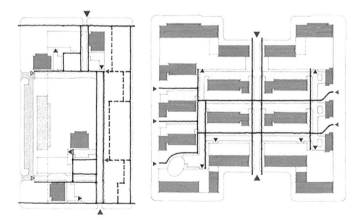

慢行系统示意图

5. 空间体量组织

规划范围内建筑类型分为点式高层（Needle Towers）、风车形高层（Point Towers）、商业建筑（Commercial Hybrids）、板式高层住宅（Slab Block Units）、联排别墅（Townhouse Units）、别墅（Villas）、公寓（Live/ Work Loft Units）、高层办公建筑（Incubator Offices）、多层办公建筑（Large Floor Plate Offices）、泰达医院（TEDA General Hospital）等 10 个建筑类型。

居住用地的空间组织较为多样，典型街廊内部以联排别墅和别墅的低层建筑为主；在公共广场位置设置风车形高层和商业建筑，提示邻里活动的核心区域；沿街廊边缘的东西向次干道设置板式高层住宅，以达到空间围合的效果。

在规划范围西边界以带状水景公园作为空间划分设置点式高层住宅区域，参与开发区主中轴线两侧空间的塑造。

空间组织工作模型图

6.景观环境

由于整体规划采用循环行列式布局方式，造成街廓尺度、空间组织具有极大的相似性，为强化街区个性、提高辨识度，每个公共广场的景观设计风格迥异。次干道沿线的公共广场分为南北两部分，形成间隔200米的街道空间节点（16米×60米）；内部支路围绕60米×60米的公共广场形成环形道路，以密植灌木限定公共广场空间，内部设计强调个性。

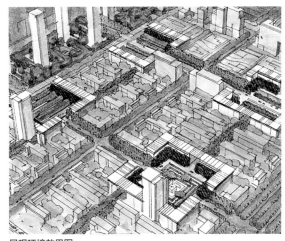

景观环境效果图

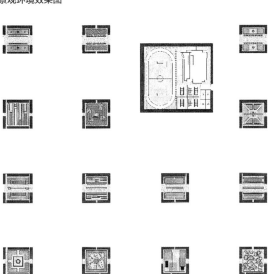

景观环境系统图

二、理念推介——滨海新城规划（2005年）

2005年滨海新区对中心商务商业区综合方案（53平方千米）进行了国际方案征集，即滨海新城概念规划，国际征集吸引了国内外众多知名设计机构前来报名。经过慎重研究，邀请了来自英国、美国、日本三家具有丰富规划设计经验的机构参加方案征集，包括英国WATERMAN公司、美国WRT公司联合天津市规划设计研究院和日本日建公司。

WRT公司方案获得优胜奖，其"小街廓—密路网—窄马路"的理念对滨海新区核心区的建设产生了深远影响，延续了SOM公司开发区的方案，并推广到滨海新区全范围。

1.滨海新城概念规划

滨海新城概念规划以滨海新区总体规划（2270平方千米）和滨海新区核心区（280平方千米）概念规划为基础，对城市架构、土地使用、综合交通、重点区域（中心商务商业区等）、空间形态、绿地水系等多方面进行了全面的分析梳理。滨海新城东起海滨大道、跃进路，南接津沽一线公路，西至车站北路、河南路，北至开发区五大街、京津塘高速公路延长线，用地规模53平方千米。滨海新城的城市构架可概括为"两轴，三个核心区，七个关联区"。两轴是指"东西向轴线"——海河发展轴，面向中心城区、沿海河形成生活服务轴，构建城市生活服务带；"南北向轴线"——南海路商贸带，连接城市主要开发空间，构建滨海新区中心商业商务区。滨海新城共包括十个功能分区，包括三个核心功能区和七个关联功能区：开发区中心商务区、解放路中心商业区、丁家堡中心商务区、响螺湾综合生活服务区、蓝鲸岛高档休闲居仕区、海员综合服务区、国际贸易与航运服务区、新城生活区、塘沽老城区、东西沽地区。

总体功能定位为现代化国际港口大都市标志区、城市服务功能完善的宜居城区。在产业构成上打造环渤海地区集金融、国际贸易、信息服务、国际性文化娱乐中心于一体的高品质国际化生态宜居城区，与中心城区形成互补协调的城市双中心。

2. 中心商务商业区规划

中心商务商业区主要承担为国际航运物流和现代制造业服务的国际贸易、金融、会展、信息、中介、科研、研发转化等城市服务职能，遵循"相对集中、有机分散、重点发展、共同繁荣"的布局原则，形成"一轴三区"的规划布局结构，"一轴"指沿南海路（胜利路）城市发展主轴形成的商贸带；"三区"由开发区中心商务区、于家堡中心商务区、解放路和天碱中心

商业区三个核心地区组成，总用地规模约 8.58 平方千米。

中心商务商业区提出了 Y 字形的城市成长架构，规划两个城市增长极——"解放路中心商业区沿新华路、新港路、永太路、海河发展至南海路商贸主轴"和"开发区中心商务区沿第二大街、第三大街、紫云商业轴线发展至南海路商贸主轴"。交汇于南海路商贸主轴，近期向南发展至海河交汇处建设于家堡中心商务区，远期跨过海河，建设环渤海创业园。以南海路商贸主轴为主干，沿海河东接海员综合服务区，沿新华路西连新洋商城，北达北塘新区，南通海河南岸的环渤海创业园。

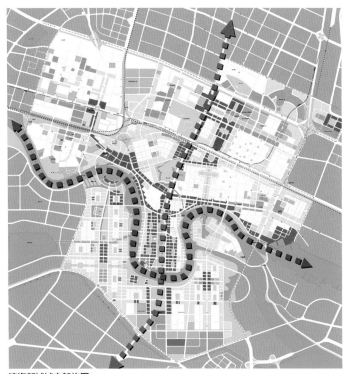
滨海新城城市架构图

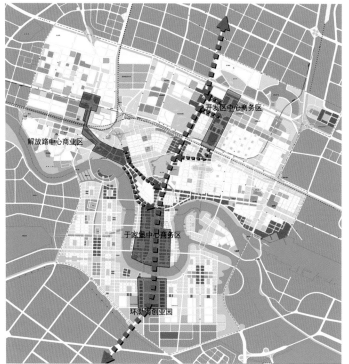
中心商务区成长架构图

3. 滨海新城的空间形态创新："小街廓、密路网、窄道路"理念的明确

在滨海新城的概念规划中首次在新区明确了"小街廓、密路网、窄道路"的概念，并提出了以下设计原则：

①推行新都市主义城市设计原则，不提倡分隔城市空间与人情交往的现行居住小区模式。

②在"匠人营国九经九纬"原则下形成的棋盘式城市结构，是中国北方应对宽广平原呈现的宇宙般的雄伟气魄。

③表达男儿志在四方、为居民维系清晰方向感的自然合理反应。

小街廓建筑布局实景图

小街廓道路实景图

④滨海新城在许多北方城市逐渐丧失此特质的趋势中，引用此传统，将可对地域感延续做出重要的贡献。

细致纹理的街道与街廓系统为新城奠定人性化城区的基调。街廓宽度 80 ~ 160 米。开放细密的地区路网不但可发挥分散流量、降低干道承载压力的效用，尺度亲切的街道同时为人际交流提供绝佳环境，并紧密地结合两侧的街廓与利于守望相助的围合街廓，共同形成开放而安全的邻里。细密的街网更可大幅提升居民不期而遇进行人际交流的机会。

可弹性容纳各类用途的街廓，为新城强化可持续的发展性及丰富的情趣。

规律的街廓系统可弹性容纳不同种类及不同强度的使用可能性。未来新城的开发可以针对未可预见的需求状况，在环境影响可承受、使用性质能兼容的状况下可以弹性地加以必要的调整。在时间的洗礼下，新城将可呈现多元多变的面貌，丰富城市的体验乐趣。

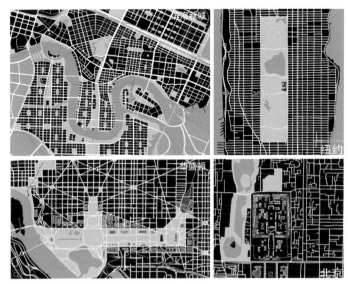

各地区街廓路网对比图

　　滨海新区的新城概念规划提出的"小街廓、密路网、窄道路"概念充分体现了滨海新区作为改革示范区的先试先行特色，从人文关怀、历史沿革、当地特色等多方面诠释推行窄街密路的优势。如从人文角度，首次提出了邻里守望相助的概念；从历史沿革方面追溯至"匠人营国九经九纬"的棋盘式城市结构；从当地特色梳理北方聚居地的传统特色，并与新城市主义结合，做出一种全新的回应；同时不拘泥于空间形态本身，对于街廓内的性质提出了弹性兼容的发展策略，力求最大程度地增加城市的宜居性与体验性。

于家堡中心商务区及天碱中心商务区平面图

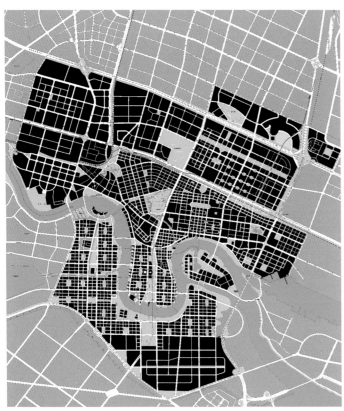

滨海新城街廓道路平面图

于家堡中心商务区及天碱中心商务区模型图

三、理念尝试——功能区城市设计（2006 年）

2006 年，滨海新区被纳入国家发展战略，为贯彻落实国务院《关于推进天津滨海新区开发开放有关问题的意见》中提出的"统一规划、综合协调、建设若干特色鲜明功能区"的要求，滨海新区管委会与天津市规划局统一组织、各功能区具体主办了功能区规划设计方案国际征集，包括滨海高新技术产业区、东疆保税港区、临空产业区、于家堡金融区及滨海休闲旅游区等 5 个功能区，国内外专家、著名规划设计机构参加。结合各功能区的特点提出了各具特色的城市设计方案，其中许多方案采用了"窄马路、密路网、小街廓"的布局形式。

1.滨海高新技术产业区总体概念规划、综合服务区及起步区修建性城市设计方案

滨海高新技术产业区占地 30 平方千米，位于空港经济区以东、塘沽海洋高新区以西的区域内，是自主创新能力强、带动滨海新区发展的领航区，是国家级高新技术产业发展的原创地和区域科技创新中心，是滨海新区总体规划中确定的重要经济功能区之一，是高水平研发转化基地，以生物技术与创新药物、高端信息技术、纳米与新材料、新能源与可再生能源等应用科技的研究转化为主。经专家评审，由美国 WRT 公司与天津华汇环境规划设计顾问有限公司设计的方案获得一等奖。规划方案的立意为："天"环、"方"城——汇聚精英，凸显可持续发展理念。

滨海高新技术产业区鸟瞰图

30 平方千米总体城市设计方案运用基地田埂及水渠的肌理，组建适于设厂、方向感明确的方形干道路网；依循基地历史烙印，架构凸显园区可持续发展理念的圆形"天"环。方案沿东西向连接天津市中心及机场的公交路廊，营造多元混合使用构成的城带环境；以窄路密网低强度低密度的方式引入高形象主力研发机构；厂区也由 100 米 ×100 米的厂房单元构成，可

以动态弹性地满足企业需求；运用 1/10 的基地面积，形成均匀分布深度不超过 1.5 米的连续洼地公园，解决区内排水，并有效发挥滞留雨水的功能，为园区员工居民提供多元、有趣的生活环境；所有建筑尽量利用太阳能、风能及沼气发电等绿色能源，降低园区能源需求。

滨海高新技术产业区总平面图

"方"城平面图

占地 26 平方千米的高新区综合服务区修建性城市设计采用"方"城布局，配合现有湖泊的居中位置，构建"九经九纬"且边长 2 千米的"方"城。将会议展览中心、生活配套设施等沿湖边布置，形成具有鲜明特色的城市广场、街道和滨湖空间，使"方"城成为科技创新的城市核心。

"方"城核心区模型

2. 空港物流加工区、民航科技产业化基地

天津空港物流加工区、民航科技产业化基地是滨海新区功能区之一的空港经济区的重要组成部分，占地 17 平方千米。天津空港物流加工区的定位是天津空港经济区的核心区、先进制造业和高新技术研发转化基地、现代服务业的示范区，以制造、研发、总部经济、临空会展为主，建设空港经济区的核心集聚区，形成区域特色鲜明、功能优势突出、产业关联互动的经济区域。民航科技产业化基地的定位是我国唯一的国家级民航科技产业化基地，以民航设备制造和加工、民航科技研发、民航技术服务为主导功能，是我国民航重大科技攻关中心，也是国际先进民航技术引进、消化、吸收的平台，具有国际一流水平的创新研发基地。经过方案评审，美国 RTKL 国际有限公司的方案获得一等奖。

总体城市设计方案和占地 6 平方千米的详细城市设计方案结合已经确定的文化产业中心及会展中心的位置，在加工区中心设置服务加工区自身的副中心，形成三个主要的重点发展区。

空港物流加工区、民航科技产业化基地鸟瞰图

规划设计立意"三角形"——稳定的城市结构；结合文化中心及会展中心的位置分别设置轨道2号线的站点，形成TOD开发策略。现有的高尔夫球场基本位于加工区的几何中心，未来将球场转变为向市民开放的城市公园，支撑加工区副中心的开发。区域中形成三条功能带：总部办公带、复合商业走廊和社区服务走廊连接三个重点发展区，确定三角形的城市结构。在三角形城市结构的基础上，形成次一级的城市节点，同时加强中心湖景区周边配置，形成三角形的重心，进一步完善和丰富城市整体结构。 城市设计对原有的路网进行了加密，突出强调城市街道、广场与公共空间的塑造。

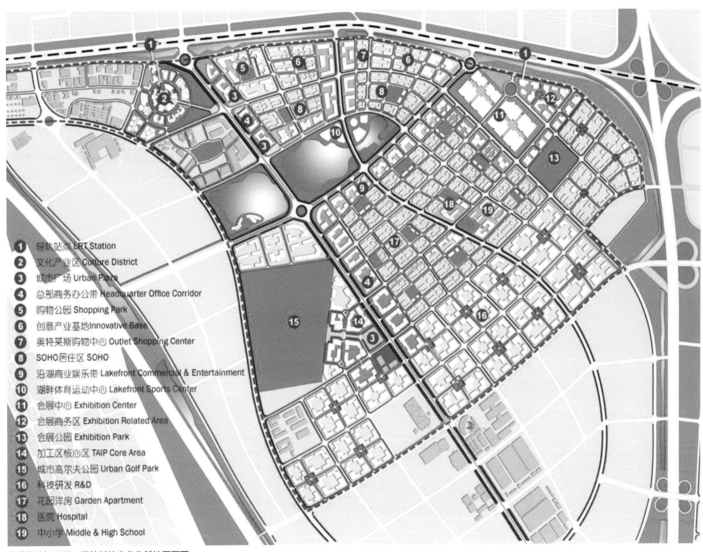

1 轻轨站点 LRT Station
2 文化产业区 Culture District
3 城市广场 Urban Plaza
4 总部商务办公带 Headquarter Office Corridor
5 购物公园 Shopping Park
6 创意产业基地 Innovative Base
7 奥特莱斯购物中心 Outlet Shopping Center
8 SOHO居住区 SOHO
9 沿湖商业娱乐带 Lakefront Commercial & Entertainment
10 湖畔体育运动中心 Lakefront Sports Center
11 会展中心 Exhibition Center
12 会展商务区 Exhibition Related Area
13 会展公园 Exhibition Park
14 加工区核心区 TAIP Core Area
15 城市高尔夫公园 Urban Golf Park
16 科技研发 R&D
17 花园洋房 Garden Apartment
18 医院 Hospital
19 中小学 Middle & High School

空港物流加工区、民航科技产业化基地平面图

保税区总部建筑鸟瞰图

复地温莎堡

四、新型社区实践——中新天津生态城规划（2007 年）

2007 年底，中新天津生态城选址落户滨海新区。中新天津生态城是中国与新加坡两国政府战略性合作项目。生态城的建设显示了中新两国政府应对全球气候变化、加强环境保护、节约资源和能源的决心，为资源节约型、环境友好型社会的建设提供积极的探索和典型示范。生态城占地约 34 平方千米，总体

规划由中国城市规划设计研究院、天津市城市规划设计研究院和新加坡重建局共同编制。规划提出了生态城市的指标体系，以及改造蓟运河古河道、治理污水库、恢复水生态及"生态谷"的规划理念。在居住区规划中，提出了"生态细胞"的概念，400 米 ×400 米的大地块，以十字步行路分成 200 米 ×200 米的小街廓，组成城市的单元。同时，借鉴新加坡的成功经验，集中规划建设社区服务中心，改善社区管理。

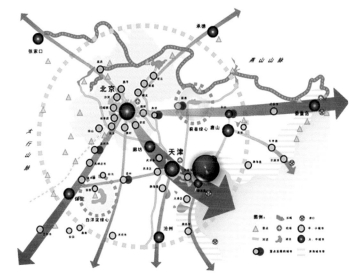

中新天津生态城生态细胞示意图

中新天津生态城区位分析图

南部片区规划范围图

南部片区起步区总平面图

中新天津生态城风貌一

中新天津生态城风貌二

中新天津生态城红树湾居住地块

中新天津生态城风貌三

中新天津生态城风貌四

五、新型社区实践——北塘商务生活区（2009 年）

北塘具有悠久的历史，曾是重要的军工要塞，也是人文荟萃之处。改革开放以来，"做一天渔民"成为北塘的品牌旅游项目。由于年久失修，北塘渔村一直是破败的形态。2007 年塘沽区政府启动北塘拆迁改造工作；2009 年，北塘总部经济区被纳入滨海新区的十大战役，旨在规划建设成国际会议中心、中小企业总部、国际旅游高地的人文宜居小镇。

北塘小镇规划占地 10 平方千米，规划恢复了北塘古镇、炮台、步行街等，借鉴五大道的经验，总部和配套生活区采用了窄路密网的布局。除还迁区有部分高层住宅外，区内建筑大部分为低层和多层住宅形式，形成亲切宜人的城市空间环境。

北塘商务生活区效果图

北塘商务生活区航拍图

北塘商务生活区模型图

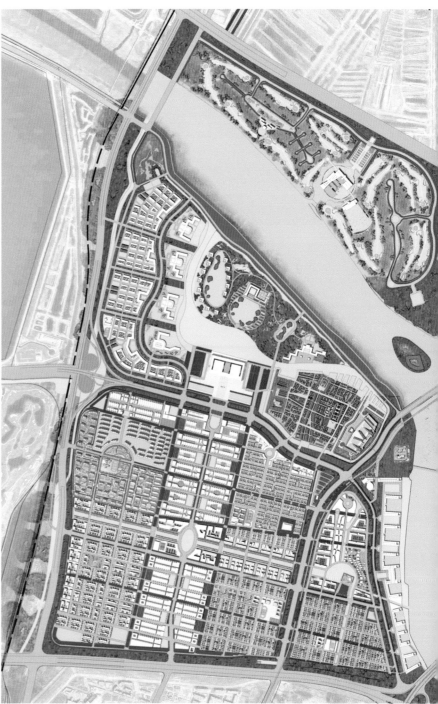

北塘商务生活区平面图

生活配套区

泰达企业总部基地

天保企业总部基地

企业总部基地

生活配套区航拍图

六、新型社区实践——开发区生活区贝肯山项目（2012年）

2000年，SOM公司编制泰达生活区修建性城市设计之后，开发区生活区的建设基本贯彻了窄街密路的思路，但一直没有成片开发居住社区。城市中心东部区域一直处于待开发状态。2012年，天津招商地产投资有限公司通过招拍挂获取土地，启动了这一区域的成片开发建设。贝肯山项目占地25万公顷，分为8个地块，项目开发定位是以为外籍人士提供出租物业为主、为高端人群提供出售物业为辅的高尚住区。结合定位，综合各种因素，本项目采用了新英格兰生活小镇的主要设计理念，结合其恒久而优美的独特社区特色，使该住区能随时间流逝日渐成熟，并保持恒久不变的高尚品质。在遵循SOM公司城市设计的前提下，规划设计提出了建造多功能混合社区、营造社区城市主中心、建设有活力的街道和协调的建筑风格等理念。贝肯山是新区目前最大的成片践行窄路密网的社区项目。

贝肯山项目实景图

贝肯山项目鸟瞰图

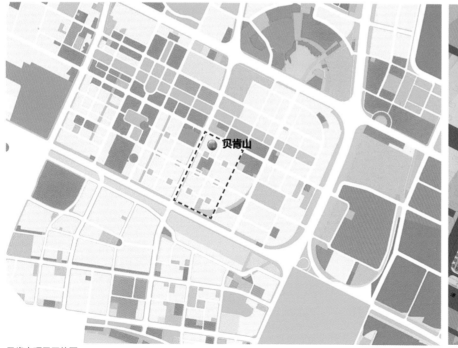

贝肯山项目区位图

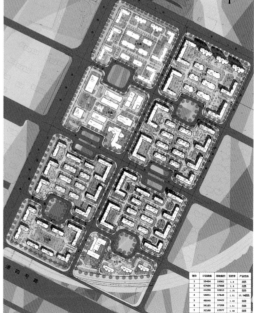

贝肯山项目总平面图

四号地块效果图

四号地块平面放大图

四号地块人视点效果图

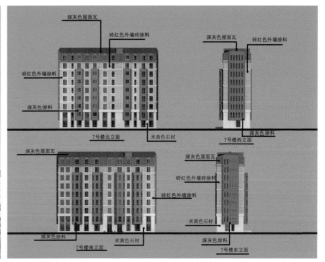

典型立面设计

贝肯山建成照片

七、新型社区实践——临港示范社区和佳宁苑项目（2013年）

临港示范社区是滨海新区中部新城建设的北起步区，是2011年新区保障性住房专家研讨会中重点研究的居住社区，兼有商品房与保障性小区，用地规模1平方千米。

从区位来看，其位于滨海新区核心区东部，紧邻中心商务区和临港经济区，优越的地理位置，有效减小了保障人群的通勤压力。规划采用了"大混居、小聚居"的居住模式，其居住产品类型包括订单式限价商品房、公租房、普通商品房、老年公寓等，避免了过往大面积建设保障性住房带来的空间分异与社会隔离感，符合构建和谐社会的时代要求，是新区居住模式的一次有益尝试。

同时，针对以往保障性住房社区由于招商引资存在困难，导致商业空间分布零散、规模不集聚、人气低下、管理缺失等问题，结合社会管理创新、服务设施体系搭建对配套设施建设模式进行创新尝试。配套设施建设模式按照社区、邻里和街坊三级进行划分。社区中心和邻里中心集中建设。

街廓尺度采用"窄街廓、密路网"的方式进行控制。除已批复用地外，街廓尺度基本控制在130～200米之间。规划力图将各种与居住相关的活动尽可能组织到城市的网络中去，打造一种与城市共融的居住模式，避免了大街廓尺度造成的交通拥堵、人际关系冷漠等问题。

另外，建筑肌理方面，注重塑造连续的街道界面，塑造商业氛围，部分居住地块进行了围合式住宅的有益尝试，值得鼓励。但为满足容积率等开发要求，多数地块还是以点式高层为主，不宜塑造空间形象。居住地块的布局模式尚需要进行深入研究。

临港示范社区平面图

临港示范社区效果图

佳宁苑总平面图

佳宁苑鸟瞰图

佳宁苑建成照片一

佳宁苑建成照片二

　　佳宁苑项目是滨海新区装修定单式限价商品房项目,通过试点,除探索保障性住宅政策等方面的问题外,也进一步用实践检验在我国和天津市现行规划设计规范条件下实施窄路密网建设的可行性。佳宁苑位于天津港散货地区靠近社区中心的位置,占地面积1.73公顷,建筑面积3.5万平方米,288户,为了解决窄路密网城市街道塑造与建筑朝向问题,规划采用了沿生活性道路布置平行街道的住宅和底商,其他采用正南北点式小高层建筑的折衷形态。

第三章　和谐社区规划设计研究的目标和意义

城市经济社会发展的最终目的是为居民提供良好的人居环境。改革开放 40 年来，通过改变计划经济时的城市规划理论方法，创新体制机制，我国的城市规划总体上适应了社会主义市场经济的发展需求。在这一过程中，我们清醒地认识到，在完善城市规划体系，提高战略性的空间规划、城市总体规划和城市设计水平的同时，必须改革传统居住区规划设计模式，提升住宅建筑和居住社区规划设计的水平，才能真正实现我国规划设计水平的进一步提升，才能真正改善我国城市居民的居住环境。

滨海新区作为国家级新区和国家综合配套改革试验区，在城市规划领域，我们一直努力探索住宅和居住社区规划设计的改革创新。一是在国家和天津市的政策框架下建立了适应滨海新区自身特点的现代住房保障制度体系，强调以中等收入的外来务工人员作为保障的主体，住房标准是高标准的小康住房。这方面的内容可参见天津滨海新区规划设计丛书之《居者有其屋——天津滨海新区首个全装修定单式限价商品住房佳宁苑试点项目》。二是强调探索新型住房社区规划模式，创造宜居的城市肌理和人居环境。从 2006 年被纳入国家发展战略伊始，我们在开发区生活区和滨海新城提出的"窄马路、密路网、小街廓"布局的基础上，在几个功能区的生活区以及中心商务区、北塘等地区推广窄路密网布局方法，旨在完善城市功能、丰富城市活力、全面提高城市的空间品质。2007 年，中国政府和新加坡政府合作建设中新天津生态城，在规划中考虑了新的生态城市

指标体系、生态绿化系统和社会管理创新等内容，提出了"生态细胞"的居住组团规划模式，但"生态细胞"400 米 × 400 米的街坊尺度还是过大，虽然其中设置了十字步行路，但内向性明显，居住建筑还是以高层为主，没有形成生活化的城市空间。2009 年，我们编制滨海新区核心区南部新城规划。南部新城规划范围 50 平方千米，现状是急需搬迁的天津港散货物流中心堆场和盐田，紧邻滨海新区中心商务区，具有很好的区位和开发建设条件。通过城市设计方案国际征集和深化工作，确定了总体规划方案。规划采用新都市主义理论和方法，营造以公交为导向的、以窄路密网为主要特色的新城区，围绕中心人工湖布置多样的城市商业、文化、教育、体育、医疗、养老等功能，外围划分为 6 个居住社区。住宅选择以多层和小高层住宅类型为主，采用围合布局，塑造出城市街道、广场空间，组成丰富多样的城市生活空间环境。

为了进一步深化南部新城提出的"窄路密网"规划方案，使其具有可操作性，为项目启动实施做好准备，在前期研究工作的基础上，从 2011 年开始，我们选择了滨海新区南部新城中靠近中央大道的 1 平方千米的起步区——和谐社区作为滨海新区新型居住社区规划设计的试点项目，启动了以新型社区城市设计为核心的规划设计工作，进行了三轮、持续数年的研究探索。同时希望通过和谐社区规划设计的创新研究，为解决我国当前居住区规划设计中存在的严重问题、改革创新新型居住社区规划模式、提高居住社区规划设计水平、积累有益的经验。

第一节　和谐社区的基本情况

一、区位和周边规划设计情况

和谐社区项目位于滨海新区核心区的南部新城内。南部新城北临中央商务区，东临临港经济区，西侧为天津大道，南侧为津晋高速，规划面积 52 平方千米。南部新城与中央商务区仅有大沽排污河一河之隔，是滨海新区核心区未来发展的主要空间。

南部新区现状用地由两部分构成，一是 40 平方千米塘沽盐场的盐田，二是 12 平方千米的天津港散货物流中心。天津港散货物流中心是 20 世纪 90 年代末为解决天津港煤炭等储运分散污染问题，在塘沽盐场上规划建设的集中的煤炭焦炭矿石储运

区，当时对解决天津开发区和塘沽城区的污染问题发挥了重要作用。随着滨海新区被纳入国家战略和于家堡中心商务区、滨海核心区的规划建设，天津港散货物流中心离城区过近的问题又一次显现，市委市政府决定将天津港散货物流中心搬迁到新规划的南港。

天津港散货物流中心搬迁和盐田规划始于 2008 年。为做好南部新城的规划，2010 年我们组织了规划设计方案征集，后进行综合方案编制。2011 年市政府组织相关部门，对盐田进行明确规划。2012 年结合滨海新区核心区城市设计，进一步深化南部新城规划。应该说，南部新城规划有了一定的基础。

南部新城区位图

南部新城与滨海核心区区位图

南部新城现状航拍图

南部新城规划总平面图

国际征集优胜方案

国际征集参与方案

国际征集参与方案二

南部新城规划采取"精明增长"和"新城市主义"的城市规划理念，遵循上位规划，通过在盐田上开挖湖面和河流改善土壤，实现土方平衡。通过规划生态廊道，改善生态环境，提升土地价值。完善交通和配套，提升居住水平。引入产业提供就业，实现职住平衡和均衡发展。南部新城规划人口54万人，其中就业人口30万人。根据预测，就业人口中，约20万人在临港经济区和中心商务区就业，其余10万人在新城中就业。

南部新城的总体布局为"一心、两带、六社区"，其中，一心是指中心湖生态景观中心，在南部新城核心位置规划4平方千米湖面，形成新城的生态核心景观。两带主要指城市服务带，一带是围绕中心湖，形成的以轨道交通和快速环路连接的城市公共服务带，包括滨湖商务商业、文化创意、教育、体育、医疗养老等区域。另一带是串联六社区的由电车、绿带连接的社区生活服务带，包括六个社区中心。六社区则是指围绕城市公共中心区域的六个综合社区，以居住为主。整体规划具有小街廓、密路网、点式加围合的特点，紧凑的、具有混合功能的社区和适合步行的街区等，塑造城镇生活氛围。

借助不同的区位和土地混合使用，打造多元的住房产品和各具特色的居住社区。南部新城总居住用地面积1534公顷，总住宅建筑面积近2000万平方米。其中沿湖文化创意、教育、体育、医疗养老等六个主题邻里建设精品住宅约1万套，以低层和多层为主。而外围六大生活社区规划建设定单式限价商品房和普通商品房18.3万套。多元化的住房类型为不同收入的人群提供了多样选择，面积、房型、价位的多元化满足不同生活阶段的居住需求。保障房与普通商品房和高档住房在空间上相对混合，有效地避免低收入聚集区的形成，为促进人口阶层融合、避免居住均值化、提供健康和谐的生活环境发挥重要作用。

南部新城以公共交通为主导的TOD模式指导规划设计，形成以高架轨道、地面电车和普通公交组成的公共交通体系，提高公共交通覆盖率，体现绿色低碳交通理念，减少出行成本，为居民提供便捷、舒适、准时的公共交通服务保障。除快速环路加强与区外和各社区之间的联系外，道路系统采用开放式的棋盘网格局，街廓尺度控制在200米左右，路网密度提高，便于交通组织，满足小汽车交通的出行需求。设置必要和足够的停车场和停车设施。

改革传统的"居住区—居住小区—组团"的居住区体系分级概念，新城10万人级社区—1万人级邻里—600～800人级街坊三级结构，对应街道、居委会和业委会三级社会管理体系。南部新城结合地铁和电车站点设置六个社区中心，服务半径1千米，包含街道办事处、派出所、中小学、社区医疗、养老、文化体育、商业、公园等设施。结合电车和公交站点设置54个邻里中心，服务半径500米，包含居委会、物业服务站、幼儿园、托老所、生鲜超市、早点铺、邻里公园等。各个地块形成街坊和业主委员会，设置活动用房和交往空间等设施。提倡围合与半围合街坊布局，强调街道广场公园等城市公共空间的创造。道路性质分为交通型街道和商业生活型街道，要求沿商业和生活型道路设置沿街商业，形成连续街墙。沿交通型道路不得设置沿街商业。通过集中设置公共开放空间和社区服务配套，包括社区公园、社区中心、邻里中心、教育设施等，居民获得丰富的社区生活、街道活力提升的同时，每个地块内部的凝聚力也得以加强，居民也可根据需要获得适宜的配套服务，区域整体性得以体现。

依托中心湖与生态廊道、多功能绿带、邻里绿地以及周围的官港森林公园，打造"51310"的绿化景观体系，即区内任何一点的居民在3千米距离内可以到达城市公园，1千米距离内到达社区公园，500米距离内到达邻里公园，10千米距离内到达城市郊野公园，提升新城整体绿化水平和居住生活环境质量。

南部新城优胜方案效果图

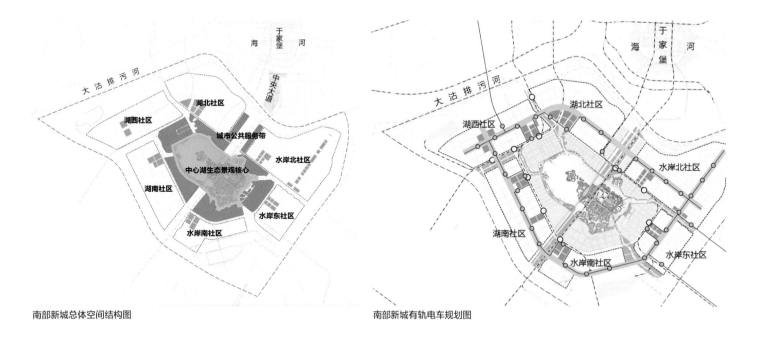

南部新城总体空间结构图

南部新城有轨电车规划图

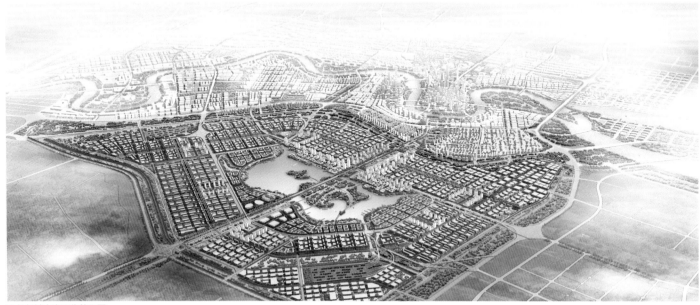

南部新城方案深化效果图

二、和谐社区试点项目的基本情况

和谐社区项目位于滨海新区核心区南部新城起步区，即散货物流区12平方千米范围内，位于规划称为临港北社区的西北角，占地面积1平方千米，是一个方形的用地，西侧隔300米宽的中央绿轴和100米宽的办公用地与中央大道相邻，南部为南部新城的快速环路，路南侧为滨湖商业区，北部临大沽河，河北岸即中心商务区，东侧是临港北社区的其他居住社区。

和谐社区区域的规划采用了窄街道、密路网、小街廓的规划布局，是以多层和部分小高层为主的多层高密度居住社区。和谐社区用地平均容积率1.5，总建筑面积150万平方米，有10 000套住房，3万人。按照每个居委会管理1万人的标准，可以划分为3个邻里，即居委会。

进行和谐社区试点规划设计研究有三个出发点：第一，南部新城53平方千米，是一个全新的新城，要做好整个新城的规划设计，有必要通过局部的深化研究发现问题，积累经验。第二，中新天津生态城在居住区规划上，学习借鉴新加坡的成功经验，做出了很好的尝试，但还是以高层住宅为主。我们想通过和谐社区的研究，在吸收生态城成功经验的基础上，进一步探索城市宜居空间和环境，与北部的生态城形成南北呼应。第三，和谐社区1平方千米位于12平方千米散货物流的起步区，区位良好，宜于实施。其临近已经建成通车的中央大道，距中心商务区2千米，一河之隔，通过海河隧道，可以快速到达于家堡金融区起步区。此外，滨海新区近期启动建设的地铁Z4、B1线也在该区域周边通过。和谐社区试点项目的规划实施对提升滨海核心区的城市质量具有重要的意义。

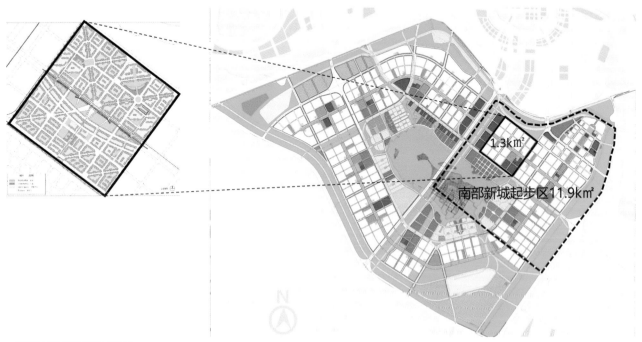

和谐社区试点项目选址区位图

第二节 和谐社区试点项目的规划设计的目标、意义和创新点

一、和谐社区试点项目的目标和意义

正如我们前面一直论述的，住宅和居住社区是城市中最重要的功能和空间形态，决定城市的品质和居民的生活水平。改革开放初期，为解决我国城市住房短缺问题，加大住宅建设力度，居住区规划设计的重点是安居和康居试点小区建设。随着住房和土地使用制度的改革和房地产的发展，我们基本解决了住房短缺问题，但遇到了严重的房地产和城市问题。改革开放40年来的经验和教训，使我们越来越清楚地认识到住宅建筑设计和居住社区规划设计对城市的重要性，要提升我国现阶段城市形态品质和城市空间特色，就要极大地促进居住建筑、居住社区在城市空间品质方面的提升，要考虑到住宅对城市空间塑造所发挥的作用，这需要大的变革。

滨海新区作为国家级新区和国家综合配套改革试验区，在城市规划领域，我们一直努力提高城市规划设计水平，一直努力探索住宅和居住社区规划设计的改革创新。从2000年开始，滨海新区就探索窄路密网的城市设计和居住社区规划设计。开发区生活区的第一批住宅翠亨村的规划设计就考虑了围合的居住院落、步行的配套商业街等做法。SOM公司为开发区生活区所做的城市设计，也提出了窄路密网的布局。2005年，在滨海新城，即滨海新区核心区城市设计方案征集和综合方案中，也明确提出了窄路密网的城市设计布局模式。包括后来空港经济区、滨海高新区、东疆港、北塘总部经济区等功能区的规划设计中，都采用了窄路密网的城市设计布局。这些区域基本都按照窄路密网布局进行了实施，如于家堡金融区、北塘等，通过城市设计导则解决了与部分现行城市规划管理规定不一致的问题，效果很好。但总体看，这些实施的项目大部分为办公建筑，完全窄路密网的居住建筑和社区还比较少，需要现实的检验。

2007年，中国政府和新加坡政府确定合作建设中新生态城，生态城选址在盐田和荒地上。2007年11月18日，前中国国务院总理温家宝和新加坡总理李显龙共同签署《中华人民共和国政府与新加坡共和国政府关于在中华人民共和国建设一个生态城的框架协议》，提出天津生态城要努力实现"三和""三能"的目标，即："人与人、人与经济、人与环境和谐共存""能实行、能复制、能推广"。中新天津生态城是以居住为主的新城，占地30平方千米，规划人口30万人。在总体规划和城市设计、控规中，提出了生态城规划指标体系，充分考虑了生态保护和生态修复，形成城市与原污水库、蓟运河古河道的和谐共存，改善生态绿化环境。规划生态谷，包括公交主轴，使绿色出行占较高的比重。全部采用绿色建筑，提高清洁能源使用比例。借鉴新加坡社会管理的成功经验，集中规划建设邻里中心。生态城对居住社区的规划非常重视，提出了400米×400米的生态细胞等概念，四周为城市道路，细胞内部要形成十字人行系统。由于容积率比较高，居住建筑还是以高层为主。从实施效果看，整个环境水平、居住建筑水平比较高，但由于建筑以高层为主，而且由于道路有角度，正南北向布置的建筑与街道形成角度，加之绿化比较多，没有形成生活化的街道等城市空间。2009年，我们开始编制滨海新区核心区的南部新城规划，南部新城目前也是盐田，希望在借鉴中新天津生态城成功经验、改善盐田生态环境的基础上，采用新都市主义理论，选择以多层和小高层为主的住宅类型，更加注重营造城市生活空间。

和谐社区试点项目就是在改革我国居住区传统规划设计模式、改善城市空间环境这样一个大的背景下，在南部新城规划的具体条件下，开展起来的。其目的非常明确，就是能够将滨海新区城市设计中坚持的窄路密网的布局，在居住社区方面很好地实现。虽然看似一个简单的1平方千米的居住社区的规划设计研究探索，但从提高我国整体城市品质、解决城市问题的高度看，其意义非常重大。

二、和谐社区试点项目的创新点——用城市设计主导居住区控规和居住区规划设计

我国现代的城市居住区规划设计理论和方法经过几十年的发展形成了固定的模式，并广为普及。这个理论方法体系源于西方现代城市规划中的邻里理论方法和苏联的居住区规划体系。居住邻里理论基于现代建筑运动和功能主义的城市规划，通过800×800米的大街廓，较好地实现了居住社区的安全、安静、配套等功能需求，但缺少对城市社会经济文化地缘等的考虑。苏联的居住区规划可以说是与邻里理论一脉相承的，但苏联的居住区规划有更重的计划经济的烙印。居住区、居住小区、组团的三级结构，千人配套指标体系，标准化的住宅，这些东西与我们内心深处的情结十分吻合，比如大院里，封闭代表安全舒适等，而且与后来的土地招拍挂和房地产开发模式分外契合。而居住区规划设计的方法标准简单明了，容易了解，因此居住区规划理论方法深入人心。即使我国的经济体制已经从计划经济转变为社会主义市场经济，住房制度已经从福利分房转变为商品房，房地产大发展，但居住区规划设计和规划管理的方法一直没有一点改变。即使城市居住社区出现了许多问题，配套不完善、缺少特色等，也是从管理等方面找原因，少有人质疑居住区规划设计理论方法的正确性。

改革开放40年我国经济社会发展和城市建设取得了巨大的成绩，住宅商品化改革解决了几亿城市人口的住房问题，经营城市土地，为城市规划建设提供了资金，保证了城市更新和扩张。在取得巨大成绩的同时，也产生了交通拥挤、环境污染、城市缺乏特色、千城一面等问题。要解决和避免城市病，提高城市规划设计和管理水平是根本，要进行城市规划管理的全面改革、完善城市总体规划、提升控规水平，并把城市设计作为提升规划设计水平和管理水平的主要抓手。鉴于目前城市设计在我国还不是法定规划，作为国家综合配套改革试验区，从2008年开始我们开展了城市设计规范化和法定化专题研究及改革试点，在城市设计的基础上，编制城市设计导则，作为区域规划管理和建筑设计审批的依据。城市设计导则不仅规定开发地块的开发强度、建筑高度和密度等，而且确定建筑的体量位置、贴线率、建筑风格、色彩等要求，包括地下空间设计的指引，直至街道景观家具的设置等内容。与控制性详细规划相比，城市设计导则在规划管理上可准确地指导建筑设计，保证规划、建筑设计和景观设计的统一，塑造高水准的城市形象和建成环境。实践证明，应用城市设计方法进行规划和管理，效果是明显的。但目前我们取得的成绩，主要还是在城市中心、金融区、文化中心等，而占城市绝大部分面积的居住社区的规划依然沿用了控规和居住区规划设计的方法。

在控规编制中，按照城市总体规划，重点对保障城市公共利益、涉及国计民生的公共设施进行预留控制，包括教育、文化、体育、医疗卫生、社会福利、公园绿地，认真落实"六线"，包括道路红线、轨道黑线、绿化绿线、市政黄线、河流蓝线以及文物保护紫线，保证城市交通基础设施建设的控制预留之外，对于大面积的居住用地，控规编制就是依据居住区规划设计规范和千人配套指标，对居住用地进行划分，明确中小学、社区服务、菜市场等公共配套用地。总体看，比较粗放，可以说不能称得上是规划，缺少艺术的设计内容。但居住用地的招拍挂

完全是按照控规提出的条件来进行，再按照居住区规划的方法进行规划设计，造成了我国居住社区的一些问题。

三、和谐社区试点项目的未来发展

由于天津港散货物流中心搬迁的进度滞后，导致和谐社区试点项目没能真正进入实施阶段。通过前一阶段的工作，我们也认识到窄路密网的新型居住社区规划与现行规划管理技术规定和各种国家技术标准存在许多冲突。为了进一步深入研究探讨这方面的问题，2015 年滨海新区规划和国土资源管理局将新型社区规划设计研究作为指令性任务。局下属住保公司采取假题真做的方式，委托开展了深入规划设计，当然，这部分投入今后可以纳入土地整理和策划方案成本。

2015 年 12 月 20 日至 21 日，中央城市工作会议在北京举行，这是时隔 37 年重启的中央城市工作会议。2016 年 2 月 6 日，中共中央、国务院印发了《关于进一步加强城市规划建设管理工作的若干意见》，这是中央城市工作会议的配套文件，勾画了"十三五"乃至更长时间中国城市发展的蓝图，特别是文件提出开放社区对我国城市发展和解决城市问题的重要性。文件的第十六条指出，要优化街区路网结构，加强街区的规划和建设，分梯级明确新建街区面积，推动发展开放便捷、尺度适宜、配套完善、邻里和谐的生活街区。新建住宅要推广街区制，原则上不再建设封闭住宅小区。树立"窄马路、密路网"的城市道路布局理念，建设快速路、主次干路和支路级配合理的道路网系统。科学、规范地设置道路交通安全设施和交通管理设施，提高道路安全性。加强自行车道和步行道系统建设，倡导绿色出行。合理配置停车设施，鼓励社会参与，放宽市场准入，逐步缓解停车难问题。

至此，关于新型社区规划设计模式的问题获得了最高层面的重视，说明其重要性。中央的高度重视为规范开展新型社区规划设计研究探索提供了条件。从近一个时期的情况看，许多规划管理和规划设计人员还没有完全理解，需要逐步统一思想认识，加强理论研究探索。我们知道这将是一个长期艰苦的过程，是一个系统工程，需要全面的改革。最有效、最快速的办法是进行实际项目的建设，通过样板来检验，事实胜于雄辩。

第三节　和谐社区试点项目规划设计的过程

从 2011 年 11 月启动开始，和谐社区试点项目规划设计工作到 2016 年已经进行了 5 年的时间，可以分为三个阶段。实际上，在开展和谐社区试点规划之前，从 2005 年开始，结合滨海新区城市设计和保障房制度改革，天津市滨海新区规划和国土资源管理局在进行新型住房制度探索的同时，一直在进行住房和居住社区规划设计体系的创新研究。组团赴新加坡、日本参观考察，到国内兄弟城市学习，开展专题研究，举办研讨会，邀请国内著名的住宅专家出席，对保障房政策、社区规划、住宅单体设计、停车、物业管理、社区邻里中心设计和生态社区建设等方面进行研究。在散货物流生活区片区的规划中，规划采用窄路密网的路网布局和小街廓的开放社区模式。同时贯彻社会融合的理念，既布置了商品房，也布置了定单式限价商品房和公租房等保障房，以及老年住宅等多种住房类型。改变目前我国居住区规划中居住区、居住小区、居住组团三级结构，尝试建立社区（街道）、邻里（居委会）、街坊（业主委员会）三级公益性公共设施配套网络。在项目深化设计和实施过程中我们发现，按照现行的《居住区规划设计规范》等国家标准和天津城市规划管理技术规定，采用窄路密网规划布局的新型社区是无法真正落地地实施的。比如，《城市道路设计规范》对不同等级的道路宽度都有明确的规定，采用窄路密网模式，路网密度上去了，道路宽度并没有降低。按照《天津市城市规划管理技术规定》中对绿线和建筑退线的要求，主、次干道都要有不同宽度的绿线，建筑退绿线 5 米，没有绿线的道路退 8·15 米。一个 100 米见方的街坊，除去绿线和退线，建筑只能在地块居中布置，最后形成了不伦不类的窄路密网社区。因此，我们认识到，要落实窄路密网式的新型社区规划模式，必须进行系统全面的改革创新。

为了全面系统地做好居住社区的"小街廓、密路网"规划设计模式的改革创新，从 2011 年 11 月开始，在天津市滨海新区规划和国土资源管理局的组织下，在当时天津滨海新区迅速发展和南部新城规划建设的背景下，天津市城市规划设计研究院滨海分院（以下简称滨海分院）与美国旧金山丹·索罗门建筑设计事务所及天津华汇环境规划设计顾问有限公司一起合作开展了南部新城北起步区 1 平方千米和谐社区试点项目的规划设计研究。丹·索罗门先生是美国新都市主义运动的积极倡导人之一，曾在加州大学伯克利分校建筑环境学院任教，是美国住宅设计方面的专家，在窄路密网规划和可负担住宅设计方面有许多出色的作品。天津华汇环境规划设计顾问有限公司黄文亮先生是美籍华人，较早在天津和滨海新区规划中推动窄路密网规划，有许多好的经验。而滨海分院长期在新区开展工作，对新区的情况和国内规范比较了解。和谐社区试点项目规划设计的目的是按照窄路密网规划模式，对我们"约定俗成"的规划设计和管理模式乃至规范展开讨论与思考，转变传统观念和习惯做法，构建一种符合窄路密网原理的居住社区规划设计模式，为创造充满活力的城市街区、形成丰富多样的都市形态奠定基础。尝试改变目前我国居住区规划设计三级结构、千人配套指标、规划设计管理技术规定等做法。在工作过程中，进行了广泛的调研，与开发企业进行座谈，了解市场对小街廓和围合式住宅的接受程度，以及具体操作中存在的问题等。这一阶段工作完成后，滨海新区规划和国土资源管理局主办，滨海住保公司承办、

丹·索罗门（上图右）
美国新都市主义运动奠基人之一，曾在加州大学（伯克利分校）、马里兰
大学等任建筑学教授，具有 42 年建筑设计和城市设计的专业经验。

住宅设计作品

住宅设计作品

黄文亮
华汇环境规划设计顾问有限公司规划总监，美国建筑师协会
会员。

合肥骆岗机场城市设计

于 2012 年 7 月召开专家研讨会，丹·索罗门、黄文亮及滨海分院进行了汇报，与会专家张菲菲、周燕珉、黄献明、张馥、陈天泽、任军等，对概念规划普遍肯定，也提出了通风、采光等方面的改进建议。

2013 到 11 月到 2014 年 5 月是和谐社区试点项目规划设计的第二阶段，由这片土地的业主天津港散货物流中心委托丹·索罗门建筑设计事务所和天津华汇环境规划设计顾问有限公司就 1 平方千米和谐社区内的一个邻里（一个居委会的规模，占地 30 公顷、1 万居住人口）进行了深化规划设计和住宅单体概念性建筑设计。试点项目在总图规划、停车、房型建筑设计、装修设计、景观设计、物业管理，网络时代配套社区商业运营分析等方面进行了深入研究。期间，2014 年 5 月，在滨海新区规划和国土资源管理局主办的第二届新区住房规划与建设专家研讨会上，对项目规划设计成果进行了研讨，与会专家赵冠谦、开彦、张菲菲、王明浩、周燕珉等对此给予了充分肯定和高度

评价，项目取得了比较好的效果。

但通过前期工作，我们越来越清楚地认识到，新的社区规划模式与现行的城市规划技术标准存在冲突，要使新的社区规划模式具有可行性，必须进行规划管理的改革创新。为了明确具体的改革内容，使和谐社区具有可实施性，结合市规划局提出增强城市活力的要求，滨海新区规划和国土资源管理局布置 2015 年指令性任务，和谐社区作为滨海新区新型社区规划设计试点项目，由滨海新区房屋管理局住房保障中心下属的住房投资公司出资，作为假想业主，真题早做，委托天津市城市规划设计研究院和渤海规划设计研究院，进行控制性详细规划、住宅地块及邻里中心修建性详细规划和建筑深化设计阶段的设计工作，目的是通过实际规划工作来检验与现行城市规划管理、住宅户型设计和住宅建筑设计规范等相关政策和标准的冲突点以及规划设计技术规范、标准需要改进创新的具体内容，为项目真正实施做好准备。

2012 年第一次专家研讨会

2014 年第二次专家研讨会

赵冠谦，住建部住宅产业化专家委员会副主任委员，中国建筑设计研究院顾问，全国工程勘察设计大师

张菲菲，住建部住宅产业化专家委员会委员，教授级建筑师

开彦，国家住宅工程中心健康住宅专家委员会副主任，梁开建筑设计事务所总建筑师

王明浩，天津市城乡建设管理委员会副总工程师，中国房地产及住宅研究会理事

周燕珉，清华大学建筑学院教授，住宅设计专家

霍兵，天津市规划局副局长，原滨海新区规划和国土资源管理局局长

第四章　和谐社区规划设计的成果

和谐示范社区的规划设计研究分为两个阶段：第一阶段为一个面积约为 1.3 平方千米、14 000 户、31 000 人的居住社区的总体概念规划和城市设计，实际上是三个居委会邻里的规模。第二阶段则在原基地面积中挑选占地约 1.77 万平方米、1690 户的总平面规划设计和住宅单元概念性建筑设计方案，实际考虑的范围接近 30 公顷、3000 户、10 000 人，为一个居委会邻里的规模。

第一节　第一阶段规划设计成果

一、第一阶段规划设计工作概述

从 2011 年 11 月开始，到 2013 年 10 月完成成果，历时两年时间。丹·索罗门建筑设计事务所会同天津华汇环境规划设计顾问有限公司、天津市城市规划设计研究院滨海分院一起合作开展了规划工作。与丹·索罗门的研究同步，滨海分院独自开展了相关探讨性规划。主要出发点是满足市场需求，在斜向路网格局基础上尽量多地布置正南北向住宅。

2012 年 7 月，完成阶段成果后，滨海新区规划和国土资源管理局主办、滨海住保公司承办，召开专家研讨会，进行了专家研讨。丹·索罗门、黄文亮及滨海分院进行了汇报，与会专家张菲菲、周燕珉、黄献明、张馥、陈天泽、任军等，对概念规划普遍肯定，也提出了通风、采光等方面的改进建议。市规划院方案中虽然有 60% 以上的住宅建筑为正南北朝向，但整体城市空间不够好，经过滨海新区规划和国土资源管理局研讨，最后选择了丹·索罗门建筑设计事务所的规划方案进行深化。到 2013 年 7 月，丹·索罗门建筑设计事务所牵头提交完成了规划设计成果。

成果主要包括四部分。

第一部分可以说是对项目的认识，对中国当前居住区规划设计的质询，包括封闭的超大街廓的起因及其造成的问题分析，以及本次规划设计的目标。封闭的超大街廓的起因包括日照间距、物业管理和安全要求、简单快速建造的开发要求等。产生的问题包括城市交通拥挤和环境污染、无地方性和场所感、空洞感和失去的社区等。本次研究的首要目的在于创造一个当代的住宅发展模式，符合现代中国人对于空间、日照、隐私等的期望，也同时创造一个充满活力的社区生活，随时提供便捷的服务、购物与娱乐，重建中国城市生活中步行与自行车的角色。

第二部分是对围合式居住社区规划设计的可能性进行分析。首先比较了以行列式和点式布局为主的超大街区与围合街区的异同，行列式、点式布局社区的安全性与围合街廓的安全性，内院与社区的关系，以及围合布局建筑如何解决日照规范问题和建筑朝向问题的方法。

第三部分是该项目具体的规划设计成果。规划工作从考虑周围 50 平方千米的规划入手，延续了南部新城建立新型居住社区的规划理念，明确了工作的目标和任务。概念规划的 1 平方千米位于中央大道（海河以南）东侧，紧邻南部新城规划的办公和滨水商业区。基地周边规划有 Z4、B1、B7 三条城市轨道经过，而且前两条为近期建设线。北边的大沽排污河正在治污。基地内规划有东西方向 50 米宽的绿带、生态谷，是串联各居住社区的绿廊，同时布置有电车线路，将六个居住社区联系起来，沿绿廊布置居住社区级的中心。

第四部分是具体典型街廓的规划设计成果。虽然本次任务不包括单体建筑的设计，但为了使规划设计可行，丹·索罗门建筑设计事务所指导实习生进行了典型街廓的建筑设计，通过五种典型住宅单元组合而成。对于住宅朝向，丹·索罗门坚持建筑平行道路布置，尝试通过建筑设计的调整保证南向房间朝向正南的选择方案。虽然可以使每户住宅都有正南朝向的房间，但房间会出现转角，因此最后还是推荐正常的布局和建筑方案。考虑到现场的土方平衡和降低造价，停车采用半地下。按照目前的容积率和停车标准，基本可以满足停车要求。

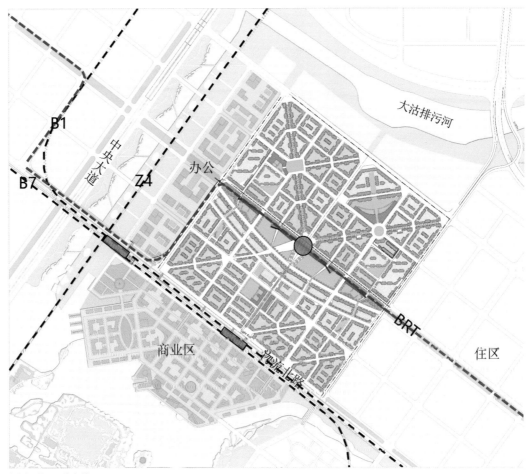

规划区位和周边条件

第一阶段方案鸟瞰示意图

二、规划设计的重点内容

1. 规划总图，规划结构

本次规划的方法与我们传统的居住区规划方法不同，不是先讲居民看不到、体会不到的所谓的规划结构，而是通过城市设计的方法讲总体布局和空间的塑造，目的是创造清晰、完整、具有特色、宜居的居住社区。规划思路是通过简单易懂的动线组织，为本地区创造出具有鲜明特色的场所感。为避免单调，通过较为繁杂的子地区，即居委会邻里，丰富整个地区的场所感，而每一个居委会邻里也有清晰的组织架构和场所感。

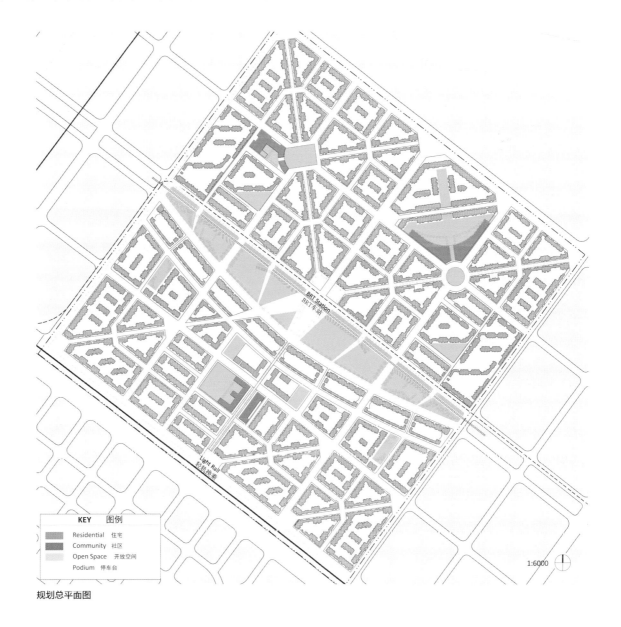

规划总平面图

整个地区的主要特征是一个月牙形的公园和围绕公园形成的弧形的城市景象。一条结合公交的东西向绿轴和中央大道，形成单向弯曲的中央公园。这个形态的设计是符合整个南部新城的规划的，路网与周边规划一致，利用上位规划中的绿廊、生态谷和公共交通走廊，将其南侧道路向南弯曲，形成月牙形的面积约7公顷的集中绿地，成为设计的中心场所。这样的做法还可以将整个地区划分为面积和规模较为相等的三个居委会邻里。同时，由于采用多层高密度的围合布局，因此需要绿化率平衡，增加生态谷面积既可以平衡绿地率，而且可以更好地改善地区的生态环境。

这个1.3平方千米的地区分为三个居委会邻里，每个居委会邻里的核心区域都有一个提供多功能服务的邻里社区中心，包括居委会办公场所、菜市场等商业设施、幼儿园和托老所，以及集中的绿地和广场等。规划依托地区南部的轨道车站和中央的电车车站，串联邻里中心来组织步行和自行车线路，形成一个Y字形的人行及自行车林荫道，成为动线的骨架。多条对角线步行/自行车行斜街，串联了整个商业零售以及多个公交搭乘点。学校都设置在步行/自行车行街道可抵达的位置。借由多个小的围合街廓形成易于步行的城市肌理。月牙形中心公园与Y字形的人行及自行车林荫道相交，将各个小街廓与主要的公共交通节点相连。Y字形人行及自行车林荫道还为每个邻里中心的服务提供便捷的交通动线。

当然，这1.3平方千米不是一个完整的居住社区，是三个居住邻里，其规划结构是临港北社区整体结构的一部分。由于其位置的特殊性，形成了自己相对完整的结构，但它与整个临港北社区的结构是一致的。

2. 建筑高度

建筑高度对城市空间尺度起到决定性的作用。本次规划的目标就是采用多层为主的住宅建筑方式，以形成宜人的居住空间和街道空间。当然，必须考虑到经济性和土地财政。出于规划的目标和住宅建筑向阳采光、开发强度目标及避免大规模单调平面布局的要求，决定了建筑高度的变化。与习惯做法基本一致，较高的建筑位于不会遮挡的西侧北侧，但重点是要考虑城市的景观，高层布局要有设计，如通过高层的布局，强调了边缘或门户效果。整个地区以多层建筑为主，少量小高层，以9～15层为主，最高不超过18层，最低的三层主要设置在Y字形人行及自行车混合使用的街道两侧。

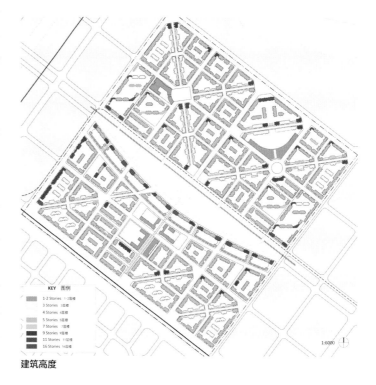

建筑高度

3. 地块划分和容积率

　　街坊、街廓是构成居住社区的基本单元，其尺度的合理性在于和谐的邻里关系和社会管理、社会自治，民主有合适的尺度。按照目前的开发强度和人口密度，一个比较理想的街坊的大小应该是 150 户、500 人以内，这是上限。过多的户数和人口数难以形成一致。每个街坊形成业主委员会，便于管理自己院子内的事物。因此，按照这样的户数，居住建筑面积应该在 1.5 万～2 万平方米，街坊用地面积 1 公顷左右。

　　1.3 平方千米概念规划，按照这样的标准，可以划分为 100 个左右的街坊、地块。考虑到目前土地出让、房地产开发运作的习惯和规模效益，通过将地块适度组合，形成 16 个地块，严格地说是 16 组地块。每组地块的用地规模为 4～7 公顷，大部

分为 6 公顷。每组地块由街坊道路和步行路划分为 4～6 个地块、街坊。土地出让和行政许可可以以每组地块为单位，但出让合同中和在审批时要求保留街坊道路。这样的做法实际上是把一些街坊道路的建设和维护工作给予了社区，而不是政府，一方面有利于市政道路建设，另一方面鼓励社区积极利用和管理街坊道路。

　　从目前的概念方案看，每组地块的容积率为 1.4～1.8，均值为 1.6。每个地块、街坊的容积率应该在 1.5～2.0。应该通过进一步的深入设计来确定最后的容积率。这涉及户均建筑面积和停车指标的问题，应该采用比较合理的停车方式。在一般的情况下，即土地价值不是特别高的区位，居住用地应该以停车来确定住宅户数及容积率。

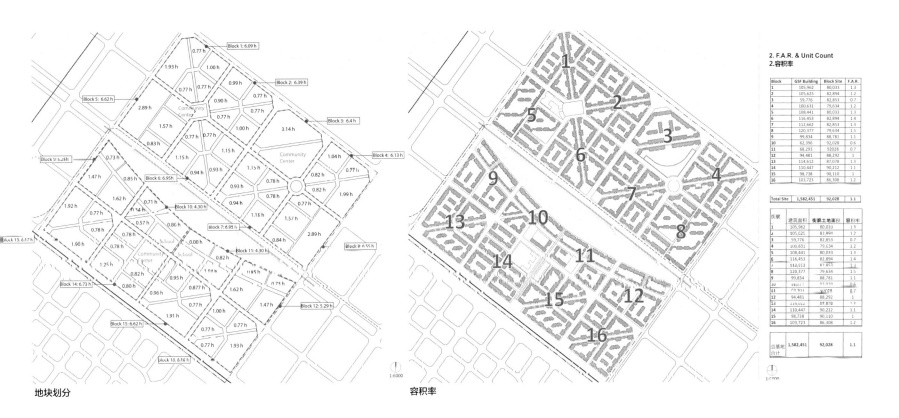

2. F.A.R. & Unit Count
2. 容积率

Block	GSF Building	Block Site	F.A.R.
1	105,962	80,033	1.3
2	105,625	82,894	1.2
3	59,776	82,853	0.7
4	100,631	79,634	1.2
5	108,441	80,033	1.3
6	116,453	82,894	1.4
7	112,662	82,853	1.3
8	120,377	79,634	1.5
9	99,834	88,781	1.1
10	62,396	92,028	0.7
11	68,293	92028	0.7
12	94,481	88,292	1
13	114,612	87,078	1.3
14	110,447	90,212	1.1
15	98,738	90,110	1
16	103,723	86,308	1.2
Total Site	**1,582,451**	**92,028**	**1.1**

街廓	建筑面积	街廓土地面积	容积率
1	105,962	80,033	1.3
2	105,625	82,894	1.2
3	59,776	82,853	0.7
4	100,631	79,634	1.2
5	108,441	80,033	1.3
6	116,453	82,894	1.4
7	112,662	82,853	1.3
8	120,377	79,634	1.5
9	99,834	88,781	1.1
10	62,396	92,028	0.7
11	68,293	92028	0.7
12	94,481	88,292	1
13	114,612	87,078	1.3
14	110,447	90,212	1.1
15	98,738	90,110	1
16	103,723	86,308	1.2
总基地合计	1,582,451	92,028	1.1

地块划分

容积率

4. 公共交通站点及对角线道路

一个好的城市设计需要同时使用三种理论，除去考虑城市空间塑造的图 - 底理论（figure-ground theory）和空间意义营造的场所理论（place theory）之外，很重要的是强化重要节点之间交通联系的联系理论（linkage theory）。我们可以看到巴黎改造规划中的许多放射性道路，这些做法影响了包括华盛顿在内的一批城市，效果很好。如果我们要设计一个以公共交通为主、以步行为主的居住社区，就必须把人行系统和公交站点的关系处理好，鼓励人们采用公交和步行。

在上层的南部新城的规划中，为该地区提供了非常好的公共交通条件。在地区南部边界有轨道 B1 和 B7 线，在中央位置设有车站。在地区中部生态谷，规划有电车线，每 500 米设一个车站。大的路网为 500 米间隔，因此路口均有常规公交站。

规划形成以地铁车站为主、以最短距离的对角线串联公交站点，形成了 Y 字形人行及自行车混合使用的林荫道街道结构，在这个 Y 字形结构上布置居委会邻里中心等居住社区配套服务设施和开敞空间，方便居民依托公交出行和进行生活组织。

5. 开放空间、非住宅建筑和生活组织

开放空间由 7 公顷的新月公园和各邻里中心 7000 ~ 13 000 平方米的邻里公园，以及分散的小型街头绿地组成，每个居住单元到公园的距离都不超过 250 米。另外，街坊内部也形成各具特色的院落。

非住宅建筑包括配套公建和社区商业服务业。配套公建主要结合邻里中心设置，社区商业沿步行街设置。较大一点的商业在南部地铁站以北集中设置。商业北部、靠近新月公园布置小学。小学基本位于整个地区的中心，覆盖 500 米的半径，方

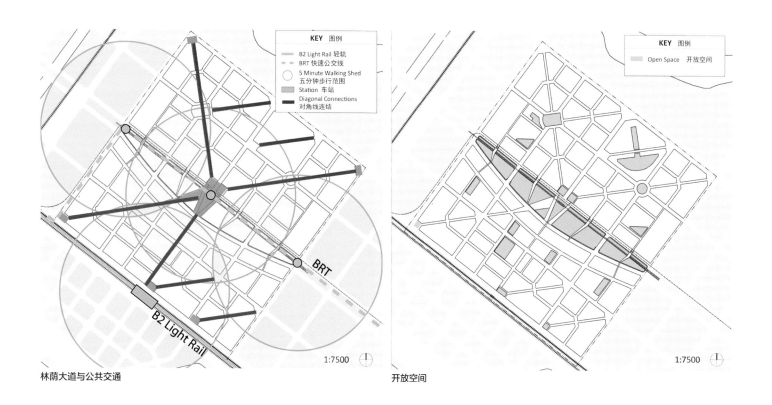

林荫大道与公共交通

开放空间

便学生步行上学。在学校的布局和管理上，可否学习美国学区的经验，1平方千米形成一个小学学区，对应3~4个居委会邻里，其中，30公顷左右形成一个幼儿园、托老所，与居委会邻里对应；3平方千米形成一个中学学区，与一个街道社区对应。或者一个街道形成一个学区，对应一所中学（高中）、3所小学及10所左右幼儿园。

生活组织强调社区场所精神，社区生活空间以社区邻里中心为核心，日常生活需求都可以在步行5分钟范围内解决，鼓励社区交往，为增强居民交流交往创造条件。为鼓励步行和交往，社区邻里中心不提供路边停车。强调社区、邻里空间形态特色，增强认同感。

6. 街道等级体系、街道设计和街道生活

成功的社区规划的主要内容包括一个可以创造不同类型、不同个性街道的街道等级体系。有些街道以交通为主，加快区域间的交通通行；有些街道在较慢的行驶速度下，小汽车与自行车、人行混合使用；有些街道主要以步行和自行车为主，限制小汽车的通行。最后的规划设计内容是街道的设计，设计上这就是居住社区规划设计的主要内容和建成后城市获得的城市空间环境，是居民日常生活的环境，是人们直接体验到的城市环境。所以，可以说这也是规划设计的目标。

城市里的步行生活取决于街道所扮演的不同角色，有些街道方便机动车出行，有些适合商业活动和步行。在世界多数城市中，街道不同的角色形成不同的街道宽度和形态，宽度决定街道的基本属性。在天津，包括国内北方城市，由于日照规范规定了住宅建筑之间的距离，以及道路设计规范、红线及绿线管理等，大大限制了居住社区内设置窄道路的可能性。本方案在遵循现有的日照规范下，策略性地降低某些地方的建筑高度，使建筑之间的距离和道路变窄，依据街道性质进行道路断面和道路景观设计，创造不同的街道特质。

非住宅项目

道路等级

通过这样的做法，形成了三种主要的街道，具有不同的目的与特质。15米宽对角线街道是连接公交站点的主要街道，以步行和自行车为主，少量机动车通行。街道两侧底层为商业或工作室等，层高约4.5米，是1.5倍住宅层高。宽阔的步行街道可以容纳户外座椅和街边外摆商业。两侧建筑高度多数在3层左右，满足日照要求，同时保持街道宜人的形态。第二级街道（次干道、街坊道路）17～19米宽，小汽车、行人和自行车混合使用，这些街道主要解决社区内部的机动车交通问题，街道上布置进出停车场的出入口，道路上可安排部分路内停车。为保持街道的活力和方便出入，临街单元的入口应该向街道开口。为保证住宅的私密性，首层住宅高于道路半层，约1.5米。社区主道路（主干道，相当于城市次干道）24米宽，是以小汽车为主

的道路。为保证交通流畅，停车库出入口不能直接开口。住宅建筑物要退线，以减少影响。可以设置院落和矮墙。街道的设计主要是道路的设计和两侧面向街道的建筑界面及立面的设计。这两方面都应该是下一阶段规划设计导则的主要内容。

7. 雨水收集

在天津，暴雨管理是一个重要的课题，在规划设计阶段结合生态城市的考虑必须加以解决。规划考虑采用海绵城市的理念，对雨水进行收集利用。规划范围内的新月公园可以承担暴雨滞留、过滤等作用，将区域内的雨水收集后输送到外围规划的河道和湖泊中，同时新月公园可以部分作为湿地，成为生态廊道的一部分。

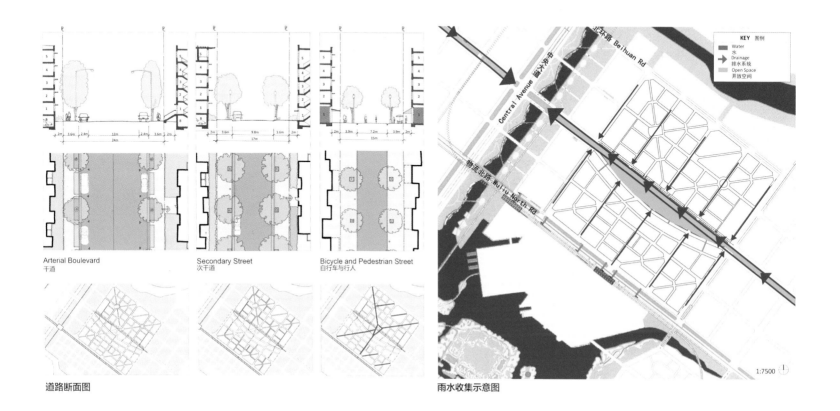

道路断面图　　雨水收集示意图

三、第一阶段规划设计成果

（一）对项目的认识

1. 滨海与国家保障房计划

滨海新区新居住区的规划设计，是在天津双城之一滨海新区的工业产能迅速扩大的背景下，以及为产业工人兴建上百万户保障房的国家政策背景下所产生的。本研究为示范性项目，位于滨海新区总体规划的核心区。

此项目旨在成为社区设计新手法的原型，并广泛地加以应用。本研究建构在过去 20 年间，中国房地产业所带来的卓越的生活住宿改善之上，同时提出发展模式中的严重缺失已变成了教条刻板、极少被挑战的常规。

本次工作的目的在于，首先通过再次强调步行生活、自行车与公共交通的发展模式，来应对污染与交通堵塞的双重问题。新发展模式，适应小汽车与拥有小汽车的需求，而大大地减少了对小汽车通勤与日常工作的依赖。其次在于创造新的社区邻里，提供传统中国城市中丰富的社区生活。在近年来的住宅开发中，这些丰富的社区生活已经消失在荒芜的街道与开放空间里。

本研究为实现这些目标，提出并且尝试了多种概念想法，希望能为更细致的探索与实践奠定基础。

2. 超大封闭街廓及其起源

（1）面对挑战

20 世纪 90 年代初期，中国在几个城市大规模重建居住肌理，以应对无可忍受的拥挤环境、破败老旧不堪的住宅，以及大量从乡村进入城市的城乡移民等问题。转化过程中的尺度与速度，远远超过过去世界上任何地方的住宅计划，前所未见。不可否认，在极短的时间内，上百万居民的居住环境获得大幅度的改善。然而，也为此付出了代价。

中国的住房计划规模巨大、改变迅速，以致规划的基础原型与建筑形态采用简单且可以快速复制的形式。在过程之初，规划单位、开发商与建筑师都墨守成规，鲜少挑战常规的都市形态，其包括不断重复的行列式建筑、极宽间隔的街道、车行交通主导、漠视行人与自行车交通的超大封闭街廓。

（2）是什么造成了超大封闭街廓

一系列的因素集合起来，创造了主宰现今中国城市的常规住房发展模式（尤其在北方地区）。本书所建议的社区模式考虑到这些因素的重要性，我们并不试图改变这些因子，而是以新的方式诠释，使之产生不同的结果。

主要因素一：日照的可及性。

虽然每个地方对日照的规范有些许的不同，但是基本上法

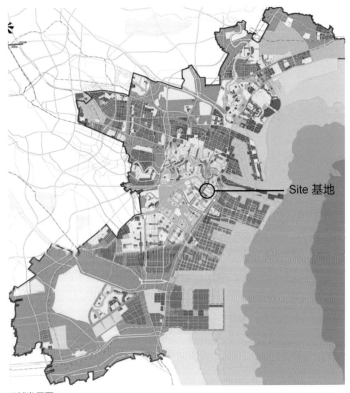

区域发展图

Site 基地

规都会要求全部或几乎全部的住宅单元有南面的日照。虽然这个要求可以通过不同的建筑与街廓形式得以满足，但绝大多数的发展模式，采用了简单的平行行列式板条建筑，具备面南的采光、无中央走廊。在准备本方案的过程中，天津市规划设计研究院再三强调了住宅单元朝南布局的重要性。

主要因素二：安全性。

中心城区现状

虽然关于保安的课题和城市的历史一样久远，而且也有许多方法来确保住宅楼群的安全，中国发展模式却产生了超大封闭街廓的特征，超大街廓被围墙包围，内有成排的行列式住宅，并仅以单一保安出入口管制。这些超大型的街廓不仅不允许行人与自行车的穿越，也产生了过宽间距的街道，对自行车或行人来说既不舒适也不安全。本书所建议的发展模式非常严肃地看待安全课题，但是利用不同的方法来应对。

主要因素三：简单重复。

中国的住宅需求以及住宅需求被满足的速度，使得建筑形态与规划模型必须浅显易懂、易于复制，需要最少的设计与预制时程。为个别状况量身定制的复杂而具有特质的设计，无法通过快速或便宜的方式大量生产，无法满足新的保障性住房项目的需求规模。本书所显示的新街廓形态，可以通过少量简易标准化原型的系统性应用来实现。

超大封闭街廓与简单的重复

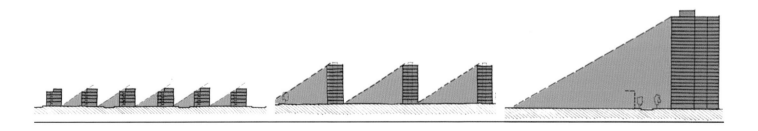

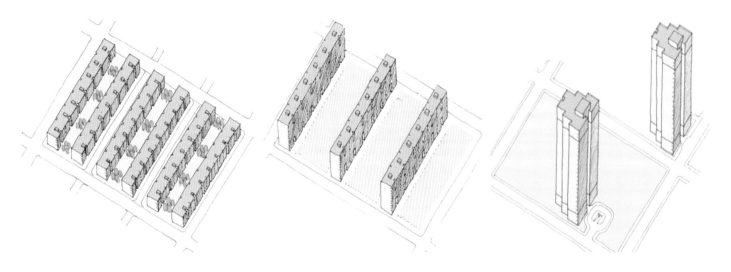

日照分析图

3. 超大封闭街廓所造成的问题

（1）空气污染与交通拥堵

只要抬头看看北京或天津的天空，或是与15年前同一地点的城区交通相比，就可以了解大量私有机动车辆的突然出现所带来的冲击影响。不可否认，对于新中产阶级来说，拥有私人汽车是极具诱惑力的。但是，过分仰赖私家车辆已经对环境与都市造成了史无前例的灾害。综观全球都市，从巴黎到纽约，再到巴西的库里提巴，这些城市都开始尝试以自行车作为主要交通工具，就像15、20年前的中国一样。

我们迫切需要新的城市发展模式满足机动车辆的需求，但

空气污染

同时，我们也必须重新建立以步行和自行车为主的连接方式，串联新的公交运输设施。

（2）无地方性（无场所感）

由于传统的行列板式建筑组成的封闭小区过于规矩与统一，造成新住宅之间几乎没有任何识别性。每个地方看起来都非常相似、长得一个模样，往往只能通过非常表面的建筑装饰，来区别彼此的差异。滨海新区的新保障房项目，意图扶植社区及长期房产居住权，基地全区以及其中每一个社区，都将受惠于方案中所建立的独具特色的地方个性。

（3）空洞感：失去的社区

来到中国旅行的西方人士，或多或少会用浪漫的视角看待北京传统胡同的社群生活。但是，对于许多现代的中国人而言，胡同以及其他城市中的历史街区，代表的却是拥挤、卫生条件差、私密性缺乏与贫穷。

然而不可否认的是，这些传统的街区，为人与人之间丰富且亲密的关系提供了一个物质载体，并且为各个年龄层的人群随时提供了广泛的服务、食品、工艺及娱乐，这是新中国的超大封闭街廓所缺乏的。另外，很明显地，在这些超大封闭街廓之外，传统的街道生活与城市文化，包括各式各样的小贩、商人、饮食供应商与服务等，在封闭街廓的物理屏障外仍然自发性地发生。

本方案的首要目的在于创造一个当代的住宅发展模式，以符合现代中国人对于空间、日照、隐私等的期望，也同时创造一种充满活力的社区生活，随时提供便捷的服务、购物与娱乐，重建中国城市生活中步行与自行车的角色。

无场所感示意图

社区生命力示意图

（二）新的角度、元素与方法

1. 板式超大街廓与围合街廓的比较

板式超大街廓与围合街廓组成城市的两种对立形式，代表如何建造城市的两种完全相反的观点。围合街廓是通行全世界的、传统而熟悉的城市基础，它是北京与上海等历史城市的基本组织结构。连续或几乎连续的建筑临街面，定义了各个方向的街道空间。由街廓所定义的街道，是城市中常规的公共空间。大的公共空间（广场、花园或公园）是街廓边缘界定出的留白。

板式街廓多数为德国 20 世纪 20 年代的发明，其发展在于应对传统城市围合街廓的拥挤与城市衰败。建筑物与街道分离，并以平行排列的方式获得最多的阳光。板式街廓在国际现代建筑协会（简称 CIAM）的倡导下，成为一个被广泛接受的常规，尤其是在二战后赞助社会住宅的国家间。

板式社会住宅街廓的缺点在西方世界，如法国、英国与美国等地，是众所周知的，其中还包括城市建设中那些建立大规模且昂贵的计划，以去除这些城市决策过程中的失败经验。当 20 世纪 90 年代西方国家开始扬弃这样的模式时，中国反而拥抱了它。在过去的 20 年间，中国以无处不在的板式街廓形态，建设了数以百万计的住宅。

这些简单的、朝南的板式街廓，其吸引力是显而易见的，

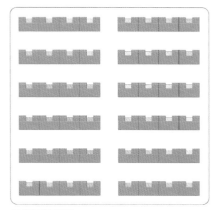

板式街廓示意图

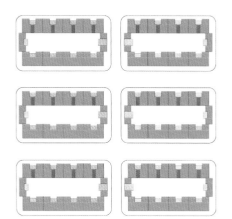

围合街廓示意图

板式街廓影像图（纽约市巴鲁克住宅）

围合街廓影像图（巴塞罗那塞尔达 1860 规划）

尤其是对于日照受限的中国北方来说。然而，过去 20 年的中国城市建造经验证实了其他地方早已发生的事情，一个由一排又一排的行列板式建筑所构成的城市，尤其包含了大间距的街道与一大群建筑所封闭的街廓，使得城市生活必备要素丧失。它失去了社交的空间、街道生活、可步行的环境与邻里商业。

本书后面所有章节的意图在于，将面南的简易板式建筑的优点与围合街廓的传统特征这两种明显相反的特质相结合，以形成一种新的模式。

2. 安全性、维护与围合街廓

居住区的安全性是全世界城市的共同课题。高墙围竖的超大街廓，通常留有一个由保安人员管制的出入口，是现代中国城市对于保障安全的通则做法。这样的模式管理成本高昂，鼓励小汽车的使用，也阻碍了邻里街道景观的活力。超大街廓公共区域的私有化，造成管理维护费用远远超出业主委员会的能力。

有建筑入口、大厅、门禁入口与停车场的小型围合街廓，是美国与欧洲城市常见的。它满足安全与可靠的生活环境，而不需要支出保安人员或者维护公共区域的成本。

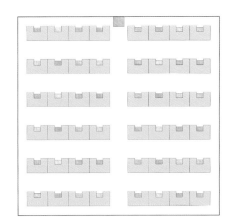

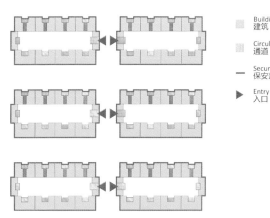

Building
建筑

Circulation
通道

Security Zone
保安范围

Entry
入口

封闭式超大街廓

自我保全的围合街廓

3. 中庭庭院与社区

在世界许多地方，建筑围合的庭院在城市生活中，特别是对于北京与天津的历史肌理扮演着重要的角色。在当今的城市密度中，中国庭院式住宅的重建已不可能。相比板式的超大街廓，庭院对于抚养儿童、培育社区在社会生活中所扮演的角色而言提供了丰富的城市未来。小街廓围合形成的庭院，具有共享性、保护性、安全性与宁静等必要的空间品质。

围合庭院示意图

4. 围合街区与日照规范

本研究的一个关键因素在于论证小型围合街廊与天津的日照规范并不冲突。各个方向上连续的临街建筑面是步行导向的城市规划的基础，可以通过日照规范中关于建筑间距、朝南以及所有单元主要房间必须有2小时以上直接日照等条例来调解。

这里描述了两种简单的可使街廊临街面形成延续性街墙的方法。

（1）偏转的街道与街廊

根据本研究基地的格网偏转角度（偏北37°设置）的日照分析显示，除了三个地方以外（示意图中标注红色的区域），一个由五层楼建筑构成的简易围合街廊可以满足多数的日照要求。

假如这些红色的地方变成建筑之间的空隙，那么由于空隙太大，将无法创造一个凝聚的围合街廊。然而，这些红色区域可以利用薄板单元的方式或降低街廊中关键位置的建筑高度的方式使空隙缩小。剩余的红色区域可以成为建筑的一部分，如大厅、社区空间，或者住宅单元中不需要满足2小时日照的空间。它们也可以是建筑之间的开口，作为街道到建筑内院的通道。

虽然这个方法是为了本基地偏转的格网所发展，但也能够运用在多数偏离正南北朝向的格网上。

（2）南北向街道与街廊

当格网只略微偏离正南北时，可以采用另一种略微不同的方法，将街廊的南北走廊作为非住宅使用，或者采用特殊的南北单元。

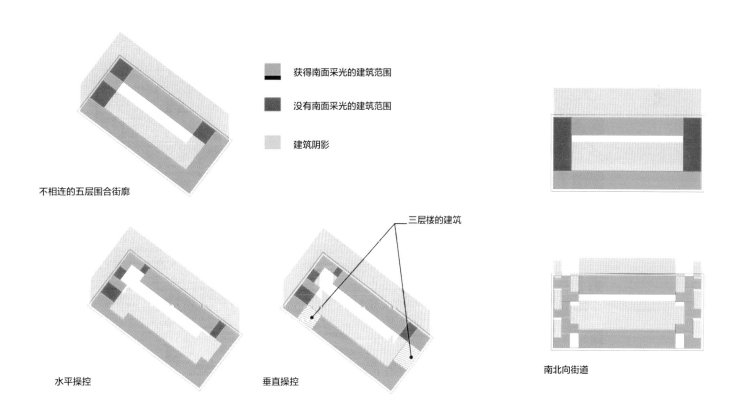

获得南面采光的建筑范围

没有南面采光的建筑范围

建筑阴影

不相连的五层围合街廊

水平操控

垂直操控

三层楼的建筑

南北向街道

5. 格网朝向与朝南的单元

（1）格网朝向与朝南的单元

方案范围内的街道格网是西偏北 37°。在认同一般建筑的排列应与街道对齐是行人为本的城市规划重要元素的基础上，协调正南朝向单元与路网角度是方案需考虑的至关重要的因素。这也表现了正南朝向是如何在典型的斜向路网上通过主要地块南北向或东西向的对角线形街道实现的。

（2）有斜向角窗的单元

这些单元适合作为斜向街道北侧的街墙，这些朝南的角窗提供了充足的阳光折射，深入单元内部，虽然这些单元的形态无法被认定为"正南朝向"。

（3）有斜向居室的单元

这些单元平面形成了一组平行于斜向街道的建筑，并且在街廊中段有完全朝南的单元。但由于锯齿状的南侧过于不规则，无法在转向道路北侧形成良好的城市街景。

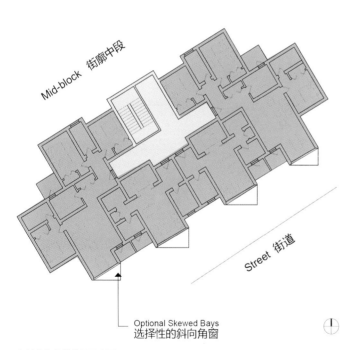

有斜向角窗的单元示意图

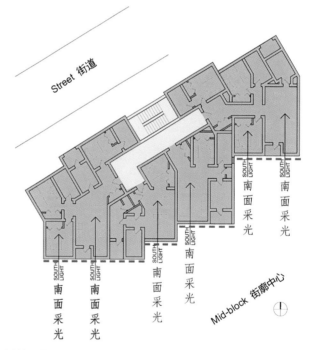

有斜向居室的单元示意图

（4）东西向街道上的单元

传统户型布局为平面上东西向对角线形街道的单元提供朝南的面向。

（5）L 形单元

这些 L 形的户型平面为南北向街道上的单元提供了南面采光，这个格局是为三层楼的建筑所设计，但其原则可运用于更高的建筑。

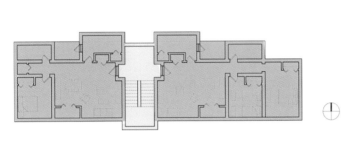

东西向街道上的单元

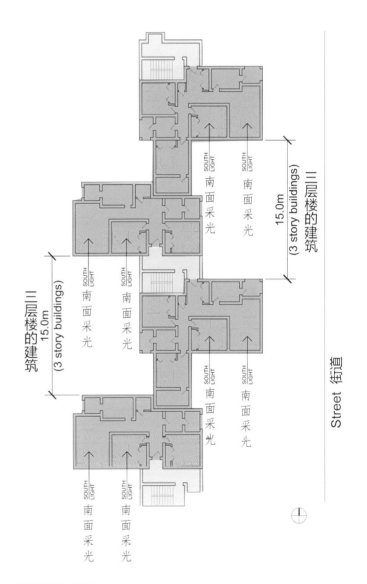

南北向街道上的单元

和谐社区鸟瞰图

四、规划设计方案

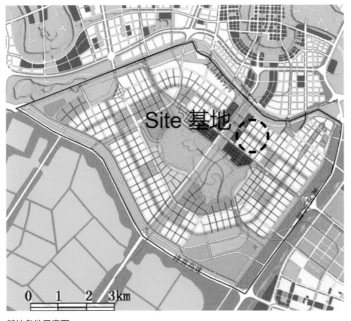

基地条件示意图

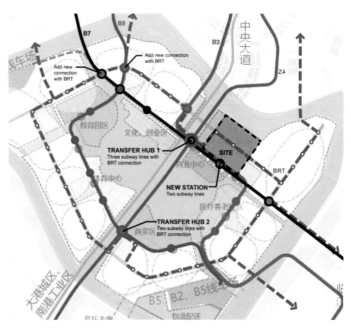

基地使用设施示意图

1.基地、基地条件、基础设施与使用

　　基地居中坐落在滨海新区和谐新城区,长、宽约为1.3千米,约合130公顷。基地将供31 000人居住,住宅单元外还包括学校、社区中心、零售与服务等。基地配置了一所小学与一所幼儿园,还有一所中学。社区中心将可服务10 000～12 000人,

包含超市、托儿所、社区医院、办公室与小公园。

　　本基地含住宅单元与非住宅单元的目标容积率(FAR)为1.0。以上表述的内容乃天津市城市规划设计研究院所提供,是后面方案规划的指导。

New
Harmony
和 谐 社 区天津滨海新区新型社区规划设计研究
The Research for New Prototype of Public Housing Estate in Tianjin Binhai New Area

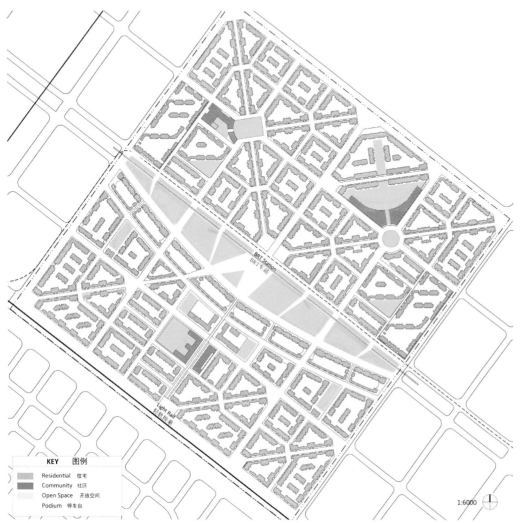

总体组织结构图

2. 分区规划

（1）总体组织结构

通过简单易懂的组织结构，本方案为全区创造了具有特色的地方感，较为繁复的子区域进一步丰富了基地的场所意识，而每一个子区域也有自身清晰的组织架构与地方感。较大的组织结构包括园道南侧车道向南弯曲而形成的中央公园，中央公园南侧是由不同高度建筑所形成的连续的月牙形街道门面，令

人联想到其他宏伟的城市印象。弯曲的公园及新月形街道与Y字形的人行与自行车林荫大道相交，将子区域与主要的公共交通节点相连。Y字形的人行与自行车林荫大道为三个社区中心及每个邻里中心的小公园提供便捷的服务。每一个社区中心都包含了同样的使用元素，但每一个又与另一个有所区别、不尽相同。

（2）建筑高度

向阳采光、密度目标以及避免大规模平面过于单调的要求，决定了建筑高度的变化。较高的建筑位于不会遮挡邻近建筑的地方，而且它们的位置强化了方案中的特殊场所，例如边缘地区或门户。最矮的三层楼房主要设置在对角线形的行人与自行车混合使用的街道上，以便在日照规范的要求下，形成最窄的街道宽度。

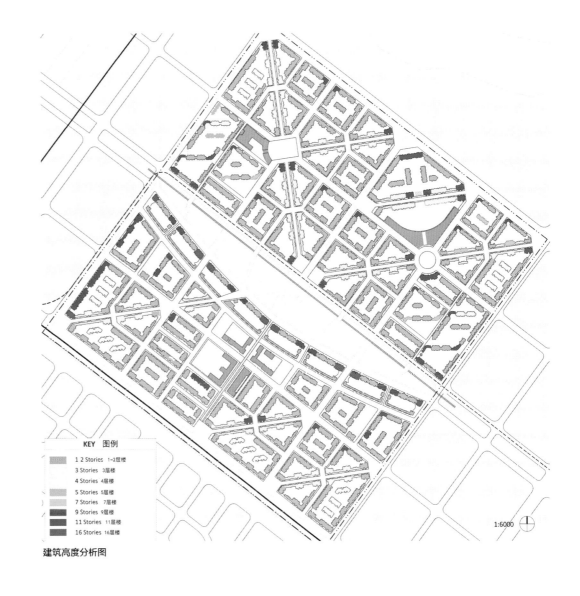

KEY 图例

1-2 Stories 1~2层楼
3 Stories 3层楼
4 Stories 4层楼
5 Stories 5层楼
7 Stories 7层楼
9 Stories 9层楼
11 Stories 11层楼
16 Stories 16层楼

1:6000

建筑高度分析图

3. 分析图

（1）开放空间

下图标示了 7.1 公顷的中央公园、与社区中心相连的 0.7 ~ 1.3 公顷的社区公园，以及分布在社区之中的小型公园。图中的居住单元与公共开放空间之间的距离都不超过 250 米。

（2）非住宅项目

多数的非住宅项目设置于三个社区中心内。沿自行车或行人林荫大道的两侧，临街单元的形态及街廓中段的停车空间，将允许地面层的零售或其他服务使用。社区商业主要集中于四线交会车站以北的两个林荫大道街廓内。一座小学居中设置在紧邻商业区的北侧，就在主要的自行车与行人通道上。

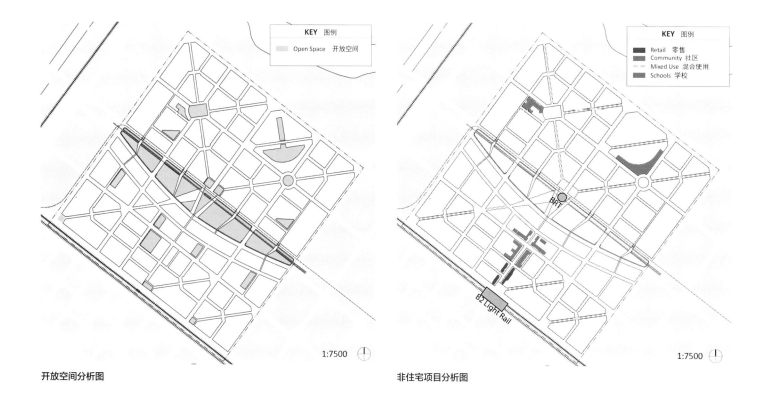

KEY 图例

Open Space 开放空间

1:7500

开放空间分析图

KEY 图例

Retail 零售
Community 社区
Mixed Use 混合使用
Schools 学校

BRT

B2 Light Rail

1:7500

非住宅项目分析图

（3）边界条件

本方案基本的想法是将超大街廓加以分割，在内部创造细致的小街廓与街道纹理。这将会为本区提供与周围地区显著不同的个性。为了能够与周围环境和谐地转换，基地东西边界上的街廓是比较大的，街道形态也符合基地以外的街道形态。

（4）子区域、邻里与邻里中心、可步行范围

下图标示的圆形半径为 400 米，代表了慢行五分钟的距离。圆圈显示区内几乎所有的住宅单元到社区中心的距离，都在五分钟慢行的范围内。为了鼓励步行与自行车的使用，并且限制内部的小汽车出行，我们建议社区中心不要提供路边停车场。

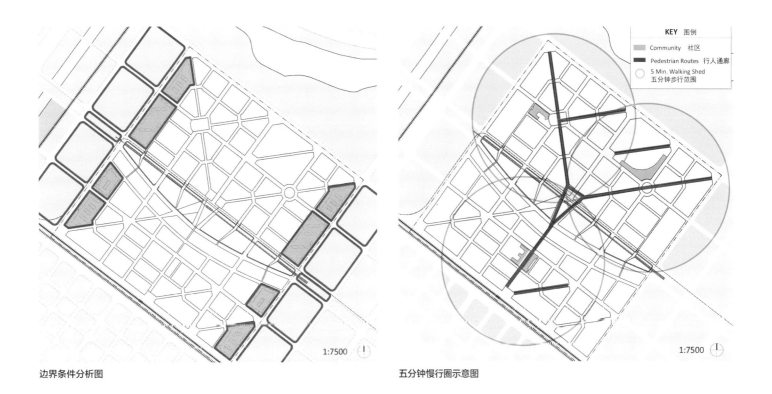

1:7500

边界条件分析图

KEY 图例
Community　社区
Pedestrian Routes　行人通廊
5 Min. Walking Shed
五分钟步行范围

1:7500

五分钟慢行圈示意图

（5）林荫大道与公共运输的对角线

分区规划的基本骨架是一个 Y 字形、绿树成荫的自行车与行人林荫大道，它连接区域内的各个部分与主要公交站：中央公园中心的快速公交线、基地南侧边缘的二号轻轨线。这些林荫大道允许少量车辆通行。本方案旨在将汽车出行限制于区域外围，而不需要通过小汽车才能到达区内提供货品与服务的地方。

（6）街道等级

成功的城市规划的重要组成包括一个可以创造不同类型、不同个性街道的街道等级。有些街道必须致力于加快区域间的交通通行；有些街道在较慢的行驶速度下，可供小汽车与自行车、人行的混合使用；有些街道也许主要供自行车与人行使用，限制小汽车的通行。

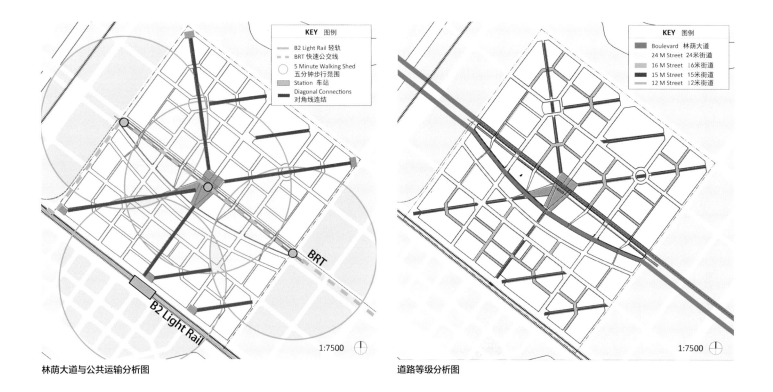

林荫大道与公共运输分析图　　　　　　　　**道路等级分析图**

4. 典型街廓

（1）街道生活

城市里的步行生活取决于街道所扮演的不同角色，有些促进机动车交通、其他滋养商业活动与步行。在世界多数城市中，街道不同的角色形成了截然不同的街道宽度。然而，天津日照规范规定建筑物的间距，大大地限制了住宅社区内设置窄街道的可能性。本方案遵循现有的日照管制，策略性地降低某些地方的建筑高度，依据街道性质进行景观设计，创造不同的街道特质。

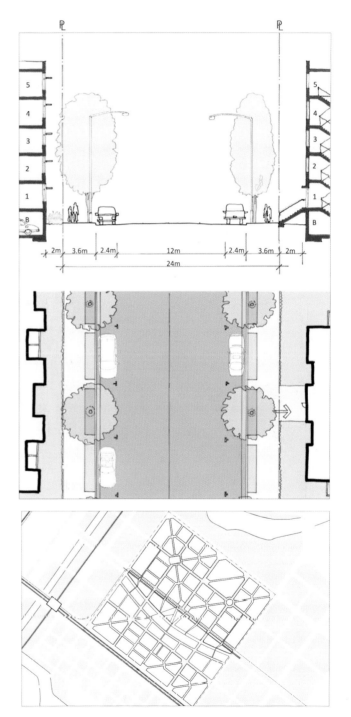

干道断面

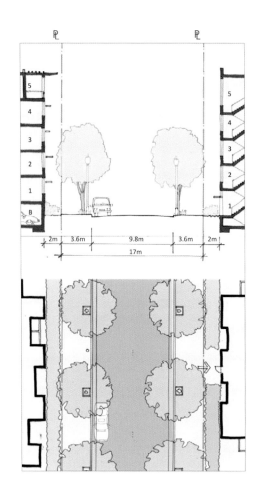

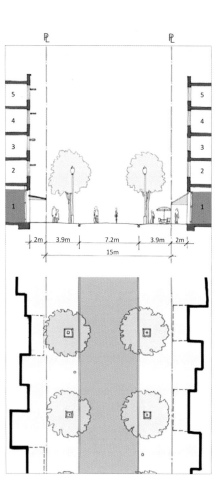

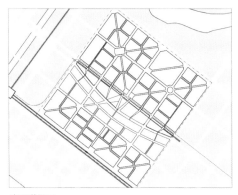

次干道断面

自行车与行人步行街断面

（2）街道景观

a. 对角线街道：15米。

通往交通枢纽的行人与自行车林荫道只允许少数车辆通行。最底层的单元位于地面层，1.5层楼高，适合作为商业空间或工作室。宽阔的人行道可容纳户外座椅及街边摊贩。多数建筑限制在三层楼高范围内，以便最小化街道宽度。

对角线街道景观

b. 主干道：24 米。

以小汽车通行为主。建筑物必须退缩以减少对居住单元的
影响，允许底层单元设置矮墙作为屏障。不允许进入停车库的
道路开口。

主干道景观

c.次干道：17～19米。

小汽车、行人与自行车混合使用。住宅单元高于地面0.5层。直接的门廊入户是最合适的，但并不是强制性的。这些街道提供进入停车场的通道。

以上三条具有不同目的与特色的街道，其设计差别在于街道红线范围及建筑物的临街面上。公共道路红线以及私有建筑临街面，都应该是下一个阶段设计导则的主体。

次干道景观

（3）邻里社区

本页显示了一个典型的邻里单元，包含一个邻里中心、由建筑物巧妙形塑的各种开放空间，以及中央连至交通站点的行人与自行车混合使用的林荫大道。由小型围合街廓所形成的连续的街道临街面，创造出可渗透、适宜步行的城市肌理。

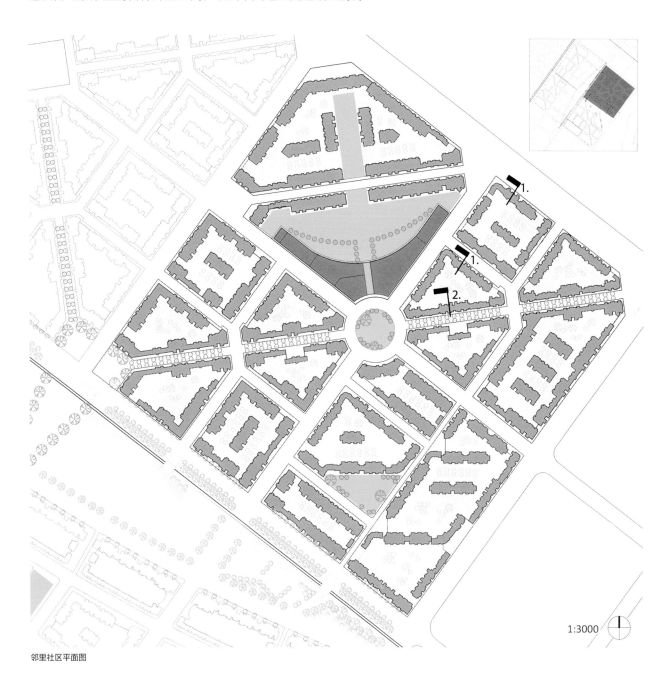

1:3000

邻里社区平面图

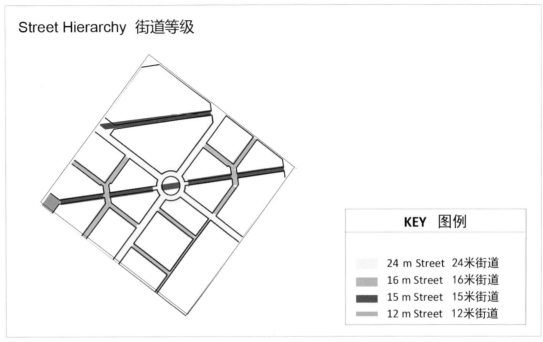

Street Hierarchy 街道等级

KEY 图例

24 m Street　24米街道
16 m Street　16米街道
15 m Street　15米街道
12 m Street　12米街道

街道导纹

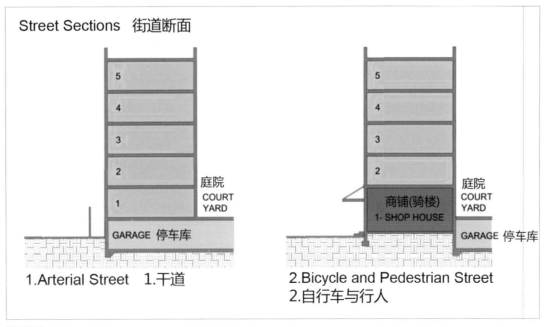

Street Sections 街道断面

庭院
COURT
YARD

GARAGE 停车库

1.Arterial Street　1.干道

庭院
COURT
YARD

商铺(骑楼)
1- SHOP HOUSE

GARAGE 停车库

2.Bicycle and Pedestrian Street
2.自行车与行人

街道断面

（4）鸟瞰图

这张三个街廓的鸟瞰图，和谐地表现了前述所有概念与原则。建筑高度的系统性变化、街道宽度和单元平面组成，确立了街道与庭院组合而成的步行网络，并为所有单元提供朝南的坐向或获得南面采光。

邻里单元鸟瞰图

（5）典型街廓一：朝南的单元

　　本图说明在典型街廓中运用斜向单元平面，可达到71%的朝南单元数量（采用标准单元或斜向单元），18%的单元可通过斜向角窗的设计，获得大量的南面采光。

朝南单元平面图

1:1000

（6）典型街廓二：标准单元

这个版本的典型街廓是假设居住单元为朝东南或朝西南、获得最少2小时直接日照、满足天津市日照规范的建筑间距、户型为人们可以接受且有市场销路的。在这种情况下，典型街廓可由五种具有少数变化的典型单元平面组合而成。

KEY 图例

3 BR Through Unit
两面通透的三室

2 BR Through Unit
两面通透的二室

2 BR
二室

Shallow 1 BR (Can be 2/3 BR)
浅进深的一室单元
（也可以是二室或三室）

Studio
单间

1:1000

标准单元平面图

（7）典型街廓三：停车与商业街道

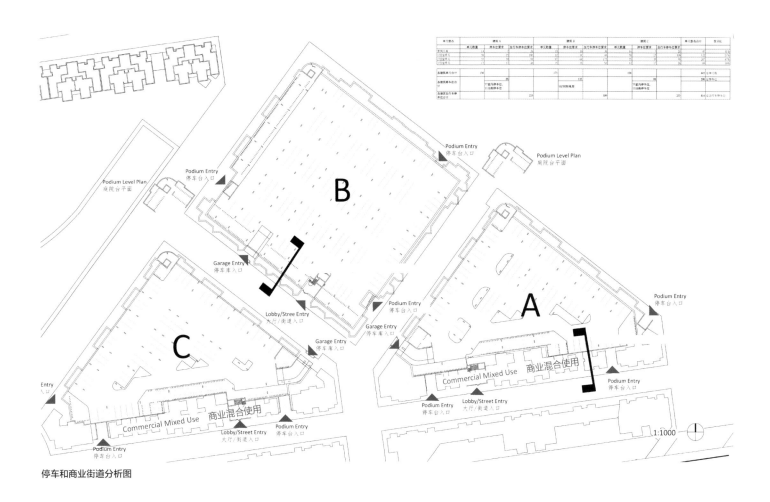

停车和商业街道分析图

5. 社区中心

　　每一个社区中心都提供了相同的服务内容，同时赋予位于
街坊核心的公共空间独具特色的识别性。

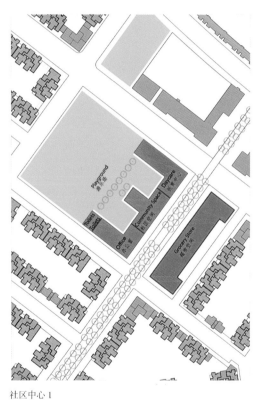

社区中心 1

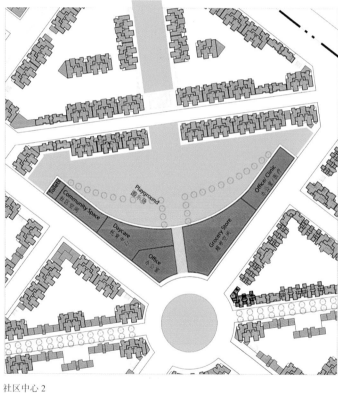

社区中心 2

社区中心 3

社区中心平面图

6. 新月形街廓

在方案的中心，是一个横跨东西全长的住宅新月。这个城市地标体现了社区作为一个整体的个性。由于坐落在中央公园的南侧，因此住宅新月可以容纳比其他地方更高的建筑。密度高度集中，允许方案中其他地区的密度与高度有所降低，进而提供了更窄的街道与更亲切的步行环境。

住宅新月的灵感来自于类似规模的伟大的城市杰作，例如英国贝斯的皇家新月、美国纽约中央公园西侧、中国上海外滩等地。

新月形街廓断面图

皇家新月

中央公园西侧

上海外滩

新月由5层、9层及16层住宅建筑所组成，新月的后方是
一个停车台，临街的五层楼建筑排列于其南侧。新月建筑可以
借用斜向单元的平面。

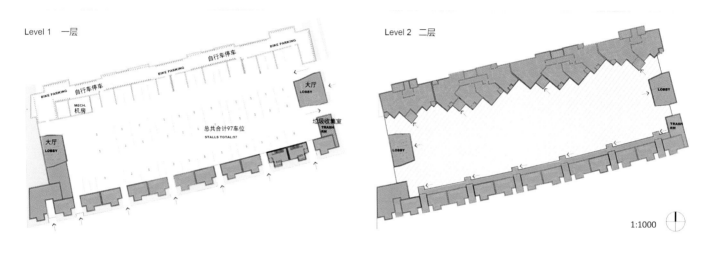

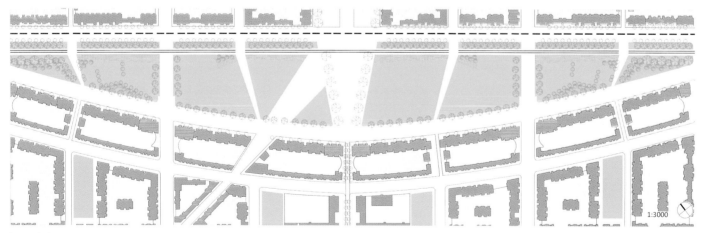

新月形街廓平面图

新月形街廓

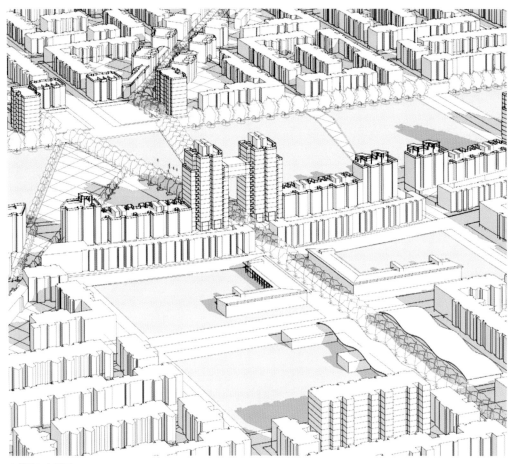

和谐社区鸟瞰图

五、第一阶段规划设计工作小结

本书有两个目的：第一，是为了特定地方、特定使用内容所做的城市设计方案；第二，是为了中国住宅做的一个新城市设计手法的定义，尤其是在那些严格信奉日照标准的北方城市。这个新方法不仅回应了中国过去20年来非凡住宅计划的成功，也回应了因此产生的明显缺失。这个新方法是一个混合的方法。它保留了近来中国住宅取得的成就，包括简单易于复制、宽敞舒适的生活住处，包括绝大多数朝南的单元、所有单元都有南面采光、可靠而安全的城市环境。同时，过去20年来的住宅也造成了过于仰赖小汽车、几乎完全消失的丰富街道生活、城市可以提供的全盘的便利。本方案所呈现的是利用这个新手法所创造的滨海新区和谐新城，是关于充满活力的保障房社区的想象。将此憧憬实现的下一个步骤应该包括，将方案介绍给天津，并整合专家们的意见。这个憧憬在许多层面都具有高度的弹性，但必须依靠文字来执行某些关键构想。下一步骤的关键在于定定弹性程度，并将方案构想转换为形体设计规范，或者是给开发商与建筑师的设计导则。详细设计一个示范项目是有利于论证的一步，可以说明设想城市设计原则的意图，并且在发展的同时测试设计规范。

丹·索罗门建筑设计事务所主笔，会同天津华汇环境规划设计顾问有限公司和天津市城市规划设计研究院滨海分院一起合作开展的规划设计方案，以滨海新区社会管理创新和南部新城规划的总体规划为基础，基于丹·索罗门作为外来者对中国居住社区规划现行规范、做法的理解，学习借鉴美国等西方居住社区规划建设的成功经验和教训，应用居住社区和城市规划设计的做法，提出了总体规划和一整套规划建设思路，是对我们传统"约定俗成"的居住区模式的一次根本改变，形成了高水平的规划设计方案。启发我们对现行规划设计和房地产开发的做法乃至规范进行讨论与思考，尝试转变观念，改变目前我国居住区规划设计传统的三级结构（居住区、小区、组团）、千人配套指标、规划设计管理技术规范等规定，构建一种更好的住区规划模式原型，丰富都市的形态并使其更具活力。虽然这个方案是为天津滨海新区南部新城地区设计的，由于整个城市路网有37°的角度，所以规划布局包括住宅布局更有自身的特点，缺乏正南北向的代表性，但这个规划设计方案是一次很好的尝试，具有典型意义。

六、天津市城市规划设计研究院的方案

与丹·索罗门建筑设计事务所的研究同步，天津市城市规划设计研究院滨海分院（以下简称滨海分院）也开展了相关探讨性规划。总体规划结构与丹·索罗门方案一致，主要出发点是尝试在斜向路网格局基础上尽量多地布置正南北向住宅，适应和满足市场需求。同时，发挥本地规划院特长，对用地四周道路交通和景观进行了详细的分析和初步设计，保证整个居住社区与城市有便捷快速的交通联系。

滨海分院的方案总体布局仍然坚持了城市外部空间是居住社区规划重要考虑内容的规划原则。因此，临街建筑平行道路布局，形成连续的街墙，不临街建筑旋转角度，形成基本的正南北住宅。经过认真规划，整个社区正南向住宅比例达到60%以上，既提高了居住生活品质，又有利于建筑的绿色节能。

正南向住宅与临街住宅形成围合庭院，保障该社区既有良好的城市街道景观，又提升社区感和安全性。由于建筑之间有角度，因此地块不能太小，街廓大小控制在6～8公顷，其间也布置了一些窄的道路，以提高社区开放度。规划以多层建筑为主，高度范围为3～16层，沿月牙绿地和主要轴线布置小高层住宅。这样的布局既基本满足了围合式的布局要求，又满

足了市场对建筑朝向的苛刻要求，接近目前的开发模式和管理模式。

　　道路交通规划与上位规划，即南部新城规划路网和轨道交通规划保持一致，棋盘路网与周边现状和规划路网合理衔接。天津港散货物流中心内部已经建成和使用了一部分道路，如物流北路等，规划予以保留。基地西侧中央大道已经建成通车，规划路网与中央大道合理连通。基地东侧的临港示范社区已经实施了部分路网，规划予以连通。

　　本次规划方案在骨架路网格局基本不变的前提下，研究进一步加密路网，形成五级路网体系。中央大道和物流北路为城市快速或准快速路，与城市中心商务区及其他区域快速连接，红线宽度比较宽，为60～80米，设计车速60～80千米/小时，沿线有30～300米宽的绿化带，包括高架的快速轨道位于绿化带内，形成110～410米宽的城市快速通廊；间距500～600

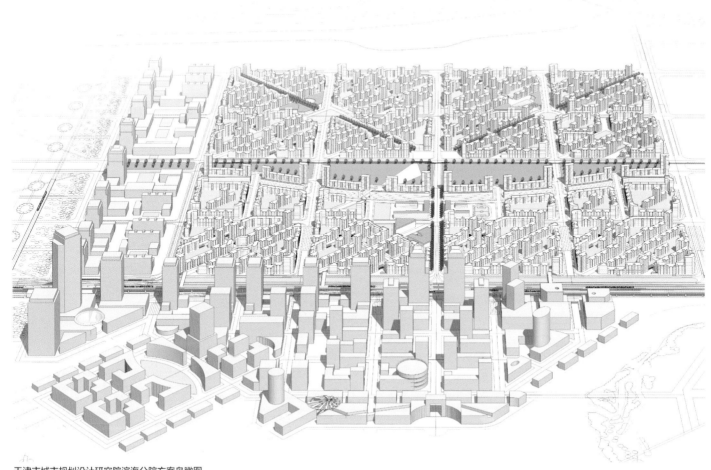

天津市城市规划设计研究院滨海分院方案鸟瞰图

米，为城市主干道，红线 40~50 米，绿线 10 米，设计车速 40~60 千米 / 小时，主要是各社区之间的快速机动车联系；间距 250~300 米，为城市次干道，红线 24 米，不设绿线，建筑退线 2 米，设计车速 30 千米 / 小时，主要是各居委会邻里内部的机动车通道，为避免过境机动车穿行，在邻里中心位置设置公园绿地或环岛，通而不畅；间距 100 米左右，为街坊道路，红线 18 米，不设绿线，建筑退线 2 米，为邻里内部机动车组织的慢行道路，停车场出入口设置在道路上，设计车速 10~20 千米 / 小时，人车混行，满足应急道路需求；以人行和自行车为主的道路，建筑之间距离 15 米，为社区内部商街，将串联起各种公共交通工具的站点，如地铁枢纽站、电车 TRAM 站、常规公交站等，形成步行和自行车网络。这个五级道路交通体系是目前在机动车和公共交通并行发展的情况下，城市社区窄路密网规划能够实现的前提和保障。

为形成良好的城市空间环境，南部新城不设立大型立交桥。为保证整体的交通顺达，五级路网有合理的衔接关系。城市快速路中央大道与准快速路物流北路采用立交和红绿灯控制的互通处理。主、次干道与快速路一般通过辅路相接，右进右出，部分路口主干道下穿快速路，作为分离立交，通过密路网组织交通。街坊道路、支路一般与次干道连接，如开向主干道，一般要右进右出。滨海分院的方案中对试点项目区域南边界的准快速路物流北路的典型断面进行了设计，并对一些主干道与物流北路的交叉口进行了详细设计。

滨海分院方案中虽然有 60% 以上的住宅建筑为正南北朝向，但整体城市空间关系不够好，经过专家和滨海新区规划和国土资源管理局研讨，最后选择了丹·索罗门建筑设计事务所的规划方案进行深化。

天津市城市规划设计研究院滨海分院方案交通规划图

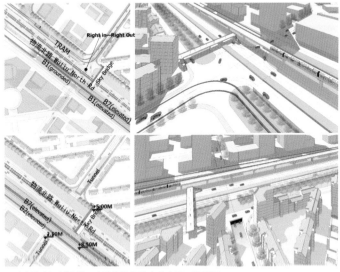

天津市城市规划设计研究院滨海分院方案交叉口设计图

七、天津市城市规划设计研究院的方案成果

1. 城市设计

（1）规划结构

对大沽河与中央大道交口东南角约 1.5 平方千米的小康型公

共住房社区进行规划设计。

Ｙ字形商业街串联三个邻里，住区路网呈棋盘格网，便于与周边路网衔接。

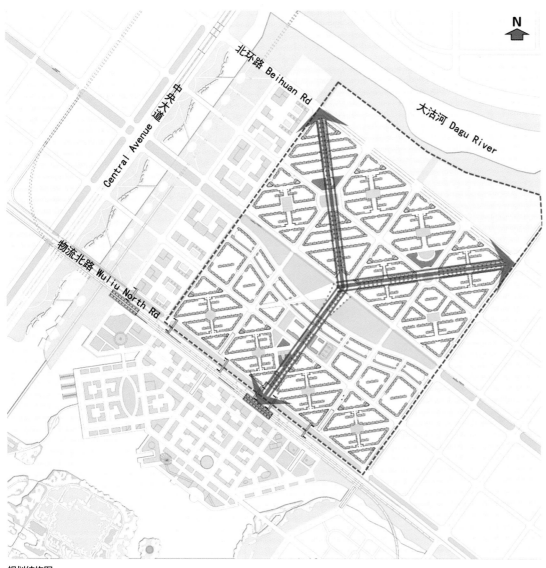

规划结构图

（2）功能分区

基地西侧为"公检法司"等行政办公用地，南侧为商业中心。

N

北环路 Beihuan Rd

中央大道 Central Avenue

大沽河 Dagu River

Neighborhood 2

Neighborhood 1

物流北路 Wuliu North Rd

Neighborhood 3

1 2 3 邻里中心
4 小学
5 公安局
6 检察院
7 司法局
8 法院
9 工会
10 办公及公寓
11 百货公司，酒店
12 商业坊
13 底商上住
14 滨水餐饮、娱乐
15 超市
P 停车楼

功能分区图

（3）平面布局

正南向住宅与临街住宅形成围合庭院，保障该社区既有良好的城市街道景观，又提升社区感和安全性。街廓大小控制在6～7公顷，既提高社区开放度，又接近目前市场的开发模式和管理模式。

临街建筑形成连续的街墙，不临街建筑旋转角度形成正南北住宅，整个社区正南向住宅比例达到60%以上，既提高了居住生活品质，又有利于建筑的绿色节能。

平面布局图

（4）建筑高度和体量

社区规划以多层建筑为主，高度范围为 3～16 层，沿月牙绿地和主要轴线布置小高层住宅。

邻里中心 2～3 层，住宅建筑 3～16 层，西侧行政塔楼约 65 米，南侧写字楼约 90 米，枢纽站地标楼 210 米。

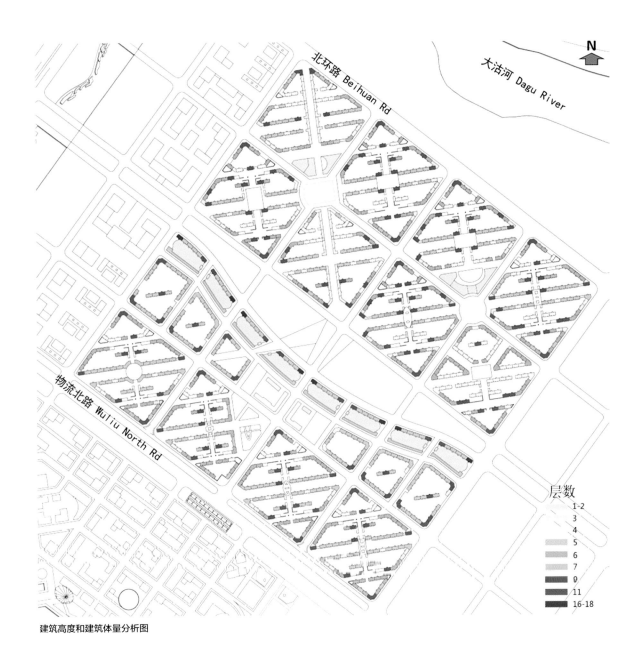

建筑高度和建筑体量分析图

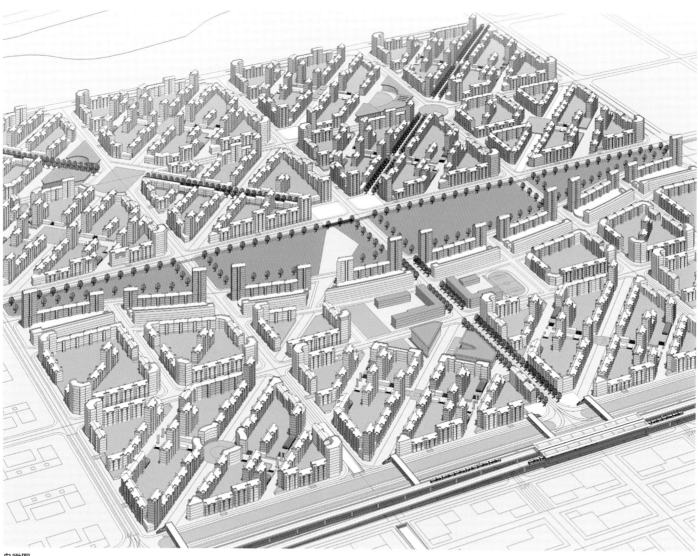

鸟瞰图

（5）交通规划

a.斜棋盘路网与周边保持完全一致。根据实际建设进度安排，基地东侧的临港示范社区已经实施了部分路网。本次规划在骨架路网格局基本不变的前提下，研究建筑布局，改善住宅朝向。

N

大沽河 Dagu River

准快速路
主要干路
生活支路
地下隧道
人行人桥
上跨车行桥
滨水步道

路网分析图

b.轨道及公交。人车混行商街将串联起各种公共交通工具
的站点：地铁枢纽站、TRAM 站、公交站。

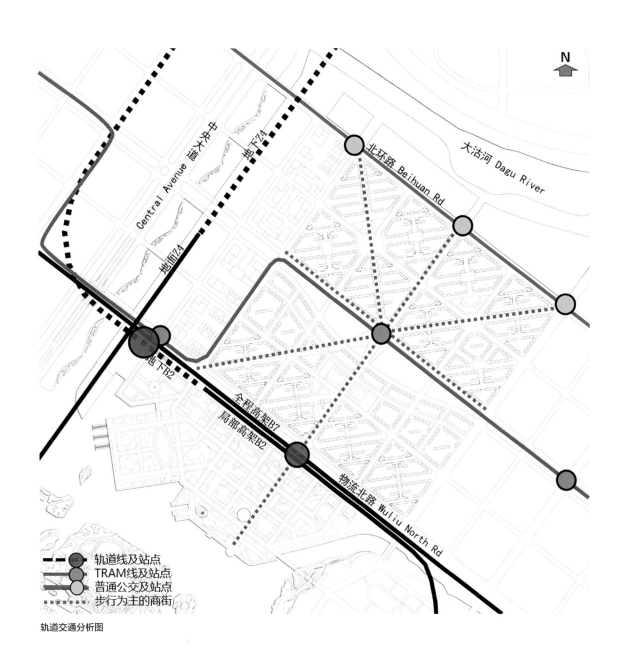

轨道交通分析图

2. 典型街区设计

（1）空间尺度和街道性质

连接公交站点间水平路径为完全人行商业街；沿月牙公园北侧规划为底商，路面为机非混行。

S1=8.4 公顷　　S2=8.3 公顷

S3=7.6 公顷　　S4=7.7 公顷

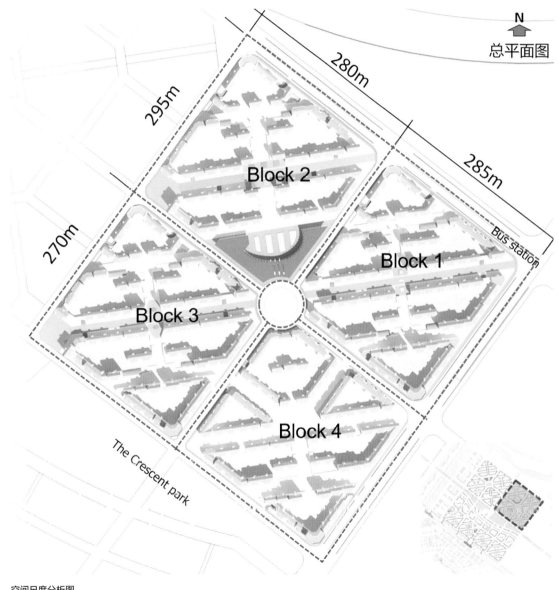

空间尺度分析图

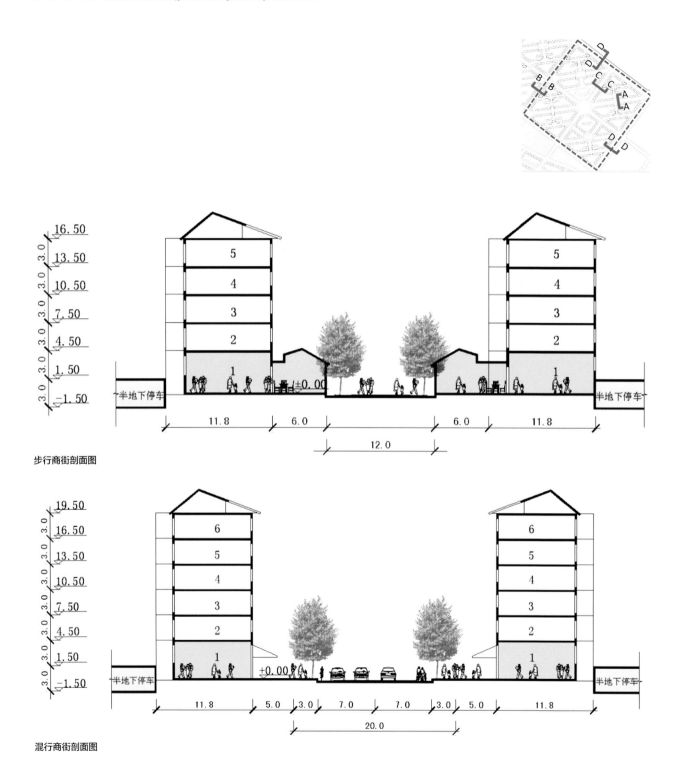

步行商街剖面图

混行商街剖面图

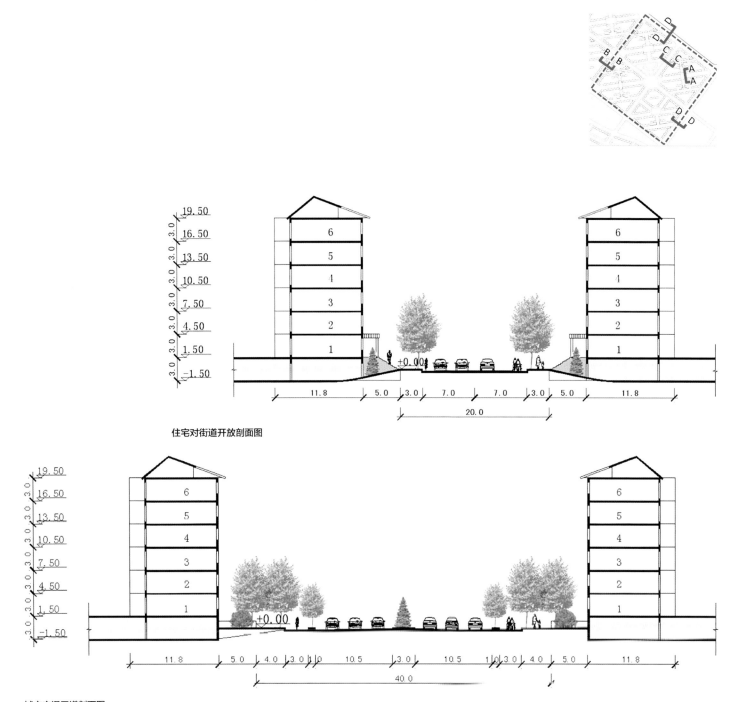

住宅对街道开放剖面图

城市交通干道剖面图

（2）建筑布局平面图

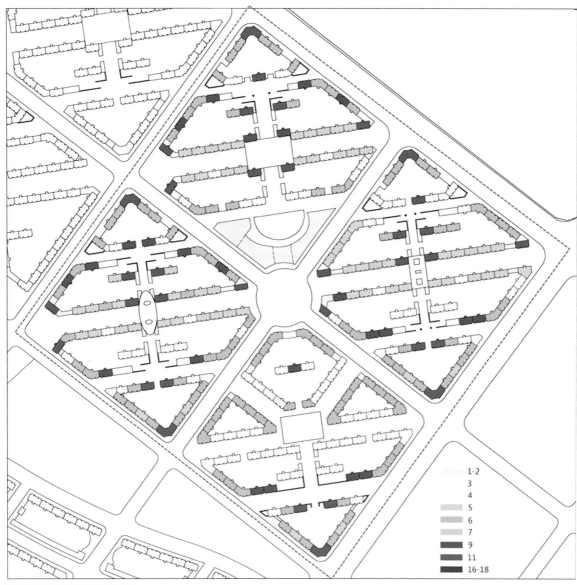

建筑布局和建筑层数分布平面图

1-2
3
4
5
6
7
9
11
16-18

（3）建筑布局鸟瞰图

临街住宅平行街道布置，街廓内住宅转向后呈南北向布置。

建筑层数（3～11层）分布灵活多变，既满足日照间距，又使

得每个庭院高度多样、空间丰富。

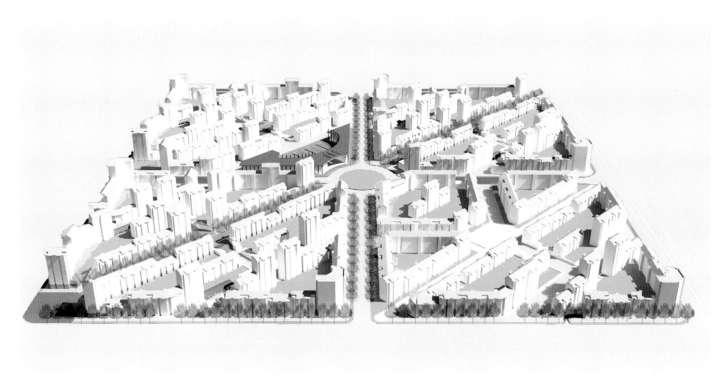

建筑布局鸟瞰图

（4）技术指标

总用地面积 319 225 平方米；净用地面积 242 900 平方米；总建筑面积 381 370 平方米；住宅建筑面积 359 950 平方米；人均居住面积 34.5 平方米；人口 10 438；户数 3728；南北向户型比例 63.7%；容积率 1.6；最高层数 11 层；停车位约 2982 个（半地下）。

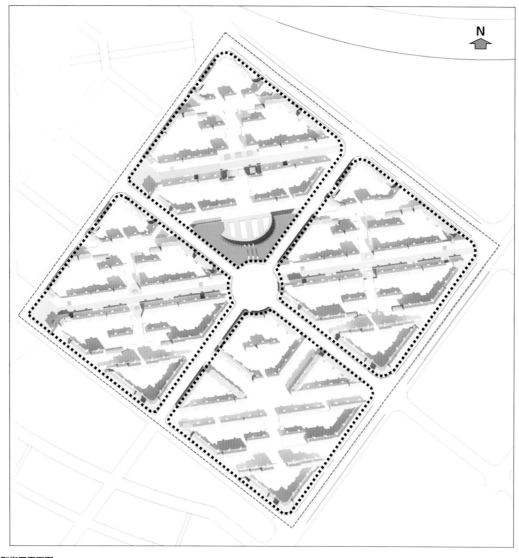

N

典型街区平面图

（5）停车场分析图

每个街廓分成 2 ~ 4 个半地下式的停车库，原则上能满足
80% 户数的停车需求（1 车 / 户）。

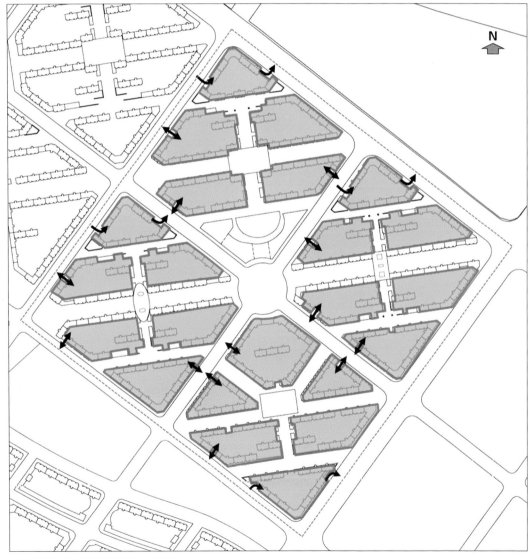

停车场分析图

（6）典型街区鸟瞰图

典型街区鸟瞰图

（7）步行商业街透视图

Harmony New Town
和谐新城

步行商业街透视图

3.住宅建筑平面及立面选型

（1）户型构成及比例

A：B：C：D＝1：2：6：1

套内面积　建筑面积

A＝45平方米　A＝56平方米

B＝60平方米　B＝74平方米

C＝75平方米　C＝92平方米

D＝90平方米　D＝112平方米

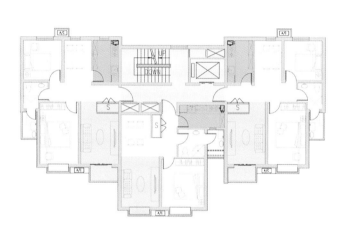

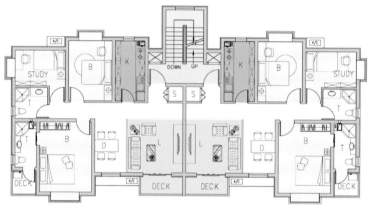

D+D

B+A+B（Elevator）

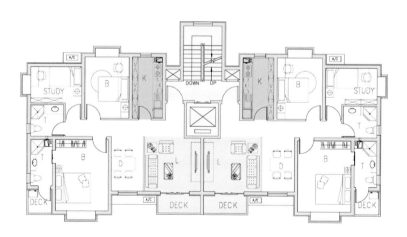

A+B+C（Elevator）

D+D（Elevator）

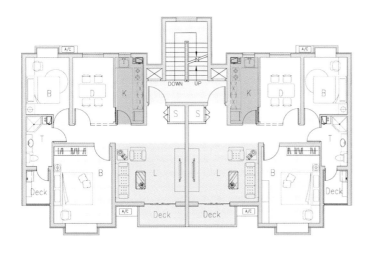

C+C

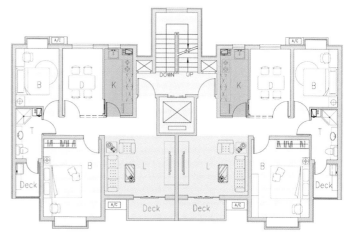

C+C（Elevator）

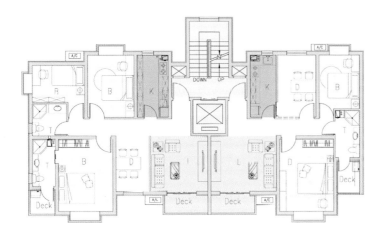

C+D（Elevator）

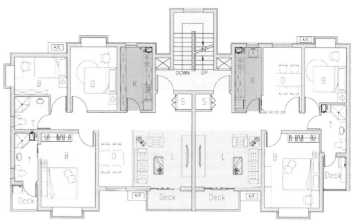

C+D

（2）立面选型

住宅建筑立面示意图

第二节 第二阶段规划设计成果——详细城市设计和概念建筑设计

2013 年 11 月到 2014 年 5 月，丹·索罗门建筑设计事务所和天津华汇环境规划设计顾问有限公司就 1 平方千米和谐社区内的一个邻里（一个居委会的规模，占地 30 公顷、1 万居住人口）进行了深化规划设计和住宅概念性建筑设计。考虑到费用等问题，选择的范围是 17.7 公顷，但实际上包括了一个邻里的主要内容，涵盖一个由市政道路围合的开发地块（街廓）（6.3 公顷）和一个邻里中心。该范围位于试点项目的西北角，是散货物流应该首先搬迁开发的区域。

成果主要包括五部分。第一部分可以说是对中国当前居住区规划设计的再认识。首先进一步分析了国外居住社区规划曾经走过的弯路和经验教训，以法国巴黎和美国的做法，以及近年来的成功做法为例。第二部分是对第一阶段的成果进行了简要回顾。第三部分是该项目具体的规划设计成果。重点是对其中一个邻里的深化规划设计，在总图规划、街道设计、景观设计、停车、消防、垃圾收集、物业管理等方面进行了深入规划设计。第四部分为居住建筑概念性方案设计。第五部分由天津华汇环境规划设计顾问有限公司对网络时代配套社区商业运营等方面进行了深入分析研究。

一、对国外社区规划设计历史经验的借鉴

丹·索罗门看到一张 1996 年拍摄于天津滨海新区的照片，所显示的政府宣传海报上写着："努力创建文明卫生城市"。一个文明和卫生的城市应该提倡市民、居住环境的生态健康。中国 20 世纪末对于文明与健康城市的广泛定义与 18 世纪以来促使西方现代城市规划与住宅建设发展的动因是一致的。从历

深化规划设计和住宅概念性建筑设计范围

史经验看，必须了解做到这一点是相当困难的，而且西方国家走过弯路。一些极具热情且拥有良好愿望的项目，却反而产生了极端病态且不健康的社区环境，更造成野蛮而暴力的非文明环境。巴黎就是西方社会一个投入了巨大的资金与大量的资源去追求文明与卫生的城市，但这样的追求心态却形成了最具戏剧性与警示性的负面教材。美国的许多城市在感官经验上都与巴黎非常相似，但是这样的经验却没有办法完整或清晰地对应于中国的情况。所以，这次我们想要讨论中国的滨海新区，就必须先从一段小小的巴黎居住社区规划的历史导览开始。

在 21 世纪的巴黎城市结构中，大面积的拥挤贫民区因聚居的方式引致了公共健康问题，而这样的境况亦普遍存在于其他城市中。巴黎由此展开对"移居安置"的激烈探讨：柯布西耶的光辉城市。这并不是一个贫民区的项目，而是坐落于城市里最昂贵的区段。争论在于传统的城市布局中日光不是均质分布的，北向阴面的公寓远不如南向阳面的公寓受青睐。排状建筑，每个单元皆可享受平等日光的理念成为欧洲大部分地区城市规划的主流思想。这与当今中国的状况非常相似。在 20 世纪 50 年代至 70 年代修建的大型居民区（le Grand Ensemble）项目中它成为巴黎郊区社会住房的模板。住宅对于日照的需求后来衍生成法国人称之为"起重机逻辑"的机械化重复复制。相对于巴黎的传统肌理，这种大型居民区是一种全新的理性乌托邦。数以万计的工薪家庭快速地搬入这种大型居民区，但如同他们搬入的速度一样，他们很快逃离了这些住宅。这些法国的工薪家庭恨透了政府为他们提供的住宅。这种废弃的大型居民区成为移民与少数民族居民的聚集地，是歧视与排斥的代名词。2005 年，暴动在位于巴黎郊区的该项目中快速蔓延。建筑已然推动法国社会的分隔。在住宅历史上巴黎其实有两段惨痛的经验：一个是板楼式的大型居民区，另一个是谨慎植入市中心的小型传统围合街廓。在 20 世纪二三十年代，法国廉价住房机构（HBM）的项目包含了数以千计的保障住宅单元，在肌理上全面地与整个城市的社会性与实体性融合在一起。时至今日，这种大型居民区将根据廉价住房机构（HBM）的经验与规范进行重建。长向的板楼被切断形成部分的围合街廓：杂乱的开放空间变成有秩序、被定义的开放空间，原本被分开的城市回到整合联系的城市。原本属于少数贫穷的人的住宅，变成了每一个人都可以居住的宜居环境。这就是文明与健康的最好典范。

美国与欧洲的许多城市在城市规划与社会住房方面的案例都与巴黎相同。旧金山也曾发生过用超大街廓与板楼来替换原本美丽且多元的城市肌理。从 20 世纪 50 年代到 70 年代种种关于超大街廓或板楼的投资与建设对城市造成的重大伤害来看，这些项目到后来都被归类为重大的错误。丹·索罗门本人在美国的工作也是在修补这些错误，尝试从新建筑小型围合街廓的一些内院与内向小径中，找寻令人激动且富有趣味的新城市肌理。多年来，丹·索罗门所进行的项目大多为用小型的围合且具有内院内向小径的街廓，以及易于步行且鼓励人际交流的新建筑形态，来取代失败的板楼与超大街廓。利用被内院及内向小径交织成的小型围合街廓来保障人际社交公共空间一直是他们工作的核心。其中有个在旧金山的项目叫镶嵌社区（Mosaica），就是一个混合收入且混合使用的住宅与工作室项目。该项目与城市完整无缝地整合在一起。这个作品与巴黎的社会住宅完全是两个地域层级的城市愿景抗衡的一部分——1930 年在慕尼黑的大型板楼和超大街廓与在巴塞罗那连续且小型的围合街廓之间的对比。

多年来中国已经习惯于使用板楼的概念。在北京与天津的规划法规之下，形成的板楼几乎与德国包豪斯在 20 世纪 30 年代对于建筑高度与日照角度所形成的平行板楼一致。定义"卫生"的方式为利用每栋建筑与公寓像之前示意图般拥有同等的日照所形成的板式超大街廓，而形成了中国城市的新面貌。此举所获得的优点对于居住空间、私密空间与卫生环境都有不可否认的极大影响。但是获得这些好处也付出了极大的代价。巨大的街廓将原本的自行车取代为小汽车。而随着小汽车需求的增加，对应的基础设施及建设则产生了让人无法居住的空气品质。这些街道及内院都是遵照现有的规划准则，原意却是鄙弃文明之下追求健康。在达成环境健康的前提之下却又牺牲了社区感。这些就是中国城市中最可贵的元素——内院、内街小巷、生动的街道以及社区生命力。而它们在新的板楼超大街廓中却无法生存，所以这就是我们所面对的挑战。在滨海新区这块缺少特性的土地上，除了保存原先所有的优点之外，再增加它现在所缺乏的特性，不仅保留原先向南板楼所具有的优点，更增加了原先建筑纹理所缺乏的东西。

二、对第一阶段工作的回顾

为了做好深化设计工作，首先对第一阶段规划设计成果进行了回顾。和谐社区的规划设计强调的核心是通过精心配置的平面设计，可以形成一个更紧致、易于步行的城市社区，它具有传统城市街道和空间的特点，同样满足日照间距的要求，具有由现代板楼或塔楼住宅组成的巨大居住区所具有的开敞空间。

整个地区的设计路网、绿廊和公共交通走廊与周边规划一致，社区主要特征是一个面积约 7 公顷的月牙形的公园和围绕公园形成了弧形的城市景象。依托地区南部的轨道车站和中央的电车车站，串联邻里中心来组织步行和自行车线路，形成一个 Y 字形的人行及自行车林荫道，成为动线的骨架和规划结构。多条对角线步行／自行车行斜街，串联了整个商业零售、公交搭乘点以及次一级的多功能邻里社区中心。学校设置在步行／自行车行街道可抵达的位置。利用不同高度的建筑配置同样可以充分地满足整年南向日照法规的需求。借由多个小的围合街廓形成易于步行的城市肌理。天津目前有相当严重的内涝防范问题，而在滨海新区这种平坦甚至部分低洼的城市更要特别注重这项议题。总图上道路分级与开放空间系统都是根据生态滞洪或者雨水收集池系统所安排的。

和谐社区居住总用地面积 96.96 公顷，地块数量 16 个，总建筑面积 158 万平方米，容积率 1.6，户数 1.4 万户，分为 3 个居委会邻里，包括 1 个大型公园、3 个社区中心和 1 所小学。

三、规划设计深化的重点

本次规划设计深化的对象是和谐社区西北角的一个 1 平方千米的居委会邻里，占地 26 公顷、1 万居住人口。考虑到规划设计费用等问题，选择的范围缩小，但包括了一个邻里的主要内容，涵盖一个由市政道路围合的、占地 6.3 公顷的开发地块（街廓）和一个邻里中心。规划总用地面积 11.12 公顷，户数 1690 户，总建筑面积 19 万平方米，总居住建筑面积 16.9 万平方米，非居住建筑面积 2.14 万平方米，容积率（FAR）1.71，总绿化空间 4.69 万平方米，占总用地的 31.70%。

本次规划社区总体平面的发展主要以第一阶段和谐社区总体规划设计与周围环境为架构，根据前期各方意见与建议作为规划设计指导原则，通过建筑概念设计，细化规划设计方案，强化更多细节，深化原本和谐新城城市设计的概念，增加更多建筑立面的设计细节以及整个社区的整体规划，重新呈现一个与传统中国街廓社区相似且便于行走及自行车出行又易于社交的混合社区。本次规划工作的重点是总平面规划设计、街道的设计、小街廓的详细设计、邻里中心的设计和生态社区初步设想等五部分内容。

规划总平面以一个邻里公园以及多用途的社区服务中心为核心，通过一条连接地区性公交站与社区中心及公园的步行和自行车混合使用人行步道将整个社区组织串联起来，以小尺度的围合街廓组成整个社区。

中央的社区公园及邻里中心为整个社区活动与服务的重心。具有中国传统建筑特色的连廊环绕在公园的四周可作为界定公共空间的重要元素。社区公园周边环绕商铺、邻里设施及围廊，形成清晰难忘的公共空间。步行商街从东北方的地区性公交站到社区公园、邻里中心以及和谐社区，斜向穿越整个社区，吸引人流从公交站经小广场至邻里中心及社区公园，再到新月公

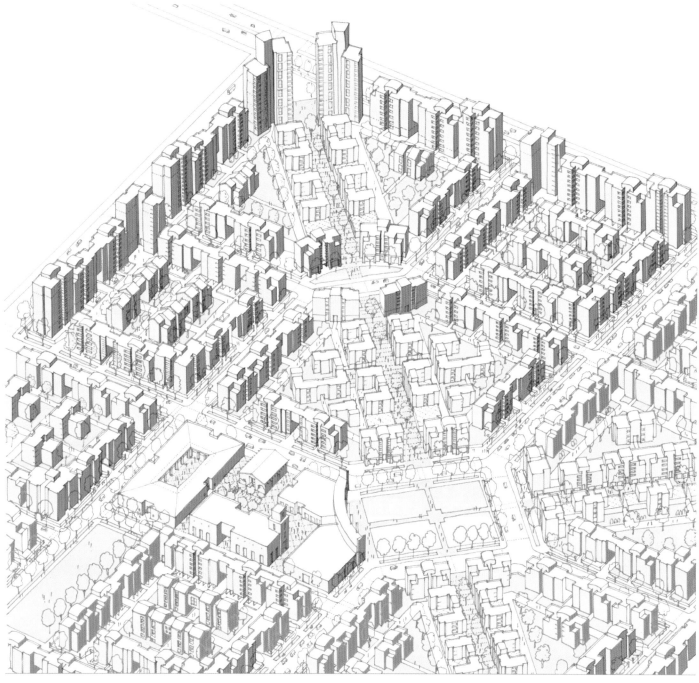

深化设计鸟瞰图

园和地铁车站。这条内街完整地联系了社区各服务设施、开敞空间，还有地标性的门户塔楼，成为步行主线和视线主轴。

小街廓总平面设计中，整个社区是窄路密网、小街廓的布局，形成亲切宜人、适宜步行的空间环境。这个易于步行的社区肌理将会由许多大小约为1万平方米的围合街廓所形塑而成。小尺度的围合街廓界定了社区的室外公园广场空间和便于步行的街道。每个街廓200户左右居民，是比较理想的邻里交往和

社会管理的尺度。

小街廓的布局关键是处理好日照采光和通风、交通等问题。每个地块的建筑坐向与配置都保证满足与传统板楼相同的最低日照小时数。住宅建筑以多层为主，局部为小高层。高度分布可以产生动态的道路街景，同时满足每个住宅单元的日照需求。满足大寒日两小时的国家日照规范。小尺度的街墙断口对于地块中间的建筑以及中庭内院来说，提供了具有安保通往街道的

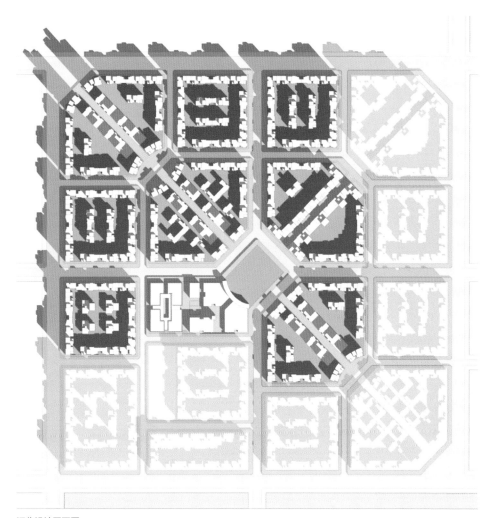

深化设计平面图

出入口，同时利于每一个地块的空气对流。建筑街墙上细部的艺术化处理、小尺度的开口以及富有变化的建筑高度皆能够完全满足天津市的日照法规。

规划对典型的方形院落和商业斜街两侧的三角形院落进行了详细设计，包括建筑布局、高度、出入口、过街楼、消防车通道，以及废弃物收集、安保范围和停车库出入口等。若按所有建筑物和内部道路不退让来计算，典型院落范围内的绿地率为32%，综合新月公园绿地，可以满足相关规定要求。

道路分级和街道设计中，整个示范社区包含了不同宽度、不同特质与不同目的的道路。从24米宽的双向道路到10米宽

典型院落日照模拟图

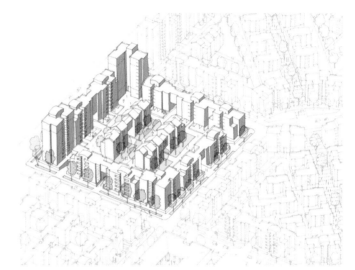

矩形街廓等角透视图

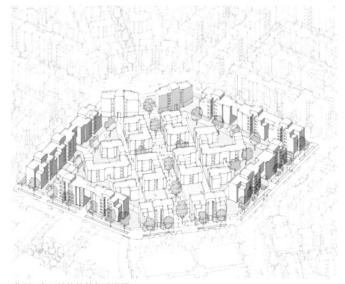

典型三角形地块的等角透视图

的综合使用步行街，清晰的道路分级以及相应配置的非住宅功能单元为鼓励地区步行外出奠定了良好的基础。街道从地面抬起半层并且在其中设置了各种用途的市政管网。在社区里面，行道树是至关重要的一环，并且需要特殊的水蒸发保护层用以保护原本盐碱土直接接触的危害。24米的道路属于市政管理与维护，12米以及16米的道路则属于私人物业管理维护。

24米道路均为双向通车的公共道路，且道路两旁均设有路边停车以及自行车道。机动车、自行车及步行街道都被四排的植树分开。路边停车格可作为下雪时的堆放用地，抬高的行道树穴可以保护树根免受雪水的冰冻以及土壤的盐性危害。16米道路均为单行车道且单边停车，自行车道与机动车道混合使用。

12米道路为南北向商业内街。这些商业内街将会是整个社区的中心，而这条商业内街将会需要活跃的商业出租管理办法来使之更具活力。这些临街的商业空间将会有多样性的商业贩售以及工作-生活的混合使用。在指定位置设置的广告招牌将可以形成充满活力的步行街氛围。车辆的通行将会被限制，只有货车的上下货以及应急车辆才能通行。这些街道设计，除了满足消防车辆的通行之外，更重要的是作为一个易于步行与自行车行的亲切尺度。

社区中心的规划设计，设计了两个方案，考虑了分期建设的可能性。替选方案一：社区中心将会像一座开放的园区一样可以独立分期实施建造。超市与老年中心将会面对社区公园，

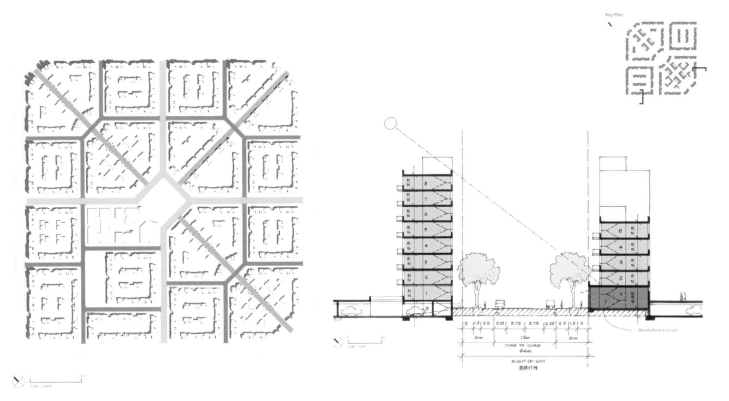

道路等级图

24 米道路断面图

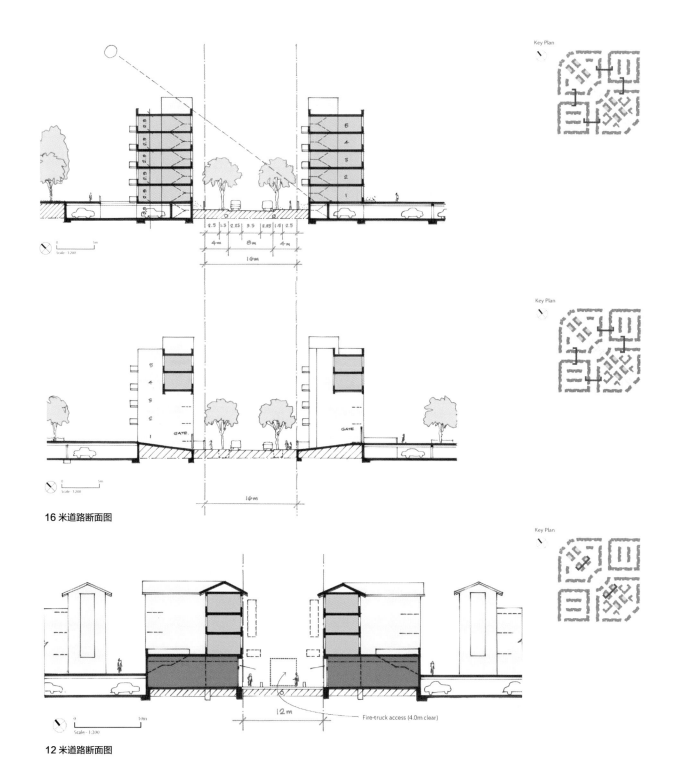

Key Plan

16 米道路断面图

12 米道路断面图

Fire-truck access (4.0m clear)

而幼儿园会在地块的后侧。在本方案中其他的附属设施将会围绕着中间的广场且有通道与周边道路连接。超市与老年中心将会兴建在一个两层楼高的拱廊之下且面对社区公园，服务与资源回收动线将会设置在超市的后面。幼儿园将会设计成口字形有内院的建筑。文化中心是一个独立出来的分馆且社区医疗站将会设在一楼，其余两层楼将作为办公室使用。另外，一个小

型的员工停车场将会设置在中庭。替选方案二：大致上此方案与替选方案一类似，不同的是文化中心、社区医疗站与社区办公室等设施将会被整合在一栋位于地块中央的建筑里面。这栋三层楼的建筑整合了文化中心与社区医疗站以及社区办公室。员工停车场将会置于建筑的一侧。

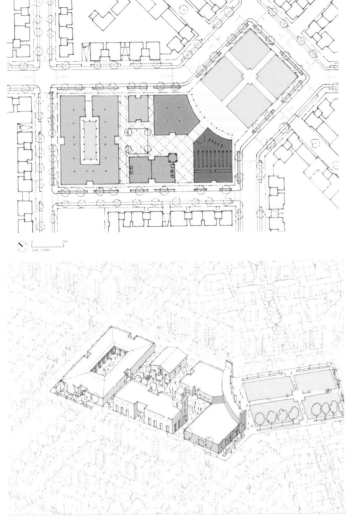

社区中心规划设计方案一

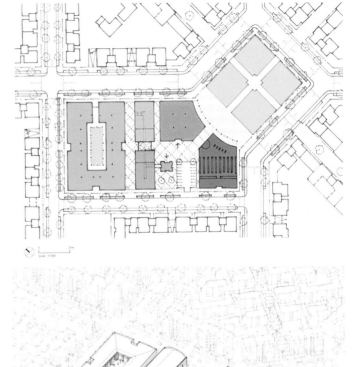

社区中心规划设计方案二

四、住宅建筑概念设计

本示范社区将会包含约 190 000 平方米建筑面积的住宅单元以及服务性建筑。住宅建筑概念设计与规划设计深化是同步进行和互动的。应该说，规划设计立意的基础是建立在建筑设计可行性的基础上，即通过建筑设计的变化来做围合的住宅建筑布局。在确定了总体规划布局后，深化的规划设计对建筑设计提出了要求，比如停车、竖向、建筑入口、建筑转角单元、建筑退线等。按照规划要求和户型要求进行住宅建筑概念设计后，可以提供更准确合理的尺寸，反过来优化规划设计。

住宅建筑概念设计参考了滨海新区定单式商品住房的有关设想和要求。提出了改善居住建筑设计标准的理念，如建筑面积标准按照套内面积计算，优化单元交通核和公共空间的设计，以套内面积 90 平方米、建筑面积 115 平方米左右的两居室作为主力户型，套内功能进一步优化。

初步的建筑设计展示了不同的建筑立面皆可以配置标准化的单元平面与交通核。所有的典型单元平面皆有面向南北的生活空间，与直接暴晒面南的强烈阳光相比，可以提供更好的室内通风以及最大采光。所有居住单元内主要的活动空间都是南北通透的，此设计保证了室内的通风，平衡了南北日照的差距。一、二、三室的居住单元都可以整合在同一栋建筑里面，而且所有的管道结构都可以完整地上下对应。这些模块化的做法允许相同的内部单元建筑有不同的立面表情以及通往地块内部的入口等。

典型地块总图设计中，机动车与非机动车都停在低于 1.6 米地平面、高出地面 1.4 米的内院平台下方的停车库。典型的三角形地块伴随着主要的步行 / 自行车行混合使用斜街。红色的空间为零售商业的地面层使用，其他的空间与典型方地块相同。围合街廓的形成需要设计得当且相当经济的转角单元。通过简

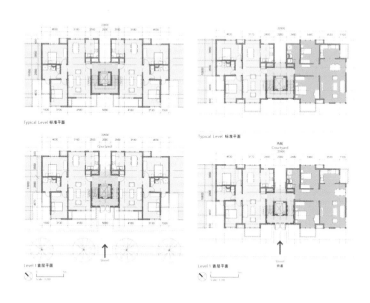

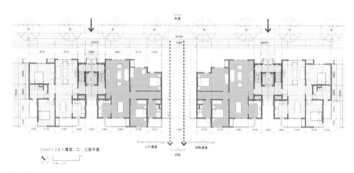

典型户型设计及组合

转角户型及斜轴户型

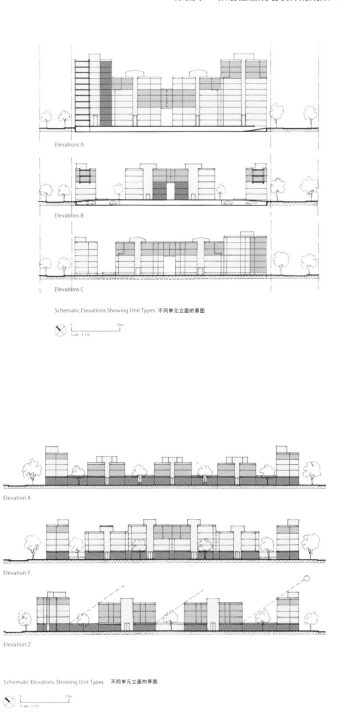

单调整原本的标准平面，就可以满足转角单元的需求。

　　这个围合街廓的组成包含了面对不同街道所形成的不同高度的建筑。具有安保控制的入口可以直接从街道上进入建筑，也可以从地块的内院进入。架空2～3层的入口建筑除了提供通往地块中间的建筑以及内院之外，也提供了从内院看出去的视野以及

空气对流的条件，更提供了消防车与废弃物运送的通道。

　　地面层与商业空间中每一个住宅街廓都有安全的地下车库，可以满足该住宅单元的停车需求。所有的建筑承重墙都不影响停车位的设置，且不需要昂贵的转换结构。访客以及商业空间所需要的停车则由路边停车位解决。

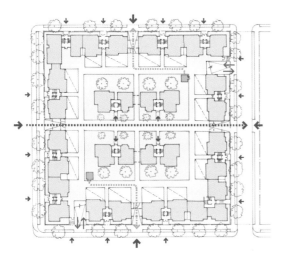

方形院落内院层平面图

三角形院落内院层平面图

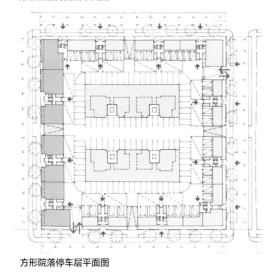

方形院落停车层平面图

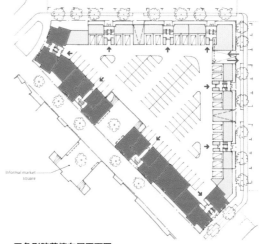

三角形院落停车层平面图

五、和谐社区起步区规划设计成果

1. 和谐社区起步区的位置

本次的和谐示范社区总体平面的发展主要是根据前次和谐新城总体规划的设计与周围环境为架构。而本次的示范社区将会强化更多细节，深化原来和谐新城城市设计的概念。本示范社区将会包含约190 000平方米建筑面积的住宅单元以及服务性建筑。规划会以一个邻里公园以及多用途的社区服务中心为核心，以小尺度的封闭街廓来组织整个社区。通过一条连接地区性公交站与社区中心及公园的步行 / 自行车行混合使用人行步道将整个社区串联起来。

和谐社区起步区位置示意图

In 1996, at the early stages of the explosive growth of Tianjin and the planning of Bin Hai, there were government wall posters that said, "Work to create a *wenming, weisheng* city".

A *wenming* city should promote civil society, culture and the experience of community.

A *weisheng* city should promote the health of its citizens, the health of the land and the health of the planet.

These large meanings of *wenming* and *weisheng* are the same ideals that have motivated city planning movements and housing reform in the West since the end of the eighteenth century. One cannot look at the long history of pursuing these ideals without concluding that they are extremely elusive, hard to accomplish. Some of the most impassioned and well-supported efforts to achieve them, have produced the opposite, not health, but sickness; not civil society but isolation, cultural barbarism and violence.
The western city made the largest and most radical investments in pursuit of *wenming* and *weisheng* was Paris. It is also where that pursuit has had its most dramatic and instructive failures. Many American cities have had experiences very much like that of Paris, but not so extreme or so clearly relevant to the Chinese situation. So this discussion of a new district in Bin Hai, China begins with a short excursion to Paris.

1996 年，处于加速发展时期的天津市与滨海新区，曾经有些公众的政府宣传海报写着："努力创建文明卫生的城市"。

一个文明的城市应该积极提倡市民文化以及加强公众社区经验。

一个卫生的城市则应该提倡市民、土地与大环境的生态健康。

这些对于文明与健康城市的广泛定义与 18 世纪以来促使西方对于城市规划与住宅建设的发展是一致的，两者之间在追求这件事情上，无可避免地从历史来说都必须了解到这是相当难以捉摸和落实的。而之中有些极具热情且拥有良好支持项目，却反而产生了极端病态且不健康的非公民社会环境，更造成野蛮而暴力的文明环境。

巴黎就是一个西方社会投资了最大的资金与大量的资源去追求文明与卫生的城市，但这样的追求心态形成了最具戏剧性与警示性的负面教材。美国的许多城市在感官经验上都与巴黎雷同，但是这样的经验却没有办法完整或清晰地对应于中国的情况。

所以，这次我们想要讨论中国的滨海新区，就必须先从一段小小的巴黎导航开始。

Within the fabric of Paris, well into the twentieth century there were large areas of overcrowded slums, with public health problems directly related to the way people were housed – the same problems that many cities have faced.

在 20 世纪的巴黎城市结构中，大面积的拥挤贫民区因聚居的方式引致了公共健康问题，而这样的尽快亦普遍存在于其他城市中。

It was Paris that generated the most radical polemic about rehousing: le Corbusier's 1925 Plan Voisin to demolish – not a slum – but the city's most expensive district, the 16th Arrondessment. The argument was that the traditional city distributed sunlight unequally, and shady north-facing apartments were far less desirable than sunny south-facing ones.

巴黎由此展开对"移居安置"的激烈探讨：柯布西耶的光辉城市。这并不是一个贫民区的项目，而是坐落于城市里最昂贵的区段。争论在于传统的城市布局中日光不是均质分布的，北向阴面的公寓远不如南向阳面的公寓受青睐。

Rows of buildings with equal daylight for every apartment
became the dominant ideas for city planning in much of Europe.
The pattern is familiar to everyone in China today. It became the
template for social housing on the suburban edges of Paris in
projects known as *le Grand Ensemble.*

排状建筑，每个单元皆可享受平等日光的理念成了欧洲大部分城市规划
的主流思想，这与当今中国的状况非常相似。在 Je Grand Ensemble
项目中它成了巴黎郊区社会住房的模板。

Ideas about sunlight combined with what the French call "the logic of the crane".

住宅对于日照的需求后来衍生成法国人称之为"起重机逻辑"的机械化重复复制。

The *Grand Ensemble* were a new rational utopia as different from the traditional fabric of Paris as it could be.

相对于巴黎的传统肌理，Grand Ensemble 是一种全新的理性乌托邦。

Tens of thousands of working class families moved into the *Grand Ensemble*, and as soon as they could, they moved out. French working class people hated the housing that the government had provided for them

数以万计的工薪家庭快速地搬入 Grand Ensemble，但如同他们搬入的速度一样，他们很快逃离了这些住宅。法国的工薪家庭恨透了政府为他们提供的这些住宅。

Paris actually has two histories of housing its poor: the superblock slabs of the *Grand Ensemble,* and traditional small perimeter blocks sensitively inserted in the heart of the city, like these two adjacent projects from 1913 and 1963.

在住宅历史上巴黎其实有两段惨痛的经验：一个是板楼式的 Grand Ensemble，另一个是谨慎植入市中心的小型传统围合街廓。如同上图中相邻的 1913 年与 1963 年的项目。

Abandoned *Grand Ensemble* projects became centers for immigrants and minorities, symbols of discrimination and non-integration. In 2005, projects in the suburbs of Paris erupted in violence.

废弃的 Grand Ensemble 成为移民与少数民族居民的聚居地，是歧视与排斥的代名词。2005 年，暴动在位于巴黎郊区的该项目中快速蔓延。建筑已然推动法国社会的分隔。

The program called HBM built hundreds of thousands units of highly successful public housing in the 1920's and 1930's in small perimeter blocks blending with fabric of the City socially and physically.

在 20 世纪二三十年代，这个称作 HBM 的项目包含了数以千计的保障住宅单元，在肌理上非常全面的与整个城市的社会性与实体性融合在一起。

Today the *Grand Ensemble* are being rebuilt according to the principles of the HBM.

时至今日，Grand Ensemble 将根据 HBM 的经验与规范进行重建。

Long slab blocks are cut up to become parts of perimeter blocks; shapeless space becomes defined space, disconnection becomes connection, something apart from the town becomes part of town, an enclave for poor minorities now houses some of everybody. *Wenming* and *Weisheng*.

长向的板楼被切断形成部分与围合街廓：杂乱的开放空间变成有秩序、被定义的开放空间，原本被分开的城市回到整合联系的城市。原本属于少数贫穷的人的住宅，变成了每一个人都可以居住的宜居环境。这就是文明与健康的最好典范。

The story of city planning and social housing in many American and European cities is the same as Paris. Francisco also once wanted to replace its beautiful , complex city fabric with a new vision of superblocks and sunlit slabs.

美国与欧洲的许多城市在城市规划与社会住宅方面的案例都与巴黎相同。旧金山也曾发生过用超大街廓与板楼来替换原本美丽且多元的城市肌理。

From the 1950's to the 1970's the superblock/ slab idea did much damage to the City through public housing and "urban renewal", large investments later seen by all as serious mistakes.

从 20 世纪 50 年代到 70 年代种种关于超大街廓 / 板楼的投资与建设对城市造成的重大伤害来看，这些项目到后来都被归类为重大的错误。

My own career has been part of the reaction to those mistakes, finding inspiration for new building in the City's delicate fabric of small perimeter blocks enriched by many penetrations for courtyards and small lanes

我在美国的工作也是在修补这些错误，尝试从新建筑小型围合街廓的一些内院与内向小径中，找寻令人激动且富有趣味的新城市肌理。

For years we have been engaged in replacing failed slab and superblock public housing with new housing based on small perimeter blocks with courtyards and lanes that encourage walking and sociability.

多年来我们所进行的项目大多为用小型的围合且具有内院内向小径的街廓，以及易于步行且鼓励人际交流的新建筑形态，来取代失败的板楼与超大街廓。

The small perimeter block penetrated by lanes and courtyards as secure social spaces has been the heart of our work.

利用被内院及内向小径交织成的小型围合街廊来保障人际社交公共空间一直是我们工作的核心。

Projects like this San Francisco block called Mosaica are mixed income, mixed-use – housing and workshops, that blend seamlessly with the city around them.

我们其中一个在旧金山的项目叫 Mosaica，就是一个混合收入且混合使用的住宅与工作室项目。且该项目与城市完整无缝地结合在一起。

The social housing of Paris, and our work in San Francisco are part of a worldwide confrontation between two different visions of city building – the slab/superblock shown here outside Zurich in 1930, and the continuous small perimeter block as shown here in Barcelona.

我们在旧金山的作品与巴黎的社会住宅完全是两个地域层级的城市愿景抗衡的一部分——1930 年在慕尼黑的大型板楼 / 超大街廓与在巴塞罗那连续且小型的围合街廓之间的对比。

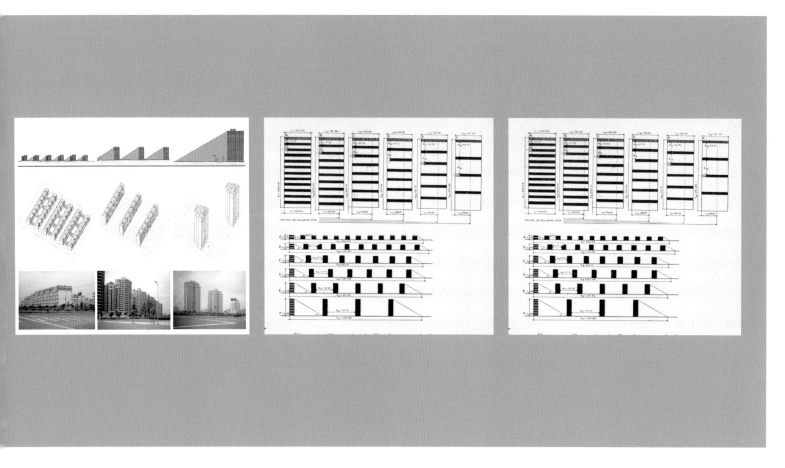

China has made a decade's long alliance with the slab block vision. The planning codes of Beijing and Tianjin on the left are almost identical to drawings made at the German Bauhaus in 1930, relating the height and spacing of parallel slab blocks to the angle of the sun.

多年来中国已经习惯于使用板楼的概念，在北京与天津的规划法规之下，形成的板楼与德国包豪斯在 20 世纪 30 年代对于建筑高度与日照角度所形成的平行板楼形成一致。

Defining *Weisheng* as equal sunlight in every apartment according to the previous diagrams has produced the relentless patterns of slabs and superblocks that are the new face of Chinese cities. The enormous gains in living space, privacy and sanitation are undeniable.

定义"卫生"的方式为利用每栋建筑与公寓像之前示意图般拥有同等的日照所形成的板式超大街廓，而形成了中国城市的新面貌。此举的优点对于居住空间、私密空间与卫生环境都有不可否认的极大影响。

The gains have come at a brutal price. The superblock displaces the bicycle with the private automobile, and its congestion, demands on infrastructure and contribute to unlivable air quality.

但是，获得这些好处却也付出了极大的代价。巨大的街廓将交通工具由原本的自行车取代为小汽车。而随着小汽车需求的增加，交通拥堵以及对应的基础设施建设则让空气质量不适宜居住。

These streets and these courtyards, now the norm, built in pursuit of *weisheng* are completely without *wenming*. Gain in hygiene comes with loss of community.

这些街道和内援，都是遵照现有的规划准则，原意却是比起文明之下追求健康。在达成环境健康的前提下缺失了社区感。

These are the precious elements of Chinese cities - the court, the lane, vibrant streets, community life – that have not survived the new pattern of slab and superblock.

这就是中国城市中最可贵的元素——内院、内街小巷、生动的街道和社区生命力。而它们在新的板楼超大街廓中缺无法生存。

So this is our challenge: on this piece of featureless land in Bin Hai, create a new place that retains the gains of the recent past, but addresses what has been lacking. Create a new place that retains the benefits of the south facing slab block, but provides all that has been missing from that pattern of building.

所以这就是我们所说的挑战。在滨海新区这块缺少特性的土地上，除了保有原先所有的优点之外，再增加现在所缺乏的特性。这样不仅保留了原先向南板楼所具有的优点，更增加了原先建筑纹理所缺之的东西。

2. 鸟瞰图以及人视点效果图

下面的鸟瞰图显示出本和谐示范社区被一条南北向的步行及自行车行商业街所切分。这一条 12 米宽的步行街是由不同的商店与商业活动所排列形成。主要连接了东北方的公交站点和作为核心的社区服务中心，以及呈点式连接的小型社区商业广场。在中央社区公园的四周被零售、社区服务空间以及极具戏剧效果的拱廊所环绕，这些空间及元素都清楚且深刻地定义了公园。

在 367 页的人视点效果图则显示了中央社区公园、周边的拱廊、公园内环形的树阵以及一对清楚界定社区公园特性的 16 层的点式高层。

紧接下来的第 368 页则显示了主要商业内街的人视点效果图。这条内街是由联排的住宅空间以及社区底商所形成。此商业内街应该是允许多元化的商业活动以及销售空间。在这条街道上有条件地限制私家车、货车以及紧急救援车辆。要成功地塑造这条商业内街，良好的物业组织管理以及招商为关键。

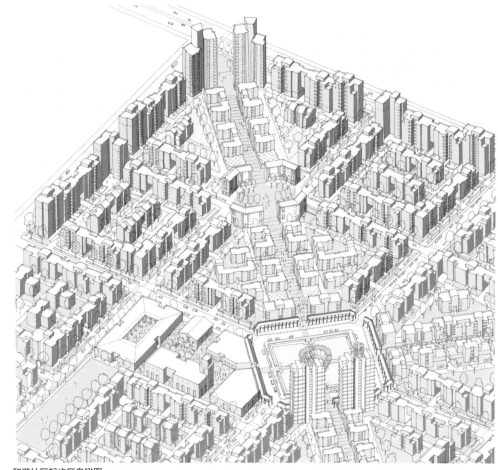

和谐社区起步区鸟瞰图

社区中央公园、门户塔楼以及连续长廊

在社区中央花园一侧的连续长廊

3. 总平面图

由这张日照阴影的图示（时间为 1 月 20 日正午）可以看出社区除了空间尺度上和谐以及良好定义的街道品质与小尺度的街廓之外，也可以充分满足天津市的日照小时与间距的要求。

要满足日照间距必须通过变化不同的建筑高度、小型的沿街墙开口以及建筑细部的艺术化处理来实现。这些特质也同样提供了多元且丰富的街景变化。纵使单元空间的平面有很高程度的标准模组性，但通过设计的手法避免了建筑语汇的连续重复。

日照阴影图

4. 日照分析图

以下分析图显示出在1月20号正午，各个典型地块建筑的
不同阴影以及日照面。这些图面显示了所有的单元都可符合冬
季最冷日两小时的日照法规。

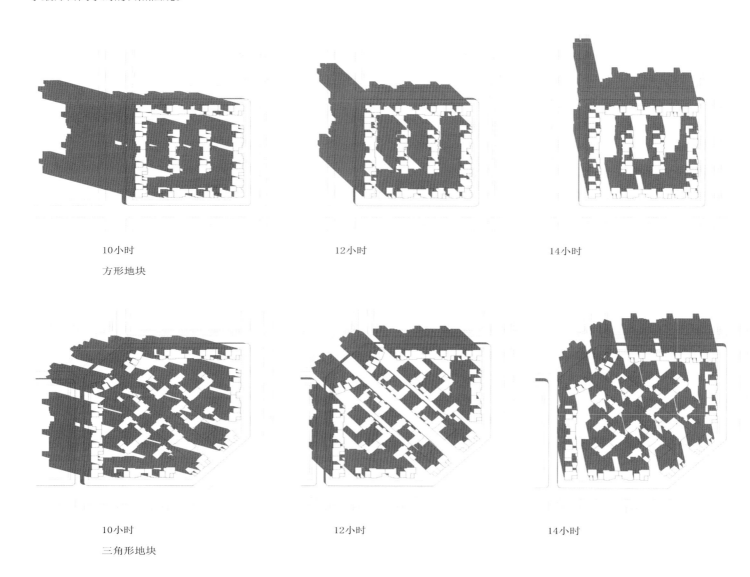

10小时   12小时   14小时

方形地块

10小时   12小时   14小时

三角形地块

日照分析图

5. 高度分析

整个社区的高度配置将根据下列三点原则：较高的建筑将会配置在日照阴影不影响其他建筑的位置；对于整个中部新城平坦且无变化的现况来说，示范社区内最高的建筑将成为最重要的地标入口门户；在社区周边的较宽道路将会配置 8～11 层的建筑，较窄的步行街将会配置 3 层楼的建筑，其他地点的建筑则会是 5 层楼高。

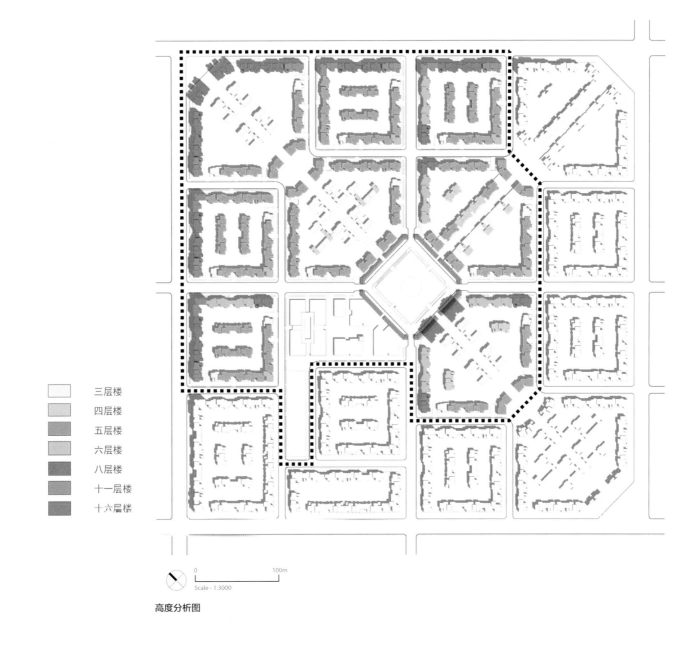

三层楼
四层楼
五层楼
六层楼
八层楼
十一层楼
十六层楼

0   100m
Scale - 1:3000

高度分析图

6. 住宅单元配置

此图主要说明本项目中 190 000 平方米的住宅单元指标是如何分布的。请注意每个地块以及整体容积率均包含了 21 400 平方米的非住宅用地。

基地面积
10 000平方米×四个矩形地快 = 40 000平方
7700平方米×八个三角形地快 = 61 600平方米
社区中心地快 = 9600平方米
总基地面积 111 200平方米

总共单元户数: 1682户
住宅用地面积: 168 200平方米
零售商业用地面积: 21 400平方米
总建筑面积: 189 600平方米
基地总面积: 111 200平方米
净容积率: 1. 7

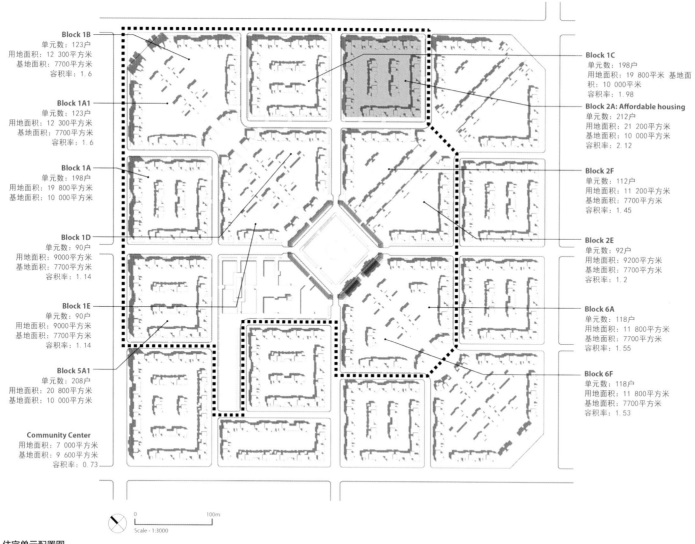

Block 1B
单元数: 123户
用地面积: 12 300平方米
基地面积: 7700平方米
容积率: 1.6

Block 1A1
单元数: 123户
用地面积: 12 300平方米
基地面积: 7700平方米
容积率: 1.6

Block 1A
单元数: 198户
用地面积: 19 800平方米
基地面积: 10 000平方米

Block 1D
单元数: 90户
用地面积: 9000平方米
基地面积: 7700平方米
容积率: 1.14

Block 1E
单元数: 90户
用地面积: 9000平方米
基地面积: 7700平方米
容积率: 1.14

Block 5A1
单元数: 208户
用地面积: 20 800平方米
基地面积: 10 000平方米

Community Center
用地面积: 7 000平方米
基地面积: 9 600平方米
容积率: 0.73

Block 1C
单元数: 198户
用地面积: 19 800平米 基地面积: 10 000平米
容积率: 1.98

Block 2A: Affordable housing
单元数: 212户
用地面积: 21 200平方米
基地面积: 10 000平方米
容积率: 2.12

Block 2F
单元数: 112户
用地面积: 11 200平方米
基地面积: 7700平方米
容积率: 1.45

Block 2E
单元数: 92户
用地面积: 9200平方米
基地面积: 7700平方米
容积率: 1.2

Block 6A
单元数: 118户
用地面积: 11 800平方米
基地面积: 7700平方米
容积率: 1.55

Block 6F
单元数: 118户
用地面积: 11 800平方米
基地面积: 7700平方米
容积率: 1.53

0   100m
Scale - 1:3000

住宅单元配置图

7. 非住宅单元配置

此图说明了非住宅单元的首层平面。请注意当原本规划的办公室或零售空间不实用或不经济时，首层的商业空间可以弹性作为住宅单元空间使用。

零售：9,600平米
商业：2,800平米
弹性使用：2,800平米
社区中心：6,200平米

总共：21,400平米

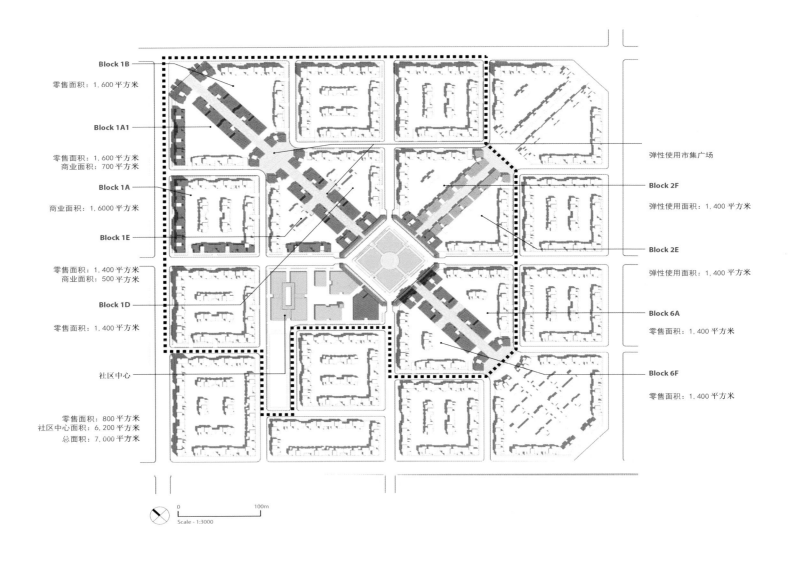

Block 1B
零售面积：1,600平方米

Block 1A1
零售面积：1,600平方米
商业面积：700平方米

Block 1A
商业面积：1,6000平方米

Block 1E
零售面积：1,400平方米
商业面积：500平方米

Block 1D
零售面积：1,400平方米

社区中心
零售面积：800平方米
社区中心面积：6,200平方米
总面积：7,000平方米

弹性使用市集广场

Block 2F
弹性使用面积：1,400平方米

Block 2E
弹性使用面积：1,400平方米

Block 6A
零售面积：1,400平方米

Block 6F
零售面积：1,400平方米

0   100m
Scale - 1:3000

非住宅单元配置图

8. 绿地率

下图所显示的为右侧分类中所列出的植被绿地。本项目的绿地率为33%。在一个高度可通行的小街廓围合社区（对比于一个大型封闭街廓），可步行道路的行道树为一个重要的公共环境网络，但是上述的植被却没有被计算为绿地的范畴。

私有的开放空间
平台层—11550平方米
建筑退线区域—3700平方米

公共开放空间
平台层—20100平方米
生态滞洪花园—6900平方米
公园—4600平方米
总绿地面积—46850平方米
净用地面积（除去道路面积）—147700平方米
绿地率—31.7%

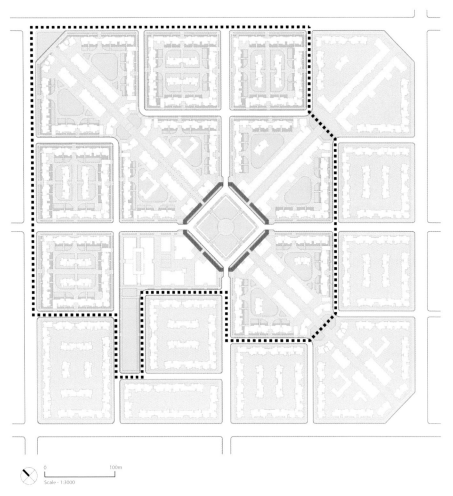

0   100m
Scale - 1:3000

绿地布局分析图

9. 消防车通道

图中的红线为指定的消防车路线。地块中间建筑与内院的消防通道可通过面向街道的大门进入，并通过高差1.4米的坡道从街道进入内院。所有设计皆满足了4米宽和高的消防入口以及9米回旋半径。

消防车路线

Scale - 1:3000

消防通道分析图

10. 废弃物收集

废弃物的收集将会先由内院的收集站集中后，借由同样的
斜坡运到大门后处理。

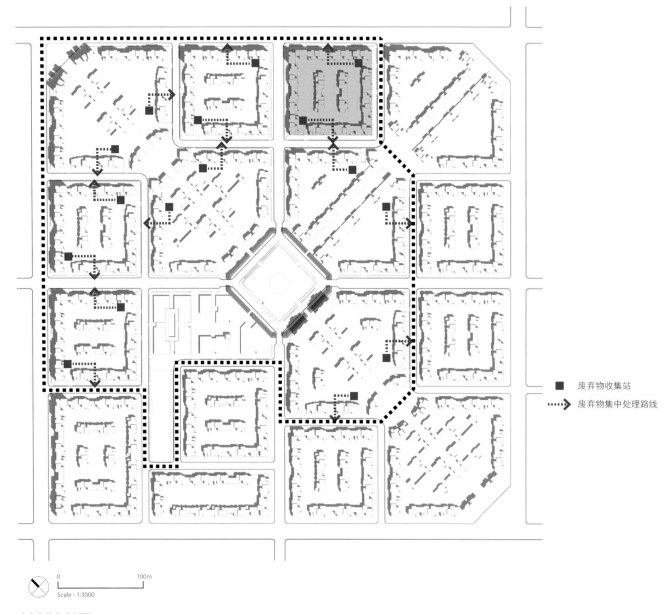

■　废弃物收集站

∙∙∙∙▶　废弃物集中处理路线

0　　　　100m
Scale - 1:3000

废弃物收集分析图

11. 安保范围

每一个封闭街廊都有属于自己的安保区域。每个监视摄影
机都会通过中央保全室来监控。

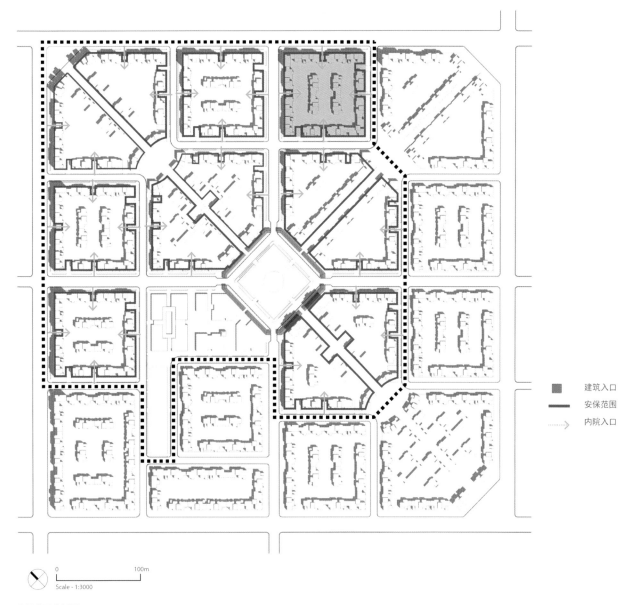

建筑入口

安保范围

内院入口

0　　　　100m
Scale - 1:3000

安保范围分析图

12. 停车库

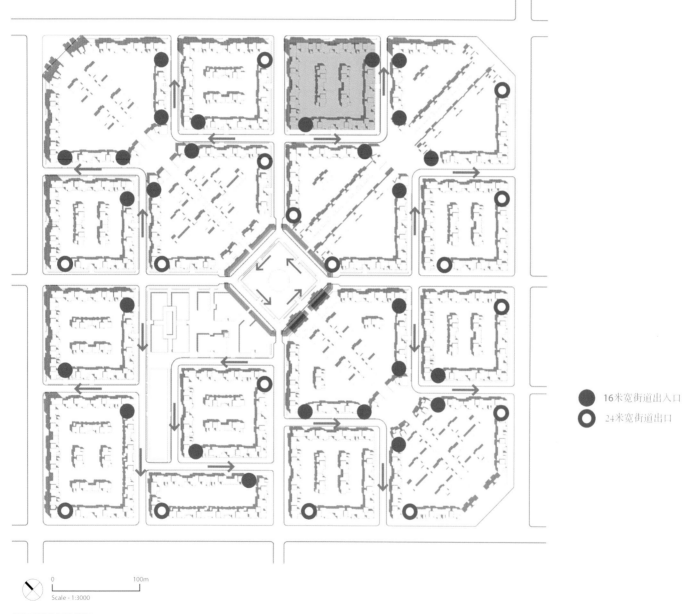

● 16米宽街道出入口
◎ 24米宽街道出口

0   100m
Scale - 1:3000

停车库出入口分析图

13. 道路分级

整个示范社区包含了不同宽度、不同特质与不同目的的道路。从 24 米宽的双向道路到 10 米宽的综合使用步行街。街道从地面抬起半层，并且在其中设置了各种用途的市政管网。在社区里面，行道树是至关重要的一环，并且需要特殊的水蒸发保护层用以消除与原本盐碱土直接接触的危害。24 米的道路属于市政管理与维护。12 米以及 16 米的道路则属于私人物业管理以及维护。

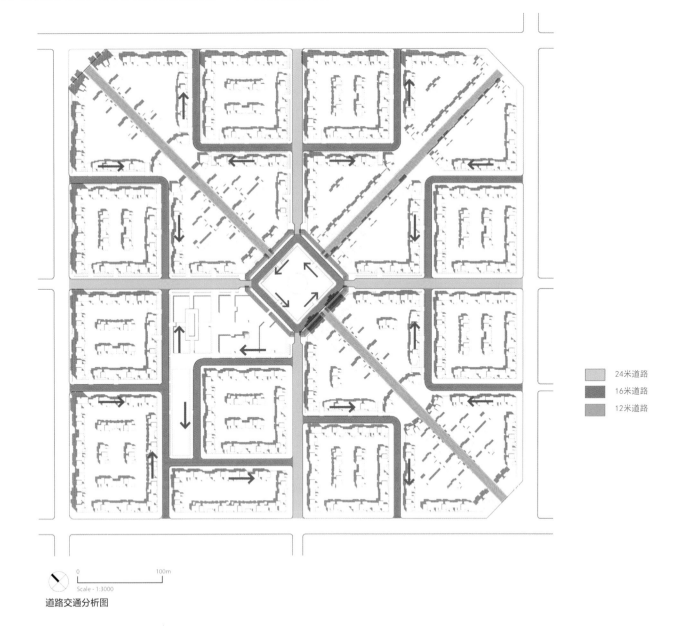

24米道路
16米道路
12米道路

0 100m
Scale - 1:3000

道路交通分析图

14. 24 米道路修正

24 米道路均为双向通车的公共道路，且道路两旁均设有路边停车以及自行车道。车辆、自行车及步行街道都被四排的植树分开。路边停车格可作为下雪时的堆放用地，抬高的行道树穴可以保护树根免受雪水的冰冻以及土壤的盐性危害。

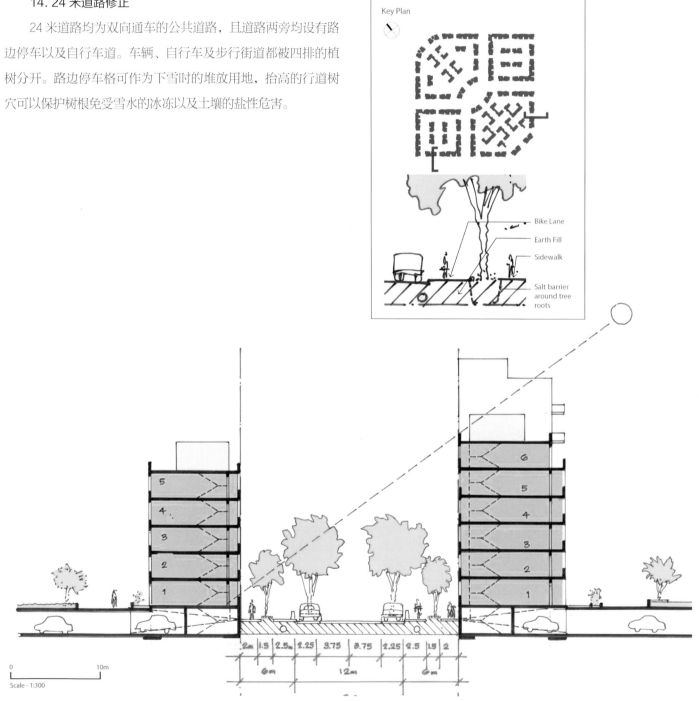

Key Plan

Bike Lane
Earth Fill
Sidewalk
Salt barrier around tree roots

0   10m

Scale - 1:300

24 米道路断面

24 米街景透视图

15.16 米道路

16 米的道路均为单行车道且单边停车。自行车道与机动车道混合使用。

Key Plan

Curb 人行道边缘
Rain Garden
Sidewalk 人行道
Salt barrier
盐碱土隔绝层

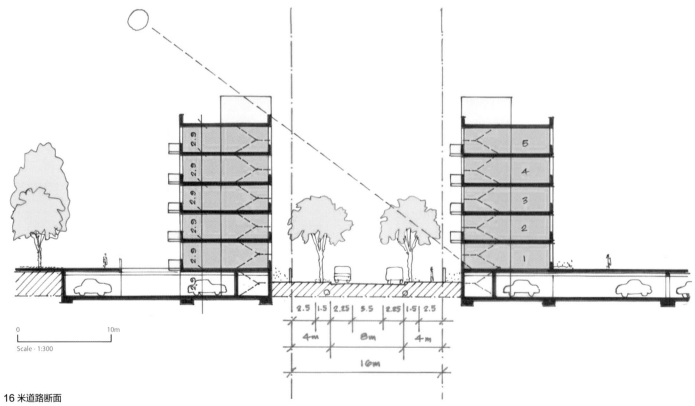

0   10m

Scale - 1:300

2.5 | 1.5 | 2.25 | 5.5 | 2.25 | 1.5 | 2.5

4m   8m   4m

16m

16 米道路断面

16 米街景透视图

此剖面显示的为典型的入口单元。

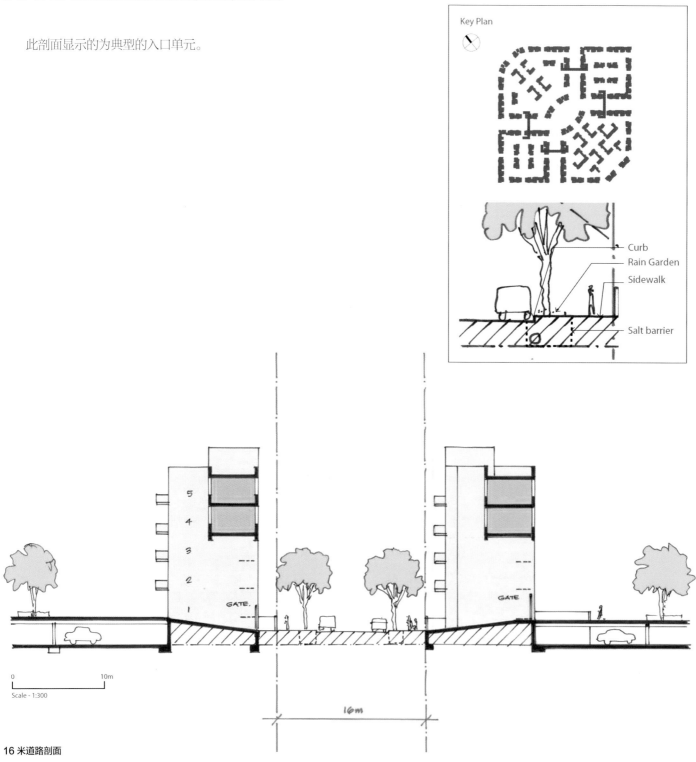

Key Plan

Curb
Rain Garden
Sidewalk
Salt barrier

0   10m
Scale - 1:300

16m

16 米道路剖面

16.12 米道路南北向商业内街

　　这些商业内街将会是整个社区的中心，而这条商业内街将需要活跃的商业出租管理办法来使之更具活力。这些临街的商业空间将会有多样性的商业贩售以及工作 - 生活的混合使用。在指定位置设置的广告招牌将可以形成充满活力的步行街氛围。车辆的通行将会被限制，只有货车的上下货以及应急车辆才能通行。这些街道设计，除了满足消防车辆的通行之外，更重要的是具有一个易于步行与自行车行的亲切尺度。

Key Plan

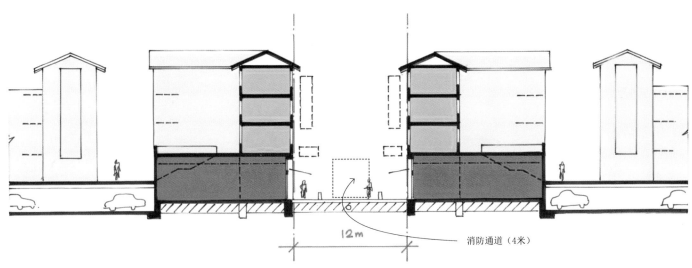

12m

消防通道（4米）

12 米南北向商业内街剖面

17.12 米东西向步行街

此剖面显示出在街道北面为一层底商、上面为四层住宅单元的建筑，在南面则同样是一层底商，上面为两层与四层的住宅单元。

Key Plar

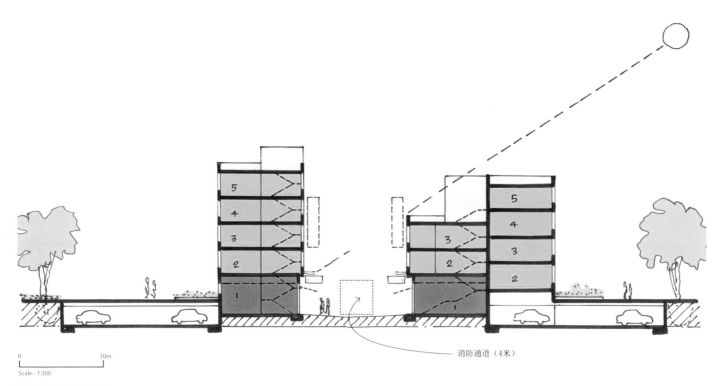

0   10m
Scale - 1:300

消防通道（4米）

12 米东西向步行街剖面

18. 矩形街廓等角透视图

这个围合街廓的组成包含了面对不同街道所形成的不同高度的建筑。具有安保控制的入口可以直接从街道上进入建筑，也可以从地块的内院进入。架空 2 ～ 3 层的入口建筑除了提供通往地块中间的建筑以及内院之外，也提供了从内院看出去的视野以及空气对流的条件，更提供了消防车与废弃物运送的通道。

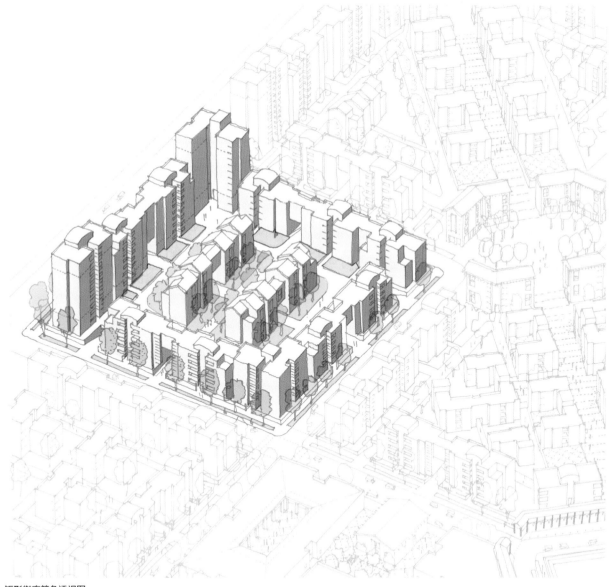

矩形街廓等角透视图

矩形地块：

此图展示的为地面层与商业空间每一个住宅街廓都有安全的地下车库可以满足该住宅单元的停车需求量。所有的建筑承重墙都不影响停车位的设置且不需要昂贵的转换结构。访客以及商业空间所需要的停车则由路边停车位解决。

Typical Rectangular Block - Parking Requirement						
Unit Type	%	Units	Car Parking		Bike Parking	
			Ratio	Parking	Ratio	Parking
Studio	10%	20	0.5	10	2	40
1 Bedroom	20%	40	0.7	28	1.8	72
2 Bedroom	60%	119	1.0	119	1.5	179
3 Bedroom	10%	19	1.0	19	1.5	29
		198		176		319

脚踏车停车空间与机电设备

土壤填充

→ 车库出入口

← 安保管制的建筑出入口

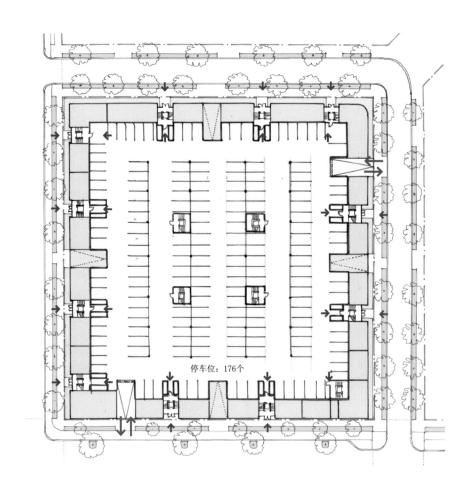

停车位：176个

0   25m
Scale - 1:750

矩形地块停车层平面图

典型地块的内院层：

此图为住宅与内院的平面，标示出出入口、坡道、车道、消防车通道以及废弃物收集站。

 住宅单元

 废弃物收集站

 通往内院的大门

 消防车通道

 车库出入口

 安保管制的建筑出入口

废弃物运输动线

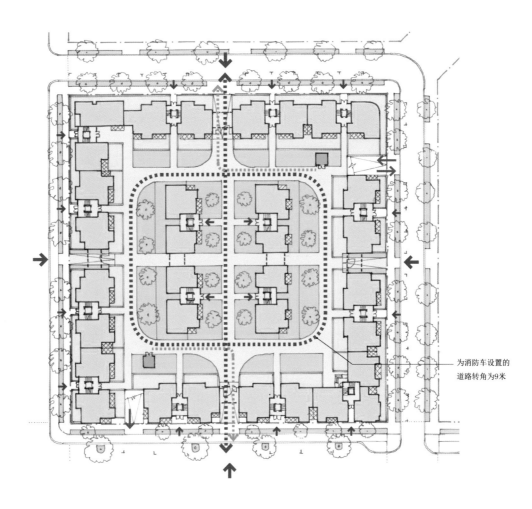

为消防车设置的
道路转角为9米

0　　　　25m
Scale - 1:750

内院层平面图

典型三角形地块的等角透视图：

此种地块，在东西或南北向的对角线街道以及环绕地块四周建筑的底层，均为商业或弹性使用。与矩形地块相同的是，所有的建筑入口与楼梯都可以从街道或内院进入。街道上的入口主要提供了通往地块中间的住宅单元的通道，同样也提供了消防通道与废弃物的运输通道。拥有门禁管制的住户停车入口将会设置在内院的下方，通过坡道从街上进入。而访客及一般性停车则可以由周边道路解决。

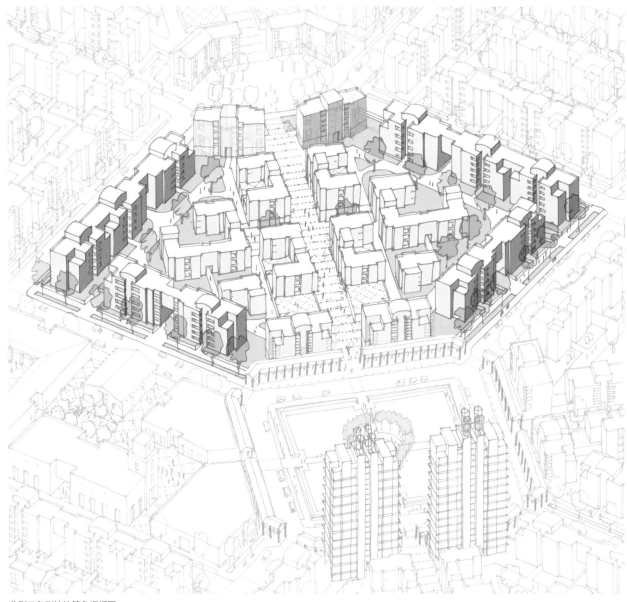

典型三角形地块等角透视图

三角形地块的地面与停车层：

　　三角形地块的住宅街廓也同样都有安全的地下车库来满足该住宅单元的停车需求。所有的建筑承重墙都不影响停车位的设置且不需要昂贵的转换结构。

Typical Triangular Block - Parking Requirement						
Unit Type	%	Units	Car Parking		Bike Parking	
			Ratio	Parking	Ratio	Parking
Studio	10%	12	0.5	6	2	24
1 Bedroom	20%	25	0.7	18	1.8	45
2 Bedroom	60%	74	1.0	74	1.5	111
3 Bedroom	10%	12	1.0	12	1.5	18
		123		110		198

■ 零售空间

□ 脚踏车停车空间与机电设备

□ 土壤填充

→ 车库出入口

← 安保管制的建筑出入口

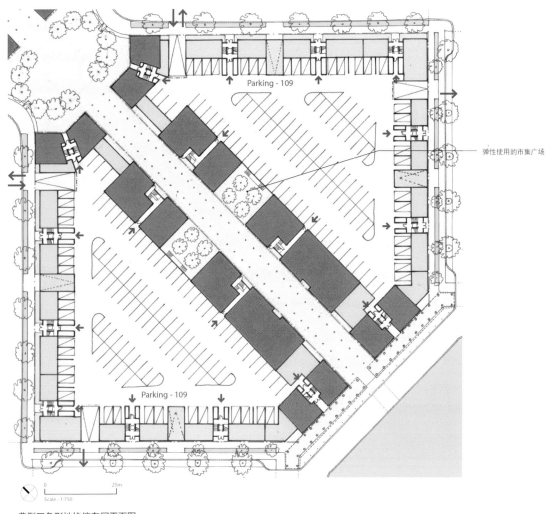

弹性使用的市集广场

典型三角形地块停车层平面图

三角形地块的内院层：

此图为住宅与内院的平面，标示出入口、坡道、车道、消防车通道以及废弃物收集站。

 住宅单元

 废弃物收集站

 通往内院的大门

消防车通道

车库出入口

安保管制的建筑出入口

废弃物运输动线

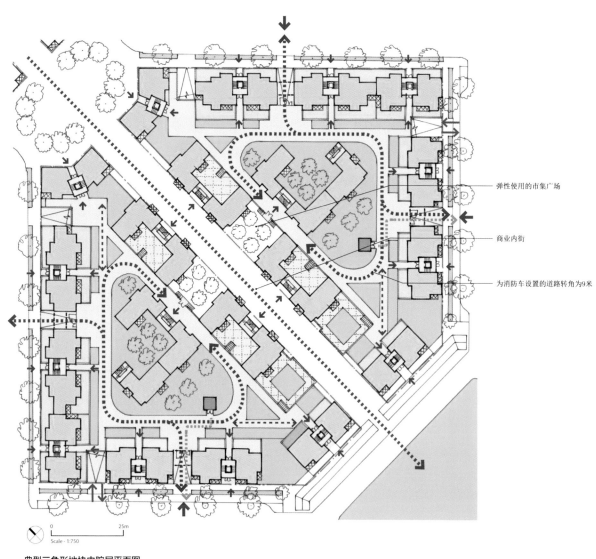

弹性使用的市集广场

商业内街

为消防车设置的道路转角为9米

0 25m
Scale - 1:750

典型三角形地块内院层平面图

标准矩形地块混合单元的立面：

　　这些图面说明了不同的面对街道以及内院的居住建筑混合不同单元的可能性。标准建筑在服务核心两旁含有两室的单元，顶楼则可能设置一室的单元。面对街道的入口空间建筑则可以在标准两室的单元之上设置一室或三室的单元，而中间地块的入口建筑则可以在单间公寓之上设置一室的单元。

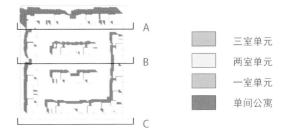

三室单元
两室单元
一室单元
单间公寓

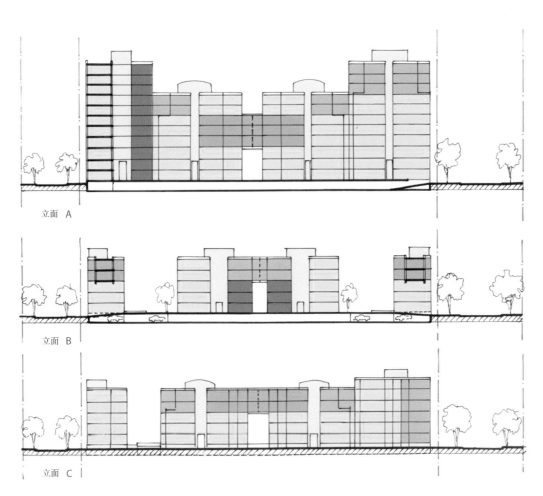

立面 A

立面 B

立面 C

标准矩形地块混合单元立面图

0　　　　　25m
Scale - 1:750

标准三角形地块混合单元的立面：

这些图面说明了在南北向以及东西向的商业街道上混合不同形态的单元。住宅建筑首层的商业空间有较高的室内层高，因此形成不同形态的立面是可能的。

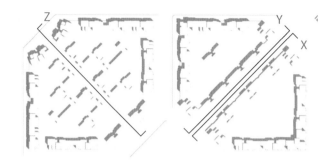

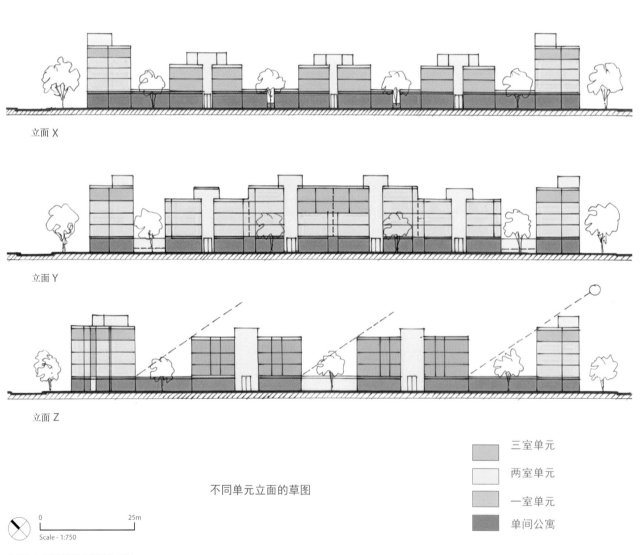

立面 X

立面 Y

立面 Z

不同单元立面的草图

■	三室单元
□	两室单元
▨	一室单元
■	单间公寓

0 ———— 25m
Scale - 1:750

标准三角形地块混合单元立面图

标准西南沿街的立面：

这些正立面代表着 5 层、6 层以及 11 层的建筑。五层楼的立面被平分为两组，中间作为通往中央地块的步行通道以及消防车通道的入口大门。此类的建筑包含了下面两层楼的三室单元以及上面三层楼的两室单元，所有的管道间与机电设备空间均上下对齐。位于街道上以及地块中间且具有大门入口的建筑，可以加强社区空间的丰富性以及强化易于步行环境的意图。

西南沿街立面图

标准西北沿街的立面：

沿街的建筑将会通过不同的高度来满足每日两小时的日照条件。在西北沿街的坐向上，通过6层、8层及16层的建筑变化，以及六层楼高的入口大门，产生了充满趣味的多样性街景个性。这些充满趣味的变化皆是由多样的标准化平面及建筑立面如同调色盘般的多样性搭配完成的。

西北沿街立面图

立面研究1：

展示了相同五层楼两室的单元，却可以有不同的立面处理方式。

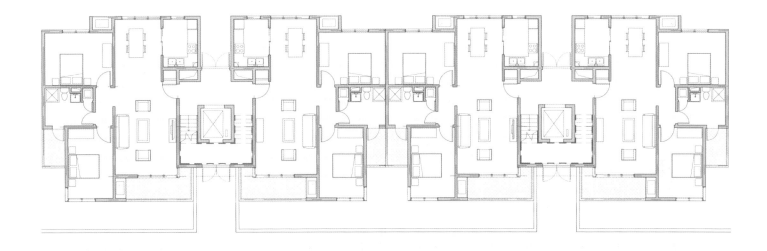

Scale - 1:200

不同立面处理

立面研究2：

与立面研究1的建筑形态与单元平面都一样，不同的是屋

顶的样式。不同的样式除了可以增加社区的丰富性之外，也可以加强不同地方的特殊场域感。

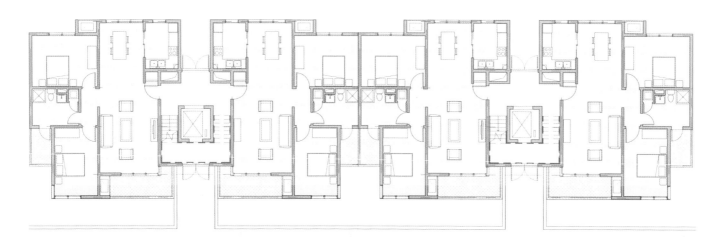

Scale - 1:200

不同屋顶样式

19. 单体建筑概念设计方案

接下来的这些图面均包含了典型单元平面与不同坐向的平面以及大多数特别的情况，例如本示范区的转角等。标准化的平面可以整合在不同高度的建筑中，也可以应对不同的立面设计。

（1）入口空间

部分建筑组团是利用主要入口连接内部的空间，这样的连接可以丰富空间的个性。入口大门的建筑则是由标准化的、不同大小的单元空间组成，并且所有的楼层都能满足结构墙面、给水排水以及机电设备的管道等从上到下排列对齐。

（2）保障房单元

单元平面将会区分为商品房与保障房。由于这两种形态产品的差别仅在于平面的深度而非宽度，因此保障房位置以及两种产品的数量配比均可以不受限制，且不需要在总体平面上做任何更动。

（3）南北采光

所有的典型单元平面皆有面向南北的生活空间，与直接暴晒面南的强烈阳光相比，可以提供更好的室内通风以及最大化的采光。

示范社区范围图

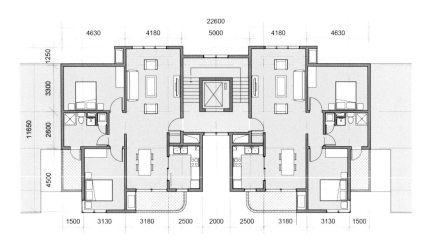

标准层平面图

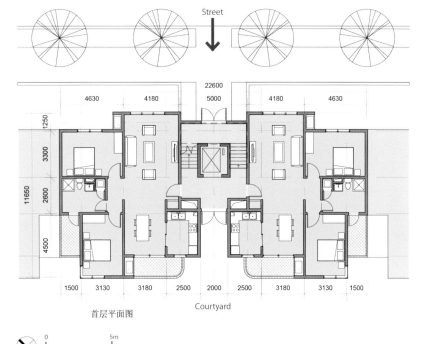

首层平面图

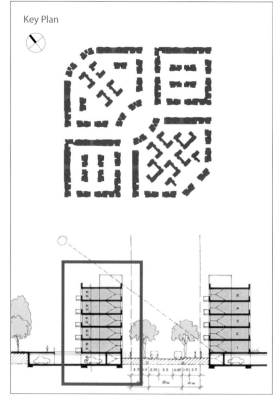

楼梯位于北侧：两室单元
（商品房）

套内面积：92.18平方米（87.22+4.96阳台）

交通核建筑面积：30.85平方米

Key Plan

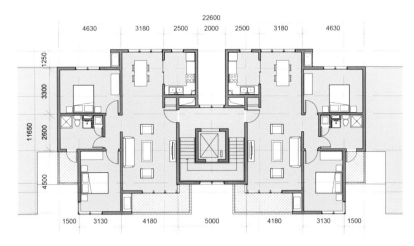

标准层平面图

楼梯位于南侧：两室单元
（商品房）

套内面积：92.47平方米　（87+5.47阳台）

交通核建筑面积：30.85平方米

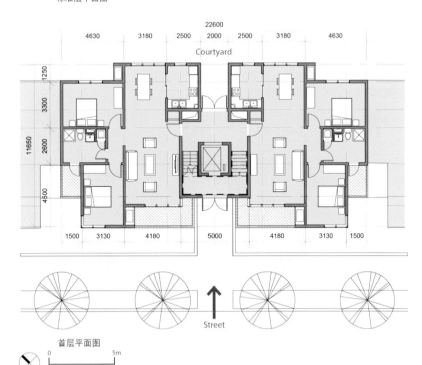

Courtyard

Street

首层平面图

0　　　　　　5m

Scale - 1:200

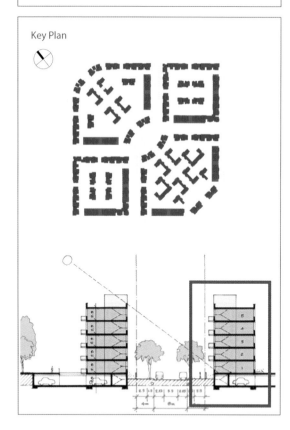

Key Plan

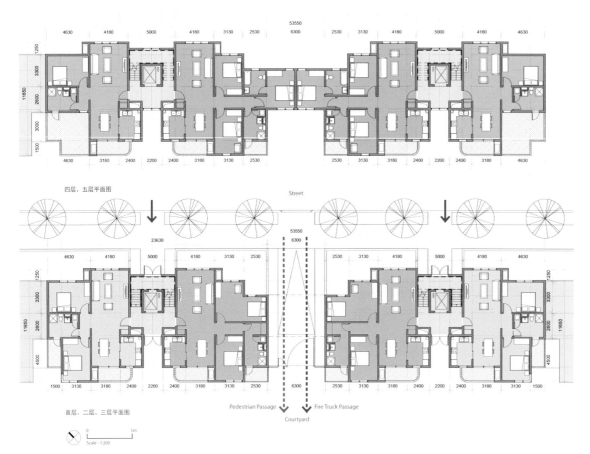

四层、五层平面图

Street

首层、二层、三层平面图

Pedestrian Passage   Fire Truck Passage

Courtyard

0   5m
Scale - 1:200

楼梯位于北侧：入口单元
三室，两室，一室（商品房）

三室单元：114.6平方米（110+4.61阳台）
两室入口单元：101.97平方米（97.36+4.61阳台）
标准两室单元：92.38平方米（87.41+4.97阳台）
一室单元：76.16平方米（73.35+2.71阳台）
交通核建筑面积：30.85平方米

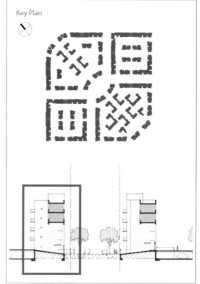

Key Plan

楼梯位于南侧：入口单元
三室，两室，一室（商品房）

三室单元：115.75平方米（110.56+5.2阳台）
两室入口单元：102.82平方米（97.62+5.2阳台）
准两室单元：92.6平方米（87.26+5.33阳台）
一室单元：76.74平方米（73.18+3.56阳台）
交通核建筑面积：30.85平方米

Key Plan

四、五层平面图

Courtyard
53550

首层、二层、三层平面图

Scale · 1:200

Fire Truck Passage　Pedestrian Passage

Street

四、五层平面图

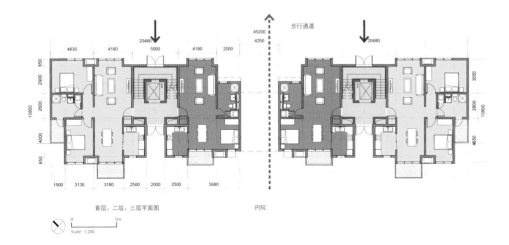

首层、二层、三层平面图

内院

步行通道

0   5m
Scale - 1:200

中间地块的入口单元
两室，一室以及单间公寓（商品房）

▢ 两室单元：92.77平方米（88.68+4.09阳台）
▢ 一室单元：76.4平方米（72.4+4.0阳台）
▢ 单间公寓：62.35平方米（60.20+2.15阳台）
▢ 交通核建筑面积：30.85平方米

Key Plan

典型平面图

街道

首层平面图　　　内院

0　　　　　5m
Scale - 1:200

楼梯位于北面的两室边间单元

边间单元：92.18平方米（88.18+4.5阳台）

两室单元：92.62平方米（88.53+4.09阳台）

交通核建筑面积：30.85平方米

Key Plan

南边角落单元：
一室以及两室单元（商品房）

两室单元：95.3平方米（91.65+3.65阳台）
一室单元：72.6平方米（70.75+1.85阳台）
交通核建筑面积：31.90平方米

Key Plan

内院
Courtyard

Street
街道

首层平面图

典型平面图

0   5m
Scale - 1:200

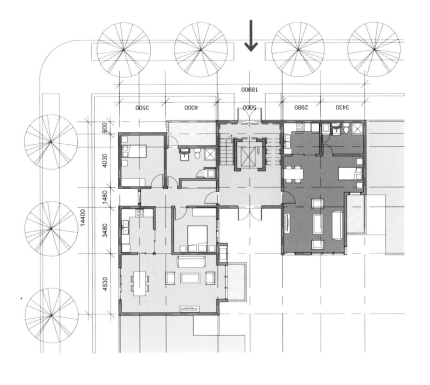

标准层平面图

北边角落单元：
单间公寓以及两室单元（商品房）

两室单元：95.3平方米（91.65+3.65阳台）
单间公寓：58.85平方米（56.6+2.25阳台）
交通核建筑面积：32.00平方米

Key Plan

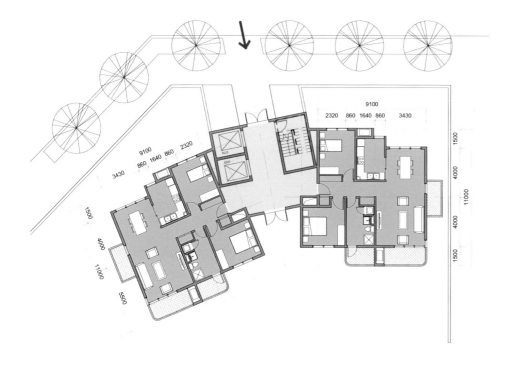

标准层平面图

0   5m
Scale - 1:200

北边角落高层单元（13以及16层）：
两室单元（商品房）

两室单元：92.18平方米（88.18+4.5阳台）

交通核建筑面积：61.20平方米

Key Plan

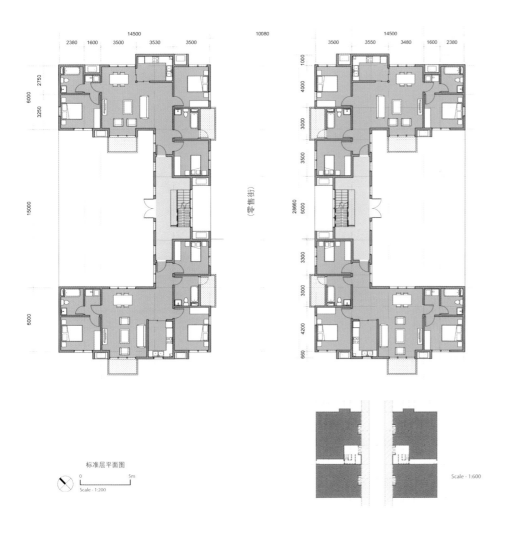

标准层平面图

Scale - 1:200

Scale - 1:600

L型单元/南北向零售街
（商品房）

三室单元：111.0平方米（106.6+4.4阳台）

商业空间

交通核建筑面积：30.42平方米

Key Plan

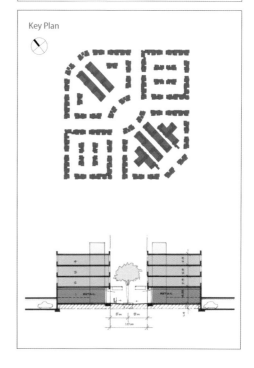

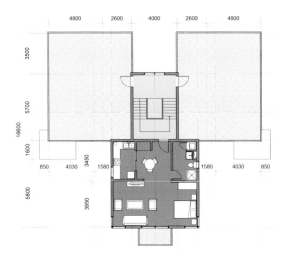

四层、五层平面图

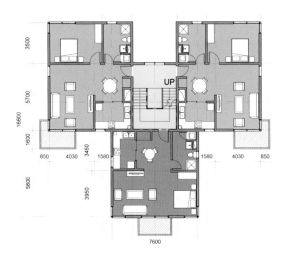

二层、三层平面图

Scale - 1:200

东西向步行街沿街独立建筑
单间单元及一室单元（商品房）

- 一室单元：70.33平方米（67.51+2.82阳台）
- 单间公寓：58.07平方米（55.82+2.25阳台）
- 交通核建筑面积：24.36平

方米

Key Plan

三室单元

111.0平方米（106.6+4.4阳台）

二室单元

88.77平方米（84.68+4.09阳台）

一室单元

76.4平方米（72.4+4.0阳台）

Scale - 1:200

单身公寓

62.35平方米（60.20+2.15阳台）

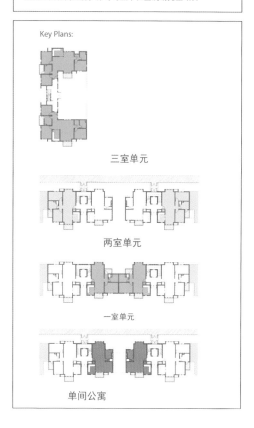

保障房单元

目标：
30%小于120平方米
70%小于90平方米

由于所有单元的宽度都是标准化的，保障房的建筑可以充分的融入其他商品房，亦可与整个社区规划完整结合

Key Plans:

三室单元

两室单元

一室单元

单间公寓

20. 保障性住房

2A 可容纳 203 套住房。下面展示了地下车库平面图和典型的上层建筑平面图。资料显示，这些保障性住房的单元类型可以细分为三室单元、两室单元、一室单元和单间公寓。

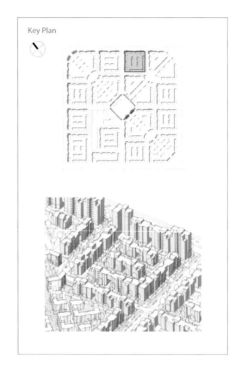

Key Plan

0   25m
Scale · 1:750

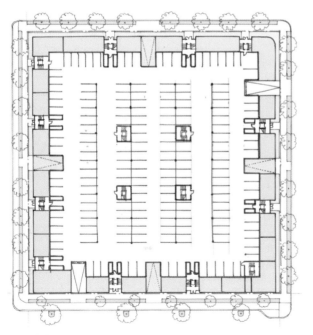

地下车库平面图

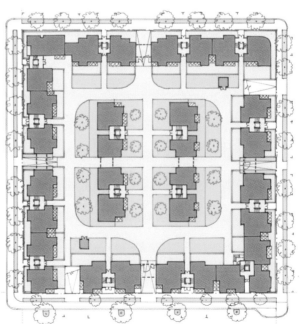

上层建筑平面图

　　经济实惠的单元宽度与街道正面尺寸相同，除了进深浅，以减少每单位面积的尺寸。如果需要，这种灵活性使得经济实惠的单元能够插入商品房街坊内。

　　由于保障性住房街道立面尺寸与市场商品房单位的尺寸相同，街道外墙的设计可能相似。

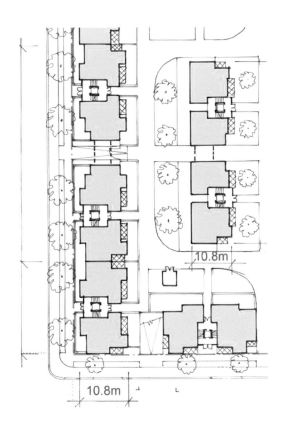

商品房住房单元

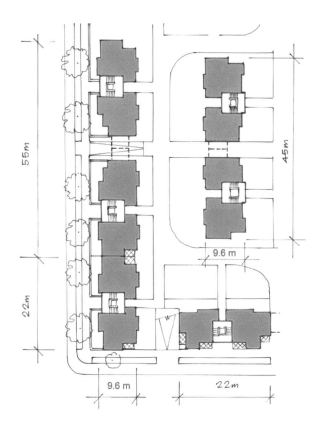

保障性住房单元

面积计算方式：

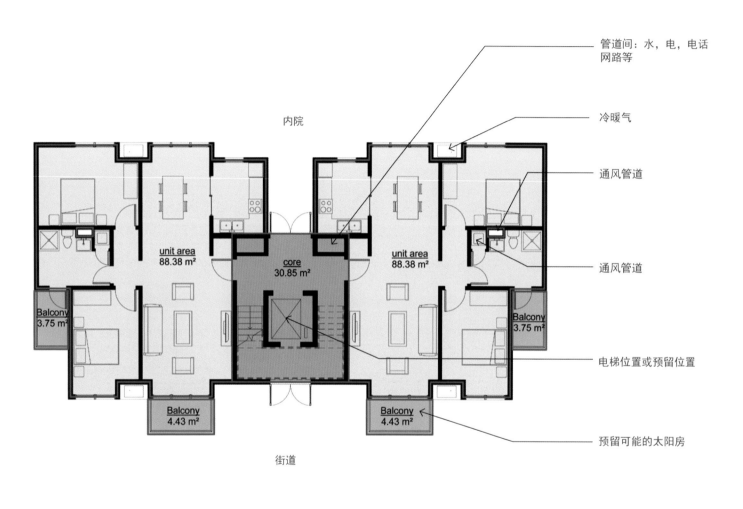

管道间：水，电，电话
网路等

冷暖气

通风管道

通风管道

电梯位置或预留位置

预留可能的太阳房

内院

unit area
88.38 m²

core
30.85 m²

unit area
88.38 m²

Balcony
3.75 m²

Balcony
3.75 m²

Balcony
4.43 m²

Balcony
4.43 m²

街道

套内面积：从墙中线计算
阳台面积：实际阳台面积的50%
交通核面积：包含电梯面积
各种管道间：不包含在面积计算内

保障性住房面积计算示意图

可持续发展框架

在更大程度上，中国的城市规划必须关注可持续性问题。在北京、天津和中国其他大城市，污染、洪涝以及交通堵塞等各种问题日益严峻。解决这些问题势在必行，滨海和谐新城是一个最及时、最具战略意义的创新场所。

随着和谐社区计划的逐步推进，确定可持续发展的各个要素以及能被有效解决的规模是非常重要的。一些策略是针对一座建筑物或一个街区的规模的，一些策略是针对一个邻里社区的，而参与整个和谐区域，或者更大的一部分滨海的整体发展则需要其他的策略。本节重点讨论这些策略，可以在示范邻域内实施，并建立一个概念框架，用于与和谐社区及更大范围的倡议相结合。可持续发展要素：空气质量、能源、水资源、废物处理。

21. 可持续方面

（1）空气质量

天津滨海新区空气质量危机的主要因素是对汽车的整体依赖和大规模的交通拥堵。和谐社区总体规划和示范园区的推力是提供可代替方案，最大化使用新的公共交通基础设施和重建步行与自行车系统方案。

空气质量也与建筑和能源使用以及使用能源加热与冷却有关。

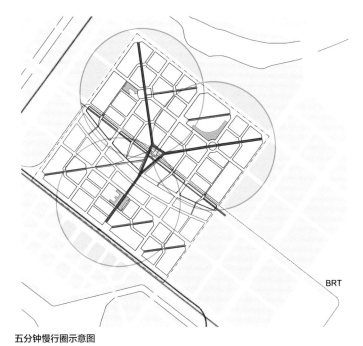

BRT

五分钟慢行圈示意图

步行街透视图

（2）能源使用

房屋被动型节能设计战略可以使能源使用最小化，并且对空气质量产生影响。本文的单元计划部分表明几乎所有单位可以不受交叉通风、南朝向的日光平衡和北朝向直接曝光软化的干扰。这些战略提供了自然的通风设备以减少冷却的需求，并且降低了电灯的热量。

（3）能源

发电机设备：屋顶的实质性区域可用于光伏阵列发电或太阳能加热水。由于住房对热水有高需求，住房项目使用太阳能加热水或者单位水离子加热会更有效。如果想要利用屋顶空间作为社区花园或者私用园地，这些占用的空间需要从太阳能领域中减去。

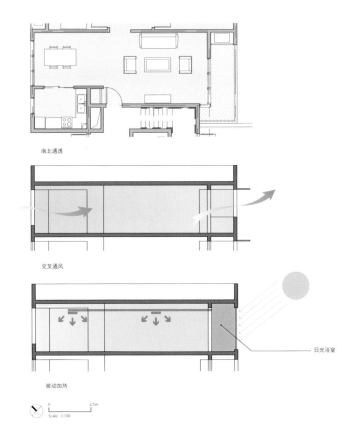

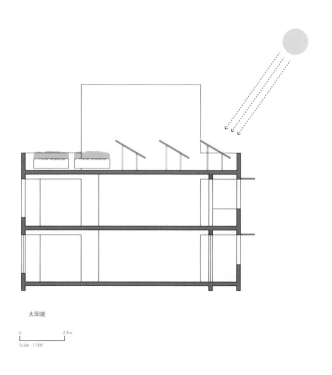

可持续的能源使用

（4）排水

和谐新城地势平坦，接近海平面，水位高。随着密集发展场地变得越来越不透水，容易受天津经常遇到的严重排水问题的影响。为了避免整个场地有限的排水能力超负荷，必须对水进行滞留和回收，其中一个主要战略就是将整个区域排水转向有大型排水能力的中心公园。

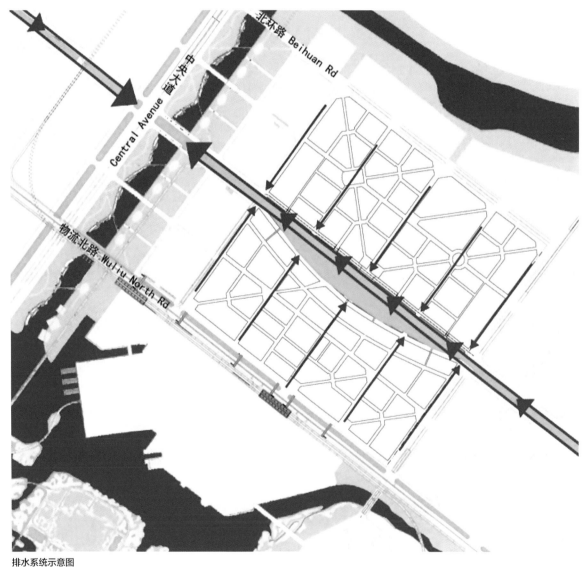

排水系统示意图

（5）雨水

附图显示了简单的策略，使示范社区尽可能在暴雨雨水管理上自给自足。下图展示了雨水从屋顶以及直接从生物淤泥过滤的植物储存到建筑地下室的贮水箱。贮水箱的水被回收作为灰色水，用于景观灌溉和卫生间，因此减少了对水的需求和排水系统的负荷。

（6）废物

垃圾的形式包括食物的浪费、污水、灰水、固体废物以及种植地区和公园的生物垃圾。每一种类的废物都会对环境造成巨大的负面影响，但是通过精心设计和良好的垃圾管理，每一种影响都可以得到极大的缓解。大部分固体垃圾如果经过适当的分类和隔离都可以被回收。生物垃圾和浪费的食物可以变成一种清洁能源。总体规划的示范社区对于一个持续增长的独立浪费管理系统来说太小了，随着示范社区规划的进行，应该制定一个与滨海新区相协调的、完整的垃圾管理策略。

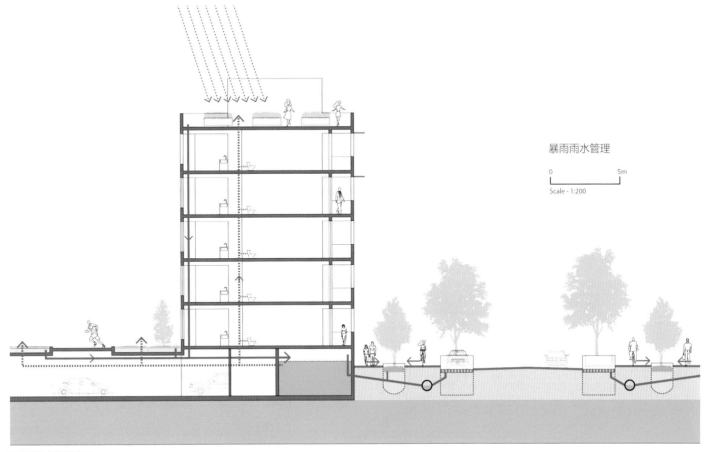

暴雨雨水管理

0　　　　　　5m
Scale - 1:200

可持续的水资源利用

（6）水

　　示范社区的园林规划必须与总体规划、邻近的房地产相协调，并且与滨海整体暴雨战略相协调 —— 一项本研究范围内的土木工程任务。

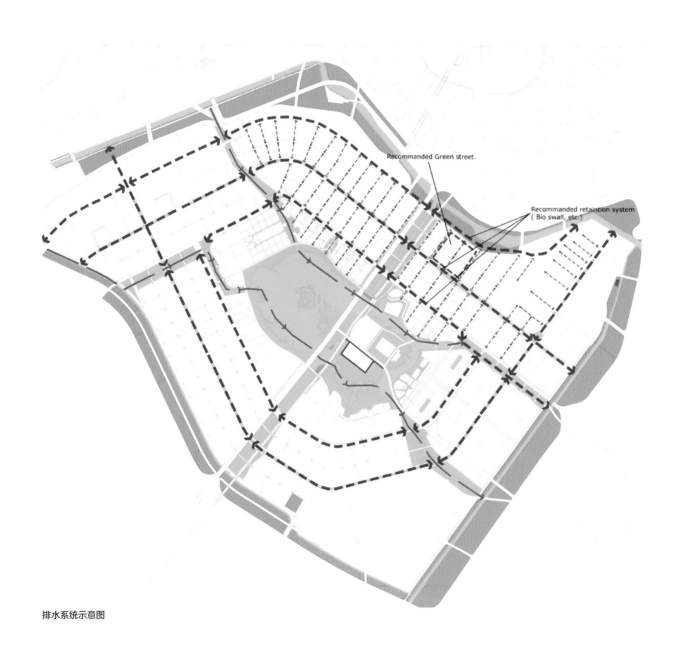

Recommanded Green street.

Recommanded retaintion system (Bio swall, etc.)

排水系统示意图

六、社区中心概念设计方案

1. 社区中心替选方案一

社区中心将会像是一座开放的园区一样可以独立分期实施建造。超市与老年中心将会面对社区公园，而幼园会在地块的后侧。在本方案中其他的附属设施将会围绕着中间的广场且都有通道可以与周边道路连接。

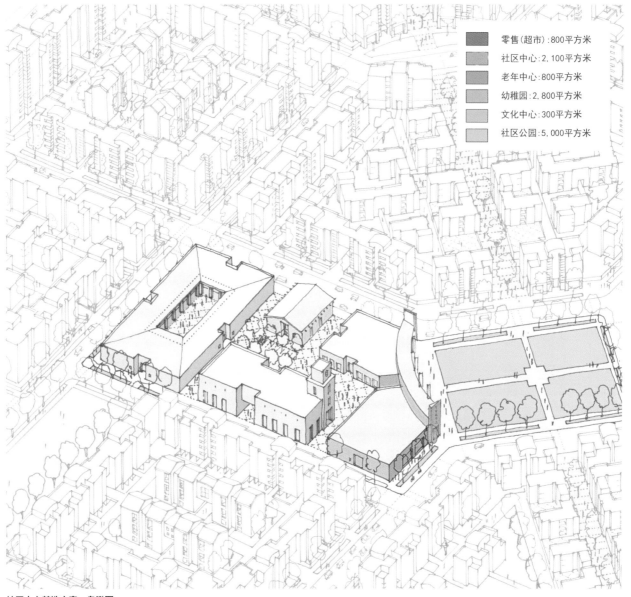

零售（超市）：800平方米
社区中心：2,100平方米
老年中心：800平方米
幼稚园：2,800平方米
文化中心：300平方米
社区公园：5,000平方米

社区中心替选方案一鸟瞰图

超市与老年中心将会兴建在一个两层楼高的拱廊之下且面对社区公园，服务与资源回收动线将会设置在超市的后面。幼儿园将会设计成口字形有内院的建筑。文化中心是一个独立出来的分馆且社区医疗站将会在一楼，其余两层楼将作为办公室使用。另外，一个小型的员工停车场将会设置在中庭。

■ 零售（超市）：800平方米

社区中心：2,100平方米

老年中心：800平方米

幼稚园：2,800平方米

文化中心：300平方米

社区公园：5,000平方米

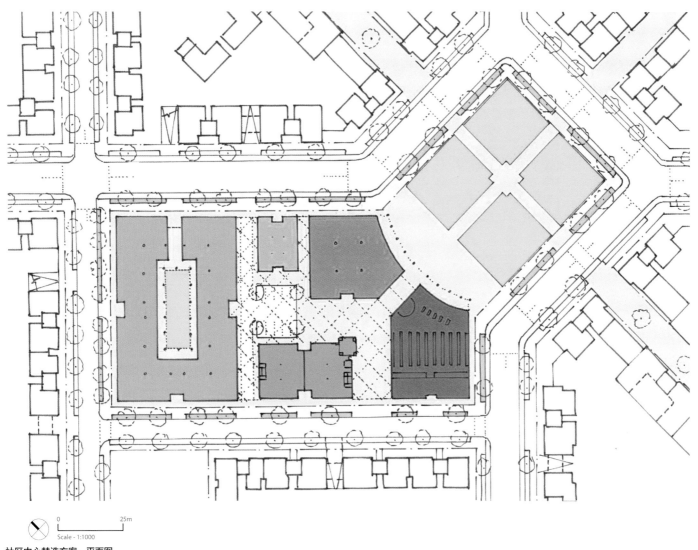

社区中心替选方案一平面图

2. 社区中心替选方案二

大致上此方案与替选方案一类似，不同的是文化中心、社区医疗站与社区办公室等设施将会被整合在一栋位于地块中央的建筑里面。

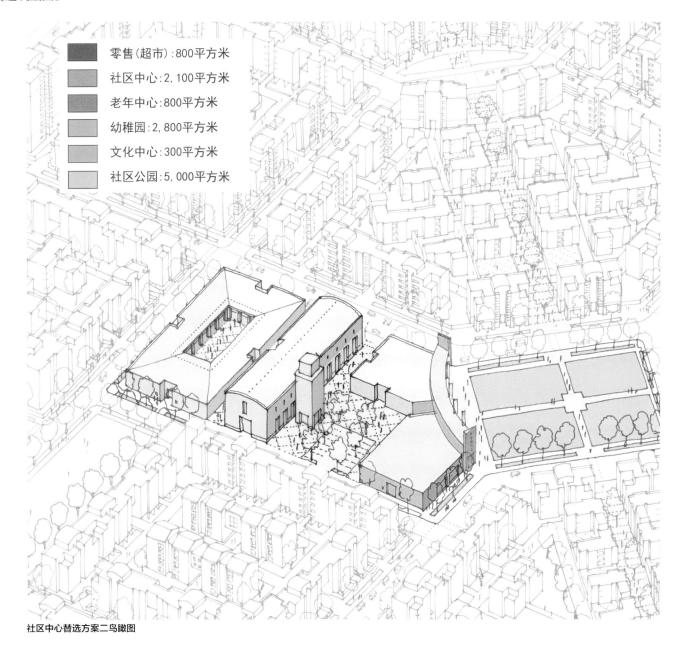

零售(超市)：800平方米

社区中心：2,100平方米

老年中心：800平方米

幼稚园：2,800平方米

文化中心：300平方米

社区公园：5,000平方米

社区中心替选方案二鸟瞰图

这栋三层楼的建筑整合了文化中心与社区医疗站以及社区
办公室。员工停车场将会置于建筑的一侧。所需要的停车则是
由路边停车位解决。

■	零售（超市）：800平方米
■	社区中心：2,100平方米
■	老年中心：800平方米
■	幼稚园：2,800平方米
■	文化中心：300平方米
■	社区公园：5,000平方米

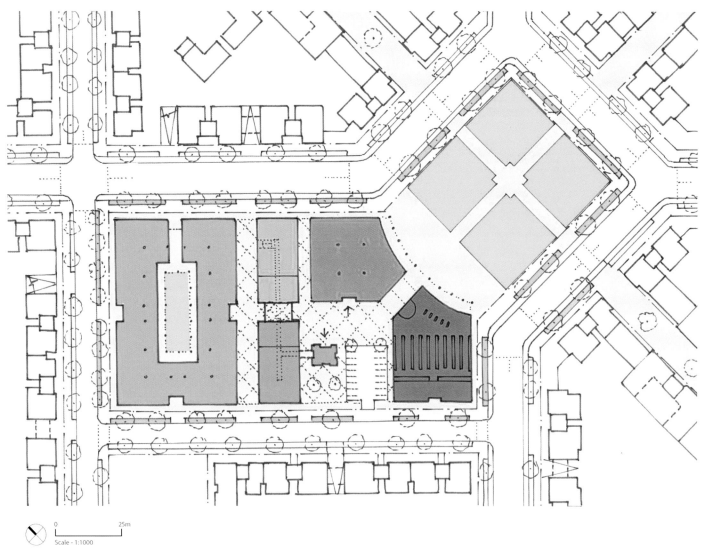

0   25m
Scale - 1:1000

社区中心替选方案二平面图

七、效果图和模型

规划的最后成果完成了一系列效果图，主要表示街区内的街道、邻里中心公园广场和整体空间特色。完成了1：500整个居委会邻里的整体规划设计模型，同时完成了1：100典型三角形街坊的建筑设计模型。这些效果图和模型尽可能地展现示范社区规划设计的主要内容。

鸟瞰图和整体模型显示出本示范社区的规划结构和整体形态。示范社区的核心是邻里中心和社区公园，地标塔楼横跨主要的混合使用步行街。斜向的步行及自行车行商业街。这一条步行街是由不同的商店与商业活动排列形成，主要连接了东北方的公交站点以及作为核心的社区服务中心，点式连接了小型社区商业广场。社区公园的四周被零售、社区服务空间以及具

鸟瞰图

有戏剧效果的拱廊所环绕，这些空间及元素深刻地定义了公共公园。紧接下来的第二页则展现了主要商业内街效果图。这条内街是由联排的住宅空间底商所形成。此商业内街应该是允许多元活动以及销售空间。在这条街上有条件地限制私家车，货车以及紧急救援车辆。要成功地塑造这条商业内街，良好的物业组织管理以及招商是关键。

12米商街吸引人流从公交站经小广场至邻里中心及社区公园。社区公园周边环绕商铺、邻里设施及围廊，形成清晰难忘

社区内部效果图

的公共空间。主要的步行街以及中央公园社区核心公园由环绕的商业骑楼所界定。典型的 16 米宽道路转角端点为小型混合使用公园。商业零售的步行 / 自行车行斜街为本社区的核心，这让生活在这边的人可以自由地穿行住宅之间且得到完整的社区服务。这就是我们说的"文明"与"卫生"。

商业内街效果图

社区 1：500 模型

商业内街 1 ∶ 500 模型

社区中心 1 ： 500 模型

典型院落 1 ： 500 模型

典型院落 1：100 模型

商业内街 1 ： 100 模型

院落内部 1：100 模型

八、社区商业策划研究

为了回答专家和各方面关心的居住社区中规划商业步行街的可行性，华汇公司主动开展了社区商业策划研究，包括基本情况分析、产品业态创新和经营模式创新三部分内容。产品业态创新研究涉及商业规模、业态分析、产品布局和场景模拟。

通过对国内主要城市社区商业规模的比较，确定了内向型、中间型和外向型社区配套商业的比重。一般内向型社区商业占居住面积的2%以内，中间型为2%～5%、外向型为5%～20%。人均商业建筑面积分别为小于1平方米、大于1且小于2平方米和大于2平方米。本次考虑的居委会邻里占地26.05公顷，总建筑面积43.67万平方米，其中住宅41.40万平方米。邻里共4140

户，11758人。按照各种方式测算分析，最终规划社区商业总建筑面积1.1万平方米，其他社区配套设施建筑面积1.17万平方米，同时考虑市场变化，预留10%的商业空间。目前，天津社区商业的租金一般为每天1.5元/平方米，租金占营业收入的比重为25%左右，这样每平方米社区商业每年营业收入为2600元左右。根据有关数据统计，天津居民可支配年收入人均5.3万元，其中用于社区消费的比重为3.13%。则整个邻里每年在社区商业上的花费为2600万左右。测算下来社区商业面积为8900平方米。基本可以保证社区商业的存活和良性运营。

社区商业的业态要结合社会进步、居民生活水平提高和居民客户的群体特征来分析，考虑社区商业业态的基本需求和创

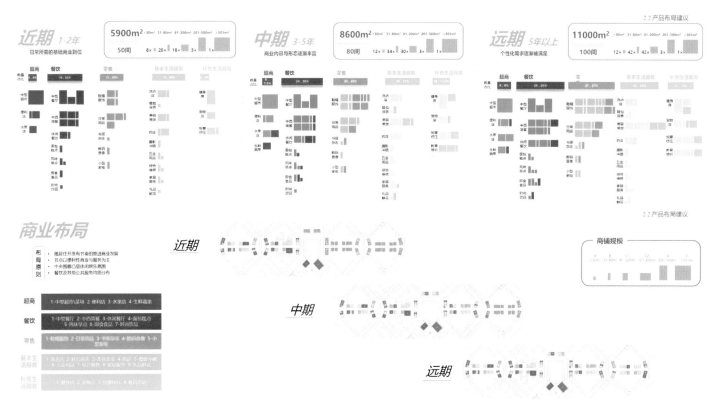

业态构成及分期布局

新发展。新建社区的客户以年轻人为主，具有成长型、生活化和积极性等特点，对新事物接纳度高，超越基本生存需求的产品，关注与日常生活关系紧密的内容，改善生活品质是消费的主动力，对性价比比较敏感，需求有弹性和针对性，产品和价值服务有助于弹性需求的释放。在城市新建社区定居的动因，主要是就业、居住和投资等，长居动因包括居住社区管理的改善，配套完善，比较好的环境和教育资源，物业升值等。新建社区一般为需求改善型占 25% 左右，中间型占 55%，品质追求型占 20%。与社区住房房型比例和多样性有关，一般情况下，新建社区房型比例为小户型占 20%，70 平方米以下；中等户型占 70% 左右，90 平方米；改善型占 10%，120 平方米。包括保障房的比例占 30 ～ 70%，这是社区商业的基本需求。

现代成熟社区体系构造，包括居住、交通、教育文化、活动休闲、卫生健康、商业等六个方面，后四项可归为社区泛商业。社区商业中餐饮占主导定位，一般占 30% 以上。休闲娱乐业态有创新，健康运动健身普及，教育培训增加。国家鼓励社区商业的发展，2005 年《国家示范社区评价规范》提出社区商业全国示范社区对社区（新建）商业业态构成建议标准。其中总体要求占 10.5%，商业中心 8%，餐饮 18%，超市 12.5%，便利店 8%，维修店 8%，洗染店 8%，美容美发 9%，回收服务 5%，家庭服务 3%，书店音像店 5%，照相 5%，等等。这是 10 年前的标准，有些内容现在看已经发生变化。根据《2013 年北京商业发展蓝皮书》，有研究资料显示，通过对北京 12 个社区的社区商业业态进行比较分析，发现目前北京的社区商业中餐饮占 32%，社会服务占 27.5%，美容美发占 13.7%，休闲娱乐占 10.1%，超市便利店占 7.1%，幼儿教育占 5.7%，运动健身占 3.5%，商场占 0.55%。总体看，这些业态内容和比例会随着时间发生变化，但基本内容和空间形态不会有大的改变。

社区商业商铺的数量有一定的规模。通过对深圳等社区商业数量的比较，发现一般在 50 ～ 100 间。既可以满足各项商业业态，也有一定的多样性，在总建筑规模上也比较相当。店铺尺寸一般面宽在 5 ～ 8 米，进深为面宽的 1.5 ～ 2 倍。店铺建筑面积从 30 平方米到 1000 平方米，80 平方米以下的商铺数量占 80%。按照商铺个数计算，30 平方米以下的占 33.7%，30 ～ 80 平方米的占 55%，80 ～ 200 平方米的占 5.5%，200 ～ 500 平方米的占 3.7%，500 平方米以上的占 2.2%。1000 平方米的主要是中型超市。

经营模式创新研究包括开发运营模式分析和社会经济效益分析等内容。社区商业一般由开发企业建设，通常采用分散销售的模式，可以短期内快速回收资金，鼓励业主自主经营。但问题是难于管理，许多购买者为投资户，并不经营，造成荒废等问题。目前，比较好的有只租不售模式，由开发企业持有物业，聘请和自己组建专业团队经营，经营效果比较好，也可以有长期租金收入。因此，建议社区商业采取只租不售方式为好。保证社区商业的活力，以及成熟优秀的城市运营商。政府可以从税收减免优惠、专项资金支持和就业扶持等方面给予帮助。专项资金包括对社区商业扶持专项资金、早点铺、废物回收、4050 就业、继续培训等，涉及政府许多部门，可以由街道社区统筹，交给居委会实施。另外，通过社区商业的平台，可以鼓励农企对接、农超对接，鼓励同类业者组成行业协会，开展技能培训等。

社区商业有很好的经济和社会效益，增加社区商业服务设施，可以方便和丰富居民生活，提高生活品质；可以提供就业和创业鼓励社区交往。针对老年社会，增加居家养老的服务内容，完善家政服务网络。鼓励青少年参与社区生活。经初步分析，和谐示范社区商业年营业收入 2400 万元，租金收入 600 万元，税收约 150 万元，直接就业 300 ～ 400 人，间接就业 1300 ～ 1600 人。

九、街区内部商业概念性策划

1. 街区商业空间形态创新

以亲切宜人的街道提供内向型商业。

内向型

外向型

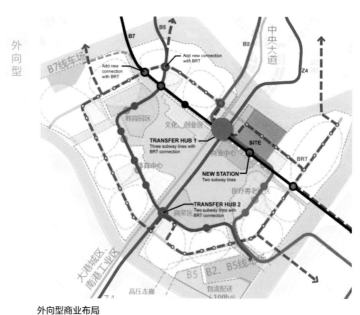

外向型商业布局

中间型

内向型商业布局

中间型商业布局

2. 产品业态创新

（1）商业规模分析

国内社区商业经验值推算：

社区商业类型	商业面积/住宅面积	人均商业面积（m²）
内向型社区商业	<2%	<1
中间型社区商业	2%-5%	1-2
外向型社区商业	>5%, ≤20%	>2

按商住配比推算

	商业面积/住宅面积	住宅面积（m²）	所需零售面积（m²）
全地块	2%	414018	8280

按人均商用面积推算

	人均商业面积（m²）	居住人口	所需零售面积（m²）
全地块	1	11758	11758

天津社区商业经验值推算：

项目名称	已上市商业体量（平米）	占整规比重（%）	人均商业面积（平米）	租金（元/天/平米）
太阳城	64000	4	1.1	0.6-4.3
京津新城	46000	2	4.6	0.5-1.5
华明镇	24000	2	-	1-2.2
张家窝	14000	-	1.75	1.3-1.8
参数总结		2-6	1-2	

按商住配比推算

	商业面积/住宅面积	建筑面积（m²）	所需零售面积（m²）
全地块	3%	436818	13104

按人均商用面积推算

	人均商业面积（m²）	居住人口	所需零售面积（m²）
全地块	1.2	11758	14109

天津社区商业经验值推算：

以本案**典型使用者的经济特征**，结合**社区商业相关市场参数**对所需的商业面积进行推估

所需商业面积 = **人均年可支配收入** * **社区商业消费占比** * **社区总居住人口** \ **社区商业坪效** = **8900m²**

假设1.不考虑公积金还款
假设2.分年等额偿还

典型户型	90m²
销售均价	8000元/m²
按揭比例	70%
还款年限	15 年
还款利息	6.55%
家庭结构	双薪
每月还款额/月可支配收入	50%

每月还款额 4400元
人均年可支配收入 52800元

服务性消费支出/人均可支配收入	25.42%
食品+衣着+文娱用品	49.2%
社区商业/总商业消费	25%

社区商业消费/可支配收入 3.13%

| 社区商业租金 | 1.5元/m²*天 |
| 社区商业租金/营业额 | 25% |

社区商业年坪效 2190元/m²*年

综合评估各商业需求量推估结果，
建议本案内向型商业开发规模定为11000m²

考虑市场可能的变化，开发量可保有10%的弹性空间

本案内向型商业建议规模 11000m²

国内经验值推估 8280m² 11758m²

消费力推估 8900m²

13104m² 14109m² 天津经验值推估

（2）业态分析及建议

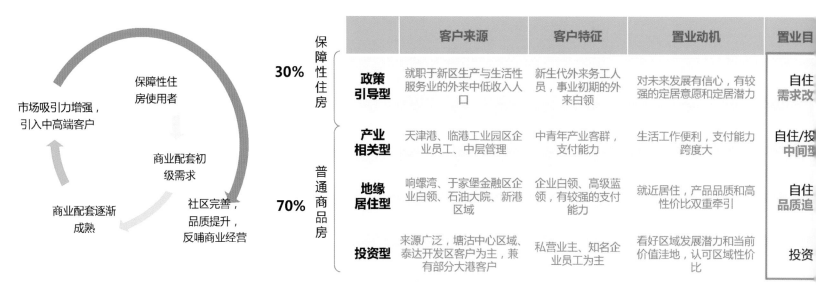

- 客群特色：中间型客群为主力

| 本案客群构成假设 | 需求改善型 25% | 中间型 55% | 品 |

- 入住率较高的**保障性住房**为商业环境培育提供**前期市场基础**
- **商业环境**的成熟完善将**反哺**社区的**市场吸引力**，助推社区品质提升

		客户来源	客户特征	置业动机	置业目
保障性住房 30%	政策引导型	就职于新区生产与生活性服务业的外来中低收入人口	新生代外来务工人员，事业初期的外来白领	对未来发展有信心，有较强的定居意愿和定居潜力	自住 需求改
普通商品房 70%	产业相关型	天津港、临港工业园区企业员工、中层管理	中青年产业客群，支付能力	生活工作便利，支付能力跨度大	自住/投 中间型
	地缘居住型	响螺湾、于家堡金融区企业白领、石油大院、新港区域	企业白领、高级蓝领，有较强的支付能力	就近居住，产品品质和高性价比双重牵引	自住 品质追
	投资型	来源广泛，塘沽中心区域、泰达开发区客户为主，兼有部分大港客户	私营业主、知名企业员工为主	看好区域发展潜力和当前价值洼地，认可区域性价比	投资

市场吸引力增强，引入中高端客户

保障性住房使用者

商业配套初级需求

商业配套逐渐成熟

社区完善，品质提升，反哺商业经营

✓ **客群标签为：**

成长型——对新生事物接纳度高，超越需求的产品

生活化——关注与日常生活关系紧密的内容，改善基本生活品质是消费的主动力

经济性——对性价比敏感，需求有弹性，针对性的产品与价值服务有助于弹性需求的释放

逐渐向社会更高层滚动发展，
观亦从**生存需求**转向**自我需求**
具备**弹性且超越现状**的供给，
导更和谐有机的**生活方式**，
需求，创造消费

	需求改善型	中间型	品质追求型
	"有即可" 创造生活 理性消费	→	"滥勿须" 享受生活 体验消费
	关注价格因素，注重住房基本功能的实现，对轻奢侈配套相对舍离	对住房档次与品质有一定的追求，但支付能力有限，购房时较为挑剔	注重产品的档次与品位，偏好环境优雅、设施高档、绿化好的社区
社会经济特征	强调产品的功能属性，覆盖基本要求	要求产品性价比高，需求弹性空间大	看重口碑/形象，社群认同感强烈
购房考量主因	价位	区位与价位	地理位置/交通，价位和绿化环境
氛围关注程度	房子内部，综合环境，小区环境	房子内部，综合环境，小区环境	综合环境，房子内部，小区环境
其他延伸需求	绿化	绿化	绿化，文化和休闲娱乐氛围

居住 HOUSING 交通 ACCESSIBILITY 文化 CULTURE 休闲 LEISURE 健康 HEALTH 商业 COMMERCE

现代成熟社区体系构建

定居动因 WHY settle?

· 社区环境品质 · 公共服务
· 户型适用性 · 路网可及性
· 价格

本案客群购房主因

创新的居住社区管理

长居动因 WHY STAY?

社区泛商业

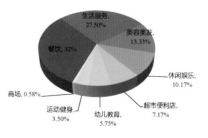

2.2 业态分析及建议

在市场效益驱动下，
社区商业中餐饮占主导地位，
通常占比达到30%以上

在乐活悠活的生活理念驱使下，
休闲娱乐突破原有书店/音像店的范
式，业态业种有所创新拓展

因对健康及教育领域持续上升的关注，
运动健身与教育培训成为社区商业新宠

社区商业全国示范社区（新建社区）各项目比重分配

项目	比重(%)	项目	比重(%)
总体要求	10.5	美容美发店	9
商业中心	8	回收店	5
餐饮店	18	家庭服务	3
超市	12.5	书店\音像店	5
便利店	8	照相馆	5
维修店	8	-	-
洗染店	8	总计	100

*国家级示范社区评价规范，2005

北京十二社区社区商业业态配比

生活服务，27.50%
美容美发，13.33%
餐饮，32%
休闲娱乐，10.17%
超市便利店，7.17%
幼儿教育，5.75%
运动健身，3.50%
商场，0.58%

*资料来源：《2013北京商业发展蓝皮书》

商铺数量

对类似项目社区商业规划进行类比，
社区商业的商铺数多集中在50~100个的区间
内

✓**商铺单元个数：建议80间左右**

深圳	深圳	通州
万科四季花城	**万科东海岸**	**新华联家园**
建筑面积 544,000m²	建筑面积 210,000m²	建筑面积 600,000m²
总户数 4,700户	总户数 2,000户	总户数 2,800户
商业面积 5,000m²	商业面积 10,500m²	商业面积 20,900m²
商铺数 68间	商业街 6,800m²	底商+街铺 11,100m²
	商铺数 41间	商铺数 59间

商铺尺度

✓根据研究，商铺单元有如下共同点，

门面宽度（开间）：5~8米

开间与进深比例：1：1.5~1：2

其他零售服务业态规模建议

序号	业态	需求面积（实用面积m²）	序号	业态	需求面积（实用面积m²）
1	外带小食	20-50	11	音像店	80-100
2	休闲餐饮	80-200	12	药店	80-150
3	中西式简餐	80-200	13	地产中介	50-100
4	地方特色餐饮	200-800	14	干洗店	8-10
5	花店	20-30	15	宠物店	50-1500
6	书店	30-150	16	五金配件	50-150
7	饼屋	50-80	17	精品服饰	30-100
8	美容美发	80-300	18	邮政储蓄所	100-300
9	便利店	50-100	19	中型超市	500-1000
10	社区医院	300-500	20	冲印店	50-80

2.2 业态分析及建议

商铺规模

· 80m²以下的商铺为社区商业常见规模，占总量近九成

类型 Type	<30m²	31~80m²	81~200m²	201~500m²	>501m²	合计
内向型社区商业不同规模商铺个数比	33.6%	55.0%	5.5%	3.7%	2.2%	100%
商铺个数	27	44	4	3	2	80
适合开发业态（对应上右表）	1/5/7	1/2/3/6/7/8/9/11/12	6/8/9/12	10/		-

3.产品布局建议

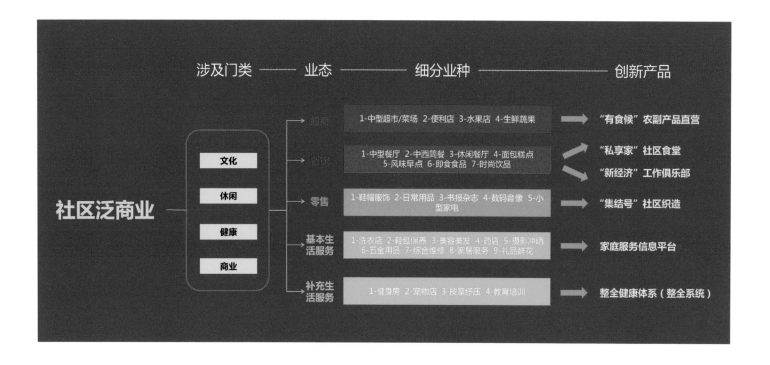

标准供给

◆ 社区超市

开发规模：
- 商品可满足居民日常基本需求
  建筑面积约800~1000平方米

开发建议：
- 需大跨距以确保良好通视性
  建议采用独立建物形态

开发亮点：
- 生鲜蔬果净菜食品柜台
- 针对小家庭提供的小分量食物

◆ 便利店

开发规模：
- 建筑面积约50~100平方米

开发建议：
- 一家以上为连锁品牌
- 营业时间覆盖全天16小时以上
- 商品种类在300左右

开发项目：
- 零食即食食品及简单生活用品
- 提供传真、复印
- 品牌热饮便民服务
- 商家物流代收中心

创新供给

新鲜

预定

预留

配送

加工

进货渠道

对口本地农场/农夫

接轨社区农业

与绿色/有机农庄联合

签约综合供货商

价格机制

本地直送，降低成本

开放认养及会员购买

预报价预验货及信用养成

◆ 设置"有食候"社区农副直营店
提供24节气最新鲜的蔬果，孕育社区健康饮食文化

· 1~2间，50~80㎡

· 生鲜蔬果 · 包时配送 · 预约购买 · 送货上门 · 代客加工

① **附加增值服务**
预约、加工、寄
存、配送等

② **客户关系建立**
折扣优惠、专享服
务、代金使用等

③ **社区统筹协调**
联系对接供应商
针对需求的引导
建立沟通平台

④ **就业扶持计划**
就业培训
政策优惠

市场经营

◆地方菜系餐厅

开发规模：
• 建筑面积约200~400平方米

开发建议：
• 风味差异化。转角节点，可视性强
• 应提供电话订餐及送餐服务
• 开展针对节日、店庆等的主题性活动
• 制定会员优惠政策，天际营销

开发项目：
• 以清真、川菜、湘菜等地方菜系为主
• 结合火锅、围餐等多种餐饮形式

◆中西式简餐

开发规模：
• 建筑面积50~150平方米

开发建议：
• 沿街铺面，注意对居住的干扰
• 营业时间应覆盖全天16个小时
• 应提供电话订餐及送餐服务

开发项目：
• 中式简餐套餐，东西方家庭料理
• 兰州拉面、沙县小吃等地方小吃快餐

社区经营

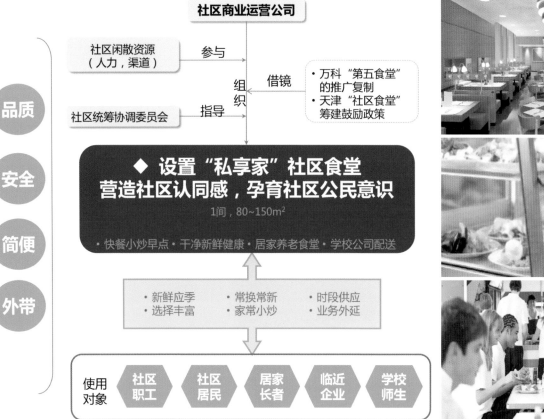

社区商业运营公司

社区闲散资源
（人力，渠道）

参与

组织

指导

借镜

• 万科"第五食堂"
  的推广复制
• 天津"社区食堂"
  筹建鼓励政策

社区统筹协调委员会

品质

安全

简便

外带

◆ 设置"私享家"社区食堂
营造社区认同感，孕育社区公民意识

1间，80~150m²

• 快餐小炒早点 • 干净新鲜健康 • 居家养老食堂 • 学校公司配送

• 新鲜应季　• 常换常新　• 时段供应
• 选择丰富　• 家常小炒　• 业务外延

使用
对象

社区
职工

社区
居民

居家
长者

临近
企业

学校
师生

休闲生活

◆休闲餐饮

开发规模：
· 建筑面积约80~150平方米

开发建议：
· 沿街商铺，适当户外空间
· 主题性节事活动，文艺爱好
· 社群据传交流场所
· 节庆时的令色品、餐点
· 交媒体，提升提高市场曝光度

开发项目：
· 餐厅、茶馆茶社
· 甜品、轻食

◆外带小食

开发规模：
· 建筑面积约15~50平方米

开发建议：
· 小体量沿街商铺或超市附属经营铺位
· 应提供电话订餐及送餐服务
· 节庆时的个性产品，保持新
· 服务络渠道

开发项目：
· 熟食即食食品及面包糕点
· 风味小吃早点
· 时尚饮品

休闲工作

中部新城社区商业发展有
限公司总部

社区就业管理机构 ——合作——

组织

借镜 → ·上海"新单位"协作式
办公空间
·台湾汐止梦想社区

社区业主委员会 ——参与——

错峰
办公
节事
订制

◆ 设置社区"休闲工作站"
促成新知识经济生活形态

1间，50-150m²

·休闲简餐饮品　·基本办公服务　·私人定制包场　·主题沙龙聚会

·灵活空间区隔　·高速网络/VPN　·私人定制包场
·饮品简餐小食　·工作供需公告板　·主题节事活动
·打印复印传真　·导师协助计划

休闲消费者

| 社区居民 | 主题社群 |

自由职业者

| 设计人 | 撰稿人 | 虚拟经济 |

单向输出

◆ 服饰鞋帽

开发规模：
· 建筑面积约80~150平方米

开发建议：
· 顺带消费为主，沿街铺面牵引人流动
  线
· 以日常穿搭用品为经营方向
· 品类相对全面，定位中端，性价比高
· 可提供简单缝补修理服务

开发项目：
· 衣服裤子
· 鞋帽包包
· 化妆饰品

◆ 日用百货

开发规模：
· 建筑面积80~150平方米

开发建议：
· 主要为沿街铺面，品牌店可位于视线焦点
· 生活用品及特殊食品为主

开发项目：
· 厨具、卫具等生活日用品
· 地方特产、保健食品、开架零食等

交互创作

社区"能"人"志"士

街道劳动保障服务中心
社区再就业平台
扶持
奖励

借镜

•天津湘潭道"创意街"下岗妇女创业就业基地

参与

就业训练中心，职业培训机构，成熟业者
指导
培训

高低峰

办公

节事

订制

◆提供社区工艺创业辅导平台，
吹响社区织造"集结号"

1~5间，30~80m²

•手工织造   •私人定制   •技艺培训   •分享交流

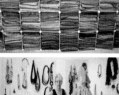

•日常生活需求导向   •客制化服务
•格子铺市场初探   •教学培训课程
•选择性扩大经营   •社群多维互动

毛线织物   布艺缝纫   首饰配件   鞋包皮具   家居摆设

独立服务

◆基本生活服务

开发规模：
- 建筑面积约30-100平方米

开发建议：
- 各品类至少一间
- 沿街商铺或超市附属经营商铺
- 提供商场超市成品

开发项目：
- 洗衣店，鞋包保养
- 药店，诊所，综合家居服务
- 摄影冲印，维修点

平台协作

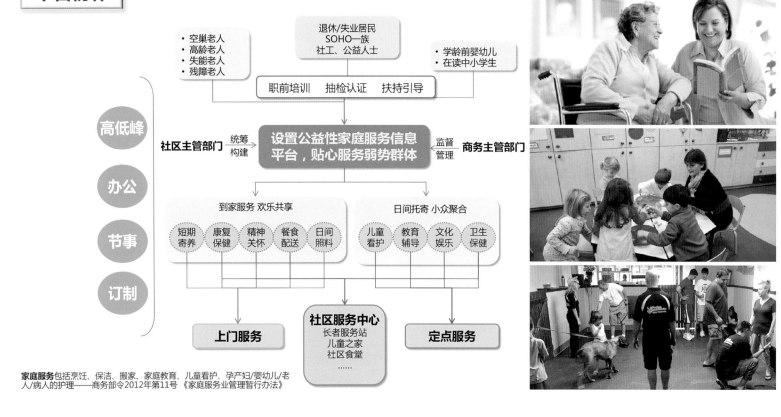

高低峰

办公

节事

订制

- 空巢老人
- 高龄老人
- 失能老人
- 残障老人

退休/失业居民
SOHO一族
社工、公益人士

- 学龄前婴幼儿
- 在读中小学生

职前培训　抽检认证　扶持引导

社区主管部门 ──统筹构建──→ **设置公益性家庭服务信息平台，贴心服务弱势群体** ←──监督管理── 商务主管部门

到家服务 欢乐共享

| 短期寄养 | 康复保健 | 精神关怀 | 餐食配送 | 日间照料 |

日间托寄 小众聚合

| 儿童看护 | 教育辅导 | 文化娱乐 | 卫生保健 |

上门服务

社区服务中心
长者服务站
儿童之家
社区食堂
……

定点服务

家庭服务包括烹饪、保洁、搬家、家庭教育、儿童看护、孕产妇/婴幼儿/老人/病人的护理——商务部令2012年第11号《家庭服务业管理暂行办法》

分散经营

◆ 补充生活服务

开发规模：
- 建筑面积约50~200平方米

开发建议：
- 沿街/节点商铺
- 结合社区配套设施共同开发
- 围绕居民日常生活打造交流平台

开发项目举例：
- 康体健身
- 早教/课程辅导/才艺培训
- 宠物照料

整合服务

社区	服务	零售	节事
社区健护之家	健身房|康体机构	药房|运动用品	运动竞赛|知识普及
健康管理师	运动指导/理疗师	营养师/运动指导	全体

协同提供

◆ **设置整全健康系统，营造健康社区**

1~2间，80~150m²

· 健康咨询　· 健康检查　· 纾压按摩　· 用品销售　· 延伸活动

系统

引导

多元

交流

社区	健身房	康体服务	药店	运动用品
健检　医护	器械　瑜伽	推拿　芳疗	药品　保健食品	轮滑　骑行
资讯　活动	舞蹈　搏击	针灸　美容	保健器材　食疗处方	羽球　毽子

社区马拉松	主题运动日	健康讲座	户外踏青	**节事**

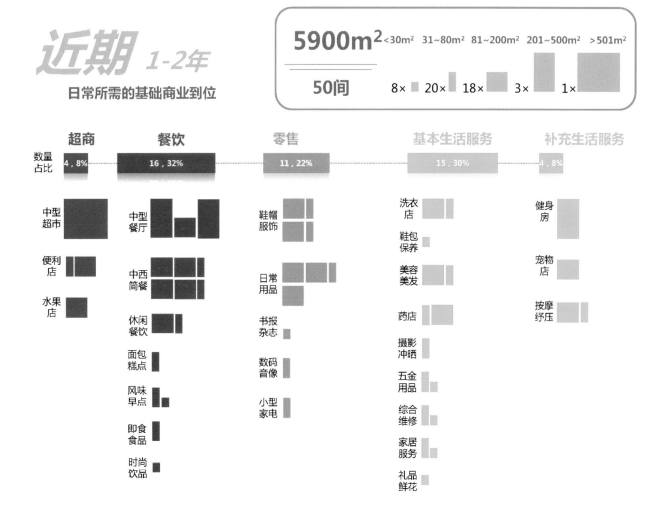

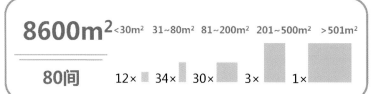

8600m² <30m² 31~80m² 81~200m² 201~500m² >501m²

80间 12× 34× 30× 3× 1×

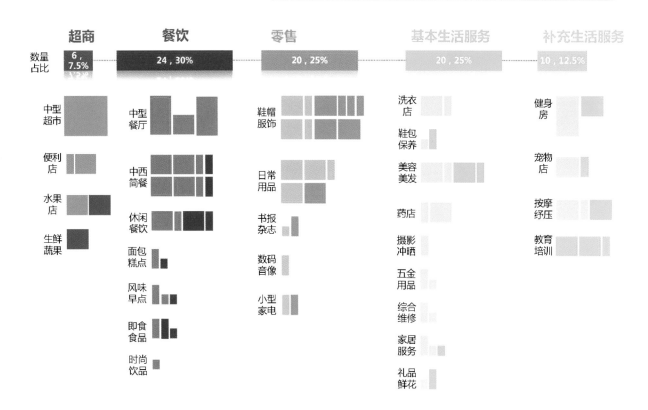

超商 餐饮 零售 基本生活服务 补充生活服务

数量
占比 6，7.5% 24，30% 20，25% 20，25% 10，12.5%

中型超市 / 便利店 / 水果店 / 生鲜蔬果

中型餐厅 / 中西简餐 / 休闲餐饮 / 面包糕点 / 风味早点 / 即食食品 / 时尚饮品

鞋帽服饰 / 日常用品 / 书报杂志 / 数码音像 / 小型家电

洗衣店 / 鞋包保养 / 美容美发 / 药店 / 摄影冲晒 / 五金用品 / 综合维修 / 家居服务 / 礼品鲜花

健身房 / 宠物店 / 按摩纾压 / 教育培训

2.2 产品布局建议

远期 5年以上
个性化需求逐渐被满足

11000m²	<30m²	31~80m²	81~200m²	201~500m²	>501m²
100间	12×	42×	42×	3×	1×

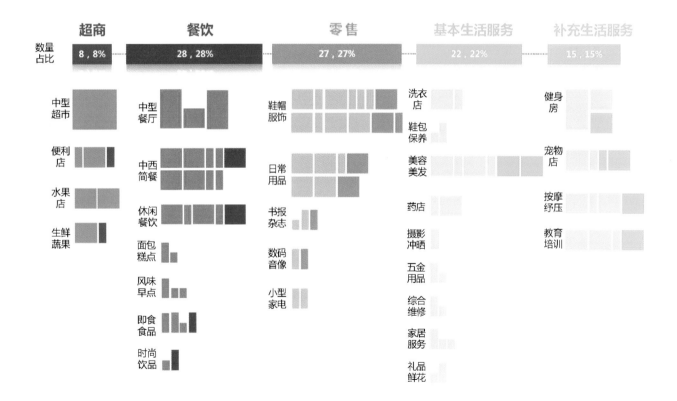

数量占比	超商	餐饮	零售	基本生活服务	补充生活服务
	8，8%	28，28%	27，27%	22，22%	15，15%

超商：中型超市、便利店、水果店、生鲜蔬果

餐饮：中型餐厅、中西简餐、休闲餐饮、面包糕点、风味早点、即食食品、时尚饮品

零售：鞋帽服饰、日常用品、书报杂志、数码音像、小型家电

基本生活服务：洗衣店、鞋包保养、美容美发、药店、摄影冲晒、五金用品、综合维修、家居服务、礼品鲜花

补充生活服务：健身房、宠物店、按摩纾压、教育培训

社区居住

我是周隆江，

是天津港保税区物流公司的员工。

公司与我家所在的和谐新城间，

有公交方便地来往，上下班只需 15 分钟。

每天早上我走路送儿子去社区中心旁的幼稚园上学，

我们总会顺路停下来吃个早点。

我有各种选择：

钟爱的煎饼果子铺、粥面馆，

儿子心仪的麦当劳、公园边的咖啡座或社区食堂，

沿路总会碰到许多熟识的邻居：

随时捕捉季节变化美景的摄影俱乐部同行、

在公园健身神采奕奕的长辈，

他们热情的招呼或礼貌的问候，

是我每天生活中甜蜜温馨的点滴。

儿子进校门后，

在校门旁我骑上社区公共自行车，

每天可以选择不同的路径，

在 3 分钟内到达公共汽车站，

在公交站旁的便利商店顺便支付水电费，

同时买份报纸，最佳地运用等车的 l0 分钟时间。

每个星期五下班时，在车站边的花店里，买上一束鲜花，

回家送给心爱的人，开始一个浪漫的周末。

社区居住 + 工作

我是单忆，

是服务生态城动漫中心的程式设计师。

平日我可以居家工作，

通常，带着狗狗送女儿上学后，

我会选择一家咖啡店或茶馆静下来工作。

这些自营的咖啡店或茶馆，老板及店员都住在社区里，

大家都已成为朋友，在了解我的口味偏好后，

每天为我贴心地提供不同的新鲜感。

工作累了，可以在隔壁店做个按摩或带狗狗去公园溜达溜达，在这里工作，我很放松但效率很高。

下午接女儿后，一块儿去社区的在地超市买菜。

女儿一边和我选择想吃的菜，

一边迫不及待地告诉我学校内发生的所有事。

我们夫妻俩都是外地来这儿工作的。

我们的工作都得配合滨海新区"白加黑、五加二"的节奏。

住在和谐社区解决了我们极大的问题。

没有办法请远地的老人来照顾新生的孩子，

还好社区中心里的托儿所，为我们提供了细致周到的托儿服务。

其他许许多多设想不到的问题，

通过社区信息平台，都能及时地找到解决的方法。

社区居住 + 创业

我是张丽，

住在和谐社区里，

在社区商业运营公司的培训计划及创业辅导下，

我在这里开了一家毛衣店，

现在小店做得颇有起色，

也因此吸引了许多与我爱好相同的人士入住。

我的产品一半是针对社区住户，

为他们量身定做针织衣物；

一半是通过网络行销。

临近便利店所提供的物流收发服务

更是大大方便了网店的运营。

邻栋的服装设计师李姐，

以及对面的摄影师赵哥，

也因此与我成了好朋友。

闲暇之余，

我们经常聚在广场旁的咖啡厅，

一起交流探讨新兴时尚，

相互激发灵感。

和谐社区是我理想的生活家园。

十、经营创新模式

1. 开发运营模式建议

综合考虑，

· 项目的**核心诉求**——**示范性邻里和谐社区**

· 企业的**战略计划**——**成熟优秀城市运营商**

· 管理者*经营优势*——**生机勃勃的市场活力**

建议本案中社区商业

采用 **"只租不售"** 的方式运营

只租不售	VS	分散销售
品牌形象的维持，商业品质的维系	**核心诉求**	资金的快速回笼，迅速套现
规模化经营，滚动开发，企业业务持续拓展	**适用范围**	规模有限，后期拓展计划不明朗
严谨规范的业态规划、品牌引进和物业管理	**运作模式**	与住宅销售穿搭进行
经营可持续，灵活调整应对市场变化	**市场反馈**	单元划分混乱，入驻商家素质参差
持续稳定的地产收入		**短期一次性的销售回报**

- **资源合理配置，开发商联动管理**
- **资产清晰界定，专业化运营**管理
- **上响应政策，下协同行业**

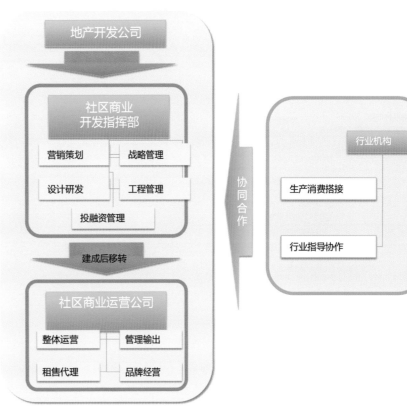

- **资源主动对接**
  整合相关优惠政策
  寻找合适的上下游资源
- **主动的业态遴选调整**
  从使用需求使用偏好出发
  平衡热门冷门业态的进驻

- **统筹思考的布局设计**
  与业态及开发时序统筹考量
  针对性的布局并招商
- **战略管理开发**
  模式的提炼借鉴，
  结合市场的灵活调整

社区商业开发指挥部

营销策划
- 市场规模预测
- 业态品牌建议
- 初期宣传招商

设计研发
- 商业布局设计
- 商铺单元设计

投融资管理
- 整体财务计划
- 投融资方案
- 资源对接

工程管理
- 整体建设配合
- 水电管网布设
- 工程质量监督

战略管理
- 商业模式研究
- 战略发展计划

- **自营创业基金：**
  针对自营业主，赠送"自营创业基金"
- **经营协作平台**
  工商行政手续协助，市场信息汇总交互
  小企业老板联盟（互相推介）

- **业户满意度调查：**
  定期对商户、居民进行调查回访，及时调整经营内容与方式
- **智慧社区信息平台**
  动态地图，商户讯息
  邻友互助信息发布

社区商业运营公司

整体运营
业户服务	租赁经营	物业形象
安全保卫	保洁服务	绿化服务
装修服务	设备设施维保服务	建筑物养护及维修

品牌经营
社区中心	社区超市菜场
	生活俱乐部
社区食堂	家庭服务信息平台
	社区整全服务平台

管理输出

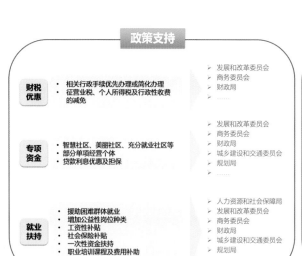

财税优惠
- 相关行政手续优先办理或简化办理
- 征营业税、个人所得税及行政性收费的减免

  ➢ 发展和改革委员会
  ➢ 商务委员会
  ➢ 财政局
  ➢ ……

专项资金
- 智慧社区、美丽社区、充分就业社区等
- 部分单项经营个体
- 贷款利息优惠及担保

  ➢ 发展和改革委员会
  ➢ 商务委员会
  ➢ 财政局
  ➢ 城乡建设和交通委员会
  ➢ 规划局
  ➢ ……

就业扶持
- 援助困难群体就业
- 增加公益性岗位种类
- 工资性补贴
- 社会保险补贴
- 一次性资金扶持
- 职业培训课程及费用补助

  ➢ 人力资源和社会保障局
  ➢ 发展和改革委员会
  ➢ 商务委员会
  ➢ 财政局
  ➢ 城乡建设和交通委员会
  ➢ 规划局
  ➢ ……

行业协同

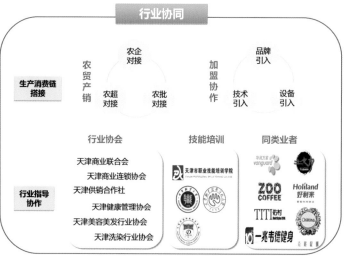

生产消费链搭接

农贸产销　农企对接　农超对接　农批对接

加盟协作　品牌引入　技术引入　设备引入

行业指导协作

行业协会
天津商业联合会
天津商业连锁协会
天津供销合作社
天津健康管理协会
天津美容美发行业协会
天津洗染行业协会

技能培训

同类业者

2. 社会经济效益评估

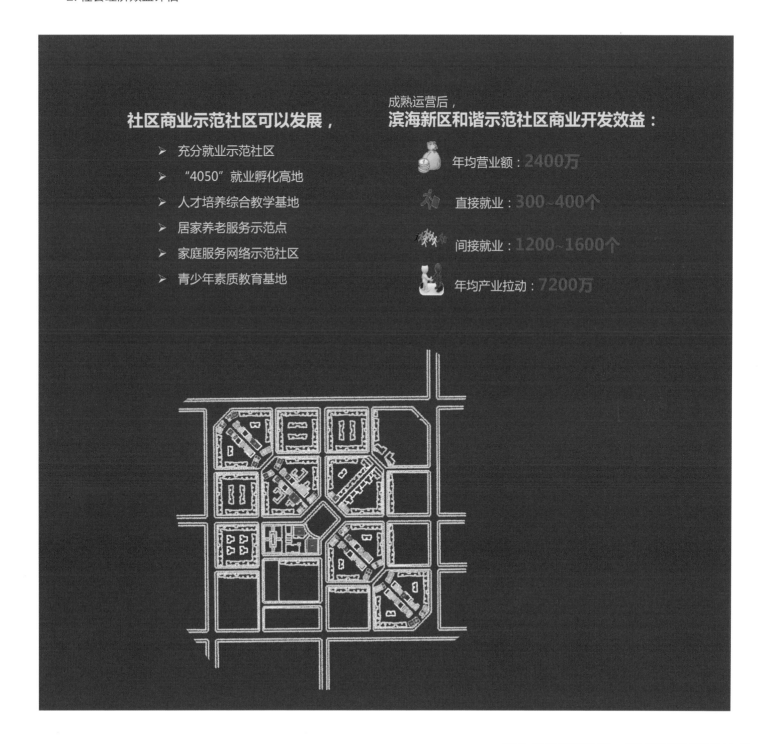

社区商业示范社区可以发展，

➢ 充分就业示范社区

➢ "4050" 就业孵化高地

➢ 人才培养综合教学基地

➢ 居家养老服务示范点

➢ 家庭服务网络示范社区

➢ 青少年素质教育基地

成熟运营后，

滨海新区和谐示范社区商业开发效益：

年均营业额：2400万

直接就业：300~400个

间接就业：1200~1600个

年均产业拉动：7200万

第三节　规划设计的主要创新点

一、"窄路密网"的路网模式与街廓尺度

古代城市的路网以步行和马车为主的设计，普遍比较窄，不论是自然生长的还是人工规划的城镇，街道两侧建筑都比较连续，形成比较亲切的街道空间。到近代，欧美大部分城市的传统格栅（Grid）式路网，不论是美国纽约格式狭长街区组成的路网，还是西班牙巴塞罗那棋盘式方块街区组成的路网，仍然是一种小格栅开放路网，它适合于步行和马车为主的交通出行，城市的空间感是比较好的。

20世纪机动化出行方式的大规模出现考验了所有路网的特性以及它们对移动性和城市生活的承载力。为应对机动车快速增长的问题，现代城市规划和交通规划发展起来，取得了许多成功的经验和做法。在城市道路体系中，一般将城市道路分作快速路、主干路、次干路和支路这四级，这是一种层级式路网。为了避免人车冲突，佩里提出了理想的邻里理论，采用大街廓的道路网格，试图建立一个完全人车分离的模式，建设了试点的雷德明新城，通过修建地下通道、人行天桥等建立人与车的平行体系。我们的居住区规划提出了居住区内道路通而不畅的设计方法。在实际应用中这种模式却无法真正实现分离，大部分系统难以与城市社会结合，人们依然愿意选择最近的道路。

而多年来的实践证明，尽管传统的方格网路网的城市是在机动车交通大量出现之前就有的模式，它对于同时保障机动车的移动效率和非机动车及行人安全的能力还有些争议，但是，与那些大街廓的层级式路网相比至少有如下优点：由于较小的街廓边长、高密度的十字路口，有效地减少了汽车拥堵和出行非直线系数；更适合步行者；能够高效地组织公共交通；大大

提升人们对城市的识别度，避免了迷路的恐惧。

在过去的20年间，中国的机动车需求出现了巨大的增长，空气污染与交通拥堵已经成为中国城市发展不能回避的障碍。不可否认的是，对于新中产阶级来说，拥有私家车是极具诱惑的，但是，过分依赖于机动车已经对环境和都市造成了史无前例的巨大负面影响。国外的许多城市从巴黎、纽约到巴西的库里迪巴，都已经开始重新尝试自行车与公交导向的出行方式。中国城市的道路模式既需要满足日益增长的机动车需求，也需要吸取西方国家的经验，同步建立步行、自行车以及公共交通导向的运输模式，探索"精明交通"的体系。

本次规划研究尝试建立一种"精明交通"体系，正视机动车发展的需要，但不鼓励其无限制的增加，通过增设高质量的步行网络提供舒适愉快的步行体验，同时鼓励公共交通的出行方式。规划研究采用小街廓、不区分次干路和支路等级的格栅式开放路网布局方式，同时引入慢行通道的概念，使慢行道成为人们生活交往的重要场所。具体做法如下：将常见的超大街廓进行切割，在内部创造细密的小街廓（110米见方，约1公顷大小）与街道肌理（两排或三排住宅的围合）。我们认为小格栅网依然是最有效率的路网之一，在此基础上斜向布置人行通道，它将连接区域内的各个社区与主要公共交通站点（包括新月形绿地中的电车公交线、基地北侧的常规公交线和基地南侧2号、7号地铁线），减少了小格栅网同时承载机动车与非机动车的压力，这些步行街道在我们深入设计中成为公共交往空间的标志性场所。另一方面，除周边需要满足大量通行的交通性干路适当加宽外，对于大部分的街道都采取了窄街的做法，建议

邻里中心不提供路边停车，从而控制机动车的数量，营造出"慢行共享"的氛围，形成小汽车、自行车与人行的混合使用，在保证机动车效率的基础上大大提高了步行者和非机动车的安全性。总结以上三种路网及街廓同尺度比对图如下：

这种新的住区原型通过塑造新的社区邻里交往空间试图恢复传统城市中的丰富社区生活；同时针对中国现状环境污染与交通堵塞的双重问题，强化步行环境的营造与公共交通体系的发展，减少对小汽车发展模式的依赖。经过我们多次向滨海新区规划主管部门的汇报，此种路网街廓模式获得了试行认可。当然，要做好机动车的交通组织。加密的路网为机动车的交通组织如单行路等提供了可能。

二、围合布局与日照规范

"窄路密网"的路网模式与小街廓的布局模式逻辑上对应的是围合式的建筑布局，这一方面是由于路网比较密，可建筑用地减少，如果在同等建筑高度情况下，要增加建筑密度来保证建筑总量不减少。更重要的是，窄马路、密路网、小街廓布局模式的目的就是对城市街道、广场空间的塑造，要求建筑平行道路布置。如果我们采用窄马路、密路网、小街廓布局模式，而建筑仍然是行列式或点式布局，这在逻辑上是不匹配的，会有更多的问题。

城市中的围合建筑具有历史合理性。我们从西方中世纪城镇看到，由于人口向城市聚集，在当时的技术条件下，如何在

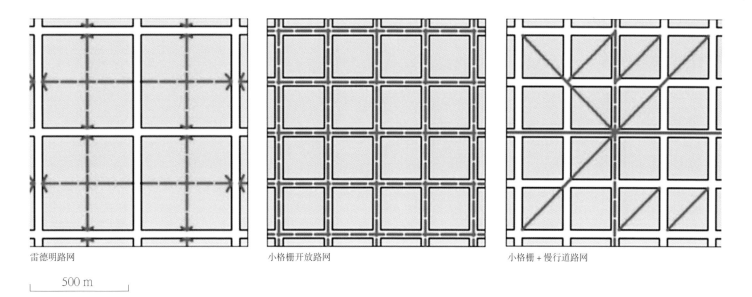

雷德明路网　　　　　　　小格栅开放路网　　　　　　　小格栅＋慢行道路网

500 m

路网尺度对比

一定的建筑高度内尽可能多地建设，围合式布局是最佳的方式。为了保证基本的通风采光，在街坊内部建筑围合形成天井或院落。工业革命后，更多的农村人口涌入城市，原本围合式建筑容纳不下过多的人口，造成拥挤和卫生污染等问题。豪斯曼巴黎改造时采取的5层左右的新的居住建筑模式应该说是一大进步，同时建设了城市的给排水系统，虽然依然是围合式布局，加上城市更多的科学技术的内容，城市和街坊容量比中世纪城镇有很大的提高。

我国历史上传统民居大部分是围合式布局，特别是在中国北方。在当时的历史条件下，围合式布局满足安全的要求，满足抵抗恶劣气候的要求，也满足一个大家庭居住的要求。北京的四合院是典型代表。建筑围绕内院布置，除正房外，其他房屋朝向并不好，但还是选择了这样的模式，说明综合效果最好。由于采用木结构或砖木结构，中国历史上的住宅建筑多为平房，最多3层。居住的人口密度不高。中华人民共和国成立后，由于住房建设少，出现了几户人家居住于一个院落中的情况，后来成为所谓的"大杂院"。虽然居住条件差，但邻里交往密切。

打破围合式布局的是现代建筑运动。其中日照是一个主要的出发点。日照观念来源于20世纪初期西方的功能主义影响，自1930年形成了一系列从健康和生理角度来评价建筑的准则，对住宅的照明、空气、阳光和通风等方面的要求，对住宅这一阶段的规划要求是建筑物向阳布置，而不是像先前一样沿街布置。功能主义的这一理念对自此之后的住宅规划产生了深远影响，板式建筑在国际现代建筑协会CIAM的倡导下，成为一个被广泛接受的标准。西方国家在1930年至1950年对此进行了实践，住宅的分散设置、统一朝向以及功能分区确实保证了日照与空气这一人类生理方面的基础要求，却忽视了人们在心理上的需求，交往的需求、公共活动的街道空间消失始尽。此外，这种多米诺军营式的布局模式千篇一律，颂扬着机械化与标准化，却丧失了场所感与归属感。正当西方世界如法国、英国、美国等国家意识到功能主义至上的板式住宅的危害，开始放弃这种模式的时候，它却开始在中国广受欢迎，尤其是在日照受限的中国北方。

现代建筑在19世纪末20世纪初传入中国，当时建设量不大，也没有形成以日照为主的布局模式。中华人民共和国成立后，受苏联的影响，一是大规模政府建设住房，二是计划经济的福利分配住房制度，使得行列式成为必然之路。这与中国人内心深处的绝对公平意识完美吻合。到了改革开放后，虽然进行了以商品房为主的住房制度改革，结束了福利分房制度，但不论和开发商还是购房的市民，还是对行列式或点式布局的住宅感兴趣。史无前例的大规模建设形成了中国城市目前的形态，也造成城市病。

功能主义的日照标准及影响对于现状行列式居住模式突破的首要难题便来自于我国现行的日照规范，国家住建部先后颁布了四项规范，天津一般新建住宅则是以大寒日日照时数不低于两小时为标准，且根据日照强度与日照环境效果确定了有效日照时间带是从早8点至下午4点。对于日照的强制规范性要求造成了公众、设计师以及开发商对于行列式模式的习惯性接受。行列式和点式住宅带来的吸引力是显而易见的，从20世纪90年代初期，行列式和点式住区模式迅速成为住区规划的主流，其代价是街道空间、邻里交往和庭院生活这些昔日场景在这20年间从公众的眼中悄然消失。

因此，本次规划研究缩小了街廓尺度（约1公顷），增加了东西住宅，形成四面围合式的小街廓，激活了底层社区商业，既保持了南北向住宅所临的街道生活，还发展了东西向住宅所临的街道生活，让城市的横纵街道都丰富多彩。更重要的是在每个围合内形成安全、归属感极强的社区活动地带，借此实现邻里和谐，进而实现社会和谐。

实现围合式布局，必须要满足现行的日照等规范。本次规划工作进行了日照规范与围合布局的相容性论证。规划研究的一个关键因素在于论证小型围合街廓和天津的日照规范并不冲突，这两种看似矛盾的要求在融合之后，为住区布局提供了一种新的选择性尝试。由于本次研究的对象是一个有37°倾角的地段，有一定的特殊性，因此，也考虑了正南北地段情况下，对东西向住宅设计的考虑。实际上，如果认同了围合式布局，建筑设计上会有许多的设计方法来解决这个问题，并为形成住宅建筑的多样性提供帮助。

方法一是精心设计"空隙"。根据研究基地的格网偏转角度（南偏西37°）的日照分析显示，除了三个地方以外（方案平面图中标注红色的区域），一个由五层楼建筑构成的简易围合街廓可以满足多数的日照要求。假如这些红色的地方变成建筑之间的空隙，那么由于空隙太大，将无法创造一个凝聚的围合街廓，而我们认为各个方向上连续的临街建筑面是步行导向的城市规划的基础。针对这些红色区域可以采用浅进深单元的方式（水平操控）或降低遮挡体建筑高度的方式（垂直操控）使空隙缩小。剩余的红色区域可以成为建筑的特别部分，如大

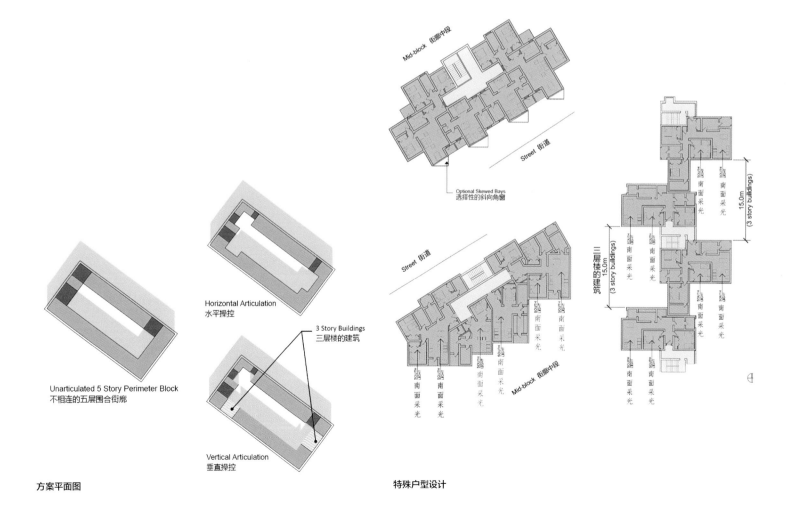

方案平面图

特殊户型设计

厅、社区活动室或者住宅单元中不需要满足两小时日照的空间，它们也可以是建筑之间的开口，作为街道到建筑内院的通道。虽然这个方法是为了本基地偏转的格网所发展，但也能够运用在多数偏离正南北朝向的格网上。

方法二是为迎合南向采光采用特殊的户型设计。方案范围内的街道格网是南偏西37°。在认可一般建筑的排列应与街道对齐是行人为本的城市规划重要元素的基础上，协调正南向单元与路网角度间的关系是方案需要考虑的至关重要的因素。策略一是为斜向建筑南墙面设计正朝南的角窗（后来未被认为是正朝南）。策略二是将南侧房间分别扭转成正南向。当道路格网只略微偏离正南北时，可以采用另一种不同的方法，将街廓东西两侧作为非住宅使用，或者采用特殊的锯齿形南北单元户型设计。

至此，我们讨论的都是通过设计自身来解决日照规范与围合式街廓的矛盾，实际上还有许多方法能够帮助我们来实现围合式的住宅模式，包括从理念上的更新等，我们希望能够保持一个发散性的思维，而不把行列式作为符合中国北方日照规范的唯一形式，从而最终营造一个多元开放的城市形态。

三、注重外部空间的社区规划设计

传统居住区规划设计主要考虑住宅的户型设计，考虑居住小区内部的空间设计，最多考虑一下建筑的外形和庭院的设计，是内向型的，可以说很少考虑周围的城市。这是造成目前城市问题的主要原因。居住是城市的主要功能之一，居住社区是城市的基本单元，如果居住社区都是内向和孤立的，则组成的城市一定是割裂的，必然会出现许多问题。因此，本次规划设计的创新关键在于规划设计思想方法的创新，改变了过去居住区规划设计的方法，用城市设计的方法，从城市空间入手，作为

出发点，来进行居住社区的规划设计。城市的街道、广场、公园等，是城市最重要的公共空间，是高品质社区生活的场所。

四、社区生活与社会管理模式创新的结合

除了院落生活与街道生活外，社区的活力同样体现在街坊中居民日常集中活动的场所。《新都市主义宪章》明确提出：市民机构、公共机构和商业活动的集中布置必须组织在邻里之间，且宜选择在重要的地点以提升社区的识别性与居民的交流度。

天津市目前的住区规划执行的依然是国家标准的"居住区（5万~8万人）—居住小区（1万~1.5万人）—组团（3000~5000人）"三级体系，对相应配套的公共服务设施数量做出规定，而没有对应街道和居委会的社会管理体系，也没有对具体的配套形式和位置选定有所要求。滨海新区结合社区社会管理改革创新，提出了"社区（10万人）—邻里（1万人）—街坊（3000人）"

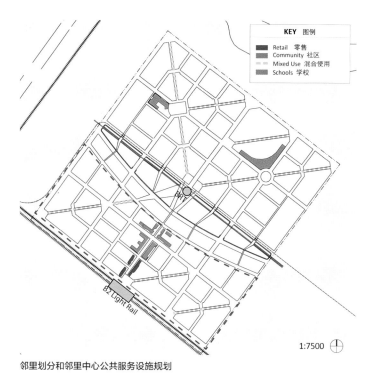

邻里划分和邻里中心公共服务设施规划

三级社会管理体系，与街道办事处、居委会和业主委员会三级社会管理体制对应，并与之相应地提出了集中布局的社区中心、邻里中心与街坊配套设施理念。

公共服务设施分级配套表

三级体系	主要公共服务设施
社区中心	街道办事处、社区公园、图书馆、社区运动场等
邻里中心	社区服务站、幼儿园、邻里公园、生鲜超市、公厕等
街坊配套	文化活动室、社区服务店、早点铺、便利店等

这套体系对现行体系的最大优化之一是对公共服务设施配套提出了集中设置的概念，促进资源的集约与时间的有效利用，同时提供了社区居民集会交流的公共场所。规划研究将三个邻里中心都与步行交通相结合，将其布置在全区主要步行通道上，从而倡导步行外出与乘公交出行的生活方式，鼓励社区步行的舒适氛围。

五、基于"活力街道"理念的道路交通与停车设计

基于减轻道路交通对两侧用地和建筑的干扰，包括噪声、震动、粉尘等，以及市政管线铺设、道路拓宽的可能性，常规的做法是道路外侧规划绿线，绿线宽度根据道路等级确定，主干道20米绿化带，次干道10米绿化带。建筑布局时要再退绿线。

退线越多建筑离街道的距离越大，越发让街道上的行人不能亲近建筑。以交通为主的干道还可以接受，但以人活动为主的生活性道路则建筑之间过宽，难以形成街道的氛围。规划研究提出应该保持街道宽度的稳定，生活性主次干道不设置绿带，而是保证舒适的人行空间和界面的围合。若出现交通量过于饱和的情况，建议应更多地检讨小汽车发展政策并大力发展公共交通。在次干路和支路同等对待的条件下（免除了次干路的退绿线），建筑物保持统一的退线（2～5米）形成一律的街墙线，利于街道公共生活和街道安全眼的产生，为居民提供多样性的生活交往场所的同时，配套商业设施因为靠近街道而能够获得更好的盈利模式。

在强调发展公共交通的同时，客观看待私人小汽车进入家庭的趋势，处理好小汽车的停放和出行组织。城市规划管理对住区的停车泊位配比也有着详细的规定，研究认为按这种规定进行配置，会引导住区和城市依赖于以小汽车为主导的交通出行方式，因此，研究建议调低停车泊位配比率。同时，应该以停车数量来确定住宅的户数，确定开发容量和强度。一般地区，地下停车库做一层比较经济合理。规划将整个地块进行整体开挖，建设半地下式停车库，既降低造价，又便于交通出行。库里尽可能不设置机械双层停车。满足目前规范要求。为鼓励半地下车库建设，要给予相应政策支持，如容积率和土地出让金计算标准，车库地面绿地计入绿地率计算等。

第四节　有关新模式带来相关问题的解决方案

窄路密网、小街廓、围合式布局模式是一种新的居住社区规划设计和建设管理模式，其中市场接受和日后运营管理成为新模式实施的两大难点，需要认真加以解决。

一、对围合式布局销售市场的接受与推广

围合式布局必然会产生一些东西向的住宅，大部分房地产开发公司认为东西向住宅的销售前景堪忧。要解决这个根本的问题，首先，我们认为从城市规划建设管理部门的角度加大对新模式的宣传和垂范，通过试点项目等措施进行推广，将会为公众和开发商的逐步接受奠定良好的基础。同时，进行深入的规划设计研究，通过精心的设计，也可为东西向住宅赢得多种可能的优势，如通过遮阳设计、解决西晒问题后，东西向住宅，与南北向住宅北部房间常年不见阳光相比，房间接受阳光较均衡。东西向住宅在房型设计上可以更多样，销售价格上有优势，可以得到销售市场的认可。如一种锯齿形的户型，保证了每个主要房间都有南向日照。或者对东西住宅采用小进深（8米左右）的户型也是不错的选择，100平方米小进深户型采用"面阔两至三间进深一间"的做法。东西小进深户型在"滨海新区万科海港城"项目中实际销售情况良好。我们相信经过良好的宣传和部分房企的逐步接受，新的围合布局模式会推广开来。

对于围合式布局可能造成院落南部的通风等问题，通过深入设计可以解决。目前，比较成熟的辅助设计软件都有模拟建筑和建筑群通风和采光、温度变化等功能，通过深入细致的设计，如增加过街楼等开口，可以解决通风等问题，而且还可以创造更舒适宜人的小气候，节约能源。

二、物业服务的精简配置

在目前的住宅市场上，好的房地产开发公司为了维护自己的品牌效应，往往都在盖好住区后，成立子公司来管理住区的物业。物业公司认为每个小街廓都需要配备保安和物业人员，这将大大增加成本，恶化其原本就不盈利的财务状况，只能由母公司每年进行补贴而运作下去。这里有个奇怪的现象，物业公司都认为物业费用是应该跟随城市的经济成长而隔些年就增长的，但业主委员会具有否决权，他们从来不同意涨物业费，所以物业的经营和取费模式都将有待改进。

针对窄路密网的规划布局，物业管理在安全方面采用小封闭、大开放的物业和安保模式，即整个居住社区是开放的，而局部的街坊是封闭的，有电子安保系统。规划研究提出一是采用新技术，在每个小街廓配备无保安的门禁系统，业主发放门卡。若此法实在行不通时，在门口安装摄像头，由一个人员精简的中央控制室对若干个小街廓提供特殊情况下的开闭门等服务，而物业和绿化人员则依照中央控制室服务的规模来精简配给就可以了。其次，扩大物业公司管理的规模，至少可以管理几个街廓，通过规模效益来保证物业公司的良性运转。

三、小街廓的土地出让、建设审批管理与城市管理

在窄路密网、小街廓布局模式下，如果按照1万平方米的地块来进行土地使用权出让，对国土管理部门和开发企业可能都是个挑战。一是增加了工作量和行政的成本，也增加了企业行政许可的成本，降低了效率和规模效益。未来解决这个问题，可以采取几个地块打包出让或以主次道路围合的大地块作为出

让的基本单位，出让后要求企业在实施建设时保证下一级路网的建设和开放。规划建设审批管理也相应按照打包出让或道路围合的大地块作为行政许可的基本单位，提高审批效率。

按照目前大街廓层级式路网形成住区的管理方式，政府只管周围大的路网和配套建设，地块内部都由开发商负责投资建设，建设成本摊入房屋销售成本，由购房者承担。房屋销售入住后，地块的运营维护由物业公司负责，居民缴纳物业费，承担这部分费用。政府相关部门，包括交管、消防等对于住区内的事情一概不管。应该说政府的建设和运营维护成本都降低了，但长远看政府的责任和负担更重。对于相同面积的出让土地，窄路密网模式较原来的大街廓层级式路网模式增加了道路的数量、长度和面积，会增加道路建设的成本和日后运营维护的费用。如果按目前的国有土地出让方式，如果建筑规模不变，土地出

让的大配套费也不会增加，这样就只能增加房地产开发公司的土地购买成本，这对于本已高涨的房价无疑是雪上加霜。与土地配套费类似的是，这种模式需要参与城市建设和管理维护的各级部门与开发建设公司都有额外的付出。而房地产开发公司即使不承担增加的道路带来的额外配套费，也要负担细分道路的交通管理、环卫、绿化等维护工作。因此，解决办法是与土地出让一样，可以按照大地块出让，规划条件要求开发商规划建设时建设街坊内道路，形成窄路密网格局。道路由开发商建设，要求开放，主要用于社区内机动车出行、车库出入口，路侧可以用于临时停车等。道路产权可以分给社区居民或社区居民共有，维护费用由居民按照物业费的方式负担。这样既实现了窄路密网小街廓的布局，也减少了政府的负担。实现人民城市人民建、人民城市人民管的好做法。

第五章   和谐社区规划设计深化

从 2011 年底启动临港北示范社区规划设计开始，历经两轮规划设计工作，已经形成了较完善的方案。但是，到 2014 年底，天津港散货物流中心搬迁进展依然缓慢，搬迁进度的滞后造成本示范项目没有启动的迹象。2015 年，为了进一步推动示范社区规划设计工作，将示范社区规划方案和建筑方案实施落地，滨海新区规划和国土资源管理局采用指令性任务方式，组织下属单位滨海新区住房保障中心和住房投资有限公司委托，由天津市城市规划设计研究院滨海分院和渤海城市规划设计研究院开展具有实施性质的规划设计深化工作，从法定规划层面进行深化研究，检讨和谐社区规划设计方案与国家和我市现行规划编制规范及规划管理要求之间的矛盾点，作为深化新区规划设计改革的重要内容，促进规划设计规范的改进和管理水平的提高。

工作内容包括单元控规、开发地块修详规和典型街坊建筑设计三部分内容，主要是按照现行的规划行政许可的做法真题真做。所谓真题真做，一是这个项目是真实的，选址是真实的；二是规划设计过程是按照行政审批许可来做的，提前为项目审批做好准备；三是通过深化规划设计工作，发现示范社区规划设计与现行规范的冲突点，为深化规划管理改革做好前期准备。

第一节   控规单元和控规街坊控制性详细规划

控规是法定规划，是规划管理和土地出让的依据。目前在控规编制中，对大量的居住用地，依然是按照传统的居住区规划设计规范和模式来进行，居住用地划分为居住区、居住小区和组团三级，规划布局比较简单，公共配套设施依据千人指标进行配置。新区新型示范社区改变了传统的居住区规划方法，更加注重城市空间的创造和人的活动。要使新的规划落地，首先要改变目前控规习惯的编制方法和内容。本次控规编制从法定规划层面进行深化研究，以检讨示范社区规划设计与我市现行控制性详细规划编制规范及城市规划管理规定之间的矛盾点，促进控规编制规范的改进和管理水平的提高，以期为今后滨海新区小康公共住房建设的全面铺开提供经验借鉴。为此，采用改革的态度和方法编制了和谐社区 C-DGu02 单元的控制性详细规划。

整合，集中布置，分为街道和居委会两级社区邻里中心，与社会管理更好地结合；三是为保证生活性道路的塑造，减少道路两侧退让绿化和建筑退线，以营造宜人、舒适、丰富和充满活力的居住社区；四是统筹平衡布局绿地和开敞空间，在满足《天津市绿化条例》等要求的同时，更好地服务居民。

2016 年 2 月 6 日，中共中央国务院印发了《关于进一步加强城市规划建设管理工作的若干意见》，为我国"十三五"乃至更长时间的城市发展勾画了蓝图，其中的核心理念便是"窄马路、密路网、小街廓"。本次和谐社区 C-DGu02 单元控制性详细规划是对该理念在我国尤其是北方城市具体运用的一次有益探索，规划对一些"约定俗成"的模式乃至规范展开了讨论与思考，尝试构建一种更好的住区规划模式原型，为形成合理的城市形态提供可能性。

一、C-DGu02 单元控制性详细规划

C-DGu02 控规单元位于滨海新区中部综合片区海晶新城，规划用地四至范围：东至创秀路，南至锦越道，西至中央大道，北至大沽排水河，总用地面积为 310.04 公顷。和谐社区 C-DGu02 单元作为天津自贸区的重要组成部分，紧邻北侧的中心商务区和东侧的临港经济区，其主要功能是为以上两大功能区提供优质的住房和生活配套，实现区域职住平衡，支撑周边产业组团的快速发展。作为滨海新区小康公共住房建设的试点区域，规划充分结合了示范社区规划设计方案，同时考虑天津滨海新区的实际情况。在控规中重点解决以下问题：一是 "窄街密路、小街廓"的路网和用地开发形式；二是对公共配套服务设施的

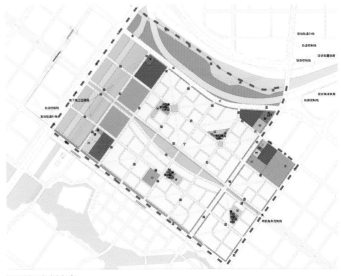

控规单元规划方案

二、 C-DGu02 单元控制性详细规划的特色

通过对现有规范的改革,较好地解决了规划中遇到的问题,并形成以下规划特色。

第一,规划充分衔接社会管理,合理划分控规单元和控规街坊,集中建设公共配套设施,形成社区和邻里中心。

控规单元是控规编制的基本单元,过去习惯以自然界限和道路等来划分单元,以居住区为基本规模,与城市街道、居委会不对应,不利于社会管理。按《市规划局关于中心城区控制性详细规划深化工作的实施意见》与和谐新城规划,2015 年天津市城市规划设计研究院滨海分院编制的《滨海新区控规修编前期研究单元划分专项规划》,将和谐新城 50 平方千米的区域共分为 12 个单元,目前全部属大沽街道。随着发展,要新成立 6 个街道。散货物流中心约 11 平方千米,规划称和谐社区,规划 12 万人,是一个街道社区,划分为 4 个控规单元,目前可以归大沽街道办某分办管辖,设一处集中的、配套完善的、具有商业文化体育就业服务等功能的社区中心。

按照控规编制技术规定,控规单元下可进一步划分为控规街坊,每个街坊 1 万人左右,与居委会规模对应。在和谐社区 C-DGu02 单元中,总用地面积 3.1 平方千米,规划 4.9 万人,共划分为 6 个街坊。按示范社区规划方案,总用地面积 1.3 平方千米,居住用地划分为 4 个街坊,设 4 个居委会,配 4 处街坊邻里中心。

按照《市规划局关于中心城区控制性详细规划深化工作的实施意见》和《滨海新区定单式限价商品住房管理暂行办法》中的技术规定,在根据《天津市居住区公共服务设施配置标准》配套内容和规模不减的前提下,将传统的居住区、居住小区、居住组团三级的住区配套公共服务设施体系调整为两级体系,形成与街道办事处对应的社区中心和与居委会对应的邻里中心,以适度集中、组合共建为原则,布局各类配套公共服务设施,将适宜集中的公共服务设施沿商业街集中配置,促进资源的集约与时间的有效利用,同时提供了社区居民集会交流的公共场所,以方便百姓使用,强化规划管理与社会管理的对接,加强控规的适应性和可实施性。

控规单元街坊划分示意图

邻里中心一般规模（1万人）配置项目一览表

序号	项目	建筑面积 平方米	用地面积 平方米	备注
1	居民活动场及绿地	—	5900	5900 场地绿地 7000 建筑用地 小汽车泊位150个
2	幼儿园	3800	4000	
3	居委会	2200	3000	
	社区卫生服务站	400		
	托老所	1300		
	社区商业	1340		
	菜市场	1500		
	邮政所、环卫班点、调压站	600		
	公厕	60		
	地下公共停车场	—	—	
		11200	12900	

总用地面积12900平方米（活动场及绿地5900平方米，建筑用地7000平方米）；总建筑面积11200平方米（含有两栋建筑，一栋是幼儿园，一栋是配套综合体）；小汽车泊位150个。

现行修规中，按《天津市居住区公共服务设施配置标准》，建设规模介于两级之间的居住地块，除按照千人指标配置较低级别上限的公共服务设施外，还应配置上一级公共服务设施。本规划地块每个居住地块都只需配置地块级公共服务设施（居委会除外），具体配置内容按千人指标计算。

第二，合理调整城市道路分级和红线宽度及绿带等技术标准，实现窄路密网布局。

我国现行《城市道路交通规划设计规范》（GB 50220—95）规定的城市道路分类为快速路、主干路、次干路、支路四级，同时对道路红线宽度和设计车速进行了相应规定。总体感觉是以道路通行能力为主，次干道和支路红线宽度过宽，不宜形成城市街道空间。示范社区规划方案采用"窄路密网"的理念，除外围交通性快速路和主干路外，其他道路呈均质化布局，宽度均为 24 米，不做等级规定。地块内部设 16 米机非混行街坊路和 12 米慢行路。本次深化研究，进行了折中和融合，除分类仍按主次支划分外，路宽等其他特性完全采用概念规划。

除对道路红线宽度调整外，同时，对道路转角及道牙线也进行设计和优化。现行控规中，按照《城市道路交叉口设计规范》，要根据道路分级适当确定道路红线转角半径，且不表达道牙线这个内容。示范社区规划方案中，为形成完整的围合空间和集约利用土地，道路红线均无转角处理。重视城市街道公共生活空间，用道牙线转角约束机动车。本次深化规划，进行了折中和融合，除主干路口设置 5 米半径的红线转角外，其他路口暂不做红线转角，而采取道牙线转角，典型值为 5 米、8 米。为了在控规中控制好现实生活中的"人、车、房"空间关系，明确表达出道牙线，两条道牙线之间为机动车主要活动空间，道牙线与道路红线之间为行人主要街道生活空间，道路红线内为建筑及内庭院空间。

现行控规中，按《天津市城市规划管理技术规定》等规范，城市道路两侧根据道路等级应设置相应宽度的绿带。示范社区规划方案中，为了增加沿街建筑与道路上人和车的互动及活力，道路两侧均未设置绿带。本次深化研究，进行了折中和融合，

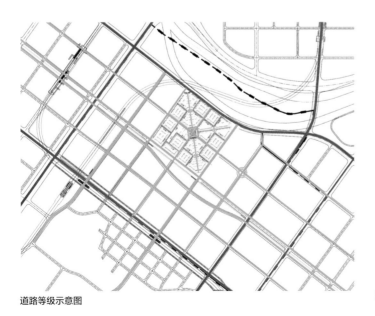

道路等级示意图

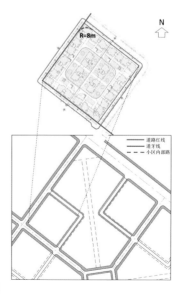

道路转角处理示意图

除规划外围交通性主干路，考虑减少交通性道路噪声、粉尘等对居住建筑的影响，两侧各设 10 米绿带外，其他道路不设绿带。

第三，合理布局，使绿地更好地为居民服务，统筹平衡社区绿化用地总量。

现行控规中，按照《天津市绿化条例》和《天津市城市规划管理技术规定》等规范，老居住区绿地率应大于 35%，新建居住区绿地率应大于 40%。《居住区规划设计规范》对居住区内绿地的计算有非常细致的规定。示范社区规划方案中，按现行计算办法，即绿地退让建筑 1.5 米、退让内部路 1 米，则地块

绿地率仅为 15.5%。本次深化研究，进行了折中和融合，参照武汉等城市的做法，建议调整绿地率计算办法，减少退让：即绿地退让建筑 0.9 米，内部路不退让，则示范方案的绿地率为 25%。同时，对地块附属绿地及公共绿地进行总量平衡，设置较大社区级公园绿地和邻里级公园绿地，两类公园绿地加上居住地块内部绿地总计占社区净居住用地总面积的 36%。人均公共绿地面积达到 5.9 平方米，远大于规范人均公共绿地 1.5～2 平方米的标准，使绿地更好地为居民服务。

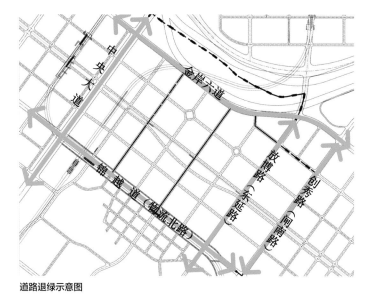

道路退绿示意图

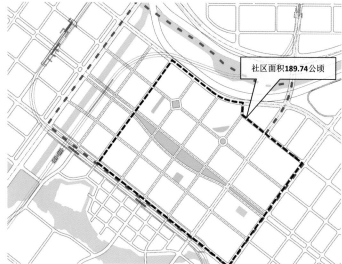

社区面积189.74公顷

绿地总量平衡

绿地总量平衡

02 街坊地块控制指标一览表

街坊编号	地块编号	用地性质代码	用地性质	用地面积/公顷	容积率	建筑密度/%	绿地率/%	限高/米	配套设施项目		备注
									设施名称	建设规模方式	
02	02-01	G2	防护绿地	0.25	—	—	90	—	—	—	
	02-02	R2	二类居住用地	6.36	1.7	35	25	55	—	—	商业等公建建筑面积小于地块总建筑面积的 7%
	02-03	G2	防护绿地	0.25	—	—	90	—	—	—	
	02-04	R2	二类居住用地	6.39	1.2	35	25	30	—	—	商业等公建建筑面积小于地块总建筑面积的 7%
	02-05	G1	公园绿地	0.44	—	—	75	—	—	—	
	02-06	R2	二类居住用地	5.07	1.5	35	25	55	—	—	
	02-07	G1	公园绿地	0.59	—	—	75	—	小区中心绿地	结合设置	街坊中心，含有两栋建筑，一栋为幼儿园，一栋为配套综合体
									居民活动场	结合设置	
	02-08	R22	服务设施用地	0.70	1.2	50	20	24	幼儿园	独立设置，占地面积 4000 平方米，建筑面积 2700 平方米	
									社区卫生服务站	结合设置，建筑面积 300 平方米	
									托老所	结合设置，建筑面积 1000 平方米	
									社区商业	结合设置，建筑面积 2040 平方米	
									邮政所	结合设置，建筑面积 400 平方米	
									环卫清扫班点	结合设置，建筑面积 100 平方米	
									燃气中低压调压站	结合设置，建筑面积 100 平方米	
									居委会	结合设置，建筑面积 1700 平方米	
									地下公共停车场	结合设置小汽车泊位 150 个	
									公厕	结合设置，建筑面积 60 平方米	
	02-09	R2	二类居住用地	6.36	1.2	35	25	30	—	—	商业等公建建筑面积小于地块总建筑面积的 7%
	02-10	G1	公园绿地	1.21	—	—	75	—	—	—	
	02-11	G1	公园绿地	2.43	—	—	75	—	—	—	

第二节 开发地块和邻里中心修建性详细规划

按照现行规划管理，控规审批后，土地整理单位可开始整理土地和进行道路、市政配套等基础设施建设。基础设施建设完成后，实施土地使用权出让。对超过 2 万平方米建筑面积和成片的居住区，开发商通过招拍挂获得土地使用权后，要按照控规和规划设计条件，编制修建性详细规划报批。公共配套设施有时也由开发商代为建设，建设完成后交给政府配套管理部门。这种传统做法带来一系列问题。按照新的思路，在实际操作中，应该由土地整理单位按照控制性详细规划，在土地出让前，除先行建设道路市政基础设施外，还应先行建设邻里中心和公园绿地广场等公共设施。因此，邻里中心的修建性详细规划应该由土地整理部门委托规划设计单位编制。本次修建性详细规划选择了和谐社区 C-DGu02 单元示范街坊中和睦里及邻里中心，按照各种技术规范，将示范社区城市设计成果局部地块和邻里中心深化为符合报批的修建性详细规划。

一、开发地块和睦里修建性详细规划

和睦里位于 C-DGu02 控规单元和睦街坊，在中央大道与金岸六道交口附近，具体四至范围：北至金岸六道，东至新瑞路，南至锦欣道，西至谐美路，规划可用地面积 63 621.8 平方米。和睦里修建性详细规划以人为本，采用窄路密网小街廓布局，提供多元化的住宅选择，为我们的城市营造配套完善、环境宜人、丰富多样的理想居住空间。修建性详细规划与居住建筑设计同步进行，具有以下主要内容和特点。

首先，城市设计采用窄路密网路网模式，优化街廓尺度。规划通过增加道路密度将现行常见的超大街廓进行切割。结合公共交通站点的位置，将连接公交站与社区公共绿地方向规划

一条 12 米宽的商业街，同时规划两条 16 米宽的街坊内部路。内部路虽由地块开发商负责建设，但应对外开放，其中 16 米宽街坊内部路将承担进出的机动车、非机动车及行人交通，12 米宽商业街主要承担非机动车及行人交通。规划正视机动车发展的需要，但不鼓励其无限制地增加，通过增设高质量的步行网络提供舒适愉快的步行体验，鼓励步行。除周边需要满足大量通行的交通性干路适当加宽外，对于大部分的街道都采取了窄街的做法，从而控制机动车的数量，减慢机动车的速度，营造出"慢行共享"的氛围，形成小汽车、自行车与人行的混合使用，在保证机动车效率的基础上大大提高步行者和非机动车的安全性和舒适度。三条内部路将本地块划分为 6 个街廊，每个街廊约为 1 公顷，形成开放性强的居住社区。

其次，强调建筑围合式布局与社区生活氛围的营造，实现开放社区和安静生活的协调。基于规划地块的主朝向为南偏西 36°，与传统北方常见的行列式布局不同，本规划沿街平行道

研究范围

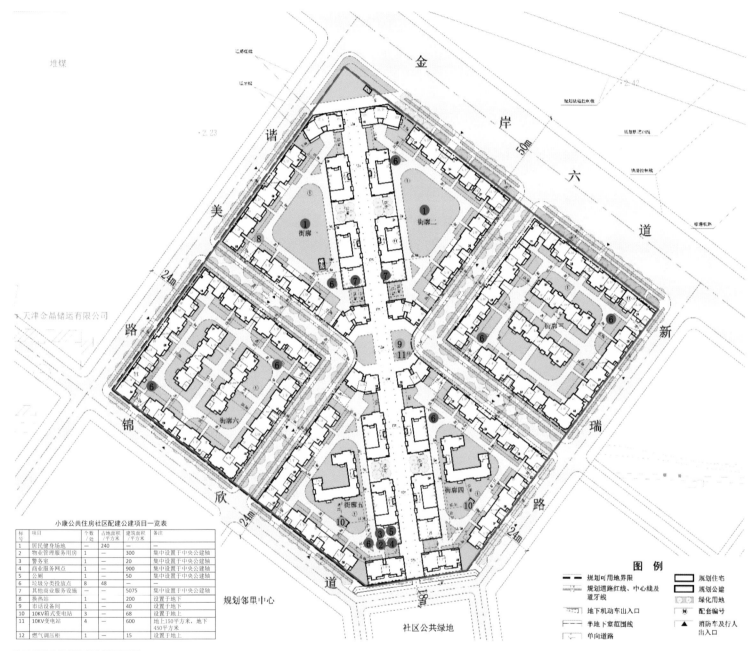

小康公共住房社区配建公建项目一览表

标号	项目	个数/处	占地面积/平方米	建筑面积/平方米	备注
1	居民健身场地	—	240	—	
2	物业管理服务用房	1	—	300	集中设置于中央公建轴
3	警务室	1	—	20	集中设置于中央公建轴
4	商业服务网点	1	—	900	集中设置于中央公建轴
5	公厕	1	—	50	集中设置于中央公建轴
6	垃圾分类投放点	8	48	—	—
7	其他商业服务设施	—	—	5075	集中设置于中央公建轴
8	换热站	1	—	200	设置于地下
9	市话设备间	1	—	40	设置于地上
10	10KV箱式变电站	3	—	68	设置于地上
11	10KV变电站	4	—	600	地上150平方米，地下450平方米
12	燃气调压柜	1	—	15	设置于地上

和睦里修建性详细规划总平面图

图 例

- 规划可用地界限
- 规划道路红线、中心线及道牙线
- 地下机动车出入口
- 半地下室范围线
- 单向道路

- 规划住宅
- 规划公建
- 绿化用地
- 配台编号
- 消防车及行人出入口

路布局住宅，形成四面围合式的小街廓。每个围合街廓内形成安静、安全、归属感极强的社区活动地带，冀此促进邻里交往，实现邻里和谐。同时，临街布置的建筑清晰地界定出街道空间，营造丰富多彩的街道生活。12 米宽步行街两侧建筑设置底层商业，激活了社区。其他街道尺度亲切，可以根据功能和需要形成不同功能特征的街道，丰富社区生活。

规划地块主要由住宅建筑组成，住宅建筑分为小高层和多层建筑，小高层分为 16 层、11 层、8 层三种，主要沿北侧和西侧道路布置；多层分为 5 层、4 层、3 层三种，是各街廓建筑的主要高度类型。部分住宅建筑一层可设置为公建功能使用。沿12 米内街两侧的街廓一、街廓二、街廓四、街廓五均呈三角形

围合式布局，临 12 米内街底层规划为商业等公共建筑，公建内设置物业管理服务用房、警务室、公厕、商业服务网点等设施，就近为周边居民提供便民服务，其他位置均为住宅。街廓三、街廓六呈方形围合式布局，功能均为住宅建筑，街廓内部布置两排 4 层住宅。围合式布局特征为住宅建筑紧贴周边城市道路或内部路呈连续线性布置，贴现率达到 90% 以上。

六个住宅街廓内均为安全且归属感极强的社区活动及交流内庭院，内庭院比周边道路抬高半层（约 1.5 米），私人小汽车在半地下室停放，内庭院禁止小汽车进入。停车位满足现行天津市停车规范要求，实际上，半地下室的停车位数量即是街廓开发强度的上限。庭院道路均采用环线设计，主要起到联系各

与滨海新区贝肯山居住小区（左）的对比

栋建筑的作用，规划4米的宽度及8米的转弯半径，保证消防车通行，满足街廓内每栋建筑的消防要求。

第三，符合住宅建筑日照要求，建筑间距保证满足通风、安全等方面的要求。根据天津华汇环境规划设计公司对规划方案初步计算得出的日照分析报告来看，本规划地块内满足每户至少一个居室在大寒日有效日照时间不低于2小时的要求。按照天津市对住宅建筑日照的相关管理规定，既应该满足日照分析每户至少一个居室在大寒日有效日照时间不低于2小时的要求，又应该满足日照间距的相关要求。本规划部分住宅建筑的间距虽然不满足相关要求，但通过具体的规划设计，能够保证居住建筑的通风和卫生等要求。

一般住宅建筑间距需要考虑多种因素，比如所处的地理位置与气候状况、采光、通风、消防、管线埋设和视觉卫生的要求等，随着社会的发展、技术的进步、认识水平的提高，某些限制因素可以通过先进的技术、高明的设计、市场调节手段等予以改善。本方案提出的围合式布局的居住社区，在对以上方面进行积极应对的基础上，虽然局部间距比现行《天津市城市规划管理技术规定》的间距管理规定有所减小，但满足通风、消防等要求，下一步尝试推动对现行的间距管理规定进行检讨和调整。

第四，创造适宜的街道生活空间，减少建筑退让道路红线和绿线。本规划对主干路沿街建筑物退让绿带2米，其他沿街建筑退让道路红线2米。未按照《天津市城市规划管理技术规定》的要求对道路红线及绿线进行建筑退让，即多层建筑退让5～8米，高层建筑退让8～15米。较小的建筑退线有利于建立宜人的街道尺度，有利于沿街建筑直接面向街道并开设出入口，有利于街道上行人的心情愉悦度和安全度的提高。对于通过性交通干道，采用10米的绿化带，解决交通噪声等问题。对于社区南部交通道路，由于车速和交通量有限，因此减少建筑退让不

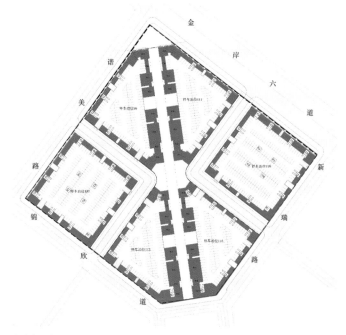

配建停车示意图

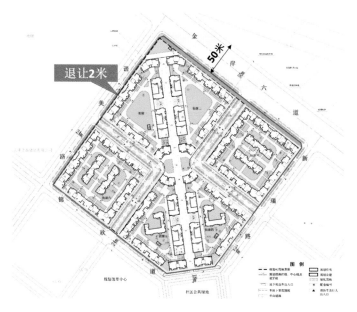

建筑退让示意图

会带来噪声等问题。由于住宅建筑均抬高了 1.5 米，因此可以保证临街住宅建筑的私密性。

第五，统筹绿地用地指标，为居民提供更多、更实用的绿地和开敞空间，实现景观设计目标。利用住宅建筑之间的距离形成庭院式的绿化用地，为居民提供活动、休闲、健身的空间。可设置花架、座椅、硬地、小品、儿童活动、小型健身器材等设施，安排老年人休息的场所和儿童活动设施，是街廓内居民交往、游憩的主要场所。根据上位规划《大沽街分区 C-DGu02 单元控制性详细规划（仅供研究使用）》，在该单元范围内进行绿地布局的整体平衡，本规划地块分享公共绿地 10%；参照武汉等城市的经验，绿地边界算到小区路边线、距房屋墙角 0.9 米，算得本规划地块内绿地率为 25.5%，综合保证居住用地的绿地率达到 35.5%，符合《天津市城市规划管理技术规定》居住地块绿地率至少应达到 35% 的要求。

第六，对安保单元和物业管理的考虑。安保范围划分方面，每一个街廓作为一个独立的安保区域，形成以智能化监控和邻里监视相配合的安防体系。沿街住宅过街楼为行人和消防车出入口，不设大门，便于消防车等应急通行。围合的内院是开放的半私密空间，处于邻里的注视下，具有一定的安全性。沿街围合式住宅建筑的楼电梯间对道路及内庭院两个方向都实行开放，居民凭门禁卡通行。庭院内、沿街廓外围、地下车库出入口和门禁处均设置摄像头，将监控数据传至物业管理中控室进行监控。一个街廓是一个物业管理单元，由居民自治的业主委员会选择物业公司。考虑到物业管理的规模效应，一个物业公司可以通过竞争性的方式管理几个临近的街廓。由于采用了智能化安防，可以大大减少保安的数量，降低物业公司人力成本，提高物业服务水平。

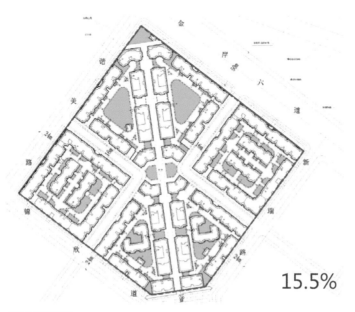 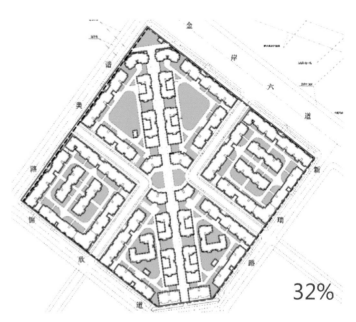

15.5%   32%

绿化率前后对比

消防通道示意图

主要出入口位置示意图

消防车流线示意

▲ 业主及消防车出入口
△ 业主出入口
△ 半地下车库出入口

规划用地平衡表

	项目	面积/平方米	百分比/%	人均面积/平方米
	规划可用地	63621.8	100.00	28.9
1	住宅用地	20931.6	32.9	6.6
2	公建用地	6553.	10.3	3.0
3	道路用地	19913.6	31.3	14.8
4	公共绿地	16223.6	25.5	4.5

规划主要技术经济指标表

	项目	单位	数值
	规划总建筑面积	平方米	155960
其中	一 地上总建筑面积	平方米	102464
	规划住宅建筑面积	平方米	95886
	规划公建建筑面积	平方米	6578
	二 半地下总建筑面积	平方米	53496
	地下车库建筑面积	平方米	52806
	市政设施建筑面积	平方米	690
	居住户数	户	784
	居住人数	人	2196
	户均人口	人/户	2.8
	户均住宅建筑面积	平方米/户	122.3
	建筑密度	%	33.2
	建筑高度	米	55
	绿地率	%	25.5
	容积率	—	1.61
	机动车停车位	辆	824
	非机动车停车位	辆	1320

配建公建项目一览表

图中标号	项目	个数/处	占地面积/平方米	建筑面积/平方米	备注
1	居民健身场地	—	240	—	
2	物业管理服务用房	1	—	300	集中设置于中央公建轴
3	警务室	1	—	20	集中设置于中央公建轴
4	商业服务网点	1	—	900	集中设置于中央公建轴
5	公厕	1	—	50	集中设置于中央公建轴
6	垃圾分类投放点	8	48	—	
7	其他商业服务设施	—	—	5075	集中设置于中央公建轴
8	换热站	1	—	200	设置于地下
9	市话设备间	1	—	40	设置于地下
10	10千伏箱式变电站	3	—	68	设置于地上
11	10千伏变电站	4	—	600	地上150平方米，地下450平方米
12	燃气调压柜	1	—	15	设置于地上
合计	地上	—	—	6578	—
	地下	—	—	690	—

注：1. 住宅建筑面积含半阳台面积。
2. 地下人防按规定标准配置。
3. 居住建筑间距以最终日照分析报告为准。
4. 半地下车库未计入容积率。

二、邻里中心修建性详细规划

按照示范社区概念性规划，居委会级社区中心即邻里中心为道路围合的独立用地，各项配套设施集中布置，其他开发地块只配置业主委员会活动用房、物业用房和市政设施等。控制性详细规划按照《市规划局关于中心城区控制性详细规划深化工作的实施意见》《滨海新区定单式限价商品住房管理暂行办法》的配置模式，将公共服务设施布局与城市管理模式有效衔接，将适宜集中的公共服务设施集中配置，促进资源的集约与有效利用，同时为社区居民提供了集会交流的公共场所，有效加强了社区感。控制性详细规划明确了邻里中心用地的界限，提出规划指标。结合邻里中心的建筑设计，由规划院编制了邻里中心的修建性详细规划。

和谐社区典型街坊邻里中心的建筑设计，由于缺少细化的设计任务书，也缺少居委会管理部门的参与，只能依然以控规确定的配套内容和标准来设计，以建筑功能分区布局和体量形态为主。修建性详细规划按照建筑设计总平面，形成两组相对独立的建筑，建筑沿街道布置，向东面向主公园广场，向内围合形成内广场等公共空间。设置地下一层停车场和部分设备用房。另外，公厕、环卫清扫班点以及废物回收与公园管理用房集中设置在公园的南端，与邻里建筑和幼儿园形成一定的距离。

邻里中心总用地面积 12 900 平方米，其中幼儿园 4000 平方米，邻里公园 4900 平方米。总建筑面积 14 400 平方米，其中地上部分 11 200 平方米，地下部分 3200 平方米（不计入容积率），容积率为 0.9，建筑密度 30%，绿地率 40%，机动车车位 70 个、非机动车车位 150 个，均位于地下。

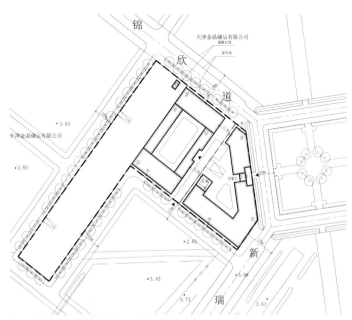

邻里中心修建性详细规划总平面图（阶段方案）

第三节　典型住宅单元、街廓和邻里中心建筑设计

　　本次和谐社区典型街坊建筑方案深化设计以概念性建筑方案设计为基础，按照《住宅设计标准》（GB 50096—2011）、《天津市住宅设计标准》（DB 29—22—2013，J 10968—2013）、《天津市居住建筑节能设计标准》（DB 29—22—2013，J 10409—2013），以及抗震、消防等国家和天津市现行的各项规范和技术标准，采用相应的技术措施，使原概念方案得以落地。共进行了方形、三角形两个典型街廓和邻里中心三个项目的建筑设计，1 号街廓和睦里为典型方形街廓，2 号街廓和兴里为三角形街廓，3 号街廓为邻里中心。设计工作到扩初深度，包括建筑结构、水暖电等专业，典型单元和总平面到施工图深度。设计工作与修建性详细规划同步进行，互相配合，确保项目的可实施性。

和谐社区起步区模型图

一、典型住宅单元的深化设计

原住宅建筑设计概念方案采用传统的标准单元组合设计模式，既满足标准化、工业化要求，又满足多样性要求。典型单元概念设计共有六种单元平面，包括一室、二室、三室等多种户型。根据街廓总平面布局要求，通过不同的组合，在单元标准化的模式下实现了户型和单体建筑的多样化。户型设计都有面向南北的生活空间、南北通透的客厅与餐厅，厨房与客厅位于两个方向，这样的布局形式可以提供更好的室内通风以及最大的采光。所有的结构墙、交通核和管道间等均上下对齐。最后，概念方案展示出通过标准化的单元组合可以形成丰富多变的建筑立面。

在深化设计中，对照相关规范，发现概念方案存在一些问题，主要是由于我国对住宅节能的标准不断提高而产生的，如建筑体型系数，概念方案一般在 0.44 左右，规范要求一般不超过 0.33。虽然能够通过围护结构热工性能的权衡判断来解决，但会增加建筑造价。采暖房间不应设三面外墙。厨房必须直接采光通风，不得经过阳台等间接采光通风。

在原建筑概念方案单元户型平面良好的采光、通风、标准化、多样化等优点的基础上，深化设计结合国家和天津市有关规范标准对方案进行了微调，调整内容包括：部分间接采光的厨房调整为直接天然采光；户型平面中部分有三面外墙的采暖房间改为最多有两面外墙；空调室外机位的布置更利于空调散热；

原建筑概念方案单元户型平面图

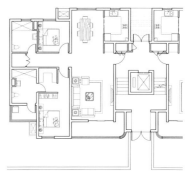

优化后单元户型平面图

改正少量卫生间布置在下层住户除卫生间外的其他房间上层等问题，对管道井的设计做了优化。

考虑居住水平的提高，我们在委托概念设计时提出提高居住建筑面积标准，如主力两室户型面积为90平方米，是指套内面积，标准比习惯按照建筑面积计算有所提高。   同

时对于单元公共部位即交通核，要提高空间舒适度，避免习惯上为减少公摊面积过分压缩公共部位面积，造成使用不便和品质的下降。作为全装修住房，下一步建筑设计应与室内装修设计紧密结合，进一步优化建筑设计。

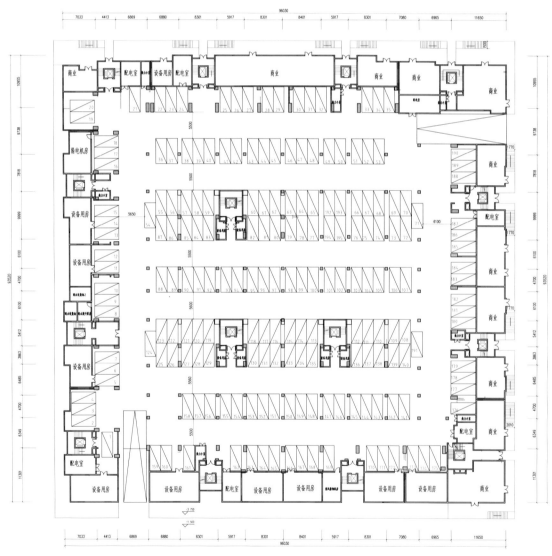

1号地下室平面图

二、典型总平面和竖向的深化设计

示范社区规划设计的立意是塑造以公共交通为主、充满活力的宜居社区，采用窄路密网、小街廓，形成宜人尺度的街道广场空间，同时可以分散机动车交通、减少拥挤。为减少停车对景观的影响，采取半地下的方式停车，既保证居民可以拥有汽车，又不破坏整体环境。同时，采用半地下的方式也减少了土方开挖，节约造价。

原概念方案在典型总平面设计上花了许多工夫，巧妙地解决了许多问题，而且通过标准化单元设计，尽可能多地增加了地下停车位。但由于深度的原因，还是存在一些问题，包括：带地下室的多层住宅建筑结构采用短肢剪力墙比较经济，但剪力墙落地会严重影响停车位数量，结构转换带来成本增加较多；竖向设计中，有些坡度不符合国内规范，也没有考虑管线的敷

设；部分楼栋间距过小，地库出入口宽度较小，不满足消防规范；地下车库层高不够，地下车库布置图未考虑结构墙的影响等。

在深化设计中，按照相关规范标准，统筹地上和地下、平面和竖向、结构和市政管线等问题，力争取得最好的效果。通过多方面比较分析，最终确定住宅短肢剪力墙在地下室进行结构转换，尽可能使地下室规整好用。对无法取消的剪力墙、交通核保证落地，处理好其与停车位和通道的关系。

在总图剖面设计中，也进行了多方案比较。根据室外场地设备管线设计及绿化形式的不同处理方式，计算出室内首层标高距离车库地面标高5.05米、4.45米、4.15米、3.75米四种高度。5.05米有1.4米厚的覆土，可以埋污水等管线和种大一点的树木。3.75米则只有30厘米的覆土，绿化只能靠草坪和部分做花池来解决。由于为半地下，加上消防车要上内庭院，要求不大于8%的坡度，

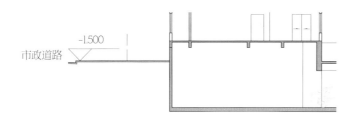

室内外高差0.15米，结构板上覆土1.4米（雨水自由排，污水和绿化管线走板上覆土）。
暂考虑梁高700毫米；梁下600毫米（消防、排风管线空间），保证2.2米净空。

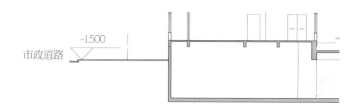

室内外高差0.15米，结构板上覆土0.6米，绿化种植只考虑植草。
暂考虑梁高700毫米；梁下800毫米（污水、消防等管线空间），保证2.2米净空。

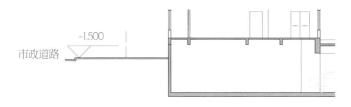

室内外高差0.15米，结构板上覆土0.3米，绿化种植部分做花池填土。
暂考虑梁高700毫米；梁下800毫米（污水等管线空间），保证2.2米净空。

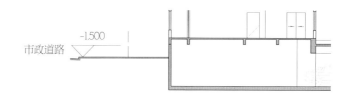

室内外高差0.15米，结构板上覆土0.3米，绿化种植部分做花池填土。
暂考虑梁高700毫米；地下室做天井、无排风管道，梁下400毫米，保证2.2米净空。

因此住宅建筑一层地坪高出城市道路 1.5 米。意味着层高越大，半地下车库坡道越深越长，而且对地面的开口影响也越大。因此，层高越小越好，3.75 米已经是极限，也是最可行的方案，其中，

室内外高差 0.15 米，结构板上覆土 0.3 米（绿化种植部分做花池填土），暂考虑梁高 700 毫米，梁下 400 毫米（为污水等管线空间，地下室做天井，无需排风管道），车库保证 2.2 米净空。

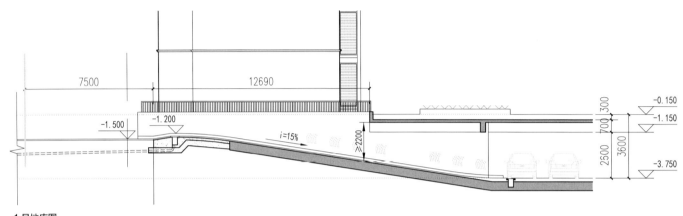

1 号地库图

这样意味着地下地坪低于城市道路 2.25 米，也减少了地下开挖的深度，节约造价。

其他的调整内容包括：调整相关单元户型的开间或进深，或者部分采用防火墙构造措施，以满足防火建筑以及地库出入口的车道宽度要求；汽车坡道坡度 15%，20.2 米长，采用局部结构做反梁，保证坡道最低处 2.2 米净高，将地库坡道对庭院的影响减到最小；坡道入口处地面高度比城市道路抬高 0.3 米，形成反坡，防止雨水倒灌等。

三、1 号街坊和睦里的深化设计

1 号街坊和睦里为典型的方形街廓，根据概念设计方案和深化后的 6 种标准单元平面，形成建筑组合平面，以变形缝分隔命名不同楼号，共形成 6 栋建筑，其中 5 栋为 5 ~ 6 层的多层，建筑高度小于 20.9 米；一栋为 9 ~ 11 层的小高层，建筑高度 41.4 米。由于组合建筑变化比较多，因此，除首层和标准层

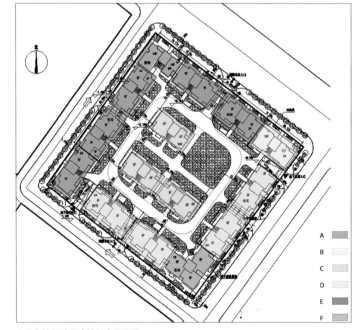

1 号街坊和睦里建筑组合平面图

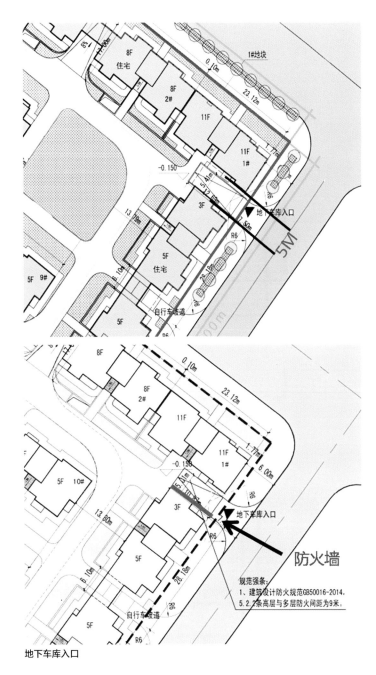

地下车库入口

平面外，还设计出有变化的各层剖面图，以及组合建筑立面图和剖面图。

建筑总平面成果包括地上总平面和半地下总平面两个总平面。地上总平面调整内容包括：减少相关单元的层数以满足日照要求；调整相关单元户型的开间或进深，或者部分采用防火墙构造措施，以满足建筑防火间距以及地库出入口的车道宽度要求。

同时，考虑到内庭院内集中的空间不多，也尝试去掉院区内一个住宅单元，局部增加建筑层数，在保证容积率不变的前提下，增加街坊内活动空间面积。合理布置半地下车库的天井，避免对住宅和庭院活动造成影响。概念设计中半地下总平面存在地下车库层高不够、地库出入口坡道长度不够、地下车库布置图未考虑结构墙的影响、部分单元未考虑进入地库的楼梯间等问题，都按照典型总平面设计的原则和标准予以深化完善。半地下室总面积 8410 平方米，空间尽可能用于停车，共设计出标准车位 195 个。无法用于停车的面积除了一部分作为自行车停放场地和设备用房，包括雨水存储和泵房之外，还有部分面积可以考虑其他用途。

总平面图中的管线综合利用窄路密网小街廓布局和半地下停车的优势，地块内的市政管线均走半地下车库楼板下的空间，便于检修。地块管线包括污水、雨水、自来水低压（市政直供）、自来水中压、再生水低压（市政直供）、再生水中压、热力、燃气、室内消防栓系统管线、自动喷淋系统管线、强电和弱电，共 12 种。地块自来水为中区和低压水直接引入，自来水最高日用水量，低压为 40 立方米，中压为 8 立方米。地块内建筑污水，各污水竖管可以直接汇合后接入周边道路的污水干管。污水最高日排放量为 60 立方米，雨水则按照 3 年重现期标准，设计流量为120 秒 / 立方米。再生水为中区和低压区给水直接引入，再生水最高日用水量，低压为 20 立方米，中压为 5 立方米。地块供热为低温热源直接引入，总热负荷为750千瓦。燃气低压引入地块，燃气年用气量39 000立方米。在相邻街廓布置110千伏变电站，电源从地块西侧引入半地下室内，通过桥架将电源引至各个配电室内，地块总用电量为1600千瓦。通信电缆从西北侧引入地块，半地下室内设置一个弱电机房，通信电缆经过弱电机房后由弱电桥架引至各个楼座的竖井内。在市政设施设备用房方面，

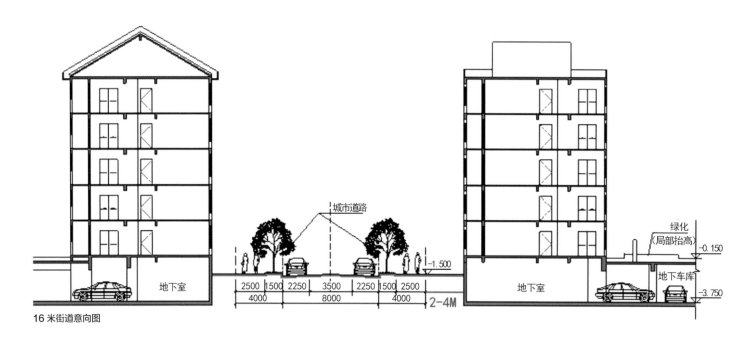

16米街道意向图

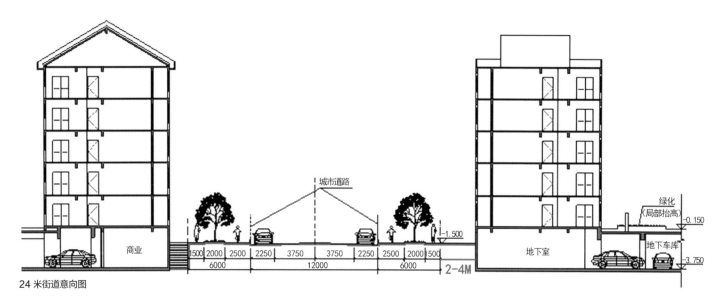

24米街道意向图

尽可能布置在半地下室。适应窄路密网小街廓布局的特点，一个开发地块内集中综合统筹设置，避免每个街廓都设置设备用房而造成浪费、难于管理和公摊过大。地块的市政管线均布置在地块内 12 米、16 米红线宽的街坊道路内，包括两侧各 2 米的

建筑退让道路红线的空间，可以较好地布置各种管线。实践证明，再生水管线利用率不高，建议下一步实施时取消地块再生水低压（市政直供）管线和再生水中压管线，采取其他更有效的节水措施。

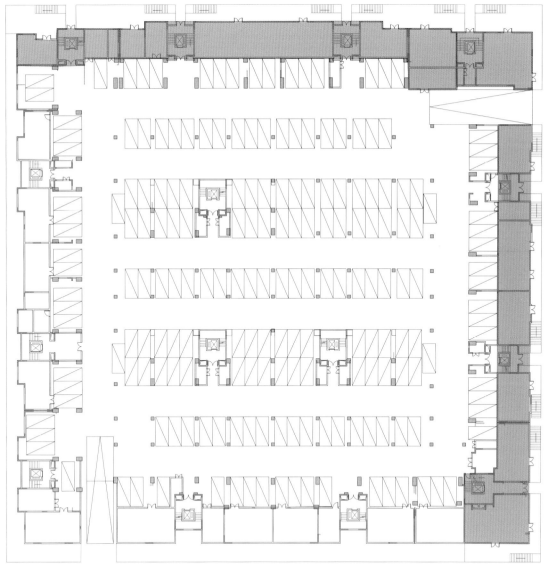

商业区域

1 号街坊和睦里地下室平面图

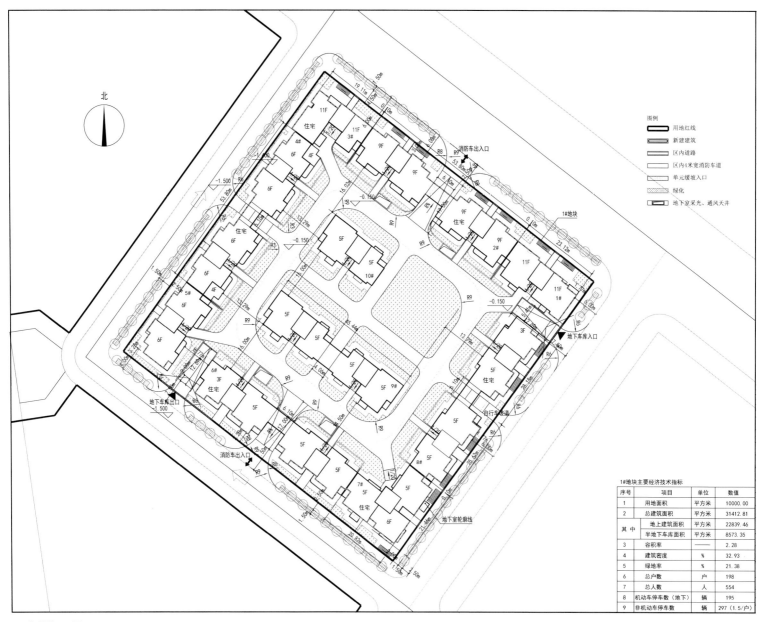

北

图例
用地红线
新建筑
区内道路
区内4米宽消防车道
单元缓坡入口
绿化
地下室采光、通风天井

消防车出入口
地下车库入口
自行车坡道
地下车库出口
消防车出入口
地下室轮廓线

1#地块主要经济技术指标			
序号	项目	单位	数值
1	用地面积	平方米	10000.00
2	总建筑面积	平方米	31412.81
其中	地上建筑面积	平方米	22839.46
	半地下车库面积	平方米	8573.35
3	容积率	——	2.28
4	建筑密度	%	32.93
5	绿地率	%	21.38
6	总户数	户	198
7	总人数	人	554
8	机动车停车数（地下）	辆	195
9	非机动车停车数	辆	297 (1.5/户)

1号街坊总平面图

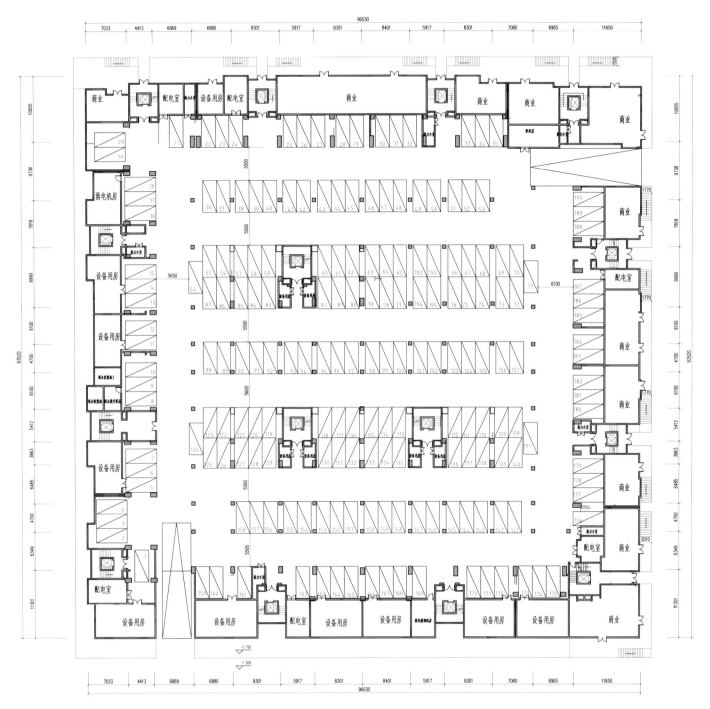

1号街坊地下车库平面图

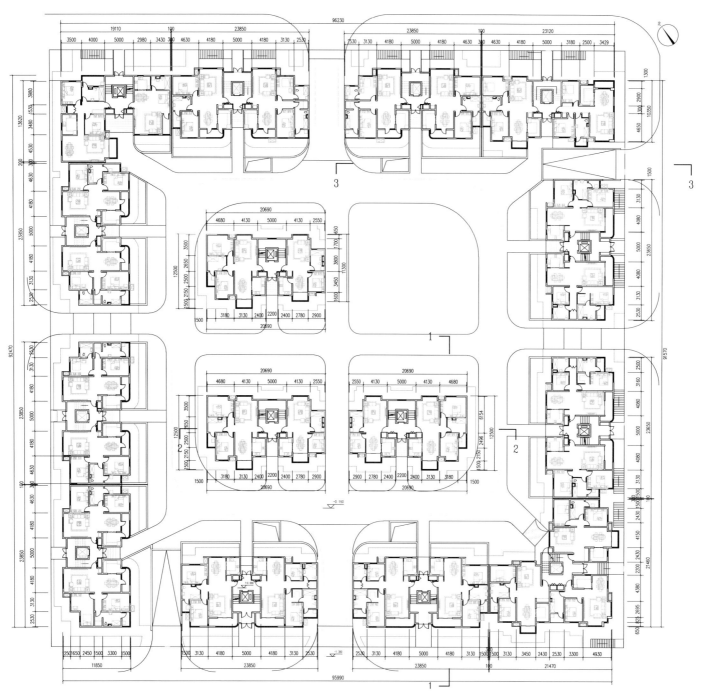

1号街坊首层平面图

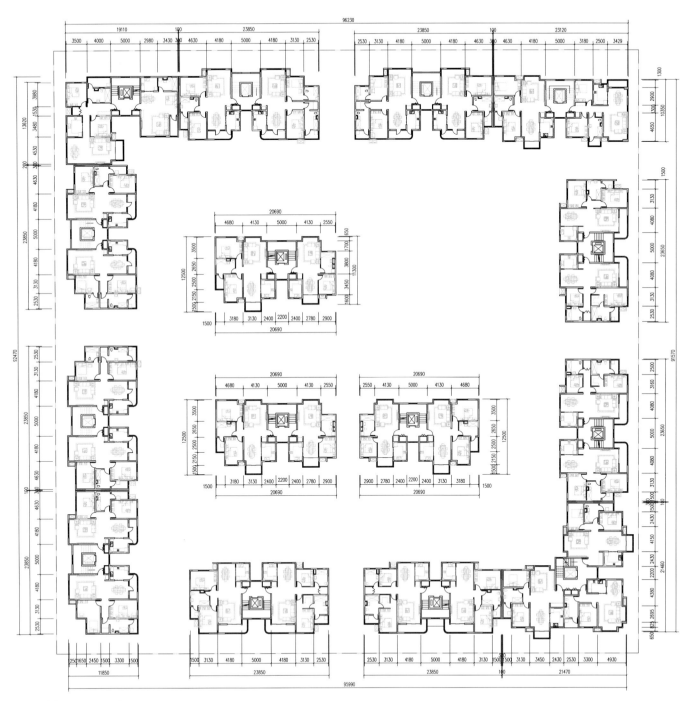

1 号街坊二、三层平面图

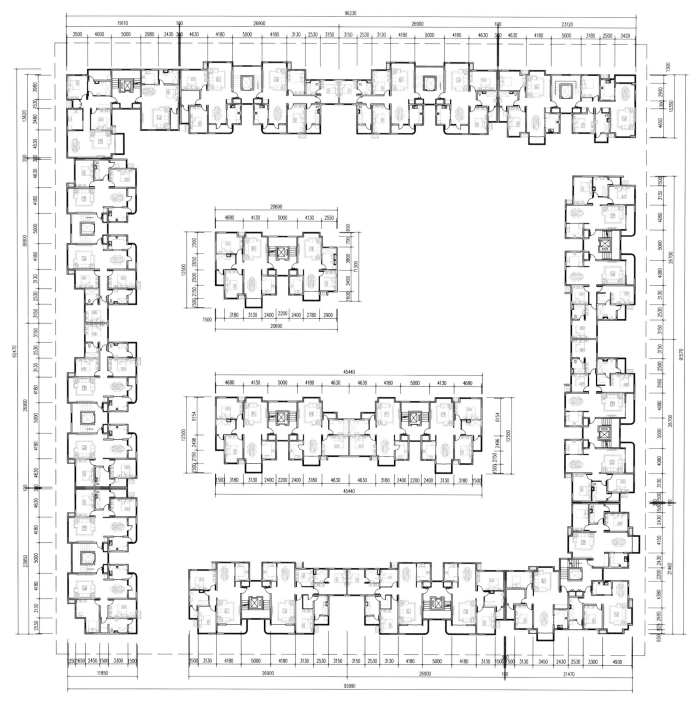

1号街坊标准层平面图

1 号街坊东南立面图

1 号街坊东北立面图

1号街坊西南立面图

1号街坊西北立面图

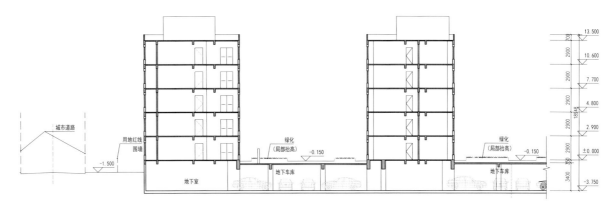

1-1 剖面图

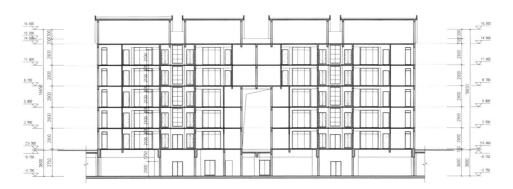

2-2 剖面图

3-3 剖面图

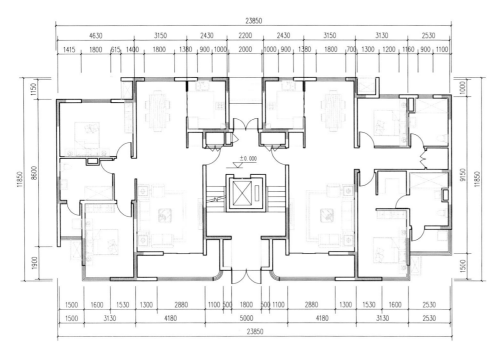

6 号楼首层平面图

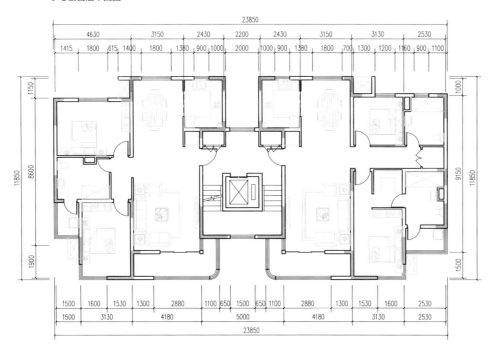

6 号楼标准层平面图

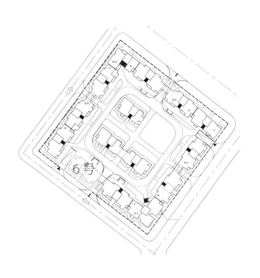

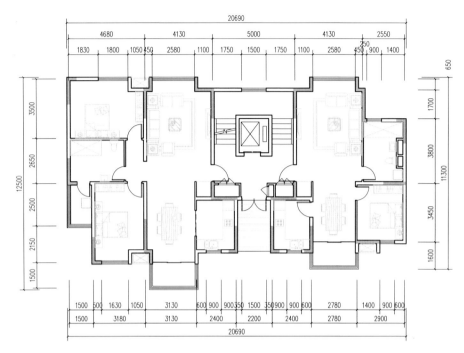

10 号楼首层平面图

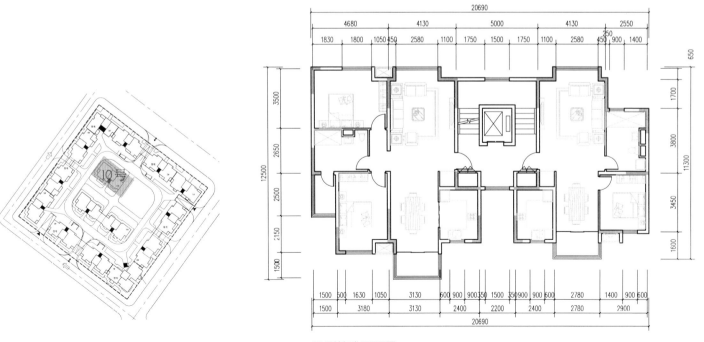

10 号楼标准层平面图

建筑设计同时注重城市街道等公共空间的设计是示范社区规划设计的重要特征。在总图设计中，增加了街道设计意向。按照概念设计，除了考虑市政管线敷设、建筑 2 米退线和高度关系外，进一步细化道路空间设计。

结合半地下车库深入设计，对于沿 24 米道路一侧的半地下空间，考虑其作为商业用房的可能性，通过在人行道上设置下沉庭院和楼梯，形成有趣的空间。半地下层高有 3.6 米，建筑面积从 30、50、70、90 到 160 平方米不等，对于工作室、特色商店等是不错的选择。这部分建筑面积共约 1000 平方米，沿路展开界面长度约 180 米，约 20 间店面，既可以丰富街道生活内容，也可以用于鼓励社区就近创业和就业的空间场所。

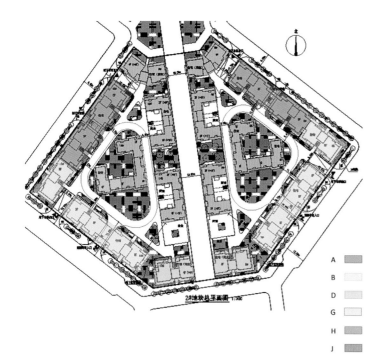

A
B
D
G
H
J

2 号街坊和兴里建筑组合平面图

四、2 号街坊和兴里的深化设计

2 号街坊和兴里为一个近似正方形的街廓，概念设计中设置了一条 12 米宽斜向的商业内街，将和兴里分为两个对称的三角形街廓。住宅标准单元共有 6 种，其中 3 种与 1 号街坊和睦里相同，其余 3 种单元 1 号街坊中没有出现，主要是沿商业街和内庭院布置的 3 层低层住宅和北端的两栋 6 层蝶形住宅。6 种单元形成建筑组合平面，以变形缝分隔命名不同楼号，共形成 10 栋建筑，其中 4 栋为 3 层低层，建筑高度小于 12.3 米；6 栋为 5 ~ 6 层的多层高层，建筑高度 20.4 米。同样，由于组合建筑变化比较多，因此，除首层和标准层平面外，还设计出有变化的各层剖面图，以及组合建筑立面图和剖面图。

虽然是三角形街廓，但总平面设计的原理与典型方形街廓相同。原概念方案同样存在地下车库层高不够、地库出入口坡道长度不够、地下车库布置图未考虑结构墙的影响、部分单元未考虑进入地库的楼梯间等问题。深化调整内容包括：地上总平面主要解决日照、消防和消防车道等问题，半地下总平面主要解决停车和坡道等问题。与方形街廓的不同点主要是商业步行街的处理，步行商业内街沿街在不同形态的单元住宅建筑首层设置商业空间，由于住宅建筑抬高 1.5 米，因此商业建筑层高达 4.4 米。商业建筑不仅有较高的室内层高，并且可以形成不同形态的街景立面。内街红线宽度 12 米，两侧建筑高度 12.3 米，形成亲切的街道尺度。管线综合设计方式与典型街廓相同。

和兴里总用地面积 17 300 平方米，总建筑面积 39 900 平方米，其中地上部分面积 30 000 平方米，住宅建筑面积 27 200 平方米，商业 2800 平方米。半地下部分面积 9870 平方米，不计入容积率。街廓容积率为 1.74，建筑密度 34%，绿地率 23%，共 174 户、488 人，户均 2.8 人，机动车车位 180 个、户均近 1 个，非机动车车位 261 个，户均 1.5 辆，均位于半地下室内。

五、邻里中心的深化设计

图例

	用地红线
	新建建筑
	区内道路
	区内4米宽消防车道
	单元缓坡入口
	绿化
	地下室采光、通风天井

北

2#地块主要经济技术指标

序号		项目	单位	数值
1		用地面积	平方米	17 310.16
2		总建筑面积	平方米	39 902.84
其中		地上建筑面积	平方米	30 032.84
	其中	住宅建筑面积	平方米	27 232.84
		商业建筑面积	平方米	2800.00
		地下车库面积	平方米	9870.00
3		1号、11号住宅楼	平方米	2429.99
4		2号、10号住宅楼	平方米	3965.38
5		3号、9号楼（含商业）	平方米	1133.50
6		4号、15号楼（含商业）	平方米	1203.013
7		5号、14号楼（含商业）	平方米	1411.38
8		6号、13号楼（含商业）	平方米	1171.19
9		7号、12号住宅楼	平方米	2310.60
10		8号、16号住宅楼	平方米	1383.37
13		计算容积率总建筑面积	平方米	30032.85
14		容积率	——	1.74
15		建筑占地面积	平方米	5947.78
16		建筑密度	%	34.36
17		绿地率	%	22.67
18		总户数	户	174
19		户均人口	人／户	2.8
20		总人数	人	488
21		机动车停车数（地下）	辆	180
22		非机动车停车数	辆	261（1.5／户）

2号街坊总平面图

New
Harmony
和 谐 社 区

天津滨海新区新型社区规划设计研究
The Research for New Prototype of Public Housing Estate in Tianjin Binhai New Area

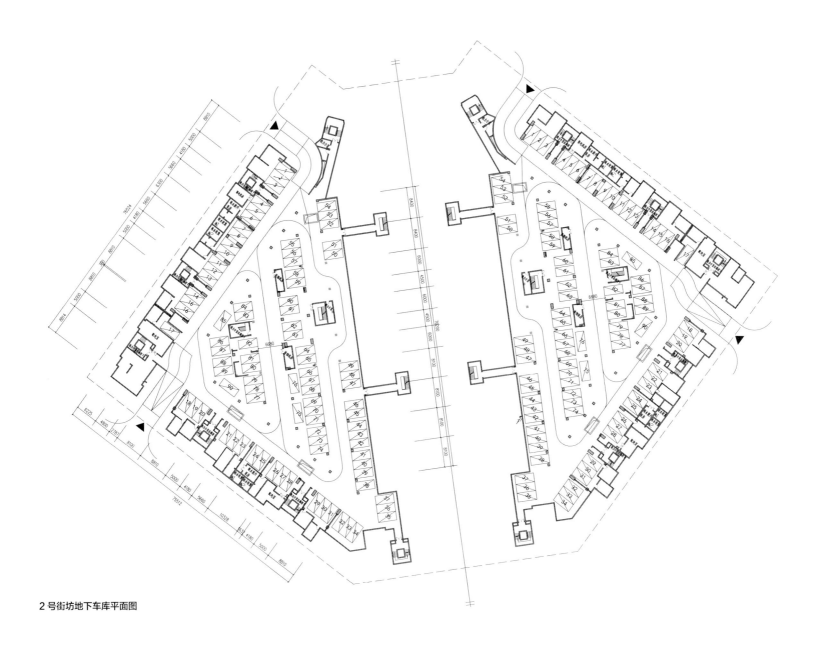

2 号街坊地下车库平面图

2 号街坊首层平面图

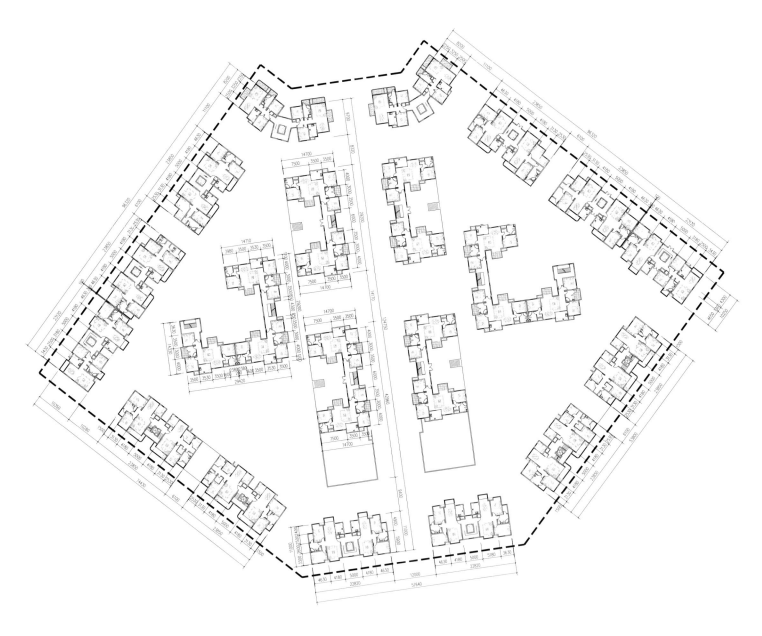

2 号街坊二层平面图

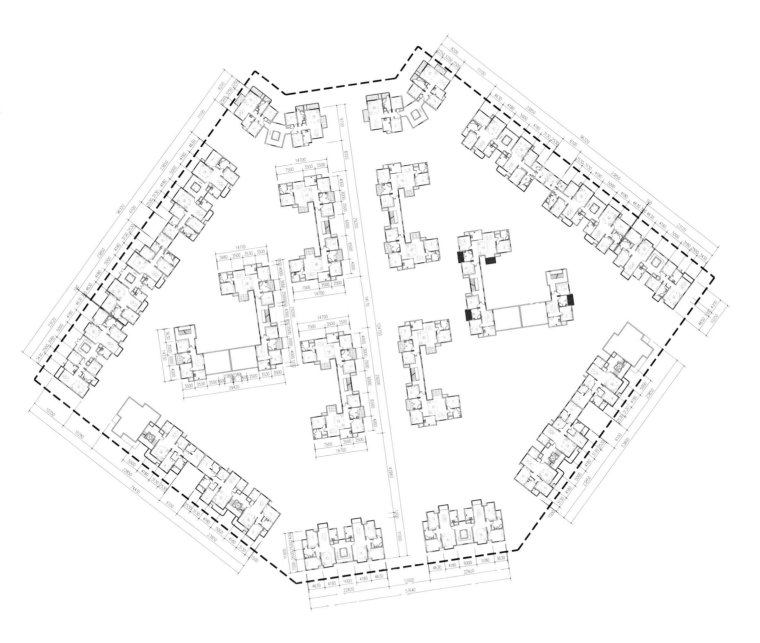

2 号街坊标准层平面图

2 号街坊西南立面图

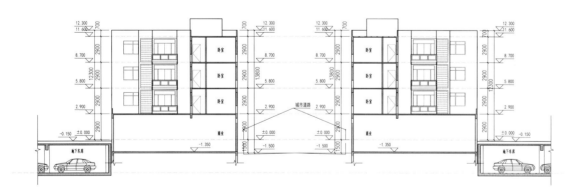

2 号街坊 1-1 剖面图

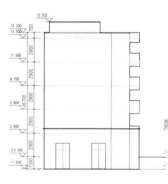

2 号街坊商业街立面图

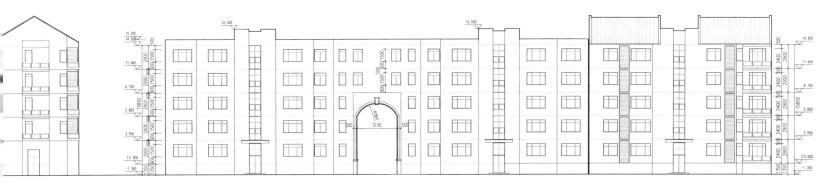

2 号街坊西北立面图

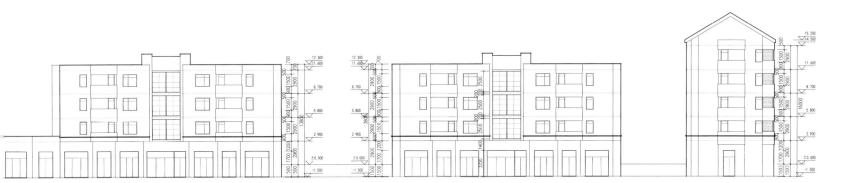

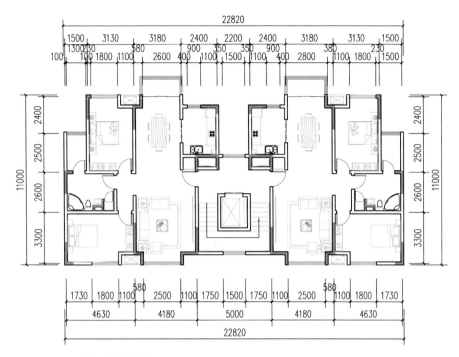

13 号楼标准层平面图

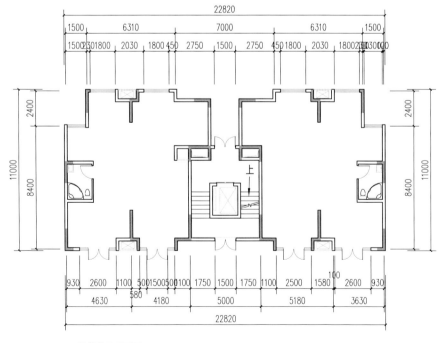

13 号楼首层平面图

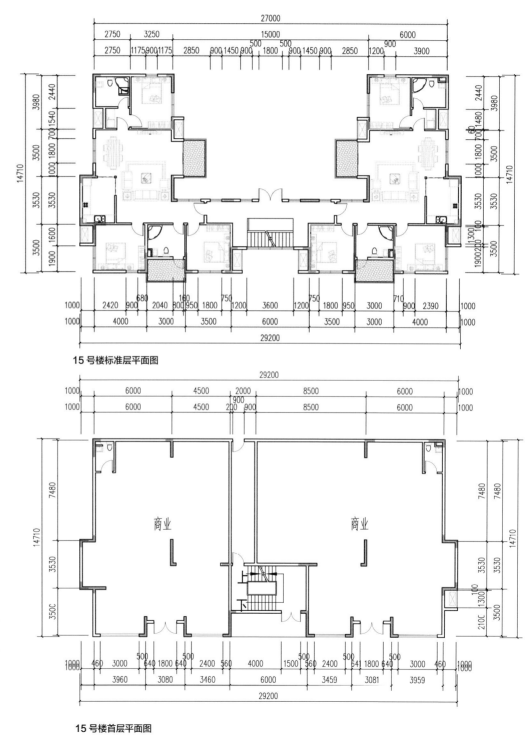

15 号楼标准层平面图

15 号楼首层平面图

　　和谐社区典型街坊邻里中心的概念建筑设计做了两个方案，与习惯做法不同，两个方案不是简单地设计一栋建筑，而是将室外活动空间的塑造和建筑单体功能设计相结合，形成室内功能和室外并重、尺度宜人、具有场所感的邻里中心。本次深化设计，由于缺少细化的设计任务书，也缺少居委会管理部门的参与，只能依然以控规确定的配套内容和标准来设计，以建筑功能分区布局和体量形态为主，按照国内现行标准，形成两组相对独立的建筑。幼儿园仍然位于基地西北，有 4000 平方米独立用地，为 6 个班，建筑面积 3800 平方米。活动室和寝室均朝阳，各班都有自己的室外活动场地。幼儿园主入口面向东侧、由邻里中心建筑围合的内广场。邻里中心建筑面积 7400 平方米，共 2 层，包括居委会 500 平方米、物业管理 500 平方米、文化活动站 1200 平方米、社区卫生站 400 平方米、托老所 1300 平方米、社区商业 2800 平方米、邮政所 400 平方米。按照功能组合分成两部分，托老所与社区卫生站靠近，居委会、文化活动站和商业靠近。建筑沿街道布置，向东面向主公园广场，向内与幼儿园入口建筑围合形成内广场。邻里建筑设置地下一层，主要功能为停车场和部分设备用房。另外，公厕 60 平方米、环卫清扫班点 100 平方米以及废物回收与公园管理用房集中设置在公园的南端，与邻里建筑和幼儿园形成一定的距离，以绿化环绕。

　　邻里中心总用地面积 12 900 平方米（不包含邻里公园），其中幼儿园 4000 平方米、邻里公园 4900 平方米。总建筑面积 14 400 平方米，其中地上部分 11 200 平方米，地下部分 3200 平方米（不计入容积率），容积率为 0.9，建筑密度 30%、绿地率 40%，机动车车位 70 个、非机动车车位 150 个，均位于地下。

邻里中心平面图

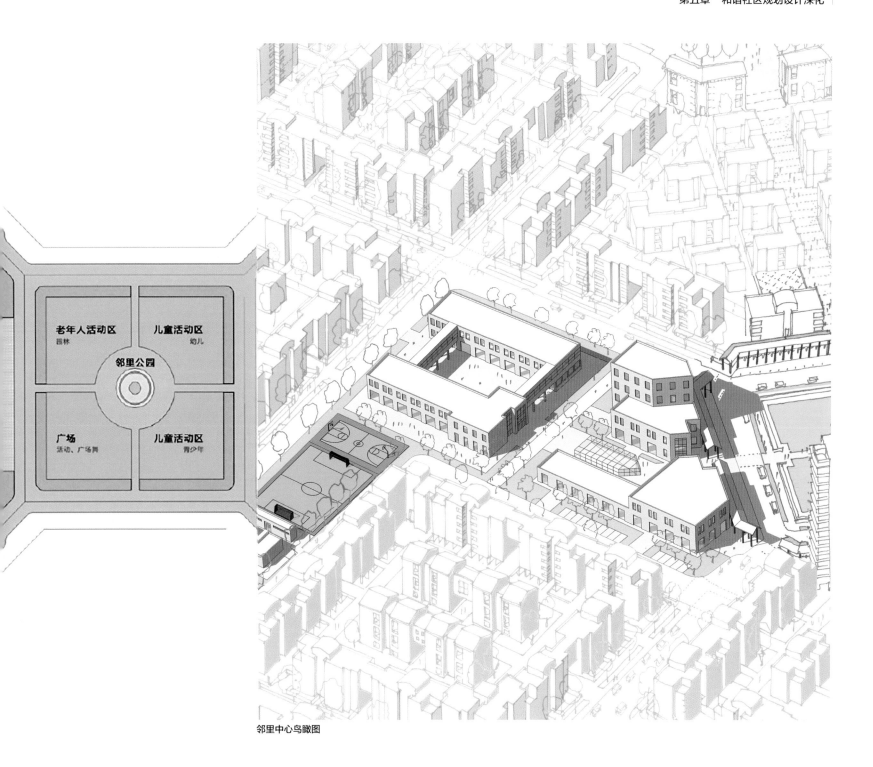

老年人活动区
园林

儿童活动区
幼儿

邻里公园

广场
活动、广场舞

儿童活动区
青少年

邻里中心鸟瞰图

六、建筑深化设计涉及的规范和标准问题

在建筑深化设计中，凡是涉及与国家和天津市现行设计规范标准不一致的地方，均按照现行规范和标准进行修改。经过努力，最后得到较好的结果，即在不对现行规范和标准进行修订的情况下，深化后的示范社区典型街廓的建筑设计均满足国家和天津市现行建筑、住宅、消防等各方面要求。

第四节　法律法规和技术规定的修改修订

本次深化设计工作的一个目的是为实施提前做好准备，另一个目的就是通过实例的研究，探讨对现行规范和标准进行合理修改修订的具体内容。虽然由于路网成南偏西 37° 角，和谐示范社区的规划设计有其特殊性，但窄路密网围合小街廓布局的特点是明确的，对规范和标准修改修订具有普遍意义。当然，作为创新的窄路密网式新型社区，现有的概念规划和深化设计还有许多不完善的地方。这里再次强调，这次深化规划，不是以方案本身为重点，而是以相关规划设计管理规定校验为重点，针对经典式的相关规划设计管理规定，如《城市居住区规划设计规范》（GB 50180—93）、《城市道路交通规划设计规范》（GB 50220—95）、《天津市居住区公共服务设施配置标准》（DB/T29—7—2014）、《天津市城市规划管理技术规定》（2009 年）、《住宅设计规范》（GB 50096—2011）等进行反思，探讨"窄马路、密路网"布局落地需要做哪些修改和修订。实际上，结合中央窄路密网布局要求，住建部已经开始组织相关部门和单位进行居住区规范和道路设计规范的修改和修订。

一、现有居住区分级体系的优化

按照国标《城市居住区规划设计规范》（GB 50180—93），居住用地规划划分为居住区、居住小区、居住组团三级结构，公共服务设施按照三级千人指标进行相应配套。《天津市居住区公共服务设施配置标准》（DB/T29—7—2014）延续国标体系。窄路密网小街廓的新型社区规划首先要改变传统的居住区规划模式，结合社会管理改革，采用街道社区（街区）—居委会社区（街坊）—业主委员会社区（街廓、地块）三级体系，同时采用独立占地和集中建设的方式对公共服务设施进行配置，集中设置以街道办事处为主的社区中心和以居委会为主的邻里中心两级配套体系（名称可根据各地有所不同）。人口规模留有一定的弹性，社区对应街道办事处，人口 3 ~ 10 万人（街道人口大于 10 万或为 10 万的倍数，可划分多个社区中心）；街坊对应居委会，人口约 1 万人；地块对应业委会，人口 300 ~ 8000 人。实现城市规划建设单元与社会管理的有效对接。

二、窄路密网与路网规划指标的矛盾

按照国标《城市道路交通规划设计规范》（GB 50220—95），城市道路分为快速路、主干道、次干道、支路四级，并明确了四级道路相应的道路密度、道路设计车速和红线宽度。实施窄路密网规划需要对有关内容进行修改。以和谐示范社区的经验，道路分三种宽度，道路间距在 100 米左右，其主干路与次干路密度均高于国家标准，而道路红线宽度为 24 米、16 米和 12 米三种，远小于国标要求。建议针对居住社区，修改红线宽度等内容，或研究一套新的居住社区道路体系和相应标准。另外，可以取消《城市居住区规划设计规范》（GB 50180—93）中提出的"小区内应避免过境车辆的穿行，道路通而不畅"等内容，增加相应窄路密网的内容。

居住区　5~8万人

居住小区1~2万人

居住组团3~5千人

社区级(10万人)，对应**1个街道办**，设一处集中的社区中心

邻里级(1万人)，对应**1个居委会**，设一处集中的邻里中心

街廓级(500人)，对应**1个业委会**，与居住建筑合建

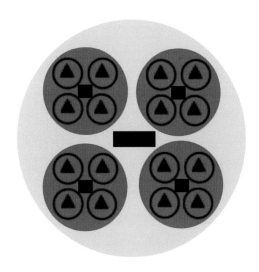

传统居住区三级配套模式

■ 居住区级公共服务设施

■ 居住小区级公共服务设施

▲ 居住组团级公共服务设施

居住区分级体系优化示意

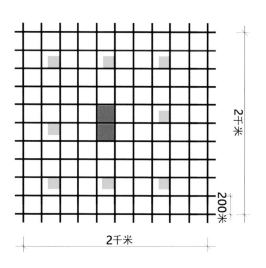

新兴社区三级配套模式

■ 街道社区中心

■ 邻里中心

口 街廓（1~4公顷）

三、小街廓道路转角与交叉口规范的矛盾

国标《城市道路交叉口规划规范》（GB 50647—2011）和《城市道路交叉口设计规程》（CJJ 152—2010），按照道路平均设计车速，考虑道路交叉口安全三角形，确定了道路红线转弯半径，根据相交道路等级转弯半径为 15 ~ 25 米。按照这样的标准，由于路网间距很近，造成土地难以适应、建筑难以布局，以及路口过大、行人通过困难等问题。如果要实现窄街密路，道路必然需要进行小转角的设计。建议通过减慢路口车辆速度，在保证安全停车视距的前提下，调整道路转弯半径，而且以路缘线作为半径。建议交通性主干路平面交叉口转角部位，减小红线及路缘线转弯半径；其他生活性道路路口不设红线转弯半径，只设路缘线转弯半径。建议街坊内部道路采用单向通行的方式，并在所有平面交叉口上游布设限速标志。

四、窄街与退线规定的矛盾

城市规划有红线、绿线、蓝线、紫线等六线规划规定和做法。《天津市城市规划管理技术规定》规定了绿线设置要求与宽度及建筑退让红线和绿线的具体要求，如城市主干道设 5 ~ 20 米宽绿线，次干道设 3 ~ 15 米宽绿线；建筑退让绿线多层为 8 米，高层建筑为 15 米。按照现行规范进行退线，则一般主干路退红线与绿线，一侧退线至少为 25 米，次干路一侧退线至少 15 米，支路一侧退线至少 8 米。由于城市主次干道红线原本就比较宽，再加上绿线和建筑退线，很难形成亲切宜人的城市街道空间比例和尺度。要实现窄路密网布局，首先需要修改《天津市城市规划管理技术规定》中有关道路绿带和建筑退让的相关规定，取消支路绿线和大幅减少主干道绿线宽度，大规模减少建筑退线。和谐新城示范社区采用 12 米、16 米和 24 米三种道路红线和断面类型，除 24 米交通性道路设置 10 米宽绿线外，其他大部分道路不设绿线，建筑退让红线或绿线 2 米，满足基本的工程需要，改善步行环境。建议参考滨海新区示范社区经验，修改相关规定。

五、小街廓与居住区日照间距规范的矛盾

日照是北方地区居住的基本功能要求，国标《城市居住区规划设计规范》（GB 50180—93）提出两种控制要求，必须同时满足，一是建筑日照间距，二是单元住宅 2/3 的房间满足大寒日满窗日照时间不小于 2 小时的要求。《城市居住区规划设计规范》对全国各地提出了具体指标，如天津地区住宅建筑多层常用计算日照间距系数为 1.67，同时满足大寒日日照要求。窄路密网小街廓布局会对建筑间距有所减小，建议更多地通过日照分析软件来进行科学的设计，要求建筑必须满足被遮挡居住建筑每户的南向居室均在大寒日有效日照时间不低于 2 小时的要求，而在满足卫生、消防等要求的情况下，可适当减小建筑间距控制距离。

六、小街廓建筑密度、绿地率与居住区设计规范的矛盾

建筑密度、绿地率是反映居住社区环境质量的主要指标。国标《城市居住区规划设计规范》（GB 50180—93）规定，对于天津所处的地区，多层建筑密度上限为 28%，小高层为 25%；绿地率新建居住区不小于 30%，老区不小于 25%，并对绿地率的计算提出详细规定和图示，绿地边界算到小区路边线 1 米、距房屋墙角 1.5 米。按照《天津市绿化条例》，新建居住区绿地率要达到 40% 以上。由于采用窄路密网小街廓布局，和谐示范社区的建筑密度达到了 33.2%，超越了国标，天津地方标准未做强制要求，建议在不影响居住环境品质的前提下，国标对建筑密度上限适当放宽至 35%。和谐示范社区的绿化均种植在半地下室车库的屋顶盖板上，按照国标，可以认定为绿地，但按国

《城市道路交通规划设计规范》(GB 50220—95)

大、中城市道路网规划指标　　　表7.1.6-1

项目	城市规模与人口(万人)	快速路	主干路	次干路	支路
机动车设计速度(km/h)	大城市 >200	80	60	40	30
	大城市 ≤200	60~80	40~60	40	30
	中等城市		40	40	30
道路网密度(km/km²)	大城市 >200	0.4~0.5	0.8~1.2	1.2~1.4	3~4
	大城市 ≤200	0.3~0.4	0.8~1.2	1.2~1.4	3~4
	中等城市		1.0~1.2	1.2~1.4	3~4
道路中机动车车道条数(条)	大城市 >200	6~8	6~8	4~6	3~4
	大城市 ≤200	4~6	4~6	4~6	2
	中等城市		4	2~4	2
道路宽度(m)	大城市 >200	40~45	45~55	40~50	15~30
	大城市 ≤200	35~40	40~50	30~45	15~20
	中等城市	—	33~45	30~40	15~20

	主干路	次干路	支路	
道路网密度	1.9	2.5	3.2	km/km²
机动车车道数	6	4	4	条
道路宽度	50/40	24	24	m

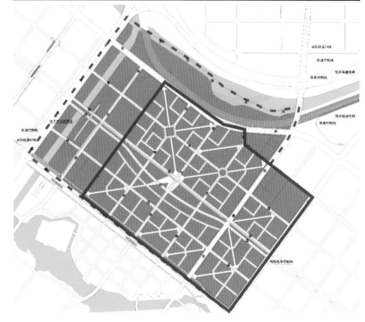

道路网宽度、密度等相关指标研究

标和天津市相关计算标准，绿地率仅为15.5%。建议参照武汉等城市的经验，绿地边界算到小区路边线、距房屋墙角0.9米，算得绿地率为25.5%。通过与社区集中公共绿地统筹平衡，能够达到35%，满足国标要求。建议《天津市绿化条例》中新建居住区绿地率降低到35%或与国标保持一致。

《城市道路交叉口规划规范》(GB 50647—2011)

3.5　交叉口规划要求

3.5.1　平面交叉口红线规划应符合下列规定：

1　总体规划阶段，除支路外，进口道规划车道数应按上游路段规划车道数的 2 倍进行用地预留。

2　分区规划阶段，应确定十路交叉口规划红线范围，其宽度应将进口道、出口道、行人过街安全岛、公交车站等设施所需要的空间作一体化规划；出口道规划车道数应与上游各路段进口道同时流入的最多进口车道数相匹配。

3　控制性详细规划阶段，应落实上位规划确定的交叉口红线规划内容，且宜同步开展交通工程规划，应根据交叉口布置的具体形式以及交通工程规划规定的详细尺寸，并应确定交叉口红线。

4　控制性详细规划阶段，应检验总体规划、分区规划所定交叉口规划红线范围内的驾车安全视距，并应符合下列规定：

1）交叉口平面规划时，应检验总体规划、分区规划确定的交叉口转角部分的安全视距三角形限界；

2）交叉口规划红线范围内的高架路、立交桥或人行天桥桥墩台阶及隧道进出口等，可能遮挡驾车视线的构筑物应作安全视距分析。

5　改建、治理规划，检验实际安全视距三角形限界不符合要求时，应按实有限界所能提供的停车视距允许车速，在交叉口上游布设限速标志。

6　规划红线在满足进、出口车道数等总宽的要求下，宜两侧对称布置。

3.5.2　平面交叉口转角部位平面规划应符合下列规定：

1　平面交叉口转角部位红线应作切角处理，常规丁字、十字交叉口的红线切角长度（图 3.5.2-1）宜按主、次干路 20m~25m，支路 15m~20m 的方案进行控制。

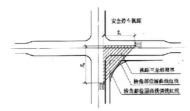

图 3.5.2-1　交叉口红线切角长度示意

2　控制性详细规划阶段，应检验总体、分区规划阶段所定交叉口转角部位红线切角长度是否符合安全停车视距三角形限界的要求；三角形限界应由安全停车视距和转角部位曲线或曲线的切线构成（图 3.5.2-2）。

图 3.5.2-2　平面交叉口视距三角形

3　平面交叉口红线规划必须满足安全停车视距三角形限界的要求，安全停车视距不得小于表 3.5.2-1 的规定。视距三角形限界内，不得规划布设任何高出道路平面标高 1.0m 且影响驾驶员视线的物体。

· 14 ·　　　　　· 15 ·

道路交叉口规范研究

《城市道路交叉口设计规程》(CJJ 152—2010)

表 3.5.2-1　交叉口视距三角形要求的安全停车视距

路线设计车速 (km/h)	60	50	45	40	35	30	25	20
安全停车视距 S_s (m)	75	60	50	40	35	30	25	20

4　在多车道的道路上，检验安全视距三角形限界时，视距线必须设在最易发生冲突的车道上。交叉口安全视距三角形限界应符合图 3.5.2-3 的规定。

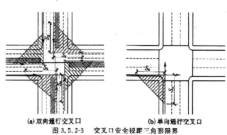

(a) 双向通行交叉口　　　(b) 单向通行交叉口

图 3.5.2-3　交叉口安全视距三角形限界

S_s—安全停车视距

5　平面交叉口转角处路缘石宜为圆曲线。交叉口转角路缘石转弯最小半径宜按表 3.5.2-2 的规定确定。

表 3.5.2-2　交叉口转角路缘石转弯最小半径

右转弯计算行车速度 (km/h)		30	25	20	15
路缘石转弯半径 (m)	无非机动车道	25	20	15	10
	有非机动车道	20	15	10	5

第五节　和谐社区下一步需要深化完善的工作

和谐示范社区的工作历经 5 年的时间，分几个阶段，从不同的层面做了大量的工作，包括对涉及的标准规范的修改修订提出具体的意见，这是实施新型示范社区规划设计的前提。但是，住宅规划和设计是一个非常细致的工作，目前示范社区的规划设计仍然有不足处，有些内容还没有涉及，而且由于项目没有实施，所以还没有经过实践的检验。因此，目前最迫切的是尽可能地推动项目的实施。当然，在项目实施前，项目规划设计本身还有许多需要进一步完善的工作，可以分为以下几个方面。

首先，对于围合式住宅，大家比较关心的还是居住环境的舒适性问题，包括转角单元的采光通风，以及院落内部的小气候等问题。下一步可以利用现有的 BIM 等软件具有的模拟分析功能，对和谐社区围合街廓进行定量动态的模拟分析，如住宅和院落一年四季中在不同季节一天内日照和采光、风速和通风、温度等的变化。针对问题，通过开洞和层数变化等设计上的改善，不断优化小气候环境和居住舒适度。

其次，在私人小汽车拥有量不断增加的情况下，窄路密网社区的交通问题也是必须进一步考虑的问题，必须避免交通拥挤的情形出现。虽然和谐社区是以公共交通为主的社区，在规划布局上也要充分考虑步行和慢行交通系统与轨道站点、公交站点以及社区中心无缝网络的建立，避免不必要的出行；通过采用半地下车库的方式也较好地解决了私人小汽车的停车问题，采用了不反对拥有私人小汽车，而是鼓励私人小汽车的合理使用的策略，维持每户一个车位的较高水平，但小汽车出行能否

顺畅，依然是下一步必须深化研究的问题。可以利用现有的交通模拟分析模型，针对高峰小时进行定时定量的验证，根据验证数据结果对路网及道路组织进行优化。由于采用窄路密网，所以在道路组织上有更强的灵活性。

作为全装修住宅，应与建筑扩初和施工图设计同步开展室内装修方案和施工图设计，提高住宅建筑设计的水平，避免不必要的二次拆改。对于院落内部的屋顶庭院，结合建筑总平面设计，要同步开展景观设计，考虑植物配置、雨水收集使用等问题。

建筑的外观不仅与功能和耐久性有关，更与文化有着密切的联系，十分重要。目前在建筑立面设计上的深度还不够，一是在建筑材料和构造上还没有达到应有的深度；二是对新技术的应用还不够，如绿色建筑技术、智能建筑建设等；三是在建筑造型上还缺少更深入的对建筑文化符号的研究和探索。特别是作为批量设计和建设的社区，采用标准单元组合的设计手法，虽然尽可能考虑了变化，但从世界各国历史的经验看，成功的不多。因此，结合目前移动互联网的发展和时代的进步，探索定制住宅，包括外檐造型的可能性，在统一规划的前提下，保证社区建筑的多样丰富性。

我们希望，通过以上的工作，能够使和谐示范社区的规划设计更加全面完善，为探索 21 世纪适应我国全面建成小康社会要求的新型社区规划模式做出一个真正优秀的、有说服力的样板，为制定新型居住社区规划设计模式奠定坚实基础。

第六章　对现行居住区规划设计改革创新的建议

和谐社区规划设计系统的研究持续了5年多的时间，从最初的概念规划，逐步深化细化到详细的城市设计和概念建筑设计方案，到实施层面的控制性详细规划、修建性详细规划和建筑扩大初步设计深度的方案设计。研究的目的主要有两个：一是探索一种窄路密网、开放城市社区新的形态模式，改变目前封闭大院、高层住宅楼散落其中的习惯做法；二是探索新型城市居住社区规划设计的新理念、新方法，改变几十年延续下来的传统居住区规划设计模式，适应新的形势要求。

第一节　从居住区到城市居住社区——新型居住社区规划设计技术路线的确立

对新型社区规划设计的创新可以进行总结归纳，形成相对成熟的模式，是新型社区规划进一步发展的技术保证。这涉及居住区规划设计理念和方法的转变、城市用地分类标准中对居住用地分类的调整、对居住用地容积率和建筑高度控制的明确、住宅建筑多样性的考虑、各种国标和技术规定的修改以及公众参与机制的完善等多个方面。

一、转变观念，用城市设计方法替代居住区规划设计方法

制定新型居住社区规划设计的技术路线，首先要转变观念，改变传统机械、僵化的居住区规划设计理念，以创造适宜人居住生活的社区、有特色和高品质的城市空间场所为出发点，用城市设计的方法取代居住区规划设计方法和技术体系。当然，这需要一场革命和系统的规划改革。

居住区规划理论方法在我国已经有50多年的历史，国标《居住区规划设计规范》已经实施了20多年。由于它简单易懂，符合中国大众的心理，所以深入人心、根深蒂固。而对于居住区规划理论和《居住区规划设计规范》造成我国城市严重的城市病的事实公众并不知晓，也不以为然。实际上，居住区规划理论和方法就是现代主义城市规划和建筑运动、工业化的大规模标准化生产以及计划经济体制的大杂烩。在住房短缺的时代，适应大规模开发方式的居住区规划方法在加快住房建设速度方面发挥了重要作用。同时它带来的副作用也是非常严重的，主要是忽视了城市的存在，忽视了人的精神文化需求，忽视了建筑的多样性、城市空间场所的创造和城市文化的发展。现代城市规划初期强调功能主义，以城市功能分区、大规模改造等工

程技术手段为重点，忽视了城市的自然历史脉络。二战后欧洲和美国的城市改造和重建，普遍采用大拆大建的方法，造成城市空间的破碎和单调。雅各布斯在1961年出版的《美国大城市的死与生》一书中对此进行了猛烈的抨击。到了20世纪70年代，西方发达国家已经达成共识，与现代主义的城市规划决裂。

当然，我国城市问题的产生不单单是居住区规划理论和《居住区规划设计规范》造成的，如同美国的区划一样，我们的控制性详细规划也起到了帮凶的作用。20世纪五六十年代，西方城市的社会经济逐渐进入稳定的发展时期，追求人文和传统的回归催生了现代城市设计，旨在纠正区划的不足。哈佛大学率先开设了城市设计的研究生课程。1965年美国建筑师协会正式使用"城市设计"（Urban Design）这个词汇。城市设计成为一个行业和专业，形成相对固定的模式。一般认为，城市设计是人们为某种特定的目标而对城市空间形体环境所做的组织和设计，从而使城市的外部空间环境适应和满足人们行为活动、生理及心理等方面的综合需求。因此，城市设计不仅是空间实体和景观环境的设计，而要以城市功能、人的活动和感受为主，综合考虑自然环境，社会经济，人文因素以及居民生产、生活的需要，对城市体型和空间环境所做的整体构思和安排，是城市空间场所的塑造和完善过程。半个多世纪来，现代城市设计实践在世界各国普遍开展起来，千姿百态、硕果累累。同时，城市设计的理论和方法不断发展进步，有关城市设计的著作琳琅满目，我们耳熟能详的有埃德蒙·贝肯的《城市设计》、凯文·林奇的《城市意向》、诺贝尔·舒尔茨的《场所精神》、麦克·哈格的《设计结合自然》，等等。城市设计改变了现代城市规划功能主义崇尚的简单观念，在充分考虑城市功能的前提下，以人为本，将当代哲学、美学、心理学、生态学、社会学等多种理论引入城市设计，形成场所、文脉、景观生态等流派，丰富了城市规划的理论和方法。随着城市和人类文明的发展，城市

设计的内涵仍在不断地变化丰富之中。

在国内，城市设计始于20世纪80年代，进入新世纪快速发展。在几个先锋城市的带动下，目前城市设计已经在全国推广。由于城市设计工作难度比较大，没有一定固定的程式，难以像控制性详细规划那样标准化、格式化，所以，到目前为止国内对城市设计的认识还不清晰，理解上也是仁者见仁、智者见智，至今难有统一的定义。同时，由于城市设计的跨度比较大，从城市总体规划层面到具体地段，都可以进行城市设计，都要用城市设计的思想方法考虑问题，所以，有人认为城市设计只是一种到处可以应用的方法，不承认城市设计是独立的规划设计实践活动。这种认识明显是错误的，我们可以从国外许多国家和城市的城市设计实践中清楚地发现，城市设计有明确的内容和方法，成果实实在在，而且住房和城市社区是构成城市基本的细胞，是城市的本底。作为城市中量大面广的住宅用地，居住社区的城市设计更加重要。从20世纪80年代末，美国兴起新城市主义运动，就是新型城镇社区城市设计的理论和方法，其目的是为了改善郊区化蔓延发展的问题。2002年，天津经济技术开发区委托美国SOM公司编制了生活区城市设计，规划形成小街廓、密路网、中心绿地的布局形式，住区以低层住宅与塔楼相结合，重视创造邻里交流空间和公共活动空间以及宜居的城市环境，是对传统居住区规划模式的一次成功突破，也让我们看到居住社区城市设计的成功实践。当前，我国在居住区规划设计和住宅建筑设计和规划管理上一直存在比较多的问题。要真正搞好城市设计，就要更加注重居住社区规划设计，没有好的居住社区的城市设计，好的城市设计便无从谈起。从2011年开始，我们委托美国著名的丹·索罗门（Dan Solomon）建筑事务所，与华汇公司和天津规划院合作，进行滨海新区和谐新城社区的规划设计研究。采用城市设计的方法，在社区规划、城市街道和广场、社区邻里中心设计、住宅单体设计以及停车、

物业管理、网络时代社区商业运营和生态社区建设等方面不断深化研究，尝试建立和谐、宜人、高品质、多样化的住宅社区，满足人们不断提高的对生活质量的追求，从根本上改变居住区规划理念，全面提高我国城市设计的水平。

新型社区规划设计实际上就是用城市设计的理论方法来进行居住社区的规划设计，用城市设计的方法替代居住社区规划设计方法，目的是用《新型社区规划设计导则》取代《居住区规划设计规范》。用城市设计的方法进行居住社区的规划设计，首先就是将重点放在城市街道、广场、公园绿地和社区中心等公共空间和公共设施的设计上。这些空间是居民活动和交往的空间，是生活的舞台，是具有意义的场所。做好街道、广场等公共空间的城市设计有许多成熟的理论和方法，有许多成功的案例可以学习借鉴。在居住社区城市设计中最关键的是要消除居住区规划模式的不良影响和后遗症。我们在上一节中对社区公共建筑和空间的设计已经做了许多的论述。实际上，居住社区是开放城市的组成部分，居住社区的城市设计与一般地区的城市设计的基本内容和方法是一样的。好的城市设计既能映照着秀美的高山大川、塑造出优美的人居环境，又能创造出宜人的城市空间，给人以美感、舒适感，充满活力，就像场所精神（genius loci）中那个守护神灵在默默地注视、呵护着我们。

二、在城市总体规划和控规中细化住宅用地分类和布局

住宅和居住用地在城市中有许多不同的属性和特征。杜安伊绘制的城市乡村住宅生态学断面揭示了住宅在不同区位有着不同适宜类型的规律。伴随着城市的成长，住宅建筑有了历史的印记。同时，随着经济发展社会进步，居住用地体现出不同的社会属性，如保障性住房用地、老年住房用地等。要进一步提高城市对居住用地的管理水平，需要在城市总体规划和控制

性详细规划对居住用地的规划中体现出对不同类型住宅的布局和规划控制。因此，首先要对《城市用地分类与规划建设用地标准（GB 50137—2011）》中一、二类居住用地划分进一步优化，形成与住宅生态学类型相对应、单纯按居住形态划分的三类居住用地类型：一类居住用地是指3层以下的低层住宅建筑用地，包括独立式住宅、联排住宅和花园洋房用地，以及平房等居住用地；二类居住用地是指以多层住宅建筑为主的居住用地；三类居住用地是指以高层住宅建筑为主的居住用地。同时，考虑城市的历史沿革，可以给居住用地相关的时间和建筑质量予以标注，如棚户区、危陋房屋、需要整治的延年住宅、历史建筑等，在用地现状图和规划图中都会遇到。考虑住房政策和现代住房制度设计，可以在规划中给居住用地相关的属性予以标注，包括公租房等保障房用地、小康公众住房（康居房）等政策性公共住房用地及商品住房等三种基本政策居住用地类型。这些属性与居住用地的分类实际上有一定的对应关系，比如，规划一类和三类居住用地一定是商品住房用地，一定不会是公租房用地。规划二类居住用地是城市中主要的居住用地类型，各种属性也会比较多，要认真规划安排。比如，对于规划保留的延年多层住宅小区，规划应该标示出需要整治。对于公租房用地，考虑社会融合，可以在小康公众住房（康居房）用地中规划一定的公租房比例。有了这样的用地分类，住宅专项规划的分析就能够更深入细致，准确安排旧区改造和整治任务，合理规划保障房和商品房用地规模和布局，就可以使城市总体规划能够更全面地研究住宅用地需求和房地产市场，可以有针对性地解决城市中存在的一些问题。比如，城市要发展高档商品房市场，吸引人才，增加土地出让收入，则可以在一些风景区周边规划高档商品住房用地，可以建设独立或联排住宅，鼓励住宅的多样性。

另外，要考虑特殊类型居住用地，包括老年住宅用地和旅

游住宅用地等的特殊要求，根据不同的居住用地提出不同的配套标准。随着经济的发展和社会的进步，会出现许多新的居住需求，这些需求需要不同的配套服务设施，也需要有不同的策略回应。如老年住宅，随着我国老龄化社会的快速到来，老年住宅是必须提前考虑的大问题。虽然以居家养老为主，但规划一定的老年住宅用地是非常必要的。老年住宅用地一定要选址在医疗设施周边，或是在风景区周边和疗养设施周边。同时，随着收入的增加，第二套住宅，特别是休闲旅游地产的发展，其配套设施的要求与城市居住区有很大的区别，如不需要学校、医院等大量常规的配套设施，应单独规划用地，给出适应的指标。总之，居住用地的划分和配套政策，特别是在城市总体规划、控制性详细规划中把各种居住用地落位，是提高新型社区规划设计水平的前提，也是深化住房制度改革的保证。

三、明确居住用地开发强度和建筑高度

目前，全国都面临着居住用地容积率过高的问题，而且趋势越来越严重，包括在城市外围地区，甚至农村，住宅用地的容积率都在2以上，全都是高层居住小区，这样的做法是不符合城市发展规律的，也给城市乡村带来一系列城市问题。按照威廉·配第的级差地租理论、伯吉斯等人的城市结构理论以及杜安伊城市乡村住宅生态学断面理论，城市的地价、土地使用和开发强度，包括住宅建筑类型都有客观的分布规律。要使城市正常地运转，使人居环境的理想变成现实，推行新型居住社区的规划设计模式，关键是对目前普遍过高的住宅用地的容积率和建筑高度进行科学合理的严格控制，这需要思想观念上有一个非常大的转变。

长期以来，一些学者和一些部门片面地讲中国人多地少，要节约土地，因此建设用地容积率越高越好，不知是认识的片面，还是在为开发商摇旗呐喊。又有人借用国外目前流行的口号，

鼓吹"紧凑城市"，实际上，紧凑城市是针对美国的蔓延发展而产生的概念，而我们现在的问题是城市已经过度密集拥挤，应该适当地疏解，才能达到合理的密度。有人讲公交导向开发（TOD）的概念，就盲目增加公交站点住宅用地的开发强度。以公交为导向的城市需要合理的密度，但也不能过度地聚集，否则也会带来服务水平下降的问题，我们许多大城市地铁早、晚高峰的拥挤程度已经说明了这个问题。而过去老城区改造经常要通过提高容积率来平衡土地拆迁整理成本的做法，随着土地出让金的大幅提高，目前已经不是主要的理由。事实上，随着商业服务业、交通方式和移动互联技术的快速发展，住宅的聚集程度已经不是影响配套水平的主要因素。合理的密度、良好的居住环境则越来越重要。

按照杜安伊城市乡村住宅生态学断面理论，城市不同地域具有不同住宅类型、建筑开发强度和建筑高度。在城市远郊区，住宅建筑以独立式低层建筑为主，与自然环境和农田亲密接触，可以围合成村庄一样的紧密形态；在城市近郊区，住宅建筑也同样以低层建筑为主，可以组成小镇的紧密形态，既享受自然环境也能够享有城市的服务功能；在城市中心周边，住宅建筑以多层建筑为主，辅以少量高层，组成紧密宜人的城市形态，享有城市的多种功能和便利服务，这一类型在城市中占最大的比例；在城市中心，包括城市核心和城市副中心，住宅建筑以独立式高层建筑为主，部分多层，普遍是紧密的街坊围合形态，尽享都市的繁华。市中心的住宅一般都是高档的公寓型住宅，具有特定的形态，人均用地和绿地等指标无法在本身的地块内平衡，需要特殊的规定。如美国芝加哥高300多米的川普大厦就是位于市中心的美国高档的公寓住宅之一。

住宅类型的多样性与开发强度和建筑高度有很大的关系。过去在计划经济时期，以多层为主、少量高层的居住区的毛容积率为0.8～0.9，地块净容积率可以做到1.5左右。普遍采用这

种容积率和多层建筑高度是当时的历史条件决定的。虽然造成了城市居住区千篇一律的问题，但当时的容积率和建筑高度是比较合理的，问题出在居住小区的规划方法和体制机制上。目前，独立花园住宅的容积率在 0.5 左右；联排花园住宅小区容积率可以做到 1.0；多层为主、少量高层的居住小区的容积率可以做到 1.5 左右。城市的大部分地区都要按照这样的容积率进行控制。除去城市中心、地铁站周边等，要严格限制容积率超过 2 的居住用地，这对保证城市功能和居住品质非常重要。我们希望把历史城市亲切宜人尺度和居住建筑多样性的优良传统延续下去。

四、多样的住宅类型和高品质的住宅建筑

传统居住区规划设计的模式是将由一定数量的标准住宅单元组合成的几种住宅单体建筑重复排列，在满足日照间距等技术标准的前提下，在地块内围合出一定的绿地和活动场地等空间，形成总平面布局。这是一次性大规模建设的现代主义建筑手法，在 20 世纪 70 年代就已经被西方发达国家摒弃，而我们一直延续至今，包括我们最近开展的城市设计工作实际上仍然是以居住区规划为基础。这种规划设计模式的根本问题是住宅建筑类型单一，规划与建筑设计相互分离，建筑与城市的关系变得孤立而分散，布局上一般不考虑与城市空间的关系，新的住宅建筑不再与古老的造城智慧所形成的整体秩序相协调，对城市空间形态和特色少有考虑。只是在建筑高低起伏上有所变化，勉强算作对城市景观的设计。由于普遍缺少历史积淀和延续，缺少成熟的住宅类型，所以大部分所谓的"城市设计"并未掌握其精髓，随意性较大，缺乏设计感和真正的美感，没有文化和精神上的立意和考虑。而住宅建筑设计要么呆板单调，要么随心所欲。建筑立面造型过于简单，大部分都缺少文化内涵，缺乏建筑师具有个性的设计创作，既没有作为现代建筑进行具有自身特点的创新设计，也没有采用一些历史的建筑符号和设计手法。按照罗西的观点，严格地说这些建筑都不是真正意义上的建筑，几乎无法算作建筑作品。上述这些普遍的现象是造成我国空间规划失效、城市建设混乱、城市病突出和城市空间特色不鲜明的主要原因。

按照新型居住社区规划设计和城市设计的理念，居住建筑应该是城市的建筑，它应该与城市对话，建筑类型和建筑形体上具有多样性，建筑造型上具有文化内涵。采用窄路密网布局后，住宅开发地块变小，居住建筑有更多的机会与城市街道、广场和绿化公园等开敞空间接触，所以在平面设计和竖向体量上必须有变化，由此居住建筑必然会形成多样的平面和体量造型。同时，地块变小后，住宅建筑功能类型必然会增加。每个地块由不同的建筑师和设计单位进行设计，住宅建筑风格的多样性也必然会增加。新型社区规划模式实际是鼓励建筑师，包括景观建筑师，更多地参与城市设计工作。除去对住宅本身内部功能的设计外，建筑师要考虑住宅建筑对城市空间环境的塑造，以及良好的街道、广场空间和内庭院空间等。要真正做到这一点，除建筑形体设计外，很重要的一点是对城市具有文化意义的居住建筑进行造型设计。而规划师在控规和土地细分导则等规划阶段要更多地考虑建筑因素，使规划设计具有建筑的可能性，为建筑设计提供发挥的空间，同时要提早考虑具有特色的城市空间的塑造，避免出现窄路密网情形下的军营式的单调乏味。

采用窄路密网的社区规划，面临着围合式布局的老问题。实际上，我国的四合院住宅和里坊、胡同的布局体系就是围合式。在近代出现的新旧石库门里弄住宅也是围合式。在 20 世纪 50 年代初期的居住街坊规划中大部分采用的是多层和低层居住建筑的围合式布局。由于采暖、通风、西晒等问题突出，引起了较大的争论，全盘保之者有之，全盘否之者有之。到了 20 世纪 50 年代后期，随着"先进"的居住小区规划的流行，已经不怎

么采用"合院形式",它被遗忘和遗弃了。周边围合式与行列式之争以行列式的胜利盖棺定论。随着行列式布局的一统天下,千篇一律的问题出现了。虽然无关乎功能,但还是让大家无法忍受,要改掉这种军营式布局的单调和沉闷。20世纪80年代试点小区实践中,进行了许多有益的尝试,主要从改变多层条式住宅建筑的形体后更灵活的布局着手,围合式也是采用建筑组织的形式,如"三横一竖",尽量减少东西向住宅建筑的比例。今天,按照城市设计的方法设计城市社区,围合式布局是绕不过的课题。我们这次滨海新区和谐社区规划设计就将围合式布局作为重点进行了探讨,取得了很好的效果。下一步要对通风、绿色设计等问题做深入的研究分析。采用多层居住建筑围合式布局的城市很多,典型的有巴黎、巴塞罗那,以及今天的温哥华,都是很经典、很成功的实例。当然,围合式布局也不仅限于这样的形式。

窄路密网规划历史上有许多成功的经验,天津五大道历史街区是在当时历史条件和窄路密网布局下居住建筑具有丰富多样性的典型代表。今天的窄路密网规划模式打破了传统居住区封闭大院的大规模开发模式,实际上呼应了当代城市进入后工业社会对多样性、个性化的时代要求。信息技术的发展和居住标准的提高使得定制住宅成为可能。除去独立住宅可以定制外,小街廓也具有定制住宅开发的可行性。通过对地块、居住建筑户型进行非简单复制的可持续性和精明设计,可以满足居民多样化的需求,形成丰富的城市景观和文化。随着经济的发展和社会的进步,更多的满足个性化的专属技术和服务会出现,如住宅的分户采暖热水技术已经非常成熟,环保节能等技术和安保系统使用越来越广泛,未来家庭智能系统会有更大的发展,这也为住宅多样化的发展提供了支持。当然,住宅建筑的多样性对城市规划管理提出了新的课题,对规划管理人员的素质提出了更高的要求,也需要制定相应的管理规定,如可以提高居

住建筑用地的兼容性,再如对于围合街廓式布局,在满足国家强调的日照条件下,日照不足处可以经过特别设计做公共建筑使用。具有一定弹性的标准规定才有可能出现多样性。

五、《居住区规划设计规范》及各种标准的修订调整

要实施以"窄马路、密路网、小街廓"为特征的新型居住社区规划设计模式,需要对一些经典的国家和地方标准,如《城市居住区规划设计规范》(GB 50180—93)、《城市道路交通规划设计规范》(GB 50220—95)、《城市道路交叉口规划规范》(GB 50647—2011)、《城市道路交叉口设计规程》(CJJ 152—2010)、《天津市居住区公共服务设施配置标准》(DB/T29—7—2014)、《住宅设计规范》(GB 50096—2011),包括相关法律法规和《天津市城市规划管理技术规定》(2009年)等,进行不同程度的修订和调整。据了解,结合中央城市工作会议和《中共中央、国务院关于进一步加强城市规划建设管理工作的若干意见》文件中对窄路密网布局的要求,住建部已经开始组织相关部门和单位进行居住区规划设计规范和道路设计规范的修改和修订。

新型居住社区规划实际上是与《居住区规划设计规范》的彻底决裂,理应废除老的规范,制定全新的规划设计规范,用新型居住社区规划设计导则取代《居住区规划设计规范》。考虑到历史延续性,可以对《居住区规划设计规范》进行修订,但必须做大的修改。建议将《居住区规划设计规范》改名为《居住社区规划设计规范》,虽然一字之差,却代表了观念的根本转变。首先要改变居住区规划的传统理念,改变以日照间距、千人配套指标等为主的封闭的规划设计和管理方法,代之以开放活力社区的模式,以营造良好的居住社区和城市空间环境作为规划管理的目标。改变传统的居住区、居住小区、居住组团

三级模式，结合社会管理改革，采用街道社区（街区）—居委会社区（街坊）—业主委员会社区（街廊）三级体系，同时采用独立占地和集中建设的方式对公共服务设施进行配置和集中设置，形成以街道办事处为主的社区中心和以居委会为主的街坊邻里中心两级配套体系。人口规模留有一定的弹性，社区对应街道办事处，人口3～10万人；街坊对应居委会，人口约1万人；地块对应业委会，人口300～1000人，实现城市规划单元与社会管理单元的有效对接。要明确采用窄路密网的道路布局，增加城市支路密度，确定道路不同的功能属性，取消居住区道路通而不畅的提法，在保证交通的前提下，可以结合地形、地区特点和开敞空间布局，设计具有特定线性的道路，使居住社区在城市街道空间和公共开敞空间上有变化，形成自身特色。在居住社区绿化方面，要明确集中绿地的标准，实事求是地确定绿化覆盖率等指标。另外，最好将与居住社区相关的各种标准规范尽可能纳入，避免政出多门的局面。为了做好各种标准规范的修订工作，住建部应开展新型居住社区规划设计试点，试点期间，容许试点城市对《居住区规划设计规范》及其他相关规范进行调整，制定自己的暂行标准规范。试点期满，将各地试点经验进行总结，形成居住社区规划设计新的国标和规范体系。

六、利用新技术，创新公众参与的新方法

城市规划要体现利益攸关者的共同意志和愿景，居住社区与居民关系最为密切，更应该做好公众参与工作。目前，我们在城市总体规划和控规编制过程中，一贯坚持以"政府组织、专家领衔、部门合作、公众参与、科学决策"的原则指导具体的规划工作，保证规划科学和民主真正得到落实。对于行政许可项目，将公众参与作为法定程序，按照"审批前公示、审批后公告"的原则，各项规划在编制审批过程均利用报刊、网站、规划展览馆等方式对公众公示，听取公众意见。但是，由于住宅开发项目的客户在项目销售前一般都没有明确，因此，目前居住用地的修建性详细规划公示的对象主要是用地周围现状居民和单位，无法听到未来购房者即真正用户的意见。而批准后的建筑总平面在销售现场公示，也只能起到购房者了解项目规划的作用，无法按照客户的意见进行修改。今后，要进一步做好新型居住社区规划设计的公众参与工作，与土地、房屋管理部门和开发商合作，在项目前期，采用各种新的手段，如移动互联网、微信公众号等，进行广泛的宣传，使潜在的购房者了解规划进展情况，在项目公示征求意见时，可以积极参与。通过这个过程，开发商也能更具体、更快地了解客户需求，真正满足未来居民的需求和爱好。这种做法可以让大家真正参与到城市规划的全过程中，传承"人民城市人民建、人民城市人民管"的优良传统。

第二节　新型社区规划编制与城市规划管理的改革

为了适应新型社区规划设计模式带来的变化，支持新型社区规划设计模式的推广应用，在城市规划管理方面要做相应的改革创新，包括审查重点的转移、规划层次和审批环节的调整，以及控制性详细规划相应的改革创新。

目前，作为住宅开发项目，规划管理部门主要进行的审查内容涵盖修建性详细规划和建筑设计两个层面、四个方面：一是根据项目的规划设计条件和土地出让合同，重点审查规划设计方案的用地性质、建筑规模和容积率、建筑密度、建筑高度、绿地率、停车位等指标和配建项目，以及目前逐步增加的充电桩、海绵城市、装配式建筑等指标要求；二是根据《居住区规划设计规范》和各地的居住区公共设施配套指标，审查项目规划设计中配置的公建是否满足规模要求，配套项目是否齐全；三是根据各项法律法规和各地的城市规划管理技术规定，审查建筑退线和日照、消防、卫生、安全等各种间距是否满足规定要求，特别是日照和日照间距是信访的重点问题，因此在规划审查和审批中要非常重视，目前许多城市已经委托第三方用计算机软件进行日照分析；四是根据《住宅建筑设计规范》等规范，审查小区的规划布局、总平面、住宅和配套建筑的平面、立面和其他事项。实际上大部分审查内容都是对数据和技术标准的审查。随着新型社区规划设计模式的推广、新的技术路线的应用，规划部门规划审查的重点可以转移。规划设计编制单位依据规划设计条件、土地出让合同和各种技术规范编制规划设计以及建筑设计方案，应对规划设计和建筑设计成果满足规划设计条件和法律法规要求负法律和技术责任。对于各项数据、技术标准和住宅建筑设计方案的审查可以委托第三方进行，如同日照审查一样。项目审查的重点转移保证城市公共利益和城市空间景观上，更多地发挥规划管理人员的作用，提高审查水平和审批效率。

目前，按照天津的有关规定，占地2公顷以上、建筑面积4万平方米以上的居住建筑都要编制和报批修建性详细规划，由于需要公示30个工作日，因此编制和审批需要一定的周期。占地大的项目显示出规模效益，只要编制和报批一次修建性详细规划，以后即可以分期实施。采用窄路密网布局，将一块大的用地划分为几个小的地块，如果地块大于2公顷，就需要单独编制修建性详细规划，无形中增加了企业的负担，增加了审批修改变更的难度和时间。因此，为鼓励新型社区规划设计模式的推广，在规划层次和审批环节上给予依法依规的支持，对于小街廓地块上限，如4公顷以下用地取消修建性详细规划，用总平面代替，这可以大大减少开发企业的负担，提高审批效率。另外，新型社区规划改变了过去使用千人指标分摊公建配套的做法，集中统一建设，这也可以节省对公建配套项目和指标的核算。

结合新型社区规划设计模式的改革，进一步完善控制性详细规划体系，适应新型社区规划设计的要求。我国的控制性详细规划体系经过20年的发展，已经比较成熟，虽然还存在许多问题，但目前依然是规划许可和土地出让的法定依据。经过多年的探索，天津市形成了"一控规两导则"的规划管理方法。《天津市城乡规划条例》明确规定，在控制性详细规划实施阶段，城市规划主管部门可以编制细分导则，这种做法实践证明是行之有效的。控规是规划审批的法定规划，有严格的管理程序，不易轻易修改，因此规划要具有包容性和一定弹性。借鉴国外土地细分（subdivision）的概念，我们控制性详细规划实施阶段创新性地建立了土地细分导则和城市设计导则，两个导则是按照控规和城市设计制定的细化方案，辅助规划行政许可中核提规划设计条件、核定用地界限等工作。在符合控规的前提下，土地细分导则和城市设计导则由城乡规划主管部门组织编制和审批，按照业务流程进行管理。借鉴美国居住用地单元区划和我们香港详细蓝图等做法，在土地开发前，随着项目的成熟和市场的细分，在符合控规的前提下，编制策划方案和城市设计方案，依据新的方案对细分导则和城市设计导则进行修订，按照业务流程审定后，作为规划设计条件编制和规划审批的依据。土地细分导则要深入，明确支路、绿化、开敞空间和公共配套设施用地等，明确各种用地界限和指标，为核提规划设计条件和核定用地提供基础依据。实际上，土地细分导则深化后，为取消修建性详细规划这一程序、采用项目建筑总平面管理奠定了基础，这样既可以避免目前修建性详细规划与建筑总平面设计之间的尴尬关系，也能够大幅提高审批效率，符合国务院和国家住房和城乡建设部"放管服"的总体要求。

控制性详细规划总体上要与新型社区规划设计模式相衔接。目前，天津中心城区控规正在进行全面深化，结合新的形势，提出了控规与社会管理结合、增强城市活力、服务民生等改革的思路。为了更好地与社会管理结合，使控规单元边界与街道区划界限尽可能一致，控规单元与街道行政管辖边界一致，大的街道可能包括几个单元。控规单元进一步划分为控规街坊，每个街坊即一个居委会管辖的街坊范围。将各种公共设施、绿地公园等相对集中，在控规单元中集中布置街道社区中心。在控规街坊中集中设置居委会街坊中心。同时，按照中央城市工作会议要求，为增强城市活力、服务民生，规划采取加密路网和设置生活性道路等做法。为了促进用地的混合使用，减少不必要的控规调整，控规编制中进一步增加用地的兼容性和弹性，为土地细分导则的制定留有一定的空间，从城市层面适应新型社区规划设计创新的要求。

第三节 相应配套管理的改革

新型社区规划设计模式的改革创新不仅涉及规划设计和规划管理的改革，还涉及与住宅开发建设相关的方方面面。房地产业是重要的支柱产业，已经形成了非常长的产业链，住宅是房地产开发中最重要的类型，占很大比例。新型社区规划设计的改革带来住宅设计等方面的改革，住宅的改革必然带来房地产产业链中方方面面的变化，需要相应调整。我们这里主要讨论政府管理方面相应的配套改革，重点是土地使用管理、不动产测量登记和商品房销售管理，以及市政配套管理等三个方面。

首先是土地出让方面。采用新型社区规划设计后，居住用地单宗用地的规模急剧减小。过去经常是十几公顷、一个居住小区的规模作为一宗地一次出让，而采用新型社区的规划模式，单宗居住用地只有 1 ~ 4 公顷。与目前土地管理部门执行的大城市居住用地出让单宗用地不得大于 20 公顷、中等城市居住用地出让单宗用地不得大于 14 公顷、小城市居住用地出让单宗用地不得大于 8 公顷的规定是一致的。而且从长远看，小开发地块有利于形成居住社区的多样性。但是，对于目前习惯于大盘开发的房地产企业来说，会带来一些问题，除一块大的土地分成数块后，要增加各种合同和审批手续办理的次数和数量，增加时间成本和费用，关键是在土地招拍挂期间，产生许多不可预知的因素，企业无法全部摘得理想的土地。客观地讲，成片规模开发目前还是我国房地产开发的主导模式。2010 年国土部、住建部联合下发《关于进一步加强房地产用地和建设管理调控的通知》（国土部 151 号文），明确规定不得将两宗以上地块捆绑出让。当时出台这一规定的背景是有些城市将单宗不超过规模的土地捆绑后销售，总规模远大于国家规定的单宗用

地规模标准，属于变相违规行为。2016 年《中共中央、国务院关于进一步加强城市规划建设管理工作的若干意见》中明确提出要树立"窄马路、密路网"的城市道路布局理念，新建住宅要推广街区制，原则上不再建设封闭住宅小区等。考虑到贯彻落实中央文件精神和现实性，应该可以容许居住用地打包出让，前提是打包地块可以跨越城市支路，但不得跨越城市主次干道，总用地规模不大于国家控制的单宗用地规模，用地总的规划指标和各地块的规划指标都要确定，在出让后不得平衡调整等。

其次是住宅不动产登记测量和后续相应的税费收取标准问题。改革开放 30 多年来，随着社会主义市场经济体制的不断完善，我国的产权制度也在不断改进。从最初的房产证、土地证分别办理发证，到后来合并为房地产证，到今天统一的不动产证，取得了很大的进步。在我们对新型社区规划设计深化过程中，也发现了目前存在需要改进的一些问题，以及通过不动产测量登记的改进措施促进新型社区良性发展的举措。目前，在规划审批和验收中对住宅建筑面积的计算标准与住宅销售测量和登记测量的标准不一致，这个问题不大，但面比较广，主要涉及规划和土地管理部门不停地协调，需要修改土地出让合同和行政许可。国家住建部和国土部作为主管部门，应该加快统一和修订标准，避免不必要的变更等。如居住建筑的地下室应计算建筑面积，用作停车库和设备用房的不收取土地出让金，用于经营性商业的减半收取土地出让金；建筑首层架空和半地下室用作停车库，应计算建筑面积，但不应收取土地出让金，用于经营性商业的要全额或减半收取土地出让金。现在主要的问题是住宅不动产测量登记的概念和标准的改进，包括住宅建

筑面积、套内建筑面积、公共部位分摊面积、分摊土地面积，以及地下停车库、地面停车位产权的界定等问题。这些概念和标准与房地产销售、配套费收费、采暖收费标准、物业收费标准等均有关系，未来与房地产税、房地产评估关系密切。虽然目前房地产测量登记形成了严密的做法，但对于大众难以理解，有些部分还是有缺陷，应该修改完善。目前住宅普遍是多层或高层单元式住宅，地下建有停车库和配套用房。公共部位分摊面积的计算非常复杂，居民也难以理解。因此，重庆采用套内面积作为销售面积。当然，这样做其住宅销售单价必然高于传统的计算方法，但居民购房时就会非常明白，不容易有误解。至于单元住宅公共部位分摊面积，即使分摊到各户，各户也没有办法处置，如同单元住宅分摊土地面积一样。因此，是否可以建立共有土地和部位产权的概念，即地块内的土地和公共部位为地块内居民所共有，具体每套住房占有的比例可简化计算，不用落实具体位置。实际上，地下车库等目前已经遇到这样的问题。在目前的规划面积计算标准中，地下部分不计算建筑面积。一个开发项目在开发商销售前，进行总登，即初始登记，把整个项目的房屋、土地，包括地下室都登记给开发企业。房屋销售清盘后，各套住宅登记到购房者名下，土地也随着分摊，而地下车库不能销售，也不分摊，最后依然是开发商所有，但这时开发商已经不持有开发项目的一尺土地。现在已经有法院判例，认为地下车库为居民共有。因此，改革完善我国的房地产登记测量也是发展的必然要求。而其改进，也可以促进新型社

区规划设计的推广，包括习惯行业的改革创新。考虑已经登记的大量存量住宅，房地产登记测量的改进可以采用双轨制过渡，即新项目新办法、老项目老办法，逐步统一。

第三涉及市政公用设施的配套标准等问题。在实际窄路密网的项目中已经遇到这样的情况，比如，只需要配套建设一个变电站的一个大地块，采用窄路密网后，被城市支路分割成了两个或多个地块，则每个地块都必须建设一个自己的变电站。电力部门规定一个地块内的变电站不能为跨越城市道路的另外一个地块服务。这些规定可能有其特定的背景，如同土地不许捆绑出让一样。非常明显，这些规定是不利于窄路密网规划布局的，应该实事求是，进行相应的调整。各行各业都应该为城市和居住社区的转型升级做出自己的贡献。

经过新型社区的研究，我们认识到，我国现有居住区规划建设中存在一些共性问题，如封闭的大院、丢失的城市空间、物业管理上存在的一些问题等，与现行的土地出让、规划设计、建筑设计、项目审批、房地产销售、房屋产权登记、各种行业规范等一整套城市规划土地房屋建设管理体制机制有关。要建立新型居住社区规划设计模式，是一个庞大的系统工程，涉及整个旧的体系的改变。困难可想而知，但要解决我国越来越严重的城市病，提升城市的质量和水平，必须进行改革创新。以上谈到的这些问题是一些具体的问题，我国改革开放30多年的成功经验，特别是住房制度改革的成功经验表明，在总体改革方案确定后，进行相应的改革调整是可行的。

第七章　新型居住社区规划设计模式引发的相关城市政策的改革

新型居住社区规划设计模式的创新，其中关键点是实施窄路密网的开放型活力社区、住宅高度的降低和容积率的减小，以及面向广大中等收入家庭的改善型小康住宅的有效供给，这涉及房地产市场转型升级、商品房价格、住房制度深化改革、土地财政和房地产税、社会管理制度改革和住宅产业化等一系列问题，需要系统的考虑，统一思想认识，转变观念，系统行动。这些问题是我国深化改革、转变经济增长方式的深层次内容，是国家、省市战略空间规划要考虑的具有综合性的重点问题。我们在这里抛砖引玉，希望引起大家的讨论。不正确的地方敬请批评指正。

第一节　新型社区规划与房地产转型升级发展

20 世纪 80 年代末，深圳特区在我国国有土地使用权转让和商品住宅建设等重大问题上率先取得了历史性的突破，使我国的改革开放向前迈进了一大步。从此，拉开了住房建设和房地产持续高速发展的大幕。据统计，经过 20 多年房地产的持续发展和住宅的大规模建设，我国目前城镇居民人均住房建筑面积达到 36 平方米，户均超过一套住房，虽然与美国人均居住面积 40 平方米、德国 38 平方米相比仍然有差距，但已经超过我国香港地区的 7.1 平方米、日本的 15.8 平方米和新加坡的 30 平方米，居于世界较高水平。同时，随着我国商品住宅和房地产业的发展，住宅规划设计和建设水平有了很大的提高。住宅户型多种多样、设备部品不断完善、装修水平不断提高，新材料、新技术的应用也日新月异。巨大的住房建设量使得城镇居住水平和环境得到极大的提升，城市功能和面貌发生根本变化。

住房制度改革和土地使用制度改革促进了房地产业的发展，房地产业的发展不仅解决了住房短缺的问题，而且成为促进经济发展和城市建设的强大动力。住房的强劲需求支持了房地产业的快速发展，房地产业已经成为支柱产业，拉动相关产业发展和就业。拉动的产业链条相当长，包括前期勘察设计咨询、建筑业、建材、家居、家电等。房地产业还带动了银行金融业的发展，公积金累形成，个人住房按揭贷款是优良贷款，也培育了国人的现代金融观念和意识。伴随着房地产业的成长，一大批企业、企业家应运而生，成为社会主义市场经济的重要力量。近几年来，我国每年保持 10 多亿平方米的住宅新开工量和商品房销售量。根据国家统计局数据，2016 年，全国房地产开发投资 10.3 万亿元，其中住宅投资 6.9 万亿元；房地产开发企业房屋施工面积 75.9 亿平方米，其中住宅施工面积 52.1 亿平方米；房屋新开工面积 16.7 亿平方米，其中住宅新开工面积 11.6 亿平方米；房屋竣工面积 10.1 亿平方米，其中住宅竣工面积 7.7 亿平方米；商品房销售面积 15.7 亿平方米，其中住宅 13.8 亿平方米。这一组数据说明房地产业对我国改革开放和社会及经济发展发挥了和正在发挥着十分重要的作用。另外，非常重要的一点是，房地产业的繁荣发展促成土地市场的发展，土地使用权出让政府净收益成为地方政府发展经济的主要财力，用于城市基础设施和公共设施建设。此外，与土地和房地产相关的税收，如城镇土地使用税、土地增值税、房产税、房地产相关的印花税、契税、营业税、房地产企业所得税等成为地方政府税收增长的重要来源，特别是在没有工业的城区，这点更加突出。2016 年在经济形势下行压力巨大的情况下，我国经济实现较好的表现，房地产业发挥了重要作用，房地产相关的税收对财政收入的增长起到关键的作用。据财政部数据，2016 年全国一般公共预算收入中的税收收入为 13.0 万亿元，同比增长 4.3%。土地和房地产相关税收中，受部分地区商品房销售较快增长等影响，契税 4300 亿元，同比增长 10.3%；土地增值税 4212 亿元，同比增长 9.9%。另外，房产税 2221 亿元，同比增长 8.3%；耕地占用税 2029 亿元，同比下降 3.3%；城镇土地使用税 2256 亿元，同比增长 5.3%。所以说，从 20 世纪 90 年代以来，房地产已经成为推动我国社会经济发展和城市建设的最重要力量。人民住房条件和居住环境得到改善，社会事业得到发展，城市功能得到提升，城市面貌发生改变，这一切成绩的取得，经营城市和土地财政功不可没，其源头是住房制度改革所形成的房地产市场的繁荣发展。到 21 世纪中叶我们要全面建成小康社会和实现中华民族伟大复兴的中国梦，未来 30 年还需要房地产业持续稳定地发展。

但是，随着房地产的长期高速发展，我国当前住房制度改革和房地产长期存在的问题及矛盾积累得越来越严重、越来越尖锐，而且已经影响到整个城市的规划和建设，影响到国家整体经济的繁荣和稳定。从改革开放后起步开始，我国的房地产业一直在摸着石头过河，加之内部政策和外部环境的不断变化，房地产业波动频繁。回顾历史，从 20 世纪 80 年代末开始起步，到今天 20 多年来，我国房地产市场的发展数起数落。1987 年深圳率先实行国有土地使用权转让，1988 年宪法修订中增加了土地使用权有偿使用的条款，房地产业一发展即遇到政治经济环境影响。1992 年小平同志南行讲话后，改革发展进入新的高潮，房地产开发兴起，带动整个经济发展，短时间内出现经济过热和房地产泡沫，国家不得不在 1993 年开始加强宏观调控。经过三年调控，物价水平开始回落，通货膨胀得到控制，中国经济实现软着陆，1997 年亚洲金融危机接踵而至。为保障世界和区域经济不恶化，中国维持人民币不贬值，通过加大基础设施建设、发展高新技术产业和住宅建设保持经济稳定。通过推动住房分配从实物转向货币化、住房信贷等举措，房改启动了住房消费需求，房地产迎来又一个高峰。2002 年，房地产再次出现过热苗头，上涨压力巨大，政府先后出台调整土地供应、调节市场、调整信贷结构和开征交易税费等措施进行调控。2008 年，国际金融危机爆发，为保持经济增长、避免房地产市场下滑，政策开始转向刺激住房消费，推出信贷支持、增加保障房供应和税收减免政策。2010 年，房地产市场强势复苏，为平衡"保增长"和"遏制房价上涨"，在土地供应、市场结构、税收和信贷调控基础上，中央政府全面祭出限购措施。2014 年，中国经济进入新常态，在稳增长和去库存目标下，出台四轮刺激政策，主要是放松限购限贷，加强信贷支持和税收减免，热点城市房价暴涨。2016 年开始至今，政策转向"防风险"，政策长短结合，短期依靠限购限贷，长期开始寻求建立长效机制。从以上的回顾可以看出，过去 20 多年来，中央政府对房地产采取过六个调控阶段多轮调控，调控的目标只有两个：避免过热和防止过冷。从 2002 年开始的十年里，住建部发布了十个住房宏观调控的文件，大部分是从土地、资金两个供给方面，以及限购和税收减免上做文章，但没有从根本上解决问题，实践证明效果不明显。由于缺乏对房地产开发总量和需求总量调控的有效手段，形成越调控房价涨得越多的被动局面。房地产开发量过大，投资过度，房价飞涨，形成泡沫。有些问题已经不单单是住建部门能够解决的。据有关方面分析，我国房地产总值是国民生产总值的 350%，与日本房地产泡沫时期相似。全民热衷房地产，与美国次贷风暴不谋而合。地方政府过度靠土地来运作，大量银行贷款、保险资金、企业资金、基金、民间信贷进入房地产领域，加上国外游资威胁，形成巨大风险。事实证明，单纯地依靠市场化，政府缺少正确的调控和相应法律法规制度的建设，会出现市场失效的严重问题。不仅是住房本身的问题，而且涉及整个经济的健康发展和社会的繁荣稳定，需要综合施策，标本兼治。

房地产业的持续稳定发展对我国经济社会实现转型升级、全面建成小康社会十分关键。未来一段时期，我国房地产业改革升级的方向应该是，贯彻中央供给侧结构性改革方针政策，实施去产能、去库存、去杠杆、降成本、补短板，即"三去、一降、一补"，完善住房保障制度及其立法，加强对房地产开发的管理，减少开发总量，提高质量，有效供给，实现平稳过渡。首先，深入研究房地产合理开发量的规律，确定全国及各省市每年的开发套数。林志群在 20 世纪 80 年代末就研究了世界各国每年的住宅开发量，如西方发达国家在 20 世纪 70 年代建设高峰末期时是每 1000 人 10 套的水平，苏联等东欧国家每千人 7 套左右。目前，我国每年保持住宅 10 多亿平方米的新开工量，每年城镇人均住宅建筑面积要增加 1 ~ 2 平方米。保持这样的速度，我国城市居民住房人均面积很快超过欧美发达国家水平。

同时，按照户均建筑面积 90 平方米计算，每年住宅新开工量等于城镇人口每千人约 18 套，也远大于合理区间。虽然我国城市化水平还要提高，但住房需求和房地产产量的天花板已经是不能不考虑的问题。目前许多矛盾的根源也是房地产总体产量过剩、有效供给不足、质量不精造成的。因此，对于住宅开发总量这个问题必须要深入研究，结合各地的情况予以确定。控制住宅的开发量比控制土地供应更加直接合理。第二，落实供给侧结构性改革，通过住宅商品质量的提升来实现房地产业升级，创造有效需求，实现房地产平稳过渡。针对我国 20 世纪 90 年代之前建设的住房面积小、标准低的情况，结合中等收入群众住房改善的需求，商品住宅部分向中高档为主转化。采用绿色生态建筑和智能化等新技术，提升住宅的性能，带动相关绿色和智能高新技术产业发展。推进新型社区规划设计与这一方向一致，结合面向广大中产阶级的改善型小康住宅，居住社区的规划设计和环境配套要进一步提高水平，应该以相当于西方发达国家目前的居住水平为目标。第三，通过改变土地出让金 70 年一次缴纳为分年度缴纳房地产税的形式和其他税收优惠等政策，降低房地产开发企业成本，控制房价过快增长，形成符合合理房价收入比的住房价格，使广大中等收入家庭能够有能力购买升级后的住宅产品，释放有效需求。

除去以上的举措外，国外正反两方面的实践经验表明，要建立健康的房地产市场，避免房地产泡沫和大起大落对国民经济造成的影响，还必须建立完善的面向广大中产阶级的现代住房制度，实现政府对房地产有效的调控，新加坡的经验值得研究。另外，缺乏对房地产开发有效的城市规划管理，也是造成城市病的主要原因之一。要有效地治理城市病，就必须加强对房地产开发项目的规划管理，新型社区规划设计就是通过规划管理措施和水平的提高，来提升房地产开发的水平和文化内涵。

第二节　新型社区规划与城市住房制度的进一步改革

人的居住权是人类文明进步的成果和标志，这项权利的取得和进步经历了漫长的历史演进过程。古代社会，君主皇权、官吏、地主富商的住宅府邸一向奢侈无度，但民众住房一直简陋，没有得到基本的保证。我们可以从我国和西方的城市和建筑历史中清楚地看到这一事实。秦始皇建阿房宫登峰造极，而大量平民无处安身。劳民伤财的阿房宫也是秦灭亡的一个象征物，杜牧的《阿房宫赋》在结尾时曰："呜呼！灭六国者六国也，非秦也；族秦者秦也，非天下也。……秦人不暇自哀，而后人哀之；后人哀之而不鉴之，亦使后人而复哀后人也。"唐宋是我国国盛民安的时代，有完善的居住里坊制度。随着经济的发展，城市日益繁荣，我们从张择端的《清明上河图》中能够看到宋汴梁城的市井。即使已经是大唐盛世，但杜甫依旧发出了"安得广厦千万间，大庇天下寒士俱欢颜，风雨不动安如山"的呼喊。欧洲文艺复兴时期，皇权的宫殿辉煌无比，如凡尔赛宫，而广大市民的住房标准很低，面积小、密度大、通风采光不好、缺少配套设施。

工业革命后，大量破产农民涌入城市，造成交通拥挤、环境污染、住房短缺，居住条件恶劣。19 世纪 20 年代空想社会主义者傅立叶、欧文就开始进行社会实验，寻找理想的居住社区。傅立叶为自己的理想社会设计了一种叫作"法朗吉"的"和谐制度"，是一种工农结合的社会基层组织。"法朗吉"通常由大约 1600 人组成。在"法朗吉"内，人人劳动，男女平等，免费教育，工农结合，没有城乡差别以及脑力劳动和体力劳动的差别。他还为"法朗吉"绘制了一套建筑蓝图。建筑物叫"法伦斯泰尔"，中心区是食堂、商场、俱乐部、图书馆等。建筑

中心的一侧是工厂区，另一侧是生活住宅区。"法朗吉"是招股建设的，收入按劳动、资本和才能分配。傅立叶幻想通过这种社会组织形式和分配方案来调和资本与劳动的矛盾，从而达到人人幸福的社会和谐。傅立叶生前没能真正建立起"法朗吉"。他的门徒在他生后于美国建立了 40 个"法朗吉"，但最后以失败告终。傅立叶的空想社会主义学说和圣西门、欧文的空想社会主义学说一起为马克思的科学共产主义学说的诞生，提供了宝贵的思想资料，成为马克思主义的三个来源之一。恩格斯 1872 年写出《论住宅问题》系列文章，剖析了资本主义社会是造成城市工人阶级住房困难的根源。1898 年霍华德提出田园城市理论，以协调城乡发展和舒适的居住工作环境为目标，实际上就是现代住房制度的雏形，标志着现代城市规划的产生。伴随着电灯、电话、抽水马桶等技术的诞生与发展，住宅建造水平不断提升。在经历了两次世界大战的洗礼后，西方发达国家在战后进行了大规模重建，把大众住宅作为重要建设内容，居民的居住条件有了很大的改善。随着社会经济的发展，西方发达国家逐步把住房权作为基本的人权在宪法中予以保障，通过《住房法》等形式落实，各国都建立了各具特色的现代住房制度。

一、我国近现代住房制度的发展演变

我国从鸦片战争进入半殖民地半封建社会后，现代住房产生。农民劳工涌入开埠城市和新兴城市谋生，伴随洋行等新兴产业的发展出现了新阶层人口。城市人口的聚集和急剧发展的客观要求导致了房地产业的兴起和繁荣。房地产商建造了多种档次、供出售或出租的集居住宅。除少数是针对工商业主和乡

绅们的高档住宅外，大部分是低水平的住宅。比如从中国传统四合院演变来的上海旧里弄住宅等，面积狭小、通风采光不好、配套设施差。原本是居住一户人家的住宅很快变为多家混居的杂院，居住条件恶劣。随后的战乱使得我国城市住房建设停滞，现代住房制度迟迟不见进展。抗战胜利后，虽然国民党政府进行了一些很少的棚户区改造和住房建设，但没有基本的公共住房的保证。中华人民共和国成立前，84% 以上为私产住房，公房很少。中华人民共和国成立后，我国实施社会主义公有制和计划经济，住房由国家统一投资建设，实施福利分配制度。经过 30 年的艰难曲折，到改革开放前，我国城镇居民人居居住面积只有 3.6 平方米，比中华人民共和国成立前的人居 4.5 平方米还要低。实践证明，完全由政府负担的福利分房制度是不可行的。造成这种结果的原因，除去"先生产、后生活"的指导思想和长期低标准住房政策外，所谓福利分房制度也难脱干系。人治代替法制，在实际操作中很难保证公平公正，带来许多社会问题。

改革开放后，我国启动了市场化导向的住房制度改革，现在回顾起来可以分为两大阶段。第一阶段是 1984 年到 1998 年，是从计划经济福利分配住房制度向市场化商品住房的过渡阶段。第二阶段是 1999 年至今，是商品住房高速发展阶段。在第一阶段中，经过十多年的稳步推进，实现了从公有住房福利分配到市场化商品住房过渡的目标。在改革开放初期，中央政府及时总结地方的经验，制定相关政策意见，积极稳妥地推进城镇住房制度改革。从 1988 年 2 月到 1991 年 10 月连续发布了三个相关文件，从提高公房租金、出售公房试点、建立住房公积金制度，到批准有关省市房改总体方案。在这一时期，中央和地方政府一边推进住房改革，一边加大住宅建设力度，通过经济适用房、安居工程住房及棚户区、危陋房改造，发挥国家、单位、个人三方面力量，解决无房户和住房困难家庭住房问题。到 1998 年，城镇居民人均居住建筑面积达到 9 平方米，比改革开放前的 3.5

平方米有极大的提升。1999 年停止住房实物分配、逐步实行住房分配货币化政策标志着我国住房制度改革进入新阶段。随着社会主义市场经济体制的建立和不断完善，尤其是在金融改革和经营性土地招拍挂制度改革的基础上，房地产企业融资能力和开发能力大幅度提高。居民收入水平提高、按揭制度完善和住房条件改善的需求为房地产快速发展提供了市场。虽然这一时期也是房地产调控最频繁和程度最严厉的时期，但并没有阻挡房地产的发展速度和商品住宅的建设规模。到 2016 年我国现状城市居民人均住宅建筑面积 36 平方米，已经达到许多发达国家的水平。90% 的城市居民拥有住宅产权，在户均 185 万元人民币的资产中，房产占主要的比重。在房地产和住宅建设取得巨大成绩的同时，现代住房制度并没有同步建立起来，深层次的问题也越来越突出。

今天，许多城市面临着房地产库存高企和中等收入家庭买不到合适住房的两难局面。虽然住房保有量已经很大，人均居住建筑面积、住房自有化率达到世界发达国家水平，但是，住房供给结构不合理，包括区位分布、价格、房型等，不能满足有效需求，造成许多居民，特别是特大城市和大城市的所谓"夹心层"买不起房或买不到合适的住房。与此同时，天房价、地王、豪宅、蜗居、开奔驰住经适房、房叔、房婶等，成为媒体上的热点词汇。这反映了许多真实的、深层次的问题和矛盾，以及国人内心深处对住房制度改革的复杂感受。住房问题成为我国当前深化社会经济和政治体制改革面临的一个火山口。形成这些问题和矛盾涉及的原因非常多，包括收入差距过大、居民缺少投资渠道、对住房固有的传统观念、公共住房分配上的腐败、过多的人口涌入大城市等。但总体看，是住房制度改革停滞和房地产盲目发展造成的。1999 年以后，实现了从福利分房到住房市场化的全面转变，不可以说改革不彻底，从改革初期摸着石头过河，变成了直接掉进河里游泳。市场的威力巨大，信马由缰，难于驾驭。中央和地方政府一直忙于经济发展、房地产调控和解决低收入住房困难家庭的住房问题，没有时间和精力对出现的新情况、新问题进行深入分析研究，没有找准问题的症结，没有进一步深化改革，从而建立适合我国国情和时代特点的现代住房制度。住房制度发展的方向不清，由于市场难以驾驭，因此有人提出以公租房作为我国住房制度改革的方向，有人后悔当初将公房出售给个人，否则的话现在就不用再新建公租房了，好像已经忘记了计划经济时期的惨痛教训。《住房法》或称为《住房保障法》《住宅法》，一直未能出台，现代住房制度没有明确建立，主要原因也是这方面认识不统一，这成为目前我国住房和房地产问题多多的直接原因之一。由于房价高企，中央和各级政府一直在努力工作，针对低收入住房困难家庭，加大棚户区改造和公租房建设力度，对住房困难家庭给予各种帮助，这无疑是非常正确的。同时，必须要清醒地认识到，我国已经进入经济新常态的历史时期，当前住房和房地产问题的关键是广大中等收入家庭的升级换代住房的保障问题，必须以这一课题为核心加快进行现代住房制度立法和改革的探索与实践。

当前，我国正处在新型城镇化发展的关键时期，大部分城市都面对着房地产业供给侧改革和结构调整、刚需阶层住房保障和改善的共同课题。解决好大多数中等收入家庭的住房问题，做到居者有其屋，不仅关系到广大群众的切身利益，关系到全面建成小康社会实现中华民族伟大复兴中国梦的总体目标，更关系到我国社会经济的健康和可持续发展，意义十分重大。中产阶级住房，或中等收入家庭住房是现代住房体系中最重要的住房形式，量大面广，应该是现代住房制度的主体。与为低收入住房困难家庭提供住房保障不同，面向中等收入家庭的小康住房仍然是市场化住房，要坚持市场化方向不改变，主要目标是提高居住质量和水平，这也是新型社区规划改革创新的目的。

二、《住房法》：基本居住权的保障

居住是人类基本的生存需求，这个道理路人皆知，但人类社会达成"居住也是人的基本权利"这个共识却经过了漫长的过程。直到人类文明发展到 20 世纪才真正认识到对基本居住权的保障是政府的责任。曾经被世人称道的"美国梦"，由洋房、汽车和体面的工作构成，引导美国社会高水平发展了近百年，形成了目前美国的城市和区域形态，以及美国人或者说是美国中产阶级的生活方式。这一切是以美国住房的法律和现代住房制度为保证的。我们回顾美国城市规划和住房建设发展的历史，可以看出美国住宅和社区的发展也经历了曲折的过程，政府从不负担住房保证，到面向低收入家庭为主的最基本住房保证开始到面向广大中等收入家庭的高水平住房保证的发展过程。

美国作为一个新兴的移民国家，最早的住宅是移民们按照欧洲传统建设的独立住宅，大部分是木结构，设施不完备，比较简陋。随着城市发展，人口聚集，城市住房问题越来越突出，也带来了城市安全隐患。1835 年，纽约发生大火，烧毁了 17 个街区的 700 栋建筑物，世界上最奢华的商品交易所、巨大的荷兰教堂都未能幸免，造成的经济损失以当时的币值计算约 2000 万美元。这场大火促成了纽约市的建筑全面告别木质结构，城市供水设施进一步完善。1871 年，芝加哥发生大火，大火烧了 30 小时，将 2/3 的芝加哥城夷为平地。这促使芝加哥在重建中规范采用混凝土和钢结构，高层建筑开始普及，形成了建筑学上著名的"芝加哥学派"。到 19 世纪末 20 世纪初，随着工业化和城市化的发展，大量人口进一步向城市聚集，造成住房短缺。当时纽约、芝加哥等许多城市出现了将独立住宅改为 8 ~ 12 户出租的情况，非常普遍，造成居住条件恶劣。政府和开发商建设的一些多层集合式工人住宅，狭小拥挤，缺少必要的生活设施，建筑大进深，小天井，采光通风很差。有的住宅甚至两户背靠背设计，通风采光条件恶劣。为了改善工人的居住条件，在住房改革者的推动下，19世纪后半期，许多城市颁布了专门的住房规范，制定了新建或现有居住单元的最低可居住标准，以防止住房投机活动对城市低收入者利益的损害。1901年，纽约市制定《经济公寓住房法》，是政府制定保障工人基本居住条件最低标准的经典。同时，应用城市规划的区划手段，避免工业等与居住用地的混杂，保证住宅的环境品质，典型代表是1919年的纽约区划法。20世纪30年代经济大萧条时期，罗斯福的新政将住宅建设作为经济发展的重要手段。通过建造住宅一方面提供了住宅产品，另一方面提供了公众急需的工作岗位。1937年，联邦政府制定了首个全国住房法案，正式实施公共住房计划。这一时期美国住房政策的一个重大创新是1934年建立的联邦住宅管理局（Federal Housing Administration, FHA）和1938年建立的联邦全国抵押协会（Federal National Mortgage Association, FNMA），这两者成了美国住房市场的两大支柱。

真正形成美国当代理想的住宅和社区模式是二战后，私人小汽车的普及、州级公路建设计划、住房按揭、郊区化和政府关于住房的一系列法律制度奠定了美国当代住房制度和住宅规划建设模式的基础。1949年的美国《住宅法》具有划时代的意义，它不仅将城市更新、城市再开发计划与针对特殊需要的抵押贷款担保计划、公共住房计划结合起来，鼓励私有企业积极参与重建衰落的城市中心地区，使公共住房进一步成为针对低收入阶层的专门计划，而且更为重要的是提出并制定了全国性的住宅政策目标，即让"每个美国家庭都拥有一套体面的住宅和合适的生活环境"。这一目标面对的不仅是低收入家庭，而是全部美国人，特别是广大中产阶级，这成为美国梦的基石。在随后的几十年中，有许多部修订的住宅法，但这个基本的政策目标没有改变。

1968年的《住房和城市发展法》允许发展商获得低于市场水平的贷款利率，条件是为中低收入者提供低于市场租金水平的住房，利息差额由政府补贴。1972年上台的尼克松政府对美国的住房政策做了巨大的修改，并制定了1974年《住房和社区发展法》（Housing and Community Development of 1974），这一法案可以看作是美国住房政策的分水岭，在这之前，所有的住房政策采用的是间接的方式补贴中低收入阶层，即通过补贴供给方（住房开发商）——降低开发成本、降低租金——使中低收入阶层间接受益。而在这之后，住房保障的重点放在直接补贴需求者，提高其支付租金的能力。

我国住房法的立法由来已久。早在1980年就召开过住宅法起草工作调研会，首次着手起草住宅法。1983年，《中华人民共和国住宅法》就被正式纳入全国人大法制委员会的立法部署。1985年，完成《中华人民共和国住宅法》（试拟稿），印发征求意见。但由于当时住房制度改革还在不断深入、新情况不断出现等种种原因，未能出台。一搁置就是20多年。在这段时间内，国务院和各级地方政府也出台了住房保障及廉租房、经济适用房、公租房、限价房等有关规定，但都没有上升为国家的法律。随着房地产市场的发展和房价的飙升，尽快制定《住房保障法》的呼声日益高涨。2008年《住房保障法》列入十一届全国人大常委会立法规划和国务院2010年立法计划，并已形成《住房保障法》征求意见稿。该稿包括了城镇基本住房保障的标准、范围、方式，保障性住房的规划、建设和管理，住房租赁补贴，土地、财政、税收与金融支持，基本住房保障的组织落实，农村住房保障制度等内容。征求意见稿于2010年2月征求了国务院有关部门和地方主管部门的意见。住房和城乡建设部综合各方意见，考虑到我国住房保障制度处在不断探索过程中，建议先制定住房保障的行政法规。十二届人大期间，许多人大代表继续提出制定住房法的议案。住建部的意见还是先制定条例。2014年3月，国务院法制办公室将《城镇住房保障条例（征求意见稿）》向社会公开征求意见，根据反馈意见对征求意见稿做进一步修改。人大财经委员会认为住房保障制度宜由法律予以规定，建议有关部门认真研究代表建议，加快立法工作进程。今年，国务院办公厅印发《国务院 2017 年立法工作计划的通知》，确定了 2017 年全面深化改革急需的项目和力争年内完成的项目，其中，力争年内完成的项目包括由住房和城乡建设部起草制定《城镇住房保障条例》。

从 1980 年启动《住宅法》立法至今已经过去了 36 年，从 2008 年启动《住房保障法》又过去了近 10 年，却变成了《城镇住房保障条例》，不知我国还有哪部法律比这部法律更难产。2010 年，具有中国特色的社会主义法律体系基本建成，但缺少与广大人民群众最密切的《住房法》，不能不说是一个极大的遗憾。这也是我国目前房地产市场发展无序、现代住房制度没有能够建立的重要原因。因为处于不断的改革发展中，因此不立法，这种理由在我国社会经济生活的其他领域还从未出现过。没有下决心立法主要还是认识上的问题。首先，居住权是人的基本权利，国家和地方政府有责任提供相应的保证，如同基础义务教育、医疗卫生、养老保险等，或者可以比照为粮食和副食品供应更准确。《住房法》要明确公民居住权，以及政府在保障人人有其住所方面承担的责任，还对保障性住房的资金来源给予保证。这一基本原则上各方还有顾虑，意见不一致。有些专家学者还存在着保障房等同于计划经济时期福利房的观点，不深入研究我国住房制度改革的历史过程和现实情况，也不学习借鉴国外发达国家的经验和苏联等东欧国家的教训，想当然地认为保障公民居住权，政府就应该提供保障房；而政府担心没有能力大包大揽。实际上，对居民居住权的保障主要是基本需求的保障和机会的保障，对于少数低收入住房困难家庭，政府应做到应保尽保，可以提供住房补贴或公租房；对于广大中产阶级的保障就是保障市场有有效供给，满足有效需求，主要体现在住房商品的区位、社区环境配套、住房质量和合理价格上；

而广大农村地区，则应该延续集体经济组织自治体制，由集体土地提供宅基地，由农民自主建房，对于五保户的住房困难由政府、集体组织或社会各界提供资助。

很多人认为《住房法》应该更名为《住房保障法》，重点突出保障。但这可能引起误解，以为是为保障性住房而专门立法。不可否认，保障性住房是住房法律中的重要内容，但《住房法》的内涵更广，比如说，没有机会住进保障性住房的中等收入群体，他们的居住权也应通过合理价位的商品房得到保障，即《住房法》应该以保障公民居住权为核心。"十二五"期间，住房保障方面得到了很大的推进，国家做了很多实际的工作，各类保障性安居工程也在不断建设，大量城市低收入住房困难家庭的住房条件得到改善。在未来几年，随着中央政府继续加大棚户区改造和保障房建设力度，住房困难问题会逐步得到解决。目前，我国《住房法》立法的最重要内容是提出并制定以广大中等收入家庭为重点的全国性的住宅政策目标，即让"每个家庭都拥有一套高品质的小康住宅和合适的生活环境"。中国人喜欢置业，俗话说"有恒产者有恒心"。我国全面建成小康社会的重要标志就是形成以中等收入阶层为主体的枣核形社会结构。广大中等收入家庭目前已经解决了住房有无问题，随着收入水平和生活水平的提高，提出了住房改善升级的要求。高水平的小康住宅可以助力房地产的转型升级，拉动绿色生态和智能技术的发展、规划建设新型社区，对社会文明水平的提升也非常有帮助。

《住房法》作为我国现代住房制度的基本法，核心内容必须正确，符合当前的实际情况，具体问题可以在发展中调整，但基本的方向不得有偏差，决不能回到计划经济、全部公有制和福利分房的老路上去。我们看到网络上一些专家学者提出的《住房法》的建议稿，不妨回顾对比一下苏联 1984 年实施的《住房法》，一定大开眼界，大有裨益。

三、我国现代住房制度改革的政策创新——"低端有保障、中端有供给、高端有市场",广大中产阶级实现"居者有其屋"

改革开放 30 年来,我国住房制度改革在探索中前进,取得了很大的成绩,基本形成了商品住房和保障性住房两套住房体系,也形成了一些比较成熟的做法和机制。一些问题的产生是发展过程中的必然,另有一些问题则是由于政策机制不完善造成的,如没有对商品住房和保障性住房进行有机的整合,相互之间缺少配合。目前,在我国经济新常态的情形下,深化住房制度改革就是完成《住房法》立法和建立适应新时期新形势的现代住房制度。制,规矩;度,尺度、适度。没有规矩,不成方圆。在《住房法》的法律框架内,进行适合我国国情的现代住房制度设计,明确继续深化住房制度改革的方向,完善体制机制,是解决当前我国房地产问题或危机、进一步提高广大人民居住水平的唯一出路。应该说,我国住房制度进一步深化改革和制度设计不是在一张白纸上进行,目前已经形成了许多客观的现实,但也不是无所作为,只要认真对待,还是可以大有作为。

我国现代住房制度设计的核心内容,也是下一步住房制度改革创新的要点可以归纳为三句话:"低端有保障、中端有供给、高端有市场"。"低端有保障"是指对城乡少数低收入住房困难家庭,政府可以提供住房补贴、公租房和资助等形式,做到应保尽保。对于城镇低收入居民的保障房政策与目前政策保持一致,没有大的变化。目前的保障性住房包括城镇廉租住房、经济适用住房、公租房、限价房等,类型多而混乱,政府责任不清。取消廉租房,将廉租房功能纳入公租房已经基本形成共识。经济适用住房和限价房具有商品房属性,暂时可保留,远期应逐步纳入"中端有供给"的范畴。对于广大农村地区的住房困难户,在全面建设小康社会、打胜农村扶贫攻坚战的情形下,

也应该提出应保尽保。具体做法应该延续集体经济组织自治体制,由集体土地提供宅基地,由农民自主建房,对于住房困难户由各级政府、村集体组织或社会各界提供资助。

"高端有市场"是转变比较大的内容,实际上市场已经存在,只是要转变观念,放开管制。中华人民共和国成立后实施社会主义公有制和福利分房,国家制定定额指标,严格控制住宅面积标准,住宅建筑形式以单元楼房为主。中华人民共和国成立前的各种别墅、独栋住宅、联排住宅、花园洋房、高档公寓等居住建筑,通过社会主义改造收为国有,成为单位居住、办公的地方,或者形成几个家庭共同居住的状态。传统合院住宅也成为办公或多户居住的大杂院。虽然使用方式已经改变,但这些历史建筑不同于单元住宅的多种形态是存在的。在天津大家用小洋楼来命名独栋住宅,反映了一种情结。在改革开放后住房市场化初期,商品住宅发展,为满足多种市场需求,居住建筑和居住区类型呈现出多样化,包括独立住宅、双拼住宅、叠拼住宅、多层花园洋房、高档别墅、高尔夫别墅、豪宅、高档公寓等,就产生了现代的高档住宅。住房管理机关将住宅建筑面积144平方米以上的定为高档住宅,与普通商品住宅区分。有的是指建筑造价平方米价格超过上年度商品住房平均价格一倍以上的为高档住宅。在房产交易环节的税率上高档住宅与普通商品住宅有差别,实际上等于承认这种差别。2003 年国土资源部第一次叫停别墅用地,停止别墅类用地供应。同年,国土部表示今后我国将严格控制高档商品住宅用地,停止申请报批别墅用地。2006 年国土资源部要求一律停止别墅类房产项目供地和办理相关用地手续,并对现有别墅进行全面清理。2012 年国土部和发改委联合印发限制用地项目目录,根据这一最新规定,别墅类房地产项目首次列入最新颁布实施的限制、禁止用地项目目录,住宅项目容积率不得低于1.0。国家严格控制别墅用地的理由是节约土地,因为别墅用地的容积率都小

于1。实际上当时全国已出现了别墅开发失控的情况，用比一般水平住宅还低的土地价格，建设了低密度的别墅区，是不合理的，理应控制。但从另一方面讲，这种做法过于简单，既不科学，也忽视了住房的多样性和城市文化的丰富性，违背了市场经济规律。社会主义市场经济就是要市场发挥资源配置中的主导作用。高档住宅的出现就是市场需求，市场起主导作用。要建立正确的住房观念，除基本的生活使用功能外，住房也是一种消费和投资，也是文化。与高档汽车、手表、珠宝、时装等一样，并不会因为是住房而产生罪恶感。所以，在合适的场地，如郊区、海边度假区、风景区外围等，可建设多种多样的高档住房，既满足居民、外来投资者多样的住房消费需求，拉动内需市场，也形成城市建筑文化的多样性，避免出现住房都是单元房单调乏味的情况。同时，高品质的住房和社区也是城市吸引人才和投资的竞争力。当然，高档住房可能消耗更多的资源，这可以通过特定的税费来调节平衡，如对别墅、大面积的花园洋房、高档公寓等设定比较高的土地价格，征收政府公共住房费或较高的房产税等形式，既满足了市场需求，又讲究了市场公平公正，也为政府公租房和公共住房建设筹集了资金，何乐而不为。因此，要转变观念，配合现代住房制度的完善，制定相关政策，逐步放开对完全市场化的高档商品房在用地供应、容积率、户型面积、价格等方面的限制，鼓励改善型购房，培育住房新的消费热点，提高新建高档商品住房类型、质量和水平，鼓励合理的住房投资和出租，为房地产实施供给侧结构性改革提供支持。

"中端有供给"是我国现代住房制度设计的核心内容，也是深化住房制度改革及实现房地产市场转型升级、政府土地财政和房地产税收改革的重点举措。中端指占人口大多数的中产阶级或中等收入家庭，政府对于广大中产阶级的住房保障就是保障市场有效供给，满足有效需求，主要体现在住房商品的区位、社区环境配套、住房质量和合理价格上，使得广大中产阶级能够购买到称心如意的住房，实现"居者有其屋"。目前，我国大部分中产阶层城市居民的住房条件已经获得了一定改善，面临的是二次改善。但由于一系列问题，包括住房价格飞涨，旧区改造难度越来越大造成老城区新建住房供应减少，而新开发区域配套不完善等，许多中产阶层家庭买不到合适的改善住房，即使买到改善住房，首付和银行按揭的资金压力也会对生活质量造成影响。另外，一般情况下，如果没有父母的帮助，年轻家庭买不起住房。有人提出，不是所有的中产阶级或年轻人都要自己购买住房，可以租房。这是一个好的意见，应该在完善公积金制度设计和房地产业政策上给予支持，鼓励出租和租房人双方的积极性。

总结发达国家的经验教训，我们可以发现这样的规律，国家住宅政策是两极明确，中间多样化。对于困难家庭的住房保障，政府要做到应保尽保。对于富裕群体的住宅，要完全市场化，重点是用税收来平衡调节，保证社会公正公平。对于最大量的中产阶层的住房政策，是住房制度最重要的内容，各国的做法不尽相同。美国、英国等西方国家大部分应用市场化方式为中产阶级提供住房，由于人口数量相对较少，土地充足，加上一部分人选择长期租房，因此住房供应充足、价格合理，住房形式多样丰富。新加坡、日本和我国的香港特别行政区，人口多、土地少，因此采取政府主导的公共住房满足中等收入家庭住房需求。这些住房是由政府国有公司或信托公司建设、控制售价的公共住宅产品。公共住房是附有房型、准入、退出等特定条件的商品住房，最突出的特点是价格比较低，住房需求者采取排队和抽签的方式轮候购买。新加坡由于国土面积比较小，人口少，政府计划好，住房需求者一般都能在较短时间内得到购买政府组屋的机会。在中国香港特别行政区和日本，由于这种公共住房建设量相对需求来说还是太少，造成轮号时间过长。

暂时没有机会购买的人群只能通过租房解决居住问题，造成商品房价格和租金的高涨。总体看，新加坡做得比较好，80%以上是公共住房。中国香港和日本的比例在30%左右。但这三个国家和地区的大量中等收入家庭的住房形式与西方相比，略显单一。同时，对于房地产市场，美国比较放任，而日本缺少调控，这也是造成美国、日本房地产泡沫的原因之一。2007年，中新天津生态城开始规划建设，我们有许多机会深入学习了解新加坡公共住房方面的成功经验。新加坡从建国之初就开始进行设计和大规模公共住房建设，经过几十年的发展探索，形成了以政府组屋为主体的比较完善的公共住房制度体系。政府组屋是由政府主导建设的价格合理、品质优良的公共住房，政府给予土地价格和税收的优惠。目前超过80%的新加坡公民都可以享受政府租屋，而且一生有两次购买政府组屋的机会，首次是解决住房有无的问题，第二次则是改善住房条件。政府组屋也是商品住房，可使用公积金等方式购买。作为不动产，政府组屋可以买卖交易，而且可以保值增值，使得广大中产阶级"恒产者有恒心"。新加坡成功的住房制度设计是保证国家经济持续稳定发展、人民生活水平不断提高的重要因素这一。

在过去十年中，滨海新区作为国家综合配套改革试验区，在住房制度改革方面进行了有益的探索。在总结我国住房制度改革取得的成绩的同时，通过自身的保障性住房制度改革，试图寻找解决当前矛盾和问题的途径。在国家和天津市保障性住房制度整体框架下，根据自身外来人口多、收入水平中等偏上的实际情况，通过发放"两种补贴"、建设两种保障性住房和两种政策性住房，滨海新区初步建立了具有滨海新区特色的，政府主导、市场引领的，多层次、多渠道、科学合理的住房体系，形成了"低端有保障、中端有供给、高端有市场"的现代住房制度雏形和房地产市场健康发展新模式。在确保户籍人口低收入住房困难人群应保尽保的基础上，坚持以市场为导向，重点

解决外来技术人员、务工人员等常住人口、通勤人口以及户籍人口中"夹心层"的住房困难问题。在新区保障性住房体系内，设立了自身特有的面向外来务工人员的蓝白领公寓和面向中等收入家庭的定单式限价商品住房两种政策性住房。蓝白领公寓是为外来务工人员和技术人员提供的集体宿舍，它改变了过去每个工厂自己在厂区建职工宿舍的做法。按照规划，由政府平台公司统一建设，统一提供相应配套服务，统一管理，减少企业负担，实践证明是一个好的做法。但是，蓝白领公寓只是过渡性住房，要解决外来人口的长远住房问题。在我国和天津的保障房体系内，限价商品房面对的是具有本地户籍的低收入和住房困难家庭。借鉴新加坡政府租屋的经验，新区创立了定单式限价商品房，作为新区住房体系中一种重要的住房形式。与普通的限价房相比，除不局限于户籍人口外，服务的对象更多的是面对广大中等收入家庭和企业员工，而且是面向未来、高品质的小康住房，户均面积以90平方米为主。滨海新区政府制定了《天津市滨海新区蓝白领公寓规划建设管理办法》《滨海新区定单式限价商品住房管理暂行办法》等规范性文件，规范了各功能区蓝白领公寓的规划建设和管理，启动了定单式限价商品房的欣家园和散货物流生活区的成片开发建设，解决新区外来务工人员实际困难，拴心留人，为新区加快发展提供保障。同时，作为滨海新区房屋管理部门，我们加强了住房政策和技术研究，开展了滨海新区房价收入比、定单式限价商品住房指导房型、共有产权等研究，建设了滨海新区保障性住房研发展示中心，实施了新区首个全装修定单式限价商品房佳宁苑试点项目。在中新天津生态城规划建设中，学习借鉴新加坡的经验，建设了政府公屋，与定单式限价商品住房类似，按照规划要占到全部住宅开发量的20%。总体看，新区保障性住房制度改革方案，在国家和天津市保障性住房政策的整体框架下，结合新区自身的特点，将做到居者有其屋作为新区保障性住房制度改

革的总体目标，创立了定单式限价商品房这一新的政策性住房类型，将保障性住房由传统的面向户籍低收入住房困难家庭扩大到面向中等收入家庭，包括非户籍外来人口，具有重要的意义。面向中等收入家庭，包括非户籍外来人口的政策性住房是我国保障性住房改革和现代住房制度建设的重点，是关系我国小康社会目标实现和房地产持续健康发展的大课题。滨海新区保障性住房制度改革的成功经验具有实证的意义。

我国现代住房制度设计的目标就是"居者有其屋"，实现这一目标要解决的关键问题就是如何做到"中端有供给"。首先，在做到基本的保障性住房应保尽保的基础上，继续贯彻住房商品化的总体改革思路不动摇，建立政府主导、市场运作的政府公共住房制度，即建立面向广大中等收入家庭的小康公众住房类型，使其具有完善的功能、良好的品质、合理的价格，成为全面建成小康社会、实现中华民族伟大复兴中国梦的公众的理想住房。在许多国家，政府公共住房，如新加坡的政府组屋、日本的公团住房，包括我国香港特别行政区的公屋，也是出售的商品房，只是附加了一定的条件，如房价、户型、准入和退出的条件等，相当于我国目前的限价商品房。结合我国当前保障性住房的实际，应该将限价商品房作为政府公共住房的主体，适当放宽户籍、家庭收入、现有住房面积等准入条件，面向城市广大中等收入家庭，使其成为小康公众住房。同时逐步取消经济适用房、限价房等类型。在未来，政府公共住房只包括两种类型：公租房和小康公众住房。小康公众住房即是面向大众的特殊商品房，或称为政府主导的政策性商品住房。最终，形成政府出租型的保障性住房（简称"公租房"）、政府主导的商品化小康公众住房（简称"康居房"）和完全商品化的商品房（简称"商品房"）三种住房类型。其次，要在《住房法》明确的"每个家庭都拥有一套高品质的小康住宅和合适的生活环境"法律目标下，将小康公众住房纳入社会经济发展规划和

空间规划，制定相关的法律法规，强调地方政府对政府公共住房建设管理的责任，逐步扩大小康公众住房的覆盖面，提高小康公众住房的质量和水平。同时，逐步使小康公众住房成为房地产中的重要力量，确保满足公众的需求和房地产市场的健康发展。第三，要开展小康公众住房体系和标准的研究实验。小康公众住房即满足相关面积和户型、价格、质量、准入和退出条件等要求的特定商品住宅。要开展系统的研究，开展试点，逐步确定小康公众住房的政府指导房型、质量标准和政府指导价格等关键内容，形成完善的机制。第四，在目前的商品房市场中，划分出政府主导的小康公众住房市场，形成政府主导的公共住房和完全市场化的商品住房市场相互封闭的两个市场。第五，要树立科学文明的住房文化观。改变过去"廉租房""经济适用房""限价商品房"等粗俗的称谓，利用我们曾经使用的"小康住宅""安居住房"等称谓，将政府公共住房取名为"小康公众住房"或"康居房"应该是合适的，这个名字既具有时代特点，又体现了安身立命和住有所居的理念，具有中国传统文化内涵。

小康公众住房，作为一种特定的商品住房，成功的关键是合理的价格控制。合理的价格要在供需两个方面都具有可行性。一方面，小康公众住房是由市场运作的商品住宅，由开发企业来开发建设，因此，住房销售价格必须使开发企业有一定的利润空间，经济上可行；另一方面，小康公众住房面向广大中等收入家庭，因此住房销售价格必须在合理的房价收入比范围内，中等收入居民可以负担。小康公众住房的销售价格由土地成本、建安成本、销售成本、税费和企业利润等构成。为了保证住房的质量，建安成本是一定的；作为小康公众住房，开发企业的利润可以被限定在一定的利润率以内；为了保证政府税收的稳定，我们不对税费做大的调整。因此，影响小康公众住房销售价格的关键因素是土地的价格。我国的土地归国家所有，具备

对土地价格进行调控的条件。新加坡政府租屋的成功很大一部分原因就是依靠政府提供低成本的土地。作为商品房，小康公众住房的土地也采用有偿出让，开发企业通过招拍挂方式竞得。土地挂牌竞拍的底价由地方土地主管部门依据评估价确定，城市人民政府批准。评估一般采用比较法和成本法等多种方法，取高值作为评估价。土地使用权出让的成本由土地整理成本、国有土地出让政府净收益、税费和管理费组成。对于具体项目，土地整理成本、税费和管理费是固定的，可以调节的是土地出让金政府净收益额。土地出让金政府净收益额一般不低于评估确认地价的25%。有人提出，为降低房价中的土地成本，土地出让金采取分年度交纳的建议，想法是好的，但无法操作。结合目前积极推进的房地产税改革，我们建议将土地出让金中25%的政府净收益改为按年度收取房地产税的方式，首先在小康公众住房用地上实施。这样做的好处是：一是可以加快推进房地产税的实施，二是可以降低小康公众住房的价格，形成有效供给和需求。虽然近期政府减少了部分土地出让收益，但通过形成有效需求，促进房地产市场发展，可以增加建设销售环节的税收，关键是开征了房地产税，为长远形成稳定的税源奠定了坚实的基础。这样做，与目前各级政府的财政运作方式变化不大，具有可行性，要认真研究，积极尝试。在购买能力方面，除去公积金和银行按揭贷款外，政府还可以给予进一步的支持。比如，对于年轻夫妇家庭，即使小康公众住房价格比较低、房价收入比比较合理，但由于参加工作时间短、积累少，要购买小康公众住房，30%首付仍然是主要问题。可以制定相关规定，尝试容许有关机构或开发公司与购房人采取共有产权的方式，降低个人首付比例。因为这是面对的真实的住房需求，不是炒房，因此风险不大。通过房屋登记等措施，保证由开发公司与购房人共同持有房屋产权，五年期后由购房人将公司持有的部分产权回购，实现全部产权。

长远来看，小康公众住房的规模要在整个住房拥有量中占绝大部分，远大于低端保障性公租房和高档商品房的比例。在中国香港特别行政区和日本，政府公共住房只占全部住宅拥有量的30%，由于建设量相比需求量过少，人为造成符合条件的居民轮候时间过长的教训。而新加坡的做法比较成功，政府组屋占绝大部分，超过80%的居民都能够购买到，解决了后顾之忧，实现了住有所居。新加坡的成功经验值得我们学习借鉴。我国目前普通商品住房的存量规模已经很大，经济适用房和限价房在过了五年限制期后也进入普通商品住房市场，这是我们在住房制度设计和确定小康公众住房总规模时必须考虑的实际情况。在一段时期内，是小康公众住房和存量普通商品住房并存的双轨制。随着70年土地使用权期限到期，部分存量普通商品房可以转为缴纳房地产税的小康公众住房。部分条件比较差的普通商品房可以由政府收购成为公租房。同时，结合我国目前普通商品房库存量大的实际，对合适的普通商品房，开发企业将利润水平和销售价格降低到规定的标准，经过政府认定和退回25%的土地出让金政府净收益后，转为小康公众住房。这样一方面消化了目前大量普通商品房的积压，一方面可以减少再新建小康公众住房，一举两得。因此，小康公众住房近期的建设规模要根据各地的需求情况来具体确定。可以在目前限价房准入条件要求的基础上，逐步放宽和取消户籍、收入、现有住房面积等条件。近期，在城市有稳定工作的外来常住人口应该可以购买小康公众住房。未来使得城市大部分中等收入家庭都可以购买小康公众住房。另外，学习新加坡的好经验，一人一生可以有两次购买小康公众住房的机会，首次是在参加工作和新婚后首次购房，第二次是改善住房条件。要做好小康公众住房市场供需的调控，利用政府房屋交易登记机构掌握的实时数据，动态分析市场供需关系；利用移动互联网和大数据、云计算等新技术，实时掌握未来住房需求，包括对具体区位、房型的统计分析和规划设计，形成有效需求，避免产生新的库存。从存量房比重已经很大的角度看，新建的小康公众住宅的标准应该适度地提高。

小康公众住房的标准应逐步提高，这是发展的必然规律使然。我们从新加坡等发达国家公共住房标准逐步提高的演变中可以清楚地看到这一规律。新加坡最早的公共政府标准也比较低，随着经济社会发展，政府租屋标准逐步提高。目前，新加坡政府租屋不是以人均建筑或居住面积作为机械的标准，而是从住房设计使用的合理性出发，通过多年的研发和实践积累，形成了政府指导房型。与美国按照居室定义住房不同，新加坡把起居室和餐厅等都算作一个房间，租屋指导房型一般分为三室、四室、五室等，为全装修，质量水平与我国目前的中高档商品住房相当。此外，近年来，新加坡政府还在市中心规划设计绿色生态时尚的政府组屋示范项目，旨在向新加坡国民展示政府组屋未来的发展方向。

受计划经济定额指标的影响，我们习惯用人均建筑面积或住房套型面积作为控制指标。在中华人民共和国成立初期，实施低标准住房政策，人均居住面积从 6 平方米逐步发展到 8 平方米，套型面积从 45 平方米发展到 60 平方米。随着发展，不再控制人均面积，保障房套型面积严格控制在 60 平方米以下，限价房控制在 90 平方米以下。2006 年，为控制房价飙升，住建部出台《关于调整住房供应结构稳定住房价格的意见》，要求"凡新审批、新开工的商品住房建设，套型建筑面积 90 平方米以下住房（含经济适用住房）面积所占比重，必须达到开发建设总面积的 70% 以上"，即所谓"90/70"政策，许多城市将这一条款写入土地合同。这一要求造成商品住宅项目户型单一，缺少变化。随着高层住宅的增多及消防标准的提高，住宅公摊面积增加，90 平方米的住宅单元只能是两居室，对于三口之家，都无法满足独立书房和客房等需求。近年来，随着独

生子女政策的取消，多子女家庭出现，需要更多的居室和活动空间。2015 年国土资源部、住房和城乡建设部联合下发了《关于优化 2015 年住房及用地供应结构促进房地产市场平稳健康发展的通知》，明确"在建商品住房项目，在不改变用地性质和容积率等规划条件前提下，房地产开发企业可以适当调整套型结构""对不适应市场需求的住房户型做出调整"。这实际上取消了"90/70"限制，以满足合理的自住和改善性住房需求。当然，作为小康公众住房，不是越大越好。在资源节约的大环境下，住房面积标准要有所控制，随着国家整体居住水平的提高和家庭人口构成的变化再随时予以修订。应加强小康公众住房政府指导房型的研究，同时，要广泛推行住宅工业化、标准化和部品化，推广绿色建筑和全装修，通过提高住宅的设计建造水平来提高居住的品质。

另外，要考虑我国老龄化、人口高峰期以后会出现的变化。在已经步入后工业时代的西方发达国家，如德国和荷兰等，城市人口负增长，老城区住房出现空置。政府通过城市更新改造，减少住宅套数、提升住房标准和质量的办法取得了很好的效果。荷兰政府将目前以出租为主的公共住房改为以出让为主。在实施的过程中发现当居民购买自己的住房时，比租房时更加关心住房的标准和质量，而且愿意出更多的钱去获得更大更好的住房。目前我国城镇家庭人均住宅建筑面积比较高，许多家庭不只一套住房，但目前自己居住的住房标准不高，条件不好。未来由独生子女组成的家庭还可能会继承多套住房遗产。因此，学习借鉴其他国家的经验，结合我国的实际，可以适当提高小康公众住房的标准，减少套数，满足中等收入家庭住房升级的要求，实现全面建成小康社会和中华民族伟大复兴中国梦的住房理想。

建立小康公众商品住房和普通及高档商品住房相互独立的两个市场体系是我国现代住房制度成立的基础。多年来，保障

性住房的退出机制一直是我国住房保障制度面对的一个课题。过去，对于经济适用房、限价房等保障房的退出缺乏应有的控制，一般的做法是五年后即可以进入市场流通，造成寻租空间巨大。政府给予经济适用房、限价房的土地、税费等各种优惠被卖家获得，而经济适用房等保障房规模减小，政府还需要再建设新的经济适用房。因此，有的地方政府提出除五年限制外，要求对卖房收益分成，或优先卖给政府等规定，但由于缺少法律支撑，难以实施。在新加坡，政府组屋作为一种特定的商品住房，可以在市场上买卖，实现保值增值，但交易限于独立的政府组屋市场，与私有房地产市场分割，避免利益输送等问题。由于进入政府租屋市场的购房者有资格准入的要求，所以可以限制炒房投机者的进入。同时，政府可以根据市场供需关系加大或减少政府租屋的建设量，以保持政府组屋市场供需基本平衡和价格的稳定，对全国的房地产市场，包括私有房地产市场起到有效的调控作用，避免大起大落和房地产和金融泡沫的产生。新加坡的成熟经验可以为我们所借鉴。作为特定的商品房，小康公众住房在退出后也要进入市场交易，实现保值增值。这就需要建立相对独立的小康公众住房市场，避免了过度的投机行为，

也保证了政府对政府公共住房在土地税收等方面的让利继续留在政府公共住房市场中，为其他符合条件的居民享用。建立两个独立的市场并不用建立两个实体的市场，只要在住房房地产登记系统和不动产权证进行标注即可，如同现在的普通商品房、高档商品房和有按揭的商品房一样，关键是建立两套价格、交易、税收体系，为长期实行小康公众住房和普通商品住房、高档商品住房两套体系的双轨制提供保证。

应该说，小康公众住房，或称为安居房，是面最广、量最大、决定了中国大众的居住方式和生活质量的中产阶层住宅，关于其政策设计和制度设计，还要在实践中不断探索完善。比照赖特"建筑就是美国人民的生活"的说法，小康公众住房就是中国人的生活，是全面建成小康社会的指标，是实现中华民族伟大复兴中国梦的物质载体和组成部分。设计结合生活，伴随着人民群众生活水平的进一步提高、精神需求的增长、科学技术的进步，新型社区规划和住宅建筑设计要按照新的标准，结合各地的自然和历史传统，改变过去居住区规划和住宅建筑千篇一律的状态，形成丰富多样的住宅文化。

第三节　新型社区规划与城市土地财政和房地产税收制度的改革

房地产转型升级和现代住房制度的深化改革涉及城市土地财政和房地产税收制度的改革。通过减量提效升级的房地产业和对广大中等收入居民提供住房保障的住房制度改革都需要地方政府相应的财政和税收体制的改革。新型居住社区规划设计模式的创新，其中关键点是住宅高度普遍的降低和容积率的减小，容积率的降低和开发量的减少也涉及商品房价格、房地产市场和土地财政、房地产税收等一系列问题，需要系统地考虑和积极主动地转变及应对。这是深化供给侧结构性改革，转变经济增长方式的深层次内容，也是新型社区规划理念能够落地的保证。实际上，通过建立以广大中等收入家庭为保障对象的公共住房制度，提供面向广大中等收入家庭、改善型的小康公共商品住房，改变土地出让金一次缴纳为逐年交纳房地产税，即可以形成合理的商品房价格，具有合理的房价收入比，大部分中等收入家庭能够负担，又能形成地方政府稳定的税收来源。同时，放开别墅等高档商品房市场，以高税收进行调节，弥补土地出让收入分年度缴纳造成短期内土地出让收入的减少，不影响政府平台偿还债务的能力，实现地方政府财政的改善和可持续健康发展。

城市财政收入主要由税收收入和非税收基金收入两部分组成。一般城市财政的税收收入部分主要是所谓的吃饭财政，没有富余的资金搞建设。土地财政收入是目前城市基础设施，包括公共设施建设的主要资金来源。另外，我国城市政府不得贷款，实际上，政府通过平台公司来贷款，而平台公司的还款来源主要是土地出让收入。这种状况的形成要追溯到早年实施的分税制财政体制改革。1994年，为适应社会主义市场经济发展的需要，我国启动了分税制财政体制改革。主要内容是通过国家与地方事权划分和转移支付等方式，扩大了中央政府在全部税收中所占的比例。在这种体制下，省市地方政府的财政基本是所谓的"吃饭财政"，城市维护费数量十分有限，没有多余的资金进行城市建设。经营城市的概念就是在这个时候提出的，主要目的是通过市场化手段，盘活城市资源，加快城市建设发展。土地是城市最重要的资源，地方在实践中取得许多成功经验，包括成立政府平台公司进行融资。到2000年以后，随着房地产的快速发展，土地出让达到空前的水平，土地使用权转让政府收益就成为我国城市建设的主要财源。以下的一组数据会给我们留下深刻印象。2009年，受国内房地产市场逐步回暖影响，全年土地出让收入增速呈现明显的前低后高走势。全年全国土地出让收入为1.4万亿元，比上年增长43%。2010年，全国土地出让收入为2.9万亿元，比上年增长106%，达到一个高峰，而同期全国财政收入为8.3万亿，土地出让金占全国财政收入的比例达到35%。2011年，全国缴入国库的土地出让收入3.3万亿元，同比增长14%。同期全国财政收入为10万亿，土地出让金占全国财政收入的比例为33%。2012年，全国缴入国库的土地出让收入2.9万亿元，同比下降14%。2013年国有土地使用权出让收入4.1万亿元，比上年增加1.23万亿元，增长45%，创历史新高。2014年，全国土地出让收入4.3万亿元，同比增长3%。2015年，全国缴入国库的土地出让收入3.4万亿元，同比下降22%。

从财政部公布的2016年全国财政收支情况看，全国一般公共预算收入159 552亿元，其中中央一般公共预算收入72 357亿元，地方一般公共预算本级收入87 195亿元。数据显示，

2016 年全国政府性基金收入 46 619 亿元，其中地方政府性国有土地使用权出让收入 37 457 亿元。国有土地使用权出让收入占地方一般公共预算本级收入的 43%。即使考虑将 2016 年中央对

1998 至 2015 年土地出让金收入数据

年度 by:摸啊摸	土地出让金(收入,亿)
1998	507.7
1999	514.33
2000	595.58
2001	1295.89
2002	2416.79
2003	5421.31
2004	6412.18
2005	5883.82
2006	8077.64
2007	12216.72
2008	10259.8
2009	17179.53
2010	27464.48
2011	32126.08
2012	28042.28
2013	39072.99
2014	40385.86
2015	30783.8
合计：	268656.78

1998 至 2015 年土地出让金收入柱状图

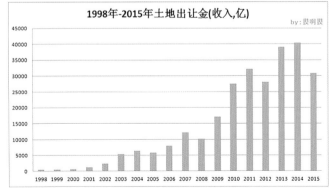

1998-2012年数据来自《中国国土资源统计年鉴》为土地出让金数据，2013-2015年数据来自财政部为国有土地使用权出让金收入。18年合计26.87万亿。

地方一般性转移支付 3.2 万亿元纳入地方预算收入，国有土地使用权出让收入仍然占地方一般公共预算收入的 31%。说明国有土地使用权出让收入在地方政府财政中仍然占据非常重要的地位。但是，国有土地使用权出让收入不平衡，房地产一线城市，即少数特大城市和经济发达城市，土地出让收入占全国土地收入的比例较大，而三线城市由于房地产库存大，土地出让减少。比如 2010 年的数据显示，全国土地出让收入为 29 397.98 亿元，其中，浙江、江苏、辽宁、山东、上海、广东、北京、福建、天津等 9 个东部省份土地出让收入 19 269.13 亿元，占全国土地出让收入的 65.5%；中部 10 个省份土地出让收入 5657.17 亿元，占全国土地出让收入的 19.3%；西部 12 个省份土地出让收入 4471.68 亿元，占全国土地出让收入的 15.2%。这说明土地出让收入与经济发展水平、土地供求关系和市场发育程度密切相关，并非地方政府所控制的，而且我国国有土地使用权出让收入不稳定，随房地产市场的波动而大幅度变化。第三，土地出让收入是 70 年出让金一次收取，在经济发展快，房地产形势好的时候，政府大量出让土地，大规模融资建设。到发展进入稳定期时，土地出让收入减少，而政府的债务沉重，所以说土地财政持续性不好。

土地财政对我国改革开放以来城市化和现代化建设发挥的重要作用不言而喻，而土地财政面临的严重问题也旷日持久。在不改变中央与地方分税制的大结构的情形下，为地方政府找到稳定的税收来源，逐步替代土地财政是近年来财政领域呼声很高的头等大事。从发达国家的经验看，普遍征收房地产税是地方政府持续稳定的税收来源。从我国当前大部分城市的财政收支现实状况看，考虑到企业税负已经比较高，向城镇居民征收房地产税、为地方政府建立持续稳定的税源，是长远发展的方向。当然，目前存在许多矛盾困难和法律问题需要解决。

房产税是为中外各国政府广为开征的古老的税种。欧洲

中世纪时，房产税就成为封建君主敛财的一项重要手段，且名目繁多，如"窗户税""灶税""烟囱税"等，这类房产税大多以房屋的某种外部标志作为确定负担的标准。中国古籍《周礼》上所称"廛布"即为最初的房产税。至唐代的间架税、清代和民国时期的房捐，均属房产税性质。1949 年中华人民共和国建立后，政务院发布《全国税政实施要则》将房产税列为开征的 14 个税种之一。1951 年政务院发布《中华人民共和国城市房地产税暂行条例》，将房产税与地产税合并为房地产税。1973 年简化税制，把对国有企业和集体企业征收的城市房地产税并入工商税，保留税种只对房管部门、个人、外国侨民、外国企业和外商投资企业征收。1984 年改革工商税制，国家决定恢复征收房地产税，将房地产税分为房产税和城镇土地使用税两个税种。1986 年 9 月 15 日国务院发布《中华人民共和国房产税暂行条例》，同年 10 月 1 日起施行，适用于国内单位和个人。按照条例规定，房产税是以房屋为征税对象，按房屋的计税余值或租金收入为计税依据，向产权所有人征收的一种财产税。征收范围限于城镇的经营性房屋。房产税征收标准从价或从租两种情况：从价计征的，其计税依据为房产原值一次减去 10% ~ 30% 后的余值；从租计征的（即房产出租的），以房产租金收入为计税依据。房产税税率采用比例税率。按照房产余值计征的，年税率为 1.2%；按房产租金收入计征的，年税率为 12%。房产税暂行条例还规定，房产税在城市、县城、建制镇和工矿区征收，具体征税范围、从价计征 10% ~ 30% 的具体减除幅度由各省、自治区、直辖市人民政府确定。目前，各地房产税只是对企事业单位和个人出租的房产定时征收，对个人存量房屋交易时一次性征收。没有对广大城镇居民自用的房屋开征按年度征收的房产税。

早在 2010 年，在财政部举行的地方税改革研讨会上，相关人士表示，房产税试点将于 2012 年开始推行。但鉴于全国推行难度较大，试点将从个别城市开始。比计划还早，2011 年初上海、重庆开始试点房产税，当时的目的是通过征收房产税限购。上海征收对象为本市居民新购房且属于第二套及以上住房和非本市居民新购房，税率暂定 0.6%；重庆征收对象是独栋别墅高档公寓，以及无工作户口无投资人员所购二套房，税率为 0.5% ~ 1.2%。总体看试点目的不明确，效果不明显。党的十八大以来，随着我国经济发展进入新常态和供给侧结构性改革，房地产税改革已经列入中央改革计划和十二届全国人大立法规划，这意味着在本届人大结束的 2018 年初立法要完成，房地产税改革势在必行。2015 年，房地产税法就曾被正式列入当年全国人大常委会的立法计划，但时至 2017 年，却又被重新列入了预备及研究论证项目，立法难度之大可见一斑。

房地产税相较房产税多了一个"地"字，意味着未来的税征收对象不仅是房屋价值，还将包括房屋下的土地价值，这是房地产税收体系的综合改革。总体来说，一切与房地产经济运动过程有直接关系的税种都属于房地产税，包括房产税、城镇土地使用税、印花税、土地增值税、契税、耕地占用税等。所以，开征房地产税，首先必须要进行税种的重新设计划分。目前房地产税落地的阻碍之一是较高的税负压力，仅是土地使用税、增值税等五项税种，在我国税收总额中的占比就达到了 12% 左右，再加上房地产相关的营业税、企业所得税，对企业纳税人而言已经是不小的负担。通过本次改革，要进一步降低实体经济的税负，所以房地产税主要针对广大城镇居民自用和出租房屋征收。此外，如何实现普遍收税、规避拖欠缴税是本次房地产税改革成功与否的基础。要学习国外发达国家的经验，房地产税是城市最主要和稳定的税收来源，国民都需要形成正确的纳税意识，包括形成了房地产评估、税务服务、律师等相关咨询业的完善服务体系。因此，关键是要逐步树立对房地产税的正确认识。征收房地产税主要原因是因为地方政府为居民的房地产实体财产提供了基本的公共服务,包括道路交通、市政配套、绿化、环卫等,保证了住宅的正常使用和保值升值。有些专家学者认为,开征房地产税,目的是运用税收杠杆,加强对房地产的管理,提高房地产持有的成本,避免炒房,这背离了房地产税的作用,缺乏对房地产市场的真正理解,而且容易引起广大市民的误读,我不炒房,为什么要交税?

据了解,目前国家初步确定的面向住宅征收的房地产税是由房产税和土地使用税合并而成,借鉴了国外通行的做法,是比较合理的方案。住宅的价值和价格由土地和房产两部分组成,即使目前的高层住宅,大部分住宅没有办法落在土地上,但每套住宅都有分摊的一定面积的具体土地及其70年的使用权。住宅的价值主要体现在土地上,随着时间推移土地不断升值。而房产本身通常随着折旧残值越来越少,单纯对房产征税意义不大。而对商品住宅开征房地产税,则面临着一个法理问题。我们知道,在开发商获得居住用地时,是一次性交纳了70年土地使用权的出让金,包括土地整理成本、不少于25%的政府净收益、溢价部分,以及土地使用税、增值税等。用户在购买商品住宅时等于交纳了土地的这些费用,再每年征收房地产税有重复征税之嫌。当然,可以解释成70年出让金是土地使用费,不是税费。但这种单打一的改革会引发其他矛盾和问题。目前在有些房价过高的城市,即使按照低税率许多家庭也缴不起房地产税。过多地减免则失去了开征房地产税的意义。而许多家庭不只一套住房,如果一套以上的住房都开征房地产税,可能会引发抛售,造成房地产泡沫破裂和经济危机。这正是房地产税改革的难点所在。因此,房地产税的推出必须与土地使用制度深化改革、住房制度深化改革和房地产市场深化改革结合起来,统筹考虑,综合施策。主要出路就是将一次性收取的土地出让金,指政府25%的净收益部分及土地使用税、增值税等由一次性交纳,变成逐年收取房地产税。

要取消土地财政,实现将一次性收取的土地出让金转变成逐年收取房地产税关键是要保障政府财政收支和政府债务不出现问题。有关人士2014年对我国全面征收房地产税的税收收入做了初步研究。国家统计局公布的数据显示,2014年全国城镇居民7.49亿人,人均住房33平方米,商品房均价6300元/平方米,按此估算,城镇住房共247.2亿平方米,全国住房总价值156.3万亿元,按1%税率普遍征收房产税,房产税收入共计1.6万亿元。考虑一定比率免征,实征房产税收入还要再打折扣,不足以完全替代土地收入。按照目前土地收入下降趋势推算,到2017年土地收入将减少到1.5万亿元左右,相当于可征收房产税总额,而很多地方财政的土地出让收入会更早一些下降到不及可征房产税收入的程度。但实际情况是,2016年全国土地出让金收入高达3.7万亿元。因此,单纯想依靠房地产税一下解决所有问题是不可能的,必须采取各种措施,逐步稳妥化解。要避免采取断崖式的莽撞改革,可以通过采取双轨制等措施,实现平稳过渡。各地政府可以在法律的框架内,结合各自具体情况制定各自的时间表和路线图,可以同时采取数项措施,配合使用。比如,可以先从面向中等收入家庭改善需求的小康型公共住房开始,改变70年出让金一次缴纳的做法,采取交纳房地产税的方式。既可以合理降低房价,形成有效需求,又能形成第一批稳定的房地产税收房源。对于老的商品住房土地使用年限到期后也要开始交纳房地产税,如果无偿延长土地使用权,则没有道理,也不公平。这样未来能够将大量存量住宅形成房地产税纳税房源。同时,近期可以确定一些高档商品房、别墅等居住用地依然按照老的方法进行出让,一次性收取70年土地出入收入,以弥补近期由于采用新方式而带来土地出让金的减少。通过30年左右的过渡期,远期并轨,全部采用交纳房地产税的新方式供应土地,全部城镇住宅均交纳房地产税,土地财政的使命寿终正寝。当然,以上的考虑只是一个初步的思路,许多具体问题需要细化研究，不同城市、区域有各自的特点和具体情况需要考虑，比如旧城区，近期没有新建的商品住房，可能就没有新设置的房地产税的来源，这需要整个城市综合平衡、统筹考虑。

目前，国家出台各项政策和文件，包括将国有土地出让金收入作为基金收入纳入政府财政预算管理，规范土地整理机构，控制政府平台融资等，主要目的就是为了完善政府预算体系，积极推进预算公开，加强财政收入管理，优化财政支出结构，规范地方政府债务管理，防范化解财政风险，用机制来约束政府债务，用新思路来解决融资难题，同时界定好各类债务的责权主体。2012年以来中央政府出台了一系列相关政策，强化对地方政府融资平台公司的管理。2010年6月国务院发布《国务院关于加强地方政府融资平台公司管理有关问题的通知》（19号文件），文件全面总结了政府融资平台发展现状，对平台业务提出了新的要求。2012年11月，国土部、财政部、人民银行、银监会共同发布了《关于加强土地储备与融资管理的通知》（国土资发〔2012〕162号），文件明确要求建立土地储备机构名录，严格控制土地储备总规模和融资规模，并且要求专款专用、封闭式管理，不得用于城市建设。2012年12月，财政部、国家发改委、人民银行、银监会共同发布了《财政部、国家发改委、人民银行、银监会关于制止地方政府违规融资行为的通知》。2014年9月，国务院发布的《国务院关于加强地方政府性债务管理的意见》（43号文件），文件建立了规范的地方政府举债机制，并对地方债务实行规模控制和预算管理，完善了相关的配制制度，妥善处理了存量债务和在建项目后续融资问题。这一系列文件的陆续颁布，对控制和降低地方政府的债务及其风险起到了一定的作用。同时，国家对政府性债务的融资也明确由政府为发债主体进行融资，剥离了政府融资平台公司的部分融资职能。在目前地方政府不得借债的法律框架下，采取中央政府替地方政府发债的形式。通过将平台公司的债务转为政府债，也降低了资金成本。

改革开放以来，政府融资平台公司，包括土地整理中心、土地开发公司、城市建设投资公司等，利用自身的政府背景及信用优势，通过创新投融资管理模式，加大投融资工作力度，为城市建设提供了源源不断的资金。实践证明，政府融资平台公司通过运用市场化方式筹集资金，有效地缓解了地方政府的财政及市政建设过程中的资金供需矛盾，弥补了地方政府财力不足的缺陷，促进了地方区域开发、公共设施和基础建设的快速发展，大大推进了我国城市化进程，我国的城镇化率已从2000年的36.22%提高到2011年的51.27%。在这一过程中，随着城市化进程的加快，各地的基础设施建设规模不断扩大，资金需求不断增大，政府只有全力通过政府融资平台公司进行投融资。在这种情况下，一是各级政府涌现了大量的政府融资平台公司，二是政府融资平台公司的融资规模急剧扩张，导致地方融资平台公司的债务总规模急剧攀升，且部分债务政府负有偿债责任。根据2011年全国审计结果，全国政府融资平台公司共有6576家，其中省级165家、市级1648家、县级4763家。2012年底，全国地方政府平台公司累计融资余额9.2万亿元，大部分是用土地或土地预期收益做抵押。根据《全国地方政府性债务审计结果》，截至2013年6月底，全国地方政府性债务余额10.9万亿元，其中通过政府融资平台公司借款余额为4.1万亿元，占比为37.4%。另外，地方政府负有担保责任的债务2.7万亿元，可能承担一定救助责任的债务4.3万亿元。由于政府融资平台的盈利能力都很低，且地方政府财力有限，因此未来政府融资平台公司和地方政府都将面临严峻的偿债压力和债务风险。

在新的形势下，作为过去政府土地整理开发和城市建设的主体，地方政府的融资平台公司应结合城市建设的新特点，用新的理念重新审视自身的发展目标、规模和思路。一要充分认识我国经济进入新常态的宏观形势，按照供给侧结构性改革的要求，制定自身转型升级发展的战略规划，保障公司的可持续发展。转型的方向应从单纯融资向经营转变，做到产业化发展、市场化经营、规范化管理。从整理土地向经营土地转变，从项目融资向片区综合开发经营转变，从间接融资向直接融资（债券、资产证券化 ABS、基金、股票）转变，从业务合作向股权合作、混合所有制转变。二要充分利用各项资源，努力实现资源的效益最大化，防范风险，保证稳定运行。平台公司的债务已经形成了土地储备、建成的基础设施和公共设施等资产，要盘活资产，现实资产资本化、证券化。作为城市市政基础设施的建设主体，应积极参与基础设施和市政公用产业的市场化改革，引入市场化主体，吸引社会资本进入基础设施市场。在政策允许的范围内，加强制度创新，大力建设市场化的投融资环境。按照 PPP 等新模式，与市场化公司合作，积极参与政府新的公益性项目和准经营性项目，创新盈利模式。要统筹规划，

强化项目差异化投融资管理。每一类项目也应分别采取不同的融资思路、模式及渠道，借助市场化公司的资金保证和专业经验，有效地提高融资能力和盈利能力。三要走真正的市场化之路，积极创新融资模式和手段，努力拓展融资渠道，同时做好融资转型，继续在城市发展中发挥重要作用。在继续做好银行类项目贷款等融资的同时，积极探索新的融资途径，如股权融资、发行债券、融资租赁、产业基金等。股权融资包括上市融资、非上市股权合作和股权信托；债权融资包括银行贷款、公募市场债券融资（企业债券、中期票据、短期融资）和私募市场债券融资（保险资金、融资租赁、信托产品、产业基金）；夹层融资包括资产证券化和可转换债券；项目融资包括 BT 融资、BOT/TOT 融资和 PPP 融资。总之，政府融资平台公司要完成历史任务，善始善终，实现平稳过渡转型发展，为地方政府财政体制改革提供空间和保证。

第四节　新型社区规划与城市社会管理体制的改革创新

新型居住社区规划设计模式的创新与城市社会管理体制改革密切相关。针对传统居住区规划划分为居住区、居住小区、居住组图三级结构与社会管理没有直接对应的问题，新型社区规划提出街道社区、居委会街坊、业主委员会街廓邻里新三级体系，形成各级中心场所和街廓围合的邻里居住空间，以街、道、巷、里弄连接，形成完善开放的城市空间和社会网络。这种新的模式吸收了中国传统居住里坊制度的脉络，也借鉴了西方发达国家社区规划管理的经验，与我国现行社会管理体制基本对应，并为其进一步改革发展和能力建设提供空间和场所。

目前，在我国城市中，不论是大城市，还是设区的较大城市和不设区的小城市，街道办事处和居民委员会是主要的社会管理机构。按照《中华人民共和国地方各级人民代表大会和地方各级人民政府组织法》，街道不是法定的一级行政区划；按照《中华人民共和国地方各级人民代表大会和地方各级人民政府组织法》，街道办事处不是法定的一级政府，只是作为市辖区和不设区市政府的派出机构，但其管理数万人口，相当国外一个城市的规模。街道的基本职能有许多，其中指导居委会的工作，做好城市管理等是其主要职能。随着政府简政放权，街道的社会管理职能越来越多，面临的矛盾和问题也越来越突出，需要深化改革，理顺与政府和居委会的关系。与镇相比，街道没有人大和政协的设置，只设工作站，这方面工作也需要强化。根据《中华人民共和国居民委员会组织法》，居民委员会是居民自治机构。虽然从法律上讲作为居民自治机构，但居委会工作人员目前已经有多种身份，政府负责工作人员的工资，或称为补贴。随着工作人员能力水平的逐步提高，居委会也具备了提升工作能力和水平的条件。业主委员会是改革开放后出现的新事物，是指由物业管理区域内业主代表组成，代表业主的利益，向社会各方反映业主意愿和要求，并监督物业管理公司管理运作的民间性组织。2003 年《物业管理条例》出台，第一次提出了业主大会的概念，把业主委员会确定为业主大会的执行机构。2007 年《物权法》出台，确立了业主组织——业主大会和业主委员会的法律地位。尽管 2007 年《物业管理条例》修改之后取消了业委会是业主大会的执行机构的表述，其决定内容和效力受到《物权法》有关条款的限制。目前，大规模居住区的规划建设模式带来社会管理的问题，开发公司、物业公司与业委会的矛盾比较突出。业委会与物业公司是聘用关系，有的是开发商延续下来的，有的是通过招标投标，总会存在矛盾。业委会内部、业主之间因为物业等问题也会产生矛盾。居委会作为居民自治机构，也作为政府的基层组织，要保证一方居民的利益和基本生活，要保证稳定，因此需要经常出面进行协调解决。目前许多事情是一事一议，还没有明确各自的责任，形成好的机制。2017 年全国十二届人大五次会议通过实施的《民法总则》，将法人分为营利法人、非营利法人和特别法人三类。特别法人包括机关法人、农村集体经济组织法人、城镇农村的合作经济组织法人和基层群众性自治组织法人等。这样分类的目的主要是为了对不同类型的法人适用不同的规定，进行不同的规制，承担不同的责任。《民法总则》规定居民委员会、村民委员会等基层群众性自治组织是特别法人。业主委员会作为群众性自治组织也应该明确是特别法人，这将会对基层组织建设起到很重要的作用。

搞好居民的自治管理是完善社会管理的基础，业主委员会是最基本的居民单位，首先必须搞好业委会层次的自治管理。民主需要合理的规模，过小没有意义，过大会造成个体难以表达和形成集中的意见。西方有许多著名的理论家，如亨廷顿等，就民主的合理尺度发表论断，普遍认为 200 ~ 500 人是基层民主的合理尺度和规模，太大就难于发挥民主的作用。现在有的开发项目，一个几千户的封闭居住小区，近万人，靠业主委员会这种机制是无法实现民主管理的。为了便于社会民主管理和促进邻里交往，新型社区规划的街廓邻里在 200 户左右，500 ~ 600 人，形成一个业委会。对应的占地面积约 1 万平方米，住宅建筑面积 1.5 ~ 2 万平方米，户均建筑面积 75 ~ 100 平方米。这样一个尺度的业委会具备了实施民主的好的条件，通过不断的实践，居民的民主意识和水平会逐步提升。10 ~ 20 个的街廓邻里构成一个居委会，每个业委会及其成员都积极参与居委会的活动，将会大大提高居委会作为居民自治组织的能力和水平。最后，10 个左右的居委会组成一个街道办事处，构成城市社区合理的空间组织体系。

除了空间体系和管理机制理顺之外，物业管理也要认真对待。除去业委会决定物业公司的聘用这一基本原则外，还要强化居委会、人大代表、政协委员的作用。新加坡政府管理上的科学高效是举世闻名的，这同样体现在该国住宅社区的物业管理上，新加坡前总理李光耀对物业管理的做法值得学习。由于新加坡是一级政府，而且所有的组屋都是由政府兴建，因此新加坡建屋发展局负责统筹全国的组屋物业管理。随着规模的扩大，难免出现维修慢等问题，居民反应强烈。为了解决这一民生问题，管理好政府租屋，李光耀将物业管理与政治选举结合起来，1986 年开始试验 "市镇理事会" 制度，由选举出来的议员担任市镇理事会的理事长，专门负责社区物业管理事物。社区中一旦出现问题，统一由市镇理事会与相关单位协调，建屋局按照市镇理事会的要求负责具体实施物业管理和维修工作。市镇理事会是国会议员们施展才华的地方，因为只有管理好社区才有可能获得社区内选民们的投票。1988 年《市镇理事会法令》获国会通过，1989 年全国即全部成立了市政理事会，并从建屋局手中接管了市政管理工作。新加坡共有 84 个选区，按选区就近的原则，每 5 ~ 6 个选区自愿组成一个市政理事会，目前共有 16 个市政理事会。与此同时，每个居民小区都成立了相当于中国 "业主委员会" 的管理理事会。成员由全体业主投票产生。该理事会代表全体业主管理社区，每年召开一次全体会议，讨论制定社区行为规则及聘请物业管理公司等重要事务。除市镇理事会和住宅管理理事会外，新加坡还建有人民协会和社区发展理事会。人民协会作为官方的非营利组织，成立于 1960 年，下设 83 个公民咨询委员会、105 个民众联络所（俱乐部）和 514 个居民委员会，分别负责人民和政府间反馈渠道、计划和领导草根组织的活动，组织社区文化、体育活动，协调邻里关系，促进种族和谐工作。新加坡在全国设 5 个社区发展理事会，承担推展社区计划、扶持弱势群体、提供老年服务等公共服务职能。科学高效的管理、严格缜密的法律和体贴周到的服务，使得新加坡的人居事业在政府主导、商业运作下得以不断发展，历经 30 多年的努力，成功跨越了 "有得住" 的阶段，开始经营 "住得更好"。"居者有其屋" 这一长期的新加坡国策最终得以实现。

实施基层民主也需要物质空间的保证。我国古代新石器时代的聚落遗址的中心都有所谓的大房子，如西安半坡遗址，在居住区的中心有一座 4 米边长的方形大房子，室内面积 10.8 平方米，是开会、活动及居住老人和小孩的地方，比周围几十处 4 米左右圆形或见方的住宅遗址大许多。此外在宝鸡百首领、临潼姜寨、洛阳王湾等处遗址也都发现有大房子。这些大房子就是一个聚落的中心场所。在里坊制度中，现在还没有看到里坊中心这方面的记载。在现存的许多村落中都有以家族为单位的宗祠等建筑，是旧社会村居社会生活中十分重要的场所。现在，在居住区规划设计规范中没有明确的业主委员会活动用房，建成的小区中居委会办公用房不足或不好使用也是常见问题。街道办事处主要是办公场地，缺乏社区中心的广场和公共活动空间。这些都是我国居住区规划建设中常见的问题。新加坡除重视社区管理体制机制的建立外，也十分重视社区中心的规划建设，每个大的居住小区都建有集中的邻里中心，面积数万平方米。中新天津生态城直接学习借鉴新加坡的成熟经验，规划建设了第一、第二等邻里中心，面积数万平方米，包括完善的公共服务设施和商业功能。生态城的邻里中心服务 2 ~ 3 万人，比我们居委会街坊中心服务的人口多，比街道社区中心小，值得总结思考。滨海新区从 2000 年开始社会管理制度改革，规划建设街道和居委会服务中心，每个街道服务中心建筑规模达到 6500 平方米，包括居民办事大厅、文化活动场所等。居委会服务中心 850 平方米，包括办事厅、居民活动场所等，而且社区中心

设计了统一的 VI 标识系统。

新型社区的规划特别强调社区中心的规划设计，包括社区中心空间环境和建筑的设计，社区中心就是今天的"大房子"，它不仅有具体的功能，而且要有社区文化和精神象征意义，是居民社会生活的场所。即使在高新技术和新型通信的时代，高科技更需要高接触，因此，社区中心场所的营造更加重要。除硬件建设外，要逐步形成软的环境。《罗伯特议事规则》一书写于 1876 年，是罗伯特根据美国草根社团的合作实践，以及英国 400 多年的议会程序，用系统的方法编撰的。当今世界无论是公共领域的议事程序，还是私人公司的议事章程，无不以《罗伯特议事规则》为依据和蓝本。孙中山参考《罗伯特议事规则》，写出《民权初步》，将议事之学当作民主政治的入门课程，他亲自撰写此书，向国民传授民主议事的规则技术。我国新型社区规划建设和社会管理要取得成功，需要形成当代居民业委会的议事规则，要在社区物业管理的实践中探索，发扬光大我国古代的优良传统，我国的社会主义民主就有了基层的保障。

第五节　新型社区规划与住宅产业体系的升级

　　住宅可以说是最基本和最重要的建筑类型，也是最复杂的建筑类型。目前我们对住宅产业体系的重视还不够，认识也不够。与新型社区规划相匹配的住宅产业体系是我国产业结构转型升级非常重要的一块内容。新型社区规划最终的目的还是为居民提供最好的生活环境，这里既包括室外社区环境，也包括住宅内部的居住环境。要提高住宅设计建造的整体水平，还是要走住宅产业化的道路。新型社区规划成功的关键除去住宅质量的保证外，关键是住宅的丰富多样性。在有限的空间、时间和技术、资金的限制下，要设计和建造丰富多样的高品质住宅，不仅适用、耐用，而且要满足人们的精神需求，对于建筑设计来说已经是一件很有挑战性的任务，对建筑产业化则提出了升级换代的要求。要推广新型社区规划设计模式，必须配合住宅产业化、产业体系的升级。

　　我国早在计划经济时代就开始推广住宅工业化。住宅设计的标准化为住宅工业化提供了条件，全国各地开始实验推广，从最初的预制部件，如四孔楼板、楼梯踏步和休息板、阳台、门窗过梁等的普遍使用，发展到采用现浇钢筋混凝土剪力墙体系、预制外墙采用保温复合板的 PC 装配住宅，即所谓大板楼住宅建筑体系。北京 20 世纪 70 年代前三门大街改造新建的住宅大部分采用了这种结构体系。这些技术的进步和项目的实施对我国的住宅工业化起到了很好的推动作用。当然，这种住宅体系难免存在一些问题。除用钢量太大，造价过高，在当时难以在全国普及外，还存在保温不好、冬冷夏热、影响舒适性等问题。而且由于当时国内工艺所限，无法制出大尺寸的预制构件，也阻碍了户型的多样化，今天也难以改造。

　　从 20 世纪 90 年代开始，随着住房制度改革的深入和房地产业的蓬勃发展，我国住宅建设规模和速度空前，这时应该是推广住宅工业化的大好机遇。但由于各种原因，住宅产业化未能推广，失去千载难逢的机会。当然，原因是多方面的。首先，为了市场推广和销售，房地产开发商要求住宅平面类型的多样化，没有了标准化，住宅工业化缺少了基础。其次，时间就是金钱，开发商要求设计施工速度快，减少环节。而农民工的技术水平、住宅工业化的配套水平也无法适应这样的要求。随着抗震等级的提高，即使多层砖混结构住宅也要设置现浇的圈梁和构造柱，而四孔预制板本身存在缺陷，所以多层砖混结构的楼板等都采用现浇施工，预制件基本不再使用。这时期出现了大量的高层住宅，普遍采用剪力墙结构，最常见的滑模施工工艺日渐成熟，应该是最适合采用预制外墙板等预制构件。但正是由于上面提到的原因，几乎所有开发项目还是采用传统的二次结构、门窗安装、外檐保温和涂料等现场施工做法。在这样的大环境下，万科等少数有超前意识的开发商及一些施工企业继续装配式住宅的推广，取得示范效应。如 2010 年竣工的上海万科金色里程 B04 地块项目，是以高层单元住宅和多层联排住宅为主的高品质居住小区，高层部分尝试采用了 PC 技术，由上海中森独立完成 PC 设计。工业化生产改变了混凝土构件的生产、养护方式，生产过程能源利用效率更高，并且模具、养护用水可以循环使用。相比传统的施工方式，工业化建造方式极大地减少了建筑垃圾的产生、建筑污水的排放、建筑噪声的干扰、有害气体及粉尘的排放，从而实现节能、节水、节地、节材，建造过程也更加环保。与此同时，国家也一直在推动住宅产业化。2016 年，《中共中央国务院关于进一步加强城市规划建设管理工作的若干意见》提出将加大政策支持力度，力争用十年左右的时间，使装配式建筑占新建建筑的比例达到 30%。要实现这样一个目标，需要认真、系统的谋划，与新型社区规划设计、产业转型升级统筹考虑。住建部最近提出推广装配式建筑首先在保障房领域实施。但目前看，前几年国务院加大保障房安居工程建设力度，速度快、规模大，我国现有住宅产业化能力难以适应。即使一时能够适应，日后也会产能过剩。目前棚户区改造已经鼓励货币化，以消化一些城市的房地产库存。同时，由于住宅产业市场不完善，目前装配式造价还高于现浇施工，在一些严格控制造价的保障房项目上更难以推广，如滨海新区佳宁苑，也进行过这方面的研究，但最终难以实施。

目前国内住宅产业化的现状，包括对住宅产业化的认识还局限在狭义的住宅产业化阶段，认为只有住宅结构和施工体系采用装配式、部品化才是住宅产业化。狭义的住宅产业化是指用工业化生产的方式来建造住宅，是机械化程度不高和粗放式生产方式升级换代的必然过程，通过大规模生产建设，提高住宅的整体质量，降低物耗、能耗，主要目的还是通过大规模生产建设，提高住宅生产的劳动生产率、降低成本。如 2012 年深圳落成了第一个大规模采用工业化方式建造的住宅产业化项目——龙悦居三期，为精装修的公共租赁保障性用房，总建筑面积 22 万平方米，容积率为 3.5，由两层地下室与 6 栋建筑高度约 80 米、26 ～ 28 层的高层住宅构成，共 4002 套。该项目为深圳市住宅产业化试点小区，采用工业化技术，按 B 级体系实施，即外墙、楼梯、阳台预制，结构主体现浇混凝土，即内浇外挂体系。从建成的效果看不理想，住宅的简单工业化和大规模建造必然造成单一化和"兵营化"，即使我们能够做到当年南斯拉夫等东欧社会主义国家住宅工业化的水平，在标准化中体现建筑户型和外观的多样变化，但住宅的大规模标准化建造必然造成城市住宅类型缺乏多样性和文化内涵，也造成社会管理的难度。这种大规模标准化高层居住建筑的建设，虽然在较短时间内解决了大量居民的居住问题，但难于持续发展，随着时间延续，如果维护管理不到位，这么大的社区容易出现欧美国家当时出现的社会问题，而且难以改造。新型社区规划反对的正是这种大规模重复建设的简单住宅产业化。

新型社区规划设计的目的就是按照城市发展的规律，依照城市规划确定的窄路密网格局，创造具有城市文化内涵、开放宜人的居住环境。滨海新区和谐社区试点项目的规划设计，以 5 ～ 6 层的多层和小高层为主，这将是我国大多数城市地区合理的居住形态。与新型社区规划相适应的住宅产业化首先要研究适应这一方面的根本转变，从单一的以高层住宅为主的住宅工业化向多层为主的产业化转变。目前，国内已经有一些成功的案例。2000 年竣工的中日技术集成住宅示范工程——北京雅世合金公寓项目，占地面积 2.2 万平方米，建筑面积 7.8 万多平方米，共 486 户，由两栋公建设施和 8 栋 6 ～ 9 层住宅围合成城市街区庭院，由中国建筑设计研究院国家住宅工程中心和日本市浦建筑设计事务所合作设计，取得了很好的效果。所采用的技术体系是我国工业化住宅的"百年住居 LC 体系"（Life Cycle Housing System），是在借鉴日本住宅产业化 SI 体系技术的基础上研发的，带来数十项先进技术，如管线与结构墙体分离系统、干式地板采暖系统、同层排水系统、无负压供水系统、内保温系统、负压式新风系统、烟气直排系统等。住宅的结构体 S（Skeleton）和居住填充体 I（Infill）完全分离，通过双层楼板、天棚、墙体，将建筑骨架与内装和设备分离，当内部管线与设备老化的时候，可以在不伤害结构体的情况下进行维修、保养，并可以方便更改内部格局，以此延长建筑寿命，成为全生命周期住宅。虽然由于是引进技术，规模小、造价有些高，但作为一个实际建成销售使用的试点和样板项目，很有意义，开拓了

上海万科金色里程项目

上海万科金色里程装配构件图

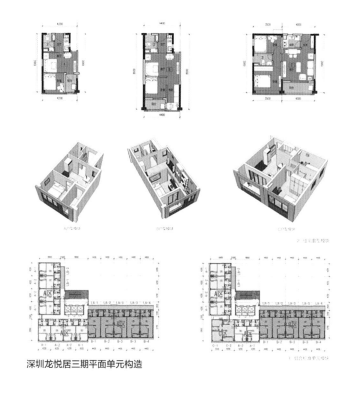

深圳龙悦居三期平面单元构造

深圳龙悦居三期

深圳龙悦居三期鸟瞰图

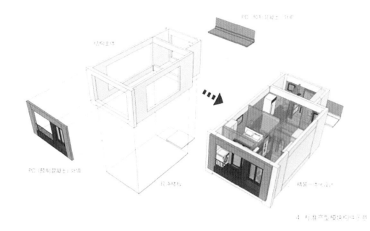

深圳龙悦居三期装配构件图

北京雅士合金项目

SI 工法：墙体与管线分离技术及干式地暖技术　　　SI 工法：板上同层排水技术　　　SI 工法：风法与管线分离技术

工业化内装部品应用　整体收纳　　　工业化内装部品应用　整体厨房　　　工业化内装部品应用　整体浴室
SI 工法及工业化内装部品应用

北京雅士合金工法及工业化内装部品

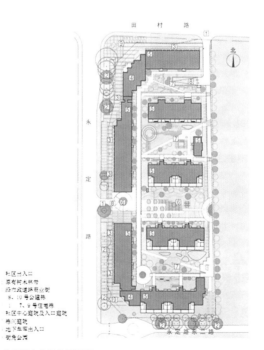

北京雅士合金总平面图

我国住宅产业化的思路和视野。位于中新天津生态城的万科锦庐园项目，用地面积约 9 万平方米，建筑面积约 12.7 万平方米，建筑类型以多层住宅为主，辅以少量高层，结构形式为框架结构。项目于 2010 年 9 月开始施工，2013 年 6 月交付。从前期开始，就按照住房和城乡建设部《绿色建筑评价标准》三星标准及中新天津生态城的相关绿色评价标准，因地制宜进行绿色建筑技术方案的编制。既有对中新天津生态城整体资源规划的利用，也有对盐碱地的改造，提供所有客户太阳能热水系统、地板辐射采暖系统、楼板撞击声的考虑，特别是在多层住宅项目上进行工业化住宅的探索，也同样取得了成功。多层建筑面积 7.1 万平方米，全部采用内浇外挂的结构体系，外墙工厂施工，内部承重现浇形成。相比传统建筑，减少废钢筋 40%、减少废

生态城万科锦庐鸟瞰图

生态城万科锦庐效果图

生态城万科锦庐多层住宅效果图

生态城万科锦庐总平面图

生态城万科锦庐

木料 50%、减少废砖块 55%、减少水耗近 20%，同时，有效降低了现场施工对周边环境的污染。另外，中新天津生态城规划建设了智能电网、集中垃圾管道收集气力输送系统。管委会进一步改革传统市政配套建设管理模式，成立市政配套公司，将过去由各个市政公司各自为政进行的庭院内管线和设施建设管理统一由生态城市政配套公司负责，日后居民有关水、电、气、热的维修，只要找市政配套公司即可，方便了群众。

从广义上讲，住宅产业化就是利用现代科学技术，先进的管理方法和工业化的生产方式去全面改造传统的住宅产业，使住宅建筑工业生产和技术符合时代的发展需求。住宅的生产方式、技术手段是运用现代工业手段和现代工业组织，对住宅工业化生产的各个阶段的各个生产要素通过技术手段集成和系统的整合，达到建筑标准化、构件生产工厂化、住宅部品系列化、现场施工装配化、土建装修一体化、生产经营社会化，形成有序的工厂的流水作业，从而提高质量、提高效率、延长寿命、降低成本、降低能耗。联合国提出住宅产业化的 6 条标准：生产的连续性、生产物的标准化、生产过程的集成化、工程建设管理的规范化、生产的机械化、技术生产科研的一体化。一般而言，住宅产业化的标准主要有：住宅建筑的标准化，住宅建筑的工业化，住宅生产、经营的一体化和住宅协作服务的社会化。住宅产业现代化是住宅产业化发展的更高阶段。住宅产业现代化是指以科技进步为核心，用现代科学技术改造传统的住宅产业，进一步通过住宅设计的标准化、住宅生产的工业化，通过新技术、新材料、新工艺、新设备的大量推广应用，提高科技进步对住宅产业的贡献率，大幅提高住宅建设、管理的劳动生产率和住宅的整体质量水平，全面改善住宅的使用功能和居住质量，高速度、高质量、高效率地建设符合市场需求的高品质住宅。

21 世纪的新型社区期望的是利用移动互联网、物联网、云计算、大数据等现代技术，使用绿色节能生态智能的材料技术，体现历史文脉和住宅建筑文化的多样性，满足业主人性化和个性需求的，具有柔性生产和定制生产的住宅产业化，而高水平的产业化也会促进城市规划设计和建造方法的提升。我们看到许多发达国家的住宅施工，如美国多层木结构住宅的施工，感觉与我国传统木构住宅的建造有异曲同工之妙，既是建造技术，也是建造文化，是很高级的建造。我们梦想的新型住区规划设计，就是建立在一个经济结构、社会文明，包括城市规划、建筑和环境设计、住宅建造全面转型升级的基础之上。住区营造和住宅建造是一个非常综合性的领域，能够带动众多产业的发展。我们对住宅产业链认识也有局限，虽然认识到住宅产业链很长，但局限在规划设计策划、金融广告营销中介、住宅建设、装修装饰、电器等方面。实际上，住宅产业链还具有很高的层次，与文化艺术、高新技术和高水平服务业的发展密切关联。高水平的住宅产业化是定制住宅的产业化和住宅服务的产业化。计算机等信息技术和智能生产的发展，已经使得住宅的多样性和柔性定制生产成为可能。而绿色住宅、绿色家电、智能住宅、移动互联网、电商以及住宅建筑文化艺术水平的提高将使住宅成为 21 世纪比电动汽车更能够带动技术合成进步的商品和推动文化繁荣的艺术品，是最具活力和潜力的新经济增长点，是文学艺术创造最具生命力的场所。

第八章　新型居住社区规划设计模式与中国人的居住理想

　　十年来，我们一直坚持对滨海新区新型居住社区模式的探索，包括对和谐社区五年多的持续研究，逐步深化细化，包括对新区保障性住房制度改革和试点项目佳宁苑的探索、中新天津生态城关于社会管理的改革探索，等等。在实践过程中，我们不断学习总结，从世界各国百年来居住社区发展的经验中，从我国民居数千年发展演变的过程中，从我国近代以来居住社区百年的发展，以及中华人民共和国成立后60多年的曲折发展中，逐步认识到新型社区的规划设计不只是一个单纯的技术问题，而是一个涉及面非常广泛的社会文化问题，涉及意识形态的改革，包括对居住建筑类型和多样性及其重要性的认识、居住理想和价值观、对居住行为的限制和鼓励、居住文化及城市文化的发展繁荣等，已经超越了规划设计技术层面的问题。实际上，这些关于居住的观念理念决定着规划设计的大方向，它不仅关系到城市化的物质空间的质量和水平，更关系到人民生活品质的进一步提高，关系到中华民族伟大复兴中国梦的实现。

　　首先，住宅类型的多样性至关重要。住宅的数量很重要，是做到居者有其屋的保障，但正如许多著名经济学家指出的，从人类历史看，经济发展从来不是靠数量的累计，而是靠创新。对住宅和居住社区的不断创新非常重要，它不仅改善了居住的条件、环境，而且为人类文明的进步和文化多样性提供了舞台和场所。其次，一个好的城市居住社区规划设计模式一定是建立在居住理想、居住价值观和社会共识的基础上，与社会生活和进步密不可分。居住理想和价值观是人们追求美好生活的动力，也是经济发展、社会进步的强大动力。第三，居住社区是文化现象和城市文明的一个集中体现，需要丰富多样性和高品质，也是城市特色的重要组成部分，更是中华传统文化延续和发扬光大的重要载体。

第一节　居住建筑的类型和多样性

居住建筑的类型和多样性，广义上是指世界上不同国家、地区、民族各具特色的住宅建筑类型及其表现出的丰富多样性。这些特色鲜明的居住建筑成为世界建筑史的重要遗产，是世界文化多样性的组成部分。经过 20 世纪五六十年代以来国际主义风格建筑的实践及对其的批判，目前对保持和突出各自国家地区的建筑特色已经形成共识。狭义的居住建筑的类型和多样性，是指一座城市或城市地区内部住宅种类的多样性，它不是指一种类型下卧室数量不同的几室户，而是指不同的住宅布局、高度和造型等的不同类型，如低层独立式住宅、低层联排式住宅、多层单元式住宅、高层单元式住宅、高档公寓式住宅、超高层住宅。当然，还有许多特殊的类型，如别墅、庄园、花园洋房、Studio、loft 等，而且这种住宅类型的划分与住宅的产权、管理方式的异同相配套。要做好新型居住社区的规划设计，前提之一是必须有多种多样的住宅建筑类型。居住建筑丰富多彩的多样性是好的社区的标准，也是人类文化多样性的重要载体。

一、我国古代住宅建筑的多样类型

我国地域广阔，民族众多，各地形成了各具特色的民居建筑。刘致平、傅熹年在《中国古代住宅建筑发展概论》中，在住宅的分类上，按照不同地区特征和建筑构造，结合民族等因素，将我国古代住宅划分为七大类，即北方黄土平原的穴居、南方炎热潮湿地带的干栏、西南及藏族高原的碉房、庭院式第宅、新疆维吾尔族的"阿依旺"住宅、北方草原的毡房、舟居及其他。每一大类住宅，有许多少数民族与汉人同时使用着，每类住宅常因民族风俗不同而有各具民族自己的特点，如大家庭、小家庭、

对偶婚、一夫一妻制，以及佛教、道教、伊斯兰教、儒教等教义，各种禁忌、礼仪制度、生活习惯、阶级差异、贫富不同，以及传统的匠人技术、艺术等技巧的差别，使得同一类第宅的形制也呈现出多种多样的变化，丰富多彩。刘敦桢在《中国住宅概说》一文中，从建筑布局类型上，将明清汉民居建筑大致划分为9种，包括圆形住宅、纵长方形住宅、横长方形住宅、曲尺形住宅、三合院住宅、四合院住宅、三合院与四合院的混合体住宅、环形住宅以及窑洞式穴居。横长方形住宅、曲尺形住宅和合院住宅，或称庭院、天井住宅是我国主要的住宅形制。一般平民及贫苦人家多为单间、双间、三间或曲尺、三合院住宅，较为富裕的人家则多为四合院式。至于大家世族的第宅，则许多为四合院沿中轴线布设，形成院落重重、庭院深深的宏伟气势，如浙江东阳卢宅，在中轴线上有天井十数进，规模俨然。这些大的住宅与家庭结构有直接关系。清朝鼓励人们同居共财，数世同堂，尊祖敬宗，如闽、赣、湘、粤、鲁等省"强宗大姓，所在多有……其俗尤重聚居"（《皇朝经世文编》）。不过有的大家庭同财，有的异财。大家族更盛建祠堂、牌坊，提倡封建礼教，处理族内纠纷。广大平民被族权、神权束缚，妇女又被夫权束缚着，只有安分地过着贫苦生活。此外，气候等也是影响住宅形式的主要原因。庭院（天井）住宅因南北各地气候不同，常利用庭院（天井）的变化作为增加或降低室内温度的手段。越是北方地区的住宅，院子越大，可以多纳阳光。北方寒冷地区的住宅多用平房，以减少风压。在南方，越热的地区天井（庭院）越小，又多为楼房，因此室内可以多一些阴凉。有时在天井上搭凉棚，避免日晒。再则东西厢房距离拉近，乃至不足一间之广，

福建土楼民居

徽州民居

山西民居

藏族民居

四合院民居

白族民居

开平碉楼民居

傣族民居

窑洞民居

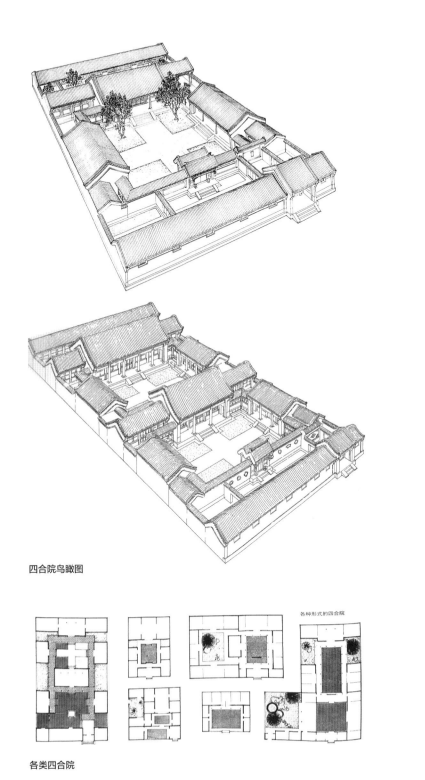

四合院鸟瞰图

各类四合院

各种形式的四合院

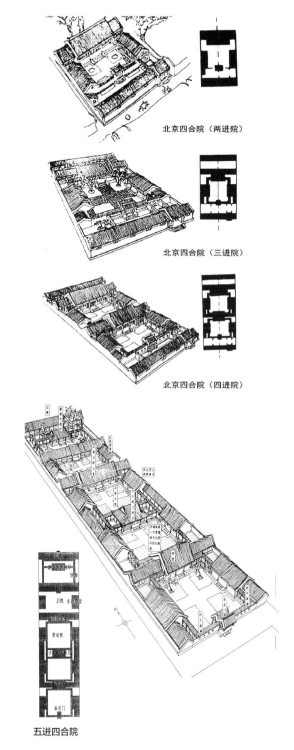

北京四合院（两进院）

北京四合院（三进院）

北京四合院（四进院）

五进四合院

浙江东阳卢宅

或用许多游廊将庭院（天井）分隔成许多小院，周以高墙，内置山石树丛，既曲折多姿，又避免烈日，或加用树木水池降温。在南方及四川等地，常将厅堂前檐门窗取消设为敞口式，使室内外打成一片，既通畅又凉爽。也是因为气候关系，与北方住宅转角处多不相连不同，云南、安徽等地住宅转角处连成一体，正中为天井，因为这种住房四周方方如印，所以俗称"一颗印"。不仅单体建筑考虑气候环境因素，一些地区在住宅整体布局上也做同样的考虑，如浙江一带多水地区，常在城区内开河，在河沿岸建设住宅，既方便交通，又降低温度，而楼房与水景、小桥、码头互为景观点缀，呈现出一番生动而清新的景象，醒人眼目。在住宅装修和室内家具等布置上，地区特点也很突出，如北方住宅为解决严寒问题，除墙厚、屋顶厚外，在室内常设火炕、火墙等，家人常在炕上坐卧、起居、饮食、会客等。

另外，我国的住宅与园林从很早就联系密切。商朝的囿是园林的最初形式，囿不只是供狩猎，也是欣赏自然界动物活动的一种审美场所。春秋、秦汉和三国时代，王侯贵族、富商大贾已开始利用明山秀水的自然条件，兴建经营园囿。南北朝时期，是我国古代园林史上的一个重要转折时期。文人雅士厌烦战争，玄谈玩世，寄情山水，风雅自居。豪富们纷纷建造私家园林，把自然式风景山水缩写于自己的私家园林中，园林建筑增多。南方山清水秀，树木茂盛，又有太湖石，能工巧匠和文人墨客很多，他们努力经营创造，改造大自然的环境。苏州、扬州、杭州一带园林风景极佳，令人留恋万分。唐代园林建筑承六朝以来余风，继续发展，私家园林的艺术性较之前代又有进一步升华。这时期如白居易等大官僚地主们很喜欢欣赏假山石，而且不仅贵族官僚竞营别墅，甚至长安的衙署多附设花园，对造园艺术的普及提高产生了一定的推动作用。宋代园林布局在唐代传统基础上与绘画文学相结合，开辟新途径，并能与居住紧密配合，尤以叠山技术有不少新的创造。北宋末年徽宗更

喜好道教，犹爱园林、绘画，有许多理想的园墅、宫室、亭、榭、仙山楼阁的山水图画，也助长了园林建筑的发展，所以北宋到南宋，园林建筑大兴。元代的私家园林主要是继承和发展唐宋以来的文人园形式。明、清是我国园林建筑艺术的集成时期，此时期除建造了规模宏大的皇家园林之外，封建士大夫们为了满足家居生活的之用，还在城市中大量建造以山水为骨干、饶有山林之趣的宅园，作为日常聚会、游息、宴客、居住等之用，在不大的面积内，追求空间艺术的变化，风格素雅精巧，达到平中求趣、拙间取华的意境，满足以欣赏为主的要求，在数量上几乎遍布全国各地，比较集中的地方有北方的北京，以及南方的苏州、扬州、杭州、南京。其中江南的私家园林是最为典型的代表，其更讲究细部的处理和建筑的玲珑精致。园林建筑的室内普遍陈设有各种字画、工艺品和精致的家具，与建筑功能相协调，经过精心布置，形成了我国园林建筑特有的室内陈设艺术，极大地突出了园林建筑的欣赏性。明清江南私家园林的造园意境达到了自然美、建筑美、绘画美和文学艺术的有机统一。清代的私家园林不仅数量上大大超过明代，而且逐渐显露出造园艺术的地方特色，形成北方、江南、岭南三大体系。

综上所述，我国古代住宅及其园林的种类丰富繁多，但与5000年的文明史相比，住宅形制总体看发展演变比较缓慢，从许多不同历史时期的画作和相关资料中可以发现，如隋朝展子虔画作《游春园》中所表现的三合院、四合院住宅，有木柱、直棂窗、瓦顶、草顶、篱笆门墙等物，似一地主乡村住宅，它的形制与后世住宅差别不大，包括唐朝白居易庐山草堂"三间两柱、二室四牖"的梁柱式构造。到宋朝科学文化发展，造纸的应用也大为推广，第宅窗牖多用纸糊，各种格门灵条、拐子纹等花样出现，宋唐两代第宅已经算是差异较大。而宋画《文姬归汉》中所绘的悬山悬鱼、四合院、厅堂、厢房、台基、大门、照壁等制式与明清第宅所表现的已经无太大的差异。清朝人口

多种多样的天井院落

私家园林

急剧增加，农工商业都有极为显著的发展，对工匠也废除匠籍。工商业会馆很多，山西票号住宅、两淮盐商住宅、园林一时甚盛。帝王贵族们也大起苑园，盛况超过明朝。乾隆在圆明园的长春园北部建西洋楼，所以一些第宅园林也有西洋手法渗入，如西洋栏杆、柱式、花草和"大食玻璃"等。玻璃窗门使得清朝的第宅面貌大为改观，而且室内通明，有的在园林别墅内用五色玻璃置窗，更与前朝不同了。

二、我国近现代住宅建筑类型单一化的演变

近代我国许多城市具有住宅建筑类型多样性的特点，特别是在开埠城市和一些新兴的城市，既有中国传统的合院式住宅，又有从西方引入的独立住宅、联排住宅、多层住宅和少量高层公寓住宅等多种形式。由于传统的合院式住宅在规划和功能上进步缓慢，带有抽水马桶、洗浴设施的卫生间和现代化厨房的外来现代住宅，配以自来水、电灯、煤气、供热等市政设施供应，成为极具竞争力的新住宅形式，尽管这种新的住宅在总量上占的比例很小。国人称其为洋楼、洋房。而从我国传统合院住宅演变而来的旧、新石库门式住宅，由于标准太低，迅速沦为低档的杂院住宅。

中华人民共和国成立后，实施公有制和计划经济，通过社会主义改造，私有房屋都被收为国有。在中华人民共和国成立初期住房严重短缺和实施福利分房的机制下，许多独立住宅、联排住宅、多层住宅都被按照每个房间一个家庭的方式重新安排使用。这样的使用使住宅建筑类型失去了意义。第一个五年计划开始，在苏联帮助下开始大工业建设及配套住宅建设，大规模采用多层单元住宅形式。初期的布局以围合式住宅街坊为主，住宅的标准有所提高，按照所谓"高标准设计，低标准使用"来进行设计建造，并进行了大屋顶等民族形式的探索。后期居住小区理论方法引入，考虑日照和住房便于分配使用，住宅采

用低标准，布局全部改为行列式。为了实施标准化、工业化，满足定额指标要求，国家开始组织进行标准图设计。虽然后期将制定标准图下放到各省市，但标准多层单元住宅统一的体型和造型以及军营式布局，造成千篇一律、单调沉闷的问题无法解决。这一状态持续了近 40 年。

改革开放后，我国住宅类型的多样化开始涌现，但最后又演变为今天高层塔楼一统天下的单一类型，这个过程经历了三个阶段。第一阶段是 20 世纪 80 年代试点小区时期，为了改变住宅小区千篇一律的局面，政府主导试点小区建设，其中进行住宅的多样化创作是一项重点内容。试点取得了很好的效果。但这一时期住宅的多样性是在多层单元住宅模式、住宅套型、面积标准、定额指标基本不变的前提下，通过建筑平面设计、结构形式、建筑形体、建筑立面造型等方面设计的变化创造出来的多样化。我们可以称之为住宅形体造型外观多样化阶段。第二阶段是 20 世纪 90 年代末商品住房大发展，为了市场营销和满足多样化住宅需求，房地产开发企业开始建设别墅、花园洋房、多层和高层的高档住宅。与上个十年相比，这个阶段可以说是住宅类型真正的多样化，不只是外观，而是住宅标准、形制、平面功能、内部空间、外部造型及设备、材料等的全面的多样化。我国住宅类型的多样性经过中华人民共和国成立后40 年禁止才开始恢复。当然，这时许多新的住宅类型的建筑设计、建造还不成熟，不成体系，住宅形制没有固定下来形成类型。第三阶段是 2003 年以后房地产调控与高速发展期，住宅建筑类型又趋向单一化。由于房地产过热，国家进行调控。2003年国土资源部第一次叫停别墅用地，表示今后我国将严格控制高档商品住宅用地，停止申请报批别墅用地。2006 年国土资源部要求一律停止别墅类房产项目供地和办理相关用地手续，并对现有别墅进行全面清理。2012 年国土资源部和发改委联合印发限制用地项目目录，别墅类房地产项目被首次列入最新颁布

金都汉宫

凯欣豪园

世茂滨江花园

武汉华润凤凰城

高层与多层住宅组合

高层住宅

实施的限制、禁止用地项目目录，住宅项目容积率不得低于1.0。这样各种低层住宅就无法建造，一大块住宅类型就被限制住了。有些开发商为了丰富产品，打擦边球，一个地块中既有低层住宅，也有高层住宅，地块容积率不小于1.0。低层主张采用联拼形式，不是别墅，实际这种做法不是好办法，把不应放在一起的两种住宅布置在一起，会互相影响。同一时期，为控制房价飙升，住建部2006年出台《关于调整住房供应结构稳定住房价格的意见》，要求"凡新审批、新开工的商品住房建设，套型建筑面积90平方米以下住房（含经济适用住房）面积所占比重，必须达到开发建设总面积的70%以上"，即所谓"90/70"政策。这一要求造成商品住宅项目户型单一，缺少变化。初期，开发商反应比较强烈，要求修改这一限制的呼声颇多。后期随着房价上涨和居民对总房款的承受能力的限制，90平方米户型成为好销售的户型。

这时，随着房地产的发展和房价的快速上升，政府也屈服于土地出让金大幅增加的好处，住宅用地的容积率不断升高。加上绿地率、建筑密度、停车位等控制指标的限制，建筑只能向高处发展，住宅建筑都成为30层、100米高的塔式或板式高层，20～30栋类型单一、长相相同的高层住宅堆积在一起，形成了目前典型的居住环境和城市面貌。虽然建筑立面细部有些变化，实际居住建筑的类型简单划一，社区规划的手法单调乏味。如果说现代主义的居住区是居住的机器的话，目前我们这种居住小区只能称为"居住的玉米地"。虽然建筑和小区绿化环境的物理质量提高了，但居住的整体品质下降了，也导致城市整体空间的品质极度下降，这种居住建筑类型单一的状况必须改变。如果只是把大院式封闭小区改成窄路密网式规划布局，而不增加住宅建筑类型的多样性，新型居住社区是不会成功的。

三、世界现代住宅建筑的多样类型

19世纪末现代主义城市规划的产生之主要目的之一就是解决大众的住房问题。现代主义建筑也有着同样的理想，以柯布西耶为旗帜人物，坚定地相信大规模工业化可以解决大众的住房问题。在当时的历史条件下，还考虑不到人们需求的多样性和城市的历史文化、城市特色等因素，但也进行了建筑类型多样性的有益尝试。1927年，德意志制造联盟在德国南部城市斯图加特举办了住宅／居住建筑展。展览的一个重要组成部分是建于凯勒斯贝格山上的魏森霍夫住宅区，住宅区由21栋建筑组成，由密斯·凡·德·罗邀请汉斯·夏隆、奥德、格罗皮乌斯、柯布西耶等17位著名建筑师分别进行创作设计。在当时，它向世人展示了一种新的住宅形式，以及20世纪20年代的新的生活方式，也展示了国际主义建筑风格，以及国际式住宅建筑造型的多样性。但与此同时，我们可以发现这样一个有趣的事实，许多现代主义建筑大师具有代表性的住宅创作更多地集中在具有很好环境的独立式住宅中，如赖特的流水别墅、勒·柯布西耶的萨沃伊别墅、埃莫森的住宅6号等，对居住建筑从地域性、平面流动性、空间通透性、空间解构等各方面进行探索，表达自己的建筑思想，创作出丰富多样、引人入胜的住宅建筑作品。而对于大体量的集合公寓住宅，除了柯布西耶的马赛公寓外，似乎再没有什么更好的作品。这种情形从一个侧面反映了现代主义居住建筑的问题。近年到欧洲，在西班牙巴塞罗那的一个郊区看到MVRDV设计的一栋大红色的高层经济住宅，其体量和造型、颜色在周围低层和多层的普通住宅建筑环境中，显得十分突兀。史蒂文·霍尔设计的北京当代万国城（MOMA），为"水平垂直城市"的理念实践，其作为一个先锋建筑作品具有较高的水准，但作为一个居住社区，显得比较突兀。

世界上发达国家的住宅建筑通常具有多样性，许多还有鲜明的本国特色。住宅类型的多样性表现在多个方面，如历史的住宅建筑、不同区位和地域的住宅建筑等。美国是现代住宅建设量比较大的国家，具有丰富的住宅类型和建筑多样性。经过多年的实践，逐步形成了与住宅区位、建筑形制、产权管理等相对应的三种基本住宅类型：一是独立花园住宅（patio house，single family house），是美国家庭普遍居住的房屋，

大部分位于近、远郊区，建筑一到二层，拥有院子，以购买为主，有自己明确的土地和房屋产权。在这种类型中，也会演变出其他的形式，如双拼独立花园住宅（duplex house）等。二是联排住宅（townhouse），一般位于城镇区，三层左右，可以理解为由数户住宅拼接而成，拥有共同的墙壁，但各户有自己独立的出入口和较小的院落，拥有各自的土地和房屋产权。三是出售公寓（condominium）和出租公寓（apartment），一般

流水别墅

柯布西耶萨沃伊别墅

彼得·埃森曼设计的住宅

文丘里住宅

密斯设计的范斯沃斯别墅

北京当代万国城

位于城镇中心，有门厅等共同部位的组合单位住房，层数 3 ~ 5 层，也有高层、超高层等。出售公寓中，多个不同家庭单位拥有自己的住宅单位的全部产权和建筑公共部位部分的部分产权，所有住宅单位共同拥有土地的产权。出租公寓一般属于同一个人或公司拥有全部产权和土地的产权，专门用来出租。三类住宅的房主或租户享有不同的权利和义务。独立花园住宅的最大特点是业主拥有较大的土地，可以根据个人的喜好，打造自己梦想的家园。作为独立住宅的业主，在合法合理范围内，所有的事情都可以自己做决定，从房屋外形风格、庭院改善、家庭生活习惯到建造花园、游泳池、饲养宠物，等等。当然，业主还须遵守社区各项管理规定，包括保持花园整齐、房屋整洁等，业主需要支付房屋修理和日常维护的全部费用。联排住宅介于独立花园住宅和公寓住宅之间，屋主可以享有住宅所占地的土地所有权，还包括住宅所带的花园和阳台等土地所有权及空中建筑权。屋主可以享受极强的住宅私密性，同时也对房屋的重建和翻修拥有更大的控制权。公寓住宅因为人口密度高，住户要共同使用公共部位和设施，所以需要遵守共同的规则。对于出售产权公寓的所有的业主都要支付物业费，用于日常维修、公共区域的修缮、保险以及意外费用等。20 世纪美国城市更新建造了大体量的出租公寓，由于租户太多，难以管理，实践证明是不成功的。现在的趋势是贵族化和小型化，市中心的高档出售公寓建造标准非常高，一般配备有共用的高档休闲场所，如游泳池、网球场、会所等，售价一般高于独立花园住宅，供喜欢城市生活的城市精英购买居住。出租公寓规模小型化，3 ~ 5 层是主要形式。美国的信用体系使得租户也必须认真遵守出租公寓的各项管理规定，在租住期间对房屋使用也比较注意。三种类型的住宅形成了各自相对成熟完善的建造技术和适宜的技术体系。如独立花园住宅大部分采用成熟的木结构体系，比较有特点的是普遍采用分户独立供热系统，每户的燃油锅炉放在自家的地下室。20 世纪 90 年代轻钢结构的低层住宅得到了迅速发展，除结构体系采用钢结构外，其他的住宅部件基本上与传统的木结构体系相同，保证了技术的延续性。

美国住宅的三种基本类型，根据场地环境、住户对功能和外观的不同需求等可以有无穷无尽的变化，形成了美国丰富的住宅类型和建筑多样性。虽然美国建国时间短，但以独立花园住宅为主的美式住宅文化源远流长。美国独立花园住宅建筑丰富多彩，材料及施工方法既继承了欧洲各国的传统，又因各地区气候、地理、经济条件不同而有所发展，特别是现代建筑材料和施工方法的广泛采用，使得美国独立花园住宅独树一帜，以其经济、快速、外形美观多变、内部功能齐全、设备配套完善而享誉于世。美国独立花园住宅建筑可大致归类为四种主要建筑传统：第一种是古典传统，出自古希腊和古罗马的遗迹；第二种是文艺复兴传统，源于意大利 15 世纪的文艺复兴；第三种是承自中世纪哥特式建筑的中世纪传统；第四种是近现代传统，始于 19 世纪拉丁美洲的西班牙传统对美国独立花园住宅建筑的影响。从时间顺序来说，美国独立花园住宅建筑经历了 16 世纪到 18 世纪初的殖民地风格：英国殖民地式、荷兰殖民地式、法国殖民地式、西班牙殖民地式等；18 世纪中叶的浪漫主义风格，包括希腊复兴式、哥特复兴式、意大利风格等；18 世纪末的维多利亚风格，还可细分为多种形式；19 世纪上半叶折中主义风格，包括英法风格的殖民地复兴、新古典、都铎、西班牙折中主义、村镇复兴、现代风格的草原式、工匠式和国际式；19 世纪下半叶的后现代主义，包括新折中主义和当代建筑等。当然，用现代主义的正统观点来衡量，美国大量独立花园住宅的建筑设计谈不上有很多的建筑艺术价值，只是更多地考虑适用性和市场需求，使用相对制式的传统形式、符号和材料，但不拘一格，建造了多姿多彩的独立花园住宅建筑。这一现象反映出美国当前大量的居住建筑是以公众喜闻乐见作为建筑设计

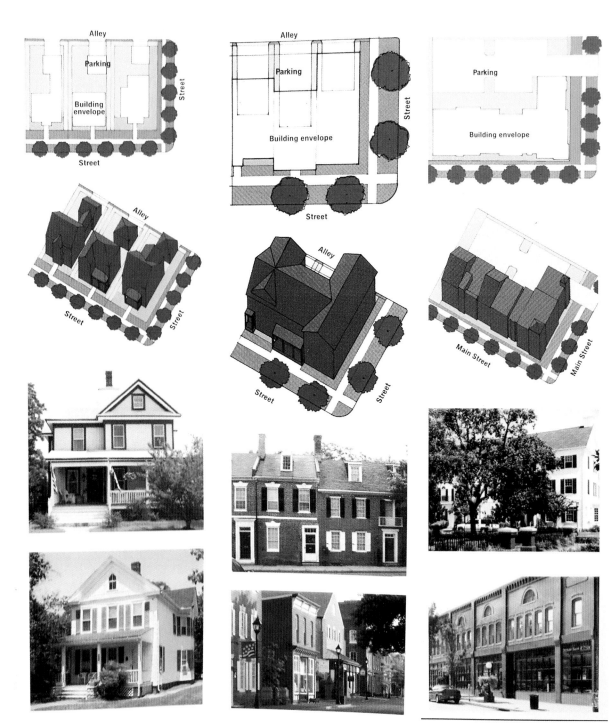

美国住宅三种类型

的标准，而且建筑设计的定型化也是房屋建造标准化、工业化的要求。需要指出的重要事件，一是20世纪30年代美国建筑大师弗兰克·劳埃德·赖特推出"美国草原式（usonian）"住宅新体系，对美国独立住宅设计产生深远影响，"草原式"独立花园住宅具有很高的艺术价值、很强的原创性和鲜明的美国特色。二是后现代建筑领军人物罗伯特·文丘里在1966年出版《建筑的复杂性与矛盾性》一书，该书被视为向现代主义建筑开战的宣言书。他要用"混杂"代替"纯净"，宁可"模棱两可"而不要"一目了然"。他宣布："我赞成含义丰富，反对用意简明；我喜欢'彼此兼顾'，不赞成'非此即彼'；我喜欢有黑有白，有时是灰；不喜欢不黑即白，不白即黑。"书中介绍了他于1961年设计的位于宾夕法尼亚州橡树山（Chestnut Hill）的文丘里自住住宅，该小型独立住宅被认为是后现代主义的代表建筑。

　　另一方面，现代技术的发展、生活方式的改变、生活节奏的加快，对美国独立花园住宅建筑的影响巨大。几十年来，可容纳两辆车的大车库成为独立花园住宅建筑最引人注目的部分，刚出现时象征着财富和地位。然而，随着这种住宅类型的普及，人们开始厌倦车库对房屋立面的主宰和对街道空间的破坏，开始寻求新的立面表现方式。虽然建筑外观延续许多历史的形式，但住宅内部的设计却在不断进步中。公共活动空间的功能分区比较明确，如客厅、餐厅、家庭厅、室外门前花园及屋后休闲平台等，同时各分区之间又有相互的联系，具有连续性和流动性。客厅一般布置在正门入口的旁边，主要具有会客的功能，而家庭厅是家人休息、娱乐的场所，具有一定的私密性。家庭厅与客厅之间常常有墙分隔，但一般距离较近。与客厅、家庭厅联系比较紧密的是正餐厅。美式别墅一般有两个餐厅，厨房常常带一个小餐室或早餐厅。较大一点的房子可能有更多的公共活动空间，如游戏房、家庭影院厅等。美式别墅公共空间另

一个特点是充分利用了室外空间，在别墅的后院，一般布置有较大的活动平台，家人可在傍晚的时光在那里休息谈天。由于美式别墅可提供较多的公共活动空间，因此，如举办酒会或聚会将是非常实用和方便的。美式独立花园住宅的卧室是住宅中重要的私人空间。住宅的主卧室不是片面地把面积增大，而是更注重使用的舒适与方便性。一般主卧室除设有宽大的卧室外，还配有休息区、书房、主人更衣室及功能齐全的主人卫生间。卫生间配有浴缸、淋浴间、双人洗面台等。厨房作为住宅的活动中心来布置，一般面积都在10平方米左右，因为舒适的备餐操作空间不仅为人们提供了良好的工作环境，家庭成员之间的交流也常常在这一良好的环境中进行。另外，住宅中的洗衣房、设备房、餐具房等也常常单独布置，充分体现其功能的专用性。室内装修注重格调而并不一定讲究奢华，一般的厅房之中没有太多的装饰线条，而有装饰的地方则做到简约、精致。绝大部分的装修均由承建商一步到位，如壁橱、壁炉、厨房橱柜及家用电器、卫生洁具、地板（地毯）、灯具等。而装饰部分则留下来给业主自由发挥，如窗帘、壁画、可移动的家具、工艺品等。

　　美国三种基本的住宅类型对应着三种完全不同的居住社区规划设计模式，形成具有明显住宅特色的、具有不同城市功能和特征的、多种多样的城市街区和环境。多种类型、价位和不同区位的住宅为美国人提供了多样选择的可能性。城市中不同的人和家庭根据各自生活、工作和身处不同年龄阶段的特殊需求，租住或购买适合自己的住房。各种住宅类型与人们的身份和生活方式可以高度契合，正在读书的大学生、刚参加工作的年轻人、第一次置业的年轻家庭、孩子上学的家庭、中年白领家庭、老年家庭等。正如赖特所说："建筑就是美国人民的生活"，美国的住宅建筑，通过三种基本类型及其多样性演变，很好地践行了赖特的理念。

　　当然，人们说美国经济发达，地大物博，其他国家无法效

美国独立住宅殖民地式

美国独立住宅科德角式

美国独立住宅法国式

美国独立住宅西班牙式

美国独立住宅维多利亚式

美国独立住宅传统式

美国独立住宅现代式 1

美国独立住宅现代式 2

美国独立住宅现代式 3

定制独立住宅立面风格

定制独立住宅一层平面图

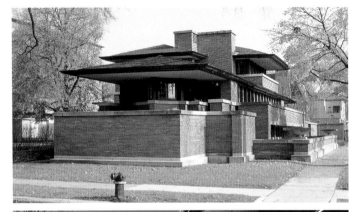

赖特草原住宅

罗伯特·文丘里

《建筑的复杂性与矛盾性》封面

美国独立住宅效果图

美国独立住宅车库

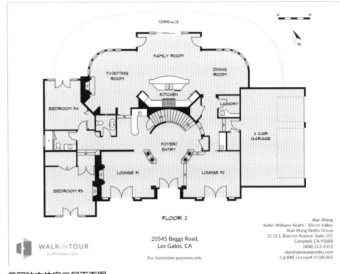

美国独立住宅二层平面图

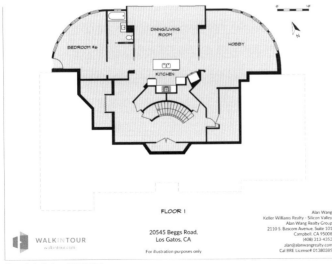

美国独立住宅一层平面图

美国独立住宅三层平面图

美国独立住宅门厅一

美国独立住宅门厅二

美国独立住宅餐厅一

美国独立住宅餐厅二

美国独立住宅会客厅

美国独立住宅卧室一

美国独立住宅卧室二

美国独立住宅卫生间一

美国独立住宅卫生间二

功能完善的美国当代联排住宅

仿。那么我们来看一下日本住宅建筑的多样性。日本国土面积狭小，人口高度密集，但日本的住宅建筑也具有丰富的多样性。基本类型有"一户建"独户住宅、低层高密度集合住宅和多、高层集合住宅三种类型。在这三种基本类型上演变出各种类型和丰富多样的住宅。日本著名建筑师隈研吾在其著作《十宅论》中，在基于现实分析的基础上，将日本住宅分为虚拟的十种类型，即单身公寓派、清里食宿公寓派、咖啡吧派、哈比达派、建筑师派、住宅展示场派、独门独院派、俱乐部派、日式酒屋派和历史屋派，同时生动描绘出这十类住宅的特点和居住于其中的十类人的精神追求和生活状态，很是生动，我们引述其中几个类型。首先是清里食宿公寓派。清里是日本不多见的休闲度假区域，海拔1300米左右，有着成片的放牧草地，环境清静。清里食宿公寓派的关键词是片段性、团结、女性化。清里食宿公寓派就是对西式私家别墅的一种复制，但并没有完全照搬，而只是断章取义地模仿西式别墅的一部分。这些被唐突加入的房子片段，相互之间完全没有关系。女性在看到设计师设计的住宅时，总觉得跟自己头脑中描绘的家有些出入，她们期望拥有的浪漫气氛，远远凌驾于那种整齐划一的浪漫。于是她们会把收集的资料给木工，要求屋顶这样、门廊这样、楼梯又那样……结果自然导致房屋有明显的"片段性"。食宿公寓派外部最显眼的特征是屋顶有较大倾斜度。通常屋顶倾斜度越大，被覆盖的房间就越能体现出一种很强的向心力，这种向心力也体现出女性希望家庭成员团结一致的想法。向心性的主题思想在住宅内部也得以反复强调，例如女主人偏好使用圆形餐桌，因为圆形让人想到团结。另外最大的装饰特点就是温柔、可爱、甜美的小东西多到放不下，太太们都在极力避免硬质的都市建材。女性成家后，一方面对新的家庭充满希望和憧憬，另一方面又会因要从此成为背后工作者，被埋没在家里而感到强烈的不安。她们试图把自己的喜好布满房间，希望借此给家庭带来幸福。于是

在这两方面想法的影响下，导致了这种住宅的出现。建筑师派的关键词是清水混凝土低调的显摆。业主主要出于两种原因委托设计师设计自己的住宅：一是希望借助建筑师的名气来提升住宅自身的价值；二是希望通过与设计师的进一步交流，获得更多的信息。当年安藤忠雄设计的住吉的长屋横空出世，社会上都跟风一般地追随安藤忠雄，涌现出大量的清水混凝土建筑。一时间好像只要是清水混凝土建筑，这件作品就能被完全认可。清水混凝土成了完美的标志之一。清水混凝土看似朴素的外表也被某些有钱人看重，成为其精神上的免罪符。在内部空间上，设计师突出艺术品和家具。其好处在于通过这些物品自身的力量，再平庸的空间也有了区别于其他空间的美感，同时还能显示出居住者对艺术品有很好的鉴赏能力。住宅展示场是日本工业化组装式住宅的一种特有的销售方式。住宅展示场派的关键词是住宅人生化。"对普通的工薪阶层来说，土地房子的巨额花费会让人产生一种错觉，以为拥有一所这样的房子就是人生的终极目标。"对于住宅展示场派，外观是最大的问题，多为移民风格的直接翻版。这种住宅的销售武器之一就是照片。照片将住宅的形象展示出来，房地产开发商再将这种形象卖给人们。广角镜头立面的房屋宽敞明亮，出场人物都是专业模特，女儿无比可爱，父亲威严气派，车库里停放的是宝马车。看样品房时会产生一种错觉，拥有了这种住宅，也就真的拥有了照片上所描绘的生活。在室内设计上，保持公私空间完全分离。宽敞明亮的起居室，保障对客人细心周到的招待，既是对公共生活的重视，也是一种对自己住宅的夸耀。独门独院派的关键词是混搭。"不管多小的土地，都想买来建成自己的家，这样的心情很好地诠释了这种住宅风景"，也是日本人房地产信仰的最好表现。独门独院派首先外观要丰富，增加种类，日西的东西混搭在一起，当然和谐感是必需的。道理很简单：花钱买同样的东西时，当然是品种多一点为好。日式酒屋派的关键词

是和式亲近自然，跟俱乐部派是同等级的，一个是西式，一个是日本传统样式。在日本，现代的美学就意味着西洋化，但是一部分日本人坚决不承认这一点。表面上坚决追求日本传统，维护一种纯粹的和式风格，实际上早已经将和风抽象化，引入了现代主义的元素。例如，屋内已经大量减少柱子，省去窗棂等。雅致的通道、住宅和自然的融合、被建筑包围的庭院是其空间特征。日式酒屋派还有一个特征：就是觉得自己的住宅要比俱乐部派住宅更高级。他们认为这样才是日本传统、干净、保守、与自然融为一体。但其实两者都是一种生活取向，没有本质上的区别。历史屋派的关键词是继承。"那个人住在自己买的房子里。"这种话如果出自劳动阶级之口，肯定是一种了不起的赞许口气；而如果是出自上流阶级之口的话，就是一种没什么大不了的轻蔑口吻。那是因为上流社会的人都是住在世代相袭的家里，家是继承来的。这种住宅是少量的，却是无数人的憧憬。因为在老房子中，所有空间的象征意义都是约定俗成的，大家都知道，省却了在盖房子时不知道象征意义的"难为情"。隈研吾30岁出头到纽约哥伦比亚大学做研究员，原本是想探寻一种日本理想住宅的模式，可惜没有找到，最终写出《十宅论》这本书。取名《十宅论》，一则是模仿东孝光起的《住宅论》，分成十类则是向维特鲁威的《建筑十书》致敬。写本书时正是日本国内房地产高速增长的泡沫期，银行大量贷款，城市中到处是工地。在这种形势下，隈研吾能够冷静地思考，实属不易。他在该书的序言中写道：回想这一段"与社会保持一定距离，不满足于现状始终抱有梦想"的思考过程，发现对以后的设计生涯是大有益处的。在日本文化中，事物的象征作用很大程度上依赖于场所，决定事物象征意义的是前后两个场所的关系。同一件东西，因其所处的时间、地点不同而有截然不同的象征意义。隈研吾认为住宅从来都不仅仅是住宅，住宅不仅有居住功能，而且是人们自我投射的场所，人们对待它的态度无不显露出对自身生存状态的思考，人们这样安排自己的住宅，是因为他们梦想这样的生活。从这个意义上讲，住宅是日本人的生活和日本文化的组成部分，不同的人，不同的人生，需要不同类型的住宅和多样性。十种住宅，也是十类人的生活方式。

四、住宅建筑类型的生态区位分布规律

早在20世纪初，帕特里克·盖迪斯（Patrick Geddes）就从生态和人的互动中发现了区域生态和人的活动的规律性，即从城市到乡村，处在不同位置上的人从事不同的工作，过着不同的生活。美国新都市主义发起人安德鲁斯·杜安伊（Anders Duany）和伊丽莎白·普拉特·齐贝克（Elizabeth Plater-Zyberk）在题为《建设从乡村到城市的社区》的文章中，制定了城市乡村横断面，描述了从市中心到乡村不同密度、高度和形态类型的居住建筑形式。这是非常重要的发现和贡献，它实际反映了不同类型住宅建筑空间分布的客观规律，包括经济活动、级差地租、交通、城市管理和社会组织等。杜尔克森注意到，可以把城市乡村横断面与芝加哥学派有关城市同心圆理论模型进行叠加，把城市乡村横断面扩展成平面模型。加州伯克利大学塞沃瑞教授在《公交都市》一书中提出了不同公共交通模式适应的空间尺度。这些都是大尺度城市设计的基本内容，实际上反映了人们在不同区域的居住形态、出行模式和生产生活方式。纽约三州规划中的情景规划所反映的就是不同区域不同的建筑模式、出行方式和自然环境组合而成的发展蓝图。

我们从城市乡村横断面和平面模型中可以看到三大类、七小类住宅建筑类型及其分布规律：城市外围和郊区、乡村是独立低层住宅，城市外围和城市中心之间的中部是低层或多层联排住宅，城市中心及核心是多层或高层单元集合住宅。实际上，独立住宅和集合住宅是两种基本的住宅建筑原型，而四、五层的集合住宅在古罗马时就已经出现。随着人类城镇化的漫长发

①电视和电话是"密室"与外界尚有联系的重要象征②带有旅店气息的床③组合式浴室④简易厨房：小水槽和小电炉，下面塞着小冰箱，这就是一般的迷你型组合厨房"单身公寓派"的房间布置

单身公寓派

咖啡吧派

KUMA KENGO
隈研吾

十宅论

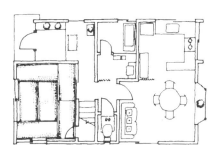

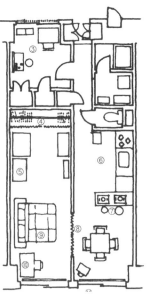

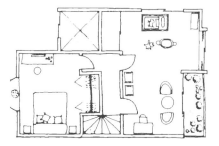

清里食宿公寓派

哈比达派

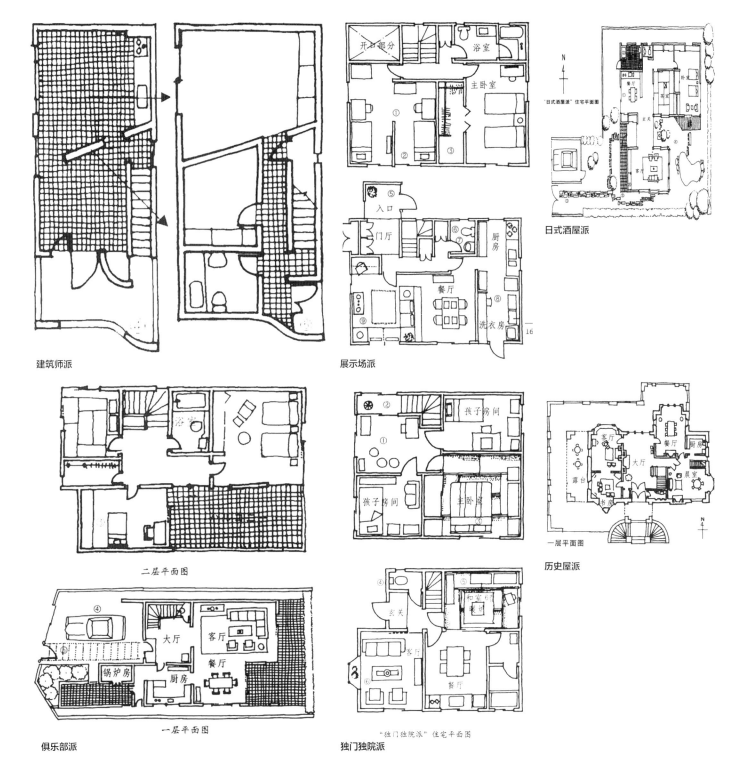

建筑师派

展示场派

日式酒屋派

二层平面图

历史屋派

俱乐部派

一层平面图

"独门独院派"住宅平面图

独门独院派

展进步，住宅类型也在不断演进，最终形成三种比较稳定的基本类型，关键是因为各种类型要适应城镇特定位置的特定需求。杜安伊和齐贝克夫妇认为这就是城市的生态学法则，他们写道："像所有物种一样，街区具有一种自然的逻辑。"不同于把城市作为一个人类选择的人工物质环境那样，他们提出建筑形式具有自然的逻辑。城市乡村横断面把城市看成是一组分区或具有不同结构和构成成分的栖息地和栖息者，就像生物和生境的多样性一样，这的确是对城市住区与自然生态系统做的一个精确的类比。卡尔索普指出：生态学击中了现代主义的要害。自然应该提供城市的秩序和基本结构。

现代主义城市规划和现代主义建筑推广大规模工业化和国际式风格，希望用一种通行的模式解决所有问题，现在看来，显然是违背生态法则和城市发展的客观规律的。简·雅各布斯说，不论是霍华德的田园城市所倡导的花园住宅，还是柯布西耶的光明城市的塔楼住宅，都是专制的、家长式的规划，都试图用一种类型和模式来解决所有的问题，它注定是不会成功的。英国的卫星城建设采用的是霍华德田园城市思想，但第一、二、三代的卫星城，虽然距离伦敦已有三四十千米，大部分建筑却采用了多层和高层住宅的类型，事实说明是不适宜的。到第四代卫星城，如距离伦敦70千米的密尔顿·凯恩斯，大部分已经是独立的花园住宅。这证明住宅建筑类型分布的多样性。美国住宅类型多样化的分布规律也说明了这个道理。当然，美国住宅类型上也有自身的问题，美国郊区独立住宅的蔓延发展缺乏控制，简·雅各布斯说这是最赚钱的模式，像入侵性植物一样，吞噬了其他的一切物种，带来许多病症。因此，新都市主义试图创造不同密度下的新的城镇形式，建立新的郊区城镇中心，来改善这种状况。它的前提是保持住宅类型的多样性，符合住宅类型分布的生态学规律。

五、城市中住宅建筑的主导类型

按照建筑类型学的理论，若依据功能，城市建筑可以划分为公共建筑和住宅建筑两种主要的建筑类型；若依据形态特征，城市建筑可划分为标志性建筑和背景建筑。公共建筑通常在城市中非常亮眼，是标志性建筑；而大量的住宅就是背景建筑。每座城市都有一个或几个特征不同的城市中心，城市中心在城市生活中起着特殊作用，城市中心和其他的公共中心构成了城市景观和形象特色的视觉焦点。即使公共建筑在城市中非常突出，但不能抹去住宅建筑之于城市的重要性。城市形态和城市特征在相当程度上受背景住宅的影响，没有住宅，城市中心无法孤立存在。住宅在城市中占有极大的比例，对城市形态的基本构成起着决定性的作用。住宅建筑类型的重复性主导着城市街区形态，进而主导着城市整体空间形态，包括与之相适应的空间功能和环境品质。

阿尔多·罗西于1966年出版的《城市建筑学》是有关建筑类型学最有意义的著作。罗西的类型学，将城市及建筑分成实体和意象两个层面。实体的城市与建筑在时空中真实存在，因此是历史的，它由具体的房屋、事件构成，所以又是功能性的。罗西认为实体的城市是短暂的、变化的、偶然的。它依赖于意象城市，即"类似性城市（analogical city）"。意象城市由场所感、街区、类型构成，是一种心理存在，"集体记忆"的所在地，因而是形式的，它超越时间，具有普遍性和持久性。罗西将这种意象城市描述成一个活体，能生长、有记忆，甚至会出现"病理症候"。

为维持一座城市的形态，在城市更新和构造时，对新建筑类型的引进和选择，尤其是对大量住宅类型的选择要格外慎重。因为引进一种完全异化和异域的住宅类型会导致整体城市形态、面貌的巨大改变。人类城市发展史中有许多成败各异的生动实例。19世纪下半叶巴黎行政长官奥斯曼男爵主持的巴黎改建，

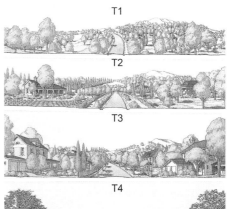

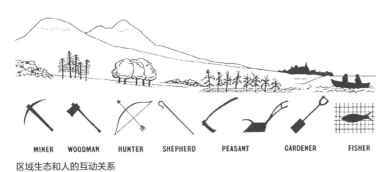

区域生态和人的互动关系

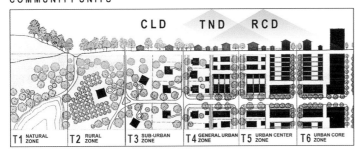

从乡村到城市的住宅建筑空间平面分布规律图

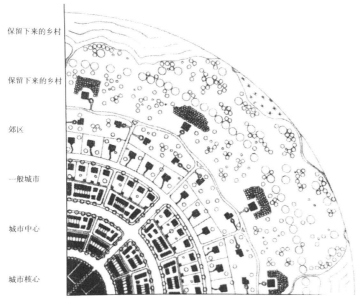

住宅类型同心圆分布图

从乡村到城市的住宅建筑空间透视图

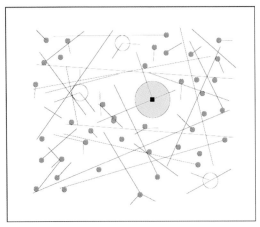
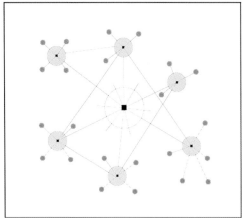
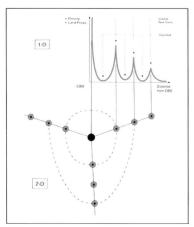

公交轨道交通大都市的三种模式

各种轨道交通方式特征对比

对比项目	电车	电车/轻轨	地铁/重轨	通勤/市郊铁路
运行环境				
城市规模（1000人）、	200~5000	500~3000	超过 4000	超过 3000
CBD 岗位（1000人）	超过 20	超过 30	超过 100	超过 40
线路轨道	地面	混合，主要分离	分离/排除的	分离/排除的
车站间隔				
郊区	350 米	1 千米	2~5 千米	3~10 千米
CBD	250 米	200~300 米	500 米~1 千米	—
CBD 环路	表面	表面/地铁	地铁	到 CBD 前为地面
硬件				
车辆数	1~2	2~4	最多 8	最多 12
容量	125~250	260~520	800~1600	1000~2200
电力供应	车头	车头	第三轨	车头、三轨、机车
运行/表现				
平均速度	10~20	30~40	30~40	45~65
高峰发车间隔（分钟）	2	3	6	2
最大小时乘客数	7500	11 000	22 000	48 000

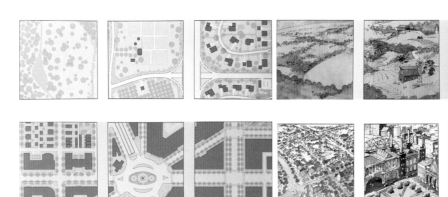

住宅类型分布图（建筑单体）

住宅类型分布鸟瞰图

住宅类型分布图

美国郊区蔓延列维城

除去对城市结构大刀阔斧的改造外，他采用的一种新的住宅类型也发挥了十分关键的作用。五层高的组合单元住宅，立面为三段式，有精细的檐口、门窗阳台装饰和线脚处理，采用蒙莎屋顶，大气美观。这种新的住宅类型既延续城市历史又在当时具有先进性。奥斯曼严格地规范了道路两侧建筑物的高度和形式，并且强调街景水平线的连续性，这些规范统一了同时期新建的巴黎的街景，造就了一个典雅又气派的城市景观。真正令巴黎脱胎换骨的正是城市结构的改建及采取的恰当的住宅类型，使巴黎旧城形成了今日的美貌和特色。在19世纪西班牙巴塞罗那新区的规划中，建筑师德方索·塞尔达（Il defonso Cerda）在方格网城市街道布局的基础上，规定了八角形围合住宅的形式，使巴塞罗那新区城市空间整齐，特色鲜明。这些成功案例都说明，住宅原型的选定对一个城市的空间品质和特色起着决定性作用。假设一下，如果巴黎在20世纪上半叶按照柯布西耶的想法，全部采用高层塔楼式的住宅建筑对巴黎进行大规模改造，其造成的破坏程度令人无法想象。北京是人类历史上无与伦比的杰作，其中的四合院住宅也是不可或缺的组成部分。20世纪50年代北京没有按照梁思成、陈占祥的思路另建新区保护古城，在新的住宅建筑类型选择上也没有考虑与历史建筑类型的呼应，毫无特色的多层单元住宅成为主要的居住建筑类型，而后来老城中出现的高层住宅建筑类型对城市肌理空间形态的破坏是无可挽回的，教训十分惨痛。

当然，一座大城市不可能只有一种建筑类型，但住宅建筑主导类型的概念依然十分重要。在城市的历史街区，都会有历史上形成的主导住宅建筑类型，新住宅建筑的引入必须与历史类型相协调，如天津五大道等历史街区，规划要求新的建筑必须也是低层的独立或里弄式住宅，建筑檐口高度不得超过12米，实践证明效果很好。在城市的不同地区，也应采用不同的主导住宅建筑类型，比如在郊区，就应该是低层的独立或联排住宅，

阿尔多·罗西

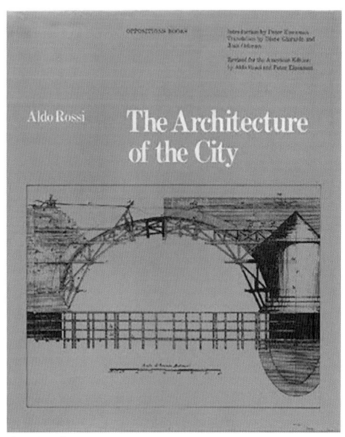

《城市建筑学》封面

巴黎豪斯曼改造典型住宅立面图

巴黎豪斯曼改造典型住宅

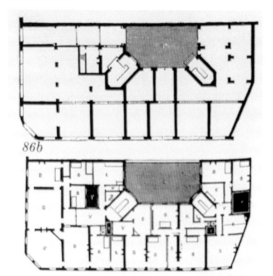

86b

86c

86b Typical ground-floor plan of a
Paris bourgeois apartment house
constructed during the Second
Empire. This floor was used for
commercial purposes.
86c Typical first-floor plan of a Paris
bourgeois apartment house
constructed during the Second
Empire containing three apartments.
B) Bedroom. C) Courtyard.
D) Drawing room. K) Kitchen.
S) Large Hall. V) Anteroom.

巴黎豪斯曼改造典型住宅平面图

巴黎街道典型住宅建筑

巴塞罗那鸟瞰图

巴塞罗那典型街坊平面图

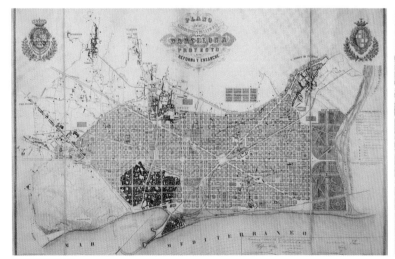

巴塞罗那平面图

巴塞罗那典型街坊鸟瞰图

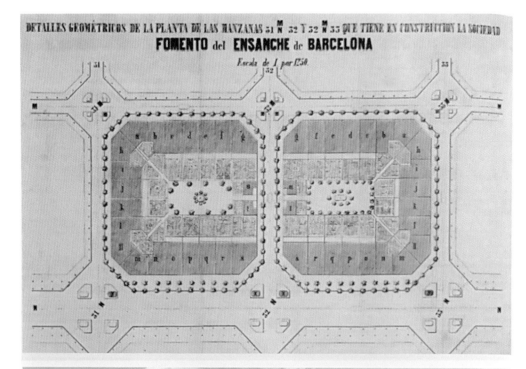

巴塞罗那典型街坊平面图

而不应该采用高层或多层集合单元住宅。城市不同区域必须形成以不同类型的住宅建筑类型为主导，统一中求变化，城市的空间形态才有规律和秩序。

六、我国未来具有类型多样性的高品质住宅建筑

住宅类型的多样化是提高居住水平和生活质量的要求，也是城市文化发展的要求。国家公共政策关注社会公平和社会和谐，提倡建构节约型社会，构建适宜的人居环境，构建多层次

住房保障体系，这是人的基本生存条件。根据马斯洛人的需求层次理论，人的基本温饱需求满足后，就需要更高层次的社会交往和精神需求。随着经济的进一步发展和社会的不断进步，随着居民收入的提高，一方面，居住需求的分化越来越明显，不仅体现在支付能力上的差异上，也表现在生活方式、功能需求等方面的变化和多样化上。另一方面，随着城市规模的扩大，土地的价值和区位条件差异加大，这些因素都使得当代城市住区和住宅建筑类型及形态趋于多样化。因此，住宅的多样化、

五大道鸟瞰图

居住环境的美化和交往空间的创造、生活配套设施的完善和社区的民主管理等是我国住宅建设当前就要主动考虑的问题。合理的密度和聚集程度、完善的社会配套服务、良好的环境和合理分布、多种多样的居住建筑类型，如城市公寓住宅、合院住宅、联排住宅、花园洋房，包括独立住宅等，都是提高我们生活质量的必备条件。发展的最终目的是提高大众的生活质量，我们没有任何理由以偏概全，来限制居住建筑类型的多样性，这种做法一定是片面的。

简·雅各布斯说，不论是霍华德的田园城市所倡导的花园住宅，还是柯布西耶的光明城市的塔楼住宅，都是专制的、家长式的规划，都试图用一种类型、一种模式解决所有的问题，它注定是不会成功的。城市住宅关键在于它的丰富多样性，包括城市街道空间的丰富多样性。杜安伊和齐贝克在《建设从乡村到城市的社区》文章中所描述的从市中心到乡村不同密度、高度和形态类型的住宅建筑形式，实际反映了城乡居住建筑类型及其空间分布的客观规律，包括经济活动、级差地租、交通运行、城市管理和社会组织等。因此，我们必须要认识到居住建筑类型多样性的重要性，要改革创新，使我们的规划和各项管理能够为居住建筑类型的多样性提供生存的土壤和环境，使其最终呈现出百花齐放的局面。

我国城市规划行业，包括土地、绿化等各行业，受现代主义思潮影响很深，人口众多的现实和计划经济的残余进一步强化了这种思想。虽然目前我国的社会主义市场经济体制基本建立，经济取得了长足的发展，但我们的思想意识和城市规划管理还有很多是计划经济和"一刀切"的简单化方法，没有做到针对不同的情况分门别类、因地制宜地制定规则，而只是以一种单一的模式来制定规则，导致形成了千篇一律的建筑类型和空间形态，使住宅建筑的多样性难以存活。目前，我国居住建筑类型单一，塔式高层住宅已经成为主流。超大封闭小区中塔式高层住宅像"玉米地"式孤立散乱的布局，社区空间和特色缺失，造成全国城市面貌的千篇一律和整个人居环境品质的下降。这种单一住宅类型和布局模式选择的出发点是市场和经济效益，而长期不变的居住区规划管理模式起到推波助澜的作用。美国独立住宅的蔓延发展实际就是土地细分和区划造成的后果，简·雅各布斯说这种郊区开发是最赚钱的模式。我国的封闭小区塔楼高层住宅模式，就如同美国郊区的蔓延发展一般，满足现行的管理要求，是最赚钱的模式。结果，不论是在市中心还是郊区，不论是在大城市还是小城市，抑或在部分乡镇农村，都是住宅高楼林立的局面。这种高层住宅楼的大量复制，建筑师省事，施工企业效率高，开发商易赚钱，商业银行也满意……但却极大地损害了城市空间的品质，违反了城市发展和住宅建设的客观规律，给未来埋下了许多隐患。

当然，中国人口众多，土地资源紧张，住宅建设要考虑节约土地是不争的事实，但不论是城市还是郊区，甚至农村，是否都要建高层住宅，是我们必须认真反思的问题。新加坡、中国香港建设高层高密度住宅，因为它们是城市国家或是中国的一个地区，土地狭小。但即使如此，也依然有别墅、高档公寓等多种住宅类型，并没有对其予以禁止。要讲人口密度，日本比我们更密，但日本城市中目前仍然有较大比例的独立住宅"一户建"，它是日本住宅多样性的重要组成部分，不可或缺。即使在东京都市圈中的榈马新城、在大阪都市圈中的关西新城，仍有很大比例的用地用于建设独立住宅。很显然，我们目前的一些规划和土地政策，如禁止别墅和容积率低于1.0的用地供应和规划审批、鼓励提高土地使用效率和容积率等，比较简单机械，有些本末倒置、以偏概全。社会经济发展和城市建设的最终目的是提高人民的生活质量和水平，土地只是载体和手段，为了节约土地而取消住宅的多样性，都建成高层住宅，理论上站不住脚。而普遍过高的土地开发强度，可以近期为城市带来土地出让的高收益、平衡成本，但建设了大片的高层住宅区，人口密度过高，造成城市交通拥挤、环境污染，到头来再花钱治理，而且几十年后维护费用高，得不偿失。这个问题比较敏感，我们在下文还要从其他角度进行论述。

事实上，现代城市规划产生后主要的任务就是控制城市增长、疏解城市人口。1943年阿伯克隆比主持的大伦敦规划的主要目的就是控制伦敦的增长，划定城市周围的绿带，在外围规划建设卫星城，疏解城市的人口。我国自近现代以来，许多大城市同样面临城市中心人口拥挤的问题。中华人民共和国成立时，我国一些大城市，如上海、天津、北京市中心的人口密度都比较高，城市拥挤，住房短缺，居住环境恶劣。如天津建成区61平方千米，人口170万，每平方千米2.9万人。在随后数轮的城市总体规划编制中，普遍采取了大伦敦规划和莫斯科城市总体规划的思想方法，建设卫星城，疏解城市中心老城人口，控制城市人口增长。在当时的经济和交通条件下，卫星城普遍没有发展起来，城市主要是通过外围新居住区的建设来解决城市居住问题，旧城基本没有大规模的改造。改革开放后，随着土地制度、住房制度改革和房地产的发展，旧区改造和外围新居住区建设同时进行。由于普遍采取了经营城市的理念和就地平衡的做法，旧区改造要求比较高的拆建比。结果是旧区改造非但没有疏解人口，而是进一步增加了人口密度，成倍地提高了土地开发强度。同时，新区的建设也采用了越来越高的容积率，也都是高层住宅。最终就是城市人口整体上的高度密集，如天津市内六区常住人口总计434万人，占地173平方千米，平均人口密度每平方千米2.5万人。过高的人口密度是造成交通拥挤、环境污染等城市病的主要原因。因此，我们目前的问题不是以所谓节约土地的名义提高容积率，而是要合理降低城市的开发强度，控制人口密度。与之配套的，就是要采用适应不同容积率的、多种的居住建筑类型。

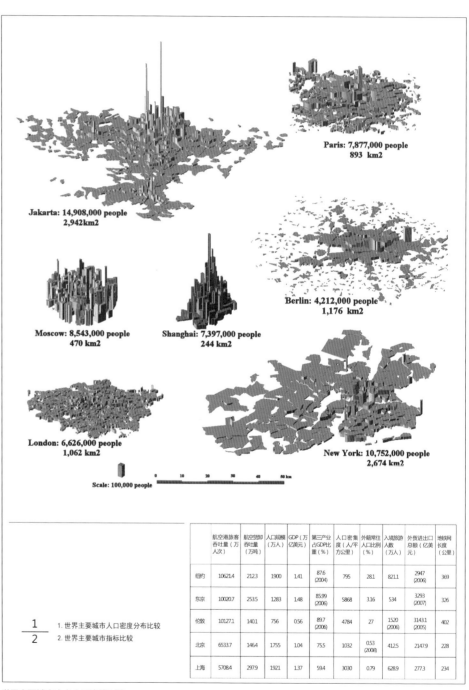

Jakarta: 14,908,000 people
2,942km2

Paris: 7,877,000 people
893　km2

Moscow: 8,543,000 people
470 km2

Shanghai: 7,397,000 people
244 km2

Berlin: 4,212,000 people
1,176　km2

London: 6,626,000 people
1,062 km2

New York: 10,752,000 people
2,674 km2

Scale: 100,000 people

	航空港旅客吞吐量（万人次）	航空货邮吞吐量（万吨）	人口规模（万人）	GDP（万亿美元）	第三产业占GDP比重（%）	人口密度（人/平方公里）	外籍常住人口比例（%）	入境旅游人数（万人）	外贸进出口总额（亿美元）	地铁网长度（公里）
纽约	10621.4	212.3	1900	1.41	87.6 (2004)	795	28.1	821.1	2947 (2006)	369
东京	10020.7	253.5	1283	1.48	85.99 (2006)	5868	3.16	534	3293 (2007)	326
伦敦	10127.1	140.1	756	0.56	89.7 (2006)	4784	27	1520 (2006)	3143.1 (2005)	402
北京	6533.7	146.4	1755	1.04	75.5	1032	0.53 (2008)	412.5	2147.9	228
上海	5708.4	297.9	1921	1.37	59.4	3030	0.79	628.9	277.3	234

<u>1</u>　1. 世界主要城市人口密度分布比较
2　2. 世界主要城市指标比较

世界主要城市中心人口密度对比

日本一户建

日本一户建卫星图

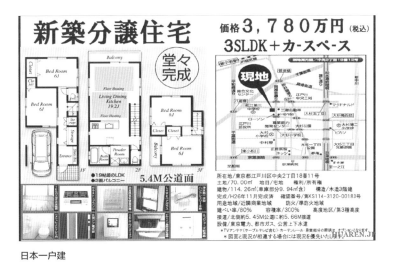

日本一户建

日本一户建平面图

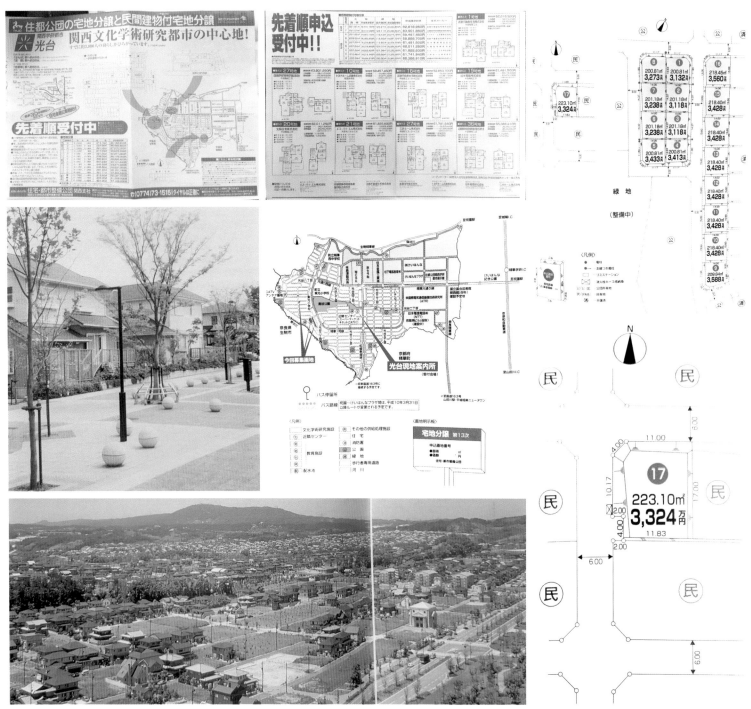

日本新城定制一户建

在规划中，单纯增加居住用地的容积率不一定划算，容积率增加，开发强度增加，人口增加，就需要增加市政配套设施，增加各种公共配套设施的数量和规模。各种公共设施不仅占用土地，需要投资建设，关键是需要增加像学校、医院等财政供养的事业单位和人员编制数量。目前，许多区政府已经认识到这一问题，房地产开发项目带来一次性税收增加，但城市人口的增加需要政府提供长期的公共服务，政府财政难以承受。所以说，我们不能想当然地认为中国人多地少，节约土地就是好事、是头等大事，采取头痛医头、脚痛医脚的简单做法，到头来必定付出惨痛的代价。必须统筹考虑城市人口密度、土地开发强度与城市交通、环境景观、公共服务配套及住宅类型多样性等问题。按照城市发展的客观规律，在城市不同的区位要采用不同的开发强度和建筑类型，包括在郊区容许独立住宅和容积率低于1.0的开发。同时，也要考虑到合理的建筑开发强度和人口密度对城市空间塑造所发挥的积极作用。实际上，在城市的一般地区，通过合理的规划设计，多选择以多层和小高层为主的住宅类型，我们可以创造出一个既有一定的开发强度，又具有丰富多样居住建筑类型的、适合

我国特征的更好的人居环境模式。

中国传统民居多种多样的形式，造就了各具特色的城市和地区，也成为中华文明和地方文化的重要代表。可惜的是自中华人民共和国成立后，虽然有少量的有益尝试，有许多关于民居的研究成果，但以合院住宅为主的民居建筑没能进一步存续演进。实现中华民族伟大复兴的中国梦，不仅是经济的发展、社会的进步，而且是文化的传承和发扬光大。中国传统建筑文化要延续，需要一定的载体。在未来，住宅类型的多样性除满足居民多样的生活需求、满足城市不同区域多样性的要求，住宅建筑还要延续传统文化，但绝不只是立面加点符号的简单做法。今后，在城市的近远郊区应该可以规划低层的合院居住社区，采用中国传统民居的形式，包括庭院园林，将中国优良的人居传统思想文化发扬光大。在城市地区，可以规划联排住宅为主的区域，借鉴国外联排住宅好的经验做法，吸收我国传统民居中窄面宽、多重院落、天井的大进深布局，既有一定的密度，又满足中国人住房"顶天立地"的心理需求。要提升我国现阶段城市形态品质和城市空间特色，就要极大地促进居住建筑品

安徽宏村

质和文化性的提升，在提升城市空间文化品质方面发挥更大的作用。

古人有云，土木不可善动，意即要下大功夫、花大价钱。建筑就应强调"百年大计、质量第一"，包括艺术性，要保证资金的投入。我国传统住宅建筑有许多类型，有许多建筑元素和相应的符号、装饰，与多种艺术形式结合堪称完美，成为我国传统文化的重要组成部分。古罗马人维特鲁威指出建筑的三要素是实用、坚固、美观，三者并重。20 世纪 50 年代国家提出的"适用、经济、在可能的情况下注意美观"的指导方针，本应是在物质极为匮乏的特殊情况下的临时手段，后来却成了长期的政策，上升到国策，几十年不变。改革开放前，我国实行计划经济和福利分房制度，住宅均由国家投资，建设一直采用低标准，节约是革命与否的问题。改革开放后，随着房地产和商品住宅的迅速发展，实际上住宅建设标准已经成为市场行为。"适用、经济、在可能的情况下注意美观"的方针可能更多的是针对政府投资的公共建筑。但从实际效果看，这一方针没有起到作用，出现了许多所谓的"怪建筑"。因此引发了两

年前对建筑方针的讨论。但在节约是美德的道义帽子下，很快被"拨乱反正"。这实际上形成了一个误区，认为对建筑美的追求是可有可无的，或者可以排在次要的位置上。特别是作为居住建筑，功能第一，经济节约更重要，美是可以省略掉的。加上对现代主义建筑思潮"少就是多"的片面理解，住宅建筑设计除少量所谓的豪宅外，普遍过于简陋、缺少美感，对整个城市的形象和品质造成负面的影响。我们今天的住宅建筑，在妥善解决使用功能的基础上，也要把美观、品质和文化作为主要的设计内容，建立成熟的模式，大幅度提高住宅建筑品质。2016 年《中共中央、国务院关于进一步加强城市规划建设管理工作的若干意见》提出 "适用、经济、绿色、美观"的建筑方针，是一个重大进步，它突出建筑使用功能以及节能、节水、节地、节材和环保等生态、绿色要求，同时考虑我国处于社会主义初级阶段，保持了对经济性的要求，将美观的前置语去掉，说明其与适用、经济、绿色同等重要，但要杜绝目前普遍存在的公共建筑片面追求建筑外观形象的做法。

第二节 中国人的居住理想和价值观

今天，我国经济社会经过改革开放 30 年的高速发展，人民生活日渐富裕，居住环境有了很大提升，与住房短缺时代不可同日而语。目前，我国城镇人口人均住房建筑面积超过 36 平方米，户均超过一套住房。但是，与发达国家特别是美国相比，我国广大中产阶级的住房水平和生活质量还不是很高，仍然与其有较大差距。在未来，全面实现小康社会和中华民族伟大复兴的中国梦，国人有什么样的居住理想和价值观呢？

一、理想引领方向

恩斯特·卡西尔（1874—1945），德国著名哲学家和哲学史家，他创建了"文化哲学"体系，在他三卷本的《符号形式的哲学》丛书中对其进行了系统的论述。《人论》一书正是他晚年到美国后，用英文简要地阐述《符号形式的哲学》基本思想的一本书，但其中也增加了不少新的观点。《人论》一书共12 章，分为上下两篇。上篇前五章集中回答"人是什么"这

恩斯特·卡西尔

《人论》封面

一问题。下篇各章依次研究了人类文化的各种现象，如神话、宗教、艺术、科学等，力图论证人类的全部文化都是人自身的创造和使用符号的活动的产物。在卡西尔看来，人与其说是"理性的动物"，不如说是"符号的动物"，亦即能利用符号去创造文化的动物。人和动物的根本区别在于，动物只能对"信号"做出条件反射，而只有人才能够把这些"信号"改造成有意义的"符号"。人与动物虽然生活在同一个物理世界之中，但人的生活世界却是完全不同于动物的自然世界的。造成这种区别的秘密在于：人能发明、运用各种"符号"，所以能创造出他自己的"理想世界"；而动物始终只能对物理世界给予它的各种"信号"做出反射，无法摆脱"现实世界"的桎梏。

《人论》第五章的题目是"事实与理想"，通过精神分析和对人类科学发展历程的简单回顾，卡西尔清晰地阐明了事实与理想的区别、理想对于科学技术进步的重要性，以及理想对于人和人类社会的重要性。他写到，经验论者和实证论者总是主张，人类知识的最高任务就是给我们以事实而且只是事实而已。理论如果不以事实为基础确实就会是空中楼阁。但是，许多科学发明是基于理想的假设。显而易见，事实并不是在偶然的观察或仅仅在感性材料的收集下所给予的。科学的事实总是含有一个理论的成分，亦即一个符号的成分。那些曾经改变了科学史整个进程的科学事实，如果不是绝大多数，至少也是很大数量，都是在它们成为可观察的事实以前就已经是假设的事实了。当伽利略创建他的动力学新科学时，他不得不从一个完全孤立的物体、一个不受任何外部力量影响而运动的物体的概念开始。这样一种物体从来未被观察到过，也绝不可能被观察到。它并不是一个现实的物体，而是一个可能的物体——并且在某种意义上说甚至都是不可能的，因为伽利略的结论所依据的条件——不具任何外部力量的作用——在自然界中绝不会实现。对于古希腊人来说，对于中世纪时代的人来说，这些概念就一

定会被认为是明显虚假的甚至荒谬可笑的。但尽管如此，如果没有这些完全不真实的概念的帮助，伽利略就不可能提出他的运动理论。而这一点也同样适用于几乎所有其他伟大的科学理论。这些理论乍一看来总是似是而非的，只有具有非凡的理智胆略的人才敢于提出来并捍卫它。

证明这一点的最好方法或许莫过于考察数学史了。但数学并不是可以研究符号思想的一般功能的唯一学科。如果我们研究一下伦理观念和理想的发展情况，符号思维的真实本性和全部力量甚至变得更加明显。康德的见解——对人类知性来说，在事物的现实性与可能性之间做出区分，既是必要的也是必需的——不仅表达了理论理性的一般特性，而且同样也表达了实践理性的真理。一切伟大的伦理哲学家们的显著特点正是在于，他们并不是根据纯粹的现实性来思考。如果不扩大其甚至超越现实世界的界限，他们的思想就不能前进哪怕一步。除了具有伟大的智慧和道德力量以外，人类的伦理导师们还极富于想象力。他们那富有想象力的见识渗透于他们的主张之中并使之生气勃勃。

柏拉图及其后继者们的著作总是被指责为只能应用于一个完全不真实的世界。但是伟大的伦理思想家们并不害怕这种指责。他们认可这种指责并且公然对它表示蔑视。康德在《纯粹理性批判》中写道："柏拉图的《理想国》一直被当作一个纯粹想象的尽善尽美境界的显著例证。它已经成了一个绰号，专用来指那些爱空想的思想家头脑中的想法。……然而，我们最好还是竭力去弄懂它，亲自搞清它的真实含义，而不要借口说它是不可实现的而将其视为无用，弃若敝屣，这种借口是卑下而极有害的……因为对于一个哲学家来说，最有害、最无价值的事情莫过于庸俗地诉诸所谓"与理想"相反的经验了。因为假如各种制度是根据那些理念设立而不是根据粗糙的观念设立时，这些所谓的相反经验多半根本就不存在了。"

在柏拉图的《理想国》之后，一切已经形成的近代伦理政

治理论，都表达了同样的思想意图。当托马斯·莫尔著写他的《乌托邦》时，他用书名本身表达了这种看法。一个乌托邦，并不是真实世界即现实的政治社会秩序的写照，它并不存在于时间的一瞬或空间的一点上，而是一个"非在（nowhere）"。但是恰恰是这样的一个非在概念，在近代世界的发展中经受了考验并且证实了自己的力量。它表明，伦理思想的本性和特征绝不是谦卑地接受"给予"。伦理世界绝不是被给予的，而是永远在制造之中。歌德说过："生活在理想世界，也就是要把不可能的东西当作仿佛是可能的东西来对待。"伟大的政治和社会改革家们确实总是不得不把不可能的事当作仿佛是可能的那样来对待。

卡西尔关于事实与理想的论述涉及一个对人类文化的全部特性及发展有着至高无上重要性的问题。上面大段引述《人论》的文字，主要是想更深入地说明这个核心问题。人是"符号的动物"，人能发明、运用各种"符号"，去创造文化，创造出他自己的"理想世界"，摆脱"现实世界"的桎梏。因此，人的理想就弥足珍贵，是引领人进步发展的目标和动力，不得裹足不前。《理想国》和《乌托邦》引领着人类社会的发展进步。城市规划是对未来的科学展望，也需要理想。中国改革开放的伟大成就也从事实层面说明理想的重要性。在目前我们面对住房、房地产业各种复杂无解的矛盾问题束手无策时，树立中国当代的居住理想是一种非常重要和有效的方法，是一项勇敢的工作。

二、中国当代的居住理想——百年住宅、文化社区、品质人生

现在住房是国人茶余饭后热议的话题。议论的主要内容是现今的房价、学区房、按揭与投资等，对中国人，特别是广大中产阶级来说，未来喜欢什么样的理想住房、具有什么样的居住理想和价值观鲜有论及。居住理想和价值观这个问题在今天

柏拉图《理想国》

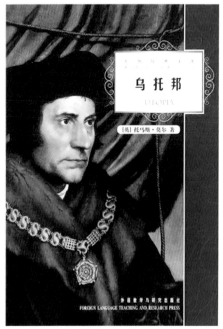

托马斯·莫尔《乌托邦》

的房地产市场面前显得多么不合时宜。虽然这个题目目前还缺乏讨论和系统研究，我们还是可以从大家的表述中、从自身的亲身感受中体会到，从流行文学艺术作品字里行间阅读到，大家的理想和价值取向也能从不同类型房地产的价格上反映出来。理想住房归纳起来有两大类，即现实型和理想型。现实型严格来说是当前的居住需求，可以不归入理想的范畴。理想型主要有以下几种原型。一是传统合院住宅。可能不是带有江南私家园林的深宅大院，只是一栋小的四合院，不管是在闹市闹中取静，还是在乡间接近田园，这是中国人的文化基因决定的。二是美国式的独立花园住宅。不需要欧洲的城堡、美国富人区的大别墅，只要是在比较好的花园社区，有自己的小花园，融入大自然的风景，或是像天津五大道的小洋楼，"躲进小楼成一统，管它春下与秋冬"。三是城市中心的高档公寓。楼下或周边配套完善，街道具有活力，可以步行，生活方便，就像纽约曼哈顿岛上的高档公寓，最好能眺望中央公园，或者像芝加哥的川普大厦和滨湖公寓。四是学区房，孩子能上重点校。美国人也讲学区房，一般情况下好学校所在社区的住房品质也比较好。而我们只是关心学区房是否有学籍，许多情况下，房屋本身品质或环境并不是很好。所以，我们的学区房不能说是理想住房，倒可以说是理想学校的学籍。随着老年社会的到来，养老住房越来越引起关注，许多老年人在畅想理想的老年住房。还有一些其他特殊的形式，如艺术家居室兼工作室、loft等形式新颖的住房等。这几种住房类型相差很大，但有共同的特点。一是要享受城市的文化和教育等设施、充满活力的生活节奏以及方便的生活配套，同时又有自己封闭、安静、安全的权属空间，有艺术感。二是接近自然。中国人重视住房，将其看成安身立命的居所。不仅安下身来，而且精神有所寄托。由于人口众多，空间狭小拥挤，相互影响，因此中国人的集体潜意识中就喜欢大的空间和空间的独立性，也更希望接近自然。另外重视文化的深厚传统也使得住房成为文化展示的地方。现在我国城市内部居住密度很大，用地和空间都比较紧张。所以在商品房销售时自家有小院的一层单元住房价格就比较贵。还有些城市居民愿意到农村长期租住农民的院落式住宅，接近自然。此外，住房要有自己的特点，与众不同。上海卫视家庭装修节目《梦想改造家》和北京卫视家庭装修节目《暖暖的新家》有多期都出现了相同的镜头和桥段，许多面积小、平面和空间极不规则的超级户型改造完成交房时，业主都激动地说：太好了，设计师是怎么设计出来的……给我一个（面积大很多的）单元房我也不换。业主有这样的表达主要是因为有自己家的感觉，有自家的特色和空间趣味的多样化。这些表象都显示出人们的居住理想。

《梦想改造家》

《暖暖的新家》

居住的理想不单单是物质形体的理想，而是理想的生活方式。实际上，不同人群的居住理想是不一样的，不同年龄阶段的家庭的居住理想也不一样。年轻家庭希望婚房漂亮，最好是重点学校的学区房，靠近工作地点和双方父母。老年家庭若居家养老，则希望位于市中心，生活方便又闹中取静，靠近医院，子女便于探望，有其他老人可以日常交往。所以，居住理想是不完全一样的，也不应该完全一样，应该是多种多样的。随着经济的发展和社会的进步，理想住宅模式必然逐步提升，居住理想和价值观也在变化。1981 年我[1]开始在清华大学读建筑学，大二学习住宅设计和居住区规划。开课前一天到关肇邺教授、王玮钰教授家里参观。他们的家就是普通教师住的单元房，但房间设计典雅，富有艺术气息和生活品位，堪称中国人的理想住房。参加工作后单位分的第一间伙单住房，虽是陋室，装修的风格还受到老师深深的影响，这已经过去了 10 年时间。今天，又 20 多年过去了，关肇邺教授、王玮钰教授已经耄耋之年，如果不搬家，仍然住在多层没有电梯的家中，无异于牢笼。无人帮助，上下楼对于 80 高龄的人来说几乎是不可能完成的任务。所以，随着我们见识的增长，以及知识水平和生活水平的不断提高，理想是需要进步的，不能止步不前，过去的理想可能变成今天的牢笼。今天的居住理想，可以有更多的丰富性和多样性，更加长远。依世界各国的经验看，居住理想是不断进步的，而且相互学习、交流、影响，不是凭空产生的。

美国人最初的理想住房可以说是以欧洲农村庄园为模型的。许多欧洲移民都是抱着美国梦的理想前往美国的。17 世纪一群理想主义的清教徒离开了君权和世袭制度盛行的欧洲大陆，来到新大陆，摆脱了森严宗教制度的迫害和欧洲社会的桎梏束缚，开始享受自由的生活，他们的居住理想就是有宽阔的土地，能够亲近大自然，理想住宅的原型就是欧洲的农村庄园。清教徒相信北美大陆是上帝规划的最后一块福地。他们坚信通过个人的诚实劳动和道德水准的完善，一定能实现自我的理想主义信念。通过道德操守的完善和辛勤的劳动获得经济上的成功是他们主要的奋斗目标，同时也是清教思想的精髓。这种强调经济成功的清教思想正好与当时兴起的资本主义精神相契合。19 世纪起，欧洲许多空想社会主义者来到新大陆，把这里作为实践他们社会主义设想的理想之地。欧文、傅里叶的门徒等，前赴后继，虽然都失败了，但给后人留下了宝贵的遗产。霍华德在发表《明日的田园城市》之前，青年时期曾到美国闯荡，并开始接触惠特曼和爱默生等人的著作与思想。对他影响最深的是美国著名政论家潘恩的《理性的世界》（*Age of Reason*），用霍华德自己的话来说，潘恩的学说"使我成为独立思考的人"。在美国期间，霍华德还阅读了理查逊撰写的《健康的城市》（*Hygeia*）等与城市规划有关的图书，并开始对城市发展进程中出现的问题给予关注，这些经历对形成花园城市的思想有很大的帮助。美国城市理论大师芒福德也数次到欧洲考察学习花园城市的经验，对其城市思想体系的形成产生重要的影响。新大陆的历代精英创造性地移植了欧洲的进步思想，并将其付诸实践，从而欧洲进步思想的火花在新大陆结出了丰硕的现实之果。

从 20 世纪 30 年代开始，由花园洋房、汽车和体面的工作组成美国梦具体的内容。花园洋房就是位于郊区的独立式的花园住宅，与郊区化和新的社区模式密不可分。郊区化是城市经济发展到一定阶段的产物，私人小汽车的普及为郊区化提供了支撑条件，工厂、办公等的外迁为住在郊区的人们提供了部分就业机会。相比公共住房政策中的旧区更新、房租补贴等，郊

注 1：指本书主编霍兵。

区化在美国理想住房和社区模式的形成上发挥着更大的作用，而独立花园住宅模式的选择总体看是成功的，既适应美国土地幅员辽阔的特点，又延续了美国人的历史情结，满足现代生活发展的需求，还具有比较好的弹性。首先，以今天绿色发展和生态城市的标准看，蔓延发展确实占了比较多的土地，但独立花园住宅社区总体看还是绿色生态的。郊区新建社区以1~2层独立住宅为主，密度低，尺度小，在土地开发和道路建设上可以顺应地形，与生态保护区、风景区也能够很好地融合，对环境的破坏小。独立花园住房设计建造采用了比较适宜的技术，如木结构是美国独立住宅主要的结构形式，分户独立的采暖供热系统可以根据需要灵活关闭和控制，不需要大规模的市政设施，加上严格的环境管理制度和完善技术，总体形成对环境本底的低冲击开发，保护了周围的生态环境，社区运营维护成本低。其次，从提高生活品质讲，独立花园住宅和社区为大部分

美国中产阶级提供了较高品质的生活。丰富多样的住宅产品和配套完善先进的技术，使独立花园住宅成为高品质社会的保证。独立花园住宅与郊区化、小汽车的发展相匹配，每户都有自己的车库，现在许多是两个车库；社区内外部环境比较好；位于郊区高水平的中小学校为社区提供了高品质的教育配套，超市、游乐场等大型商业和体育活动场地提供生活配套。这些方方面面的内容非常好地协同保证了日常生活的舒适、方便和丰富多彩。再则，独立花园住宅模式与美国梦提倡的体面工作和生活方式相协调，具有丰富的文化内涵。独立花园住宅延续了美国人的欧洲传统情结和内心深处对自然向往的深层潜意识。多种多样的住房与人的生活和人生合拍，从青年家庭到老年家庭都可以很好地生活在这样的住宅和社区中，谱写人生的篇章。除去以上各种因素之外，美国郊区化的独立花园住宅模式与自然环境取得了较好的协调且符合人类居住的理想模式。正如规划

杜甫草堂图

罗伯特·欧文肖像

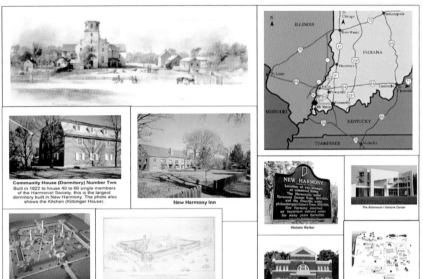

新和谐公社

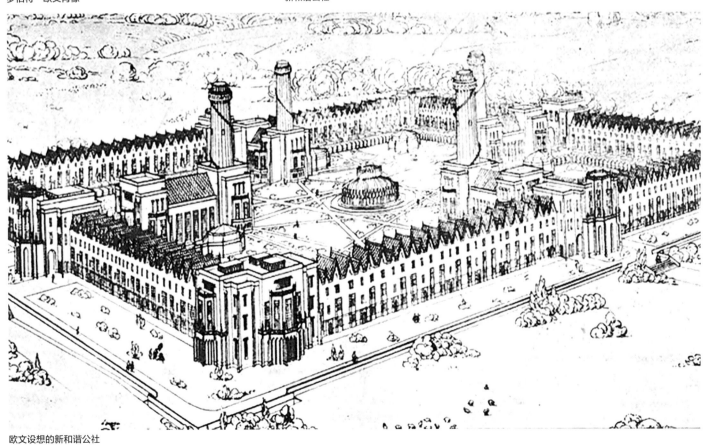

欧文设想的新和谐公社

设计大师彼得·霍尔爵士所指出的：霍华德在英国发明了田园城市理论，而田园城市理论真正在美国变成了现实。当然，美国梦是经历了300年痛苦的过程，包括殖民战争、内战、对土著印第安人的屠杀劫掠、周期性经济危机等才逐步成型的，而且今天的美国仍然存在许多的问题，如城市蔓延、经济危机、种族冲突、社会福利、医保困难等。

唐朝盛世，诗人杜甫在《茅屋为秋风所破歌》中大声疾呼："安得广厦千万间，大庇天下寒士俱欢颜"，道出了中国人两千多年的居住理想，为世人所传颂。也说明即使在经济繁荣的唐朝，大部分人民群众的住房问题还是没有解决。在奴隶和封建社会，帝王将相骄奢淫逸，宫阙重重，而广大劳动人民居住条件简陋，许多人居无定所，遇到连年战争饥荒，更是流离失所。杜甫的诗句人们吟唱了无数遍，杜甫描绘的居住理想在人们心头萦绕了千余年。中华人民共和国成立后，实施社会主义公有制和计划经济，实行人人平等的福利分房，追寻欧文、傅里叶等空想社会主义者们百年前的居住理想。中华人民共和国成立初期，住房奇缺，排队分房，许多人期待尽快能够轮上，为找到一处栖身之地而日思夜想。为了距离工作地点近，适合自家的条件，换房成为一个奇观，滋生了靠此营生的"房虫子"。那时，为了分到好的房子，有好的福利，首先是毕业分配到一个好的工作单位。这一幕幕与房子有关系的场景和故事都不堪称之为居住理想，只是为生存而挣扎。改革开放激发了人们的劳动和工作热情，经济社会快速发展。通过住房制度和土地使用制度改革、商品住房和房地产的快速发展，人们可以通过银行按揭等方式，自主购买选中的住房。进入新世纪，中国每年都新建以10亿平方米为计的住宅。目前，城镇人均住房建筑面积超过36平方米，户均超过一套住房；农民人均居住建筑面积比城镇人均面积还要大一点。对于住房困难和低收入家庭，政府通过发放住房补贴和提供公租房、经济适用房、限价房等给予解决。今天，我们可以说，数千年来一直困扰着中国广大劳动人民的住房短缺问题基本得到解决，杜甫的理想终于变成实现，化作人间奇迹。当然，与全面建成小康社会的标准相比，目前许多城镇居民的住房条件标准不高，农村住房的整体水平急需提高。

党的十八大以来，以习近平总书记为核心的党中央提出了两个百年的奋斗目标，即到建党100年时全面建成小康社会，到建国100年时实现中华民族伟大复兴的中国梦，这是对世界、历史和人民的庄严承诺，指明了未来我们国家努力奋斗的方向。这个总的目标同时也指明了我国住宅事业发展的方向。实现中华民族伟大复兴的中国梦，就要实现国人百年的居住理想。按照三步走的发展目标，到21世纪中叶，我国要赶上世界发达国家水平。那么，引领未来30年中国人居建设的居住理想是什么？到2049年我国的住房水平达到什么样的目标和水平？这是我们当前首先必须认真研究和回答的问题。这是一个大的课题，目前国内关于这方面的研究还比较少，我们权作抛砖引玉。理想需要脚踏实地，必须建立在现实的基础上，必须面对当下存在的问题，所以需要系统研究我们上一章中谈及的房地产转型升级、住房制度深化改革、土地财政和房地产税、社会管理体制改革、住宅产业化体系等方面的问题。理想也需要实事求是，不能好高骛远，因此需要认真分析预测2049年我国的城镇化水平、城镇人口及其居住水平、人均可支配收入等指标，以确定当时的住房标准和水平。但是，不管考虑多少因素，最后对居住理想的表述应该是简单明了的，需要高度的概括总结提升能力。所以，联想到芒福德的名言：规划师需要诗人的帮助。

住房不同于一般的耐用品，好的住宅寿命超过百年，而我们目前讨论的又是我国实现百年目标时的住宅，所以居住理想要体现长远和高标准。在住房短缺的计划经济时期，我们一直采用低标准，为了尽快解决住房短缺问题，有其合理性。但当时就意识到这种做法一定不是长久之计，所以曾经短暂采用过

"高标准设计，低标准使用"的做法，既参照苏联当时的标准住宅建筑平面进行设计，近期按照我国的人均居住建筑面积水平分配使用，一套单元内住几户人家。改革开放后，国家分阶段地逐步提高住房人均居住面积标准，但总体看标准的制定低于发展的实际情况，无法起到引领作用。林志群先生在1980年的一篇文章中谈到自己的观点，面对欧美发达国家户均住宅建筑面积都比较大的事实，意识到未来我国的人均居住建筑面积一定会增加，但眼前我们国家要采用什么的住宅标准还需研究。考虑到综合国力、住宅投资占收入的比例等各种因素，感觉不应采用高标准。林志群先生是专家学者型的政府官员，曾任建设部科技司司长，长期从事我国城市化和住宅方针政策的研究，胸有经纶，可惜英年早逝。他当时谈论的住宅标准是在计划经济思维模式下的定额建设标准，而不是理想的范畴。如果能够看到中国今天的发展，他一定会对中国未来的居住理想提出真知灼见。今天，我国经济发展进入新常态，城镇人均住房面积已经比较大，户均超过一套住房，但缺少真正的好房子，许多新建住宅只有30年的寿命，这些都是低标准的后果。面对产能过剩、有效需求不足等困难，中央提出实施供给侧结构性改革的方针，就是要根据市场需求转型，采用高新技术，实现产品的升级换代，带动产业升级转型。目前以住宅为主的房地产业正面临转型升级的关键时刻，与居住理想的研究谈论非常契合。总结历史经验教训，面对当前的客观现实，借鉴国外先进经验，展望未来30年，应该树立百年精品住宅的理想。考虑到住宅存在于城市的社区中，与新型社区的转型升级、与人的生活方式的转变紧密相关，所以初步提出中国百年的居住理想：百年住宅、文化社区、品质人生。

居住理想非常重要，从杜甫的萦绕人们心头的诗句，到中华人民共和国成立后近70年来国人对住房的渴望和追求。试想，如果当时没有住房制度改革和商品房建设释放人们的居住理想，

我们国家的改革开放和城市建设还能够这么快吗？今天，从住房短缺时代进入住房品质时代，除了新婚住房等刚需外，大家购买住房的目的更多的是改善型需求、学区房等特殊需求和投资需求等，买房的愿望不如以前强烈，也很难谈到居住理想的话题。的确，当前房地产市场面临的各种困难矛盾错综复杂，房价高企，住房有效需求和供给不足，人地房不匹配，还有人多地少的客观限制等看似无法破解的难题，想买的房买不起、买不到、不准买，使人很难有什么居住理想。实际上，这时候正是最需要理想的时刻。如果失去了居住的理想，就会失去动力和前进的方向。在改革开放初期，在所有人看来，住房短缺问题几乎无法解决，有太多无法破解的矛盾和困难。但今天的结果证明，通过改革创新这些矛盾和困难最终是可以解决的。当然，困难和矛盾是永远存在的，旧矛盾解决了，新的矛盾又出现了，这就需要新的目标、方向和理想，这是事物发展的客观规律。今天，在我国改革开放进入新常态的关键时期，必须坚定地树立居住理想，并且在《住房法》中给予法律的确认，重树大众的信念，点燃心中百年居住理想的火花。要实现百年住宅、文化社区、品质人生的居住理想，困难重重，任务艰巨。理想不是现实，需要努力争取才有实现的可能。理想指明方向，理想提供动力，让全国人民为实现美好的百年居住理想而共同奋斗，理想的实现就有了保证。

百年住宅、文化社区、品质人生的中国百年居住理想是否定得过高了，这是我们扪心自问的一个问题，也是不能回避的问题。艰苦朴素、勤俭节约是中华民族的优良传统，但与此同时，在人们的心中和潜意识里会有负面的影响。所以采用住宅的低标准道义上容易为大众所接受，不论其是否正确；采用高的标准好像容易遇到观念上的障碍，所以政府部门一般不愿意采用高标准，怕被扣帽子、引发住房困难和低收入家庭群众的不满情绪等。为了解决这个问题，一方面要做好住房制度深化改革，

为广大群众提供基本的住房保障；另一方面需要树立新时代客观、正确的居住价值观。

三、居住理想与价值观——住有所居，居者有其屋

谈理想就涉及价值观，涉及价值观的导向。理想有集体理想与个人理想之分，有符合实际的理想与夸夸其谈的空想之分，有高尚的理想与低俗欲望的分野。陶渊明的《桃花源记》中的理想是集体理想印象；杜甫大声疾呼"安得广厦千万间，大庇天下寒士俱欢颜"是"先天下之忧而忧，后天下之乐而乐"的居住理想；梁思成、林徽因在中华人民共和国成立之初即呼吁"居者有其屋"，也是出于对社会大众的关心和作为一个建筑师的责任心，反映出他们的集体居住理想。个人的居住理想表述，流传下来的多数是一些倾心田园生活的文人骚客，则是另有一番境界。如陶渊明归田后有着"方宅十余亩，草屋八九间，榆柳荫后檐，桃李罗堂前"，过着一种自食其力的安静而舒适的生活。所以，理想也是多种多样的。今天，我们提倡"百年住宅、文化社区、品质人生"的居住理想，具有一定的先进性和引导性，就是期望到21世纪中叶广大中等收入家庭的住房标准和生活品质达到同期发达国家中产阶级的同等水平。改革开放之初，邓小平同志"让少部分人先富裕起来"的策略意义重大，少部分先富裕起来的人起到示范带头作用，带动了整个中国的发展致富。我们追求共同富裕，倡导勤劳致富的价值理念。我们追求居住理想，倡导"住有所居，居者有其屋"的价值观。政府要保障人们基本的居住权，住有所居；但承认住房差别和多样性，鼓励居者有其屋，最终的目标是让大部分中国人居住得更好。

不同的居住理想建立在不同的价值观上。价值观是基于人的一定的思维感官之上而做出的认知、理解、判断或抉择，也就是人认定事物、辩定是非的一种思维或取向，从而体现出人、事、物一定的价值或作用。价值观具有相对的稳定性、持久性、历史性、选择性与主观性。在特定的时间、地点、条件下，人

们的价值观总是相对稳定和持久的。在不同时代、不同社会生活环境中形成的价值观是不同的。价值观的主观性指用以区分好与坏的标准，是根据个人内心的尺度进行衡量和评价的，这些标准都可以称为价值观。价值观对人们自身行为的定向和调节起着非常重要的作用。价值观决定人的自我认识，它直接影响和决定了一个人的理想、信念、生活目标和追求方向。

对于价值观的研究始于20世纪30年代，较著名的研究有G·奥尔波特等人的价值观研究、M·莫里斯的生活方式问卷、M·罗基奇的价值调查表等。德国哲学家E·施普兰格尔区分出理论的（重经验、理性）、政治的（重权力和影响）、经济的（重实用、功利）、审美的（重形式、和谐）、社会的（重利他和情爱）及宗教的（重宇宙奥秘）等6种理想价值型。1956年莫里斯提出13种生活方式，分别用13段长短相近的文字描述，各种生活方式所强调的内容不同，其重点是：① 保存人类最高的成就。个人参加其社区中的群体生活，其目的不是为了要改变它，而是为了要了解、欣赏和保存人类所有成就的最好的东西。② 培养独立性。一个人必须避免依赖他人或外物，生命的真谛应从自我中体验。③ 对他人表示同情和关切。以对他人的关怀和同情为中心，温情是生活的主要成分。④ 轮流体验欢乐与孤独。在美好的生活中，孤独与群处都是不可缺少的。⑤ 在团体活动中实践和享受人生。个人应该参加社群团体，享受友谊与合作，以求实现大家的共同目标。⑥ 经常掌握变动不定的环境。一个人应经常强调活动的必要，以谋求现实地解决、控制世界与社会所需要的技术的改良。⑦ 将行动、享乐与沉思加以统合。⑧ 无忧、健康地享受生活。⑨ 人生中的那些美好。居住价值观是价值观的一种，与人生价值观、职业价值观等相关，与人的生活方式直接相连。施普兰格尔认为，人们的生活方式朝着这6种价值观方向发展。事实上，每个人都或多或少地具有这6种价值观，只是核心价值观因人而异。不同的价值

观决定着人的生活方式，或经商，或从政，或从事科研教育；或养尊处优，纸醉金迷；或淡泊明志，宁静致远；或高朋满座，纵横捭阖。不同的生活方式需要相应的理想住房和空间场所。而莫里斯提出的13种生活方式，更多地涉及社区的生活，所以，未来的居住理想和价值观也要体现社区的内容，不只局限在住宅本身和内部。对于不同的价值观和生活方式，社会应该提供相应的空间场所。即使是不十分高尚的价值观和生活方式，只要符合社会道德规范，政府不鼓励，也不用抹杀，这是社会和文化多样性的体现。居住建筑和社区环境应该具有容纳这种多样性的能力。

社会主义核心价值观是社会主义核心价值体系的内核，体现社会主义核心价值体系的根本性质和基本特征，反映社会主义核心价值体系的丰富内涵和实践要求，是社会主义核心价值体系的高度凝练和集中表达。党的十八大提出，倡导富强、民主、文明、和谐，倡导自由、平等、公正、法治，倡导爱国、敬业、诚信、友善，积极培育和践行社会主义核心价值观。富强、民主、文明、和谐是国家层面的价值目标，自由、平等、公正、法治是社会层面的价值取向，爱国、敬业、诚信、友善是公民个人层面的价值准则，这24个字是社会主义核心价值观的基本内容，是国家对每一个成员的严格要求。"住有所居，居者有其屋"的居住价值观可以说是社会主要核心价值观的具体体现，可以进一步细化、具体化。在符合社会主要核心价值观的前提下，存在着居住理想和价值观的多样化。

西方经济学家一针见血地指出，贪婪是经济发展的原动力。听上去很刺耳，但事实如此。实现居住理想，践行居住价值观，需要依靠房地产市场的健康发展；而实现居住理想，践行居住价值观，也为房地产市场的转型升级提供了新的消费热点和消费需求。党的十八届三中全会提出：使市场在资源配置中起决定性作用和更好发挥政府作用。因此，实现百年的居住理想，

要继续发挥市场的主导作用，通过政府引导、市场引领的方式，实现百年的居住理想，前提是有效需求和供给，可以首先鼓励面向未来的、符合百年住宅标准的、合理的改善型居住消费。这部分客户应该是中等偏上收入和有一定资产的群体，他们有相应的经济实力和对产品的认可能力，他们的行为可以起到一定的带动示范作用。比如，部分家庭可能有不只一套住宅，但却没有一套是非常满意的住宅。部分家庭随着收入水平和资产的增加，需要改善住房条件和居住环境。可以推出位于城郊风景区周边的改善型住房类型，与理想社区创建和城市人口的疏解相配合。可以按照发达国家中产阶级住宅和社区的标准进行规划设计，作为未来理想住房的试点。通过宣传、税收调节等手段，对出售现有存量房给予一定的税费优惠，鼓励改善型购房。

推动改善型住房消费，有诸多好处。首先，为实现百年居住理想迈出30年征程的第一步，打响住房制度和房地产深化改革的第一枪，意义重大。第二，形成新的消费热点。目前我国经济增长正在从投资和出口两驾马车拉动向投资、出口、消费三驾马车拉动转变，高水准的改善型住房是最大的消费增长点，带动的产业链条很长，拉动作用明显。第三，可以带动房地产业及其相关产业转型升级。写出《美国大城市死与生》一书的简·雅各布斯不仅是城市专家，还是城市和区域经济学家，她还出版了《城市和国家的财富》一书，它是美国许多著名大学中城市和区域经济学课的必读书。她写道：从人类历史看，经济发展和社会进步从来不是单靠量的积累，而是靠创新。我国住房事业的发展必须要创新，有一定水平的消费保证才有更好的创新。第四，可以为转变生活方式提供空间场所。具有百年标准的住房除建筑面积加大、设备更新和设计水平提高外，住宅功能和空间组织进一步丰富，包括社区活动的组织，践行健康、绿色、智能、低碳等理念，推行更有文化内涵和文明的生活方式，对于社会进步起到示范作用。第五，可以用改善型住房带

动小康公众住宅的发展，为各项改革提供空间和时间。按照我们前面的设想，小康公众住宅的建设要采用土地出让政府收益分年度交纳房地产税的改变，以降低房屋价格，这会造成短期内政府土地出让收入减少。改善型住房，因为有较强的支付能力，可以继续采用土地出让金政府收益一次收取等灵活的方式，来弥补亏空。同时，这部分居民的原住房条件一般相对比较好，进入二手房市场后，对房价可以起到一定的调节作用。

推动高标准改善型住房消费，需要房地产开发企业，以及相关的规划设计、咨询服务、建造监理、材料设备等企业厂家的转型升级。充分利用移动互联网、大数据、云计算等新技术，进行满足客户需求的定制建造，从以开发数量为主向以个性化服务和质量为主的方向转变。同时，推动改善型住房消费，关键需要政府各部门政策的相应转变和大力支持。从过去的限制消费转向鼓励消费，在规划设计、土地、税收、市政配套、园林绿化等方面采取相应的对策，包括金融部门，可以针对人群年龄构成，推动反按揭等新的金融手段。要客观合理地看待住宅用地问题，取消不容许规划建设别墅和容积率不小于1.0的不合理规定，可以采用限额或房地产税税收等方式来调节。最后，要加大正面宣传，树立国人理性的居住价值观。勤俭节约、艰苦朴素是传统美德，要发扬光大；追求高品质的生活方式，跟上时代科学技术与文化艺术进步的步伐，要予以鼓励，两者并行不悖。既要改变盲目追求面积大、大而不当的现象，严禁不必要的浪费，也要改变住宅面积大就是浪费、不节约、不文明的认识。要遵循社会主义市场经济的规律和建筑艺术创作的规律，不能退回到自给自足的小农经济和计划经济时代。乔布斯讲"无用之用"，美是需要投入的。回想起商品房和银行按揭刚兴起时人们津津乐道的中外老妇人买房的人生经历的故事，对国人价值观的转变起到了很好的作用。寅吃卯粮不可取，特别是在动荡和自然灾害频发的年代。但在对未来发展稳定预期

的环境下，在金融创新推动下，住房按揭成为解决大部分居民住房问题的有效机制。今天，部分中等偏上家庭将银行存款和资产投入住房的更新换代，实际上是更加理性的消费，是对国家经济转型升级的呼应。对住房的更新换代是对人生和幸福生活的追求，是对"居者有其屋"住房价值观的实践，也是对国家和社会进步的贡献，政府应该鼓励，社会要逐步认同。同时，政府要做好保障房规划建设和房屋市场的调控，保障住有所居。同时，严格保障房管理，保证社会公平。在实现中华民族伟大复兴中国梦的旗帜下，让每个公民都能有实现个人抱负、体现个人价值、追求个人居住理想的机会，让社会充满动力和活力，展现出文明和文化的多样性，这也是中华民族伟大复兴中国梦的标志之一。

四、中国未来的理想住宅和社区

要实现"百年住宅、文化社区、品质人生"的居住理想，需要明确未来理想住宅和社区的具体意象和形态，一个好的住宅和社区规划设计模式一定是建立在理想和现实相结合的基础上。从世界各国的经验中，我们可以清楚地看到这一点。居住理想都有非常具体的理想住房类型和社区形态，以及相应成熟的技术体系和制度体系。如美国梦最终形成了以郊区独立花园住宅、市中心高档公寓住宅、市区联排住宅三种住宅类型为主体的理想住宅和相应社区模式，其中独立花园住宅是主要的形式。日本除去单元式政府公团住房和小尺度开发的组合团地开发之外，有大量的独户住宅——"一户建"，是日本人心中的理想住宅类型，延续了日本国人居住的历史情结。新加坡"居者有其屋"的居住理想是以花园城市中的大量单元式政府租屋和少量私有高档住宅为具体的形态。欧洲大部分城市则由于人口负增长，城市中的多层住宅改造采取了拆多建少的模式，即新建的住宅户数远小于拆掉的户数，但新建住宅面积增加标准

提高，而且住宅建设量中独立住宅占最大比例。

按照住宅类型的生态学模型，住房和社区分为城市中心型、城市型和城市近远郊区型三种大的类型，理想的住房和社区也分为这三种大的类型。根据我国目前存量房规模很大、质量标准相对比较低的实际，我们在选择理想住房和社区类型时需要采用高一些的标准，明确三种类型住宅的理想标准和社区规划设计的重点，作为规划引导。第一类城市中心型，以高标准城市型公寓式住宅为主。选择市中心或副中心最好的位置，毗邻公园绿地、景观河流水岸等，进行更新改造。要控制用地、建筑规模和住宅套数，保持稀缺性。住宅裙楼有完善的配套，提供管家式或公寓式服务，采用智能生态住宅等最新技术，引领潮流。按照芝加哥川普大厦、纽约 57 号和伦敦海德花园 1 号的标准设计建造，面向喜欢城市生活的精英和外来投资者。也可以根据市场情况，在中心商务区、中心商业区建设一些贵族精英式公寓，规模略小于前者，增加城市活力，满足部分年轻人、喜欢闹市社会人群的居住需求。要严格禁止大规模商业办公用地改为小户型公寓的做法，后患无穷。第二类城市型，以改善型的小康公众住房为主。通常位于城市外围地区，一般为新建地区，规划采用窄路密网的都市型新型社区模式，就如同滨海新区和谐社区试点项目一样。作为实施房地产税改革试点的小康公众住宅，大部分作为中等收入家庭改善型的小康公众住房，当前以 60 后和 70 后年龄段为主。考虑到他们的收入水平、生活水平和习惯、子女家庭情况等因素，主导房型一般可以按照 3 ～ 4 个卧室设计，其中一个兼作书房和客房。夫妻二人年迈后可以分房而卧，避免互相干扰。作为独生子女的父母家庭，节假日、周末子女到父母家过夜，增加交流，有适宜的空间。子女有自己的住房，第三代也有自己的住房和户外玩耍的场地。厨房兼有早餐和简餐功能，有独立的餐厅供家庭和朋友聚餐使用。突出住房套的概念，以卧室、卫生间数量作为住房户型的指标，按套进行销售，弱化单位面积价格。户均建筑面积 130 ～ 160 平方米，作为设计参考，部分户型根据住户需求或采取的布局类型可适当增大或减小。可以有部分复式住宅和"顶天立地"的联排住宅，配有首层小花园或屋顶露台，增加住宅类型的多样性。考虑未来居家养老的需要，多层住宅都要配有电梯。社区拥有较好的绿化公园环境和养老、医疗、学校、商业服务、物业管理等配套设施。第三类城市近远郊区型，以中等偏上家庭改善型住房为主。可以推出位于城郊风景区周边的独户住宅社区，按照发达国家中产阶级住宅的功能和标准设计建造，拥有两个车位的车库、花园、院落、游泳池、乒乓球室等标准配置。鼓励采用中式合院住宅形式，成为弘扬中华传统建筑文化以及文学艺术的载体。与城市中心人口的疏解相配合，作为未来理想住房的试点。当然，除去以上三种之外，鼓励住宅建筑类型的多样性，可以有更多的尝试。

对于第一类理想住宅，采用顶级设计建造标准，引领技术进步和社会时尚。由于数量有限，只占据新建住宅中很少的比例，占用土地面积等资源也不多，对公众利益没有影响，社会上应该没有反对意见。但树大招风，难免引起议论，也是平常事，可以平常心看待。这类建筑可以给建筑师更多发挥的空间进行创作。对于第二类理想住宅，作为广大中产阶级的未来理想住宅，大家最为关心。在住房改革发展的过程中，国家曾提出过安居住房、小康住房的发展目标和相应标准，并逐步提高相应的规划和住宅设计标准，如《小康住宅规划设计标准》《住宅设计规范》等，现在看，有些内容还适用，有些已经过时。考虑到目前我国城镇人均住宅建筑面积已经达到 36 平方米，加上在建规模和每年新开工面积规模，未来人均居住建筑面积会有比较大的增加。借鉴国外发达国家经验，以后按住房套数为主进行规划管理和控制。典型套型，即大部分中等收入家庭未来 30 年居住的套型，采用较高的标准，即每套 3 ～ 4 个卧室、

Residence A
Floor 89
5 Bedrooms, 7 Baths, 2 Powder
14,260 sq. ft.

芝加哥川普大厦

纽约 ONE 57

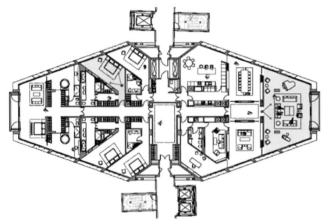

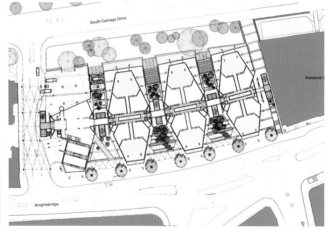

伦敦海德花园1号

两个以上卫生间。住房功能比较完善，但问题是 130 ~ 160 平方米建筑面积的标准是否过高，房屋总的价格市场能否承受。我们 21 世纪中叶的百年理想住房，应该比目前新加坡的政府组屋住宅品质更高，具有更多种类的变化，因此住房套型标准是合适的。至于房价收入比应该保持在合理水平，这需要进行系统的价格体系设计，包括工资收入、公积金、房价、税收等，通过深化改革应该可以解决，也必须解决。对于第三类理想住宅，争论肯定会比较多。传统合院住宅是我国传统民居主要的形式，有二千多年的历史，是大部分中国人喜欢的住宅形式，对于传承中国传统文化大有裨益。反对的理由实际也很简单，占用土地太大，中国无法承受。实际上，目前我国城镇存量住房中高层和多层住宅已经占主导地位，土地的集约程度已经相当高。逐步发展一些低密度合院式住宅，如占新建住宅总量的 10% 以内，不会对城镇土地问题带来负面影响。这不是一个技术问题，实际是一个观念认识问题。一直以来，我们把独立住宅称为别墅，认为是只有富人才能住得起，也造成了住宅价格的虚高。一些别墅项目采用中国合院住宅形式，取得了不错的效果，但也存在售价虚高的问题。如秦禾南京院子项目，户型面积 460 ~ 800 平方米，每套售价 2800 万 ~ 5500 万元，位于市中心，离夫子庙不远，但价格惊人。北京观唐项目位于郊区，每套 200 ~ 400 平方米，但每平方米近 10 万元的价格，使每套住宅价格也达到 2000 ~ 4000 万元。

即使在土地比我国还紧张的日本，有超过 50% 的住宅还是传统的低层独户住宅——一户建，说明住宅不单单是节约土地的问题。日本人口 1.27 亿，国土面积 37.7 万平方千米，人口密度每平方千米 336 人，远大于我国人口密度每平方千米 135 人。同我国情况相似，日本也有大量山地、岛屿不宜作为建设利用的土地，不同点是日本拥有较高的森林覆盖率，粮食蔬菜等绝大部分依靠进口。在日本，人口密集的大城市中心地区的居民大多居住在公寓楼中；在大城市外围，包括东京周边地区，还是有许多一户建住宅形式；乡下小城市的住宅形式则主要是一户建。据有关资料，2008 年日本全国一户建的住宅比例是 55.3%。其中东京都内是 28.4%，位于日本本州岛东北部、以农业为主的秋田县高达 82.4%，位于日本本州岛中部、森林占辖区面积 2/3 的福井县达 80.3%。过去十年，随着城市住宅的建设，一户建的比例在下降，2003 年的数据是 56.3%，1998 年是 57.5%，但下降得非常缓慢。虽然是独户住宅，但其实标准比较低，每户占地以 100 ~ 200 平方米为主。在密度大的地区，一个个房子挨得很紧，住宅内部的面积也很紧缩，看过《住宅改造王》的节目就知道，有些一户建的房子面积有限，空间非常窄小，一家人居住很紧张。从建筑结构上来讲，现代日本独立住宅，大部分是上部采用木框架结构形式，基础采用整体全现浇钢筋混凝土的结构，一楼地板下一般设架空层，满足通风去湿要求。从外观上看，现代日本独立住宅与欧美地区常见的独立住宅差别比较大，比较简朴。虽然日本国土面积狭小，虽然一户建比较局促，但大部分日本人喜欢一户建的住宅形式。近年来，随着日本私人小汽车拥有率不断增长的趋势，有些一户建开始带有车库。

根据美国统计署发布的数据，2014 年美国共有住宅 1.34 亿栋，其中 60% 为独栋住宅，6% 是联排和双拼住宅，8% 为活动房屋，26% 为公寓楼里的单元房。美国人家庭拥有自己房屋的比率是 65%，拥有房地产的中线价值为 17.7 万美元，相当于 120 万元人民币。2016 年 6 月，美国商务部发表了 2015 年新房建筑特点报告，列举了从 1973 至 2015 年美国住房建设所发生的变化。2015 年美国房地产开发商共建成 64.8 万幢独立住宅、32 万幢联排住宅、1.4 万幢公寓式住宅，新建住宅中近 2/3 为独立住宅。除了大都会地区城市中心兴建高层公寓、中心区建设联排住宅外，其他地区绝大部分为一层或两层的独立住宅。从一些

南京泰禾院子

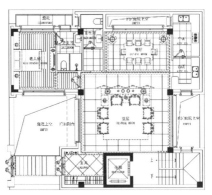

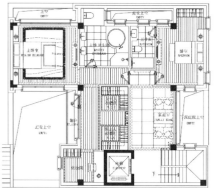

南京泰禾院子平面图

万科第五园

统计数据中可以看出现代美国独立住宅的配置和特点，主要集中在以下几个方面。一是建筑面积逐年增加。2015 年新建住房面积约 268 平方米，比 1973 年的 165 平方米增加了 103 平方米，增长近 62%。二是卧室数增加，2015 年 47% 新建独立住宅拥有 4 个卧室或者更多。三是卫生间数量攀升，2015 年新建住房中约 38% 有 3 个或更多卫生间。四是车库车位数量增加，绝大多数新建住房车库都至少有两个车位。五是房子层数，2015 年约 55% 的新建住房至少有两层楼，1973 年只有 23%。六是壁炉失宠了。壁炉在 20 世纪 80 年代风靡一时，1989 年近 2/3 新建住宅至少有一个壁炉，而到 2015 年降到不到半数。七是建房材料在不断更新。八是房价上涨。面积和各种配置标准的提高是房价不断上涨的理由之一。2015 年美国新屋销售中间价为 29.64 美元，约 200 万元人民币，创历史高点。根据美国统计署 2014 年独栋新房的销售数据，全年共有 43.7 万栋新房售出，平均价格为 34.58 万美元，约为 235 万元人民币，平均单位价格为每平方英尺 97.09 美元，合每平方米约 6600 元人民币。若按统计署每个家庭平均人口 2.63 计算的话，人均占有使用面积的中线值为 88.6 平方米。从以上数据中，我们可以清楚地看到过去 43 年美国住房的巨大变化，也引起我们对我国理想住房及其标准的深入思考。如果把我国 40 年前即 1973 年的住房数据与美国当时的住房数据比较，显然完全不具有可比性；而 40 年后的今天，如果我们仍然用没有可比性作为理由不去做比较，好像难以自圆其说，因为目前我国已经是仅次于美国的世界第二大经济体。如果今天还是不具备可比性，因为我国 2016 年人均国内生产总值 8800 美元，排名世界 69 位，与美国人均国内生产总值 5.6 万美元还有较大差距，那么 30 年后，到 2049 年，中美两国的住房水平可以比较了吗？

　　著名的城市规划理论大师彼得·霍尔教授，1933 年在英国出生成长，1980 到 1992 年在美国加州伯克利大学任教 12 年，

他在 1988 年出版的著作《明天的城市》一书中提到一个令我们这些受城市规划传统教育的人震惊的观点。他写到，通过他亲身在英国和美国工作生活的体会，他认为，客观比较起来，英国中产阶层的生活质量不如美国中产阶层的生活质量高，其中一个重要指标就是住房。美国中产阶级大部分居住在郊区的独立花园住宅，以小汽车出行为主；英国人大部分住在城市中面积相对较小的公寓住宅（flat）、联排住房（terraced houses）和前议会住房（ex-council houses）中，以公共交通作为主要出行工具。虽然英国人的生活方式不失绅士风度，恬雅宁静，但总体看美国中产阶级生活更好，这与美国人的独立花园住房功能和品质水平更高有很大关系。当然，美国人的生活也面临许多困惑，如经济危机周始、医疗保险的难题，包括生活的不方便，所谓买一只牙膏都需要开车的状况，以及人均汽油消耗量是欧洲的 3 倍的事实。此外，正是由住房次贷危机引发了 2008 年全球金融危机。初次读到彼得·霍尔教授这样的论述，很受震动，这与我们传统城市规划教育中灌输的观点不一致。但他经过在美国的亲身经历和专题研究，以及几年来的思考，逐步认识到其中的道理。从 19 世纪末美国 GDP 和工业产值跃居世界第一开始，至今的百余年间，美国的经济和科技发展引领了世界，其中的原因有许多，而美国梦吸引了许多国家的众多人才来到美国是非常关键的原因。美国梦中的花园住房、汽车和体面工作的具体化，使得美国人的生活比其他国家更丰富多彩，更有活力和创造力。美国的经验表明，住宅和社区模式可以在改变人的生活方式、决定人居环境和生活质量上发挥很大的作用。另外，透过现象看本质，通过理性研究可以发现，从生态环境、社会、城市管理效能等方面综合看，建设低层独立式住宅也是一条好路子。我们在美国郊区所到之处，几乎户户有特色各异的花园，植物种类繁多，维护整洁。例如旧金山湾区目前有 244 万套住宅，我们权且估算其中 200 万套是独立

住宅，每户绿化按 50 平方米计算，则共建设了 1 亿平方米合计 100 平方千米的花园绿化，由每家自己养护，政府不用掏一分钱，这是一笔巨大的财富，对生态环境的改善和城市美化发挥了主要的作用。另外，如果规划设计得好，总的城市区域的城市用地规模不会比以多层和高层住宅为主的建设模式多出很多。2004 年我在美国做访问学者时，做了天津与旧金山湾区简单的对比研究。在人均建设用地上，当时天津是人均 270 平方米，包括现状城镇和农村的建设用地；而湾区是人均 300 平方米，相差不大。但是，两个城市区域的住宅形态和品质完全不同，关键在于土地的精细化规划利用和管理。对于存在的城市蔓延和小汽车过度使用等问题，事实证明也是可以逐步解决的。比如，20 世纪末期出现了新都市主义运动，试图采用更加紧凑的规划模式，采用更小的独立花园住宅的占地，来解决城市蔓延的问题。高新技术也在为解决能源和空气污染问题做贡献，如爱伦·马斯克制造的特斯拉电动汽车的成功案例，为解决小汽车的排放和空气污染问题带来新的出路。目前看，美国的独立花园住宅前景光明。

经过近 40 多年改革的洗礼，我国房地产业和住宅设计改造也达到了一定水准，少数开发项目在功能、设计、建造、物业管理方面都达到了国际水平。但这些住宅项目被冠以所谓的豪宅，价格虚高，非大部分中等收入阶层可以承受。所以说，我们的居住理想不仅功能、质量是理想的，住宅价格也必须是理想的，大部分社会成员通过自己的努力奋斗能够拥有一套理想住宅，实现自己的和社会的居住理想。

东部华侨城

颐和华城

北京星河湾

第三节　住房问题的解决与居住社区的规划设计

住房问题是一个亘古的问题，目前在世界上许多国家仍然是严重的社会问题。我国作为世界人口第一大国，住房短缺问题基本解决，但相关的住房问题依然存在。为了解决住房问题，世界各国采取了各种应对措施。总体看，在当今社会，经济高度发展，社会进步，鼓励公平和效率，解决住房问题更多的是通过建立和完善现代住房制度，依靠市场机制和税收调节等市场经济手段，采用鼓励各方面积极性的方法，而较少采用限制、封堵和简单粗暴行政命令的方法。现代主义建筑运动的经验教训说明，住房规划设计是技术工作，不要把住房问题的解决寄希望于规划设计，更不能把行政命令强加于住宅和居住社区的规划设计。原则上，除去社会保障性质的小康公众住宅外，应该取消对住宅建筑和居住社区规划设计本身的任何约束，鼓励多样性发展，提倡住宅建筑文化的繁荣和对传统住宅建筑文化的继承发展。让规划师、建筑师抛开各种杂念影响，专心致志做好市场条件下新型社区规划设计，这是提高居住社区规划设计水平的根本出路和方向。

一、我国古代社会住宅建筑的等级制度

中国古代社会，统治者为了保证理想的社会道德秩序和完善的建筑体系，往往制定出一套典章制度或法律条款，要求按照人们在社会政治生活中的地位差别，来确定其可以使用的建筑形式和规模，这就是我们所说的中国古代建筑等级制度。这种制度最迟在周代已经出现，直至清末，延续了二千余年，是中国古代社会重要的典章制度之一。

我国历史上，对住宅的约束非常普遍。自奴隶社会开始，特别是封建社会以来，很注意等级制度，《荀子王制》曰："衣服有制，宫室有度，人徒有数，丧葬械用，皆有等宜。"周朝衰变时，对礼治缺乏控制，《汉书·货殖传》有所描述："及周室衰,礼法堕,诸侯刻桷丹楹,大夫山节藻棁,八佾舞于庭,《雍》彻于堂，其流至乎士庶人，莫不离制而弃本……"所以，到汉代以后各朝代都注意第宅的等级次序、礼仪制度，"小不得僭大，贱不得逾贵"。田宅逾制即是犯罪。对建筑的礼制要求，加以阴阳五行等，愈来愈影响到第宅的规划布置。唐朝盛世，到玄宗开元是唐朝极盛时期，并制定开元礼，提倡封建的礼仪制度，唐《营缮令》是专门针对建筑的等级规制。唐制仅宫殿可建有鸱尾的庑殿顶，用重藻井；五品以上官吏住宅正堂宽度不得超过五间，进深不得超过九架，可做成工字厅，建歇山顶，用悬鱼、惹草等装饰；六品以下官吏至平民的住宅正堂只能宽三间，深四至五架，只可用悬山屋顶，不准加装饰。从其他史料得知唐代城门也有等级差别，都城每个城门开三个门洞，大州正门开两个门洞，县城开一个门洞；城中道路宽度也分级别。宋代虽然工商业兴盛，城市突破里坊制限制，但因为大力提倡礼教理学，所以对第宅营缮制度限制更严。北宋李明仲的《营造法式》对各种做法都有明确规定。除庑殿顶外，歇山顶也为宫殿、寺庙专用，官民住宅只能用悬山顶。木构架类型中，殿堂构架限用于宫殿、祠庙；衙署、官民住宅只能用厅堂构架。城市、衙署也有等级差别，国家特建祠庙也有定制，与一般有别。明代建国之初,恢复汉制唐服,对亲王以下各级封爵和官民第宅的规模、形制、装饰特点等都做了明确规定，并颁布禁令。公、侯至亲王正堂为七至十一间（后改为七间）、五品官以上的为五至七间，

六品官以下至平民的为三间，进深也有限制。宫殿可用黄琉璃瓦，亲王府许用绿琉璃瓦。对油饰彩画和屋顶瓦兽也有等级规定。地方官署建筑也有等级差别，违者勒令改建。清代与明代的建筑等级制度大致相同，但不如其严厉。亲王府门五间，殿七间；郡王至镇国公府都是门三间，堂五间，但在门和堂的重数上有差别，对进深架数则没有限制。建筑等级划分越来越细，即使宫内建筑也是如此，规制从高到低划分为：重檐庑殿、重檐歇山；单檐庑殿、单檐歇山、悬山、硬山、卷棚、单坡；圆攒尖、八角攒尖、四角攒尖。大致如此，但有些建筑上可能采用不止一种样式，比如故宫内的万春亭，就采用了四面抱厦和圆攒尖，是宫内所有亭类建筑的最高等级。

虽然历朝历代都对住宅建筑等级有严格的规定，但越制经常出现。汉朝注意建筑礼仪等级制度，汉初就有大第室、小第室、甲乙帐等的等级。不过有的贵族大臣的第宅建筑，不顾礼制，奢侈惊人。《前汉书·列传》描写汉武帝时宰相田蚡"治宅甲诸第，田园极膏腴……前堂罗钟鼓，立曲旃，后房妇女以百数，诸奏珍物狗马玩好，不可胜数"。张禹身居大第，"后堂理丝竹管弦"。其他如董贤、霍光、丑氏王侯群第，以及后汉的窦宪、马防、梁冀等宦官及贵族，"造起馆舍，凡有万数，楼阁连接，丹青素垩，雕刻之饰，不可单言"。可见《后汉书·吕强传》。而梁冀更是"殚极土木，互相夸竞，堂寝皆有阴阳奥室，连房洞户，图以云气仙灵，台阁周通，更相临望，飞梁石磴，陵跨水道。……又广开园囿、采土筑山、十里九坂，以象二崤，深林绝涧，有若自然"。他的林苑规横殆得千里，可见豪强大地主庄园兼并之剧烈。董仲舒《前汉书·列传》："……是故其奴婢众，其马牛多，其曰宅广，其产业博。富人之室连栋数百，膏田满野，奴隶千群，徒附万计。"这种大第宅，在东汉豪强大地主统治时数量更多，而且宅中常置望楼，楼上置鼓，万一有警，可以登楼击鼓，警告邻居。我们在东汉墓里，常发现有绿釉望楼，

高达三层，标志着当时高楼技术所能达到的水平。东汉豪强大地主在政治上有极大特权。彼此以门第相高，世代做官，把持特权。他们常是"闭门成市"，筑坞自保。随着社会土地兼并剧烈，动荡不安，各地坞壁也愈来愈多，到魏晋南北朝（3至6世纪）时更甚。它实际即是墙壁高厚，或带城楼、角楼的大型里坊。

至经北魏，社会稍为安定繁荣，于是外戚世家豪门大族也是极力掠夺百姓，广占田园，生活极为奢侈。第宅制度几乎与寺院不分，贵族世家们在首都洛阳是争修园宅，互相竞夸，崇门丰室，洞户连房，飞阁临风，重楼起雾，高台芳树，家家而筑，花林曲池，园园而有。莫不桃李夏绿，竹柏冬青，而河间王琛，最为豪首。洛阳昭德里内有司农张伦宅，"园林山池之美，诸王莫及"。具体见《洛阳伽蓝记》。而一般寒士贫农人等所住的则是结草为"蜗庐"，凿坯为"窟室"，过着"农夫阙糟糠，蚕妇乏短褐"的生活（见《北史·韩麒麟传》）。他们最后的命运，也只是逃亡异乡，或聚众起义了。

唐代以来建筑等级制度是通过营缮法令和建筑法式相辅实施的。营缮法令规定衙署和第宅等建筑的规模和形制，建筑法式规定具体做法、工料定额等工程技术要求。财力不足者任其减等建造，僭越逾等者即属犯法。《唐律》规定建舍违令者杖一百，并强迫拆改。如被指为摹仿宫殿者，就会招来杀身之祸。即使在朝政混乱之际，逾制也会受到舆论谴责。但随着社会不断发展，以及剥削兼并日甚，所以四方第宅僭奢逾制的很多。唐文宗时（827—840）屡诏限制僭奢，但是仍难生效。

历史上，因建筑逾制而致祸的，代不乏人。《春秋》中多处讽刺诸侯、大夫宫室逾制。汉代霍光墓地建三出阙，成为罪状之一。东晋王、北魏李世哲建屋逾制受到指责。南宋初秦桧企图以舍宅逾制陷害张浚。明代以来建筑禁令更加严格。什刹海恭王府前身是乾隆晚年宰相和珅的第宅，其建造可能受到曹雪芹《红楼梦》中大观园的部分影响。和珅第僭奢逾制，第内

规模甚大，前部第宅共分三路，后部花园也分三路，有中轴线贯穿前后建筑，其中有仿皇宫内宁寿宫乐寿堂的建筑，仿圆明园"蓬岛瑶台"的"观鱼台"，使用毗庐帽门口四座。和珅事败后，因其宅内建楠木装修和园内仿建圆明园蓬岛瑶台等三大罪状，而被定为僭拟宫禁之罪。和珅得罪死后，改为恭亲王奕訢王府，建筑经填建改建成现状规模，与《大清会典事例》所规定的制度颇有出入，未按皇帝的禁令办事。也说明封建社会刑不上大夫的不平等。

我国古代第宅等级制度不仅反映在规模等级上，也形成了对建筑形式、构造的严格规定。据先秦史料，周代天子的宫室、宗庙可建重檐庑殿顶，柱用红色，斗、瓜柱上加彩画；诸侯、大夫、士只能建两坡屋顶，柱分别涂黑、青、黄色，椽子加工精度也有等级差别。汉代皇帝宫殿前后殿相重，门前后相对，地面涂赤色，窗用青琐文，宫殿、陵墓可以四面开门。其他王公贵族的宅、墓只能两面开门。列侯和三公的大门允许宽三间，有内外门塾。据不完全的唐《营缮令》资料，唐制仅宫殿可建有鸱尾的庑殿顶，用重藻井；五品以上官吏住宅正堂宽度不得超过五间，进深不得超过九架，可做成工字厅，建歇山顶，用悬鱼、惹草等装饰；六品以下官吏至平民的住宅正堂只能宽三间，深四至五架，只可用悬山屋顶，不准加装饰。明清建筑分大式和小式，大式大木即用庑殿、歇山等琉璃瓦带斗拱的大屋顶及高大的台阶，建筑上有丰富的雕刻彩画等装饰，除王府外，一般的品官和百姓绝对禁止使用。小式大木建筑不用斗拱、琉璃瓦、大屋顶，建造较随意，宅形朴素。为了大兴土木，清雍正十二年（1734年）颁行《清工部工程做法则例》，详述各种大小木作等做法，以及物料价值等事项。它对北方的第宅等建筑工程的发展有一定的作用。大式建筑的木构架尺寸采用不同材等的斗口制，而小式建筑没有这种要求。房屋等级规模的区别：大式建筑可用于庑殿、歇山、硬山与悬山、攒尖顶等各种形式

的房屋，多带斗拱，可做成单檐和重檐，体量较大、三至九间，带前（后）廊或围廊；小式建筑只适用于硬山、悬山和攒尖顶，不带斗拱，只能做单檐，体量较小，三至五间，可带前（后）廊，但不带围廊。木构架大小的区别：大式建筑的木构架可从三檩多达十一檩；而小式建筑最多不超过七檩，一般为三至五檩。屋顶瓦作的区别：大式建筑屋面瓦为琉璃瓦或青筒瓦，屋脊为定型窑制构件；而小式建筑一般采用合瓦或干搓瓦，屋脊所用瓦件完全由现场材料进行加工。在现存古建筑中，依然可见上述建筑等级制度的影响。北京大量四合院民居均为正房三间，黑漆大门；正房五间，是贵族府第；正房七间则是王府。江南和西北各城市传统住宅多涂黑漆。在我国少数民族地区使用的干栏建筑也反映出当时的等级制度。如西双版纳信仰佛教，严守平民与头人的建筑等级次序。平民不能盖瓦房，大小不能超越上一级；中柱不能落地，柱脚不能用石基础，楼梯不能分段，屋架不能用架梁式，窗不准雕花，不准用床及座椅等。而头人的住宅则相反。

封建社会对住宅建筑等级的约束控制，主要是为了巩固政权、强化封建礼教和建立建筑秩序。建筑等级制度对我国古代建筑，包括住宅建筑的发展有很大影响。各级城市、衙署、寺庙、第宅建筑和建筑群组的层次分明、完美谐调，城市布局的合理分区，次序井然，形成中国古代建筑群落和城市的独特风格，建筑等级制度在其间起了很大作用。但另一方面，建筑等级制度也束缚了建筑的发展，成为新材料、新技术、新形式发展和推广的障碍。凡建筑上发明新的形制、技术、材料等，一旦为帝王宫室所采用，即著为禁令，成为禁脔。中国古代居住建筑，在漫长的封建社会里发展演进缓慢，建筑等级制度的约束是一个重要原因，各种具体的限制在一定程度上影响了住宅的发展。如明朝在第宅制度方面仍严加管制，"军民居止，更不许于宅前、后、左、右多占地构亭馆，开池塘，以资游眺"。洪武二十六

年制定，庶民庐舍"不过三间五架，不许用斗拱饰彩色"。这些禁令对第宅、园林建筑的发展有巨大的阻碍作用。

二、住房问题的解决思路：限制和鼓励

首先，对住宅和住房问题要有正确的认识。住宅一般指上有屋顶、周围有墙，能防风避雨，御寒保温，供人们在其中生活起居、学习、娱乐和储藏物资，并具有固定基础，层高在人的合理高度以上的永久性场所。这是最基本、最简单的定义，并不全面。在最初的原始状态，住宅是半穴居的简易形式。随着技术和文明的持续进步，住宅逐步有了完善的功能和各种形态，成为一件产品、一件商品、一座建筑，成为个人、家庭和城市的财富，成为文化的组成部分。根据建筑形态，可划分为高层住宅、多层住宅、低层联排和独立住宅以及合院住宅等。根据建筑面积规模，可分为大住宅、中住宅、小住宅。根据住宅的建筑质量，可以划分为质量良好、质量一般和质量较差的危陋房等。随着社会经济的发展，住宅具有了不同的属性。住宅既是人类生存的必需之物，也是必要的生产资料；它是商品，具有使用价值和价格，可以买卖交换；它又具有不可移动的特点，是不动产，可以抵押、作价出资入股等。由于区位的唯一性，在一定范围内数量一定时，稀缺性使其具有投资和保值增值功能。根据所处区位不同，分为市中心房、市区房、郊区房、农村住房。考虑经济地理属性，又有学区房、富人区房、穷人

北京城

区房等。根据住宅政策，又分为保障房和商品房，保障房中包括廉租房、公租房、经济适用房、限价商品房等。住宅的多样性也就产生了差别。同时，因为与主人的密切关系，住宅是户主社会地位的象征，住宅的差别就具有阶级性。

住房问题分为三个层次，狭义的是指住宅本身的建筑、设备、装修的质量等存在的问题。一般层面上是指国民的居住水平和住房困难程度，主要指住宅的数量，即住宅的供需关系问题。这是当今世界住房问题的核心内容。广义层面的住房问题已经不单单是住房本身的问题，住宅成为社会问题、文化问题和意识形态问题。历史上，中国人的个人和家庭生活与住宅关系密切，逢年过节、婚丧嫁娶、访亲探友等仪式活动都在住宅中进行，因此住宅具有多种文化意义，也广泛地出现在文学作品中。金榜题名，蓬荜生辉；株连九族，满门抄斩；失宠贬黜，蛰居陋室。近代中国，风雨漂泊，民不聊生。社会动荡与传统大家庭的分崩离析交织在一起，这一幕日夜在古宅中上演。住宅与中国人的感情太密切，情节太深。今天，天房价、地王、豪宅、蜗居、开奔驰车住经适房、房叔、房婶等，成为媒体上的热点词汇，刺激着国人的神经。这反映了当下许多真实的、深层次的问题和矛盾，以及国人内心深处对住房的模糊认识和潜意识，还有对贫富差距、社会公平的复杂感受。

回顾我国住宅发展的历史，住房问题早已有之。住房质量问题，虽然二千多年来，我国形成了传统合院住宅模式，有成熟完善的制式和建造方法，质量上乘，但大部分普通民众住宅质量不高。由于严格的建筑等级制度的限制，住宅建筑演进缓慢。近代以来，房地产业出现，现代技术从西方逐步引进。改革开放后，我国住宅建造技术和质量有很大的提高，但目前住宅质量问题仍是普遍的问题。要取消物美价廉的观念，树立一分价钱一分货的思想，利用市场的力量来提升住宅的质量，真正实现百年住宅的目标。在我国古代社会，封建统治者们的宫殿第宅苑园辉煌壮丽，奢侈无比，广大劳动人民的居住情况普遍恶劣，有的居无住处。中国古代社会的建筑等级制度，按房屋所有者的社会地位规定住宅建筑的规模和形制，实际目的是为了政权和封建礼制的巩固；实施严格的里坊制度，实际是为控制管理城市中的民众。我们可以看到，封建社会严格的住宅等级制度，在避免贫富差距过大方面没有起到任何作用。我国的第宅是与田地联系在一起的，每当封建地主过度扩张发展，田地兼并过于集中，使大多数农民无地可依靠的时候，就会导致农民揭竿起义，社会剧烈动荡。历史上，唐朝地主庄园规模宏大，中唐以后，均田制被破坏，兼并日甚，大地主庄园日多，"富者兼地数万亩，贫者无容足之居"。安史之乱后，大臣将帅在京师竞造第宅，当时号称"木妖"。他们的生活享受大抵是"累累六七堂，栋宇相接连"。但是在第宅的外面，则是"朱门酒肉臭，路有冻死骨"。南宋时农民草屋一间约费钱三贯，而官僚史道志在苏州营建豪华的第宅竟费钱一百五十万贯。明代中叶以后，商品经济发展，有了资本主义生产关系的萌芽，土地兼并剧烈，帝王、宦官、地主大量占有田地。到明晚期有奴隶的家庭很多，常至千余人乃至数千人，三、四同居共财。他们的住宅规模之大，可以得见。南方大家庭很多，一个大家庭可以大到数村数县，此风到清朝更甚。清朝，因为经济繁荣土地兼并日甚，所以民间大第宅很多。如《啸亭续录》载："乾隆时，京师米贾祝氏，自明代起家，富逾王侯，屋宇至千余间，园亭瑰丽，游十日未竟其居。"在居住方面巨大的悬殊实际是封建剥削制度造成的。建筑等级制度并不能解决民众的住房问题。对住宅建筑等级和里坊的管控只是实施统治的手段。北宋经济繁荣，商品发达，资本主义萌芽出现，店面侵街现象普遍，对严格的里坊制度提出挑战，并最终获胜。由于经济发展，生活水平普遍提高，住房问题的严重程度有所缓解，但贫富差距依然存在。严格的建筑等级制度强化了封建礼教，封建礼教限制了人们的思想，住宅建筑等级制度被认为是天经地义的。

中华人民共和国成立后，实施社会主义公有制和计划经济，住房由国家统一投资建设，实施福利分配制度。通过实施社会主义改造，走入人人平等、共同富裕的道路，绝大部分存量住房成为公产房，重新分配使用。在"先生产、后生活"的指导思想和长期低标准住房政策的指导下，新建住房建筑质量低下，使用功能和建筑造型简陋。为了解决住房短缺问题，采取定额指标、严格控制住宅人均居住建筑面积等措施，以及使用建筑标准图的设计方法，但都没有解决住房问题。经过 30 年的艰难曲折，到改革开放前，我国城镇居民人居居住面积只有 3.6 平方米，比中国人民共和国成立前夕的人居 4.5 平方米还要少。事实证明，完全由政府负担的福利分房制度是不可行的，包括所谓严格平均主义的福利分房制度。用人治代替法制，在实际操作中很难保证公平公正，带来许多社会问题。改革开放后，明确了住房制度改革市场化的正确方向，抓住了问题的症结。经过十多年的稳步推进，通过提高公房租金、鼓励个人购买公房、建立住房公积金制度、实施货币化分房、推出按揭业务、鼓励购买商品房等配套措施，实现了从计划经济福利分配住房制度向市场化商品住房的过渡，从根本上解决了我国住房短缺的千年难题。在这一时期，中央和地方政府一边推进住房改革，一边加大住宅建设力度，通过经济适用房、安居工程住房及棚户区、危陋房改造，发挥国家、单位、个人三方面力量，解决无房户和住房困难家庭住房问题。回望历史，特别是从过去 70 年的改革历程中，我们看到，由于不同的时代和问题所在，解决住房问题的应对措施有所不同，但不外乎堵与疏两种类型。从效果看，对住宅的各种严格限制是无法解决住房问题的，而正确的引导举措可以激发民众的积极性和创造性，是解决住房问题的方向。

20 世纪 90 年代起，房地产进入快速发展期，起步猛，波动大，国家对房地产进行了数轮调控，采取了许多与住房有关的限制手段，但效果都不理想，形成了越调控房价越涨的恶性循环。从 1993 年起，房地产过热，开发企业成倍增长，投资数额过大，影响到整体的经济形势，政府通过控制土地和信贷两个闸门进行调控，方向正确，但两个闸门都没有控制住。进入新世纪，房价飞涨，政府再次出手，先后出台调整土地供应、调节市场、信贷结构和开征交易税费等措施。2008 年，国际金融危机爆发，为保经济增长、避免房地产市场下滑，政策开始转向刺激住房消费，推出信贷支持、增加保障房供应和税收减免政策。2010 年，房地产市场强势复苏，为平衡"保增长"和"遏制房价上涨"，在土地供应、市场结构、税收和信贷调控基础上，中央政府全面祭出限购措施。2014 年，中国经济进入新常态，在稳增长和去库存目标下，出台四轮刺激政策，主要是放松限购限贷，加强信贷支持和税收减免。2016 年开始，去库存导致房地产过热，热点城市房价暴涨，政策转向"防风险"，政策长短结合，短期依靠限购限贷，长期开始寻求建立长效机制。近来，政府再次采取限购政策，对当地人的第二套住房采取提高首付比例、减少贷款利率优惠，对外地人延长缴纳社保年限的要求等具体措施。目前，住房问题既是经济问题，也是社会问题和政治问题。住房问题成为我国当前深化社会经济和政治体制改革面临的一个火山口。形成这些问题和矛盾涉及的原因非常多，包括收入差距过大、居民缺少投资渠道、过多的人口涌入大城市等，以及受传统住房观念的影响。但总体看，是住房制度改革停滞、《住房法》难产和房地产盲目发展造成的。有病乱投医，急于猛药去病，政府采取了大量的限制措施，但问题的症结也许并不在此。

许多涉及土地供给、信贷供应的调控政策没有落实到位，倒是毫无关系的两个政策，即禁止别墅用地和容积率小于 1.0 的土地供应和建设、采取"90/70"户型限制措施执行得非常严格。为控制房价上涨，2003 年国土资源部第一次叫停别墅用地，停止别墅类用地供应和停止申请报批别墅用地，严格控制高档商品住宅用地。2006 年国土资源部要求一律停止别墅类房产项目供地和办理相关用地手续，并对现有别墅进行全面清理。住建部规定新建商品房，包括经济适用房，90 平方米以下户型占比不得低于 70%。2012 年国土资源部和发改委联合印发限制用地项目目录，别墅类房地产项目首次列入最新颁布实施的限制、禁止用地项目目录，住宅项目容积率不得低于 1.0。国家严格控制别墅用地的理由是节约土地，实际上当时全国出现了别墅开发失控的情况，用比一般水平住宅还低的土地价格，建设了低密度的别墅区，是不合理的，理应控制。但从另一方面讲，这种禁止的做法过于简单，忽视了住房的多样性和城市文化的丰富性，违背了市场经济规律。社会主义市场经济就是要市场发挥资源配置中的主导作用。高档住宅的出现就是市场需求，市场起主导作用。要建立正确的住房观念，除基本的生活使用功能外，住房也是一种消费和投资，也是文化。与高档汽车、手表、珠宝、时装等一样，并不会因为是住房而产生罪恶感。所以，在合适的场地，如郊区、海边度假区、风景区外围等，可建设多种多样的高档住宅，既满足居民、外来投资者多样的住房消费需求，拉动内需市场，也形成城市建筑文化的多样性，避免出现住房都是单元房单调乏味的情况。同时，高品质的住房和社区也是城市吸引人才和投资的竞争力。当然，高档住房可能消耗更多的资源，这可以通过特定的税费来调节平衡，如对别墅、大面积的花园洋房、高档公寓等设定比较高的土地价格，征收较高的房产税等形式，既满足了市场需求，又讲究了市场公平公正，也为政府公租房和公共住房建设筹集了资金，何乐而不为。俗话说：不患富而患不公。这句话由"不患寡而患不均"演绎而来，出自《论语》季氏第十六篇："丘也闻有国有家者，不患寡而患不均，不患贫而患不安。盖均无贫，和无寡……"不患寡而患不均的意思是不担心分得少，而是担心分配得不均匀。现在提倡不患富而患不公，两字之改却是一个了不起的进步。

均匀，相当于大锅饭，人人有份。公平，公道，有能力者得之，杰出者多得，比如奥运比赛，金牌只有一枚，在公平竞赛的前提下，胜出的选手获得金牌，其他选手自然心服口服，毫无怨言。一个公字，是当今社会稳定和谐的关键。控制房价和房地产市场，要采取相应的措施，而不是取消别墅用地类型和限制住房户型面积标准。"90/70"限制标准于 2014 年已经取消。

今天，解决住房问题的关键是建立现代住房制度，加快出台《住房法》，使我国住房事业走上正确的轨道。当前需主要解决的问题是供需关系问题，具体说是有效供需关系问题。除去我们讨论的美国、日本、新加坡等国之外，对于现代住房制度世界各国有不同的路径。英国是世界上最早建立现代市场经济制度的国家。1979 年保守党上台后，充分重视市场机制配置资源的主导作用，对公共出租住宅按住户的承受力，采取不同的价格政策出售给原承租住户，把提高住宅自有率作为主要的住宅政策目标。目前，英国居民中有近 70% 的居民拥有自有住房产权，另外 30% 的居民为租赁住房；其中，20% 的居民从当地政府租赁公有住房、10% 的居民租住私人房屋。这种住房消费格局，是长期以来英国住房政策特别是公有住房政策实施的结果。德国及其他欧洲福利主义国家实行的是市场社会保障性住房制度，其特点是以市场配置住房资源为主体，实施比较广泛的社会保障。德国人普遍成立住房合作社，买房必须先储蓄后贷款。居民住房以城市集合住宅和租赁住房为主，自主拥有住房比例比较低。政府有比较完善的住房制度，建设和运营大量供出租的公共住房。出租公共住房占房地产主导地位，保障了居住需求和质量，也保证了房地产市场的稳定。从欧美国家不同的住房制度中可以发现，关键是对市场有效需求的保证，满足有效供给。对规划住宅套数的预测是欧洲许多国家空间规划中的主要内容。今天，限制高档住宅建设对于他们来说毫无意义。目前，我国真正应该管控约束的是两个方面：住宅新开发套数，以及保障性住房套数。建立以套数指标和供需关系作为规划控制的唯一指标。除去对小康公众住房有相应的限制外，取消对住宅建设的各种限制，包括讨论中的《房地产税》对大屋、多套住房的歧视政策。虽然我们已经实施了社会主义市场经济体制，但计划经济的烙印根深蒂固，我们城市规划目前对住宅开发项目的约束还是计划经济时期的日照间距、配套指标等，对封闭小区的开放也没有强制性规定。因此，要转变观念，配合现代住房制度的完善，制定相关政策，逐步放开对完全市场化的高档商品房在用地供应、容积率、户型面积、价格等方面的限制，鼓励改善型住房建设，培育住房新的消费热点，放开高档商品住房类型的限制，引领住房质量和水平升级，鼓励合理的住房投资和出租，为房地产实施供给侧结构性改革提供支持。

国内住房问题还未明了，伴随全球化浪潮，国人到美国等国家跨国置业成为一个潮流。据澳大利亚境外投资审议委员会公布，2014 年，中国人在澳大利亚购置房地产投资近 95 亿美元，在所有外国人中领先。据美国全美房地产经纪人协会（National Association of Realtors）的一份报告称，目前中国人是美国房地产遥遥领先的最大外国买家，无论以数量、美元销售额还是交易价格衡量都是如此。截至 2015 年 3 月底的 12 个月里，中国买家在美国共支出 286 亿美元购买房地产，同比增加了 30%，而且中国购房者平均为每套住房支出 83.18 万美元，超过美国购房者的三倍还多，美国全国平均房产交易价为 25.56 万美元。为什么中国人这么热衷到美国买房子？在他们给出的原因中，除了因为美国有良好的教育体系、一流的生活质量、强大的法治和产权制度从而使得住房是极好的保值工具之外，几乎所有的人都提到的一个事实是，美国独栋住房的面积很大，还带车库、院子甚至游泳池，加上环境好，和中国同类房子的价格相比太物有所值了。有些国家为了发展经济，鼓励外国人购房移民。

有些国家害怕中国人购房太多，影响当地市场，呼吁采用限制措施。要把这些人和资金留在国内，办法很简单，堵或者疏，堵不如疏，归根结底，要有好的住房和社区。

三、纯粹的新型居住社区规划设计

多少年来，国家的房地产和住房政策给居住区规划和住宅设计赋予了太多额外的内容，居住社区规划设计有了太多政策和计划经济的味道，而自身的本职工作却没有做好。所谓经营城市和城市规划就是生产力的理念使城市规划，特别是居住区规划成为平衡土地整理拆迁成本和增加土地出让收入的简单工具。"90/70"政策和不容许容积率小于 1.0 的土地使用政策使得规划设计更加单一沉闷。政策可以随时变，但建筑是百年大计。住宅建筑和社区规划本身不应该是政策调控的工具，包括海绵城市、装配式、充电桩等行政要求。未来，要取消对住宅的各种不必要的限制和社会约束，将新型居住社区规划设计回归到纯粹的技术工作，不再背负许多不相关的负担，规划师、建筑师可以集中精力，发挥专业特长，精益求精，搞好新型居住社区的规划设计创作。

首先，组织广大规划师、建筑师开展面向我国大部分中等收入家庭改善型住宅设计和社区规划设计的研究。在滨海新区和谐社区规划设计方案模式的基础上，进一步增加住宅建筑的类型，增加传统文化符号，丰富城市街道、广场空间，提高街坊中心的用地规模、建筑规模和设计水平。鼓励地方政府开展高标准小康公众住宅新型居住社区规划设计建设试点，通过实践，进一步积累经验。目前，我国住宅和社区规划建设总体上已经从过去住房短缺时代过渡到提高居住品质的时代，在政府、开发商、设计师和居民等方面已经开始改变传统的住宅设计、装修等方法，有许多好的尝试和成功的经验。开发商不断提高规划设计和居住建筑设计建设水平，对行业技术进步起到巨大

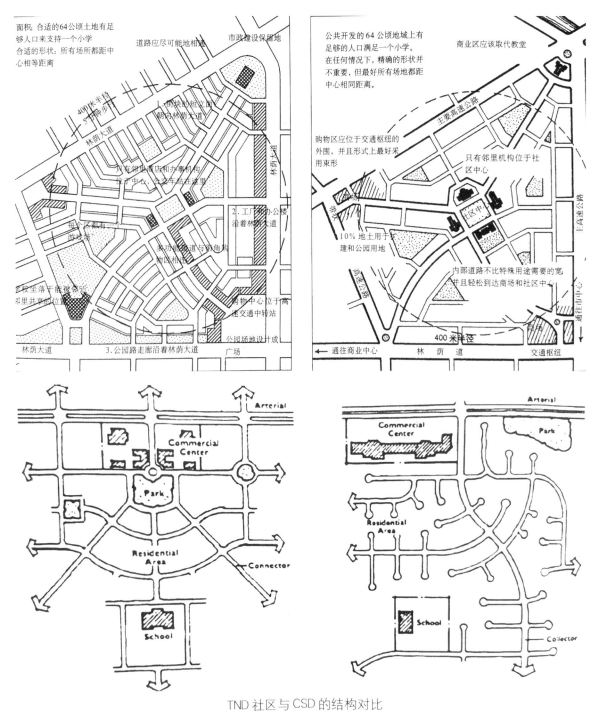

面积: 合适的64公顷土地有足够人口来支持一个小学
合适的形状: 所有场所都距中心相等距离

道路应尽可能地相通   市政建设保留地

400米半径
5分钟步行

林荫大道

林荫道

1.街块的短边立面朝向林荫大道

只有邻里商店和办事机构位于中心; 公交车站在这里

每个小区都有游戏场

多功能街道与街角购物区相连

学校坐落于能被邻近邻里共享的位置

购物中心位于高速交通中转站

2. 工厂和办公楼沿着林荫大道

3. 公园路走廊沿着林荫大道

公园场地设计成广场

林荫大道

公共开发的64公顷地域上有足够的人口满足一个小学。
在任何情况下, 精确的形状并不重要, 但最好所有场地都距中心相同距离。

商业区应该取代教堂

主要高速公路

购物区应位于交通枢纽的外围, 并且形式上最好采用束形

只有邻里机构位于社区中心

社区中心

10% 地土用于建和公园用地

内部道路不比特殊用途需要的宽, 并且轻松到达商场和社区中心

← 通往商业中心   林荫道   交通枢纽

400米半径

TND 社区与CSD 的结构对比

新都市主义规划结构图

美国海湾社区项目实景图一

美国海湾社区项目实景图二

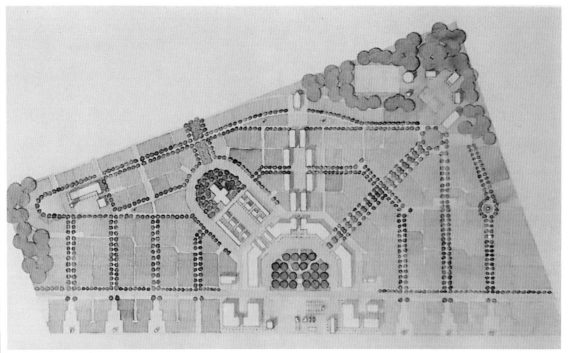

美国海湾社区平面分析图

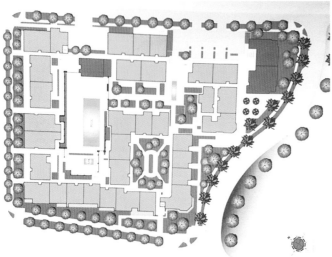

美国花园公寓社区

温哥华市中心高层住宅

的推动作用。万科等开发商也在探讨提高面向大众的普通商品房的规划设计水平，如天津水晶城、深圳万科城市花园等。政府在保障房建设上也在不断进步，如滨海新区面向中等收入家庭的第一个全装修式定单式限价商品房佳宁苑等。提高小康公众住宅建筑和新型社区的规划设计水平，通过价格适宜的小康公众住宅的住房供应，可以满足大量的改善型住房需求，起到调控房价和房地产市场的作用。住宅以多层为主，轨道上盖可以布置一些小高层，可以尝试一些联排住宅形式。优化公共交通网络，解决好停车问题。目前，我国是世界私人小汽车第一产销大国，政策要匹配。要在城市设计的基础上，做好生态社区和智慧社区的规划设计工作，要在社区文化和场所精神塑造上下功夫。

第二，鼓励百年住宅先行者，引领潮流和时尚。邓小平同志说，让一部分人先富起来。要实现百年住宅理想，需要少数人的带头作用。脚踏实地，生活比空想好。比尔·盖茨耗费7年时间和6300万美元，在位于美国西雅图的华盛顿湖畔建造了自己的豪宅"世外桃源2.0"。这栋湖滨别墅占地6.6万平方英尺（6131.6平方米），前临水、后倚山、林木葱郁、气象万千，距市区车程25分钟。建筑物地上四层，外观呈现"西北太平洋沿岸别墅"风格。"世外桃源2.0"完全与周边环境融为一体，是绿色生态建筑的典范。建筑使用智能照明和温控系统等智能技术。来访的客人会拿到一个智能设备，可以根据自己的喜好来设置光线和室内温度。无论你走到哪个房间，音乐都会跟随着你。房屋的温控系统非常节能。大楼里有一个60英尺（18.29米）深的超大游泳池，游泳池和外面的阳台是连通的。游泳的更衣室里有四个淋浴间和两个浴室。别墅后面是占地2500平方英尺（232.26平方米）的运动场，包括了桑拿房、蒸汽房和单独的男、女更衣室，还有一个20英尺（6.10米）高的蹦床室。比尔·盖茨家还有一个超级宴会厅，共占地2300平方英尺（213.68

平方米），可以承办多达150人的晚宴或者200人的酒会。一个6英尺（1.83米）宽的壁炉占据了一整面墙，对面墙上是一个22英尺（6.71米）宽的屏幕。"世外桃源2.0"里有数不清的房间，光浴室就有24间，其中10间是有浴缸的。由于别墅太大，因此总共设置了6间厨房。这些厨房可以烹饪不同的菜式，分布在别墅的不同地方。比尔·盖茨最自豪的还是他的超级私人图书馆，这是一座圆顶建筑，屋顶中间有一个接收自然光的天窗，室内光线随着外界阴晴调整。馆中珍藏着达·芬奇的《莱切斯特手稿》、拿破仑写给约瑟芬的情书、希区考克电影《惊魂记》的剧本手稿等。其中，达·芬奇手稿的价值就超过3000万美元。抬头往天花板看，可以看到一句来自《了不起的盖茨比》里的话："当一个人奋斗了很久，看到梦想如此之近，他是不会轻易放弃的。"一个可以容纳20人的超豪华家庭影院采用了装饰艺术风格，配备了舒适的扶手椅、沙发和爆米花机。占地1900平方英尺（176.52平方米）的客房采用的高科技与主屋相同，盖茨在这里写下了《未来之路》的大部分内容。为了方便客人停车，设置了多个车库，最大的一个车库可以容纳23辆车。智能种树系统，设置了24小时计算机监控，可以自动浇灌。别墅旁边还有一条人工溪流，溪流里放养了鲑鱼和鳟鱼。湖滨沙滩的沙每年从外地用驳船运来。盖茨于1988年以200万美元的价格买下了该地产权。2014年，其产权价值达1.2亿美元。他每年需要为此支付大约100万美元的房地产税。目前，有一个现象说明一些问题，城市中的别墅区违法建设比一般的居住区更多，占据绿地、侵占岸线等。除违法业主法律意识淡薄外，也说明居民建设自己家园的愿望和冲动没有渠道释放，我们没有这样的机制满足这种需求。虽然《土地管理法》中允许自然人参与土地招拍挂，但实际操作中鲜有发生。土地部门不会去做小块的土地供应，政府规划部门现在的管理体制、人员编制也应付不了众多独立住宅项目的审批。只能由开发商大规模成片开发，造成住宅建筑缺乏个性。借鉴发达国家经验，落实供给侧结构性改革要求，通过移动互联网、大数据等技术，积极尝试住宅定制式开发建设，是一个可行的途径，满足市场需求，创造新的经济增长点。城市规划和土地管理部门要主动推动。定制式住宅会有更多建筑师的参与设计，能够保证住宅的多样性和建筑质量和艺术水平的提升。

第三，除去新建的居住社区外，旧区整治和更新改造是新型居住社区规划设计的又一个重点领域。我国目前已经有了数百亿平方米的存量住宅和社区，居住着数亿人口，他们的居住质量和环境质量体现着中国人的居住品质。要把这部分内容作为新型社区规划设计的另一个重点，不仅对居住建筑外观进行整修，也开始对社区环境、建筑公共部位、设施进行改造提升。历史街区保护中，可以鼓励居民对自有住房在不改变外观的前提下，对室内进行整修改造，改变居住习惯，改善居住质量，如北京四合院、上海里弄住宅等。城市大量居民未来住什么样的住房，包括现有住房提升改造的结果，是各类大的规划，从空间规划、城市总体规划到控制性详细规划都必须回答的问题。

通过以上的分析，我们可以进一步理清认识，明确新型居住社区规划设计努力的方向。住宅是人、家庭生活起居的场所，是文化符号，承载着许多的内涵，的确不只是居住的机器那样

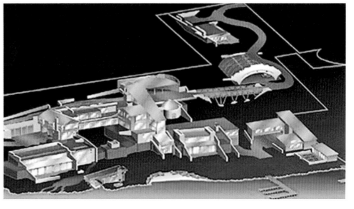

比尔·盖茨的"世外桃源 2.0"

简单。人聚集而居，住宅组合形成居住院落、街廊、街坊和社区，居住社区是人居环境的基本单元和本底，住宅社区规划设计是我们必须高度重视的课题，但我们的聚焦点就是具体的规划设计，不要把解决住房问题、房地产调控等混为一谈。如何进一步提高社区和住宅质量，规划设计可以发挥更大的作用。只有好的规划设计，与生活居住方式和生活质量相适应，才能形成高品质的城市和环境。在优美的环境中，才能促使人们思想进一步解放，科技人文进一步创新，城市进一步昌盛，广大人民群众诗意地、画意地栖居在大地上。我们可以唐代诗人刘禹锡所做《陋室铭》共勉："山不在高，有仙则名。水不在深，有龙则灵。斯是陋室，惟吾德馨。苔痕上阶绿，草色入帘青。谈笑有鸿儒，往来无白丁。可以调素琴，阅金经。无丝竹之乱耳，无案牍之劳形。南阳诸葛庐，西蜀子云亭。孔子云：何陋之有？"

第四节　新型社区规划设计与城市文化

新型居住社区的规划设计最终体现的成果是对城市空间、住宅建筑和配套公共建筑形体的规划设计，实际上更重要的是对街区、街坊、邻里文化的塑造。与其他规划师、规划理论家热衷于将雷德朋新城作为邻里单位规划理论的实例进行解读不同，路易斯·芒福德进行了更深入的思考，他认为，雷德朋新城作为城镇社区规划试验的探索，成功的要诀不是建筑，建筑是次要的，关键在于规划提供了一个文明核心，即使这核心仅体现为商铺、学校、公园，但它可以聚集人群。此外绿带、街道构成了共同的边界，居民有归属感，挽回了大都市无节制扩张而丧失的城镇形制及完整。"大力在邻里社区重搭戏台，让社会生活的精彩场面还能在这里上演。"当时，芒福德对城市系统的研究刚开始，但他已经敏锐地发现规划社区内在的文化意义。

对于美国新型居住社区的工作促使芒福德开始系统研究美国的城市文化，促使他写出了《城市文化》和《城市历史》两部巨著，也使他成为 20 世纪最伟大的城市历史和理论学大师。《城市文化》出版于 1934 年，《城市历史》出版于 1963 年。虽然相隔了 30 年，但令人惊奇的是《城市文化》的四个章节的内容几乎原封不动地纳入了《城市历史》一书中。芒福德解释说，这些内容我无法写得更好。《城市历史》是一部关于人类城市起源、演变和未来前景的鸿篇巨制，跨越了 5000 年的历史。该书 1972 年获得美国国家图书奖，奠定了芒福德在城市研究和美国文坛的地位。在本书的序言中，芒福德写道："我的研究范围尽可能限定在我直接考察过的城市和地区，限定在我长期钻研过的资料范围内，这样，本书论述的范围只能限于西方文明，

即使在西方文明范畴内，我也不得不舍弃大片有意义的地区，如西班牙、拉丁美洲、巴勒斯坦、东欧和苏联等。"芒福德阅读了大量的历史文献资料，但他对历史的描述并不局限在历史遗迹上，而把重点和笔墨更多地用在历史的人的身上，他们的文化和精神生活。与我们一般理解的村庄聚落起源的原因不同，芒福德解释说人最初形成聚落最主要的动力之一是人的精神需求。人类聚落的最初雏形期，其实往往不是源于居住而是源于祭祀活动，而这种活动地点作为一种"磁体"，就已经"能把一些非居住者吸引到此来进行情感交流和寻求精神刺激"。人类最初很重视对死者的祭奠和回忆，墓地常位于村落中心。因为祈求丰收或是有足够的猎物，定期会有朝拜集会，而后转变为对天神自然力等的崇拜，对神灵崇拜和祭祀仪式通常在大房子进行，聚落就是人们心目中的宇宙。芒福德相信人类与其他动物之不同，最初源于语言（符号）而不是工具（技术）的运用。他证明了早期原始社会的人们就已经自然地共享信息和思想了，并且随着其日益成熟和复杂而明显地成为社会的基础。由于农业革命，人类开始定居下来，于是村庄成了庇护、养育人类的场所。这是城市形成的胚子，其中已经包含了日后为城市所吸纳的圣祠、管道、粮仓等功能。当凶猛强悍的狩猎民族对坚忍的农耕民族实施统治的时候，统治权逐渐与神权相结合，使国王拥有了空前的力量，从而可以役使他的农民为他建造一系列的高大构筑物（类似金字塔之类），并且分化出一批司精神之职的赞颂国家的阶层（如占卜等），于是城市就此诞生。城市最初首先是作为一个磁体而不是一个居住的容器存在。村落的存在基础是食物和性，而城市则应该是能够"追求一种比生存

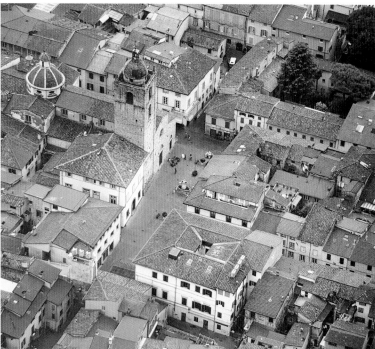

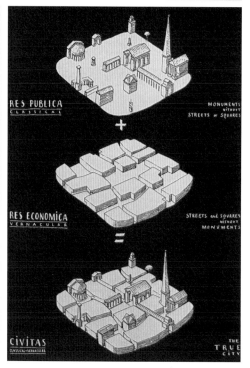

社区中心

更高的目的"。芒福德从研究村落形成的历史中指出邻里关系的重要性。早在城市出现前,村庄生活方式中就有了毗邻而居的邻人。左邻右舍,招之即来,共同分担生活的危机,为将死者送终,为死去者同掬同情之泪,又彼此为婚嫁喜事、小孩出生同欢共庆。一家有难,四邻支援,而亲戚却"磨磨蹭蹭,迟迟不来",这是公元前8世纪希腊诗人赫西奥德提醒人们的。与一般人对中世纪教会黑暗统治的看法不同,芒福德认为中世纪的城市是一个人性得到弘扬的时代,他常用11世纪的威尼斯作为中世纪城市的代表。古罗马帝国发展到最后使罗马等大都市成为死亡之城。从公元5世纪开始,欧洲进入500年漫长的恢复期。基督教开始盛行,这种新的宗教文化否定财产、威望和权力,把清贫当作一种生活方式,消减肉体生存所需的全部物质条件,把劳作当成一种道德责任,使之高尚化。修道院成为理想的天堂城市的城堡。随着经济的缓慢恢复,人口和财富增加,行业公会的作用增强,城镇开始发展。这时候,教会统治遍布整个欧洲。旅途中的人们从地平线上看到的第一个目标就是教堂的塔尖。城镇中心都是以大教堂为中心,周边有小教堂、修道院、医院、养老院、济贫院、学校,以及行业公会使用的市政厅等,后来到12世纪出现了大学。礼拜、朝圣、盛装游行、露天表演等仪式成为城市中定期进行的活动。中世纪城镇的美通过各种活动展示出来。中世纪大众的住房仍然比较简陋,但人们更便于接近农田和自然环境,习惯户外活动,城镇有很多空地供人们进行各种游戏活动。城镇尺度宜人,众多的小教堂成为社区中心,成为人们精神和交往的场所。芒福德专门用了一个章节来论述中世纪的城市核心和邻里,表达他的赞赏。他认为中世纪的城镇邻里比巴洛克、文艺复兴时期君权主义和工业革命后大工业发展时期的城市都更有人情味,更具有文化内涵。

工业革命后,为解决严重的城市问题,现代城市规划诞生。

以工业化为标准的现代主义城市规划和建筑思想体系,认为科学技术可以解决一切问题。柯布西耶是这一理念的积极推动者,他提出"住宅是居住的机器"的口号,认为住宅可以像福特汽车一样大规模生产,以解决大众的住房问题。历史证明,住宅不是机器,有人的精神需求和文化内涵。简·雅各布斯于1961年出版的《美国大城市的死与生》一书,对美国20世纪50年代大规模旧城更新提出强烈批评。她认为这些大规模改造非但没有改善城市的功能环境,反而对城市肌理、传统文化造成巨大的破坏,造成美国大城市的死亡。她以自己在纽约格林威治几十年的生活经历,提出了好的城市的标准。城市居民既需要基本的隐私权,同时又希望与周围的人有不同程度的接触,感受他们的生活乐趣,甚至得到他人的帮助。一个好社区就是要在"隐私权"与"彼此接触"之间取得惊人的平衡,这就需要社区多元化。为此,好社区应具有以下四个条件:一是应能具备多种主要功能;二是大多数街区应短小而便于向四处通行;三是住房应是不同年代和状况的建筑的混合;四是人口应比较稠密。简·雅各布斯的思想引起人们的共鸣,她成为反对现代主义城市规划的旗帜。芒福德对于简·雅各布斯的主要观点实际上是赞成的,他像简·雅各布斯一样,站出来反对摩西对纽约的大规模改造。但他还是发表文章批评简·雅各布斯,认为她的观点不够全面,没有抓住要点。简·雅各布斯1916年生于美国宾夕法尼亚州一个小镇斯克兰顿,22岁移居纽约。简·雅各布斯以老纽约自居,对于芒福德这个出生于1895年、土生土长的纽约客可能感到一丝不悦。特别是他从青少年开始就考察和游历纽约城,对城市历史、理论有系统的研究,对纽约他应该最有发言权。

实际上,从20世纪20年代芒福德和纽约区域规划协会推动的美国的花园城镇从一兴起就是一项蓬勃的大众行动,它针对西方世界一味追求增长的错误意识形态。芒福德希望这场运动能为新型城乡发展打开新路，实现有节制的增长和生态平衡。因此，芒福德主张的改进不仅针对生活环境，更涉及生活习惯的改造。他说，若无价值观的全面调整更新，这种城镇社区，在追求利润和物质扩张的双重压力下的文化环境中，即使规划良好也难以存活。所以城镇规划师最需要诗人来援助。美国均一化的大都市文化浪潮吞没了美国丰富多彩的地方文化特色，像个滚烫的大熨斗一样烙平了各地的差异，断送了各地富有特色的地方文化。芒福德将区域主义作为这场运动的文化目标。他希望制定区域性社会综合规划，保存地方文献、文学、语言、生活方式，本地共享的生活经验和文化遗产，这比任何社会制度和意识形态都更能团结民众。他强调城市规划的主导思想应重视各种人文因素。

简·雅各布斯宣言般地提出了城市的本质在于其多样性，城市的活力来源于多样性，城市规划的目的在于催生和协调多种功用来满足不同人的多样而复杂的需求。她认为霍华德的"田园城市"理论、柯布西耶的"光明城市"理论都是基于一些指导性的规划，用一个假想的乌托邦模式，来实现一个整齐划一、非人性、标准化、分工明确、功能单一的所谓理想城市。凡是与这一乌托邦模式相违背的城市功能和现象，都被作为整治和清理的对象。而雅各布斯则指出，正是那些远离真实生活的正统的城市规划理论，和乌托邦的城市模式、机械的和单一功能导向的城市改造工程，毁掉了城市的多样性，扼杀了城市商业活力。要挽救大城市活力，必须体验真实的城市人的生活，必须理解城市中复杂多样的过程和联系，谨慎而精心地，而非粗鲁而简单地进行城市的改造和建设。确切地说，简·雅各布斯所激烈抨击的是西方世界自文艺复兴以来一直延续下来的，特别是工业化以来一直推行的大规模城市改造和重建方式。这一观点与芒福德惊人得一致，殊途同归。

在城市规划领域，以"明日城市"为题的书有三本最著名，

霍华德的《明日的田园城市》，勒·柯布西耶的《明日之城市》和彼得·霍尔的《明日之城》。前两本都以城市理想住宅和社区为主要对象，是对未来的期许，是理想住宅和社区的具体规划设计，影响了世界各国的城市规划建设和住宅社区建设。彼得·霍尔的著作虽然以明日之城市为题目，但实际上是一本历史书，对现代城市规划从产生到今日的历史演变过程和重大事件、著名人物等都进行了详细的记述，并对当时产生的历史原因和最后的结果进行了分析。虽然著作内容十分丰富，涉及城市规划建设的众多方面，但彼得·霍尔的着力点还是对霍华德、勒·柯布西耶等先人对明日城市设想实施结果的分析。彼得·霍尔写道：霍华德花园城市的理论产生于英国，但却在美国真正地开花结果；勒·柯布西耶等人为代表的现代建筑运动和现代城市规划的理想产生于欧洲，在美国得到很好的发展，但受影响最大的还是欧洲。事实上，受现代建筑运动和现代城市规划的理想影响最大的是中国。现代建筑运动和现代城市规划在我国大行其道，割断了中华民族五千年城市规划和民居发展演变的历史脉络，抹杀了各个地方的文化特色。

我们倡导的新型居住社区规划就是突出城市文化的规划模式。要吸收世界先进的文化，传乘历史传统，发扬地方文化。做到这一点需要转变观念，树立三个意识。首先要认识住宅、社区公共建筑和空间场所的意义。住宅是安身立命之所，是人、家庭生活、社会交往的场所。正如赖特所说："建筑就是美国人民的生活。"住宅建筑不仅是功能建筑，也是居住文化的载体，是文明的生活方式。不能片面地用节约用地、节约建筑面积、控制建设标准、造价等作为居住建筑设计的主导思想。特别要创造半私密空间和公共交往空间，处理好邻居关系，鼓励邻里交往，远亲不如近邻。社区中心、街坊中心的公共建筑，及其围合的广场街道空间，除去使用功能外，都有精神和文化的含义。目前的社区公共建筑普遍比较简陋，必须改变这一习惯做

社区中心

住宅多样性

法，把社区公共建筑设计成为具有较高建筑水准的建筑，成为社区中心的文化标志。不仅立面造型，而且内部使用功能和空间的变化都要有一定的水平。芒福德曾感叹，在经济不十分发达的中世纪城市中，社区投入大量资金用于教堂、修道院、学校、医院等公共设施的建设。今天经济空前发展，而我们的社区却没有资金建设一些社区的公共建筑，不是真正缺少这些资金，只是重视不够，资金没有用于这个方面。规划设计和政府管理部门要对社区中心建筑标准提出明确的要求。围绕社区中心公共建筑，布置广场，花园绿地，商业和教育、文化、体育医疗、养老等设施，营造宜于步行的街道网络和城市生活空间。一个人每天步行 30 分钟、1.5 千米左右对身体有益。

其次，要强调多样性。居住社区的多样性可以分成二个层面。一是不同地域的多样性，我国 31 个省市自治区、56 个民族，在漫长的发展过程中形成了适合当地自然、环境和历史文化的民居建筑和聚落形态，要发扬光大，使具有地方特色的居住社区为改变千城一面做出重要贡献。二是一个城市内部居住社区的多样性。城市的不同区位、不同地形、不同的建筑类型，以及不同的规划设计可以使同一城市中的社区具有多样性、可识别性。三是细致的多样性。同一类型的社区、邻近的社区具有许多共同点，住宅的体量和街道的尺度基本相同，住宅作为城市的背景建筑也不能有过于夸张的造型，要有多样性，需要在住宅建筑细部上做文章，在提高建筑品质上下功夫，特别是在社区中心的空间规划、建筑设计，包括景观设计中求变化。居住社区进行小尺度的开发和多个设计师进行设计都是增加多样性的办法。

第三是要重点处理好现代与传统、西方与东方的关系问题，这是我国已经面对的百余年的问题，在住宅建筑和居住社区上更难处理。历史上，有很多的优良传统和珍贵遗产。在我国南方如苏杭等地多山石水面，所以第宅常附有花园，建制甚精，有的住宅则是住房与花园交织在一起，如苏州留园五峰仙馆。一般富有人家的第宅，院落重重，有大门、中门、正厅、几重正房、后房、左右厢房，以及尾房、杂房等，正厅、正房是主人生活、起居及宴会宾朋、婚丧嫁娶的主要场所，正厅、正房前的庭院有时也是户外举行礼仪的地方。中门限制内外，男仆无故不入中门，妇女无故不出中门。主人住在正房的最重要的房间，其余的次要房间则是子孙妇女等居住，正厅、正房多高大华美，其他房间依次递减，长幼尊卑的等级界限极严。更为富有的人家，常在房后、左右乃至前部设有花园，以后花园居多，园内有水、花、树、亭台、楼阁、廊榭，曲折幽深，犹若自然。花园也是主人起居、生活、娱乐、宴会的主要场所，所以建造也很精致。不过一般三合院、四合院的庭院也多布置些盆景鱼缸、花、树、石等物，显得庭院、天井非常幽雅可爱。至于大地主的庄园别墅，则是在山峦起伏、风景优美的地方，建一些亭、馆、书斋、楼堂、房舍，作为颐养游览的处所。唐代大画家、大诗人王维的辋川别墅位于西安蓝田县境终南山，王维中年以后，隐居辋川，过着亦官亦隐、笑傲林泉、宁静脱俗的山居生活。诗人十分喜爱辋川风景，每每流连，创作了一幅使人赏之祛病的《辋川图》。而且还与他的友人裴迪赋诗唱和，为辋川二十景各写了一首诗，共得四十篇，结成《辋川集》。王维的二十首诗大多数写得空灵隽永，成为传世佳作。其中《终南别业》的描写，颇能折射王维那种一心向佛、置身山水、逃离俗世、自得其乐的闲适情趣："中岁颇好道，晚家南山陲。兴来每独往，胜事空自知。行到水穷处，坐看云起时。偶然值林叟，谈笑无还期。"

工业革命后，西方科学技术的进步导致了经济的高速发展和人类生活水平的大幅度提升和生活方式的巨大改变。随着现代化的发展，我国东方传统文化延续受到威胁。所以在 19 世纪就出现了"中学为统，西学为用"的思想，在 20 世纪初现代建

纽约炮台公园公寓

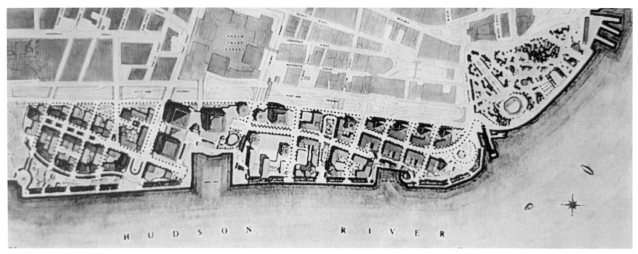

纽约炮台公园公寓平面图

天津五大院

筑设计中出现了大屋顶等中国传统造型，包括在住宅上，以及20世纪50年代"社会主义内容、民族形式"的探索。改革开放后，虽然没有再大张旗鼓，但还是做了许多工作，包括对各地民居的研究。20世纪80年代吴良镛先生在北京菊儿胡同改造中，采用类四合院平面和造型，对北京旧城的居住建筑如何延续历史文化进行了有益的探索。文化需要载体，传统的建筑、城市不仅是实体和空间，也是文化的载体，如同基因一样，是人类深层次的语言和文化遗传，不能断裂。当单纯以科学技术和经济作为标准时，传统文化就显得苍白无力。新型居住社区规划设计就是要把文化作为一个重要的标准，把中国人理想的合院住宅、园林庭院等文化载体保留下来、发扬下去。各地传统民居可以成为创作新的居住建筑的宝贵源泉，各地可以采用多种方式进行探索。要从实现中华民族伟大复兴中国梦和中国人居环境建设的高度看待住宅传统和文化多样性问题。在21世纪的今天，要找到居住社区的场所精神和相应的具有中国文化传统的建筑形式，这是一项艰巨的挑战，也是建筑师、规划师的用武之地。当然，这不仅是城市规划师、建筑师的事情，更需要全社会的关注和参与。

菊儿胡同建成时老照片

菊儿胡同现状

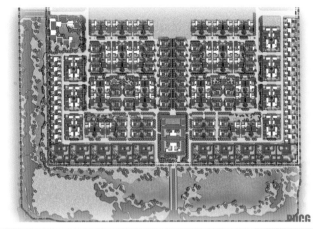

北京观唐别墅

后记
滨海新区新型社区规划建设的未来展望

总体来看，经过十年的努力奋斗，滨海新区城市规划建设取得了显著的成绩。但是，与国内外先进城市相比，滨海新区目前仍然处在发展的初期，未来的任务还很艰巨，还有许多课题需要解决，特别是居住社区规划建设管理的质量和房地产健康发展方面。"十三五"期间，在我国经济新常态情形下，要实现由速度向质量的转变，滨海新区的城市规划建设正处在关键时期。未来五到十年，新区核心区、海河两岸环境景观要得到根本转变，城市教育、医疗、体育、民政等社会功能进一步提升，以轨道交通为骨架的公共交通体系初步建成，绿化和生态环境质量和水平显著改善，新区将实现从大工地向宜居城区的转变。在这一过程中，随着国家新型城镇化和京津冀协同发展国家战略实施的深入，将有越来越多的项目、企业和人流向滨海新区聚集，需要为更多的外来人口提供高品质的住房和居住环境。而高品质的小康住房、合理的价格、优美的环境、完善的配套、和谐的社区也将成为新区的核心竞争力。要达成这样的目标，任务艰巨，既是挑战，也是机遇。

作为国家新区和综合配套改革试验区，滨海新区的最大优势就是改革创新和先行先试的政策优势。在过去的十年中，通过坚持改革创新，滨海新区在城市规划领域取得了许多的成绩，包括保障房制度改革、推广"窄路密网"规划布局模式以及新型社区规划设计，如小街廓模式的新区首个全装修定单式限价商品房佳宁苑项目和"窄路密网"模式的和谐社区新型社区规划设计试点。

2015年底中央城市工作会议时隔37年后再次召开，肯定了改革开放以来我们在城市建设方面取得的成绩，指出了存在的问题，指明了发展的方向。2016年初，《中共中央、国务院关于进一步加强城市规划建设管理工作的若干意见》（以下简称《若干意见》）印发，这是中央城市工作会议的配套文件。文件指出：历经37年改革开放，我国城市发展也进入转折时期。城市规划建设管理中的一些突出问题亟须治理解决，例如城市建筑特色缺失，文化传承堪忧；城市建设盲目追求规模扩张"摊大饼"；环境污染、交通拥堵等"城市病"加重等。文件明确指出：近年来，越来越多的封闭小区出现在城市中，导致主干道越修越宽，微循环却堵住了。一个个楼盘都是一个个独立王国，彼此不关联，公共服务设施不共享。这种传统的居住区规划设计模式是造成城市病的原因之一。《若干意见》部署了破解城市发展难题的"实招"，特别提出要树立"窄马路、密路网"的城市道路布局理念，新建住宅要推广街区制，原则上不再建设封闭住宅小区等。

《若干意见》为居住社区规划设计改革指明了方向，提出了具体的措施。这些道理和原则是清楚的，但是，要真正使文件的精神和具体要求得到落实，还有许多艰苦的工作要做。滨海新区要在贯彻落实中央工作会议精神和文件上走在前面，要在过去窄路密网和和谐社区规划试点经验的基础上，在新型社区规划设计改革创新上取得突破，率先垂范。一方面，深化滨海新区保障性住房制度改革，推动滨海新区定单式限价商品房建设和健康发展，率先实现居者有其屋的目标。另一方面，继续在落实新型居住社区规划设计和改革创新上下功夫，创造和谐宜人绿色生态的居住社区环境。解决好居住社区规划设计问题，不仅关系到居者有其屋目标的实现，更关系到城市功能和空间品质的提升，关系到从根本上解决城市病与和谐社会的创建，是关系我国社会经济可持续发展、全面建成小康社会、实现中华民族伟大复兴中国梦的重大课题。

任何一种变革都需要系统的思考、科学的论证和反复实践，任何一种规划设计标准的执行都应认真考量。在新区成立伊始，我们借鉴国外成熟的规划理论，结合当时国内存在的交通拥挤、环境污染和城市街道广场空间缺失等城市问题，在滨海新区全区范围内推广"窄马路、密路网、小街廓"的布局模式，并在滨海核心区和几个功能区规划中进行落地实施，取得了比较好的效果。为在居住社区规划设计领域推广"窄马路、密路网、

小街廓"的布局模式，解决大型封闭居住区普遍存在的问题，从 2011 年开始我们选择和谐社区作为新型居住社区规划设计试点。在过去的五年中，和谐社区新型居住社区规划设计试点项目开展了多轮、不同层次的规划设计和研究论证，形成了系统详尽的规划设计成果。虽然由于各种原因，和谐社区试点项目没有能够启动建设实施，令人遗憾，但积累了许多经验，也引发了我们对我国居住社区规划设计相关内容的深入思考。实现居者有其屋和创建和谐宜人绿色生态的居住社区是城市规划的终极目标，城市规划师、建筑师和城市规划管理者必须有这样的胸襟、情怀和理想，必须时刻牢记历史使命和职业操守，要不断深化改革，勇于探索，不停尝试，积累成功经验，为全面落实窄路密网、开放活力的新型社区规划模式，以及全面建成小康社会、实现中华民族的伟大复兴做出贡献。

本书比较全面地涵盖了滨海新区新型居住社区规划设计研究的主要成果和改革创新的重点内容，既是规划设计成果的集萃，更是一部理论研究的集成。本书分为八章，第一章是对居住社区规划设计理论和实践演进的简要研究，包括中国古代、西方近现代和我国近现代居住社区规划设计的发展演变过程。第二章是滨海新区在窄路密网和居住社区规划设计上的经验总结。第三、四、五章是和谐社区试点项目的规划设计成果。第六章是对现行居住区规划设计改革创新的建议。第七章是新型居住社区规划设计模式引发的相关政策的改革。第八章是新型居住社区规划设计模式与中国人的居住理想。虽然本书的编写

经历了比较长的时间，实是由于参编者们平时工作已经十分繁忙，很多是利用工作之余的时间加班赶成，因此还有许多不完善的地方。希望抛砖引玉，通过这本用心之作，为全国其他新区和从事居住区规划设计、住宅建筑设计、现代住宅制度和房地产研究及规划管理人员提供借鉴，欢迎大家批评指正。

2016 年，是"十三五"规划实施的开局之年，是实现第一个百年奋斗目标的攻坚之年，是去产能、去库存、调结构，实施供给侧改革的关键之年。在国家新型城镇化和京津冀协同发展国家战略的背景下，在我国经济发展进入新常态新的历史时期，滨海新区要贯彻中央城市工作会议精神，要用高水平的规划设计引导经济社会转型升级，而新型居住社区规划设计和相应管理机制的改革创新、转型升级是其中一项非常重要、有意义的内容。我们将继续发挥滨海新区规划引领、改革创新的优良传统，立足当前、着眼长远，在现有成绩的基础上，更上一层楼，全面提升居住社区规划设计水平和住房建设水平，使滨海新区新型社区的规划设计真正达到国内领先和国际一流，为促进滨海新区产业发展、载体功能提升、宜居生态城区建设、实现国家定位提供坚实的规划保障。

霍兵

2018 年 1 月

图书在版编目（CIP）数据

　和谐社区 ：天津滨海新区新型社区规划设计研究 ／
《天津滨海新区规划设计丛书》 编委会编 ；霍兵主编.
—— 南京 ：江苏凤凰科学技术出版社，2019.1
　（天津滨海新区规划设计丛书）
　ISBN 978-7-5537-9750-2

　Ⅰ．①和… Ⅱ．①天… ②霍… Ⅲ．①住宅区规划-
研究-滨海新区 Ⅳ．①TU984.12

　中国版本图书馆CIP数据核字(2018)第234637号

和谐社区——天津滨海新区新型社区规划设计研究

编　　　者	《天津滨海新区规划设计丛书》编委会
主　　编	霍　兵
项 目 策 划	凤凰空间/陈　景
责 任 编 辑	刘屹立　赵　研
特 约 编 辑	陈　景

出 版 发 行	江苏凤凰科学技术出版社
出版社地址	南京市湖南路1号A楼，邮编：210009
出版社网址	http://www.pspress.cn
总 经 销	天津凤凰空间文化传媒有限公司
总经销网址	http://www.ifengspace.cn
印　　刷	上海雅昌艺术印刷有限公司

开　　本	787 mm×1 092 mm　1／12
印　　张	56
版　　次	2019年1月第1版
印　　次	2019年1月第1次印刷

标 准 书 号	ISBN 978-7-5537-9750-2
定　　价	688.00元

图书如有印装质量问题，可随时向销售部调换（电话：022-87893668）。